paligenesia

Discerner enfin notre « raison d'être »
et favoriser son accomplissement

Georges Nicolas VASKAS

Traduction originale de
Daniel JANISSON

ISBN 9782952237321
Dépôt légal septembre 2022

Editeur : Association Vaskas - 331 Ave du Dr J. Lefèbvre – 06270 Villeneuve-Loubet

Avant toute addition et révision, la matière de ces entretiens a été authentifiée par le Consulat Général de Grèce à Nice (France) en juin 2002. Elle l'était déjà pour une partie en date du 17 Avril 1992.

NOTE DE L'AUTEUR

Combien aurais-je voulu, dans un irrésistible élan d'amour pour l'autre, pouvoir serrer tour à tour les mains de chaque personne vivant sur Terre…

Mais la vie est encore trop courte pour permettre une telle chaleureuse marque d'attention. Aussi ai-je chargé ce texte de la transmettre à chacun, personnellement, et de l'inviter à considérer et apprécier le rôle important qu'il peut jouer dans la « **paligenesia** », ce mot grec qui signifie le rajeunissement et la modernisation de tous les divers facteurs biosocioculturels existants en vue de réconcilier et d'unifier tous les pays du monde dans un nouvel humanisme-cosmopolitisme fondé sur les principes d'amitié, de compréhension et de respect mutuels qui favorisent le bien-être général dans l'égalité des droits et la solidarité impartiale; et de progresser sur la voie d'une coexistence pacifique assurant enfin la stabilité mondiale dans tous les domaines, et surtout débarrassée des obstacles au discernement et à l'accomplissement de notre raison d'être.

Georges Nicolas VASKAS

V - Georges Nicolas VASKAS

J - Le journaliste

V - Oui... nous avons bien rendez-vous et je vous attendais... Mais je vous en prie, asseyez-vous. En quoi puis-je vous être utile ?

J - Eh bien, monsieur Vaskas ! Vous m'aviez promis de pouvoir venir continuer chez vous notre récente discussion sur la cosmologie. Mais permettez-moi tout d'abord de vous poser une question en rapport avec vos oeuvres, celles que j'ai vues, exposées dans la villa où se trouve votre atelier. Car j'ai remarqué qu'elles étaient régies par une curieuse technique. En effet, elles sont toutes constituées de cercles et de courbes, sans aucune ligne droite. Aussi, je me suis demandé sur quelles bases reposait cette méthode qui donne à votre style toute son originalité.

V - Est-ce un magnétophone que vous apportez avec vous ?

J - Oui, c'est un instrument que j'utilise fréquemment pour les interviews. Il me donne la possibilité de réécouter tranquillement par la suite les conversations que je prends. Cela facilite grandement mon travail, car je suis journaliste, comme je vous l'ai dit lors de notre dernier entretien. Mais si le fait d'enregistrer notre conversation vous gêne, c'est comme vous voudrez, je peux m'en abstenir.

V - Non, pas du tout ! Faites comme il vous convient ! Cela ne me dérange pas de répondre à vos questions.

Bon ! En ce qui concerne les courbes, les cercles et objets sphériques qui ont attiré votre attention, ils ne sont pas le fruit d'une quelconque excentricité personnelle mais d'un style en rapport avec une généralité liée à ma réelle spécialité scientifique : la cosmologie.

Car d'après les phénomènes, comme je vous l'ai déjà brièvement expliqué, nous sommes nous-mêmes ainsi que tout, dans l'espace intérieur d'une immense unité cosmique vivante composée de multiples formes diverso-complexes où la courbe et le cercle dominent partout ; et bien que l'espace soit obscur à plus de 85%, le reste, la matière lumineuse de l'Univers que nous pouvons distinguer, montre une mobilisation en cadres polycycliques régie habituellement par un schéma lui-même cyclique qui présente à la fois symétrie mathématique, homogénéité et harmonie, et nous révèle l'existence d'une organisation diverso-mécanique, assemblage d'un nombre incalculable de diverso-engrenages.

Le schéma cyclique exprime aussi le mouvement cyclorotatif qui régit presque tous les innombrables objets spatiaux de cette unité qui a commencé à se construire avant un nombre indéterminé de milliards d'années par la mentalité administrato-constructrice que j'appelle ΛV (Lambda-Vé) - signifiant l'aller-retour, la base du fonctionnement du diverso-mécanisme cyclo-alternatif cosmique - dont l'intelligence en perfectionnement continuel est devenue progressivement coproducto-multiplicative, coordino-exécutive, consciente et porteuse d'une logique d'intellection syllogistique cybernétique qui développe en parallèle la Loi cosmofonctionnelle globale de l'équilibrage cyclo-attracto-répulsionnel et le Code Universel.

D'autre part, partout où vous trouverez organisation et symétrie, elles auront pour base le schéma du cercle qui couvre presque tout, en commençant des particules microscopiques jusqu'aux groupes et continents de Galaxies, etc. De plus, les divers corps célestes qui naissent, vivent et se reproduisent dans le diverso-homéomorphisme du « Code Universel », forment souvent en vieillissant une figure ronde, presque parfaitement circulaire.

Cela ne veut pas dire qu'il faut sous-estimer pour autant les autres formes géométriques comme la ligne droite, construite surtout par l'homme. Mais l'ensemble de la structure de cette unité organique cosmique dont presque tous les mécanismes fonctionnent cyclorotativement, progresse constamment et s'auto-développe toujours dans une continuelle dilatation ou expansion cyclorotative suivant une symétrie diverso-grossissante : les petits dans les grands, les grands dans les plus grands, les plus grands dans les grandissimes, les grandissimes dans les hyper-grandissimes, etc., etc. Et tous ces mécanismes, notamment les Galaxies, connectés l'un à l'autre, composent ce qui constitue l'organisme polygalactique, une immense unité diversomorphe mais quasi-homogène en constant cyclo-recyclage et régénération dans un mouvement continuel d'expansion multiplico-reproductive.

Mais je pense qu'il est inutile de prolonger notre conversation sur ce même sujet, car avant-hier vous m'aviez dit vouloir parler d'une chose qui vous avait impressionné. De quoi s'agissait-il ?

J - ***Eh bien ! Pour être franc, monsieur Vaskas, j'ai vraiment été troublé lorsque vous avez appelé l'Univers : « organisme***

polygalactique » ; ce que vous venez d'ailleurs de répéter. Et quand je vous ai dit que vous aviez un esprit capable de fonder une cosmologie complètement nouvelle, et que je savais d'Athènes, qu'en plus de cosmologue, vous étiez sculpteur, peintre, architecte, ingénieur, astrophysicien, inventeur, chercheur et philosophe, je crois que j'avais suffisamment de raisons pour venir, ici en France, vous rencontrer et vous poser quelques questions. Et quand, lors de notre précédente rencontre, je suis arrivé à la conclusion que, pour moi, vous aviez réellement prouvé l'existence de Dieu, je suis resté surpris de votre silence. Enfin, d'une manière énigmatique, vous m'avez répondu ne pas savoir de quel Dieu vous aviez prouvé l'existence. La seule chose que vous avez bien voulu reconnaître, c'est que vous êtes un homme habité par une insatiable curiosité. Et vous avez continué par une longue phrase incompréhensible que j'aimerais vous entendre répéter, si vous le voulez bien.

V - Avant de vous éclairer sur cette phrase qui n'est pas si incompréhensible, je tiens à vous remercier de vos nombreuses marques de courtoisie, pour ne pas dire de vos compliments, et vous signaler que vous avez oublié de mentionner mon statut réel principal, c'est-à-dire d'être un homme transitoire, comme chacun de nous, qui, dans son amour pour la quête de la réalité, a voué sa vie à la recherche cosmique fondamentale ; un modeste spectateur des conflits idéologiques et des formes intolérantes de civisme, ayant la volonté de mettre le résultat de son travail au service du redressement et de la dignité de la morale, et du progrès technoscientifique, notamment cosmologique ; un homme minuscule parmi des milliards d'autres, qui, je vous le répète, cherche à comprendre, tandis que le Code Universel se déroule, la raison de toute existence et de son mouvement dans le cadre d'un approcho-éloignement ou d'une attracto-répulsion cyclostrophique proportionnelle qui agit sur l'immensité d'un zéro au moins tricyclique entre les milliards existants... eux-mêmes perdus dans l'immensité de l'un des innombrables zéros au moins bicyliques... qui à leur tour se perdent dans l'immensité d'un des zéros sans nombre, au moins monocycliques... qui eux aussi poursuivent le même mouvement strophocyclonique, dans de nombreux autres zéros constitués de l'assemblage de tous ceux qui les précédent, et qui, tous ensemble, ces zéros divers et polyrotatifs, comme des coureurs, dans le cadre d'une vitesse prédéterminée et le plus souvent équilibrée, atteignent les limites incertaines du zéro suprême et indéterminable qui les contient, pour qu'ils puissent enfin distinguer la Loi globale cyclo-attracto-répulsionnelle cosmofonctionnelle de la ΛV qui les contrôle et progressivement les incorpore et les mène à l'éternité réelle !

J - Cette longue phrase est une énigme a priori incompréhensible. Et même en écoutant plusieurs fois son enregistrement, j'aurais certainement encore des difficultés pour la déchiffrer. Mais vous m'aviez promis de reprendre, dès que nous en aurions le temps, toute cette conversation d'avant-hier en y apportant des explications détaillées qui me permettraient de bien comprendre.

V - Oui, je vous l'ai promis, car des explications sont certainement nécessaires pour que vous compreniez. Et ce sera d'autant plus facile que vous m'avez dit posséder des connaissances en astrophysique.

J - J'ai bien quelques notions d'astrophysique ; pour autant, comme je suis loin d'être astrophysicien, je vous saurais gré d'éviter les mathématiques et les équations trop compliquées.

V - Oui, je comprends ! Quoi qu'il en soit, je vais répéter en essayant de vous expliquer grosso modo. ... Alors, mes conclusions résultent du fait que toutes les Galaxies de l'organisme cosmique qui se sont reproducto-multipliées au cours des milliards d'années à partir d'une cellule, la Galaxie maternelle, en un nombre infini de Galaxies homogènes mais de schémas variés, contenant souvent chacune des milliards d'astro-planéto-satellites et d'autres corps spatiaux visibles et obscurs indistincts, et prospectées par l'astronomie et la radioastronomie jusqu'à une distance non encore contrôlée de plusieurs milliards d'années-lumière, se régissent souvent d'une normalité évidente et d'une symétro-hypersymétrie difficile à vérifier mais toujours soumise à la Loi attracto-répulsionnelle cosmofonctionnelle globale de la puissance polymorpho-organisatrice ΛV qui agit avec une exactitude mathématique. C'est-à-dire que dans toute la structure du système polygalactique cosmique, presque tout est mécanisé, disposé et distribué par des énergies variées dans un courant diverso-ramifié d'ordre étonnant, et entouré des dispositions du Code Universel, source du multiplico-homéomorphisme, qui, dans une symétrie organique originale, avec une régularité parfaite évidente, forme une harmonie poly-diverso-cyclique et une activité programmée complètement déterminatives, si bien que la moindre anomalie dans la Loi attracto-répulsionnelle diverso-conjonctive cyclo-rotative globale qui équilibre le fonctionnement de la matière cosmique constitutive du système polygalactique entraînerait des conséquences désastreuses.

D'après cela, l'organisme polygalactique, cette immense unité que nous appelons Cosmos ou Univers, se caractérise comme un organisme vivant systématique et indissociable, un mécanisme hypergigantesque quasi-homogène dans lequel, selon les phénomènes, les divers engrenages sont régis par diverses fonctions et interactions organisées, par des équilibres précis de toutes les forces fondamentales ensemble, unies et coopérantes, dans une parfaite détermination jusque dans les plus microscopiques et insaisissables détails enregistrés dans la mémoire du Code défini comme le Code universel homéo-morpho-diverso-reproducteur polyexpérimenté, avec sa ramure symétro-organo-biogéno-spatiale, constitué progressivement par la Loi cosmofonctionnelle globale de la ΛV, en fonction de son développement. Et c'est d'après ses instructions que se connectent tous les assemblés, apparents et latents, les systèmes en constante reproduction comme, à petite échelle, les nucléons, les divers atomes, les cellules qui en sont constituées, etc., etc., etc., et à grande échelle, les diverses Galaxies, cellules cosmiques avec leurs systèmes stellaires, les groupes de Galaxies, etc., etc.

J - Tout ceci est tout à fait nouveau et surprenant, monsieur Vaskas, et bien que j'aie l'impression qu'il s'agisse de la réalité, je le ressens avec une certaine confusion. Mais pourquoi, avant-hier, ne vous ai-je pas du tout entendu prononcer le mot Univers alors que vous l'avez employé aujourd'hui. Y a-t-il une raison particulière à cela ?

V - Comme vous allez le comprendre, c'est parce qu'il existe divers univers : ceux des atomes, des cellules, des planètes, des systèmes astro-planétaires ou stellaires, des Galaxies, etc. Donc, il n'est pas bon de jouer sur des mots aux significations multiples, mais disons qu'il n'est pas mal d'utiliser celui d'Univers pour désigner aussi l'immense unité cosmique. Cela dit, si nous en prenons le temps, je pourrais transformer votre impression en certitude.

J - Je dispose de tout le temps nécessaire pour vous écouter attentivement car c'est pour cela que je suis ici. Alors, pourriez-vous me répéter et préciser ce que vous entendez par l'expression « organisme polygalactique », comme aussi la manière de procéder de cette Loi cosmofonctionnelle globale de la mentalité administrato-constructrice que vous appelez ΛV.

V - Par l'expression « organisme polygalactique » ou « organisme cosmique », il faut entendre tout ce qui existe dans l'ensemble du Cosmos que nous connaissons, visible ou invisible, en commençant, je le répète, par les minuscules particules sous-atomiques, les atomes, les molécules, les cellules... puis les millions de petits et grands organismes polyvariables qui se développent sur les planètes organiques : les plantes, les animaux terrestres ; en continuant par notre système solaire, notre Galaxie et toutes les autres Galaxies et leurs billions de systèmes stellaires et autres sujets spatiaux lumineux ou obscurs, apparents ou latents, tels que les nébuleuses exo ou endogalactiques et mésoastriques de matière diffuse, les nuages de gaz, de poussières, et en général les rassemblements programmés de billions de Galaxies interconnectées en groupes d'amas plus ou moins grand, en continents de Galaxies, etc., etc. Et tout cela ensemble constitue comme vous l'avez entendu, une immense unité intelligemment développée, un organisme hypergéant, auto-fertile, constamment auto-régénéré et contrôlé cybernétiquement par l'équilibre attracto-répulsionnel de la Loi cosmo-fonctionnelle globale de la ΛV.

J - ***Pour faire suite à notre discussion d'avant-hier, voudriez-vous me répéter d'une manière plus détaillée tout ce que vous m'avez déjà dit ? Et par exemple, la manière dont cet organisme polygalactique cosmique hypergéant a commencé à se créer. J'aimerais enregistrer tout cela sur magnétophone, car bien qu'ayant des notions de physique et d'astronomie, c'était la première fois, lors de ma visite à votre atelier, que j'entendais une telle version. De plus, je vous répète qu'elle paraît logique et votre façon de la fonder continue de m'étonner.***

V - Ecoutez, vous dites vouloir enregistrer mes propos sur ce sujet, mais je n'en vois pas bien la raison, ni même si ce serait utile à quelque chose, car au cours des milliers d'années, de tous les hommes qui se sont préoccupés des interrogations classiques et importantes concernant l'Univers et aussi nous-mêmes, comme : Pourquoi existons-nous ? D'où venons-nous ? Où allons-nous ? Quel avenir avons-nous ? Comment s'est fait tout ce qui nous entoure ? etc., etc., tous se sont perdus dans un océan d'indifférence.

Et il y a eu sur les différents aspects de ce sujet, de nombreuses théories et beaucoup d'arguties et opinions philosophiques, qui, avec le temps, ont disparu dans le flot omniprésent d'irréflexion et de morbidité de la pensée asyllogistique. Et malheureusement, ce flot continue d'entraîner certaines théories remarquables dans les tourbillons provoqués par les écueils conceptuels du dogmatisme archaïque aveugle qui existe encore aujourd'hui, exception faite d'une certaine science conservatrice empirique. Peu nombreux sont ceux qui peuvent percevoir les efforts des quelques-uns qui travaillent souvent dans l'anonymat pour le progrès et le renouvellement révolutionnaire de la connaissance et l'élévation de la pensée humaine et leur manifester de la reconnaissance, tandis que tous profitent quotidiennement de leurs révélations... car dans l'égocentrisme hypertrophique actuel, il n'y a aucun sentiment de gratitude ; et la plupart ne veulent pas suivre le rythme accéléré de ce progrès culturel et intellectuel dont l'avancement est continu ; et ils restent indifférents sur des sujets qui concernent leur propre vie, ou leur survie, absorbés qu'ils sont dans les difficultés de la vie courante, dans une société souvent masquée et encore instable où la pensée humaine demeure asyllogistique.

Ces faits, vous pouvez donc le comprendre, m'ont appris à ne pas m'enthousiasmer. Et pour ne rien vous cacher, je me suis heurté à des murs à chaque fois que j'ai discuté et tenté de formuler ces opinions, résultat d'une recherche exhaustive entreprise dès ma jeunesse ; déjà lorsque j'étais étudiant à Athènes, elles étaient très peu comprises et la plupart des gens ne voulaient pas les entendre ; certains intellectuels de l'époque cherchaient même à me décourager. Ainsi par exemple, je me souviens d'un certain professeur qui enseignait l'histoire de la civilisation à l'Université et à l'Ecole Supérieure des Beaux Arts ; au cours d'une conversation, lui ayant fait part de mes pensées et exprimé ma ferme conviction dans le fait que nous vivons dans un organisme polygalactique cosmique vivant et pensant, il a éclaté de rire tellement spontanément... et explosivement, qu'il en a rattrapé de justesse son dentier !!!

Vous riez parce que vous trouvez cette anecdote amusante, pourtant les préjugés et l'attachement aux statu quo archaïques ne provoquent bien souvent que des marécages d'intelligence inactive et des situations tragicomiques qui empêchent tout esprit nouveau d'échapper au traditionalisme pour aller plus loin... de toute façon, il s'en moquait éperdument.

Mais ce professeur, un homme par ailleurs très gentil et bon scientifique, avait aussi des excuses, lorsqu'on connaît les gnoséo-dystonies presque permanentes qui existent - et c'est encore le cas aujourd'hui - en raison de la subordination de l'homme au Code Universel non suffisamment déroulé, aux colonies de gènes neuronaux attardés, et aux conditions archéotradionnelles qui obligent même les penseurs sérieux à ne pas abandonner facilement l'épistémologie du passé souvent trompeuse qui s'appuie sur les tabous établis. Et pour quelques-uns, toute nouveauté dont l'auteur est vivant est incompréhensible et paradoxale, car malgré leur intelligence, il leur est difficile de saisir la perception du monde modernisé et du progrès technoscientifique qui contribuent à nos jours, et d'en réaliser l'ampleur.

Pour cette raison cher ami, si vous me permettez cette amitié, dans une conversation aussi difficile sur de tels sujets, le plus sage est qu'il n'y ait pas, de la part des gens de lettres et des intellectuels illustres, de tendances prétentieuses fondées sur certains idéalismes anciens et archéo-établis basés sur une « Logique d'Intellection Asyllogistique », en abrégé « LIA ». Mais il faut que ceux qui participent à une telle conversation fassent le maximum d'efforts possibles pour se comprendre l'un l'autre et échanger des pensées avec une sincérité impartiale, dans le cadre du progrès quotidien de l'hypso-technoscience ; car c'est seulement de cette façon que se renforceront l'instruction et la recherche réelles ; et seulement de cette manière que le Code se déroulera plus facilement, pour que grandissent les valeurs culturelles... et la civilisation. Sinon une telle conversation ne serait qu'un dialogue de sourds.

D'ailleurs, le dialogue impartial et lucide, hors des carcinomes conservateurs et des antipathies provoquées par les prétentions de la fausse connaissance, favorise l'échange d'idées et encourage de nouveaux essors à travers une révolution scientifique qui alimente l'intellection, tandis que la mentalité rétrograde et égoïste empêche la rééducation des perceptions classiques fondamentales.

De toute façon, personne n'aime la rumination continue de perceptions anciennes... et moi qui suis habituellement de tempérament serein, pas plus que les autres, car les confrontations avec les marécages intellectuels et les égoïsmes hypertrophiques comme avec les diverses formes du fanatisme dogmatique qui se fondent sur des hypothèses et d'interminables répétitions imitatives toujours dans le cadre de l'esprit de statu quo gangreneux m'épuisent.

C'est pourquoi il n'est pas de dialogue sans base de compréhension réciproque. Et lorsque celui qui participe au dialogue est piégé, en dehors de cette base, dans les illusions et ne peut ou ne veut pas échapper aux choses apprises, il ne peut suivre la conversation, car les susceptibilités, les prédispositions contradictoires et les préjugés conjugués à l'absence de compréhension, de lucidité et notamment de l'ouverture d'esprit nécessaire ne rendent pas la conversation profitable, ni constructive... et en conséquence, elle est inutile et nous perdons notre temps.

J - Oui, je comprends monsieur Vaskas, vous dites cela parce qu'avant-hier, je vous ai peut-être fatigué avec mes contradictions. Mais n'oubliez pas que je suis là pour vous écouter et enregistrer sans interruption sur ce magnétophone toutes vos paroles pour qu'elles soient gravées sans qu'aucune ne se perde. D'ailleurs je regrette de ne pas avoir enregistré notre précédente conversation, car nous avions déjà parlé de choses très intéressantes.

V - D'accord cher ami, je suis également disposé à vous écouter. Mais qu'attendez-vous exactement ?

J - Bon ! Il faut que vous sachiez que je suis prêt à mettre à profit toutes mes vacances et à prendre tout le temps qui sera nécessaire pour rester avec vous, car vous avez promis de m'expliquer en détail la manière dont vous justifiez que l'Univers est un organisme vivant et aussi pensant. Et pour en finir avec les répétitions inutiles, je pense qu'il n'y a rien de plus important que ce bouleversement cosmologique qui est tellement nouveau pour moi comme pour la science en général. D'autant plus en sachant que vous ne parleriez pas sans avoir une base

très sérieuse ; et notamment sur ce sujet qui peut retourner fondamentalement la pensée humaine.

V - Merci de votre estime et de votre confiance. C'est vrai que je vous ai promis... et je voudrais tenir ma promesse ; mais il n'y a pas de sujet plus difficile que celui-là. Cependant, nous, hommes à la vie brève, ne pouvons fermer les yeux sur le fait que nous sommes des mécanismes très fragiles, toujours à la traîne et dont les oeuvres restent la plupart du temps défectives et inachevées. Aussi, je voudrais laisser le résultat de mes recherches quelque part, car il faut que nous prenions conscience que nous sommes des hommes minuscules, transitoires et presque inexistants sur notre planète, elle-même microscopique, qui se perd à son tour dans cet immense et insaisissable volume de l'ensemble mégatomique, galactique et polygalactique.

Car aujourd'hui, le progrès technoscientifique de l'homme est élevé, et une certaine connaissance s'étend face à l'ignorance et au retard moral qui le limite encore dans un cadre très étroit, à cause du déroulement partiel du Code dans les neurones actifs de la machine cérébrale, et de l'état actuel de sa capacité. Donc, bien que notre réflexion soit relativement expérimentée - nous pouvons par exemple explorer la matière toujours plus en profondeur, à la recherche du nombre de ses constituants, grâce à des accélérateurs de particules très puissants associés à des détecteurs de plus en plus performants -, la preuve est donnée que nous ne sommes pas encore capables d'effectuer à grande échelle la transformation en énergie utile de la matière qui nous entoure, et nous ne distinguons pas encore clairement ses constituants ultimes, pas plus que les microminuscules mécanismes atomiques indistincts mais existants qui constituent chacun tout un monde à part entière. Et malgré d'autres équipements et moyens de haute qualité dont nous disposons pour la prospection cosmique, comme les télescopes, les satellites, etc., et des moyens de télécommunication, nous ne sommes pas encore parvenus à nous échapper des étroits chronodiagrammes de notre système solaire, et nous ne sommes pas encore arrivés non plus à dépister les distances infinigrandissimes de cet immense organisme polygalactique dont nous faisons partie et sur lequel nous continuons aujourd'hui d'avoir des doutes, compte tenu de ses fluctuations chronospatiales improuvables, alternatives, fluides, multidistortionnelles, indéterminées et continuellement altérées.

Heureusement, le seul moyen positif dont nous disposons pour parcourir certaines distances immenses est notre « Logique d'Intellection Syllogistique » ou « LIS », même médiocre, qui résulte de l'interaction partielle et presque automatique de billions d'interconnexions neurono-encéphaliques fonctionnant grâce à des liaisons dendrito-neuraxono-synaptiques électro-neutriniques et chimiques, et qui possède au moins la puissance, donnée par la

Loi globale de la AV, de nous faire voyager dans l'espace d'une manière bien équilibrée. Et sur le char de cette possibilité reconnue par l'astrophysique, qui, partiellement prouvée, présente souvent un Univers très perturbé dans lequel il est encore difficile d'illustrer les impalpables singularités quantiques dont les rouages minuscules assemblés d'une manière appropriée constituent non seulement les immenses machines spatiales mais encore nous-mêmes, nous allons traverser, à la vitesse de la pensée, l'horizon spatial si impénétrable et inaccessible pour tout autre véhicule même très accéléré.

Et pour vous aider à comprendre comment l'immense organisme cosmique a commencé, nous sommes obligés, bien que le passéisme ne me plaise pas du tout, de retourner dans le passé. Et en utilisant notre pensée syllogistique hyperaccélérée comme véhicule, nous allons transpercer le barrage du temps zéro et pouvoir ainsi éclairer et élucider le tréfonds du passé lointain, en essayant de faire disparaître l'effroi que nous inspire l'immensité spatiale obscure.

J - Je n'ai pas bien compris certains mots synthétisés, mais le magnétophone enregistre heureusement.

V - Vous avez raison ; ce sont des mots de synthèse qui n'existent pas dans le dictionnaire, mais dont l'expression concise facilite la compréhension, par exemple l'interaction automatique et les interconnexions électrochimiques de la machine neurono-cérébrale. C'est-à-dire qu'ils essaient de décrire de grands réseaux conceptionnels en utilisant le moins de mots et de phrases possibles, de manière à gagner du temps... sinon, il faudrait faire l'analyse détaillée du labyrinthe du fonctionnement cérébral. De toute façon, ce prologue n'a pour but que de vous introduire plus facilement dans un sujet assez difficile.

J - Oui, je comprends. Je vous en prie monsieur Vaskas, continuez !

V - Alors, rappelons que c'est seulement avec l'hypervitesse de notre pensée syllogistique mise ici en valeur que nous allons pouvoir nous approcher du barrage du zéro de l'espace-temps, pour observer, ne serait-ce que faiblement et d'après les données technoscientifiques actuelles - mais quand même de très près - l'image la plus étonnante du début de tout ce qui existe et a existé, pour ensuite prospecter la formation de la première auto-constitution, puis auto-mutation de ce tout... et aussi pour être présents mentalement lors des étapes successives (les différentes phases périodiques de sa formation), et ainsi remonter jusqu'à nous.

Alors commençons à voyager... mais pour ne pas nous perdre dans un itinéraire d'une telle immensité, après avoir réduit à quelques mots un temps de milliards d'années, nous allons énumérer et décrire très brièvement la succession des phases temporelles consécutives.

Et faites attention parce que maintenant, comme des observateurs curieux, nous approchons du plus lointain passé, le point extrême de l'inexistence ; et nous allons essayer, à très petite échelle, de capturer approximativement l'image de l'indéterminable immensité obscure qui se présente devant nous et de donner brièvement la plus approchante vision de l'abyssale complexité de la naissance et du développement de l'immense organisme cosmique dans lequel nous vivons...

PERIODES

PERIODE * 0 *

Rien n'existe ou presque !

V - Alors regardez bien !

Il n'existe rien de visible, aucun signe de survie. Partout où se porte notre regard, nous ne voyons que le Chaos : infiniment immense, éthéré, obscur, froid, et qui nous semble complètement vide…

Mais peut-être ne l'est-il pas vraiment et que l'obscurité cache une originalité...

Aussi, par delà l'horizon infini, comme des projecteurs très puissants, des microscopes électroniques hypergrossissants, nos yeux scrutent cette impression de vide amorphe et sans bornes.

Et après un dépistage très attentif, nous commençons à entrevoir en un certain point les premiers phénomènes existants.

Le vide ne serait-il pas complètement vide ?

PERIODE * 1 *

Le développement des fondements de la matière

V - C'est à peine si nous réussissons à discerner quelques micro-ingrédients opaques primaires - c'est-à-dire des micro-éléments dont l'existence se compte en minimes fractions de seconde - se déplaçant ça et là, fortuitement et par coïncidence, car ils disparaissent comme des visions éthérées avant même que nous puissions les localiser... et puis les revoilà... ils se sont reformés, mystérieux comme des fantômes, inadéquats, turbulents, désordonnés... et ils se balancent, se perturbent, s'entortillent confusément l'un autour de l'autre et s'enchevêtrent dans des mouvements inconsidérés et caractéristiques d'une chance aveugle. Et tandis qu'ils se mélangent en formant diverses fluctuations troubles et continuellement changeantes, il est manifeste que dans le vide, quelque chose est en train de venir à l'existence, semble-t-il à partir de « rien » ....

Et maintenant (chaque maintenant marquant un long intervalle de temps), dans l'alternance de situations irrégulières et superficielles aux formes variées qui semblent survenir par hasard, ces rassemblements de micro-ingrédients insignifiants et hypersimples se comportent sans suite ni raison, non seulement comme des microparticules instables et de vie très courte, mais aussi comme des micro-ondes indéfinies et confuses qui se dissipent à peine aperçues. Et une fois disparus, ils se reforment de nouveau et se reconstituent dans un vif et continuel mouvement ondo-particulaire, progressivement plus rapide, qui commence à produire l'énergie la plus primitive.

Et cette énergie se met à son tour à se transformer en micro-ingrédients plus essentiels qui s'échappent de leur plus bas niveau d'énergie pour former des situations excitées où ils créent, en s'entrechoquant accidentellement, des micro-scintillements qui les divisent en ingrédients plus énergiques qui constituent les premiers ***photon**s*, dotés de qualités ondo-particulaires, c'est-à-dire se comportant soit comme des ondes, soit comme des particules...

Et maintenant, d'autres ondo-particules comprenant des ingrédients divers et confus se constituent, toujours produites d'une manière étrange et à l'échelle de l'infiniment petit par des mutations et coïncidences qui nous semblent obscures et fortuites... et elles se multiplient et se développent sans cesse, se déplacent encore plus vite, et s'entrechoquent avec plus de violence en produisant une énergie plus grande et des scintillements plus nombreux où des photons se transforment en ***électrons***. Nous pouvons dire à ce point que la première reproduction rudimentaire des premières ondo-particules existantes a débuté. Et comme la plupart d'entre elles sont combinées par les électrons nouveaux venus, toutes ces populations d'ondo-particules interagissent avec un hasard et une imprécision moindre et se rassemblent énigmatiquement en formations développant diverses vitesses...

Et maintenant, tout en effectuant des méandres les unes autour des autres, ces formations se divisent et diverses catégories et espèces se forment, se transforment, et interagissent d'une manière étrange. Et lorsqu'elles entrent en collision, elles se désintègrent dans des scintillements encore plus brillants en photons excités de plus haute énergie qui se transforment à leur tour en un plus grand nombre d'électrons, dotés d'une énergie cinétique encore plus grande, qui forment, avec une certaine réflexivité (ou anaclasie), des populations encore plus denses de diverses espèces d'ondo-particules, et plus particulièrement de photons et d'électrons...

Et maintenant, tandis que l'expansion des populations d'ondo-particules commence et que cette primitive activité reproducto-multiplicatrice s'accélère, ***l'espace*** et ***le temps*** s'ouvrent.

Et après l'ouverture de ***l'espace-temps***, à chaque « maintenant » correspondra un intervalle de temps encore plus grand.

PERIODE * 2 *

La nébuleuse primordiale est appelée la *Mère*

V - Et maintenant, malgré le fait que ces formations ondo-particulaires se meuvent de manière imprécise, comme des fantômes, elles commencent à créer des forces qui accélèrent davantage leurs mouvements dans leurs jeux bizarres et leurs danses farfelues. Et dans l'élan de leur vitesse acquise, ces populations ondo-particulaires, composées surtout d'électrons, entrent en collision avec une intensité plus grande, se désintègrent, et se transforment en de plus grandes quantités de lumière et d'énergie d'où surgissent des multitudes de photons, d'électrons et d'autres particules diverses qui déferlent en même temps que les scintillements s'amplifient et se transforment en flashs apparents plus intenses. Et dans le cadre de l'accélération de la vitesse de reproducto-multiplication primitive, ces grandes populations d'ondo-particules s'hypermultiplient en cascade et s'étendent comme une inondation...

Et maintenant, alors que ces ondo-particules n'étaient jusqu'à présent que des micro-éléments asymétriques et inactifs, énigmatiquement, beaucoup d'entre elles, peut-être dirigées par une mentalité bizarre et infiniment faible, s'agitent d'une manière presque coordonnée qui évoque une singulière fonction de reproduction et les fait presque ressembler à des entités vivantes qui auraient trouvé, au fil du temps, en se rencontrant et se désintégrant de façon appropriée, une manière primitive de se reproduire... mais par des systèmes complètement différents de ceux que nous connaissons. Or, en sachant que la reproduction est la caractéristique essentielle des organismes vivants, c'est à la fois incompréhensible et fascinant. Et le plus extraordinaire est que ces micro-éléments ondo-particulaires, dotés de ces étranges qualités quantiques, prolifèrent par trillions par seconde et dilatent continuellement leur espace territorial qui devient aussi plus dense et opaque, jusqu'à constituer de très légers nuages qui vont former, en s'épaississant, la première nébuleuse que nous appellerons désormais : la ***Mère***.

J - Excusez-moi de vous interrompre, monsieur Vaskas, mais la matière ne peut pas venir de rien, c'est bien connu. Il y a toujours une cause !

V - Toute opinion sur ce sujet est respectable... et les interventions pour des objections comme celles-ci sont appréciables car elles dénotent l'intérêt que vous y portez. Mais ici, il n'est pas encore question de matière, et tout ce qui est venu à l'existence jusqu'à maintenant ne consiste qu'en diverses ondo-particules.

Cependant, pour faire suite à votre remarque, je rejoins, comme certains autres chercheurs, la version soutenant que la matière est probablement partie de zéro, c'est-à-dire du moment où il n'existait pas encore de forme, ni d'événement initial précis. Car compte tenu du facteur néoquantique qui a rendu la physique classique incertaine et presque remplacé le déterminisme de la mécanique classique, toutes les vieilles approches cosmo-idéalistes, et plus particulièrement celle de la cause première, se sont pratiquement effondrées en même temps qu'il a été clairement démontré qu'elles n'avaient aucune valeur en microphysique. En conséquence, les vieilles et irrationnelles conclusions diverses, les hypothèses et argumentations faibles et infondées sur ce sujet ont été invalidées. Et pour certains, l'ancienne acceptation que rien ne peut se produire de rien s'est complètement écroulée au cours de l'année 1930, lorsque pour la première fois, dans les laboratoires de recherche nucléaire, de la matière a été créée de zéro, c'est-à-dire de rien, et qu'il a été prouvé en parallèle que la matière s'autocrée spontanément dans un espace vide et se crée d'énergie immatérielle... et non seulement que la matière se crée de l'énergie, mais aussi que l'énergie est produite de la matière. Mais c'est surtout la quantomécanique qui réfute l'affirmation que tout événement a une cause. Et pour ne pas surcharger cette réponse d'explications inutiles, pour éviter d'entrer dans d'interminables épistémologies, souvenez-vous que suite à de récentes découvertes, il est incontestable, pour moi comme pour d'autres, que la matière s'est constituée à partir de certaines particules qui ont commencé à s'autocréer approximativement comme cela vient d'être dit, c'est-à-dire semble-t-il de rien, ex-nihilo. Et cette interprétation est bien connue de nombreux experts et notamment de tous ceux qui étudient la physique.

Mais nul ne peut être dogmatique sur un tel sujet sauf sur un point vraiment incontestable : « Sans commencement originel, rien ne peut venir à l'existence ». Et donc votre opinion comme la mienne peuvent bien demeurer.

J - D'accord monsieur Vaskas, je vous en prie, continuez !

V - Alors, prenant l'incontestable comme point de départ, nous aborderons une nouvelle période...

PERIODE *3*

Les débuts de la symétrie ordonnée

V - Et maintenant, circulant dans la « Mère » en dilatation continuelle et opacifiée par leur reproduction impétueuse qui acquiert de la vitesse, ces ondo-particules indéfinies, indisciplinées, brouillonnes, incohérentes, en nombre infini, se mettent à évoluer d'une façon étrange... car tout en continuant de se comporter généralement d'une façon bizarre et incontrôlée, de se mélanger pêle-mêle, se recomposer, s'alterner et se reformer au fil de diverses combinaisons de sélections en de plus innombrables morphocollections incohérentes, de se déplacer à plus grande vitesse encore et se diviser en d'importantes colonies de populations, ces ondo-particules commencent à présenter diverses réflexivités et particularités idiorythmiques très complexes qui justifient l'existence et le développement d'une étrange mentalité.

Cela tient sans doute à notre incapacité et à notre faiblesse de ne pouvoir distinguer clairement de si ténues diffusions micro-ondo-particulaires de micro-éléments aussi infimes et imperceptibles. Pourtant, si nous disposions de microscopes plus puissants et d'autres instruments de recherche perfectionnés, il nous serait vraisemblablement possible de constater que dans le mélange et la confusion apparente de ces combinaisons et interactions erratiques, accidentelles, fortuites et incohérentes, surviennent désormais, de façon plus énigmatique encore, de plus nombreuses situations symétriques et ordonnées dues à l'avancement très complexe de cette mentalité en développement.

Ainsi, avec le temps, toujours dans le cadre de l'augmentation continuelle de la vitesse de reproduction, tandis que les populations d'ondo-particules polycomposées et polytransformées de petite ou grande viabilité se polymultiplient, les alternatives fortuites, les choix, les adaptations et mutations précédentes se transforment progressivement et systématiquement en ordre. C'est le début de la formation des premiers et très faibles *champs*...

PERIODE *4 *

La formation du Noyau maternel central

V - Et maintenant, de nouvelles forces provenant des intarissables interéquations ondo-particulaires et des échanges thermiques entre photo-électro-particules très rapides commencent faiblement à se manifester. En même temps, les mouvements électroniques encore inorganisés deviennent plus actifs et commencent à mobiliser la nébuleuse fluide que j'appelle « Mère », notamment sa région centrale qui entre en condensation tout en se mettant à tourner d'un lent mouvement cyclonique...

Et maintenant, les diverses liaisons primitives favorisent l'augmentation de la concentration des diverses ondo-particules qui entrent dans le mouvement rotatif et se condensent d'une manière importante dans toute la région centrale où l'accroissement de la vitesse de rotation développe une force centrifuge qui contribue à repousser et élargir continuellement sa périphérie circulaire jusqu'à former comme un oeil au milieu d'un cyclone.

Et tandis que la région centrale de la fluide nébuleuse maternelle cyclonique devient plus dense, tout en se dilatant et s'agrandissant progressivement, les innombrables populations d'ondo-particules, excitées avec plus d'intensité, se mélangent diversement, s'entrecroisent, s'interconnectent et s'accumulent pour former progressivement le ***Noyau***, séparé du reste de la nébuleuse maternelle par une ***membrane*** constituée de couches plus concentrées de nombreuses et diverses ondo-particules.

Et maintenant, tandis que la membrane thermocrative de séparation entre le Noyau de la nébuleuse « Mère » en continuelle rotation et dilatation et le reste de la nébuleuse est repoussée avec plus de fermeté par la force centrifuge produite par le renforcement progressif de la vitesse de rotation de l'hypersurpopulation d'ondo-particules qui se rencontrent plus violemment en libérant - lors des désintégrations et reformations répétées - une énergie encore plus grande transportée par des rayons lumineux, la friction continue des couches internes de la membrane du Noyau en grossissement constant renforce la production de chaleur et s'accompagne de bien plus puissants éclairs électriques d'où surgissent des cascades d'électrons excités, toujours indomptés et désordonnés, qui se désintègrent à une température encore plus élevée en une énergie encore plus forte qui se transforme, entre autres, en photons excités et de puissantes émissions de radiations...

PERIODE *5*

L'auto-constitution progressive de la mentalité administrato-constructrice globale que j'appelle *ΛV* (Lambda-Vé), *Λ* signifiant l'aller et *V* le retour, qui commence à construire la Loi cosmofonctionnelle fondamentale diverso-cyclo-attracto-répulsionnelle (l'unique principe qui comprendra graduellement la totalité des interactions, énergies, puissances, etc., etc.), et à fonder le Code homéo-reproductif poly-multiplico-ramifié, qui, en s'améliorant, deviendra le Code Universel ; et tout cela dans une association interdépendante qui forme le fonctionnement de tout ce qui existe ou existera.

V - Et maintenant, à l'intérieur de la dense nébuleuse cyclonique de la « Mère » en continuelle rotation et expansion, le très puissant tourbillon de son Noyau central dont la formation et la dilatation sont accélérées par le mouvement cyclorotatif commence à former tout autour un vaste anneau circulaire de dizaines d'années-lumière de circonférence ; et l'intervention par vagues de diverses espèces de radiations fortement activées sous forme de photons stimulés dans une même direction pour constituer des cascades de micro-éléments dont les qualités ondo-particulaires sont vraiment manifestes, se répète beaucoup plus souvent et rapidement. Parallèlement, le cycle perpétuel des multiplications s'accroît fortement avec la naissance continuelle d'un nombre incalculable d'ondo-particules élémentaires, comprenant des centaines d'espèces, visibles et invisibles, et notamment des électrons qui commencent à se concentrer en divers faisceaux extraordinairement longs pour former progressivement les premières charges élémentaires, les premiers champs, flux et courants électrocinétiques ordonnés.

Et pour éviter de décrire une multitude de détails concernant ces morpho-modifications, pour continuer d'avancer sur ce sujet, je dirai pour résumer qu'au cours de nombreuses années d'adaptations et de réadaptations, la force déjà manifeste de cette mentalité bizarre en élaboration se développe, devient plus active, et commence à acquérir la qualité attracto-répulsionnelle dans un anneau circulaire commandé par la force photo-électrique, qui conduit, grâce au mouvement alternatif des électrons, lorsque certains d'entre eux, en plus de vibrer-pivoter, se déplacent cinétiquement avec fougue, à la complète constitution de deux charges opposées : négative de l'électron et positive du positron...

Et maintenant, toutes les énergies spécialisées et photo-électro-multidiverso-composées se regroupent autour de cette force multiplicative primordiale, symétro-coordinatrice et hyper-sensible, qui transforme l'énergie cinétique en énergie dynamique attracto-répulsionnelle. Et c'est elle désormais, qui assure la constitution des diverses ondo-particules, leur continuel renouvellement multiplicatif, et la maintenance permanente de l'énergie, tout en améliorant sans cesse leurs liaisons symétriques pour qu'elles obéissent parfaitement à la règle cyclo-attracto-répulsionnelle.

J - Je ne comprends pas bien, monsieur Vaskas, tout cela est très compliqué !

V - Je sais que ce sujet est un peu difficile et qu'il demande de fournir un effort pour comprendre ; c'est pourquoi j'essaie de m'exprimer avec le vocabulaire le plus simple possible, en dehors du langage mathématique et des équations.

J - Oui, mais cela reste un peu difficile. Pourriez-vous reprendre cette explication.

V - Bon ! ... En quelques mots, mais avec suffisamment de précisions pour que vous puissiez bien comprendre, je répéterai que le fonctionnement de cette étrange mentalité primitive a commencé à la périphérie du Noyau maternel, en liaison avec la biénergie photo-électronique qui influence la puissance attracto-répulsionnelle nouvellement née. Et tandis que les électrons ne font que sautiller en tournant sur eux-mêmes, elle s'exprime d'abord dans le sens répulsionnel, parce qu'ils ont une charge faible, négative... et ensuite dans le sens attractionnel lorsque certains électrons se précipitent en sens opposé, dans un élan cinétique accéléré, pour se rapprocher l'un de l'autre ou aller à la rencontre d'autres électrons. Ils acquièrent alors une charge plus forte, positive, et se transforment en positron.

Et la puissance de cette mentalité se manifeste dans la désintégration des électrons et des positrons et la continuelle et frénétique multiplication d'ondo-particules d'amplitude élevée qui produisent une énergie plus grande encore qui commence à réagir avec la force photonique associée à une force de répulsion électrostatique entre électrons de même charge, surmontée ensuite - en raison de la fougue du mouvement de certains - par une force d'attraction électrocinétique entre électrons de charges opposées... et ces forces conjuguées maintiennent l'équilibre de la continuelle production d'énergie.

Et maintenant, tandis que les courants photoélectriques excités provoquent des éclairs de plus en plus brillants, l'énergie des désintégrations-reformations devenues cadencées s'incorpore aux autres forces photo-électro-attracto-répulsionnelles encore faibles mais presque disciplinées et incontestablement manifestes. Et comme les cycles sont bien suivis, ces forces combinées et interagissantes se développent dans une infinité de courbes et trajectoires périodiques, irrégulières, elliptiques, spirales et cycliques.

Après quelques perturbations dans leurs débuts, ces forces se transforment sur des billions d'années de sélections, d'adaptations et de réadaptations déterminantes, connectives, et surtout symétriques, en champs attracto-répulso-alternatifs, dans une orthonomie établie en collaboration appropriée avec les électrons qui cessent de se disperser d'une manière farfelue, commencent à vibrer-pivoter en cadence, et s'ordonnent progressivement en courants organisés.

Et ces forces attracto-répulsionnelles aux aspects différents, avec des variations de fréquence, des mouvements diverso-coopératifs, relatifs et cyclorotatifs, et des tâches diverso-répétitives, commencent à exécuter dans un anneau circulaire qui s'agrandit dans la perméabilité de la nébuleuse en l'éclaircissant continuellement, un processus d'évolution d'ordre électronique, autosélectif, progressif, selon de continuelles vario-morpho-permutations et isométro-équilibro-mérisations, souvent épicycloïdes, prépondérantes dans le développement et perfectionnement progressif, et autocombinatoire, jusqu'à réussir à assembler, systématiser, corréler, relativiser, classer, ordonner et coordonner la complication désorganisée. Et ces forces de courants électriques bien ordonnés améliorent la diverso-adaptabilité pour obtenir une configuration extrêmement complexe, assemblage de structures elles-mêmes composées de nombreux mouvements d'attracto-répulsions électroniques produisant désormais des impulsions, flux et circuits intégrés divers qui deviennent une sorte d'invisible réseau conducteur d'ondes de communications aux fréquences très différentes. Et ainsi, toutes les charges électriques de ce microcosme en développement continuel sont ordonnées pour s'attirer et se repousser à une certaine vitesse qui maintient tout ce qui est déjà existant...

Et maintenant, dans d'innombrables et extrêmement complexes adaptations et réadaptations, ces interactions photo-électriques composent une sorte de cerveau photo-électronique primitif, autoassemblé, automodulé, évolutivement synchronisé, qui s'autocorrige continuellement et produit une première sélection fonctionnelle rudimentaire de mentalité indistincte qui devient progressivement une faible syllogistique, et qui, durant des milliards d'années terrestres d'adaptations et de réadaptations, s'autoconstruit, s'autorépare et s'auto-organise, principalement grâce à des ondes stimulées d'électrons qui accélèrent constamment et dont la vitesse s'accroît pour former de plus rapides radiations et liaisons électroniques. Et toujours dans le cadre de cette force et pour établir un ordre fonctionnel, certaines ondes ou radiations différentes, apparentées à celles de notre perception visuelle, commencent à posséder une vitesse de transmission et d'exécution extraordinaire...

Et maintenant, ces ondes d'électrons connectés et en transmission avec d'autres ondo-particules, surtout des photons, interagissent d'une manière adéquate en acquérant l'énergie nécessaire pour réaliser d'innombrables combino-interconnexions réceptrices-transmettrices organisées et d'autres grilles complexes de commutations électroniques que l'élaboration continuelle dans une adaptation systématique et sur un intervalle de temps indéfini, transforme en faisceaux spécifiques d'électrons qui finissent par former des champs et circuits mieux ordonnés et disciplinés. Et ces derniers deviennent encore plus spécialisés, s'auto-assemblent, s'autoconstruisent, s'autoréparent et se transforment pour fonctionner comme diverses espèces de micro-processeurs complexes, où rien n'est laissé au hasard, qui incorporent des flux électriques organisés d'électro-ondes communicatives d'une impétuosité sans bornes qui se ramifient systématiquement jusqu'à occuper et contrôler progressivement toute la dense nébuleuse de la « Mère » en dilatation constante...

Et maintenant, dans la région médiane de la « Mère », dans l'anneau entourant son Noyau primordial en extension multiplicative, cet ensemble visible dans sa base mais invisible en tant que réseau d'énergie photo-électronique, qui se coordonne et se perfectionne continuellement, se développe sans cesse, s'améliore à chaque stade, peut être qualifié de mécanisme complexe programmé, surtout électronique. Nous pourrions essayer de nous représenter pour avoir une faible idée de son fonctionnement, celui d'un très puissant ordinateur électronique actuel, qui, bien que récent reste encore primitif, sauf que celui-là possède une puissance étendue et colossale et une capacité d'enregistrement énorme pour assurer la mémorisation des différentes sortes de multiplication et des formations homéomorphes de diverses espèces d'ondo-particules, et qu'il fonctionne avec des ressemblances invisibles mais existantes des plus récentes chips-logiques, avec des polymicroprocesseurs variables réellement très perfectionnés et extrêmement complexes et des circuits intégrés minuscules mais extraordinairement sophistiqués. De plus, installé autour du Noyau en rotation mais stable de la « Mère », ce mécanisme hautement plus complexe que le plus perfectionné des ordinateurs actuels et qui se comporte comme une immense concentration circulaire transparente, possède désormais une pensée de logique primitive dotée d'une unité communicative qui commence à se développer en installant des relais dans toute la structure de la nébuleuse maternelle pour établir partout les mêmes interactions photo-électro-fonctionnelles constituées sur la base de la polymorpho-attracto-répulsion...

Et maintenant, contenant un nombre incalculable - au-delà des milliards - de minuscules ondo-électrocycles qui fonctionnent comme des puces invisibles et des microtransistors autoformés, ce gigantesque mécanisme peut se focaliser pour agir et contrôler coordinativement toutes les formes évolutives de symétries grâce à son réseau d'une très grande résolution, porteur de radiations et photo-électro-rayonnements très vifs et rapides. Et cette mentale entitogénèse primitivement inorganisée devient progressivement plus organisée et le manque d'ordre se transforme en ordre avec des courants de tension négative et positive et des charges électriques disciplinées. Alors cette mentalité qui ressemble maintenant à un gigantesque hyperordinateur invisible intégralement autoformé, capable d'agir à très grande échelle, s'enrichit peu à peu selon un système qui mémorise les informations recueillies sur un nombre incalculable de milliards d'années... et de bizarre et rudimentaire au départ, elle se développe, se spécialise, s'intellectualise et se transforme continuellement jusqu'à parvenir à constituer une logique primordiale en continuelle progression vers l'intellectualisme...

Et maintenant, ayant installé son siège dans la région médiane autour du Noyau primordial, cette logique transforme l'espace immense et rond de la périphérie du Noyau en un énorme accélérateur-multiplicateur de tension et de chaleur - un peu comme un accélérateur de particules de type cyclotron - qui fonctionne dans le cadre de la force attracto-répulsionnelle coordinatrice. C'est-à-dire que le Noyau aspire maintenant, par sa force d'attraction et dans la vitesse cyclonique en constante augmentation de sa région centrale, les diverso-ondo-particules qui se rencontrent, se désintègrent et se transforment, avec l'accélération de la vitesse, en plus d'énergie qui reforme et fait de nouveau jaillir des particules et antiparticules de même catégorie, légères et lourdes. Par exemple, lorsque sa force d'attraction aspire des électrons et des positrons, les deux ondo-particules de charges opposées se rencontrent dans l'espace de la périphérie du Noyau et se désintègrent en produisant, avec l'accélération, plus d'énergie qui reforme ensuite et fait jaillir de nouvelles particules et antiparticules, notamment des électrons et positrons, suivant un cycle réflexif, répétitif, et multiplicatif. Et il en va presque de même des autres particules, pendant que le progrès de l'intelligibilité reste toujours entretenu...

Et maintenant, progressivement, à travers de nouvelles particulo-diversifications, cette énergie se transforme en particules légères et lourdes dont les interactions, notamment des photo-électro-symétrisations et d'autres invisibles microcosmes, s'incorporent à cette mentalité, la font avancer, et constituent, par une mutuelle coopération, une énorme logique qui active, règle, synchronise, ordonne et connecte toute cette immense famille de courbes variables, de différentes espèces de toutes sortes de charges, symétries particulaires, ondo-radiations, etc., etc., qui obéit à la Loi cyclo-attracto-répulsionnelle maintenant bien constituée. Et lorsque la construction continuelle de chacune de ces catégories de particules, par une impulsion bien expérimentée, devient homéomorphe, elle mémorise les procédures dans un Code.

Et maintenant, cette logique en continuel perfectionnement intellectuel contrôle en particulier tout le fonctionnement des signaux électroniques - même les plus rapides - et des photo-électro-rayonnements exacerbés qui sont transmis à des vitesses extrêmement élevées par des applications ondo-télécommandées rappelant des émetteurs-récepteurs de très longue portée... si bien que l'ensemble de ce réseau composé de tous ces divers mouvements micro-électroniques est déjà capable de transmettre des trillions de micro-interactions - sorte de bits - par seconde, à partir des divers et innombrables circuits électroniques immatériels, invisibles et concentrés dans l'anneau circulaire entourant le Noyau maternel. Et désormais, cette mentalité contrôle aussi et perfectionne continuellement l'ensemble de la structure polyprogresso-multiplicatrice de cette première nébuleuse cyclonique, hypergigantesque et fluide, que j'appelle la « Mère », qu'elle fait croître dans une incessante expansion courbe multiplicative...

Et maintenant, toute la complexité que j'ai mentionnée en détail de la constructo-transformation des ondo-particules en multiplico-cyclo - recyclo - réflexo - interactions toujours multiplico-renouvelées, avec de continuelles désintégrations créatrices d'énergie et reformations, s'équilibre dans la Loi cyclo-attracto-répulsionnelle qui a encore progressé...

Après des millions d'années d'organisation progressive, cet ensemble administratif de diverses liaisons photo-électroniques qui fonctionne comme un ordinateur pensant, vraiment très élaboré, ayant la capacité de résoudre des milliards d'opérations par seconde, comme un cerveau électronique géant, génial, autoconstitué, visible dans sa structure mais, je le répète, invisible pour ce qui est de l'énergie qui constitue son dynamisme énergo-multiplicatif et coordino-exécutif, et qui devient capable de gouverner par sa logique syllogistique qui s'intellectualise et qui mémorise dans le *Code* tout le processus de structuration de la « Mère » et de son « Noyau », je l'appelle le siège de la ***ΛV*** - **du Λ** (lambda grec) **signifiant l'aller dans le début d'un cycle qui se transforme en V** (V latin) **au retour -**, la mentalité administrato-constructrice qui continue de développer et perfectionner la Loi attracto-répulsionnelle (ou de l'éloignement-rapprochement) proportionnelle, multidiverso-cyclique, équilibrée, en parallèle avec le Code homéo-reproducteur diverso-multiplicateur qui emmagasine toutes les expériences constructives et multiplicatives précédentes au premier stade symétrique du processus de chaque développement dans sa mémoire diverso-assemblée qui contient toutes les procédures des premières diverso-constructo-formations homéo-morpho-identiques et qui mémorisera les suivantes par la suite.

PERIODE * 6 *

La formation de la *polarisation* et des premiers éléments de structure complexe, et le commencement de l'inspiration-expiration qui alimente le Noyau et la nébuleuse maternelle

V - Et maintenant, après la création de la charge négative de l'électron et positive du positron, et parallèlement à la production des charges positives et négatives d'autres particules, la ΛV, agissant notamment dans cette période primitive en tant que mentalité administrato-constructrice comprenant la force photo-électronique énergo-multiplicative coordino-exécutive générale, commence à établir l'équilibre entre stabilité et instabilité tandis que les particules aspirées atteignent l'espace périphérique de l'immense cyclone où elles s'entrechoquent, brûlent, se multiplient... et aussi pénètrent à l'intérieur du Noyau ; et lorsqu'un équilibre proportionnel et harmonieux de l'énergie cyclo-attracto-répulsionnelle toujours en progresso-développement est atteint, la ΛV commence à organiser les populations en continuelle multiplication des différentes espèces de particules et à les doter maintenant d'une certaine masse, notamment celles composées de particules et d'antiparticules électroniques parmi lesquelles certains électrons qui deviennent plus lourds... En même temps, avec une incroyable précision, elle dynamise leurs charges électriques alternatives, les active plus et les transforme à grande échelle en champs attracto-répulsionnels. Et lorsque cette systématisation est terminée, avec l'énergie appropriée combinée à diverses radiations, la mentalité administratrice et constructrice ΛV hyperactive tout l'espace périphérique du Noyau maternel... et en excitant plus encore les innombrables particules électrochargées qui ont déjà commencé à tourner cycloniquement, elle leur imprime un mouvement d'une vitesse particulièrement grande, qui entraîne, du fait de l'extrême multiplicité des rencontres, une élévation encore plus rapide et importante de la température et de la chaleur dans l'espace interne du Noyau maternel, et l'agrandissement de la région administrative annulaire qui l'entoure.

Et tandis que les innombrables cascades de populations d'ondo-particules mixtes (particules et antiparticules), légères et lourdes, se désintègrent toujours et entrent dans le courant multiplicatif devenu plus fort en se multipliant à l'extrême, elles interagissent et continuent de se repousser et s'attirer mutuellement en fonction de la puissance de leurs charges électriques ou de la fougue de leurs mouvements cinético-rotatifs en formant un flux, qui obéit au processus suivant lequel deux charges électriques semblables se repoussent et deux opposées s'attirent. Et sur ce principe, la ΛV établit deux pôles opposés, Nord et Sud, et forme progressivement une bonne ***polarisation*** du Noyau maternel, qui, mettant en action un phénomène continuel d'attraction-répulsion agissant comme une respiration à travers des pores parsemés sur la membrane, sous un effet de manque, attire ou inspire par tous ses pores, mais surtout au voisinage des deux pôles, un déluge de diverso-particules venant de l'extérieur qui pénètrent à l'intérieur et se désintègrent lors d'incessantes rencontres en produisant une plus grande thermo-énergie et donc une chaleur d'une intensité beaucoup plus importante dans laquelle les particules sont « cuisinées » en particules plus lourdes, qui, arrivées à maturité, sont repoussées vers l'extérieur par la puissance centrifuge jusqu'à ce qu'elles soient répulsées ou expirées par les pores de la membrane, notamment ceux situés au droit d'une large bande équatoriale... et de nouveau inspirées... et dans ce processus, par les substances qu'il rejette, le Noyau nourrit aussi continuellement la nébuleuse maternelle qui tourne autour de lui.

Et maintenant, la ΛV polarise de la même façon toute la nébuleuse maternelle primordiale. Et elle contrôle désormais chaque action en profitant de l'influence de la polarisation, tandis qu'à l'intérieur du Noyau, dans une énergie thermique très puissante, les interactions augmentent et les particules se rencontrent avec plus de violence et s'agglutinent tout autour pour fortifier sa membrane et l'espace périphérique qui le sépare de la nébuleuse maternelle...

Et maintenant, dans l'espace interne du Noyau maternel, la ΛV aménage plusieurs zones de divers courants de température et de vitesse alternatives. Et là, dans les zones de hautes températures, dans une véritable fournaise, avec certaines particules élémentaires, elle compose les premières structures de synthèse, indistinctes et réellement minuscules, qui vont désormais jouer un rôle prépondérant dans le commencement de la synthèse de la matière.

***J -	Permettez-moi de vous poser une question monsieur Vaskas : Pourquoi n'avez-vous pas encore prononcé les mots « électromagnétisme » et « gravité », les principaux termes utilisés par tous les astrophysiciens du monde ?***

V -	C'est normal cher ami, car je parle des mouvements colossaux qui ont lieu à l'intérieur et autour du Noyau maternel dont les dimensions dépassent désormais les dizaines d'années-lumière. Et depuis la formation de la ΛV, l'équilibrage du mouvement dans l'espace de tous les corps spatiaux, et de la Terre par la suite, obéit à une seule Loi fondamentale : l'attraction-répulsion organique cosmique proportionnelle, qui régit toute la structure et le fonctionnement universel. Vous pouvez donc comprendre pourquoi je ne mentionne pas les forces électromagnétiques et la gravitation, des termes qui sont apparus et se sont développés avec Galilée dans les années 1600, Newton en 1680, Faraday et Ampère en 1830, Maxwell en 1876, et qui ont été repris par la physique bien connue de la première partie du 20ème siècle et des années qui ont suivi pour constituer la physique non pas mégatomique, galactique ou cosmique, mais surtout endoterrestre, par ailleurs très bien élaborée suivant la connaissance disponible à chaque époque.

J - Oui, je comprends. Continuez, s'il vous plaît, et si possible avec des mots plus simples.

V - Croyez bien que j'apprécie également la simplicité et la clarté. Et dans un souci de vulgarisation, sachant que la science n'a de valeur que si elle est compréhensible, je vous répète que j'essaie d'éviter tout langage mathématique et épistémologique vraiment difficile en utilisant les mots les plus simples. Cependant comme tout sujet complexe, celui-ci a besoin des mots nécessaires à son expression.

PERIODE * 7 *

La constitution de la Nucléosynthèse qui comprend tout le processus des réactions diverso-thermonucléaires

V - Et donc, maintenant, à l'intérieur du Noyau maternel, dans l'inimaginable densité de son espace interne, à de très hautes températures et des vitesses élevées, la moindre vague d'énergie, ou un seul photon, est capable de produire un couple électron-positron. Et ces ondo-particules ne sont pas les seules à constituer des forces, car le système tout entier y contribue, avec les centaines d'espèces d'autres particules et antiparticules légères et lourdes, auxquelles la ΛV a aussi donné un mouvement « autorotatif ». Et avec certaines particules désormais de différentes masses et des électrons positivement chargés, elle compose la première particule de synthèse, ou noyau (l'équivalent d'environ 1800 électrons), d'existence presque sans fin, appelé *proton*, dans lequel elle implante la première réplique microscopique du Code homéo-morpho-diverso-reproducteur symétrique, et qu'elle dote d'une charge électrique positive.

L'assemblage du proton marque donc une étape importante dans l'histoire de la composition de la matière, et bien que sa rencontre frontale dégage une puissante énergie, il reste le plus simple des noyaux, celui de l'élément chimique le plus léger, ***l'Hydrogène***, constitué d'un seul proton, relativement lourd. Et c'est par le proton que commence la formation de la matière (en grec « υλη ») primordiale et fondamentale.

Et une fois entré dans la force multiplicative, presque tout l'espace à l'intérieur du Noyau maternel se remplit de protons qui deviennent la base polymorpho-constitutive de la matière. Et du fait de leur multiplication effrénée et de la force répulsionnello-centrifuge, ces noyaux passent à travers les pores de sa membrane, notamment au niveau d'une large bande équatoriale, et se répandent au dehors jusqu'à la bordure de la fluide nébuleuse maternelle, maintenant d'immenses dimensions. Ce qui signifie que désormais, les noyaux d'Hydrogène n'occupent pas seulement la quasi-totalité de l'espace interne du Noyau, mais aussi toute la nébuleuse qui l'entoure. Parallèlement, de la même manière ou presque, la ΛV assemble l'antiproton, son antiparticule, de structure instable...

Et maintenant, dans l'espace à l'intérieur du Noyau maternel, en suivant le Code symétrique implanté dans le proton ou noyau d'Hydrogène et par les mêmes interactions, la ΛV combine les mêmes éléments ou presque pour former le ***neutron***, particule légèrement plus lourde que le proton et aussi importante pour la formation de la matière, mais avec des charges électriques neutres ; et notez que le proton et le neutron sont les deux constituants de tous les noyaux atomiques... Et dans ces mêmes interactions, le neutron se transforme aussi, suivant certains processus radioactifs, en proton. Et presque de la même manière, la ΛV assemble aussi son antiparticule : l'antineutron.

J - Voulez-vous dire que la ΛV crée autant de matière que d'antimatière ?

V - Oui car même si du point de vue, parfois contradictoire, de la physique, il n'y a pas d'antimatière sur notre planète, ses équations démontrent que si la matière existe, l'antimatière existe également. Donc, en dépit de certaines contradictions qui subsistent entre les données et les théories, il convient de respecter les travaux reconnus par la plupart des physiciens qui soutiennent qu'avec la constitution de matière, il y a aussi formation d'antimatière. Cela étant, il n'est pas anormal d'affirmer que l'antiproton a été constitué en même temps que la constitution du proton avec presque les mêmes particules.

J - S'il vous plaît, dites-moi de quelle manière les physiciens illustrent la structure du proton et du neutron ? Quels détails ajoutent-ils ?

V - Bien que ces précisions, considérées comme données par les physiciens, ne soient pas encore confirmées, certaines ne sont peut-être pas loin de la réalité... mais je ne sais pas si elles sont adaptées au développement de la matière primitive dans le Noyau maternel.

J - Et d'après la physique, comment la matière synthétique primitive est-elle structurée ?

V - La physique contemporaine structure la matière avec une collection de quarks rassemblés en diades et triades intégrées et dénommés hauts, bas, étranges, charmes, beaux, tops, assortis de couleurs ou charges chromiques, etc. Par exemple dans le proton, il y aurait 3 quarks symbolisés par les lettres duu, et les antiprotons auraient 3 antiquarks, $d^{-}u^{-}u^{-}$. Et il en serait de même pour les neutrons, avec les lettres udd, et les antineutrons $u^{-}d^{-}d^{-}$.

J - Oui, cela semble vraiment très compliqué !

V - Compliqué ! Non, mais rempli d'interrogations. De toute façon, il est bien accepté que la matière attire la matière et que la matière et l'antimatière se repoussent ; et que si matière et antimatière viennent à se rencontrer, cette collision provoque leur annihilation dans une transition lumineuse avant leur retransformation en matière et antimatière de qualité différente. Mais il serait absurde de prétendre, sous prétexte que ces phénomènes ne se produisent pas dans les régions terrestres, qu'il n'y a pas d'antimatière dans l'Univers.

J - Oui, c'est logique.

V - Alors si c'est logique, permettez-moi de reprendre, dans les termes les plus simples possibles, cette approche de la formation de la matière dans le Noyau maternel, où, parallèlement, en combinant les mêmes éléments ou d'autres, la ΛV forme aussi d'autres espèces de noyaux synthétisés.

Et tandis que les nouveaux noyaux synthétisés, notamment les éléments constitutifs de base que sont les protons et les neutrons, sont assemblés et multipliés dans les divers courants de température et de vitesse alternatives de la zone polythermique remplie de diverses autres structures particulaires et antiparticulaires qui entoure la région centrale du Noyau maternel, la ΛV commence la spécialisation du stade primordial de développement du Code homéo-morpho-diverso-reproducteur symétrique, d'après lequel elle assemble désormais et hypermultiplie, toujours à l'identique, tous ces lourds et plus lourds noyaux de synthèse.

PERIODE * 8 *

Le déclenchement, dans la nucléosynthèse, de la réaction en chaîne de la force thermonucléaire et la transformation de l'énergie de la ΛV, de photo-électronique en photo-électro-neutrino-nucléo-synthétique.

V - Et maintenant, après l'élaboration de la Loi attracto-répulsionnelle à laquelle les noyaux nouvellement composés commencent à obéir, tandis que les protons occupent presque tout l'espace de la fluide masse nébuleuse maternelle en continuelle dilatation - notamment à l'intérieur de son Noyau, à proximité de la membrane et dans la zone des hautes températures -, la ΛV active deux protons qui réagissent en libérant un positron et un neutrino, les réunit, et les agglutine avec certaines particules pour former un noyau de matière de plus grande synthèse, composé d'un proton et d'un neutron ; et elle constitue le premier et rare isotope de l'Hydrogène, appelé *__Deutérium__* ou Hydrogène lourd. Et tandis que les réactions nucléaires réagissent fortement avec cet isotope inflammable, les neutrons libres restants, devenus instables, se désintègrent et se transforment en protons, en même temps qu'ils expulsent des électrons sous forme de radiations de type bêta et émettent les premiers antineutrinos.

Et avec un neutron de plus, la ΛV synthétise le noyau encore plus rare et inflammable du *__Tritium__*, le deuxième isotope de l'Hydrogène, qui devient radioactif.

C'est avec et à partir de ces premiers éléments de matière que la ΛV va construire la première « matière synthétique ».

Alors, elle active le Deutérium et le Tritium, ces isotopes lourds de l'Hydrogène qui réagissent facilement et se dématérialisent même quelquefois spontanément, pour allumer encore plus énergiquement les réactions nucléaires et les renforcer pour qu'elles deviennent thermonucléaires et se produisent en chaîne. Mais comme le Deutérium et le Tritium sont des noyaux rares, cette thermoréaction risque de disparaître à peine amorcée ; aussi, pour maintenir les réactions en chaîne, la ΛV combine deux noyaux d'Hydrogène avec un neutron pour produire le noyau d'Hélium-3 (composé de deux protons et un neutron)...

ensuite, l'Hélium-3 réagit avec le Tritium et le Deutérium pour former l'Hélium-4, ou encore, en s'unissant avec un neutron, l'Hélium-3 synthétise aussi le noyau d'Hélium-4 ou particule alpha (composée de deux protons et deux neutrons).

De cette façon, les réactions thermonucléaires continues commencent à se généraliser dans l'espace proche de la membrane, à l'intérieur du Noyau maternel, produisant en permanence d'énormes quantités d'énergie thermique dans laquelle la ΛV synthétise de nouveaux noyaux. Et dans le même temps, au cours de ces réactions, les protons se transforment en neutrons et en positrons dans de soudaines désintégrations qui libèrent un déluge de neutrinos et diverses radiations. Et progressivement, l'Hydrogène, le Deutérium et le Tritium, la famille protonique, deviennent les protagonistes des réactions de fusion thermonucléaire en chaîne connues sous l'expression de réactions **proton à proton**... et tandis que les neutrinos sont aussitôt incorporés dans la ΛV, sa force devient ainsi photo-électro-neutrino-nucléo-synthétique ; et toujours dans le cadre de réactions thermonucléaires en chaîne à l'intérieur du Noyau maternel, la ΛV poursuit la nucléosynthèse et l'assemblage d'autre matière de synthèse.

PERIODE   * 9 *

La nucléosynthèse au coeur de la nébuleuse maternelle

V - Et maintenant, dans le tournoiement de l'immense espace du Noyau maternel, à proximité de la membrane, la ΛV combine les nucléons avec une grande maîtrise pour constituer des noyaux encore plus lourds. Et avec six protons et six neutrons, elle forme le noyau stable du Carbone-12. Et dans des arrangements très sophistiqués, toujours dans les zones polythermiques de l'espace interne allant jusqu'à la membrane qui sépare le Noyau de la nébuleuse devenue hypergigantesque, la ΛV poursuit la matério-synthéto-composition, ou nucléosynthèse, en constituant le noyau d'Oxygène qui comprend huit protons et huit neutrons... puis elle constitue bien d'autres compositions complexes de noyaux comme ceux du Néon, du Sodium, du Magnésium, de l'Aluminium, du Silicium, du Phosphore, etc.

Ensuite, toujours dans le cadre des réactions ou fusions thermonucléaires dans les zones polythermiques de l'espace interne du Noyau maternel, la ΛV synthétise des noyaux encore plus lourds : Fer, Soufre, Argon, Chlore, Potassium, Calcium, Titane, Vanadium, Scandium, Chrome, Cobalt, Nickel, Zinc, Cuivre, etc., tandis que dans les courants plus froids de ses zones diverso-thermo-alternatives, elle constitue les noyaux de certains éléments plus légers comme le Béryllium, le Lithium, etc. Et en entrant dans le courant reproducteur du Code tous ces noyaux se multiplient à foison.

Et maintenant, dans l'extrême multiplication des réactions thermonucléaires et l'hyperaccélération du mouvement tourbillonnaire de la matière à l'intérieur de la fournaise de l'espace polyproductif du Noyau maternel, la ΛV forme d'autres noyaux encore plus complexes. Et toujours sous l'influence de son énergie photo-électro-neutrino-nucléo-synthétique en constant accroissement, elle perfectionne les continuelles réactions ou fusions thermonucléaires en chaîne et accroît la production de diverso-matière, avec un déluge de divers noyaux, jusqu'à ce que l'organisation matério-nucléaire soit complète.

Parallèlement, l'action du puissant cyclotournoiement interne du Noyau maternel produit une force d'aspiration qui s'amplifie et attire notamment l'antimatière qui est systématiquement absorbée au travers de sa membrane et vient se désintégrer au contact de la matière flottant dans presque tout l'espace périphérique enveloppant le Noyau formant une immense couche de lumière continuelle. Ainsi, alimentée par l'énergie des continuelles désintégrations matière/antimatière en plus de celle des réactions thermonucléaires en chaîne, la ΛV peut compenser la perte d'énergie sortant par répulsion et la contrebalancer constamment pour que se maintiennent des conditions adéquates de cuisson de la matière en maturation dans les zones internes du Noyau...

Au cours de transformations successives et d'incessants réarrangements sur de longs intervalles de temps, la ΛV - dont le siège visible constitue un vaste anneau circulaire autour du Noyau maternel, tel que je l'ai décrit dans la période 5 -, assemble de nouveaux noyaux encore plus lourds et polycomplexes, comptant des dizaines de protons et neutrons, tels que l'Uranium, le Neptunium, le Plutonium, l'Américium, le Lawrencium, etc., etc., dans les zones polythermiques de l'espace interne du Noyau, qui, sous l'effet de la pression latérale des courants est en forte rotation.

Et au fur et à mesure, tout ce processus de nucléosynthèse est enregistré dans le Code homéo-morpho-diverso-reproducteur symétrique, qui devient expérimenté, car il possède désormais en mémoire tous les détails du processus de constitution des différents noyaux de synthèse, avec toutes les précisions concernant le développement progressif de l'organisation de la matière : c'est-à-dire l'ensemble des informations et l'expérience concernant tous les processus constructifs de matière diverse, accumulés sur l'équivalent de milliards d'années terrestres.

PERIODE * 10 *

La matière de la nébuleuse maternelle et de son Noyau parvient à maturité dans le processus du mécanisme alimentaire aspiro-répulsionnel

V - Et maintenant, dans l'immense espace périphérique du Noyau maternel, le renforcement constant de l'énergie thermique, qui résulte des incessantes et toujours plus fortes réactions thermonucléaires et des continuelles désintégrations d'antimatière absorbée à travers la membrane de surface du Noyau et rencontrant de la matière, est à son comble. Et sachant que de nombreux protons ont déjà commencé à se transformer en formant des cascades de neutrons, et que certains neutrons se retransforment en protons, afin d'éviter la décomposition des noyaux lourds matures et de les préserver de l'élévation continuelle de la chaleur de cette fournaise, la ΛV influence de manière appropriée les différents noyaux de structure polychimicocomplexe composés notamment de neutrons et protons venus à maturité dans des réactions ou fusions thermonucléaires continues, pour qu'ils ouvrent quelques orifices dans la membrane qui enveloppe le Noyau.

Alors, profitant de la pression causée par la dynamique d'expulsion provoquée par la force rotativo-centrifuge, les gaz surchauffés et les poussières, pleins de matière mature et lourde, ouvrent de grands orifices en plusieurs endroits de la membrane et sont propulsés diagonalement, du fait du mouvement cyclorotatif, dans l'espace de la nébuleuse maternelle, autour de son Noyau. Et lancés à grande vitesse et en grande quantité, ils se dispersent dans les nuages de la nébuleuse et se mélangent aux diverses particules déjà présentes, aux électrons et surtout à l'Hydrogène, en provoquant des réactions sporadiques qui émettent diverses radiations dans la nébuleuse et augmentent sa température.

Et maintenant, avec les gaz surchauffés et les poussières, la matière mature, pleine de noyaux bien cuisinés, est semée en permanence autour du Noyau. Elle occupe presque tout l'espace de l'hypergigantesque et fluide masse nébuleuse primordiale en constante dilatation et sensiblement sphérique que j'appelle la « Mère », dont le mouvement cyclonique s'accélère, entraîné par la puissance cyclonique aérothermodynamiqe produite au niveau des grands orifices de son Noyau devenu une formidable machine rotative animée par une puissance endogène de fusion nucléaire spécialisée dans la synthéto-production de diverso-matière, constituée notamment de cascades de divers noyaux semés dans toute la nébuleuse.

J - Excusez-moi de vous interrompre monsieur Vaskas, mais j'ai du mal à comprendre ce processus, pourriez-vous le préciser un peu plus ?

V - Bien sûr cher ami, ce n'est pas très facile à comprendre. Aussi prêtez toute votre attention car pour être plus clair, je répéterai que l'aspiration vertigineuse produite par l'extrême vitesse rotative à l'intérieur du Noyau maternel, fait qu'il fonctionne comme une turbine à réaction ou plutôt comme une turbine aspiro-répulsionnelle à fusion thermonucléaire, ou plus précisément, comme un système attracto-répulsionnel, attirant ou aspirant par les pores de sa membrane, surtout au voisinage des deux pôles, des vagues d'antimatière et de matière brute qui entrent vers l'espace interne du Noyau, constitué d'une série de diverses chambres ou zones de combustion alimentées par des courants de vitesses et températures alternatives, dans lesquelles la matière et aussi l'antimatière, sont cuisinées dans des réactions thermonucléaires ; et une fois que la matière bien élaborée et préparée, chaude et dilatée, arrive à maturité, elle est expulsée, surtout par les grands orifices ouverts dans la membrane du Noyau, notamment de part et d'autre d'une bande équatoriale où la rotation est plus rapide et donc la puissance centrifuge plus importante... et cette expulsion, d'un côté donne une forte aéropulsion cyclique au Noyau et à la nébuleuse maternelle et d'un autre côté sème et mélange la matière mûre sortante avec la matière de tout l'espace de la nébuleuse primordiale. Ainsi la matière brute et insuffisamment préparée - les noyaux, gaz, poussières, etc. - est d'abord aspirée pour nourrir le Noyau qui la transforme et l'élabore en matière mûre avant de l'expulser ou la repousser et la rejeter vers l'extérieur, où elle déforme, enrichit, et nourrit d'un repas bien cuisiné, toute la structure de la nébuleuse primordiale. Et tandis que cette matière mûre et chaude se mélange dans la nébuleuse en tournant autour du Noyau maternel, certains noyaux lourds et bien élaborés sont à peine sortis du Noyau qu'ils rencontrent de l'antimatière et explosent en produisant une inimaginable lumière qui s'incruste dans l'immense couche lumineuse entourant la membrane du Noyau maternel, à travers laquelle se fait l'absorption et la désintégration continuelle d'antimatière, comme mentionné à la période 9 ... Et l'unification de ces sources de lumière produit sur toute la surface une enveloppe de lumière continuelle comparable à celle de plusieurs millions de soleils comme le nôtre qui s'allumeraient en émettant divers rayonnements puissants.

De la même manière, d'autre matière brute et insuffisamment préparée est une nouvelle fois aspirée, comme ruminée, avec plus encore d'antimatière, par les pores de la membrane du Noyau pour être re-cuisinée avant d'être expulsée à nouveau et de la même manière dans toute la nébuleuse, etc., etc. Et cette espèce de rumination inspiro-expiratoire, de cyclo-recyclage d'entretien permanent, qui fournit au Noyau maternel et à la nébuleuse de continuels repas bien cuisinés et très sophistiqués, se répète inlassablement, pendant des milliards d'années, et remplit la nébuleuse maternelle de cascades de divers noyaux mûrs, gaz, poussières, etc., qui rencontrent des électrons.

J - ***Mais monsieur Vaskas, ce mécanisme qui donne au Noyau une si forte lumière est vraiment fascinant et extraordinaire ! De plus, je n'aurais jamais pensé qu'un si simple mécanisme puisse réellement nourrir d'une nourriture continuellement renouvelable le Noyau et la nébuleuse maternelle. Mais pourquoi riez-vous ?***

V - Parce que votre enthousiasme fait plaisir à voir. Le système sophistiqué du mécanisme réacto-attracto-répulsionnel du Noyau maternel est le plus ancien qui soit, il fonctionne, je le répète encore une fois, presque comme une fusée, un moteur à réaction, ou un statoréacteur nucléaire d'une puissance inimaginable. Et ses incessants recyclages perpétués dans le cadre des ordres et de la Loi fondamentale, cyclo-attracto-répulso-proportionnelle de la ΛV s'exercent dans les particulo-désintégrations, les réacto-nucléo-dématérialisations, les reproducto-multiplications et les régénérations de matière pour produire une nourriture bien cuisinée qui alimente en permanence le Noyau maternel, et aussi, par son système d'exploitation (à travers ses tuyères, c'est-à-dire les pores et notamment les grands orifices de sa membrane) toute la structure de la nébuleuse maternelle d'un déluge de diverso-matière bien préparée...

J - ***Ce processus qui est très visible dans toutes les Galaxies mûres rappelle celui de notre organisme, car pour vivre, à côté d'autres nécessités, nous aussi nous mangeons de la nourriture, digérons et assimilons des matières nutritives et expulsons inévitablement les matières inutiles dans les selles.***

V - Oui, à cause du Code homéo-reproducteur, un processus semblable ou presque est inévitable, même pour les êtres humains.

PERIODE * 11 *

La ΛV devient intelligente en ajoutant aux nucléons une partie de son énergie administrative, les électrons, et en réalisant la synthèse des atomes ; ses énergies administratives photo-électro-neutrinique et constructives nucléo-atomo-synthétique s'unissent pour former ensemble l'Energie Unifiée de la ΛV Photo-Electro-Neutrino-Nucléo-Atomo-Synthétique

V - Et maintenant, dans toute la nébuleuse maternelle primordiale élargie et remplie de divers noyaux synthétisés, notamment de nucléons et d'électrons, à une température ne dépassant pas les quelques milliers de degrés, la ΛV, avec une logique phénoménale, ajoute à chaque noyau nucléonique, en proportion du nombre de ses protons, et non du nombre de ses neutrons, le même nombre d'électrons, c'est-à-dire une partie de sa force exécutive. Mais comme les électrons sont chargés négativement, l'attracto-répulsion qui opère sur eux, les oblige à tourner en orbite et en couches successives autour de chaque noyau nucléonique dont la charge positive est donnée par les protons chargés positivement. Ainsi, la ΛV active les électrons pour qu'ils suivent, comme les planètes autour du Soleil, des orbites cycliques et elliptiques, stabilisées et équilibrées, souvent avec une isométrisation étonnante, autour de chaque noyau nucléonique.

Cela signifie cher ami, qu'au cours de cette phase, la ΛV acquiert l'intelligence. Car après avoir inscrit dans la mémoire de son Code symétrique les procédures assemblo-polysynthétiques complexes de la chimie des divers noyaux, elle commence à construire systématiquement et avec virtuosité les premiers éléments complexo-assemblo-combinés ; et ce sont ces prodigieuses - il faut le reconnaître - miniatures synchronisées de la plus parfaite micromécanique qui composent les briques de tout ce qui existe ; et Démocrite, lorsqu'il les découvrit, environ 2400 ans avant notre temps, en Grèce, les appela *__atomes__* (du mot grec « ατομο » signifiant « personne »).

Alors maintenant, à de plus faibles températures, la ΛV élabore la matière synthétique primitive avec plus de précision et transforme la nucléo-synthéto-production en atomo-production. Pour ce faire, elle assemble d'abord les atomes des éléments légers et ensuite ceux des éléments plus lourds, et elle commence à réaliser par divers processus nucléaires, la diverso-atomo-synthèse.

Et pour entrer dans les détails, à chaque proton qui renferme la première réplique microscopique du Code multiplicateur d'origine, la ΛV ajoute, avec une précision mathématique, un électron, qui, je le répète, est une minuscule partie de son énergie administrative, tandis qu'un photon est émis lors de cette combinaison. Ainsi, elle commence par assembler le plus simple et le plus léger des atomes, « l'Hydrogène », constitué d'un seul proton et d'un électron, qui devient en même temps, à travers le Code, la base de toute la multidiverso-transformation chimique nucléo-atomo-synthétique. Et une fois entré dans le courant de la force multiplicative, leur population s'accroît sans compter.

Puis, après avoir réuni sous l'influence de la force cyclo-attracto-répulso-nucléaire et dans des conditions de température appropriées, un proton et un neutron à l'aide de certaines particules, en ajoutant un électron, elle compose l'atome d'Hydrogène lourd ou Deutérium. Et après avoir uni deux neutrons à un proton, et en ajoutant un électron, elle compose l'atome de Tritium.

Ensuite, elle ajoute deux électrons aux noyaux d'Hélium-3 et d'Hélium-4 qui possèdent chacun deux protons, et les transforme en atomes. Et dans un ordre hiérarchique, elle ajoute systématiquement, suivant le nombre de protons de chaque noyau, un nombre égal d'électrons. Par exemple, elle ajoute 3 électrons au noyau de Lithium, 4 au Béryllium, 5 au Bore, 6 au Carbone, 7 à l'Azote, 8 à l'Oxygène, et ainsi de suite... De cette manière, je le répète, suivant le contenu chimique de chaque noyau, et notamment le nombre de ses protons, elle ajoute intelligemment et avec une ferme exactitude, les électrons correspondants.

Ainsi, elle assemble de nombreuses structures chimiques d'atomes différents et enregistre tous ces polymorpho-atomo-mécanismes dans sa mémoire, à l'endroit du Code homéo-morpho-diverso-reproducteur symétrique. Et désormais, avec son Energie Unifiée, photo-électro-neutrino-nucléo-atomo-synthétique (union - principalement dans la fusion thermo-nucléaire - de son énergie administrative photo-électro-neutrinique et de son énergie constructive nucléo-atomo-synthétique, fonctionnant en interdépendance à travers sa mémoire du Code), la ΛV constitue, dans le cadre de sa Loi cyclo-attracto-répulsionnelle, des populations beaucoup plus grandes de ces nouveaux atomes aux structures polymorphes et polycombinées, dont chaque catégorie, une fois dans le courant reproductif, se multiplie à foison en héritant, selon les catégories, des mêmes caractéristiques.

PERIODE * 12 *

Utilisant son Energie Unifiée, la ΛV transforme certains atomes inertes en organiques et leur donne une mentalité élémentaire imperceptible ; le Code devient homéo-symétro-organique

V - La multicomposition des différentes structures de la matière atomique et son irrésistible reproduction se perpétuent de cette façon pendant de très nombreuses années, en créant d'innombrables populations qui se dispersent dans la nébuleuse primordiale de la Mère, et se répartissent, maintenant, en d'incalculables formations peuplées de groupes concentrés dans lesquels la ΛV établit divers liens entre atomes, et forme de nombreuses structures encore plus complexes dont les périodes de liaisons primordiales, les adaptations et les échanges d'électrons entre les différentes structures atomiques, sans être strictement identiques, obéissent tous - du fait que la masse totale de leur noyau possède une charge électrique positive et les électrons qui s'agitent autour, une charge électrique négative - à la loi d'attraction des charges opposées par laquelle la ΛV les polarise comme elle a polarisé l'ensemble de la structure du Noyau maternel et de sa nébuleuse autour. Et dans cette polarisation, les électrons, encore farfelus, et bien qu'ondo-particules d'énergie, s'organisent en courants et se déplacent d'une extrémité, négative, à l'autre, positive.

Alors, dans l'efficacité de la polarisation, la ΛV constitue et façonne avec facilité les liaisons intimes de covalence, qui concernent le partage d'électrons entre deux atomes ayant des emplacements libres dans leur couche extérieure ou avec d'autres atomes polarisés plus lourds en vue de la composition de molécules. Ensuite, utilisant le commencement de son énergie administrative « photo-électro-neutrinique », je veux parler des photons, elle entreprend de transformer proportionnellement une certaine quantité d'atomes inertes en atomes organiques.

J - Pouvez-vous m'expliquer comment s'opère cette transformation ?

V - Ce processus est un peu complexe mais pas trop difficile à comprendre, car la ΛV utilise ici, en micrographie, la Loi de l'équilibrage attracto-répulsionnel. Et pour plus de précisions, elle frappe les atomes de son énergie lumineuse, les photons... et comme beaucoup le savent : lorsqu'un photon frappe un atome, un des électrons de sa couche interne d'énergie faible peut sauter au niveau de sa couche externe d'énergie supérieure, et donc là s'effectue la répulsion ; et lorsque l'électron retombe dans sa couche interne de niveau d'énergie faible et que le photon venu frapper l'atome se trouve libéré, s'effectue l'attraction ; et ce mécanisme d'attraction-répulsion se répète continuellement

Parallèlement, dans le cadre de cette attracto-répulsion quasi-respiratoire, avec l'absorption-émission d'énergie lumineuse, s'effectue l'alimentation des atomes. Ainsi la ΛV transforme les atomes inertes en atomes organiques auxquels elle ajoute, à travers ce processus, une imperceptible mentalité élémentaire.

Ici, la vitalité fondamentale primordiale est établie ; et le Code symétrique du proton à l'intérieur de l'atome se transforme en Code homéo-symétro-organique.

J - Ces détails me semblent compliqués... mais importants. Je vous remercie monsieur Vaskas.

PERIODE * 13 *

L'expulsion progressive des couches enveloppantes de la nébuleuse maternelle la transforme en première Galaxie

V - Et maintenant, tandis que la vitesse de rotation cyclonique du Noyau qui entraîne l'ensemble de la nébuleuse maternelle, ou « Mère », s'accélère, la dissémination centrifugo-expulso-diastolique de ses couches commence.

C'est-à-dire que maintenant, la cyclorotation plus rapide du Noyau et de la nébuleuse maternelle accroît la puissance de la force centrifuge qui divise et détache progressivement et systématiquement les couches gazo-poussiéro-nuageuses remplies de diverso-matière de la « Mère ». Et sous l'effet de la rotation et de la force répulsionnelle centrifuge, à la manière d'un arrosage rotatif, expulsées les unes après les autres avec une force de libération hyperpuissante, ces couches se dispersent latéro-cycliquement et s'étendent progressivement dans l'espace agrandi de la « Mère » qui se transforme en ***Première Galaxie***. Et sur de longues périodes, elles se fragmentent peu à peu en d'innombrables nébuleuses, denses, presque autonomes, de différentes tailles, qui, ainsi constituées, entourent le Noyau maternel en rotation, soit à proximité, soit à des distances plus lointaines où sa force cyclo-attracto-répulsionnelle se fait plus faiblement sentir.

Et parmi ces nébuleuses, certaines, continuellement mêlées aux éjections nuageuses de gaz surchauffés, de poussières et de diverso-matière, contiennent dans leur structure nébulo-nuageuse une quantité inimaginable d'électrons, de neutrons, et surtout d'autres particules de valeur, des protons et des atomes, qui, rappelons-le, renferment le Code homéo-morpho-diverso-reproducteur symétro-organique. Et de nombreuses nébuleuses, influencées par la force centrifuge et très éloignées, ayant presque échappé à la force attracto-répulsionnelle du Noyau maternel, mais restant à l'intérieur de son champ et gardant comme mouvement initial le sens de rotation de la « Mère », commencent maintenant à tourner sur elles-mêmes et à former progressivement d'autres Noyaux et d'autres groupes clairsemés de nébuleuses cycloniques presque indépendantes, géantes, grandes et petites, chacune formant son Noyau avec l'intervention du Code suivant le même processus que la « Mère » pour former son Noyau maternel. Avec le temps, dans leur dilatation continuelle, les nébuleuses se divisent encore pour former de nombreuses nébuleuses cycloniques de tailles variées, composées de groupes de populations denses de diverso-matière, qui tournent cycliquement sur l'axe de leur Noyau et autour du Noyau maternel en rotation, mais le seul stable. Parallèlement, dans tout l'espace de la nébuleuse maternelle agrandie et dilatée, et dans chacune des nébuleuses tout autour de son Noyau, la ΛV poursuit, par l'intermédiaire du Code, la transformation des noyaux nucléoniques en atomes et molécules de différentes structures chimiques...

Et maintenant, lors de la constitution de chaque nouvelle nébuleuse de taille toujours différente, la matière hypermultipliée, qui continue de se répartir en de nombreuses et distinctes formations en rotation pleines d'atomes, commence à entrer dans le cadre de la Loi nouvellement établie et progressivement imposée par la ΛV, qui, d'une part, contrôle toujours l'inimaginable et énorme quantité d'énergie des différentes sortes de radiations émises par l'étrange reste de la « Mère » (son immense Noyau), et d'autre part, influence les différentes couches turbulentes aux formes variées de matière mature dispersée tout autour pour que les nébuleuses nouvellement nées, en dilatation constante et tournant les unes à l'intérieur des autres dans des mouvements polycycloniques, constituées de volumineuses accumulations, essentiellement de poussières polyatomiques (c'est-à-dire de grains minuscules comprenant chacun des dizaines à des centaines de milliards d'atomes, surtout d'Hydrogène, de Carbone, d'Azote, de Silicium, d'Oxygène, de Fer, de Magnésium et autres) se regroupent sous l'effet de la cyclorotation attracto-répulsionnelle...

Et maintenant, au sein des myriades de nébuleuses qui se divisent encore, surtout sous l'effet de la continuelle dilatation, pour en former de nouvelles, parmi les condensations de multipopulations de matière et les groupes cycloniques pratiquement remplis de grains de poussière polyatomique qui se dispersent et s'éloignent désormais l'un de l'autre, les plus proches du Noyau maternel, notamment, sont activés par un bon réglage de la cyclorotation attracto-répulsionnelle et influencés par le Code de la ΛV de telle sorte que leur surface réagisse avec les atomes d'Hydrogène, présents partout en nombre illimité, pour constituer, par des connexions appropriées, des molécules d'Hydrogène qui créent ensuite de nombreuses et diverses complexités d'autres atomo-molécules.

PERIODE * 14 *

Par le Code, devenu homéo-symétro-organo-diversoreproducteur, la ΛV reproduit tous les mécanismes fonctionnels de la *Mère* et les transmet aux *Mères Descendantes*

V- Et maintenant, dans la Galaxie primordiale, toutes les nébuleuses cycloniques de tailles et de volumes divers contiennent, comme la « Mère », des poussières, des noyaux, des molécules composées d'atomes de structures et de variétés différentes, particulièrement des atomes possédant un nombre important d'électrons, de neutrons et de protons, dotés du Code homéomorpho-diversoreproducteur symétrique plus expérimenté après l'autodissémination construite par la ΛV dans la « Mère », dans la mémoire duquel sont enregistrés tous les détails et informations sur le processus de sa constitution et de celle de son Noyau, avec toutes les caractéristiques des premières procédures concernant les différentes variétés d'éléments chimiques, et spécialement la composition des noyaux lourds et de leurs structures atomiques avec la constitution des diverses liaisons atomiques, comme aussi le mécanisme d'autodissémination de la « Mère », etc., etc. Ainsi une copie homéomorphe du Code est transmise à chacune des nébuleuses maintenant innombrables, géantes, grandes, petites, qu'elles soient réparties et dispersées sporadiquement de part et d'autre dans tout l'immense territoire nébuleux élargi tout autour du Noyau de la nébuleuse maternelle dilatée, ou situées au milieu des éjections qui sortent des immenses orifices du Noyau maternel, s'étendant et s'éloignant continuellement jusqu'aux extrémités du cercle le plus lointain... Et certaines nébuleuses géantes, qui tournent sur leur axe tout en orbitant autour du Noyau maternel, toujours influencées par sa forte répulsion centrifuge, et qui portent chacune une copie du Code avec le processus de formation de la « Mère » et de son Noyau, je les appellerai ***Mères Descendantes***, parce qu'elles ont la capacité de dérouler le Code jusqu'à l'assemblage de répliques identiques à la « Mère ».

Et pour que vous compreniez bien, je préciserai qu'ici, au cours de cette période, la ΛV active son Code devenu homéo-symétro-organo-diverso-reproducteur, plus expérimenté, qui se retrouve dans toutes les Mères Descendantes. Elle réorganise ses mécanismes constructifs identiques à ceux de la Première Mère et de son Noyau, avec tous leurs caractères homéo-morpho-héréditaires. Et chacune de ces nébuleuses géantes en dilatation constante (les Mères Descendantes), porteuse d'une copie ou réplique exacte du Code, entre en incubation et commence à former une masse d'abord sphérique semblable à la « Mère » qui se contracte et se condense pour constituer, dans un mouvement cyclonique et ensuite attracto-répulsionnel, de nouvelles usines d'assemblo-polysynthétisation de matière diverso-nucléo-atomique.

PERIODE * 15 *

La formation des systèmes stellaires qui constituent en se multipliant les amas stellaires

V - Dans ce même temps de millions ou milliards d'années, à l'intérieur des petites et grandes nébuleuses cycloniques qui tournent autour du Noyau de la « Mère » primordiale, la force multiplicative produit d'autres condensations et agglomérations de particules de matière, de gaz, et de poussières dont la densité augmente continuellement. Il en va de même pour d'autres nébuleuses autorotatives plus petites qui se constituent à l'intérieur des structures cycloniques des précédentes. Et toutes les nébuleuses, plus petites, petites et grandes, tout en tournant autour de l'axe positif du Noyau maternel, s'éloignent continuellement l'une de l'autre...

Et maintenant, à l'intérieur de la première Galaxie, au sein de l'immense espace proche du reste de la nébuleuse maternelle et dans les milliards d'autres nuages et nébuleuses de différentes tailles plus lointains, toutes les substances, dans tous les états (solide, liquide et gazeux) de la matière, composées et multi-diverso-formées d'atomes inertes et organiques, notamment d'Hydrogène et de ses isotopes, et d'alliages alternatifs d'éléments chimiques condensés et diverso-formés, entrent dans un inimaginable déluge reproducto-multiplicatif. Et suivant le processus, mémorisé dans le Code, de condensation du Noyau dans la sphéroïdisation et le mouvement rotatif, certaines masses nébuleuses deviennent d'énormes boules de gaz, de poussières et d'autre matière qui se concentrent et dont la densité augmente sous l'influence de la force photo-électro-neutrino-nucléo-atomo-synthétique de la ΛV. Alors les deux isotopes de l'Hydrogène, plus inflammables, commencent à entrer en réaction, et le feu les fait rougir. Et malgré la violence des multiples impacts et entrechoquements de divers astéroïdes ou de leurs fragments, dès l'instant où les réactions thermonucléaires en chaîne transformant l'Hydrogène en Hélium commencent à entrer en action, elles deviennent lumineuses et forment d'innombrables étoiles diverso-colorées que j'appelle *Étoiles A* pour les grandes, et *Étoiles B* pour les moyennes et petites.

Ce processus complexe de sphéroïdisation dans l'intense fournaise des réactions thermonucléaires périphériques des Noyaux et d'équilibrage proportionnel des trajectoires et des distances, est géré par la Loi cyclo-attracto-répulsionnelle de la AV et enregistré dans la mémoire du Code taxinomo-classificateur homéo-morpho–diverso-reproducteur cyclono–nucléo–sphéroïdal symétrique avec le processus de construction du Noyau de la « Mère », à travers lequel sont uniformément constituées les Mères Descendantes. C'est-à-dire que ce Code est responsable de la sphéroïdisation bien élaborée des étoiles et planéto-satellites qui s'effectue toujours sur la base d'un Noyau en leur centre.

Presque dans les mêmes intervalles de temps, dans certaines nébuleuses, tandis que les étoiles A explosent brutalement en supernovae, que leur Noyau, seul épargné, devient une « étoile blanche ou à neutron », et que leur matière mûre est dispersée pour créer d'autres nébuleuses régénératrices de nouveaux systèmes astro-planéto-satellites, d'innombrables nébuleuses cycloniques plus petites, pleines de poussières et de divers éléments atomochimiques plus lourds et plus denses, tournent sur leur centre et autour des étoiles B. Et leurs tourbillons se réchauffent sur la base du Code et pratiquement dans les mêmes conditions... mais bien que les réactions commencent et que la chaleur les fait rougir, comme prévu dans le Code au premier stade de la sphéroïdisation et de la formation des Noyaux, leur taille et leur masse trop petites et des réactions thermonucléaires trop faibles et sporadiques les empêchent d'établir une réaction thermonucléaire en chaîne continue pour devenir des étoiles... et elles restent des sphères brûlantes de matière solide et de lave incandescente : des planéto-satellites.

Avec le temps, progressivement, à de plus basses températures, leurs couches superficielles se refroidissent peu à peu et deviennent plus solides. Et malgré cette solidification chacune d'elles continue d'obéir à la Loi cyclo-attracto-répulsionnelle qui s'exerce dans un équilibrage proportionnel des distances et des trajectoires et les transforme en ***planètes***, qui, en tournant sur leur axe décrivent la première courbe, et en tournant autour des étoiles B, la deuxième courbe, plus grande ; et en tournant avec les étoiles autour du Noyau maternel, elles décrivent la troisième courbe encore plus grande.

Parallèlement, suivant le même processus mémorisé dans le Code, les nébuleuses encore plus petites qui orbitent autour des planètes forment au travers d'innombrables entrechoquements des planètes plus petites et de même matière : les ***satellites***, qui, (à l'exception de certains d'entre eux trop petits pour être bien élaborés par le Code, dont les schémas n'ont pas pu devenir bien ronds et qui gardent des trajectoires instables) décrivent le premier cycle orbital en tournant sur leur axe… le deuxième parallèlement à la circonférence des planètes en orbite autour des étoiles… de la même façon, le troisième cycle autour des étoiles… et le quatrième autour du Noyau maternel. Ainsi, le Noyau maternel qui reste stable tout en tournant sur son axe est donc l'unique Noyau monocyclique par rapport aux autres corps spatiaux qui tournent autour de lui et sont classés en bicycliques pour les étoiles, tricycliques pour les planètes et tétracycliques pour les satellites. Et tous se meuvent dans le cadre équilibré par la Loi cyclo-attracto-répulsionnelle de la ΛV.

Pendant ce temps là, certaines nébuleuses géantes plus lointaines, avec une Mère Descendante en leur centre, font éclore leurs propres étoiles qui commencent à constituer des ***amas stellaires***.

PERIODE * 16 *

La Galaxie primordiale se transforme en *Premier Organisme Galactique*

V - Et maintenant, l'immense nébuleuse maternelle cyclonique divisée et constituée d'un nombre incalculable de nébuleuses, cycloniques elles aussi, de diverses tailles pour édifier des Mères Descendantes et des astro-planéto-satellites, s'élargit dans son mouvement cyclique. Et la ΛV régit l'équilibre attracto-répulsionnel du Noyau maternel qui entraîne avec lui dans son puissant champ d'attraction et dans la répulsion-centrifuge du sens de sa rotation, tous les corps spatiaux visibles ou invisibles, et notamment tous les systèmes stellaires, enflammés ou non, cerclés d'étoiles latentes et de planéto-satellites diverso-cycliques dont les champs attracto-répulsionnels sont proportionnellement équilibrés de sorte qu'ils ne tombent pas l'un sur l'autre. Et bien que les gaz chauds et les poussières éjectés du mécanisme aspiro-expulseur du Noyau maternel contribuent à son autorotation, son axe, je le répète, reste stable et immobile tandis que son disque continue de s'enrichir de la matière produite par les étoiles A ajoutée à celle que le Noyau maternel éjecte par les gigantesques orifices proches d'une ligne équatoriale en formant d'immenses bras spiraux qui se dessinent de mieux en mieux dans le sens de sa rotation au cours de son développement.

Alors désormais, l'ensemble, y compris le Noyau maternel, de cette structure complexe gigantesque et colossale de la Galaxie primordiale autoconstituée et autodilatée qui s'équilibre continuellement et proportionnellement grâce au Code et selon la Loi cyclo-attracto-répulsionnelle cosmofonctionnelle de la ΛV en entraînant aussi l'espace-temps dans son élargissement et son expansion multiplicative, et qui s'approvisionne en nourriture à partir de ses zones actives dans un cycle continuel d'absorption de matière brute et d'éjection de matière mature, est devenu le ***Premier Organisme Galactique***, un mécanisme spatial hypergigantesque alimenté en continu, auto-animé et autorégénéré.

Pendant ce temps, la ΛV, davantage spécialisée, intègre toutes les interactions fondamentales et d'autres forces constitutives et exécutives devenues bien expérimentées et les incorpore totalement dans son énergie administrato-constructrice photo-électro-neutrino-nucléo-atomo-synthétique renforçant encore la Loi cyclo-attracto-répulsionnelle. Et maintenant, c'est plus particulièrement sa force neutrinique qu'elle utilise, la seule capable de traverser sans difficulté l'épaisseur ou la densité des nuages interstellaires composés d'hydrogène, de gaz, de poussières, et d'un déluge de diverses sortes de molécules, qui, en se reproducto-multipliant, se déplacent dans toutes les directions.

PERIODE * 17 *

La ΛV pilote l'organisme galactique et fait progresser la synthèse moléculaire

V - Et maintenant, dans certaines nébuleuses régénératrices d'astro-planéto-satellites membres du Premier Organisme Galactique, après avoir commencé à synthétiser les molécules d'Hydrogène, la ΛV continue au travers du Code, de mettre en place des liaisons moléculaires que nous retrouvons dans presque toutes les formes de molécules, dès qu'elles sont constituées d'au moins deux atomes. Et lorsque deux de ces atomes se rencontrent, l'attraction des noyaux est suffisamment forte pour attirer une ou plusieurs particules d'énergie, les électrons l'un de l'autre, et remplir leurs couches incomplètes. Et ces composés covalents se forment d'une manière simple : par exemple, lorsque deux atomes d'Hydrogène qui possèdent un seul électron chacun se rencontrent, ces deux électrons s'associent et se partagent entre les deux noyaux, remplissant à la fois la couche de l'un et de l'autre ; et c'est pourquoi l'hydrogène se présente généralement sous forme de molécules constituées de deux atomes. Et dans d'autres compositions plus complexes, c'est à partir de liaisons hydrogène que s'unissent les molécules seules : par exemple lorsque l'Hydrogène, de charge positive, attire l'Oxygène de charge négative et constitue de puissantes liaisons hydrogène. Mais l'unification est assez complexe, parce que dans les molécules d'eau, l'Oxygène qui comporte huit protons et huit neutrons et deux emplacements libres sur sa couche électronique externe, partage deux de ses électrons « célibataires » avec deux atomes d'Hydrogène, et en retour, il emprunte l'électron de chaque Hydrogène pour compléter ses emplacements libres et former la molécule d'eau. Et comme une extrémité de la molécule, côté Hydrogène, est de charge positive, et que l'autre, côté Oxygène, est de charge négative, elle se polarise automatiquement. Et dans l'atomocomposition, la ΛV utilise aussi la polarisation ou la non-polarisation des liaisons covalentes.

Ainsi, maintenant, la ΛV met en ordre toutes les substances, gazeuses, liquides ou solides. Et en activant les atomes omniprésents, dans le cadre de leurs liaisons et de situations excitées de différentes portées, elle transforme d'une manière parfaite les millions de substances de matière inerte de diverses densités en des combinaisons de corps composés aux structures complexes. Elle déclenche aussi l'activité chimique systématique et règle l'équilibre en fonction des charges électriques, qui, je le répète, se repoussent quand elles sont semblables et s'attirent lorsqu'elles sont opposées. Et lorsqu'un corps renferme un excès d'électrons, il acquiert une charge négative ; inversement, un manque d'électrons lui donne une charge positive. Et tandis que les électrons sont repoussés par les corps chargés négativement, ils sont attirés, pour les rééquilibrer, par les corps chargés positivement ; et l'espace compris entre deux corps de charges opposées, nous l'appelons champ. Et dès qu'ils le peuvent, les électrons se déplacent vers le côté positif du champ électrique. Ainsi, l'électricité, l'attraction et la répulsion, sont produits par le transfert des électrons des couches externes des atomes.

Et dans certaines nébuleuses pleines de diverso-matière, la AV fixe les modalités d'organisation de la polymorphodiversité des entités élémentaires qui remplissent de la même façon, à chaque endroit et à chaque instant, tout l'organisme de la première Galaxie, avec sensiblement la même chaleur organique. Elle renforce systématiquement l'activité chimique dont les protagonistes sont naturellement les atomes d'Hydrogène et de Carbone, non seulement parce qu'ils sont très nombreux, mais aussi pour leur capacité à se combiner facilement avec les autres atomes, notamment de plus lourds, pour former maintenant des molécules en chaîne qui se déplacent différemment selon que la substance est solide, liquide ou gazeuse... étant bien connu que dans un solide, les molécules sont maintenues entre elles par des forces puissantes et vibrent sur des points fixes, que dans un liquide, elles sont maintenues moins fermement et se déplacent facilement, et dans un gaz, elles sont complètement libres et se précipitent dans toutes les directions. Et les différents mouvements moléculaires expliquent la forme définie et la dureté des solides, et sont la raison pour laquelle les liquides coulent et prennent la forme du récipient qui les contient et les gaz remplissent tout l'espace qui leur est donné. Et pour entrer dans les détails, c'est ainsi que les atomes d'Hydrogène, en combinaison avec les atomes d'Oxygène, forment d'innombrables molécules d'eau, très importantes pour la rapidité des synthèses ultérieures, et que les atomes d'Hydrogène recombinés avec les atomes d'Azote composent l'ammoniac, et recombinés avec les atomes de Carbone forment les hydrocarbures, et par la suite, d'autres atomo-transformations chimiques jusqu'à constituer les molécules prébiotiques...

Et des radiations et d'hyper-rapides photo-électro-neutrino-rayonnements communicatifs, constructifs et coordinatifs, en provenance du Noyau maternel, envahissent en permanence et traversent dans toutes les directions l'espace continuellement dilaté et étendu du Premier Organisme Galactique autocomposé et autoformé qui entraîne l'espace-temps avec lui dans sa reproducto-multiplico-cyclo-expansion.

Ainsi donc, pendant des milliards d'années, la ΛV compose, avec son énergie photo-électro-neutrino-nucléo-atomo-synthétique et dans le cadre de la Loi cyclo-attracto-répulsionnelle cosmofonctionnelle, des centaines de milliards d'astro-planéto-satellites qui orbitent autour du Noyau maternel, et d'autres étoiles qui forment les amas globulaires autour des Mères Descendantes, et pilote l'ensemble de l'organisme galactique primordial dont elle domine tout le fonctionnement. Et maintenant, à des températures adaptées, elle poursuit l'assemblage de dizaines de sortes de molécules composées avec comme protagoniste de cette diversification, les atomes de Carbone (à l'origine de la composition organique), spécialement équipés de 4 crochets électroniques, chacun leur permettant de relier facilement les molécules, en particulier liquides et gazeuses qui se développent et se multiplient en fonction de leur sensibilité aux radiations, qui peuvent être profitables ou destructrices, ainsi qu'aux températures, trop élevées ou trop basses, et qui viennent se rassembler dans les couches gazeuses les plus fluides et denses des nébuleuses ; quant aux solides, ils se déposent en couches qui forment principalement d'innombrables astéroïdes, stromatolithes ou planétoïdes qui tournent en orbite autour des étoiles A, et B (émettrices de radiations constantes et modérées), et autour de plus petits systèmes planéto-satellites de forme sphérique parce qu'ils sont constitués dans la même sphéroïdisation, avec un Noyau, selon ce qu'impose la mémoire du Code de la ΛV.

Et pour transformer certaines étoiles latentes devenues des planètes inorganiques en organiques et les fertiliser, la ΛV divise et polymérise certaines nébuleuses polycyclorotatives, pleines de matière et de molécules de glace d'eau bien synthétisées dans des conditions de froid extrême, en d'innombrables petites nébuleuses dans lesquelles l'excitation de la Loi cyclo-attracto-répulsionnelle cosmofonctionnelle produit une plus forte puissance cyclorotative pour former avec le temps et suivant le Code constructeur du mécanisme stellaire, de petites boules planétoïdes de diverses formes et de quelques dizaines de kilomètres de diamètre, composées de diverses couches de matière diverse, qui vont servir de messagers inter-stellaro-transitaires. Car sous la poussée de la force centrifuge de la nébuleuse en rotation et grâce à leur parfait système de propulsion ou jet, souvent de gaz et de poussières, chacune décolle à son tour, suivant les ordres de la ΛV, s'élance et se transforme en ***comète*** pour effectuer un voyage programmé de courte ou longue distance à travers les systèmes stellaires afin d'accomplir la volonté constructive de la ΛV...

PERIODE * 18 *

Les Noyaux subsistent dans la prolifération des systèmes stellaires

V - Et maintenant, dans les nébuleuses, en plus des éléments principaux et des composés poussiéro-pierro-métalliques solides, se trouvent aussi, activées dans leur centre plus dense, de grandes quantités d'Hydrogène, d'Oxygène, d'Azote, de Soufre et d'autres éléments sous forme moléculaire... et les explosions sporadiques d'étoiles A, ces grandes usines de diverso-matière, sèment suffisamment de matière pour constituer, suivant les données du Code, un grand nombre de nouveaux astro-planéto-satellites qui absorbent d'autant plus de lumière et d'énergie qu'ils sont plus proches du Noyau maternel ou de plusieurs Noyaux semblables de Mères Descendantes, entourés de leurs propres systèmes d'étoiles, avec, en mûrissant, leurs planéto-satellites. Et donc, les formations nébuleuses en rotation plus proches de ces brillantes sphères surchauffées développent leurs astro-planéto-satellites plus rapidement tandis que les plus éloignées, absorbant moins de lumière et d'énergie, restent obscures plus longtemps, jusqu'à ce que, suite à l'apport de productions d'atomes et toujours suivant les données du Code, des sphères stellaires incandescentes d'atomes légers apparaissent aussi en leur sein, autour desquelles commencent à se former des tourbillons semblables, qui, peu après s'être allumés, s'éteignent et constituent de nouveaux embryons de planéto-satellites avec de nombreux éléments plus lourds. Et tous ces nouveaux arrivants sont réglés automatiquement dans l'équilibrage de la Loi cyclo-attracto-répulsionnelle cosmofonctionnelle de la ΛV.

De cette façon, au sein des nouvelles nébuleuses en rotation autour du Noyau maternel et des Noyaux de Mères Descendantes semblables à celui de la « Mère », avec le temps et la vitesse de reproduction continuelle, suivant le Code toujours plus développé et sous le contrôle de la ΛV, se perpétue la constitution de milliards de nouveaux astro-planéto-satellites en orbite autour du Noyau maternel et des Mères Descendantes, tandis que dans la structure des autres nébuleuses stropho-cycloniques se poursuit la formation de substances combinées et polycombinées, toujours sous forme atomo-moléculaire, principalement, je le répète, à base d'Hydrogène, de Carbone, d'Oxygène, d'Azote, d'eau et de métaux, toujours dans le cadre de la classification appropriée des plus de cent variétés d'éléments chimiques et de leurs chimio-liaisons ; et des substances plus solides se constituent sans cesse par le mélange de métallopierres massives et d'eau. Et tandis que, par suite de continuelles contractions-décontractions, certaines étoiles A explosent en produisant de grandes quantités de lumière et de chaleur et sèment de la matière, d'autres expulsent progressivement leurs couches superficielles de matière, conformément au Code, et diffusent aussi dans les nébuleuses les mécanismes rénovateurs et fertilisants. Il ne reste ensuite de ces étoiles que leurs Noyaux, appelés pulsars, naines blanches, étoiles de neutrons, etc. Et tout en émettant de grandes quantités de chaleur et diverses radiations, ces Noyaux se transforment en systèmes régulateurs et communicatifs qui continuent sans relâche à synchroniser autour d'eux les systèmes astro-planéto-satellitaires maintenus, comme je l'ai déjà dit, dans l'équilibrage de la Loi cyclo-attracto-répulsionnelle cosmofonctionnelle de la ΛV.

PERIODE * 19 *

L'élaboration des astro-planéto-satellites

V - Et maintenant, tandis que dans toutes les nébuleuses nouvellement nées coexistent le désordre et l'ordre, le simple et le complexe, le plus en plus organique et l'inorganique, l'influence de la ΛV à l'intérieur des atomes normalisés est devenue évidente en tant que force d'impulsion unifiée, coordino-exécutive, donnant la vie, car sa fonctionnalité complexe élimine méthodiquement les forces de l'indétermination, les coïncidences désordonnées et les anomalies de la matière inorganique et inerte primitive. Et de son énergie photo-électro-neutrino-nucléo-atomo-synthétique dans la Loi cyclo-attracto-répulsionnelle cosmo-fonctionnelle, la ΛV bombarde la matière inorganique d'énergie lumineuse pour la transformer progressivement en organique, tout en continuant à composer des formes variées avec les substances inertes mais indestructibles.

Et sous les ordres producteurs du Code, devenu organique et maintenant très expérimenté, et principalement avec la matière et les poussières inertes, la ΛV, suivant presque la même méthode, assemble les éléments légers pour former des étoiles en plus grand nombre, et dispose les éléments plus lourds en orbite autour d'elles pour constituer de plus nombreux planéto-satellites (visibles ou invisibles suivant qu'ils sont ou non éclairés par la lumière des étoiles) en rotation constante avec des qualités polaires bien définies. Dans le même temps, les atomes inorganiques de différentes structures continuent de se condenser et de s'agglutiner en corps solides qui acquièrent maintenant de plus grandes dimensions et se transforment en d'encore plus nombreux planétoïdes et météorites, qui, progressivement, sous l'action de la force centrifuge provoquée par la rotation, sont éjectés dans l'espace où ils rencontrent les plus proches astro-planéto-satellites. Et lorsque ces corps entrent en collision avec la lave des planéto-satellites, ils créent d'énormes plaques solides qui flottent en surface, se connectent et finissent par former des couches superficielles solides qui se répartissent tout autour, sous l'influence de la Loi cyclo-attracto-répulsionnelle cosmofonctionnelle, dans un équilibrage proportionnel, jusqu'à ce que tous les météorites, planétoïdes et fragments de toutes sortes trouvent eux aussi leur position, et que l'espace et les distances entre astro-planéto-satellites deviennent nettes et précises... avec seulement quelques restes qui perturbent encore de temps en temps l'harmonie établie.

PERIODE * 20 *

Les premiers micro-mécanismes prébiotiques

V - En parallèle, dans les nébuleuses brillantes et obscures entourant les astro-planéto-satellites, dans des conditions favorables et dans le cadre d'un environnement liquide, dense, chaud et souvent baigné d'une faible lumière ultraviolette, la ΛV compose, continuellement maintenant, des molécules plus complexes. Elle compose aussi de l'acide cyanhydrique, du gaz carbonique, de l'oxygène, de l'azote, du calcium, du potassium, de l'ammoniac, et plus rarement du phosphore, du méthane et du soufre, tandis que d'énormes quantités d'oxyde d'hydrogène se dégagent.

Et toujours dans des conditions favorables, c'est-à-dire suivant diverses fluctuations thermiques et notamment avec l'influence des photons, la ΛV dispose et renforce des groupes isolés de macromolécules organiques et les combine maintenant en multiples et plus nombreux composés. Elle les assemble avec la grande multitude de molécules plus complexes qui absorbent toute la radiation ultraviolette dangereuse et les mélange avec les éléments et composés chimiques que nous avons cités précédemment, particulièrement l'Hydrogène, le Carbone, l'Oxygène, l'Azote, etc., avec lesquels elle forme aussi d'autres combinaisons héréditaires de matière organique, comme les molécules mixtes, gauches et droites, des ***acides aminés***.

Et parmi la diversité d'une centaine et plus d'éléments atomiques différents, la ΛV constitue des torrents de vapeur d'eau, de gaz carbonique, de méthane, d'azote, de gaz ammoniac... et avec d'autres éléments, le Phosphore, le Soufre, et des métaux comme le Cuivre, le Fer, et deux différents oxydes de fer, etc., elle perfectionne l'équilibrage des réactions chimiques et systématise les liaisons complexes entre atomes ; c'est-à-dire, notamment, qu'elle nivelle et pondère, avec son expérience accrue, leurs couches saturées d'électrons pour qu'elles soient en parfaite interaction avec les électrons de leur couche extérieure. Et elle compose, avec une admirable exactitude, diverses molécules mieux équilibrées par leur polarisation. Alors, en corrélation avec la polarisation des atomes, avec l'aménagement d'électrons libres qui se déplacent du négatif vers le positif en formant divers courants ordonnés et l'influence de son énergie photo-électro-neutrino-nucléo-atomo-synthétique, la ΛV commence à former les premiers micro-engrenages qui vont transformer la matière organique en prébiotique, presque biologique, pour approcher la formation de la vie. A côté de ces premiers engrenages, la ΛV construit aussi les véhicules qui devront porter la vie pro-primitive, d'abord des sucres simples dont le glucose est le représentant le plus courant, et ensuite, faisant appel à l'Azote et parfois au Soufre, divers acides aminés, comme les aminonitriles, composés avec de la vapeur d'eau pour former la glycine ammoniaque et encore d'autres précurseurs de la vie. Et en utilisant des éléments des nucléotides comme le désoxyribose, elle forme les briques constitutives des acides nucléiques. Puis, avec l'Hydrogène, l'Azote et le Carbone, elle compose le gaz ammoniac et le méthane ; et en ajoutant d'autres éléments voisins des glucides et d'autres compositions aux propriétés semblables, la ΛV forme des chaînes de molécules hydrocarbonées et d'autres macromolécules prébiotiques complexes qui constituent les premières formes de vie primitive, et elle enregistre tous ces détails dans le Code homéo-morpho-diverso-reproducteur cyclono-nucléo-sphéroïdal symétro-organique.

PERIODE *21 *

Le Code devient homéo-symétro-organo-biogénétique avec les débuts de la construction de la vie

V- Et maintenant cher ami, si vous me permettez, pour la phase suivante au sein des innombrables nébuleuses de la Galaxie maternelle, il faudrait que je sois écrivain scientifique biologiste pour pouvoir choisir les mots justes qui décrivent avec exactitude et au fur et à mesure, tout le doigté avec lequel opère l'énergo-reproductive, coordino-exécutive et intelligente AV pour réussir l'organisation graduelle de toutes les nébuleuses de la « Mère », notamment des plus avancées, et la transformation systématique de la matière organique simple en matière biologique complexe afin de réaliser ce chef d'oeuvre primordial qu'est la naissance de la vie ; en effet, un tel brio, éclatant de grandeur, devrait être imprimé en couleurs indélébiles pour subsister à jamais au firmament de l'éternité.

Quoi qu'il en soit, je vais essayer de dépeindre en quelques mots, avec des expressions simples et d'une manière approchée, les activités plus expérimentées maintenant, suite aux ajouts répétés de nombreuses informations, de la AV, qui, rappelons-le, en collaboration avec le Code de la Loi organo-cybernético-coordinatrice et par l'intermédiaire de son interaction photo-électro-neutrino-nucléo-atomo-synthétique, élabore différentes réactions chimiques dans les innombrables nébuleuses polycycloniques dont les volumes sont transformés en d'immenses laboratoires où se constituent les pièces nécessaires à la construction de cette biosynthèse complexe qui transforme l'inanimé en vivant.

Et tout d'abord, comme je vous l'ai déjà dit, la AV règle les propriétés des diverso-structures atomiques, leurs circuits fonctionnels, leur électrochimie organo-prébiotique, et régularise leur complexe polarisation comme pour les systèmes d'étoiles dans la Galaxie mais à petite échelle. De plus, elle interagit pour produire d'autres substances, les classifier, les identifier avec leurs propriétés et caractéristiques propres et les organiser pour la fabrication de nouvelles molécules, spécialement liées à des nucléons, notamment des protons qui possèdent maintenant, à travers des millions de généalogies, le Code homéo-morpho-diverso-reproducteur cyclono-nucléo-sphéroïdal symétro-organique expérimenté, contenant dans sa mémoire l'expérience des milliards d'années pendant lesquelles la ΛV, élaborant la diverso-chimie, a méthodiquement composé les atomes organiques et pour ainsi dire la totalité du spectre énergétique des éléments : organisant notamment leurs liaisons intimes, covalentes, électrovalentes et polarisées... et les réactions qui les recombinent comme l'oxydation, et aussi la réaction opposée, la réduction, toutes deux essentielles à la plupart des processus vitaux. Et dans la progression des diverso-mécanismes photosynthétiques produits par son énergie photo-électro-neutrino-nucléo-atomo-synthétique, avec la lumière des étoiles qui favorise les incalculables réactions chimiques entre les atomes comme le Carbone, l'Azote et l'Hydrogène, la ΛV continue de produire du méthane et du gaz ammoniac, et en utilisant de l'Oxygène avec du Phosphore, du Soufre et d'autres, elle façonne les pièces chimiques de base pour la construction de la vie.

Et d'un côté, tandis que la ΛV ajoute aux nucléons la part convenable de sa force énergo-exécutive selon ce qui leur revient, je veux parler pour chacun du nombre nécessaire d'électrons pour régler sa conduite cybernétique, elle transforme encore d'autres atomes inertes en atomes organiques qui comprennent dans leurs structures des répliques microscopiques du Code homéo-morpho-diverso-reproducteur cyclono-nucléo-sphéroïdal symétrique qu'elle transforme progressivement en symétro-organique... D'un autre côté, elle combine avec habileté la plus connue des formules chimiques, H_2O, l'eau, dont la moindre des innombrables gouttes contient des milliards de molécules, et qui change d'état selon les diverses températures au sein des nébuleuses, devenant gaz, liquide ou solide, en modifiant ses structures moléculaires à l'aide de très petites décharges électriques et de circuits extrêmement ténus dans lesquels les électrons se déplacent soit en masse, soit un par un... et les contacts qui se produisent dans cette microstructure donnent naissance à des microcourants d'extrêmement faible intensité, de l'ordre du millionième d'ampère (μA) ou du milliardième d'ampère (nA), correspondant à des microtensions en microvolts (μV) et en nanovolts (nV), ainsi qu'à d'autres interférences de radiations faibles qui agissent par pulsations à de très brefs intervalles de temps, de l'ordre de la microseconde, et attaquent les polydiverses structures chimiques des atomes organiques pour faciliter l'absorption de leur nourriture lumineuse, initier la photosynthèse nécessaire et réveiller le Code homéo-morpho-diverso-reproducteur cyclono-nucléo-sphéroïdal symétro-organique héréditaire des protons ; et elles modifient aussi d'autres atomes inertes en atomes organiques pour rendre leurs structures chimiques encore plus complexes, commencer à combiner les bases en cours de synthèse de la chimie prébiotique et organiser ce processus vital avec sophistication.

Alors le mouvement spontané des différentes combinaisons chimiques et de la multitransformation de toutes les substances organiques commence avec l'utilisation des nombreuses doubles, triples et autres multiples liaisons des molécules carbonées, seul élément chimique capable de constituer de longues chaînes atomiques stables, avec d'autres groupements chimiques comprenant des glucides, des lipides, des protides et tous les produits de leur diverso-métabolisme, toujours reliés par des protons polyexpérimentés porteurs du Code symétro-organique, c'est-à-dire des atomes d'Hydrogène composant les chaînes hydrocarbonées. Et des composés sont formés suivant les diverses fonctions monovalentes, bivalentes et trivalentes... et je le répète, des atomes d'Hydrogène aux liaisons simples combinés aux atomes de Carbone forment du gaz méthane… le Carbone forme avec les atomes d'Oxygène du gaz carbonique… et avec les atomes d'Azote, les atomes d'Hydrogène composent du gaz ammoniac. Ainsi, avec les atomes d'Hydrogène, de Carbone, d'Oxygène et d'Azote comme base, et d'autres atomes et substances en liaison avec eux, tous les ingrédients nécessaires sont composés. Et par cette chimie organique, la ΛV réalise une meilleure synthèse des acides aminés. Notez d'ailleurs qu'autrefois, il était courant de penser que les composés carbonés se retrouvaient dans toutes les formes de vie et les composés non carbonés uniquement dans les substances d'origine minérale.

Et maintenant, avec de la matière organique composée principalement de vapeur d'eau pour 50 à 95% de sa masse, avec des minéraux sous forme de molécules ou d'ions en solution aqueuse, avec des éléments comme le Calcium, le Sodium, les chlorures, le Soufre, le Phosphore, le Magnésium, le Potassium, et avec d'autres oligo-éléments comme le Silicium, le Nickel, le Manganèse, le Brome, le Bore, l'Iode, le Fer, le Cuivre, le Cobalt, le Zinc, l'Aluminium, le Molybdène, le Plomb, le Titane, le Fluor, l'étain et d'autres, la ΛV commence à construire les mécanismes de la biosynthèse polymorphe...

Et maintenant, à l'intérieur de groupes connectant des atomes organiques de cinético-rotations électriques opposées avec quelques atomes polarisés, elle les active d'une manière appropriée pour former des trillions de molécules complexes : notamment les dizaines d'espèces d'acides aminés, riches en Carbone, des bases organiques composées chimiquement d'hydrocarbones, et d'autres, comme les différentes bases azotées, auxquelles elle ajoute des sucres spécifiques ; et elle les regroupe en longues chaînes.

Puis elle commence à former des molécules d'acide phosphorique pour constituer le matériel héréditaire : les nucléotides et d'autres groupements de fonctions organiques aux structures différentes dont chacune résulte de la combinaison de trois molécules simples. Ensuite, elle connecte les divers nucléotides et forme les chaînes polynucléotidiques et d'autres groupes moléculaires très ramifiés, contenant divers atomes organiques avec des racines chimiques différentes ; et elle les dote, rappelons le, du Code homéo-morpho-diverso-reproducteur cyclono-nucléo-sphéroïdal symétro-organique, plus expérimenté maintenant puisqu'il possède l'expérience et les informations de centaines de milliards d'années, incorporées avec les informations héréditaires dans le proton qui constitue la base des atomes, augmentées des nombreuses associations et caractéristiques nouvelles recueillies au travers des nombreuses générations successives.

Et maintenant, la ΛV connecte les atomes organiques contenant le Code dans leurs protons, et réalise avec ces atomes, l'assemblage de parfaits maîtres-d'œuvre, constitués de différents radicaux chimiques très délicats et précis, formés de l'association de deux des bases azotées suivantes, Cytosine (C), Adénine (A), Guanine (G), ou Thymine (T), appareillées deux à deux, sous les formes AT, TA, CG ou GC. Elle dispose alors certains nucléotides en chaînes polynucléotidiques linéaires pour commencer à synthétiser les acides désoxyribonucléiques qui composent l'ADN et les acides ribonucléiques qui commencent à former les premiers ARN prémessagers et à transporter maintenant l'enchaînement des bases de ces nucléotides, qui ont en mémoire toutes les informations initiales du Code, à partir de la constitution de la « Mère » originelle sphérique avec toutes les étapes de sa formation, puis toute l'expérience et les informations acquises dans la construction des Mères Descendantes et des étoiles A et B, ensuite toutes les informations sur les planéto-satellites qui se meuvent en orbite autour d'elles et qui furent créés en ajoutant quelques légères modifications en certains points, et aussi toutes les données sur les puissants signaux radio du complexe de communication, avec encore la mémoire des systèmes électroniques de transmissions, et enfin pour terminer, toutes les dernières informations du Code homéo-morpho-diverso-reproducteur cyclono-nucléo-sphéroïdal symétro-organique encore plus expérimenté, toujours sous le contrôle de la Loi cosmofonctionnelle, énergo-multiplicative, coordino-exécutive, intelligente de la ΛV qui acquiert une hyperintelligence.

Ensuite, la ΛV compose l'adénosine triphosphate ou ATP, les groupements phosphates, radicaux dérivés de l'acide phosphorique, les désoxyriboses qui sont des radicaux composés de sucres simples, pentoses ou monosaccharides à 5 Carbones, et améliore la formation des acides désoxyribonucléiques et nucléiques. Avec eux, elle assemble d'une manière complexe les premières familles polygéniques spécialisées, auxquelles d'une part, elle incorpore le Code qui devient maintenant homéo-morpho-diverso-reproducteur cyclono-nucléo-sphéroïdal symétro-organo-biogénétique… donc, encore plus expérimenté et en constants progrès, rempli des informations mémorisées depuis des milliards d'années, auxquelles d'autre part elle transmet une partie de ses qualités coordinatrices.

Ainsi, maintenant, les différents mélanges d'arrangements d'acides nucléiques ont spécialisé des maîtres-microfacteurs ou gènes ayant la capacité d'identifier, de décoder, de lire et de mémoriser tous les stades précédents, symétrique, organique, biogénétique du Code dans des atomes organiques comme, je le rappelle, le Carbone, l'Azote, l'Hydrogène, l'Oxygène, le Phosphore, le Soufre et d'autres éléments chimiques qui composent, par différentes sortes de réactions biochimiques et de liaisons dites covalentes, les diverses étapes des transformations spécifiques de la biosynthèse, aussi bien que de copier les différents modes de reproduction déjà existants et notamment ceux des systèmes d'étoiles. Et conformément à l'expérience et aux informations des milliards d'années précédentes, ils mènent d'abord à bien leur autoreproduction. Puis, avec le temps, en transformant les acides désoxyribonucléiques, ces maîtres-d'œuvre que sont les gènes se perfectionnent plus encore et deviennent très expérimentés dans de multiples domaines et commencent à construire leur habitat : je veux parler des fibres chromosomiques dans lesquelles ils s'alignent. Après cela, avec un seul chromosome, ils assemblent le premier micro-organisme procaryote, sans noyau, ayant la capacité de se nourrir, de s'allonger et de se reproduire en se divisant d'abord en deux, puis de deux en quatre, etc. Et plus tard, avec quatre nucléotides de différentes structures, composés chacun de trois molécules dont deux sont toujours les mêmes, désoxyribose et groupe phosphate, et la troisième une base azotée A, T, G ou C, reliés par des chimio-liaisons covalentes puissantes et très complexes pour assurer leur stabilité et toujours associés au niveau de leurs bases azotées en appareillage AT, TA, GC ou CG par des liaisons Hydrogène, les gènes forment des macromolécules spécialisées de nucléotides comprenant chacune deux brins ou fibres polynucléotidiques enroulées hélicoïdalement l'une autour de l'autre (en forme de mèche de perceuse ou d'échelle vrillée en hélice), au sein desquelles se produisent des fermentations complexes de fécondation qui transforment chaque fibre de la macromolécule mère pour en faire une copie parfaite.

Ainsi, avec l'intervention de l'Hydrogène, les gènes fécondent et séparent les deux brins ou fibres polynucléotidiques semblables et chacune en constitue une nouvelle pour former une copie parfaite de la macromolécule mère initiale, avec deux fibres polynucléotidiques nouvellement nées. Puis de nouveau, elles se fécondent, se divisent et se reproduisent suivant la même procédure singulière et la même manière de se séparer... Et maintenant, ce cycle de reproduction organique très archaïque, par copies répétitives et automatiques, devient le propre des premiers micro-mécanismes génétiques.

Ensuite, les quatre bases (A, C, G, T) des nucléotides étant liées à d'autres éléments chimiques et formant les acides désoxyribonucléiques, et après l'assemblage final très complexe de la macromolécule d'ADN - que nous retrouvons maintenant dans presque tous les organismes vivants -, les atomes organiques plus expérimentés, associés à deux ou trois nucléotides peuvent maintenant classifier les instructions du Code et former des gènes mieux organisés et plus intelligents qui se répartissent dans des dizaines de milliers de paires de bases et sont chacun capables de diverso-transformer et spécifier une instruction précise du Code. Et par une action polymorphe, ces facteurs déterminants des caractères d'un individu que sont les gènes, forment l'ARN polymérase, la macromolécule la plus importante pour la poursuite des transformations chimiques et la production de sucres, de bases azotées et d'acides nucléiques avec leurs délicates liaisons de nucléotides. Et les gènes combinent convenablement les séquences répétitives de nombreuses paires de bases sur la longueur des chromosomes avec les fonctions des molécules d'ARN présentes dans le noyau et la cellule, qui sont des copies partielles de molécules d'ADN, mais s'en différencient par leur brin unique... assez long comme dans le cas de la molécule d'ARN polymérase prémessager, qui, totalement indépendante, constitue les trois autres synthèses d'ARN : l'ARNm messager, l'ARNt transfert, et l'ARNr ribosomique, les intermédiaires principaux entre les gènes et les autres éléments...

Et maintenant, ces gènes maîtres-d'œuvre, qui peuvent être constitués chacun de trois nucléotides, commencent l'assemblage de petites molécules d'acides aminés de longueurs variées et tournant principalement à gauche. Et après de nombreuses adaptations, toujours à l'écart des radiations dangereuses, ils composent l'ensemble des liaisons peptidiques et autres, et leurs vingt radicaux que nous classifions en hydrophiles ou hydrophobes. Puis, des acides aminés spécialement choisis parmi la vingtaine existante sont mis en liaison à des emplacements spécifiques pour former les maillons d'une chaîne, assemblage de nombreuses substances composées de molécules et d'atomes organiques polarisés, plus expérimentés encore, et principalement, je le répète, d'Hydrogène, d'Oxygène, de Carbone, de méthane, d'Azote, d'ammoniac, de Soufre, de Phosphore, etc., qu'ils combinent ensuite avec d'autres éléments chimiques en solution aqueuse. Et par des activités chimiques incessantes et alternantes, des adaptations, etc., ces gènes arrivent finalement à synthétiser les liaisons appropriées entre les maillons de la chaîne d'acides aminés, unis dès lors par des liaisons peptidiques dont la longueur et la polarité jouent un rôle décisif, qui comprennent des molécules polarisées chargées positivement et négativement, et d'autres apolarisées... Et maintenant, avec les vingt acides aminés différents, chaque gène construit d'une manière répétitive, une macromolécule unique et d'une extrême complexité : la ***protéine***.

Désormais, c'est ainsi que seront formées les diverses structures des protéines régulatrices et des enzymes.

Et maintenant, à l'intérieur du noyau cellulaire qui a pris forme, chaque protéine est codée par un gène conformément aux instructions du Code homéo-morpho-diverso-reproducteur cyclono-nucléo-sphéroïdal symétro-organo-biogénétique ; puis, devenu polymorphe, le gène s'exprime en ARN messager. Et une fois sortis du noyau, à l'intérieur des fibres complexes remplissant le cytoplasme qui l'entoure, dans le cadre de formations polymorphes et de procédures d'ajustements, avec la participation de nombreuses micromolécules qu'ils organisent autour d'éléments plus petits, les gènes construisent les ribosomes, des structures micromécaniques hypercomplexes qui perpétuent, tandis qu'ils traduisent les signaux de l'ARN messager, la composition répétitive de la même protéine dont l'action dépendra de sa formation et de la structure chimique de certains atomes qui la constituent... Et maintenant, chaque sorte de protéine est exprimée de manière différente, suivant l'exécution d'une certaine procédure chimique. Par la suite, les protéines deviennent la base, sinon exclusive, du moins spécialisée de la production d'éléments fondamentaux - sur lesquels va s'édifier le métabolisme cellulaire systématique - qui s'élaborent désormais dans les réactions entre des dizaines de variétés de substances chimiques, notamment des sucres et leurs dérivés.

Au sein des nébuleuses, dans le cadre d'environnements chauds et denses, progressivement, après de continuelles adaptations et de multiples arrangements différents, la AV commence à former magistralement, avec une perfection de fonctionnement et une intégrale unité, par l'intermédiaire du Code très expérimenté et notamment des gènes polyatomiques intelligents, les premiers biosystèmes monocellulaires procaryotes primitifs et d'autres diverso-micro-bio-organismes semblables.

PERIODE * 22 *

L'amélioration de la structure des divers microsystèmes vivants

V - Et maintenant, davantage spécialisée, toujours dans le cadre de sa Loi cyclo-attracto-répulsionnelle cosmofonctionnelle, la ΛV actionne avec intelligence et efficacité sa force énergo-exécutive à l'intérieur des épaisses nébuleuses, impénétrables aux fortes radiations, qui absorbent, venant des étoiles, la lumière nécessaire pour conserver la vitalité et les formes diverso-complexes d'arrangements polyatomiques des diverso-biosystèmes sophistiqués qui viennent à la vie et se multiplient à une cadence de reproduction élevée ; et bien que vraiment minuscules, ils sont composés désormais, chacun de milliers, voire de millions de molécules et de macromolécules organiques dotées du Code, qui, en progressant dans ses ramifications et ses améliorations, devient le Code homéo-morpho-diverso-reproducteur cyclono-nucléo-sphéroïdal symétro-organo-biogénétique diverso-expérimenté.

Notez que ces molécules et macromolécules, toujours composées par l'intermédiaire de gènes très intelligents, et formées suivant l'affinité chimique d'atomes et de molécules encore plus expérimentés, contrôlent l'équilibre hormonal et réalisent désormais de toutes nouvelles combinaisons et réactions chimiques de divers types organiques et biologiques.

Et dans le cadre de l'influence de la Loi cyclo-attracto-répulsionnelle proportionnelle qui équilibre la température, et de la structure des atomes organiques plus expérimentés et nourris (selon le processus que j'ai décrit dans la période 12) par la lumière absorbée, tandis que les substances sont diversement mélangées, leurs liaisons réorganisées, et qu'elles prennent, avec l'accroissement constant de leur mobilité, leurs positions spécifiques, les gènes réalisent d'autres formations multiples de diverses substances et d'autres compositions d'éléments similaires. Et toujours dans le cadre de conditions favorables comme celles décrites dans la période 20, avec des substances contenant principalement des atomes d'Azote et d'autres, et différentes substances, avec divers mélanges, je le répète, d'eau, d'ammoniac, de méthane, d'Hydrogène, d'Oxygène, d'Azote, de Carbone, additionnés de quantités comparables d'autres éléments et ingrédients chimiques, stables ou instables, comme le Soufre, le Phosphore, etc., les gènes créent de nouveaux réseaux de fermentations chimiques. Ainsi commence, toujours sous le contrôle de la AV, le métabolisme systématique...

Et maintenant, diverses mégamolécules polyatomiques de biosynthèse nouvelle sont formées et tournent autour des noyaux contenant les acides nucléiques ARN et ADN. Et toujours sous la direction de la force vitale des gènes, des combinaisons plus complexes de substances azotées, de sucres et d'autres mélanges avec divers autres atomes sont convenablement assemblées pour former de nouvelles séries de nucléotides qui se réunissent dans des chaînes de polypeptides nucléotidiques plus complexes ; et d'autres macromolécules nouvelles sont aussi constituées, ainsi que des chaînes d'acides aminés plus spécialisées, avec lesquelles les gènes forment des microbiosystèmes encore plus perfectionnés : les protéino-enzymes, et notamment les fibres de protéines régulatrices et d'autres sortes d'enzymes qui vont jouer, désormais, le rôle de catalyseurs spécialisés.

Et les gènes copient toutes les phases de l'organisation déjà bien avancée dans la première Galaxie, avec tous ses mécanismes particuliers, et notamment la puissance multiplicatrice de reproduction de la première sphère maternelle gigantesque, ainsi que les instructions du Code homéo-morpho-diverso-reproducteur cyclono-nucléo-sphéroïdal symétro-organo-bio-génétique. Les gènes combinent alors toutes ces données d'une manière appropriée pour les mettre en place à l'échelle microscopique dans des ensembles - comprenant l'ARN, l'ADN, les chromosomes, les ribosomes, les lysosomes, les mitochondries, l'appareil de Golgi, les microtubulures, les vésicules, avec les mécanismes de l'endocytose, l'exocytose, etc. - qu'ils séparent en groupes homogènes par des cytoplasmes et entourent de membranes spéciales...

Et maintenant, comprenant des bases de vie moléculaire plus perfectionnées, ces assemblages microscopiques de populations polyatomiques qui contiennent le Code, qui, de symétrique est devenu biogénétique, et encore plus expérimenté, ont la capacité d'entrer en gestation en se modifiant et se repliant pour se diviser et former des copies identiques. Cela signifie que désormais, ces microbio-diverso-mécanismes, en tant que systèmes vivants améliorés, se reproduisent et se multiplient en nombre illimité sur la base des informations contenues dans le Code et toujours dans le cadre d'un contrôle par les gènes de la stricte conformité à des caractères qui ne changent ou ne se transforment pas durant de nombreuses années. Car pour plus de précisions, cette répétition à l'identique basée sur le Code ne change, au cours des siècles, que sous l'influence de la AV qui provoque différents types de modifications moléculaires ; notamment, lorsqu'une variation du fonctionnement de la procédure de copie de l'ADN change en mieux, ce changement est alors reproduit de la même manière dans les générations suivantes. Ainsi, les informations génétiques peuvent changer et de nombreuses mutations apparaître dans les formations répétitives à l'intérieur des chromosomes... et les mutations utiles sont conservées tandis que celles qui, accidentellement, s'avèrent nuisibles, sont effacées...

Et maintenant, dans les structures de ces microsystèmes vivants et distincts, les gènes contrôlent la cybernétique des circuits régulateurs et mettent aussi en valeur d'autres qualités variées et impénétrables des assemblages et liaisons moléculaires ; et délimitant leurs contours, ils spécifient les détails de leurs structures complexes avec plus de précision. Et tandis qu'ils inscrivent les multiples interactions de leur anatomie dans le cadre de lois de reproduction inviolables, ils forment des systèmes régulateurs du métabolisme encore plus complexes, des activités enzymatiques avec des mécanismes d'une sensibilité et d'une perfection exceptionnelle, comme ceux des ADN distincts contenus dans les mitochondries, de petits organismes responsables de la fourniture d'énergie dans ces biosystèmes monocellulaires, qui renferment leur propre formation génétique, différente de celle du noyau cellulaire, avec une chaîne de nucléotides d'ADN plus modeste. De plus, les gènes travaillent pour combiner intelligemment d'autres molécules avec les substances déjà citées et perfectionner les structures microscopiques des premiers systèmes vivants ; ils forment aussi d'autres éléments de constitution complexe, comme les molécules des différents lipides et phospholipides, des polysaccharides, et même de nouvelles variétés d'enzymes spécialisées...

Et maintenant, tandis que les gènes combinent les molécules dans des arrangements toujours plus complexes, ils séparent presque complètement le noyau, qui contient le matériel génétique, du cytoplasme. Ainsi, après avoir construit des murs d'enceinte membraneux plus solides, ils finissent par assembler, bien protégé des dangers de l'environnement, le premier minuscule organisme eucaryote vivant, beaucoup plus avancé que des micro-organismes procaryotes comme les bactéries dont l'ADN est situé dans le cytoplasme et qui ne comprennent qu'un chromosome de forme arrondie. Et cet organisme eucaryote possède la capacité, non seulement de s'autoreproduire, mais encore de modifier et contrôler son environnement...

Et maintenant, dans les tourbillons cycloniques des nébuleuses de la jeune Galaxie primordiale, ces minuscules systèmes vivants aux formes changeantes qui s'autorépliquent et s'adaptent à leur environnement, ressemblant par la taille et le volume aux microscopiques grains inertes de poussière polyatomique interstellaire et mésogalactique, gravissent peu à peu les premières marches de la perfection vitale.

PERIODE * 23 *

L'élaboration des poussières et grains protozoïques polyatomiques

V - Et maintenant, ces poussières et grains polyatomiques protozoïques contiennent chacun des millions d'atomo-molécules diverses et de nombreux gènes qui suivent le Code homéo-morpho-diverso-reproducteur cyclono-nucléo-sphéroïdal symétro-organo-bio-génétique en progression constante et améliorent constamment l'organisation et la biocybernétique à l'intérieur de leurs structures qui rappellent en micrographie celles de la primordiale et géante unité galactique maternelle autoconstruite. Et ils obéissent toujours à l'énergie globale unifiée de la ΛV, qui, plus expérimentée, règle leurs circuits cybernétiques, active leur fonctionnement micromécanique et les rassemble en groupes de populations plus importantes, dans lesquels ils communiquent entre eux à la manière de nos systèmes de communications par émission-réception...

Et maintenant, la ΛV règle spécialement leurs mécanismes de sorte qu'ils produisent systématiquement les différents éléments chimiques déjà mentionnés, et surtout de plus grandes quantités d'Oxygène et d'acide carbonique pour les régulariser en les transformant en pierres à chaux, qui, mélangées à des métaux, forment de très nombreux et petits météorites qui constituent en s'agglomérant, des astéroïdo-planétoïdes plus grands et plus massifs qui se meuvent en orbite autour des étoiles de plus longue durée de vie, les étoiles B ; et sur leur trajectoire, ils rencontrent et s'incorporent à des planéto-satellites dont la surface, sur de longues périodes de temps, se refroidit continuellement en formant, comme je vous l'ai déjà expliqué, une croûte de plus en plus solide produisant dans leur Noyau une attracto-répulsion proportionnelle. Et ces planéto-satellites sont toujours maintenus par l'équilibrage de la Loi cosmofonctionnelle de la ΛV qui contrôle proportionnellement les noeuds de liaisons des champs attracto-répulsionnels augmento-diminuants, met des distances appropriées entre eux et les étoiles B, et règle la température de surface de chacun.

PERIODE * 24 *

A travers les comètes, la ΛV apporte la vie sur certaines planètes organiques et sème la conscience, qui, arrivée à maturité, sera incorporée dans sa conscience Galactique

V - Et maintenant, la structure de la Galaxie maternelle primordiale autoconstituée se compose de dizaines de milliards d'étoiles et d'un nombre beaucoup plus grand de planéto-satellites apparents ou obscurs, tous structurés homéomorphiquement et porteurs du schéma rond et d'un Noyau central sur la base du Code ; et tandis que la Loi fonctionnelle de la ΛV les connecte dans le mouvement cyclo-orbital en équilibrant leur attracto-répulsion proportionnellement à leur force centrifuge et régularise leurs champs de diverses densités, parallèlement, les Mères Descendantes déjà avancées en âge, évacuent progressivement leurs couches de matière et développent leurs propres étoiles, comme la « Mère » primordiale...

Et maintenant, la ΛV s'emploie à protéger la vie qui se cache dans toutes les nébuleuses, comme je vous l'ai dit, à l'intérieur de petits grains de poussière, dans de petits stromatolithes et de plus grands planétoïdes. Mais les plus sûrs abris pour cette vie fragile sont assurément les planètes organiques qui ont formé une croûte solide en refroidissant et possèdent des conditions d'environnement favorables à l'éclosion et la subsistance de ces graines de vie ; et notamment, celles qui possèdent des conditions suffisantes pour retenir une atmosphère, sans oublier leurs satellites lorsqu'ils remplissent les mêmes conditions.

Cependant, parmi les dizaines ou centaines de milliards de planéto-satellites disséminés dans la structure de la Galaxie primordiale, seuls quelques millions d'entre eux possèdent les conditions climatiques favorables à la subsistance d'un nombre incommensurable de poussières remplies d'atomes organiques, de graines de vie, et de nombreuses variétés de molécules et macromolécules qui attendent d'être assemblées dans des systèmes vivants.

Les nombreux milliards de planéto-satellites restant, quant à eux, presque obscurs ou éclairés par des étoiles, demeurent dans une situation embryonnaire, tandis que des météorites, stromatolithes, etc., etc., tombent en déluge dans la lave incandescente qui jaillit encore constamment à travers leur croûte et retombe en masses principalement inertes qui se condensent et constituent, après des millions et des millions d'années, des couches de sol mélangées. Car les éléments pulvérisés plus lourds s'agglomèrent en formant des corps solides, de petits et grands volumes, et constituent en fusionnant des plaques géantes qui flottent à la surface de la lave et se transforment progressivement en couches solides.

Et naturellement, les planéto-satellites continuent chacun leur course cyclique sur des orbites parallèles, l'une au-delà de l'autre, en respectant toujours la distance permise par la Loi cyclo-attracto-répulsionnelle orbitale et la vitesse nécessaire au maintien de leur équilibre sur l'orbite programmée dans le Code homéo-morpho–diverso-reproducteur cyclono–nucléo–sphéroïdal symétro-organo-biogénétique. Et les météorites et les astéroïdo-planétoïdes pleins d'éléments organiques et d'organismes souvent monocellulaires encore plus avancés qui s'approchent et tournent autour des planéto-satellites ou croisent leur trajectoire, tombent sur eux et sont incorporés en provoquant, par leurs impacts, de terribles secousses météorolithiques.

J - Excusez-moi monsieur Vaskas, mais pourriez-vous reprendre ces dernières paroles ? Je crains qu'elles ne soient pas enregistrées, car la bande arrive en bout de piste. Laissez-moi seulement le temps de la changer. ... Voilà, vous pouvez continuer.

V - Je vous disais que certains gros et microscopiques météorites et des astéroïdo-planétoïdes qui voyagent maintenant dans l'espace interstellaire viennent à grande vitesse frapper violemment les planéto-satellites. Et comme ceux-ci, porteurs d'un Noyau central, sont élaborés en forme sphérique par le Code et tournent toujours bien régulièrement sur leur axe, ce bombardement constant de leur surface produit partout un nombre incalculable de cratères, petits et grands.

Et des millions ou des milliards d'années s'écoulent avant que ces implacables collisions et les inévitables rétablissements volcano-sismiques irréguliers endo-planétaires qui en résultent ne prennent fin, peu à peu, et qu'au fil du temps, des conditions suffisamment hospitalières se créent à la surface de certains planéto-satellites pour accueillir les nouveaux cataclysmes de graines de vie et de bactéries qui sont nées et se sont constamment multipliées à l'intérieur de certaines nébuleuses en continuelle insémination, ainsi que les autres variétés de biomacromolécules, qui, comme je vous l'ai expliqué, s'entassent pêle-mêle à l'intérieur de météoro-stromatolithes qui croisent les trajectoires de certaines planètes ou sont en rotation dans les courants circulaires de gaz surchauffés recouvrant les planéto-satellites qui acquièrent progressivement, avec le temps, les capacités requises pour les recevoir.

Et je voudrais répéter et ajouter que dès que ces innombrables petits planéto-satellites arrivent à maturité, la ΛV, encore plus spécialisée et expérimentée, produit dans certaines nébuleuses, des zones de conditions anormales de chaleur torride ou de froid glacial qui provoquent des pressions barométriques de tempêtes semblables aux typhons, cyclones ou tornades que nous connaissons, avec des tourbillons violents se déplaçant à une vitesse impressionnante. Et ces mouvements tournants aspirent des poussières, des roches, des météorites, etc., pleines de graines de vie, qui décollent facilement par un effet de propulsion et se transforment, en prenant de la vitesse, je le répète, en comètes dans lesquelles sont disposés des récepteurs qui fonctionnent comme des télécommandes pour obéir à la volonté de la ΛV.

C'est-à-dire, pour que vous compreniez mieux, que dans ce mouvement rapide et sphérique, les vies nouvellement nées s'accumulent dans des couches fluides pleines de molécules d'eau qui gèlent en chemin sur les stromatolithes, les grains et autres éléments gazeux. Ainsi apparaissent les comètes, semblables à de petits astres, équipées de jets complexes et habillées d'une chevelure et de longues queues laissant derrière elles une traîne flottante et lumineuse, qui poursuivent leur voyage spatial à l'intérieur des systèmes stellaires en passant fréquemment, et pour certaines raisons, autour des étoiles ; et sous l'effet de leurs rayons, plus elles s'en approchent, plus leur chevelure et leur queues pleines de poussières et de gaz s'illuminent. Ainsi, sous la conduite de la ΛV qui les active et les planifie convenablement, les comètes voyagent dans l'espace endo-stellaire suivant un itinéraire programmé que nous appelons « naturel » dans notre ignorance.

Alors suivant leur programme, les comètes pénètrent à l'intérieur de certains planéto-satellites matures et propices à la vie ou passent suffisamment près pour déverser de grandes quantités de glace d'eau et de poussières organiques remplies de graines de vie subsistantes, spécialement des micro-organismes constitués maintenant en bactéries dont les mécanismes produisent, je vous l'ai déjà dit, de l'Oxygène et d'autres éléments chimiques : en particulier les stromatopores qui transforment l'acide carbonique en calcaire. Et en s'accumulant sur leur surface, cette matière constitue différentes sortes de couches pleines de vie, de la Terre et des roches. Ainsi certains planéto-satellites organiques sont fertilisés et quelques-uns fécondés ; ensemencés par ces graines de vie, ils sont prêts à construire les conditions idéales pour le développement et le renouvellement de la vie, qui, suivant le déroulement du Code, conduit à la conscience.

Et comme vous l'avez sans doute compris, la transplantation de la vie par les comètes prend place maintenant lorsque les planètes matures sont recouvertes d'une croûte solide et régies par des champs régionaux, appelés magnéto-gravitationnels mais qui sont en réalité attracto-répulsionnels, dont l'équilibre proportionnel permet de retenir une atmosphère. Et les météorites, les microplanétoïdes et météoro-stromatolithes qui tournent autour d'elles sont aussi remplies de graines polyatomiques et de micro-organismes recouverts de coques dures, dotés du Code homéo-morpho-diverso-reproducteur cyclono-nucléo-sphéroïdal symétro-organo-biogénétique en constante amélioration à chaque génération planétaire ; et ils renferment différentes formes d'organismes vivants ayant l'expérience des nombreux systèmes biologiques de plus en plus avancés qui se sont développés au travers des nombreuses générations de planéto-satellites.

Ainsi, certains planéto-satellites organiques de nouvelle génération sont entourés et recouverts de différentes couches de matière qui renferment la vie en elles ; et ils remplissent toutes les conditions environnementalo-climatiques nécessaires : étant d'abord inséminés par les comètes porteuses de glace d'eau et de graines polyatomiques renfermées dans les corps minuscules ou plus importants qui tombent et s'incorporent à leur surface sur laquelle elles sont ensuite progressivement incubées durant un certain temps. Et selon le Code homéo-morpho-diverso-reproducteur cyclono-nucléo-sphéroïdal symétro-organo-bio-génétique sans cesse amélioré caché dans leur structure et dans des cadres différemment adaptés, ces graines commencent peu à peu à produire la vie cryptographiée en elles de millions d'espèces différentes - étant déjà passée par plusieurs cycles d'astro-planéto-satellites - et à la faire progresser, avec le temps, dans de nouveaux cadres continuellement adaptés et de plus en plus perfectionnés, principalement grâce à la lumière des étoiles qui dispensent la vie...

Et maintenant, toujours en lisant et améliorant le Code dans la cellule, ces minuscules maîtres d'œuvre que sont les gènes, rassemblent des groupes de millions et même de milliards d'atomes spécialisés de la vie ; et toujours avec énormément d'ingéniosité, ils poursuivent l'assemblage de nombreuses nouvelles espèces de corps avec différentes variétés de cellules aux structures diverso-complexes qu'ils connectent, dans de constantes combinaisons, en organismes vivants multicellulaires de formes et de structures différentes, néo-diverso-planifiés, qui s'adaptent à leur environnement suivant divers complexo-mécanismes et conservent cependant toujours la même base avec la capacité de se reproduire à l'identique tant qu'aucune mutation n'intervient... et dont ils contrôlent les qualités d'homéomorphisme héréditaire...

Et maintenant, convenablement adaptée sur les planètes organiques fécondées par la vie, chaque nouvelle génération est construite par les gènes qui sautent d'une ancienne planification des organismes à une nouvelle plus avancée, suivant le développement du Code, constamment perfectionné ; et ils forment, par l'intermédiaire des différentes semences repro-ductrices, des millions de nouvelles espèces et des organismes vivants de plus ou moins longue viabilité qui possèdent divers systèmes reproducteurs et sexuels aux mécanismes de fonctionnement variés.

Au cours du temps, ces véhicules spatiaux que sont les comètes transplantent les nouvelles formes de vie développées dans certaines nébuleuses et les sèment, comme des graines, sur les millions de nouveaux planéto-satellites matures et fertiles...

Et maintenant, tandis que le Code se développe et se perfectionne, les gènes améliorent constamment les divers organismes et continuent de former des cybernétiques coordinatrices de différentes sortes jusqu'à ce que finalement, après de continuelles polymorpho-transformations et améliorations sur un nombre incalculable de générations, après des millions d'années pendant lesquelles les gènes se sont sans cesse spécialisés, certaines planètes qui remplissent toutes les conditions nécessaires développent à leur surface des organismes possédant un cerveau, d'abord insignifiant... puis conscient ; et par la suite, une fois matures, dotés de plus en plus d'une « Logique d'Intellection Syllogistique » (ou LIS en abrégé), ils s'unifient pour former tous ensemble la logique d'intellection syllogistique planétaire destinée à s'incorporer et s'ajouter au continuel progrès de la conscience de la ΛV.

En d'autres termes, avec le temps et dans le cadre des cycles biologiques successifs, le Code homéo-morpho-diverso-reproducteur cyclono-nucléo-sphéroïdal symétro-organo-bio-génétique qui possède des milliards d'années d'expérience devient polyexpérimenté et s'améliore à tel point que dans ses ramifications, certaines espèces d'organismes acquièrent progressivement des entités invisibles, mais manifestement existantes ; et grâce à leur constant perfectionnement et l'avancement de leur mentalité, ces organismes développent sur chaque planète rendue féconde, une conscience qui progresse jusqu'à devenir, parvenue à maturité, la conscience planétaire. Et finalement, tirant avantage de l'inimaginable variété de consciences planétaires matures, la ΛV les incorpore et accroît son intellection qui ne cesse de s'améliorer...

PERIODE * 25 *

Amélioration de la polarisation du Premier Organisme Galactique et des mécanismes de son Noyau

V - Et maintenant, continuellement fortifiée par diverses consciences de planètes parvenues à maturité et possédant des capacités cybernétiques toujours plus expérimentées, la ΛV - c'est-à-dire ce très puissant, invisible et conscient hyper-co-ordinateur photo-électro-neutrinique à l'intelligence sans borne - transforme et améliore progressivement la base perceptible de la Galaxie maternelle primordiale en développant et affinant la polarisation de toute sa structure. Et d'abord son équateur dont les rayons partent de points en bordure des régions les plus denses et les plus riches en étoiles variables de sa voie lactée pour se diriger vers le centre ou Noyau galactique ; puis elle installe les deux pôles, Nord et Sud (ce que nous retrouvons sensiblement dans notre Galaxie, où le centre de l'équateur devrait être en direction de la constellation du Sagittaire, et perpendiculairement à cet équateur galactique, d'un côté le pôle Nord, au delà de la constellation de la Chevelure de Bérénice, et de l'autre le pôle Sud, en direction de la constellation du Sculpteur). Elle développe alors un merveilleux champ attracto-répulsionnel symétro-proportionnel qui maintient les astro-planéto-satellites et les autres corps du premier Organisme Galactique à l'intérieur d'orbites bien équilibrées...

Et maintenant, la ΛV transforme et améliore plus particulièrement les mécanismes internes du Noyau maternel pour qu'ils soient capables d'exercer une immense force attracto-répulsionnelle qui maintienne dans un équilibrage proportionnel parfait autour du Noyau maternel les milliards d'astro-planéto-satellites, formés homéomorphiquement sphériques et avec un Noyau interne par le Code, comme aussi d'autres corps spatiaux. Ainsi, chacun d'eux tourne sur une orbite toujours bien équilibrée par l'action de la Loi cyclo-attracto-répulsionnelle cosmofonctionnelle de la ΛV. Parallèlement, ces mécanismes sont constamment perfectionnés, spécialement à l'intérieur de son aspiro-répulso-réacteur, qui, je le rappelle, dans un recyclage continuel, absorbe principalement de l'antimatière et de l'Hydrogène qu'il cuisine en divers noyaux avant de les expulser dans la nébuleuse avec des gaz surchauffés. Et le fonctionnement par propulsion nucléaire de ce réacteur provoque des poussées de sens opposés qui forment des barres de gaz éjectés et font tourner le Noyau de manière qu'il entraîne avec lui, grâce à sa puissance centrifugo-attractionnelle, tous les astro-planéto-satellites et autres corps spatiaux...

PERIODE * 26 *

Reproduction du Premier Organisme Galactique suivant le Code pour former une structure cosmique polygalactique assemblée dans le cadre de la Loi globale cyclo-attracto-répulsionnelle cosmofonctionnelle de la ΛV dont la logique d'intellection syllogistique galactique devient pangalactique. Et le Code homéo-morpho-diverso-reproducteur poly-expérimenté appelé en bref « Code Universel » devient symétro-organo-biogéno-spatial

V - Et maintenant, la ΛV a presque terminé l'organisation de la jeune Galaxie maternelle primordiale où la vie en constante amélioration se rencontre presque partout, disséminée dans sa structure. Arrivée à maturité, elle est prête pour la gestation et se prépare maintenant à la reproduction car de curieux phénomènes se produisent en de nombreux endroits.

Certaines Mères Descendantes, répliques de la « Mère », entourées de leurs innombrables et propres systèmes astro-planéto-satellitaires et d'autres corps spatiaux imperceptibles, invisibles et obscurs, dont les champs obéissent à la Loi cosmofonctionnelle de la ΛV, une fois dégagées, comme la « Mère » primordiale, de leur enveloppe de couches externes, se transforment progressivement en embryons de petites Galaxies qui se développent vers la maturité, d'abord sous la forme d'une nébuleuse ronde, polyastrique, puis d'un *****amas globulair**e*.

Donc, après de longues périodes qui s'étendent sur de nombreuses années pendant lesquelles ces Mères Descendantes recueillent des copies du Code contenant toute la multiple et complexe diverso-variété de la vie qui s'est développée dans la Galaxie maternelle, ces descendantes autonomo-dynamiques commencent peu à peu, avant même que leur Noyau ne soit encore bien formé, à se décoller de la Galaxie maternelle dans un mouvement toujours cyclique, le plus souvent sous forme de Galaxies irrégulières. Mais avec le temps, leur Noyau commence à consommer de l'Hydrogène et de l'antimatière de la même manière que le Noyau maternel, selon ce qui est écrit dans le Code... et à un moment donné, lorsque le mécanisme réacto-attracto-répulseur de leur Noyau est prêt et commence à fonctionner, elles amorcent, tout en continuant à tourner en orbite autour du Noyau maternel, un mouvement d'expansion cyclique, toujours dans le sens impulsé et l'orientation donnée par le Noyau maternel (c'est-à-dire par la « Mère » en rotation sur elle-même, seule stable et qui commence à former l'axe immobile autour duquel va s'orienter l'organisme cosmique). Et après un temps assez long, sous la poussée des tourbillons de leurs moteurs devenus réacto-nucléairo-aspiro-répulso-propulseurs, ces Galaxies nouveau-nées commencent à s'éloigner vers les limites du cadre de l'influence du champ attracto-répulsionnel autour du premier Noyau maternel...

Et maintenant, les mécanismes réacto-nucléairo-aspiro-répulso-propulseurs du Noyau de ces jeunes Galaxies s'améliorent et fonctionnent comme des turbines propulsives nucléaires ou des moteurs à réaction nucléaire ; et leurs jets se perfectionnent, toujours suivant le Code, comme pour les mécanismes du Noyau maternel. Et au fur et à mesure que les jeunes Galaxies nouveau-nées deviennent capables de voyager, elles s'éloignent pour prendre leur place dans le programme élaboré par la ΛV et commencent à se rassembler en groupes qui finiront par constituer l'organisme cosmique. Et elles restent toujours en liaison avec la Galaxie maternelle dont le champ attracto-répulsionnel croît sans cesse en puissance, connectées d'une manière communicative, notamment par des neutrino-rayonnements de Grande Vélocité que j'appelle ***GV*** en abrégé, qui font partie de la ΛV et qui sont très puissants et plus rapides que la lumière. Produits dans chaque Noyau galactique, ils sont constitués, en réalité, d'une cascade de neutrinos centrogalactiques stimulo-concentrés, de longueur de rayonnement unique et définie, qui fonctionnent suivant des trajectoires parallèles, un peu comme le laser, et dont l'énergie concentrée sur un seul endroit forme un invisible faisceau rectiligne, d'une puissance extraordinaire, de nombreuses fois plus importante que le rayonnement laser ou qu'un faisceau du spectre électromagnétique et extrêmement plus rapide, car ces neutrino-rayonnements GV traversent l'espace et tous les corps spatiaux à une vitesse ophtalmique sans rencontrer la moindre résistance, sans subir la moindre influence.

Cela signifie cher ami, que désormais, sur des milliards d'années, dans une discipline programmée suivant le Code, la Galaxie maternelle primordiale et les générations de Mères Descendantes donnent méthodiquement et systématiquement naissance à d'autres nouvelles Galaxies qui s'éloignent dans les profondeurs du champ attracto-répulsionnel du Noyau maternel vers un horizon sans fond, pour étendre l'espace en formant divers groupes, etc., et prolonger le temps. Et chacune de ces Galaxies est maintenant contrôlée endo-galactiquement par sa propre force énergo-multiplicative coordino-exécutive intelligente et consciente, avec la même logique d'intellection syllogistique galactique, et entretenue par le Code commun à toutes, homéo-morpho-diverso-reproducteur, cyclono-nucléo-sphéroïdal, diverso-croisé, poly-expérimenté, qui, avec la reproducto-multiplication galactique, est aussi devenu spatial. Puis, sur de longues périodes de temps, toutes les générations et régénérations suivantes se polarisent à leur tour dans leur aspect universel, suivant des regroupements prédéterminés ; et j'ajouterai que les Galaxies qui commencent à constituer l'organisme polygalactique se regroupent en amas composés de diverses variétés de Galaxies de tailles et de formes différentes suivant l'âge : irrégulières, rondes, ovales, elliptiques, spirales, spirales barrées, géantes, naines, radiogalaxies ainsi que d'autres silhouettes rares qui ne présentent pas encore de symétrie de rotation. Finalement, en vieillissant, elles perdent leur structure astroplanétaire et se transforment en Galaxies à Noyau très brillant dont les radiations, le rayonnement thermique et la lumière équivalent à plusieurs Galaxies plus jeunes...

Et maintenant, gouvernées par la Loi cyclo-attracto-répulsionnelle cosmofonctionnelle de la ΛV désormais globale dont elles dépendront toujours, et programmées par son Code homéo-morpho-diverso-reproducteur cyclono-nucléo-sphéroïdal spatial polyexpérimenté, les milliards de Galaxies forment différentes unités, qui, à des vitesses proportionnelles, se constituent, je le répète, en amas, superamas, etc., et se répartissent sophistiquement et invisiblement dans un cadre classificatoire polarisé au niveau universel qui se divise imperceptiblement en deux hémisphères séparées par un équateur et centrées sur l'axe stable du Noyau maternel dont le champ attracto-répulsionnel comprend autour de lui tout l'espace universel en accroissement progressif et continuel.

J- Ce qui signifie que la Loi cyclo-attracto-répulsionnelle cosmofonctionnelle de la ΛV se trouve dans chaque Galaxie de l'Univers et les gouverne toutes.

V- Oui, car les forces énergo-multiplicatives, coordino-exécutives, intelligentes, conscientes de toutes les Galaxies, avec leur logique d'intellection syllogistique, sont rassemblées dans la Loi cyclo-attracto-répulsionnelle cosmofonctionnelle globale constituée par l'invisible mais bien existante et toute puissante ΛV, la mentalité administrato-constructrice porteuse maintenant d'une logique d'intellection syllogistique pangalactique qui communique instantanément avec chacune d'elles par des neutrino-rayonnements stimulo-concentrés et communicatifs de Grande Vélocité, ou « GV ».

Ainsi maintenant, avec cette surprenante disparité de répartition, et comme elle le fait encore aujourd'hui, la Loi globale cosmofonctionnelle de la ΛV contrôle en détail, avec l'énergie de sa force photo-électro-neutrino-nucléo-atomo-synthétique, l'équilibrage proportionnel et le diverso-développement de l'organisme polygalactique vivant tout entier, lumineux connu et sombre inconnu, et je le répète, en continuel grossissement cyclique dans un espace-temps constamment élargi.

Réfléchissez, cher ami ! Notre corps multicellulaire avec toutes ses activités psychomentales est presque contrôlé de la même manière par la même énergie qui nous anime, et qui, dans la coopération spécialisée des milliards de neurones de notre cerveau, fait émerger notre invisible pensée. Car n'oubliez pas que tous les organismes multicellulaires de formes et de schémas variés sont presque construits de la même manière, à partir d'une première cellule mère fécondée et dotée du Code homéo-morpho-diverso-reproducteur... etc., suivant sa voie dans la ramure symétro-organo-biogénétique qui contient l'ensemble des informations précédentes. Et c'est également vrai dans le cas de notre organisme humain, cette machine vivante construite par le Code avancé et constituée de trillions d'atomes et de milliards de cellules aux formes variées, avec ses nombreuses complexités.

J - Je vous remercie monsieur Vaskas. Je reste stupéfait par ces dernières explications, dites si brièvement, qui font l'analyse des mécanismes progressifs de la construction et de la reproduction des Galaxies. Mais qui a découvert les Galaxies ?

V - Le premier à parler de ces « îles de l'univers », entendez par là les Galaxies, fut un philosophe Allemand nommé Emmanuel Kant. Mais en ce temps-là, il y a plus de 200 ans, l'astronomie n'était pas encore arrivée à maturité, et le Code dans l'homme n'était pas suffisamment déroulé, de sorte qu'il n'existait pas chez les scientifiques de cette époque la mentalité syllogistique suffisante pour le comprendre ; et ne le prenant pas au sérieux, personne n'y a prêté attention, pensant qu'il disait probablement des absurdités ; et ils l'ont ignoré. Une telle réaction est malheureusement très courante... même encore aujourd'hui !

J - Je vous remercie beaucoup, j'ai bien suivi ce que vous avez dit ; et à mon avis, c'est la réalité. Mais toute cette version reste aussi très éloignée de la mentalité cosmologique et scientifique classique actuelle.

V - C'est vrai qu'elle est différente... ce qui ne m'empêche pas d'estimer et de respecter beaucoup les recherches du monde de la cosmo-technoscience et tous les travaux réalisés jusqu'à présent. Comme beaucoup d'autres amis, ayant aussi dépensé de nombreuses années dans la recherche, je me sens libre de parler et d'exposer sans la moindre arrogance les résultats de mes travaux, confiant dans la logique d'intellection syllogistique actuelle en constant progrès pour décider de leur succès. Je ne veux contraindre personne à accepter mes propos, car je hais le dogmatisme ; et par avance, je demande à mes amis diverso-observateurs de la cosmologie de bien vouloir m'excuser, si, bien qu'intrigués, ils n'ont peut-être pas encore discerné, ce qui est pourtant clair : le comportement multiplico-reproducteur très visible des Galaxies.

Avec quelques raisons, certains observateurs sérieux tentent toujours de maintenir et d'enfermer les Galaxies dans l'hypothèse du Big Bang qui laisse supposer qu'elles voyagent depuis quelques milliards d'années en s'éloignant constamment à grande vitesse de façon radiale et sur des lignes droites, étant pleines de matière inorganique, stérile et inerte, comme le feraient les plombs d'une gigantesque bombe irradiante après son explosion ; alors que la plupart des informations dont nous disposons, permettez-moi de le souligner, témoignent d'un éloignement courbe et équilibré des Galaxies sur un nombre beaucoup plus grand de milliards d'années, car le fait que les Galaxies voyagent par propulsion nucléaire en utilisant souvent leur jet pour constituer des groupes et des amas, petits et grands, prouve incontestablement qu'elles ne font que suivre une ligne programmée par une logique - dont l'intellection qualifiée qui va de pair avec nos progrès technoscientifiques actuels est digne - coordonnée dans la réalité de l'existence du Code universel homéo-morpho-diverso-reproducteur cyclono-nucléo-sphéroïdal symétro-organo-biogéno-spatial polyexpérimenté que nous appellerons plus souvent « Code Universel » ou plus simplement « Code » par la suite pour simplifier. Alors, il n'est pas difficile de reconnaître que les Galaxies s'éloignent cycliquement, tout en tournant d'abord sur leur axe, et toujours sur des orbites parallèles autour de l'axe central immobile du Noyau maternel qui se comporte comme le centre stable d'un énorme champ cyclo-attracto-répulsionnel qui les retient toutes.

Et j'espère que le temps est proche où tous reconnaîtront que l'ensemble de l'organisme polygalactique que nous connaissons sous le nom de « Cosmos » ou « Univers », est en constante extension et expansion multiplicative courbe.

DIALOGUE

La diverso-vitesse dans laquelle fonctionne l'Univers, et le fonctionnement des neutrino-rayonnements stimulo-concentrés de Grande Vélocité (appelés GV)

J - Si c'est ainsi que vous expliquez l'expansion de l'Univers, c'est un point de vue tout à fait nouveau que je trouve pour ma part difficile à admettre, peut-être parce que je ne l'avais jamais entendu avant.

V - C'est normal cher ami ! Mais ce n'est pas difficile de comprendre que nous ne sommes que des observateurs à la surface d'une minuscule planète qui tourne sur elle-même et en orbite autour d'une étoile B, notre Soleil, qui lui-même tourne en orbite autour du Noyau de notre Galaxie, elle-même en rotation autour de l'axe d'un petit groupe de Galaxies, relié à l'intérieur d'un plus grand groupe de Galaxies qui tourne autour d'une Galaxie géante, qui, cet ensemble tourne lui-même en orbite à l'intérieur d'un autre groupe de Galaxies encore plus grand, etc., avec des vitesses proportionnelles équilibrées par la Loi cosmofonctionnelle de la ΛV.

Et si vous voulez de plus amples détails, tous les systèmes spatiaux se meuvent dans un équilibrage cyclique, car si un observateur placé sur notre planète au niveau de l'équateur fait un tour en 24 heures autour de l'axe de la Terre à une vitesse d'environ 0,5 km/s, notre planète elle, tourne autour du Soleil à une vitesse d'environ 30 km/s et en fait le tour en 365 jours ou presque ; et notre système solaire tourne autour du Noyau de notre Galaxie à environ 250 km/s, et il nous faut presque 240 millions d'années pour en faire le tour, soit une année cosmique. Mais à plus grande échelle, nous savons que notre Galaxie fait partie d'un petit groupe (appelé l'amas local) d'environ vingt Galaxies, qui tourne autour de la Galaxie géante M 87, nommée Messier, à une vitesse qui restera encore longtemps incalculable, car les distances deviennent énormes et l'homme ne peut arriver à les discerner avec précision. Mais de toute façon, dans la Loi globale d'équilibrage cyclo-attracto-répulsionnel proportionnel cosmofonctionnel de la ΛV et dans les divers mouvements diverso-cyclo-elliptiques des groupes galactiques, tout tourne dans une « diverso-vitesse d'approcho-éloignement cyclostrophique », qui représente la vitesse de rapprochement ou d'éloignement de deux observateurs situés chacun sur un groupe galactique tournant en sens contraire ou dans le même sens (comme deux valves opposées sur chacune des deux jantes d'une bicyclette) ; et ainsi, la vitesse relative du mouvement des Galaxies peut aller jusqu'à doubler.

*J -	Oui, je comprends !*

V -	Et ce n'est pas fini, car il y a encore d'autres ensembles galactiques plus grands qui fonctionnent à des vitesses proportionnelles dans un cyclo-rapprocho-éloignement ordonné.

***J -	C'est toujours difficile de suivre tant de choses qui s'enchaînent les unes après les autres. Aussi monsieur Vaskas, pourriez-vous maintenant faire le point, en quelques mots, sur le fonctionnement de l'ensemble de ce mécanisme polygalactocyclique et notamment celui des neutrino-rayonnements GV.***

V -	Bon ! Alors je répète que les neutrino-rayonnements stimulo-concentrés de Grande Vélocité GV de la ΛV se déplacent souvent dans l'espace intergalactique sous forme d'invisibles rayonnements multidimensionnels et polyvalents qui n'ont rien à voir avec les rayons du spectre électromagnétique terrestre, comme les rayons gamma, les rayons X, les ultraviolets, la lumière visible, les infra rouges, les ondes radar, télévision et radio, avec leurs diverses vitesses proportionnelles à leur longueur d'onde, leur fréquence et leur énergie, car ces derniers ne traversent pas l'espace exogalactique, ni même exomégatomique. Quant à eux, les neutrino-rayonnements stimulo-concentrés GV partent des Noyaux galactiques et traversent l'espace en ligne directe, sans se soumettre aux influences des diverso-champs endogalactiques et exogalactiques. Ils ne connaissent aucun obstacle ni la moindre résistance de la part des grandes structures inter-galacto-astro-planétaires du Cosmos. En partant du Noyau d'une Galaxie, avec une impulsion d'extrême puissance et une accélération inimaginable, les neutrino-rayonnements concentrés GV acquièrent un potentiel d'énergie supérieur et multiplié qui rend leur fréquence pratiquement inexistante ou extrêmement basse, de telle sorte qu'ils possèdent une longueur d'onde tellement grande qu'elle est incommensurable. Ainsi, le rayonnement neutrinique stimulo-concentré est beaucoup plus puissant et sans commune mesure avec la meilleure vision frontale ou la perception visuelle toujours directe d'organismes terrestres comme l'homme, l'aigle, etc. Ce qui revient à dire que si l'accélérateur de vitesse de notre vision ophtalmique était un rayonnement stimulo-concentré neutrinique, nous arriverions à percevoir les plus grandes et plus lointaines Galaxies ou radiosources, comme certaines que la physique appelle improprement quasars, à leur transmettre des vues, et à traverser tous les corps spatiaux pour arriver facilement jusqu'au Noyau maternel, le centre fixe et stable du champ cyclo-attracto-répulsionnel qui maintient toutes les Galaxies jusqu'aux extrémités de la périphérie cyclique de l'organisme cosmique. Car c'est de cette manière, avec le spectre attracto-répulsionnel et les neutrino-rayonnements stimulo-concentrés de Grande

Vélocité GV, que la ΛV, suivant sa Loi cosmofonctionnelle globale, organise, contrôle et commande tout le diverso-fonctionnement organique avec la complexité des orbito-trajectoires et du diverso-dimensiono-mouvement des trillions de diverso-galacto-astro-planéto-satellites, ainsi que toute la polymorphovalente matière sombre, invisible, qui remplit plus de 85% de l'organisme cosmique.

J - C'est vraiment étonnant ! Ces neutrino-rayonnements GV fonctionnent-ils comme un laser ?

V - Le fonctionnement des neutrino-rayonnements de Grande Vélocité, que j'appelle GV, n'a aucun rapport, je le répète, avec celui des bien plus faibles rayonnements permanents endo-terrestro-galactiques, ni avec celui d'autres rayonnements qui subissent l'influence d'une quelconque action spatiale, ni même avec le fonctionnement du très fin et puissant rayon laser produit à partir d'une cascade de photons de longueur d'onde unique, qui est capable de parcourir d'immenses distances, mais ne peut traverser les structures inter-galactiques où les liaisons sont assurées par les neutrino-rayonnements diverso-actifs et communicatifs de Grande Vélocité GV émis par les Noyaux galactiques avec une force d'accélération extraordinaire, et donc des vitesses inimaginables, d'autant qu'ils passent à travers tous les corps spatiaux galacto-astro-planétaires, etc., etc., avec la même facilité qu'ils traversent le milieu spatial, suivant une ligne directe, c'est-à-dire dans un faisceau étroit et rectiligne d'énergie concentrée que rien ne peut dérouter ; aussi pour eux, les distances sont presque inexistantes tandis qu'ils transportent un grand nombre de signaux constructifs transmis, ou retransmis, en connectant l'émetteur-récepteur d'un Noyau galactique à celui d'un autre Noyau galactique pour assurer les diverso-activo-communications à grandes distances entre Galaxies. C'est de cette façon que la Loi cosmofonctionnelle globale de la ΛV dirige les divers mouvements cyclo-orbitaux et contrôle les vitesses des Galaxies pour qu'elles prennent une place précise au sein d'un amas, d'un superamas et qu'elles restent toujours en orbite autour d'une Galaxie hypergéante pour constituer ensemble une certaine région d'un organe cosmique.

Et plus précisément, comme notre cerveau utilise l'image formée sur la rétine de l'oeil pour la transmettre à des millions de neurones et nous donner la vision du ciel étoilé, d'une manière semblable ou presque, mais extrêmement plus dynamique, la ΛV communique dans l'espace intergalactique par l'intermédiaire des neutrino-rayonnements de grande vélocité GV, porteurs de signaux proportionnellement amplifiés pour aller, à des vitesses semblables à celles des rayons optiques ou visuels, jusqu'aux autres Galaxies réceptrices de toutes tailles et formes, situées à n'importe quelle distance.

J - Oui, c'est une vision complètement différente de celle classique du Big-Bang, mais bien réelle au vu de toutes les explications que vous apportez, et je la comprends ; mais elle restera difficile à saisir pour tous ceux qui n'y prêteront pas attention et notamment pour certains tenants qui resteront dans l'immobilisme et le retard mental.

V - Je ne peux accepter que certains soient dans un quelconque retard mental, car ils ont peut-être été trompés en suivant le mythe dévastateur du Big Bang… bien qu'ils comprennent qu'ils sont vivants sur une planète vivante.

Les preuves de la reproduction et de la multiplication des Galaxies qui sont rattachées et fonctionnent dans l'équilibrage pondéré de l'approcho-éloignement proportionnel établi par la Loi globale cyclo-attracto-répulsionnelle cosmofonctionnelle de la ΛV, composée de toutes les interactions, énergies et puissances unifiées qui exécutent systématiquement toutes les activités nécessaires dans le diverso-mécanisme organique polygalactique

J - Tout cet exposé me laisse sans voix, monsieur Vaskas ! Et pourtant, j'ai encore de nombreuses questions présentes à l'esprit.

V - N'hésitez pas à poser ces questions cher ami, car les réponses peuvent vous aider à mieux comprendre ce sujet essentiel pour lequel vous êtes ici.

J - Merci beaucoup, je commence maintenant à comprendre le rôle de l'antimatière et la raison de son absence à proximité des régions terrestres. Mais je ne sais pas s'il existe des preuves démonstratives de la reproduction des Galaxies, et j'ai l'impression que personne n'acceptera une telle version cosmologique nouvelle sans preuves justifiables.

V - Oui, vous avez raison, mais ce qui peut vous sembler difficile est peut-être simple pour les astronomes qui peuvent observer sans préjugé, non la matière sombre qui occupe la majorité de l'espace cosmique et dont nous ne connaissons pas encore la distribution, mais la matière lumineuse observable des innombrables Galaxies, car ce phénomène de reproduction se discerne facilement et clairement, d'autant mieux avec certains télescopes très puissants, qui, jusqu'à maintenant, n'ont mis en valeur, au contraire, que l'explosion du Big Bang dont les plombs errants planent sans aucune base stable dans la vitesse illimitée d'une continuelle expansion et se transforment en milliers de milliards de Galaxies et milliers de trillions d'astro-planéto-satellites ; et heureusement, la vie est née, par hasard, sur une seule planète microscopique où les observations des scientifiques sont traduites, suivant la théorie de cette hypothétique explosion, en véritables mirages et autres illusions d'optique qui produisent chez certains des convictions et préjugés qui leur mettent des oeillères et les empêchent d'accepter qu'il puisse y avoir d'autre vie dans l'Univers. Et comme tous les phénomènes spatiaux continuent d'être expliqués avec conviction dans le cadre de la théorie du Big Bang, certains observateurs se sentent obligés de tordre les particularités de quelques diverso-morphomultiplico-reproductions galactiques, de les transformer en énigmes et de leur chercher des causes catastrophiques sans apporter la moindre trace perceptible, interprétant les phénomènes reproductifs grandioses des Galaxies en voie d'accomplir leur mission multiplicative comme s'il s'agissait de collisions entre Galaxies voisines, de diverses absorptions de l'une par l'autre - allant jusqu'à dire qu'elles se traversent l'une l'autre -, de déformations symptomatiques, d'interactions diverso-morphologiques, etc., etc., laissant ainsi une grande question en suspens.

Car il est bien visible que les Galaxies occupent un espace en constante expansion cyclique et qu'elles sont parfaitement conduites, dans leur voyage programmé par le Code, pour aller se regrouper avec d'autres et former des amas et des superamas galactiques rattachés et fonctionnant dans l'équilibrage pondéré de l'approcho-éloignement proportionnel établi par la Loi globale cyclo-attracto-répulsionnelle cosmofonctionnelle de la ΛV, composée de toutes les interactions, énergies et puissances unifiées qui exécutent systématiquement toutes les activités nécessaires dans le diverso-mécanisme organique polygalactique.

J - Mais la physique en général persiste à dire que tous les corps spatiaux, les Galaxies, les planètes, etc., sont rattachés par la gravitation.

V - Si c'était vrai, ce que nous appelons l'Univers se trouverait en complet déséquilibre et s'effondrerait dans le carambolage de tous les corps spatiaux.

J - Oui, je comprends, poursuivez je vous prie.

V - Il est donc bien visible que les Galaxies suivent, après leur autofécondation et tandis que certaines se divisent en deux et d'autres se transforment en pépinières de Galaxies, l'orientation écrite dans le Code spatial endocosmique programmé par la ΛV ; ce qui est encore plus visible lorsqu'elles utilisent leurs jets galactiques pour augmenter les distances qui les séparent jusqu'à atteindre en moyenne un million d'années lumière. Et il est clair que toutes les Galaxies finissent toujours par orbiter autour du même axe stable, celui du Noyau maternel. De plus, diverses observations télescopiques et des milliers de photographies montrent distinctement le fait de la multiplico-reproduction, avec la séparation des Galaxies nouveau-nées.

Mais bien que très visible, ce fait de la multiplico-reproduction n’est pas encore bien discerné ; et lorsque deux Galaxies proches ont des jets opposés et disposés d'une manière qui atteste qu'elles ne se rapprochent pas mais se séparent et s'éloignent l'une de l'autre, certains affirment le contraire. Aussi, comment peuvent-ils soutenir que les Galaxies mettent entre elles de grandes distances dans leur expansion à grande vitesse, tout en affirmant par ailleurs que deux d'entre elles peuvent se rapprocher au point de se mélanger ou d'entrer en collision ? Même en l'absence de toute spécialisation scientifique, la réflexion de l'homme ordinaire avec sa mentalité normale peut comprendre immédiatement qu'il n'y a pas de possibilité de collision ou encore de toute autre anomalie du même genre, entre des Galaxies qui, comme le montre le sens de leurs jets, s'éloignent l'une de l'autre après leur séparation.

Pour revenir à la multiplication et à la reproduction qui sont différentes d'une espèce vivante à l'autre et s'effectuent de nombreuses façons, mais le plus souvent suivant deux modes principaux, asexué ou sexué, la duplication ou la division dans l'organisme polygalactique d'une Galaxie en deux ou plusieurs et des mégatomes s'effectue suivant les ramifications reproductrices du même Code Universel de la même manière ou presque que la reproduction de la vie à notre échelle ou, comme dans la division unicellulaire... les mitoses, à l'échelle des cellules microscopico-miniaturisées constituées par le Code Universel dans des organismes terrestres diversomorphes...

D'ailleurs, il est bien connu que la reproduction asexuée est plus simple que la reproduction sexuée ; par exemple, tandis que certains végétaux à fleurs doivent être fécondés par le pollen pour se reproduire, d'autres n'ont besoin ni de fleurs ni de graines... mais pour créer de nouveaux pieds, ils utilisent des procédés spécifiques, notamment polycytogènes, au moyen de bulbes, de bourgeons, de stolons, de drageons, etc., par lesquels ils se multiplient et se répandent à distance... Et certains végétaux marins se reproduisent selon les deux modes, sexué ou asexué ; et il en est de même pour certains animaux où par exemple une femelle peut donner naissance sans l'intervention d'un mâle.

Donc, de même que pour certaines cellules d'organismes terrestres, les modes de reproduction des Galaxies sont asexuées et s'effectuent, je le répète, soit par séparation d'une Galaxie en deux ou plusieurs comme dans la division cellulaire des organismes terrestres, soit par autofécondation suivant la ramification du Code Universel, par l'intermédiaire des Mères Descendantes, chacune développant autour d'elle son propre système stellaire pour constituer les amas ouverts, globulaires, qui se transforment en Galaxies, ou tout autre forme de multiplication galactique qui se développe en Galaxie sans passer par le processus bien connu de l'œuf fécondé.

Mais sur Terre, le même Code Universel possède aussi d'autres formes de reproduction asexuée. Certains organismes unicellulaires par exemple, possèdent un noyau bien séparé du cytoplasme et se reproduisent par de simples mitoses ou d'autres formes diverses de fécondation et de division cellulaire qui se réalisent le plus souvent au cours d'un processus comme celui du réseau interphasique ou mitotique, ou encore par d'autres formes de fécondation ou d'auto-fécondo-reproduction dont les détails sont bien connus.

De plus, sous l'effet de l'inviolable Loi cosmofonctionnelle globale d'attraction équilibrée par la répulsion, associée aux forces centrifuge et centripète, et à des vitesses d'approcho-éloignement proportionnelles, aucune Galaxie ne peut jamais échapper à la règle taxinomique, celle du continuel perfectionnement de l'organisme cosmique, pour s'écraser sur une autre et détruire le fonctionnement polygalactique qui se perfectionne organiquement durant des milliards d'années, ni aucune étoile quelle qu'elle soit, même celles qui sont programmées pour exploser et favoriser de nouvelles multiplico-reproductions, ni aucune planète ou tout autre corps spatial des régions lumineuses ou obscures faisant partie de sa structure universelle, parce que l'équilibrage de cette éternelle harmonie cosmique, réalisé par cette même Loi globale qui nous maintient en vie, ne sera jamais perturbé d'une manière totalement catastrophique.

Ainsi, les planètes d'un mégatome (ou système stellaire) comme notre Système Solaire, ne s'écrasent pas les unes sur les autres ou sur le Soleil, ou encore les étoiles doubles qui orbitent l'une autour de l'autre dans une fonction organique mathématiquement programmée dans la Loi cosmofonctionnelle globale, ne tombent pas l'une sur l'autre, car comme la producto-reproduction d'énergie est proportionnellement équilibrée pour assurer sa permanence, de même la vitesse et le flux attracto-répulsionnel de chaque corps spatial assure le bon fonctionnement cosmique. Et pour cette raison, il y a pour tous les corps spatiaux, des vitesses de diverso-approcho-éloignement proportionnello-pondérées et respectives qui varient entre un minimum et un maximum, parce que tous les mécanismes cosmiques fonctionnent toujours, je le répète, dans le cadre de cette inviolable Loi globale cyclo-attracto-répulsionnelle cosmofonctionnelle de la AV dans laquelle tout fonctionne selon ce que le Code Universel prévoit, y compris les explosions des grandes étoiles qui sont aussi programmées pour initier de nouvelles reproducto-formations stellaires. Ainsi, avec un peu plus d'attention et de réflexion syllogistique, il est facile de comprendre qu'il ne peut y avoir de collisions, de cannibalisme ou d'autres imagino-fantasmes entre Galaxies, mais seulement diverses variétés de multiplico-reproduction... et que tous les mécanismes multiplico-reproducteurs (galactiques, stellaires, etc., etc.) fonctionnent presque comme une montre atomique.

J - Pour moi cela ne fait plus aucun doute, car sur ce fondement, la reproduction est évidente. Mais cela signifie qu'au sein de la communauté des astrophysiciens, certains sont dans l'erreur. Or ils

connaissent tous bien leur métier et il est probable qu'ils entreront en polémique contre vous, disant que tout ceci n'est que pure fiction.

V - Je ne crois pas, vous devez vous tromper cher ami, car pour moi, tous ceux qui travaillent dans la recherche sont de la même famille et respectables. Et je n'ai pas l'intention de dire qui est dans l'erreur ou ne l'est pas, parce que je m'exprime simplement, comme chacun d'eux, dans le cadre de responsabilités scientifiques et j'apprécie les avancées de la recherche scientifique... libre à celui qui voudra dire derrière moi, comme cela se fait souvent, que tout ceci n'est que pure fiction. Mais puisque vous êtes ici, près de moi, il est naturel que je vous aide à discerner par vous-même de quel côté se trouve la pure fiction.

Car il est facile, pour toute personne sans parti pris, de discerner que la transformation paradoxale des phénomènes de multiplico-reproduction en collision, ou en cannibalisme galactique, ne repose sur aucune base, ni scientifique, ni logique. Et je ne sais pas pourquoi certains, bien que l'avenir manifeste le changement, restent attachés à ce statu quo anachronique. Mais une fois l'esprit libre, je ne pense pas qu'ils préféreront émettre différentes hypothèses sans aucun fondement et se priver de la possibilité de distinguer cette réalité bien visible sur les milliers de photographies télescopiques disponibles dans le monde et suffisamment claires pour ne laisser subsister aucun doute quant à la division et la multiplication des Galaxies.

J - Oui, ces photographies peuvent devenir des preuves irréfutables, mais elles sont difficiles à obtenir.

V - Ce n'est pas si difficile et j'en ai suffisamment pour finir d'aider les contradicteurs à bien comprendre la réalité. Mais vous avez l'occasion, étant à côté de moi, de vérifier vous-même, dans un esprit exempt de préjugés, la réalité de la reproduction galactique.

Patientez un instant le temps que je les prenne...

Voilà cher ami ! Regardez bien, ici par exemple, sur cette photographie télescopique authentique, vous pouvez voir le cas de la Galaxie NGC 6166 dans l'amas Abell 2199, où dans sa structure, y compris dans la région de son Noyau, se trouvent quelques embryons de Galaxies prêts à s'en séparer et s'en détacher... Vous pouvez examiner aussi sa périphérie, où un plus grand nombre de jeunes Galaxies se sont déjà détachées de celle qui leur a donné naissance... Pensez-vous qu'il s'agit là d'une cannibale, dévoreuse de Galaxies, etc., comme la considèrent certains spécialistes, probablement trompés par des phénomènes confus qui les empêchent de comprendre qu'ils observent au contraire un organisme en gestation qui donnera encore naissance, après de longues périodes, à d'autres nouvelles Galaxies ?

Et pour continuer, voici la photographie de la Galaxie spirale M51, appelée aussi Cyclone... Que remarquez-vous ?

J - Oui, c'est plus clair ici. Le cliché montre bien que l'extrémité d'un de ses bras est comme amputé et qu'il y a une autre Galaxie plus petite, presque décollée.

V - C'est la petite Galaxie, irrégulière du fait de son jeune âge, appelée NGC 5195. Elle est encore clairement rattachée organiquement à celle qui lui a donné naissance, et elle l'accompagne d'une manière évidente.

J - Oui, c'est clair ; il ne peut subsister le moindre doute.

V - Et regardez encore ici, le cas des Galaxies NGC 205, NGC 185, NGC 147, dont la naissance est relativement récente et qui sont complètement détachées de leur Galaxie maternelle M31 ou NGC 224, la plus grande de notre groupe local, plus connue sous le nom d'Andromède, de laquelle sont aussi nées au moins six autres Galaxies elliptiques irrégulières -comme la Galaxie sphérique M32 - qui ne sont pas encore détachées et restent, encore aujourd'hui, connectées attracto-répulsionnellement et toujours en rotation autour d'elle... ou ici, la M33, née d'Andromède antérieurement, une Galaxie spirale déjà systématisée mais qui ne s'en est pas encore beaucoup éloignée.

J - Oui, le fait qu'elles soient décollées de la Galaxie maternelle Andromède est très net.

V - Et sur cette photo de la Galaxie NGC 1097. Tenez ! Observez-la avec attention ! ... Que notez-vous ?

J - Je vois une petite Galaxie du même type qui semble prête à se détacher de l'un de ses bras.

V - Bravo, en voyant la naissance de cette jeune Galaxie, vous commencez à comprendre d'autant mieux la réalité. Mais je voudrais que nous allions plus loin, à des distances de 15 à 16 millions d'années lumière, avec ce cliché où vous pouvez discerner qu'une jeune Galaxie elliptique vient à peine de se détacher de la structure de la Galaxie Géante NGC 5128. Est-ce clair ou non ?

J - Oui, c'est bien visible.

V - Et encore plus loin sur cette photo du Noyau du Quasar 3c351 où la séparation d'une plus petite Galaxie de naissance récente est très évidente... Et ici, sur cette photo de la région de la Galaxie NGC 6027 : Voyez-vous toutes ces Galaxies qui se côtoient, très proches les unes des autres ? Essayez de deviner laquelle est la mère des autres...

J - A l'évidence, c'est celle-ci. Et le plus surprenant, bien que j'aie déjà vu certaines des photographies que vous me montrez, c'est que jamais je ne les avais observées sous cet aspect. C'est étonnant ! Chacune d'elle cache cette réalité de la reproduction.

V - Bravo ! Je suis content que vous le constatiez par vous-même, avec vos quelques connaissances d'astrophysique, bien qu'il ne soit pas très difficile, sans être astrophysicien, de reconnaître la multiplication des Galaxies. Mais nous n'avons pas encore fini, vous pouvez aussi considérer, ici, les Galaxies NGC5216 et 5218 qui se sont détachées il y a quelques millions d'années et s'éloignent l'une de l'autre.

J - Oui, ce n'est pas difficile à comprendre, et j'apprécie ces preuves venant de l'espace plus ou moins lointain, mais plus près de nous, monsieur Vaskas, avez-vous quelques observations de notre Galaxie que vous pourriez me montrer ?

V - Plus près de nous c'est pareil… Ici, par exemple, vous pouvez observer et constater que notre Galaxie a déjà donné naissance, il y a longtemps, à quelques petites Galaxies elliptiques irrégulières : la Galaxie dissymétrique du Grand Nuage de Magellan, distante de presque 210 années lumière, qui contient beaucoup de matière nébuleuse et de très jeunes étoiles, et celle du Petit Nuage de Magellan, à peu près de même structure ; et comme Galaxies, elles possèdent quelques amas polyastro-globulaires en formation. Deux Galaxies plus petites orbitent aussi autour de la notre et sont connues comme les systèmes de la Petite Ourse et du Dragon, et d'autres, encore au stade du processus de formation stellaire, n'étaient pas encore suffisamment systématisées pour être observées par l'astronome Messier et d'autres après lui. Et parce qu'elles sont jeunes, pas bien formées, ni encore équipées d'un système de propulsion actif, elles nous accompagnent sans s'éloigner de notre Galaxie. Quant à savoir si elles sont vraiment nées de notre Galaxie, l'existence d'un pont de matière gazeuse entre le Grand Nuage de Magellan et la nôtre est un fait qui le prouve ; il fut sans doute constitué il y a très longtemps, tandis que notre compagnon était encore très proche de notre Galaxie qui venait d'en accoucher. En outre, toutes les petites Galaxies nouveau-nées du groupe local qui ne sont pas encore très éloignées de notre Galaxie, leur mère, comme celle du Sculpteur, du Fourneau, du Lion 1, du Lion 2, et peut-être aussi de plus lointaines comme

NGC6822 et IC1613, proclament et témoignent de la multiplico-reproduction galactique. Mais postés sur une autre Galaxie que la nôtre pour examiner ces phénomènes, il est vraisemblable que certains observateurs d'aujourd'hui affirmeraient sans l'ombre d'un doute qu'il s'agit de collisions... ou qu'elles sont sur le point de se faire dévorer !

J - Il n'y aurait plus qu'à dire bon appétit ! D'ailleurs une telle gourmandise de la part de ces Galaxies, leur cannibalisme, viendrait confirmer votre conviction qu'elles sont vivantes. Et ces observateurs seraient en accord avec vous, au moins sur ce dernier point.

V - Je ne plaisantais pas cher ami, si quelqu'un veut dire qu'une Galaxie est cannibale, c'est son droit. Mais étant près de moi, vous avez un avantage car je peux vous apporter des preuves bien visibles démontrant qu'il s'agit en réalité de division reproductrice et non de cannibalisme.

Voilà ! J'ai ici d'autres photographies intéressantes qui vont vous rendre les choses tout à fait lumineuses, car sur ces clichés, vous pouvez étudier de près la structure complexe, relativement homogène et toute proche de notre Galaxie et constater que d'importantes populations d'étoiles indépendantes A et B sont entrées dans le champ d'attraction de Mères Descendantes pour former de petits embryons de Galaxies qui orbitent à l'intérieur de notre Galaxie avec différentes particularités morphologiques. Et ces embryons, toujours en incubation, se trouvent dans les régions les plus denses et les plus riches en étoiles maintenues par la puissance cyclo-attracto-répulsionnelle de leur Noyau de Mère Descendante. Vous reconnaissez les amas stellaires ouverts et surtout les amas polyastriques globulaires dont l'existence étonne certains astrophysiciens par leur aspect très souvent sphérique, avec une forte concentration centrale, regroupant chacun des dizaines de milliers à des millions, voire plus, d'étoiles qui tournent sur des orbites elliptiques autour du Noyau central de leur Mère Descendante - comme des planètes autour du Soleil - et pour longtemps encore autour du Noyau de la Galaxie.

Regardez cette série de photographies. Et d'abord à 25.000 années lumière de la Terre, dans la constellation d'Hercule, M13, âgé d'environ 10 milliards d'années et d'un diamètre de 80 à 100 années lumière. C'est l'un des plus gros amas globulaires visible dans l'hémisphère boréale car il contient plusieurs centaines de milliers d'étoiles variables qui tournent autour de son invisible Noyau ; et le processus de sa formation et systémisation galactique est sur le point de se terminer... ensuite, ici, vous pouvez voir l'un des plus beaux, NGC104, ou 47 Tucanae, à moins de 20.000 années lumière de distance, à côté du Petit Nuage de Magellan... et sur cet autre cliché vous pouvez regarder l'amas globulaire d'étoiles M15, à 45.000 années lumière de distance dans la constellation de Pégase... et ici, c'est M3, à environ 40.000 années lumière, observable dans la constellation des Chiens de chasse qui comprend des dizaines de milliers d'étoiles... et regardez ici l'amas polyastrique Oméga du Centaure qui apparaît comme une tâche ronde de presque un million d'étoiles et de nombreuses années lumière de diamètre... et aussi là, l'amas globulaire M4, dans le Scorpion, distant de 9.000 années lumière et montrant une formation d'étoiles très rapprochées... et encore ici l'amas globulaire NGC2808 dans la constellation de Carène... ou ici, l'amas M22, à 10.000 années lumière, avec ses contours elliptiques.... et il y a encore des dizaines d'autres amas polyastro-globulaires de tout âge dans la structure de notre Galaxie, certains d'entre eux n'ayant pas encore pu être photographiés.

J - Avec toutes ces preuves observables d'embryons, il est étonnant que les astrophysiciens ne se soient pas penchés sur cette réalité qui me saute aux yeux maintenant.

V - Oui, c'est curieux mais aussi normal parce qu'un certain nombre d'astrophysiciens se sont malheureusement laissés enchaîner à l'hypothèse du Big Bang et ne peuvent plus utiliser librement leur pensée syllogistique pour raisonner sur le pourquoi de l'existence de tels rassemblements d'étoiles et de leur proximité. Ils savent pourtant bien que l'étoile la plus proche de notre Soleil est située dans une sphère d'au moins quatre années lumière de rayon, et ils ont constaté que dans ces mêmes dimensions, dans le volume d'un amas stellaire de type ouvert ou globulaire se trouvent rassemblées des dizaines à des centaines de fois plus d'étoiles presque toujours jeunes ; et que dans les amas ronds, globulaires, ces étoiles orbitent autour d'un centre que j'appelle Mère Descendante qui les maintient dans son champ cyclo-attracto-répulsionnel tandis qu'elles s'éloignent dans leur reproducto-multiplication continuelle. Et paradoxalement, certains astrophysiciens ont du mal à réfléchir à des questions logiques comme : Quel rôle peuvent jouer ces amas globulaires ou polyastriques dans notre Galaxie ? Ou, quel est le rôle de l'amas globulaire M2 ? Et celui que joue une étoile orange plus brillante au centre de l'amas d'étoiles M37 ou du Cocher ? Et à de nombreuses autres questions comme : Pourquoi est-elle orange ? Pourquoi est-elle très brillante ? Pourquoi est-elle au centre ? Pour quelle raison une grande partie de ces amas stellaires de différents types sont-ils situés à l'intérieur du disque de notre Galaxie ? Et pourquoi certains autres situés à l'extérieur ne suivent pas son mouvement cyclorotatif et en décrivent un plus lent et à plus grande distance autour du Noyau galactique ? Et encore pourquoi aucun phénomène de collision entre étoiles n'a jamais eu lieu dans un amas polyastro-globulaire, malgré les très faibles distances qui les séparent ? Quelle est la force qui les contrôlo-réfréno-dispose ? Quelles sont les réponses ? Certainement pas les plombs du Big Bang !

J - Oui, ce sont des questions logiques et implacables auxquelles il n'est pas vraiment facile de répondre.

V - Je ne sais si toutes ces interrogations laissent les astronomes perplexes, mais ils sont peu nombreux ceux qui ont réfléchi aux questions que posent ces nombreuses concentrations qui regroupent des milliers d'étoiles dans différents secteurs de notre Galaxie, de différentes formes, sphéroïdes, elliptiques, irrégulières, etc., de formation et d'âges divers, c'est-à-dire formées dans les quelques millions d'années qui viennent de s'écouler, pour se rendre compte que dans le système structural des amas et autres concentrations d'étoiles, notamment sphéroïde pour les globulaires, les Mères Descendantes, selon ma terminologie, développent des embryons galactiques, car dans ces derniers, les étoiles sont disposées à l'intérieur d'une immense sphère un peu aplatie qui ressemble au bulbe central d'une Galaxie. En outre, notez que ces concentrations font aussi partie du halo galactique dans lequel se trouvent de nombreuses étoiles libres ou isolées. Et toutes les étoiles des amas globulaires ou autres sont construites suivant le même Code universel homéo-morpho-diverso-reproducteur polyexpérimenté cyclono-nucléo-sphéroïdal symétro-organo-biogéno-spatial, et obéissent à la même Loi globale cyclo-attracto-répulsionnelle cosmofonctionnelle de la ΛV.

J - Et notre Galaxie contient combien d'amas d'étoiles ?

V - Je ne sais pas exactement. De ce que je me souviens, le halo de notre Galaxie compte environ 130 amas globulaires. Quant au disque avec ses bras spiraux, il peut contenir environ mille amas ouverts et peut-être plus de cent autres amas globulaires. Cela signifie qu'avec l'âge, notre Galaxie formera une famille nombreuse.

J - Que diriez-vous encore sur les amas globulaires ?

V - Je peux ajouter que la densité stellaire dans les amas globulaires, comme pour les Galaxies âgées, est plus importante vers le centre. Et certains amas comptent des centaines de milliers d'étoiles en continuelle multiplication qui tournent autour d'une étoile, souvent de couleur différente, sur des orbites elliptiques de la même manière que les planètes de notre système solaire sont en orbite autour du Soleil. Et avec toute leur structure stellaire, ces amas tournent aussi autour du Noyau galactique avec différentes vitesses, plus élevées au fur et à mesure de leur éloignement ; ce qui rend leurs mouvements très complexes. Mais normalement, à un moment donné, leurs étoiles se multiplient par millions et même par milliards, et tout en conservant leur unité, chaque amas globulaire commence à s'éloigner progressivement du Noyau galactique pour former l'embryon d'une nouvelle Galaxie qui grossit tout autour. Et le même processus se répète pour beaucoup d'autres amas stellaires de types variés, qui progressivement, avec le temps, se préparent à devenir à leurs tours indépendants, jusqu'à partir et se détacher de notre Galaxie déjà adulte pour suivre leur itinéraire programmé et s'éloigner dans l'espace dont la densité augmente du fait de la continuelle multiplico-reproduction des Galaxies et s'équilibre avec le temps.

Il serait encore utile d'observer les Galaxies elliptiques, possédant moins de matière mésoastrique et plus d'étoiles, qui se relient à d'autres et s'accumulent en populations plus nombreuses et aussi les spirales, avec plus de matière mésoastrique et moins d'étoiles, qui s'accumulent en groupes ordonnés, toujours guidées par la ΛV, qui, comme je vous l'ai dit, suivant le Code, les arrange, classifie leurs différentes formes selon l'âge et dispose les populations de diverses formes au sein de groupes, d'amas, de superamas...

Mais pour nous, minuscules créatures à la vie brève, de telles observations demeureront difficiles pendant un certain nombre d'années encore, au moins tant que nous n'aurons pas à notre disposition de plus grands télescopes ou une vie plusieurs fois centenaire pour pouvoir discerner le développement des innombrables modifications et multiplico-reproductions galactiques, et la formation de groupes galactiques avec la manière qu'ils ont de s'assembler pour former divers amas, sachant que les principaux contiennent actuellement des centaines voire des milliers de Galaxies, comme l'amas de la Vierge qui en compte presque 2600, la Chevelure de Bérénice 830, Persée presque 525, la Couronne boréale environ 415, et d'autres amas galactiques comme ceux de la Grande Ourse I, de Pégase II, d'Hercule, du Centaure, du Lion, de Pégase I, des Poissons, du Cancer et de nombreux autres qui témoignent bien de l'existence d'un plan architectural organique... cosmique.

J - Ces futurs télescopes plus puissants, capables de démontrer plus clairement tous ces phénomènes, pourront certainement apporter la preuve plus nette de la multiplico-reproduction des Galaxies.

V - Oui car l'observation sera bien meilleure, mais il n'est pas nécessaire de les attendre pour démontrer les phénomènes reproductifs, parce qu'ils sont déjà, comme vous le savez, clairement visibles avec des télescopes récents et très puissants... même si, bien qu'ils regardent ces phénomènes, un certain nombre d'astrophysiciens, sans doute trompés par la physique établie et trop longtemps ruminée, n'observent rien d'autre que ce qu'ils prennent, encore une fois, pour des collisions de Galaxies et des actes de cannibalisme. Et ils ne sont pas surpris par leur système de propulsion et les jets bien visibles qui leur permettent de se déplacer à différentes vitesses, plus ou moins grandes et toujours courbes ou orbitales. Car si les Galaxies voyageaient dans l'espace à la vitesse de la lumière ou presque sous l'effet d'expansion du Big Bang, il ne serait pas difficile de réfléchir et de se demander à quoi servent leurs jets.

J - Oui, vous avez raison monsieur Vaskas. Et je pense que nos contemporains accepteront facilement ce que j'ai pu moi-même constater, bien qu'en fait je ne sois pas un véritable spécialiste. Mais pour ce qui est des astrophysiciens, certains auront peut-être plus de mal ne serait-ce qu'à envisager la multiplication des Galaxies pourtant évidente dans tous les clichés que vous m'avez montrés.

V - N'ayez aucune inquiétude, car peu à peu, tout le monde va comprendre. En attendant, je continuerai d'insister, de m'évertuer à démontrer et de répéter... et je ne m'arrêterai pas d'exhorter mes amis astrophysiciens pour qu'ils essaient d'examiner avec plus d'attention les phénomènes de la diverso-multiplico-reproduction galactique. Car en plus des références que je vous ai montrées et qu'ils connaissent bien, ils pourront encore observer particulièrement les 300 Galaxies environ de l'amas d'Hercule, où les preuves abondent. Mais la plus grande preuve de la multiplication des Galaxies et de l'inexistence du Big Bang est le fait que l'espace contient des Galaxies d'âges différents : jeunes, moins jeunes, âgées et plus âgées. Donc, il n'y a pas seulement multiplico-reproduction des Galaxies, mais aussi génération et régénération, phénomènes qui renforcent encore une fois la conviction que l'immense structure cosmique constitue un organisme vivant en continuel développement.

Mais pour que vous soyez plus sûr, puisque sans être spécialiste vous possédez quelques connaissances, et que les Galaxies sont innombrables, regardez encore les photographies de quelques-unes... comme ici NGC 4038 et NGC 4039, et là, NGC 5426 et NGC 5427, dont les phénomènes crient et affirment qu'elles se détachent et s'éloignent l'une de l'autre en utilisant la propulsion des gaz dans leur mouvement... et vous pourrez être encore plus sûr en observant là, sur ce cliché, le couple NGC 4676, et particulièrement la manière dont les deux se séparent en utilisant leur système réacto-attracto-répulsionnel tel que je l'ai décrit dans la périodes 10. Et examinez soigneusement cette vue de la Galaxie spirale NGC 1300 ; voyez-vous la symétrie de ses bras droits et leurs deux propulsions dans lesquelles les gaz éjectés, surchauffés, décrivent sous l'effet de la rotation et à leur extrémité un cercle autour d'elle ; avec le temps, de nouveaux astro-planéto-satellites et des embryons de Galaxies vont éclore dans ces condensations nébuleuses opaques. Et regardez ici la Galaxie spirale NGC 4650 : Pouvez-vous compter le nombre d'embryons et de nouvelles petites Galaxies qui sont en développement dans sa structure ?

Et si ce que je viens de vous montrer ne suffit pas, examinez avec soin cette photographie de l'extraordinaire et mystérieux jet venant du Noyau de l'immense Galaxie ronde ou plutôt elliptique M 87 ou NGC 4486, de nombreuses années lumière de dimensions, qui est une source radio et de rayons-X située dans l'amas de la Vierge. Vous pouvez voir qu'il s'agit à proprement parler d'un estuaire gazeux... et si vous pouviez examiner particulièrement le Noyau de cette Galaxie, vous seriez assuré de l'existence d'une immense et inimaginable source massive d'aspiration ou d'attraction - que certains astrophysiciens appellent « trou noir » - à partir de laquelle est repoussé et lancé ce gigantesque jet lumineux d'une longueur d'environ 4.000 années lumière dont la masse correspond à des centaines de milliards d'étoiles comme notre Soleil, et dont les variations périodiques de luminosité suivent les brûlantes vaporisations en chaîne.

J - Ce phénomène est vraiment grandiose et confirme votre description de la période 10.

V - Oui, et curieusement certains astrophysiciens s'étonnent aussi en s'interrogeant sur le rôle de cet immense propulseur à gaz.... et du même phénomène également évident pour la M 82, dont la matière gazeuse éjectée du Noyau est bien visible, et qui, de même que trois Galaxies plus petites, n'a pas encore décollé de la grande Galaxie mère M 81.

Et enfin là, pour couronner le tout, vous pouvez voir la photographie du groupe des trois Galaxies Arp 321, connectées, malgré les distances qui les séparent, par la force du champ attracto-répulsionnel. Pouvez-vous identifier les deux Galaxies qui se sont détachées de celle qui leur a donné naissance ?

J - A mon avis, il s'agit de ces deux là.

V - Vous faites rapidement preuve d'un réel discernement. Mais la confirmation la plus vivante de la reproduction galactique est représentée par la division du noyau de la Galaxie Cygnus A en deux lobes titanesques qui rappellent une division cellulaire durant la télophase ; et malgré une distance d'environ 650 millions d'années lumière, il n'est pas très difficile de distinguer le jet de chaque lobe, devenu maintenant Galaxie, avec lequel chacune s'éloigne de l'autre. Pourtant, autour de ce phénomène bien clair de division et reproduction galactique, certains amis astronomes tricotent diverses suppositions. Et que diront-ils des deux Noyaux presque séparés de la galaxie NGC 4319 et de la Galaxie ou Quasar Markarian 205 ? Et pourquoi existe-t-il une connexion lumineuse très visible entre ce dernier et la Galaxie NGC 4319 ? Quel rôle joue-t-elle ?

J - Il est vrai qu'il devient difficile aux penseurs scientifiques de mettre en doute la reproduction des Galaxies avec toutes les preuves photographiques que vous m'avez montré, qui témoignent bien que l'Univers est, comme vous le dites, un organisme vivant. Il ne reste plus que les astrophysiciens veuillent bien vérifier ce que vous défendez sur la manière évidente dont se fait la naissance et la multiplication des Galaxies. Mais n'oubliez pas que la polémique des détracteurs de votre version cosmologique sera inévitable.

V - Ecoutez cher ami ! C'est tout à fait naturel ! Je connais bien la mentalité actuelle du monde et notamment son empirismo-criticisme ; et son mode de pensée est très classique. Ma version cosmologique est nouvelle ; et comme toute nouveauté est - du moins au début - souvent rejetée par le statu quo et le conservatisme, je ne ferai pas exception. Il n'y a que l'augmentation des connaissances spécifiques, une longue expérience de la vision à grande échelle de l'espace endo-exo-galactique et d'une manière générale l'observation du reproducto-renouvellement continuel de la structure cosmique pour permettre la confirmation et la reconnaissance complète par toute la communauté scientifique de la reproduction des Galaxies comme aussi de leurs systèmes stellaires, etc., qui constituent, toutes ensemble, la structure de l'organisme polygalactique en continuelle reproducto-renaissance qui se développe, je le répète, dans la Loi globale cyclo-attracto-répulsionnelle cosmofonctionnelle de la ΛV dont l'équilibrage proportionnel synthétise l'harmonie cosmique.

En tous cas, le fait incontestable de la quasi-parfaite homogénéité de tous les corps et structures météores de dimensions variées - c'est-à-dire de forme toujours sphérique avec un Noyau central bien que de tailles différentes - mais toujours en rotation dans les innombrables Galaxies avec leurs différents types de systèmes d'astro-planéto-satellites, témoigne de l'existence du Code spatio-universel, qui, basé sur l'action de la Loi globale cyclo-attracto-répulsionnelle, équilibre proportionnellement les mouvements relatifs, harmonieux, précis et de très grande exactitude, dans lesquels fonctionnent les divers mécanismes galactiques et leurs structures stellaires... et aussi l'expansion où la distance entre les Galaxies augmente tandis que de la matière nouvelle se crée et se recrée pour conserver une densité toujours équilibrée.

Il viendra aussi le jour et il n'est pas loin, où les amis qui s'occupent d'observations et de recherches vont se poser sérieusement la question de savoir d'où viennent et quelles sont les origines cosmiques des visiteurs itinérants périodiques que sont les comètes, décrits d'après certains observateurs, comme des noyaux d'un diamètre de quelques kilomètres formés d'une masse de roches et de glace d'eau sale, mais équipées, selon les phénomènes, d'un mécanisme de moteur attracto-répulsionnel semblable à une aéroturbine sans doute plus perfectionnée que la meilleure que l'homme puisse réaliser ; et grâce à leur jet, les comètes pénètrent dans notre système solaire, et la moitié d'entre elles ou presque s'approchent régulièrement de notre Soleil et forment, avec quelque objectif, souvent deux queues différentes à leur chevelure ; et tout en décrivant des orbites allongées, sans aucun doute télécommandées par une intellection, elles s'approchent de certaines planètes, les frôlent ou les pénètrent - comme un spermatozoïde dans l'ovule - afin de construire la vie.

Et je suis sûr que certains intellectuels vont réfléchir au dessein caché derrière la constitution des amas galactiques. Car avec la complexité de leurs mécanismes continuellement régénérés, et conduites par la même logique, les Galaxies se rassemblent en certains points pour constituer des amas galactiques. Comme ils réfléchiront sur les Galaxies, qui, bien que de types différents, présentent une structure commune formée de systèmes stellaires qui se renouvellent sans cesse, de même ils réfléchiront sur le but caché des amas globulaires et des étoiles très lumineuses de diverses dimensions qui évoquent un phare clignotant dont l'éclat s'intensifie puis s'atténue suivant des pulsations périodiques avec une précision mathématique, comme les Céphéides, ou les pulsars ; et ils étudieront le rôle que jouent de grandes étoiles, comme Aldebaran, d'un diamètre de centaines de millions de kilomètres, comparé à celui de notre étoile naine, ainsi que le rôle d'étoiles doubles et multiples qui orbitent autour d'un centre attracto-répulsionnel sans jamais entrer en collision et exploser.

Ils finiront par comprendre que derrière ce diverso-structuro-polymorphisme spatial, existe le même Code Universel dont l'immense mémoire et l'intellection diverso-empirico-métrique est largement prouvée dans l'espèce humaine où il fabrique les diverses structures atomo-cellulaires, petites et grandes, et notamment neurono-encéphaliques. Et finalement, ils comprendront qu'il existe aussi des liaisons entre toutes les forces fondamentales qui fonctionnent et coopèrent dans le cadre de la Loi globale cyclo-attracto-répulsionnelle cosmofonctionnelle globale comme un immense mécanisme, pour constituer cette merveilleuse harmonie de l'organisme polygalactique cosmique.

Tout cela démontre sans aucun doute l'intelligence inimaginable de la mentalité administrato-constructrice ΛV, qui, rassemblant la force énergo-multiplicative, coordino-exécutive, intelligente, consciente, et la logique d'intellection syllogistique de chaque Galaxie, est porteuse d'une logique d'intellection syllogistique cybernétique pangalactique capable de contrôler, par l'intermédiaire de son énergie photo-électro-neutrino-nucléo-atomo-synthétique, l'équilibre prodigieux et la coopération de tous les mouvements, toujours rotatifs, et de toutes les forces, fonctions, symétries et hypersymétries unifiées qui constituent l'architecture de cet organisme-poly-diverso-complexe-polygalactique-vivant tout entier. Il faudra encore malheureusement de nombreuses décennies d'observations, de performances intellectuelles et de savantes déductions pour que toute l'humanité, ses intellectuels en tête, prenne conscience qu'elle existe à l'intérieur d'un immense organisme et accepte la réalité absolue concernant l'unité de tout cet ensemble, résultat que j'exprime dès maintenant dans les termes de la plus simple des équations :

Cosmos = Organisme polygalactique vivant

Et cet organisme se développe dans une continuelle orbito-expansion autour de sa géante Galaxie maternelle qui constitue son Noyau stable.

J - Après tout ce que vous m'avez dit et les preuves que vous m'avez montrées, j'ai vraiment constaté la multiplication et la réalité de l'existence de cet organisme polygalactique cosmique. Et je suis content de l'occasion qui m'est donnée d'être près de vous. Mais toute autre personne, dans l'ignorance de l'analyse que vous m'avez présentée, rencontrera des difficultés à comprendre facilement cette réalité.

V - C'est naturel cher ami, l'homme d'aujourd'hui est habitué à un autre mode de pensée. Mais progressivement, peut-être que tous parviendront à comprendre ma loi, qui reste inviolable et incontestable parce qu'elle englobe tout l'organisme cosmique polygalactique... elle dit :

« Toute chose qui se meut de sa propre force endogène est vivante, et puisqu'elle est vivante, elle est aussi régie par une intelligence, rudimentaire ou consciente ».

Quoi qu'il en soit, même si les faits sont là, bien visibles, et que nous qui vivons aujourd'hui n'avons pas besoin de fournir un grand effort d'intelligence pour les examiner et changer automatiquement notre façon de penser, je reconnais que toutes ces choses ne sont pas faciles à comprendre. Mais bien sûr, nous avons des excuses, car jusqu'à maintenant, l'esprit humain n'a exploité qu'une petite partie de sa puissance mentale programmée par le Code Universel, et dans leur majorité, les neurones sont encore isolés.

J'ai pourtant l'espoir que sous peu, mes convictions seront entendues car je ne veux pas penser que l'espèce humaine puisse se suicider dans l'intervalle. Et ceux qui vivront dans les années à venir posséderont de meilleurs moyens didacto-éducatifs pour discerner facilement la réalité, car dans tous les observatoires modernes, des spécialistes scrutent l'espace à l'aide de nombreux appareils, avec des télescopes solaires, des télescopes optiques, des radiotélescopes, des satellites de recherches astronomiques, etc. Et déjà maintenant, ne vous privez pas de leur demander plus d'informations, principalement sur les Galaxies visibles.

Et dans l'avenir, j'espère que l'homme fera de nouvelles investigations, avec des instruments d'une technologie plus avancée qu'il réalisera lui-même et qui lui permettront de mieux connaître les structures du Cosmos qui est malheureusement présenté, encore aujourd'hui, dans une confusion de diverses classifications anciennes d'astronomes qui ont commencé 2200 ans avant notre temps, notamment à partir du Grec Hipparque qui a identifié des centaines d'étoiles et les a classées en 6 magnitudes ; de Ptolémée qui a constitué une liste de 50 constellations, augmentée par l'Allemand Bayer qui en a ajouté 13, puis par Hevelius avec 7 de plus ; et d'autres, comme Messier dans son catalogue et Drayer pour le NGC, qui ont classifié de nombreuses Galaxies, nébuleuses, amas et systèmes stellaires, et porté le nombre de constellations à 88, et plus récemment à 92. Et j'espère qu'avec de nouveaux moyens observométriques perfectionnés, l'astronomie d'un monde unifié pourra photocartographier et taxinomiser toute la structure de l'organisme cosmique. D'ici-là, peut-être que toutes les paroles que je vous ai dites et que vous avez enregistrées se trouveront confirmées par tous les experts, chercheurs et autres observateurs.

La Galaxie Mère en connexion avec des millions de Mères Descendantes Agées, ou MDA (ou Quasars), constitue le stable Noyau Cosmique dont le champ maintient, dans la Loi globale cyclo-attracto-répulsionnelle cosmofonctionnelle de la ΛV, l'harmonie de toute la structure de l'organisme polygalactique

J - J'aurais plusieurs questions à vous poser, monsieur Vaskas, concernant la première Galaxie ; d'abord sur sa grandeur, savoir quelle était sa taille ; sur son existence, existe-t-elle encore ? Et si oui, sa lumière peut-elle nous révéler sa présence ?

V - Comme vous, cher ami, je n'étais pas présent au commencement de l'autoconstruction cosmique et par la suite pour pouvoir mesurer sa taille exacte. Toutefois, ayant à l'esprit les connaissances actuelles, nous pouvons essayer d'en déduire un résultat approché en considérant tout d'abord les dimensions de notre Galaxie de forme spirale que nous pourrions traverser diamétralement en voyageant pendant des centaines d'années à la vitesse de la lumière. En outre, emportés par notre système solaire, nous faisons un tour complet autour de son Noyau en une année cosmique, soit environ 225 millions d'années, sans tenir compte des retards imprévus causés par l'influence de divers systèmes stellaires multipopulaires de différentes dimensions, lumineux ou obscurs, des structures mystérieuses des nébuleuses, d'objets comme les naines blanches, les étoiles de neutrons, les trous noirs, les pulsars, les comètes, etc., etc. Nous pouvons aussi penser aux dimensions d'autres Galaxies, comme Markarian 348, d'un diamètre 13 fois plus grand que celui de notre Galaxie, c'est-à-dire que la lumière doit voyager pendant 1.300.000 années pour aller d'une extrémité à l'autre.

J - C'est incroyable ! Comment peut-il exister de si grandes Galaxies ?

V - Attendez ! Ne vous emballez pas ! Car cette dernière est encore une Galaxie très petite comparée à Abell 2029, dont la découverte est récente, qui est presque 55 fois plus grande que la nôtre, avec un diamètre proche des 6.000.000 d'années lumière, et qui doit être constituée d'autant de millions de milliards d'astro-planéto-satellites. Et il ne faut pas fermer les yeux devant Messier 87, une Galaxie immense elle aussi, située au centre de l'amas qui comprend, entre autres, notre groupe de Galaxies, et dont le mystérieux « trou noir » central - selon l'expression des astronomes - contrôle l'amas tout entier y compris notre groupe local. Et parce que chaque Galaxie en rotation autonome fonctionne aussi à l'intérieur de l'organisme cosmique, son expansion est retenue dans la Loi globale cyclo-attracto-répulsionnelle cosmofonctionnelle ; et ensemble, les milliards de Galaxies voyagent dans une expansion rotative, toujours rattachées à la Galaxie maternelle - dont la forme est peut-être semblable à celles que j'ai citées précédemment, ou à Cygnus X1 dans la constellation du Cygne - du fait de l'attraction importante exercée par son Noyau dense et stable au centre de son disque lumineux en rotation rapide qui répulse un rayonnement émettant dans toutes les longueurs des diverso-ondes. De plus, le Noyau de la Galaxie maternelle se renforce en s'élargissant aux plus petits mais extrêmement lumineux Noyaux de Mères Descendantes Agées - appelés Quasars par la physique - qui viennent prendre leur position à proximité, à des distances équilibrées dans le cadre de la Loi cosmofonctionnelle globale pour constituer, tous ensemble, le « Noyau stable de l'Organisme Cosmique », de dimensions inimaginables, qui occupe probablement un espace de milliards d'années lumière.

J - Pourriez-vous mieux préciser la structure de ce Noyau de l'organisme cosmique ?

V - Comme c'est un point essentiel, je vais essayer de vous donner un avis qui restera très approximatif parce que son identification est un sujet très difficile. Donc, aujourd'hui, la Galaxie maternelle, ou « Mère », est peut-être un objet imposant, hypercolossal, compact, très lourd et d'une masse de milliards de soleils, qui correspond peut-être à celles additionnées de nombreuses Galaxies comme la nôtre ; une Galaxie dépourvue de systèmes stellaires - du fait qu'ils sont partis dans la reproduction en formant d'autres Galaxies - avec un Noyau hypergéant, peut-être plusieurs fois plus grand et des milliards d'années lumière plus éloigné que le quasar 3C273 distant d'environ 4 milliards d'années lumière, peut-être d'un immense, incommensurable et intense éclat lumineux produit par l'absorption continuelle de matière-antimatière, notamment de Deutérium, pour alimenter les fusions nucléaires en chaîne, et qui rayonne d'une énergie incalculable, équivalente à toute l'énergie de centaines de millions de « Voies lactées ». Et la puissance d'attracto-répulsion de la « Mère » est connectée à celle de millions de Mères Descendantes Agées, en abrégé ***MDA***, tellement lointaines que nous ne les avons pas encore détectées, à l'exception de certaines que l'astrophysique classico-contemporaine appelle improprement du nom de Quasars. Et ces MDA sont concentrées près de la « Mère » qui est l'axe central de l'organisme polygalactique et orbitent autour d'elle à une vitesse qui peut être supérieure à celle connue de la lumière. Et ensemble, la « Mère » et les « MDA », constituent le « Noyau Cosmique Central », plus dense et d'une température plus élevée que le reste de la structure polygalactique. Et l'influence de la température et du champ cyclique d'attracto-répulsion du Noyau Cosmique est supercolossale et incommensurable parce qu'elle se renforce dans le temps, proportionnellement à l'allongement des distances et à la multiplication des Galaxies dont l'équilibrage reste dans la Loi globale cyclo-attracto-répulsionnelle cosmofonctionnelle à laquelle sont mutuellement soumises toutes les Galaxies qui flottent à diverses vitesses autour de l'axe stable et immobile du Noyau central. Et cette influence s'étend jusqu'aux confins de l'organisme polygalactique, à la bordure lentement et progressivement élargie qui marque la frontière entre la structure cosmique et le Chaos encore inoccupé.

J - Mais c'est étonnant ! Comment la physique pourra-t-elle accepter l'existence d'un point stable dans l'Univers ?

V - Rien de positif ne peut se développer dans une instabilité continuelle, et si la stabilité cosmique fondamentale n'existait pas, nous n'existerions pas non plus.

J - Oui, je comprends bien cette vision cosmique qui semble réelle, mais comment expliquez-vous ce vide immense qui, selon certains astrophysiciens, entoure tous les corps célestes ?

V- Je ne sais pas de quel vide immense vous voulez parler. Le mot vide suivant les époques et les différentes personnes, savants ou philosophes qui en ont parlé, a fait couler beaucoup d'encre, tantôt signifiant vide, tantôt signifiant plein, quelquefois absence, quelquefois substance, les définitions ne manquent pas ; et aujourd'hui, sa signification semble encore très controversée, bien que les astrophysiciens considèrent de plus en plus le vide comme étant rempli d'une foule grouillante de particules et d'antiparticules de toutes sortes, de quarks, de gluons, etc. Mais à l'intérieur de la structure de l'organisme polygalactique et jusqu'où arrive le champ cyclo-attracto-répulsionnel central du Noyau cosmique, il n'y a aucun vide.

Après cette parenthèse, ne nous précipitons pas dans l'étonnement, car l'avenir nous réserve de plus grandes surprises lorsque nous aurons vérifié l'existence de plus grands groupes galactiques organisés, avec leurs diverses vitesses d'approcho-éloignement cyclostrophique, dans lesquels les Galaxies s'éloignent constamment en tournant cycliquement vers l'horizon courbe universel, tout en étant toujours rattachées au champ cyclo-attracto-répulsionnel immense de la Galaxie maternelle qui est, je le répète, l'unique Noyau galactique stable de l'organisme cosmique.

Par conséquent, l'identification exacte de la position de la Galaxie maternelle et de ses dimensions est difficile et incertaine, comme demeure incertaine la déduction de l'éloignement des Galaxies en fonction de leur luminosité, car nous pouvons probablement considérer qu'avant d'arriver jusqu'à nous, leur lumière, lorsqu'elle existe, peut passer à travers d'épais nuages de matière absorbante, subir divers champs attracto-répulsionnels, sa vitesse peut changer ou sa couleur devenir rougeâtre pour de nombreuses raisons qui sont sans rapport avec une vitesse d'éloignement fantastique des Galaxies. Donc, vous comprendrez que je m'abstienne d'entrer dans des calculs aléatoires, laissant ce soin à certains qui calculent les distances en fonction de la couleur et de la vitesse de la lumière, telle que nous la connaissons dans notre système solaire. Mais un jour viendra où cette manière de calculer sera révolue ; et partant de là, il ne sera plus émis de conclusion incertaine, pour ne pas dire impossible, disant que l'Univers a commencé à se former des suites d'une supposée grande explosion, appelée Big Bang.

Et le temps écoulé ne sera plus calculé suivant cette théorie, comme dans un premier temps, d'après les calculs d'un de ses partisans, qui, en 1930, concluait en estimant l'âge de l'univers à 2 milliards d'années ; intervalle de temps qui s'est vu ensuite continuellement révisé à la hausse par d’autres restés fidèles à ce point de vue. Et l'âge de l'univers est passé de deux... à trois... puis à cinq... pour arriver aujourd'hui à 15 ou 16 milliards d'années, voire plus. Et demain, nous ne savons vraiment pas quels chiffres seront avancés. De plus, pour justifier ses calculs, ce même partisan du Big Bang a trouvé une autre manière, basée sur la mémoire d'expériences similaires, qui n’allait pas manquer de transporter la conscience de la communauté scientifique vers d'autres lieux et d'autres imaginations. Et comme aucune mesure des grandes distances n'était effectuée avec exactitude, il a inventé - bien sûr en évitant de dire que la couleur rouge du Soleil couchant signifiait qu'il s'éloignait de 500 années lumière, parce que les détails de cet événement sont bien connus depuis l'époque d'Eratosthène - sa propre méthode de mesure, affirmant que lorsque la couleur d'une Galaxie devient rouge, celle-ci s'éloigne de la Terre, qui, dans ce cas, devient stable à l'intérieur d'une Galaxie encore plus stable ; et si la longueur d'onde de sa lumière est de plus en plus grande, sa vitesse augmente d'autant... et ceci serait bien mesuré, parce que malgré les milliers de champs attracto-répulsionnels qui interrompent la vision, son spectre de couleurs reste très visible ; et si la couleur d'une Galaxie « x », bien qu'elle soit variable, nous parvient décalée vers le rouge, plus ce décalage est grand par rapport à la longueur d'onde « λ », plus la Galaxie est loin ou s'éloigne de nous. Malheureusement, aucune équation ne peut justifier un tel résultat « exact » ; cependant, l'expérience scientifique confirme que les équations mesurant les courtes distances sont fiables. Aussi, tandis que pour moi les petites distances sont mesurables, comprenez que je laisse aux autres le soin des mesures titanesques.

J - Excusez-moi si j'insiste pour vous poser une question à laquelle vous n'allez peut-être pas répondre, mais il me démange de vous la poser : Dans quelle direction et à quelle distance de notre planète pensez-vous que se trouve la Galaxie maternelle ?

V - S'il est vrai que je ne peux mesurer les grandes distances, cela ne m'empêche pas de donner quelques orientations. Aussi, je vais quand même essayer de vous apporter un début de réponse à cette question qui tient du noeud gordien. Mais ne vous attendez pas à des certitudes car bien qu'ayant travaillé ce sujet, mes capacités n'ont malheureusement pas pu aller si loin, et le résultat restera approximatif. Donc, sur la base de certains éléments quasi-positifs, je pourrais dire, d'après certaines indications déjà bien étudiées, que la direction de la Galaxie maternelle qui constitue le Noyau et l'axe stable de l'organisme polygalactique se trouve probablement dans la direction de la constellation de l'Hydre, ou de la source de Cygnus A. Je vous donne cet avis simplement pour que vous ayez une idée. Quant à la distance qui nous en sépare, elle est totalement incalculable.

J - Si certains éléments sont presque positifs, je suis sûr que votre résultat contient plus que vous voulez bien en dire. Pourquoi évitez-vous d'en dévoiler un peu plus ?

V - J'estime avoir répondu grosso modo à votre question et vous avoir donné une idée sur ce sujet dans lequel rien n'est encore concret. Car s'il existe quelques détails supplémentaires, ils sont complètement improuvables à notre époque.

J - Mais pourquoi être si pessimiste, la capacité de l'épistémologie actuelle est très avancée et capable de reconnaître vos déductions.

V - Oh, cher ami ! Vous me donnez l'impression que vous ne connaissez pas bien la situation actuelle. Notre époque n'est pas encore prête à assimiler un élément si lointain.

J - Pour ma part, rien n'est trop lointain pour notre époque, mais votre argument est peut-être compréhensible, car notre ancêtre Aristarque pensait la même chose. Il a pourtant exprimé ce qu'il pensait être la réalité, bien qu'elle fût improuvable à son époque et que des centaines d'années ont dû s'écouler avant qu'elle ne soit reconnue.

V- Oui, c'est vrai qu'il fut le fondateur de l'astronomie héliocentrique, presque 2230 ans avant notre temps. Mais n'oubliez pas que sa déduction fut qualifiée d'hérésie par Plutarque de Chéronée et d'autres religieux... et sa pensée qui avait presque dix huit siècles d'avance sur toute l'humanité a été rejetée et oubliée pendant presque 1800 ans jusqu'à ce qu'elle soit finalement appréciée et adoptée par Copernic. Et même si la culture technoscientifique grecque avait progressé au temps où Aristarque a exprimé sa déduction avancée, l'héliocentrisme restait improuvable... et s'appuyant sur l'oeuvre d'Aristote, les philosophes de son temps ne l'ont pas accepté et la religion l'a traité d'hérétique, si bien qu'il a été poursuivi par toute la communauté intellectuelle et que pour tout remerciement, sa vie s'est trouvée menacée par la société millénaire reconnaissante. Aujourd'hui, alors que les déductions d'Aristarque sont reconnues par tous comme une réalité, peu d'intellectuels sont conscients que la culture cosmologique de l'humanité a pris presque 1800 ans de retard à cause de l'indifférentisme, du conservatisme, et surtout du fait que cela touchait les intérêts personnels de certains soi-disant intellectuels de cette époque. Mais aujourd'hui, comment retrouver Aristarque pour pouvoir lui manifester de la reconnaissance ?

La réalité est triste cher ami, car bien que plusieurs générations soient passées depuis cette époque, la mentalité rétrograde de la société des hommes est malheureusement restée la même : Celui qui touche ou perturbe les intérêts personnels ou le bienheureux et inaltérable statu quo avec une nouvelle et peut-être irritante logique syllogistique, est a priori condamné à voir certains intérêts personnels contestataires lutter contre lui et le poursuivre résolument, parfois jusqu'à mettre sa vie en danger. Pour ma part, étant suffisamment âgé pour ne plus avoir d'ambition et ne m'attendant pas à recevoir de reconnaissance dans la période présente, j'ai l'élémentaire logique et l'expérience pour vouloir éviter de telles réactions malveillantes.

J - Oui, vous avez raison, mais je suis venu de Grèce pour vous voir... et à l'occasion prendre aussi quelques jours de repos. Mais devant l'importance de nos entretiens, j'en ai oublié mes vacances et je suis ici chaque jour pour vous écouter et vous poser des questions. Et à mon avis, vos réponses sont d'une telle valeur que le progrès actuel les appréciera aussi... J'en suis sûr car la bonne volonté ne manque pas.

V - Merci cher ami... et bien que je n'aime pas trop la courtoisie, je pense aussi que votre présence et vos questions me donnent l'occasion de m'exprimer. Et comme votre personnalité m'inspire confiance, qu'il n'y a aucun mal à vivre d'espoir et que nous pouvons parler très ouvertement au cours de nos conversations, j'essaierai de vous expliquer et d'analyser certains points cosmologiques qui résultent de mes recherches.

De l'histoire de l'atome et de l'importante utilité des briques atomiques dans la construction de l'organisme cosmique

J - Oui, je comprends, monsieur Vaskas, qu'une certaine réserve soit nécessaire. Mais avant de poursuivre, pourriez-vous me parler un peu plus longuement des atomes et de leur histoire ? Car s'ils se sont formés dans l'explosion du Big Bang, comme certains le pensent, comment peuvent-ils se multiplier selon le Code pour constituer l'organisme polygalactique ?

V - C'est simple, cher ami ! Dans notre organisme, à chaque seconde, des millions de cellules naissent et meurent et un plus grand nombre d'atomes sont multipliés par le Code. Et aucune liaison diverso-atomo-moléculo-cellulaire, ni fonction d'ajustage et de reproduction polyatomique pour édifier la cellule des organismes multicellulaires ne pourraient exister si les diverses structures des masses atomiques et leur chimie n'étaient pas classifiées et organisées, en fonction de la composition de leur noyau et des électrons qui l'entoure, dans une taxinomie de hautes et basses fréquences, à partir des instables jusqu'aux stables, sachant que les instables, sur le chemin complexe menant à la stabilité, émettent des particules synthétisées alpha (composées de deux protons et deux neutrons) et des particules béta (des électrons), et correspondent jusqu'à devenir stables et entrer dans un homéomorphisme strictement identique au travers du programme du Code polyexpérimenté qui constitue l'organisme polygalactique, et aussi les organismes multicellulaires des planètes organiques. Par conséquent, la réalité, celle de parler ensemble, n'existerait pas non plus ; car dans le fonctionnement de l'organisme polygalactique, toutes les qualités atomiques, comme les différentes structures électronico-nucléoniques, chimiques, les diverses masses, etc., constituées dans les nébuleuses cosmiques, des instables aux stables, sont nécessaires.

J - Mais pourquoi y a-t-il différents atomes, stables et instables ? Pourquoi cette nécessité ?

V - Pour répondre à cette question, il faudrait entrer dans un océan de détails. Mais pour vous en faire une brève analyse, il suffit de dire que la cohésion des atomes est gérée et assurée par la Loi globale cyclo-attracto-répulsionnelle cosmofonctionnelle de la ΛV, formée de toutes les interactions, puissances et énergies unifiées et coopérantes dans le fonctionnement organique cosmique ; en d'autres termes, selon les définitions de la physique, certains diraient qu'elle est garantie dans les régions terrestres par l'attraction électromagnétique qui maintient les électrons en orbite autour du noyau formé de protons et de neutrons tenus ensemble par les interactions nucléaires faible et forte ; ces différentes forces constituant, avec la gravitation, les forces cosmiques fondamentales, etc., etc. … De toute façon, les atomes sont sophistiquement constitués pour que ceux dont le nombre de protons et de neutrons est identique soient stables et ceux dont le nombre des neutrons dépasse celui des protons soient instables ; d'une instabilité d'autant plus grande que la proportion de neutrons sera plus importante, jusqu'à provoquer des fissions thermonucléaires, etc.

Et pour vous donner quelques raisons, prenez l'Uranium 92, il est stable car son noyau compte 92 protons et 92 neutrons, mais l'Uranium 235 dont le noyau est constitué de 92 protons et 143 neutrons est extrêmement instable et capable de produire une réaction nucléaire fréquemment en chaîne qui libère une énorme énergie pouvant être destructive mais le plus souvent utile, suivant son utilisation... Prenez l'atome de Carbone 12 ; il est stable car son noyau est constitué de 6 protons et 6 neutrons ; par contre, le Carbone 14, constitué de 6 protons et 8 neutrons est donc légèrement instable. Mais tous deux sont des éléments fondamentaux de la vie s'ils sont associés à l'Oxygène, l'Hydrogène, l'Azote, etc., et le Carbone 14 ou radiocarbone, instable, est aussi utile pour déterminer l'âge des restes anciens, etc. … Il y a donc des raisons importantes à ce que l'instabilité atomique soit bien tolérée.

Mais le plus important est que les atomes de Carbone 12, 14, et notamment les molécules de gaz carbonique ou dioxyde de carbone, symboliquement CO_2, formées d'un atome de Carbone et deux d'Oxygène, et surtout les bulles de ce gaz, jouent le rôle principal dans le développement de la vie sur les planètes organiques comme la Terre.

J - Pourriez-vous me dire d'où viennent ces bulles de gaz carbonique, et leur rôle ?

V - Je crains que nous entrions dans un labyrinthe, mais il est indispensable d'essayer. Prêtez donc attention !

Après la constitution des étoiles gazeuses, de plus petites se sont aussi formées en orbite autour d'elles, mais quelques millions d'années après leur construction, étant trop petites, ces dernières n'ont pas eu la puissance nucléaire suffisante pour rester allumées. Elles ont fini peu à peu par s'éteindre ; et tandis que la chaleur de la lave gardait un climat très chaud en surface, leur atmosphère se chargeait de gaz carbonique et d'autres substances.

Alors la ΛV a envoyé des comètes « arroseuses » sur certaines de ces planètes et développé un flux d'attraction suivant lequel le gaz carbonique de l'atmosphère, soluble dans l'eau, est absorbé par les océans et se dépose au fond sous forme de substance blanche, ce qui entraîne peu à peu la disparition du dioxyde de carbone de l'atmosphère et conduit par voie de conséquence - avec l'extinction du feu, la chute des températures et le gel des océans et des parties solides -, à l'arrêt de l'évaporation de l'eau, à la disparition des pluies... et à l'assèchement de ces planètes.

Mais comme le spermatozoïde dans un ovule, certaines autres comètes sont envoyées pour pénétrer dans quelques-unes de ces planètes - et c'est arrivé pour la nôtre - jusqu'à dépasser leur centre et provoquer, sous le choc et la pression interne, la dislocation tectonique de plaques et d'autres parties solides et le déclenchement de nombreuses éruptions volcaniques sur toute leur surface, et notamment dans leurs océans. A partir de là, le mécanisme prévu par la Loi globale cyclo-attracto-répulsionnelle cosmofonctionnelle de la ΛV entre en fonction et les éruptions volcaniques sous-marines commencent à émettre des cascades de bulles pleines de dioxyde de carbone et d'autres gaz volcaniques, qui, sous l'effet de la répulsion, arrivent à la surface de l'eau où elles crèvent en libérant le gaz carbonique, qui, à la température ambiante, se répand directement dans l'atmosphère sans passer par l'état liquide et compense la perte de dioxyde de carbone de l'atmosphère, chiffrée, pour la Terre, à des centaines de millions de tonnes par an qui sont absorbées par l'océan sous l'effet de l'attraction ; et ce mécanisme permet de maintenir l'équilibro-stabilité qui nous permet de vivre.

Donc, grâce à ce cyclo-recyclage ou attracto-répulsion du dioxyde de carbone, l'équilibre atmosphérique se trouve respecté et l'activité des océans des planètes fécondes est préservé sur plusieurs milliards d'années. Et grâce aux comètes fécondo-transformatrices qui ouvrent les plaques tectoniques et provoquent des éruptions volcaniques sur les planètes organiques, il se maintient une température douce ou moyenne favorable au déroulement du Code Universel qui fait progresser le développement des graines de vie et transforme ces planètes en pépinières de conscience.

J - C'est la première fois que j'entends ça. Voulez-vous dire que la même chose s'est produite sur notre planète et que nous vivons grâce à l'ouverture des plaques terrestres par une comète ?

V - Eh oui, cher ami ! Sinon la Terre serait une planète morte comme certaines autres. C'est un événement indispensable et indiscutable ; et je suis étonné qu'aucun de mes amis astrophysiciens ne l'ait encore discerné.

J - Oui, c'est bizarre ! Et donc, le développement de la vie sur notre planète dépend aussi des atomes qui forment le dioxyde de carbone.

V - Oui, pour une très grande part.

J - Pouvez-vous m'expliquer comment ?

V - Bon ! A partir de là, ce n'est pas difficile et presque tous les établissements d'enseignement expliquent de quelle manière la vie se développe. Donc, deux atomes d'Oxygène, O_2, et un de Carbone, C, forment la molécule de gaz carbonique ou dioxyde de carbone, CO_2 ; et des liaisons entre atomes de Carbone, d'Hydrogène et d'Oxygène constituent des molécules de glucose, un important composé énergétique des chaînes énergético-alimentaires qui est aussi formé par d'autres réactions chimiques dans les végétaux où il est composé par la photosynthèse qui constitue des liaisons entre le Carbone, l'Hydrogène et l'Oxygène lorsque les feuilles absorbent le dioxyde de carbone et l'énergie lumineuse de notre étoile et rejettent dans l'atmosphère l'oxygène indispensable à la respiration des êtres vivants. Et ces molécules de glucose peuvent se définir comme le combustible du tissu vivant, car le glucose sert de carburant à l'organisme qui le consomme dans la digestion de nourriture. Il est aussi absorbé dans le sang pour être utilisé par les cellules musculaires. Et dans le foie où sont traités des hydrates et la nourriture, le carbone du glucose se lie à l'oxygène pris au niveau des poumons et apporté par le sang en formant du gaz carbonique qui est transporté vers les poumons où il est évacué. Il sert encore à d'autres et nombreuses réactions et activités pour le bon fonctionnement du corps humain, lui assurant presque toute son énergie et sa vivacité.

Si donc nous savons ce que le mot reconnaissance veut dire, nous pouvons la manifester en nous émerveillant devant ces atomes qui forment le dioxyde de carbone et le glucose, et nous cesseront de nous sentir diminués du fait évident que nous ne sommes rien d'autre que des collections d'atomes.

J - Merci, tout cela est vrai. Mais en affirmant que la Loi cyclo-attracto-répulsionnelle cosmofonctionnelle est globale et agit partout, vous allez à l'encontre d'une majorité de la communauté scientifique qui soutient la théorie du Big Bang.

V - Je ne suis contre personne, ni contre aucune théorie, car toute théorie a ses raisons. Je suis simplement contre l'anorthologisme et j'estime avoir le droit, compte tenu de nombreux arguments, de ne pas accepter la science établie sur la base d'une formidable explosion catastrophique, qui, en un millionième de seconde ou un peu plus, a formé la diverso-complexité de la matière pour parvenir à l'harmonie cosmique, et qui garde - selon certains qui la contestent - l'ingéniosité de l'intellection humaine dans une illusion quasi-fantastique. Pour autant, je ne suis catégorique sur aucun point et ne veux mettre en cause ou critiquer qui que ce soit.

J - Et quant à l'histoire de l'atome ?

V - Pour revenir à l'histoire de l'atome, elle est très longue et beaucoup la connaissent. Vous devez certainement la connaître aussi ; mais comme vous le souhaitez, je peux préciser que le nom grec « ατομο » (atome) a été donné près de 2400 ans avant notre époque par son inventeur, le philosophe Démocrite, parce qu'il avait la positive intuition et perception que l'atome était une brique liliputienne (son diamètre est calculé aujourd'hui à presque 10^{-7}mm, un dixième de milliardième de millimètre, avec toute sa masse concentrée sur les 10^{-11}mm de son noyau), souvent organique, qui servait de base complexe pour composer tout ce qui existe ; et d'autres philosophes grecs de cette époque comme Epicure, Leucippe, Ptolémée, Thalès, Anaximène, Héraclite, Empédocle, Aristote, etc., ont aussi étudié l'atome ; et postérieurement, il fut prospecté par d'autres expérimentateurs scientifiques modernes comme Dalton, professeur à l'Université de Manchester, qui exhuma la théorie de Démocrite et approcha la masse atomique de chaque élément… et Berzélius… et Mendeleïev qui précisa les similitudes et caractéristiques diverses des atomes, leur chimie et leurs propriétés. Et ce mot grec « ατομο » (atome) employé dans le monde entier signifie « individu » ou « personne » et non comme certains le pensent par malentendu « indivisible », un mot au sens différent. Il est vrai qu'à l'exception des atomes inertes, chaque atome organique, bien qu'infiniment petit, renferme une personnalité clairement identifiée et possède une structure plus complexe que celle à laquelle pensent certains amis astrophysiciens ; car selon leur conviction, dans le noyau, les protons et les neutrons, constitués d'une collection de quarks assemblés par les gluons qu'ils produisent, maintiennent leur cohésion sous l'influence des interactions nucléaires faible et forte ; et autour du noyau, les électrons sont maintenus sur des orbites invariables par les forces électromagnétiques et forment des couches successives comme celles de l'oignon ; alors que comme vous avez pu le comprendre, l'extrême complexité microcosmique de l'atome est maintenue par l'énergie qui obéit à la Loi globale cyclo-attracto-répulsionnelle cosmofonctionnelle de la ΛV qui ajoute au mécanisme très sophistiqué de la structure atomique, par l'influence de sa force photo-électro-neutrino-nucléo-atomo-synthétique, le processus encore plus difficile à discerner qui mène certains atomes inertes à la vie, suivant les indications de la période 12.

Il est par ailleurs bien connu que les atomes, tout en émettant différents types de rayonnements de longueurs d'ondes précises, sont comme des ensembles plutôt neutres électriquement - la charge positive des protons du noyau étant neutralisée par la charge opposée d'un nombre correspondant d'électrons tournant autour de lui -, et que ces corpuscules semblent presque « vides » à l'exception de la partie minuscule de l'espace occupée par les électrons et les noyaux, maintenus en équilibre par la Loi globale de la ΛV qui coordonne les interactions endo-structurales précises d'attraction et de répulsion entre électrons et nucléons, et produit les mouvements extrêmement rigoureux des électrons, et généralement, la délicate harmonie cyclo-attracto-répulsionnelle de la structure de l'atome. Et la symétrie qu'elle a formée requiert que tous les atomes de toutes catégories soient composés, avec une exactitude mathématique, d'un nombre égal de protons, d'électrons et de neutrons pour équilibrer leur diverso-structure et assurer leur stabilité, parce qu'une modification de cette symétrie entraîne l'instabilité de l'atome ; et une fois instable, l'atome peut devenir dangereux.

Cette complexité requiert donc un constructeur intelligent comme la ΛV, car si un accident se produisait à l'intérieur du micromécanisme très subtil d'un atome, celui-ci serait handicapé parce qu'il perdrait sa capacité de faire partie d'une nouvelle composition ; il ne pourrait plus entrer dans la formation d'une molécule, ni d'une cellule, ni d'un organisme ; il ne pourrait plus participer aux recyclages atomiques successifs et la ΛV ne pourrait plus l'utiliser dans ses organo-polymorphocycles ou inorgano-polymorphocycles, c'est-à-dire dans ses divers circuits organiques ou inorganiques, au travers des différentes générations d'astro-planéto-satellites. En outre, comme le croyaient déjà nos aïeux, les atomes renferment dans cette structure microscopique que je viens d'évoquer, et pour être exact dans leur noyau, une immense quantité d'énergie.

J - Oui, l'énergie atomique ou nucléaire est très connue, surtout depuis l'explosion de la première bombe atomique sur Hiroshima.

V - Exactement, à la différence comme tout le monde le sait, que les bombes atomiques actuelles sont tellement plus puissantes avec leurs centaines de mégatonnes, que 10 bombes suffiraient pour éliminer toute vie sur notre planète... et cette perspective effraie aussi les éventuels utilisateurs qui doivent bien penser que la menace pèse également sur leur propre existence ; et pour cette raison, aucun fanatique nationaliste ou religieux, dans les divers pays, n'a eu la démence de tenter de déclencher une troisième guerre mondiale.

J - Mais les réacteurs nucléaires disséminés sur toute la planète représentent aussi un grand danger pour nous et pour la planète. Qui a commencé à les construire ?

V- Oh ! Non cher ami ! Là, vous exagérez ! De toute façon, le premier réacteur construit par l'homme, assurément pour le bien de l'humanité et dans des intentions pacifiques, le fut à Chicago en 1942 par Enrico Fermi, le réalisateur sur notre planète des premières réactions nucléaires en chaîne auto-entretenues. Je ne veux pas dire pour autant que toute réaction nucléaire soit sans danger, mais aujourd'hui les mesures de sécurité et de contrôle progressent et de telles réactions de fission en chaîne qui libèrent une grande énergie se produisent dans les réacteurs des centrales nucléaires de production d'électricité de nombreux pays, plus ou moins développés, suivant un processus bien connu par lequel des isotopes instables d'Uranium ou de Plutonium bombardés par des neutrons libèrent un plus grand nombre de neutrons qui percutent à leur tour d'autres noyaux et libèrent encore plus de neutrons qui provoquent un plus grand nombre de fissions, et ainsi de suite... avec l'avantage que dans le cadre de ces réactions nucléaires en chaîne, la masse se transforme en une énergie des dizaines de millions de fois plus grande que dans d'autres transformations. Mais si les fuites radioactives sont dangereuses lorsqu'elles ne sont pas bien maîtrisées, les armes atomiques, sont un plus grand danger encore.

J - Pensez-vous que les hommes utiliseront à nouveau les armes atomiques ?

V - Je ne pense pas, mais nombreux sont ceux qui souffrent du comportement très dangereux, malheureusement très répandu et que nous ne pouvons pas encore modifier, provoqué par certains gènes archaïques attardés et sous-développés de certains cerveaux, qui porte le nom de « fanatisme extrémiste nationaliste et religieux » ; et caché sous différents masques, ce comportement menace d'une manière invisible, mais bien réelle, toute l'humanité avec sa civilisation acquise au prix de tant de difficultés. Et si cette dangereuse mentalité psychopathologique n'est pas modifiée d'extrême urgence, l'homme cher ami, ne pourra jamais se libérer de cette épée de Damoclès qui menace constamment ses progrès technoscientifiques, et sa vie, et toute la planète. N'oubliez pas que tant qu'il y aura des rivalités, des nations clôturées de frontières et des comportements nationalisto-religieux vindicatifs, le danger toujours vivace du suicide collectif de la Terre habitée continuera de planer sur nous comme une ombre horrifiante.

J - Mais dites-moi, monsieur Vaskas, où a pu naître cette idée de bombe atomique ?

V - Ce n'est un secret pour personne que l'idée de la bombe atomique est née dans l'infernale mentalité et la manie homicide et impérialiste de certains physiciens nationalisto-religieux nazis qui ont construit les premiers laboratoires pour son élaboration. Mais dans le groupe de chercheurs, d'autres physiciens, antinazis, ont réussi à s'échapper d'Allemagne en emportant dans le monde libre, pratiquement prêt, le secret de la bombe atomique. Et si la première fission a presque été réalisée à Berlin par des physiciens Allemands, en réalité, je le répète, le père du fonctionnement de la mise à feu est Enrico Fermi, un Italien émigré aux USA... et le Hongrois Léo Szilard a produit la première réaction en chaîne.

J - Ce sont donc un Italien et un Hongrois émigrés aux USA qui ont mis feu à la première bombe atomique ?

V - Permettez-moi, pour ne pas entrer dans les détails, de ne pas répondre à cette question ; mais Fermi a fait le plus important travail.

J - Et quel fut le rôle d'Albert Einstein dans ce projet ?

V - Albert Einstein était un scientifique humaniste et pacifiste ; et bien qu'il connût l'avance de l'Allemagne hitlérienne sur ce projet - parce qu'il avait connu, résidant en Allemagne, les expériences atomiques d'Otto Hahn et d'autres qui travaillaient sur le projet atomique et tentaient de réaliser la réaction à l'institut Kaiser -, en réalité, il ne voulait pas que la bombe atomique soit réalisée car il en mesurait les conséquences. Mais comme il était professeur et que sa théorie de la relativité lui avait donné une certaine notoriété, deux ou trois physiciens bien connus de l'époque l'ont convaincu d'écrire une lettre au président Roosevelt pour l'informer que l'avance de l'Allemagne nazie sur ce sujet était dangereuse, etc., etc., et tout le monde connaît bien la suite.

J - Effectivement... Mais je me souviens que l'une de vos oeuvres représente des colombes qui planent au-dessus du champignon de la bombe atomique. Que vouliez-vous exprimer à travers ce tableau ?

V - C'est simple, cher ami ! Si aucune troisième guerre mondiale n'a éclaté jusqu'à ce jour, c'est grâce à la peur d'une hécatombe nucléaire, car même certains fanatiques nationalisto-religieux, qui, par nature ou parce que leurs Divinités sont vindicatives, cherchent à détruire leurs ennemis, n'utiliseront jamais la bombe atomique de peur de mourir en même temps. Aussi, dans ce tableau, la colombe gardienne de la paix, c'est la bombe atomique.

Et tandis que l'homme est capable aujourd'hui de fabriquer des bombes atomiques plus catastrophiques, à Hydrogène ou autres, pouvant détruire de nombreuses fois la vie sur notre malheureuse et minuscule planète, il n'a pas encore réussi - et cela reste une énigme - à transformer totalement la puissance destructrice de l'atome en force utile. Au contraire, il rivalise toujours d'ingéniosité dans ses efforts en vue de sa propre élimination et pour entraîner avec lui tout ce qui existe sur notre accueillante planète.

Mais cessons de parler des réactions nucléaires meurtrières parce que cette pensée m'est pénible ; et revenons plutôt à l'utilisation bénéfique de l'énergie nucléaire, car employée en toute sécurité, outre la production électrique, elle est encore utile pour le chauffage, le déplacement, la médecine, le diagnostic, la thérapeutique... elle peut fertiliser les déserts et les sols stériles, améliorer la production des aliments et, d'une manière générale, élever le niveau de vie de l'homme, et ce d'autant plus lorsqu'il saura organiser sur Terre les réactions du cycle proton-proton - comme la ΛV les réalise depuis des milliards d'années à travers le Code et les innombrables générations galacto-astriques dans les divers homéomorphismes des Noyaux galactiques et des innombrables systèmes stellaires - pour disposer d'une source parfaite et inépuisable d'énergie, exploitant à son avantage l'énorme abondance d'énergie de l'Hydrogène terrestre. Mais l'homme n'arrive pas encore à effectuer la fusion continue et contrôlée du Deutérium présent en grande quantité dans les océans, ce qui lui permettrait de résoudre une fois pour toutes le problème mondial de la production d'énergie à bon marché, car l'énergie qui provient aujourd'hui de l'Uranium, du Plutonium, etc., etc., même si elle se révèle suffisante pour nos besoins actuels, reste chère, productrice de déchets difficiles à traiter, et malgré tout limitée. De toute façon, il est à souhaiter que la logique syllogistique communautaire l'emporte, pour une utilisation avantageuse pour tous de l'énergie nucléaire et que la perspective effrayante d'un suicide collectif de l'humanité soit définitivement écartée.

La cosmologie contemporaine sera-t-elle remise en question ?

J - Je suis étonné, monsieur Vaskas, de votre opinion complètement nouvelle, différente, et très audacieuse pour notre époque. Il me semble pourtant que parmi les cosmologies actuelles, la théorie du Big Bang présente beaucoup d'avantages.

V - Ecoutez cher ami, chacun a le droit de croire ce qu'il lui plaît dans n'importe quelle théorie qu'il aura choisie ; mais malgré tous les efforts et la bonne volonté de ses partisans, certains scientifiques se formalisent que cette théorie si sympathique pourrait se transformer en vanité, car elle reste toujours au stade d'une hypothèse et n'est pas encore capable, après des dizaines d'années, de franchir la barrière de la logique syllogistique... Et en essayant de trouver une excuse à la théorie du Big Bang, j'ai moi-même été incapable de comprendre sur quels éléments positifs se basaient certains de ses partisans astrophysiciens... ce qui ne remet nullement en cause leur sérieux.

J - Pourriez-vous me parler de l'origine de la théorie du Big Bang et des autres cosmologies contemporaines ?

V- La critique de l'activité cérébrale parfois excessive de certaines mentalités scientifiques ne me plaît pas, mais tout le monde sait bien que la théorie connue aujourd'hui sous le nom de Big Bang est née en 1927, lorsque le prêtre et cosmologue Georges Lemaître a présenté sa cosmothéorie qui s'est répandue à peu près partout par la suite avec l'appui d'un grand nombre de personnalités, notamment religieuses. Et bien que toujours controversée, cette théorie s'est renforcée au fil des années avec les apports de nombreuses autres. En résumé, elle soutient l'hypothèse d'une grande explosion initiale causée par une concentration extrêmement dense de matière, d'un volume indéfini, d'abord aux dimensions de la distance Terre-Soleil, une grandeur revue par la suite à plusieurs reprises ; et selon les calculs de Georges Gamow, connu pour être un excellent physicien nucléaire, la température de cette explosion aurait dépassé les dizaines de milliards de degrés ; ensuite, après avoir explosé, cette quantité de matière relativement petite se serait dispersée radialement dans l'espace et dans cette immense expansion, toujours à une vitesse vertigineuse et insaisissable, aurait créé des milliards de Galaxies… pour des raisons figuratives !

Pour d'autres, le Big Bang serait l'explosion d'une boule ou d'un atome primitif - toujours sans préhistoire - dont les plombs auraient réussi à monter et assembler aveuglément, par hasard, et en quelques minimes fractions de seconde, ou quelques secondes, ou quelques minutes, ou un temps « x », l'énorme et colossale structure des milliards de Galaxies et des trillions d'astro-planéto-satellites de l'Univers consistant en une complexité d'électrons, de nucléons synthétisés ensemble dans les mécanismes complexes des atomes, et d'autres particules plus lourdes, synthétisées avec sophistication dans cette vitesse d'expansion immense.

J - Il y a donc une grande différence entre le Big Bang et la Loi globale cosmofonctionnelle.

V - Pas seulement une grande différence, mais c'est complètement l'opposé. Car tandis que le Big Bang agirait comme les plombs d'une explosion qui dans leur vitesse d'expansion effrénée seraient parvenus à construire notre cerveau - un sensationnalisme auquel il vaut mieux couper court tant il est complètement étranger à la création de l'Univers telle que je vous en fait l'analyse détaillée -, la Loi cosmofonctionnelle globale de la ΛV est le principe comprenant la totalité des interactions, énergies et puissances, qui, en coopération, effectuent le développement progresso-constructif universel dont notre existence est l'incontestable témoin.

J - Oui, je comprends très bien cette différence logique. Le Big Bang apparaît comme une vague abstraction, alors que le principal témoin de la Loi globale ΛV est l'existence de l'homme, et donc de nous-mêmes. Poursuivez, je vous prie.

V - Mais certains pensent que la réalité est ailleurs, car à l'évidence, l'abbé Georges Lemaître laissait aussi transparaître ses conceptions métaphysiques et religieuses dans sa théorie... et en exerçant le métier de prêtre, il n'était pas anormal mais au contraire naturel qu'il soutienne que Dieu ait commencé de cette façon, ce que de nombreuses religions ont intérêt à affirmer ; et c'est bien entendu pour cela que cette explosion est si populaire !

J - Oui, tout paradoxe renferme une cause d'intérêt.

V - Mais plus tard la théorie de l'univers stationnaire s'est présentée, dans laquelle l'Univers commençait à partir de rien, était indéfini en taille et en âge, durait éternellement, se renouvelait perpétuellement et s'étendait constamment. Et lorsqu'un cosmologue a posé la question de savoir comment la matière avait pu se former à partir de rien, un autre lui a répondu qu'il était plus facile de croire en sa formation à partir de rien plutôt qu'à son apparition soudaine, à la suite d'une superexplosion pour le moins désastreuse !

Après cela, peut-être pour concilier les deux points de vue, l'astronome Sandage de l'observatoire de Palomar, a échafaudé la théorie d'un univers en pulsation, qui se dilate à la suite du Big Bang... puis se rétracte... et se dilate à nouveau, établissant un cycle qui se poursuit indéfiniment.

Puis d'autres observations de l'Univers ont ramené l'attention des scientifiques sur la théorie standard. Et comme les recherches se poursuivent, d'autres tentatives cosmologiques apparaissent régulièrement.

Quoi qu'il en soit, certains persistent à dire que l'astronomie et l'astrophysique contemporaines demeurent toujours profondément associées à la diverso-religion selon la mentalité commune qui occupe le cerveau de l'homme depuis des milliers d'années ; et tandis que d'une manière générale, la théorie du Big Bang sert les intérêts de la tradition religieuse occidentale, la théorie de l'état stationnaire, de son côté, sert plutôt les intérêts de certaines religions orientales dont la tradition favorise un univers illimité, sans changement, comprenant de nombreux cycles de naissance, mort et régénération, etc., etc.

Ainsi, toutes les religions sont pleinement satisfaites ; et par conséquent, aujourd'hui, chacun peut choisir la théorie qui convient à ses croyances.

J - Oui, mais les raisons de croire au Big Bang semblent bien établies.

V - Pas plus que pour certaines autres cosmologies ; et certains scientifiques contestataires de la théorie du Big Bang ne manquent pas d'arguments pour démontrer qu'elle est fondamentalement et scientifiquement erronée et logiquement inacceptable. Un seul fait est bien établi et sert de base à toutes, c'est l'expansion de l'Univers, qui, comme je vous l'ai expliqué, est équilibrée dans le cadre de la multiplico-reproduction, de la régénération continuelle et de la circulation à des vitesses variées des Galaxies avec leurs constants mouvements cycliques d'approcho-éloignements suivant la Loi cosmofonctionnelle globale.

J - Et quels arguments mettent-ils en avant pour la contester ?

V - Je ne sais pas exactement, mais vous pourrez les trouver dans de nombreux écrits contradictoires, car je répète que l'objet de nos entretiens n'est pas de faire la critique de telle ou telle théorie. D'ailleurs j'insiste pour vous affirmer une fois encore que je ne suis contre aucune théorie ou oeuvre scientifique ; chaque théorie du passé a son utilité et elles méritent toutes d'être bien étudiées parce qu'elles apportent toujours quelque chose au service de la science.

J - Pourriez-vous simplement me donner quelques éléments de réflexion qui contestent la théorie du Big Bang en tant que commencement de l'Univers.

V - Hou ! Ces éléments sont nombreux et bien connus, cher ami ! Mais les réflexions les plus répandues font d'abord état que toute explosion nécessite au préalable l'existence d'une situation préétablie ou de matière pré-explosive ; et dans ce cas, l'hypothèse du Big Bang tombe comme point de départ de la création de l'Univers polygalactique... ensuite il faudrait que la matière et l'antimatière, en quantité et nombre correspondants, soient présentes ensemble accumulées dans un lieu ou plutôt dans un objet supposé d'une grandeur inimaginable ayant pour masse avant son explosion, pour être sensé, celle de l'ensemble compacté des milliards de Galaxies existantes. En conséquence, s'il y avait eu un tel objet aussi gigantesque avant l'explosion, cela aurait signifié la préexistence d'une matière déjà bien constituée, et donc, cet objet de grandeur inconcevable aurait dû avoir une longue préhistoire avant l'explosion, peut-être de milliards d'années. Ainsi, l'Univers ne pouvait pas commencer avec le Big Bang et cette hypothèse est complètement anormale et irrationnelle, n'est-ce pas ?

J - Oui, c'est bien évident. Je vous en prie, continuez.

V - Et bien selon cette évidence, le prétexte d'une autre version suivant laquelle cette grande explosion aurait commencé d'un atome est encore moins valable... mais supposons pourtant que le Big Bang ait réellement eu lieu, tel que ses partisans décrivent cette explosion qui suppose une lumière d'un éclat extraordinaire et une température initiale de nombreux milliards de degrés Kelvin... A de telles températures, quelle matière serait capable de résister à la destruction complète ? ... Et comment se fait-il que la matière et forcément la quantité égale d'antimatière ne se soient pas rencontrées, et inévitablement, suivant les lois incontournables de la physique, dématérialisées pour disparaître de telle sorte que plus rien ne puisse se reconstruire ? Car même s'il avait existé de la matière et de l'antimatière avant le Big Bang... après... tout n'aurait-il pas dû être complètement détruit ? Et que pourrait-il subsister aujourd'hui ? De plus, dans cette grande explosion, comment la matière aurait-elle pu préserver ses liens rythmiques et son étonnante cohérence en étant lancée à une vitesse extrêmement grande, qui, naturellement, n'aurait pas manqué de la désorganiser ? Car nous ne sommes pas sans savoir que la matière est constituée d'éléments organisés et que le plus petit désordre dans leurs différents rapports est désastreux... Et donc, sur quelle base repose l'ordre manifeste tout autour de nous ?

J - Oui, mais l'hypothèse circule qu'une petite quantité de matière a été sauvée... par un miracle de Dieu !

V - Bon ! Si vous, comme certains physiciens, insistez pour dire qu'une petite quantité de matière (en grec « υλη ») a été sauvée de l'immense catastrophisme bigbanguesque provoqué par certains Dieux, est-ce que cela signifie que vous acceptez que le Big Bang ne soit pas le commencement de la création de quelque Dieu...

J - Oui vous avez raison, mais dans ce cas particulier, l'existence d'un miracle est envisageable.

V - Ecoutez cher ami, bien que je respecte toute opinion, même si elle est basée sur l'esprit archéo-traditionnel, je souhaite que cette conversation reste dans le cadre de l'orthologisme syllogistique qui insiste pour dire que si des miracles, des prodiges, etc., se produisent réellement, c'est uniquement au travers des circuits électrochimiques dendrito-neuraxo-synaptiques cérébraux des êtres humains qui transforment une obsession ou une idée fixe en autosuggestion, qui, à forte dose, peut modifier certains fonctionnements organiques et produire des miracles.

J - Excusez-moi de cette interruption, je vous en prie, continuez.

V - Bon ! D'accord, je n'ai jamais été intransigeant ni coutumier d'un égocentrisme irréfléchi. Voyons donc les choses telles que vous les voyez et faisons devenir possible ce que la physique réelle considère comme absolument impossible ; c'est-à-dire acceptons ce que disent aussi certains astrophysiciens amateurs du mot création pour protéger le Big Bang, qui sont obligés d'affirmer que dans ce foyer de l'explosion, malgré une température d'autant de milliards de degrés, ou rien ne peut survivre à l'exception de la lumière, une petite quantité de matière et non d'antimatière ne se soit pas dématérialisée... disons qu'elle ait été préservée de l'explosion et sauvée... par un miracle ; et que par un deuxième miracle... cette petite quantité de matière sauvée ait pu assembler, avant même les premières secondes, ses « plombs » désordonnés, explosés et destructeurs, pour former par la suite tous les innombrables objets supergéants, inconcevables en volume et en nombre, qui constituent la partie lumineuse de la structure du sombre Univers indéfini et portent le nom de Galaxies : le plus incontestable témoignage de la non-existence de cette expl...

Eh ! Laissez-moi continuer ! Pourquoi riez-vous ? Cela vous semblerait-il ridicule à présent ? Votre logique aurait-elle constaté que nous nous mettons inutilement sous une hypothèse contraignante ? Et qui de plus n'est pas bonne, puisque l'antimatière existe et ne s'est pas dématérialisée au cours d'une soi-disant grande explosion ; mais elle est brûlée ou dématérialisée dans les Noyaux hyperluminoéclatants des diverses Galaxies, et aussi de la nôtre, d'où, logiquement, sont lancés les rayons cosmiques ou les rayons gammas qui partent des régions massives proches du centre où se produit la dématérialisation de matière et d'antimatière.

Mais d'autres interrogations se posent, car qui aurait pu contrôler l'immense remue-ménage et l'indescriptible désordre faisant suite à cette désastreuse explosion ? Aucune logique ne pourrait rester crédible en affirmant que les plombs de cette explosion auraient pu, dans leur immense vitesse, assembler les nucléons d'une façon aussi homéomorphique, les équiper de charges électriques convenables, etc., etc., sans l'intervention du Code homéo-morpho-diverso-reproducteur. Est-ce que la grenaille du Big Bang pouvait combiner ces choses... et qui plus est, en quelques secondes ? Vous savez d'ailleurs que sans une certaine logique et l'influence d'une certaine force coordinatrice, les particules ne peuvent s'organiser en couples, se multiplier, s'attirer, et nombre d'entre elles s'assembler à nouveau pour former des éléments plus complexes, ce qu'elles font à des vitesses et des températures décroissantes. Et pourquoi les Galaxies, supposées formées dans l'anomalie totale provoquée par une soi-disant immense explosion, se rassemblent-elles comme des entités vivantes, en groupes, en amas, super-amas, etc. ?

Les « plombs » issus de cette fameuse grande explosion ont-ils eu des préférences... réfléchies ?

Et en allant plus loin, alors que selon la théorie du Big Bang la matière éjectée devrait être répartie dans l'espace d'une manière radiale, uniforme et homogène, comment se fait-il que certaines Galaxies suivent une orientation différente et que des régions entières de l'espace sont complètement vides sur des centaines de millions d'années-lumière, sans qu'aucun corps céleste n'y soit trouvé ?

De toute façon, il n'est nul besoin de philosopher pour comprendre que la théorie du Big Bang, comme certaines autres cosmologies contemporaines, n'existe que dans la mesure où elle justifie l'expansion du Cosmos. Mais à s'entêter à vouloir démontrer de telles théories, les percées scientifiques végètent, alors que, cela va de soi, s'il n'y avait pas eu l'insaisissable intelligence et la cybernétique de la AV pour assembler les atomes renfermant des structures si complexes et depuis lors les hypermultiplier, il n'y aurait pas non plus de

Galaxies avec leurs astro-planéto-satellites, ni de molécules, ni de cellules, ni d'organismes vivants, et donc nous ne serions pas là pour en discuter... Comprenez-vous ?

J - Oui, ces raisons de réfléchir sur certaines théories cosmologiques contemporaines sont logiques. Mais la plupart des astrophysiciens et des biologistes soutiennent que tout a commencé à l'origine de l'espace-temps et évolué vers la perfection par le hasard ou les coïncidences.

V - C'est leur droit de soutenir et de croire ce qu'ils veulent, car heureusement, ici, la liberté d'expression est protégée... et encore une fois, je le répète, je ne veux critiquer personne... au contraire, j'éprouve de la sympathie pour eux comme j'en ai pour vous, en toute simplicité, parce que, moi aussi, j'exprime mon opinion, résultat d'une vie entière de recherches, et je discute comme toute personne libre. Mais désirez-vous que je continue d'exprimer mon point de vue ?

J - Bien sûr monsieur Vaskas, c'est surtout pour cette raison que je suis chez vous ; et si cela ne vous ennuie pas, j'aimerais encore vous poser quelques questions sur de nombreux autres points.

V - Ne vous en privez pas.

J - Merci. L'Hélium abonde dans notre Univers, n'est-ce pas ? Une telle quantité pourrait-elle exister sans provenir des températures inconcevables et extrêmement élevées du Big Bang ?

V - Oui, il est bien connu que selon la théorie du Big Bang, 90% de l'Hélium de l'Univers proviendrait de l'hypothèse de cette grande explosion. Mais en considérant l'une après l'autre les données établies par la physique, nous devons accepter que c'est seulement à des températures réduites à des centaines de millions de degrés - telles qu'elles doivent exister dans le coeur des étoiles et les Noyaux des Galaxies - que les protons et les neutrons se combinent convenablement pour former des noyaux... et comme vous l'avez compris dans la période 8, après le Deutérium et le Tritium, deux protons, c'est-à-dire deux noyaux d'Hydrogène, et un neutron fusionnent en noyau d'Hélium-3, et avec un neutron de plus en noyau d'Hélium-4. Ainsi, au second rang en proportion et à la quatrième place dans l'échelle des éléments chimiques, les deux noyaux d'Hélium-3 et 4 (les particules alpha) se constituent par milliards à chaque seconde dans les réactofusions des Noyaux galactiques et leurs étoiles A et B.

Donc, pourquoi l'Hélium de l'espace proviendrait-il de la grande et unique explosion d'un soi-disant Big Bang plutôt que des innombrables réactofusions thermonucléaires dans les trillions d'étoiles et Noyaux de Galaxies existants qui sillonnent l'espace ? Car il n'est pas difficile de comprendre que les innombrables Galaxies venues à l'existence au cours des milliards d'années de l'Univers ainsi que leurs étoiles en nombre encore plus inconcevable se maintiennent en transformant surtout l'Hydrogène en Hélium.

Ainsi, la totalité de l'Hélium présent dans l'Univers connu provient d'une réalité et non d'une hypothèse.

Et qui peut le nier ou prouver le contraire ? Alors pourquoi affirmez-vous asyllogistiquement que cette quantité d'Hélium, que personne ne peut mesurer exactement, vient sûrement du soi-disant Big Bang ?

J - Oui, je comprends un peu mieux votre orthologisme. Pourriez-vous me donner encore d'autres informations sur cette transformation de l'Hydrogène en Hélium ?

V - La répétition me plaît parce qu'elle transforme les choses difficilement compréhensibles en très compréhensibles ; mais nous avons déjà analysé ce mécanisme au cours des périodes. Cependant, puisque vous voulez en savoir un peu plus, après avoir rappelé que dans chaque Galaxie et leurs systèmes stellaires ou mégatomiques, la ΛV réalise probablement deux types de réactofusions d'Hydrogène en Hélium, j'ajouterai que certaines grandes étoiles A brûlent très vite leur réserves d'Hydrogène et les transforment en Hélium sur une très grande échelle parce que les deux isotopes de l'Hydrogène, c'est-à-dire les noyaux de Deutérium et de Tritium, bien que ce ne soit pas tout à fait vérifié, s'y trouvent logiquement en plus grande quantité ; et comme ils ont la faculté de fusionner plus facilement, les réactofusions se produisent aussi plus rapidement.

J - Voulez-vous dire que les proportions d'Hydrogène, de Deutérium et de Tritium jouent un grand rôle dans la production d'énergie et la durée de vie des étoiles ?

V - Oui c'est sûr, car les fusions du Deutérium et du Tritium sont très rapides et très fortes et doivent abonder dans les grandes étoiles... alors que les réactions nucléaires de la transformation de l'Hydrogène en Hélium sont moindres dans les étoiles B de taille moyenne, comme notre Soleil, où les deux isotopes de l'Hydrogène (Deutérium et Tritium) ne se constituent que plus rarement ; et c'est sans doute la cause de la plus longue durée de vie d'étoiles comme notre Soleil, bien qu'il profite aussi de certaines interventions de comètes qui l'alimentent en Hydrogène et des retransformations d'Hélium en Hydrogène.

J - ***Et qu'elle est votre opinion sur la récente théorie du rayonnement fossile de l'univers venue renforcer la théorie du Big Bang.***

V - Vous voulez parler de la découverte, qui a fait couler beaucoup d'encre, du bruit de fond et de la radiation de micro-ondes dans l'espace combinée avec les théories des invariables partisans du Big Bang.

J - ***Oui, c'est cela.***

V - Ecoutez cher ami, je vous répète encore une fois qu'il n'est pas dans mes intentions de critiquer d'autres théories ; et notamment sur cette question qui répond d'elle-même ! Vous pensez que cette théorie renforce l'hypothèse du Big Bang surtout parce qu'elle présume que cette radiation est constituée des plus vieux photons de l'Univers, etc., etc. Mais sur quel point positif peut-on fonder ces affirmations ? Qui peut mesurer avec exactitude l'âge de l'Univers et attester de la provenance de ces photons ? Qui peut discerner si les photons sont vieux ou naissants ? Là, c'est la logique syllogistique qui conteste ! Et si nous sommes finalement convaincus de l'existence de ces très vieux photons, qui peut nous assurer qu'ils viennent du Big Bang plutôt que des innombrables réactofusions cosmiques d'un nombre incalculable de Noyaux et de centres hyperbrillants de très nombreuses vieilles Galaxies comme les Quasars... ou de plus jeunes... ou encore d'une quantité innombrable d'étoiles de grande ou moyenne taille de l'Univers connu qui produisent sans cesse et depuis des milliards d'années de véritables déluges de photons et de radiations qui circulent dans l'espace exogalactique et endogalactique ? Qui a réfléchi à la quantité de chaleur et aux radiations dégagées dans le passé par ces milliards de Noyaux galactiques superlumineux et les trillions d'étoiles lumineuses, sans compter les innombrables explosions hyper-néobrillantes d'étoiles géantes A ou supernovae, pour savoir pendant combien de temps leur température et leur lueur fossile peuvent subsister dans l'espace ?

D'autant que normalement, comme tous les organismes, l'immense organisme polygalactique dans lequel ils fonctionnent tous en produisant de la chaleur et d'énormes quantités de lumière sans cesse régénérées possède aussi sa température propre.

Alors, sachant que cette découverte n'est pas à l'échelle du Cosmos mais essentiellement locale, c'est-à-dire terrestre ou mégatomique, pourquoi donc un rayonnement de fond micro-onde, avec une température de quelques degrés Kelvin, existant soi-disant partout, viendrait-il d'une seule grande explosion - celle du Big Bang - plutôt que des Galaxies et de leurs étoiles lumineuses tout au long des nombreux siècles passés ?

De plus, en ce qui concerne cette grande découverte du rayonnement micro-onde, etc., certains scientifiques avancent aussi que la température générale de l'Univers diminue progressivement à cause de l'expansion et qu'il meurt à petit feu. Mais en fait, selon l'analyse que je vous ai présentée, c'est l'inverse qui a tendance à se produire, car du fait que les Galaxies et leurs systèmes stellaires se reproduisent et se multiplient continuellement, la lumière et la chaleur spatiales augmentent et donc ne diminuent pas.

Et lorsque l'un d'eux est en âge de se reproduire, il explose et forme des nébuleuses dans lesquelles des dizaines d'autres viennent à la vie de sa matière dispersée... et ainsi la structure du Cosmos se renouvelle et il est donc évident qu'elle se réchauffe sans cesse.

Et je pourrais encore insister en vous rappelant les milliards de moteurs thermonucléaires des centres de Galaxies qui brûlent principalement de l'antimatière et de l'Hydrogène et qui éjectent de leur turbine (ou jets) des tourbillons de diverso-matière pleine d'éléments chimiques légers et lourds et plus lourds avec d'énormes courants de lumière et de gaz surchauffés qui se ramifient ou se dispersent constamment dans l'espace cosmique et le réchauffent progressivement dans le cadre de l'équilibrage thermo-expansionnel de la Loi cosmofonctionnelle globale de la ΛV. En conséquence, depuis le temps que les Galaxies et leurs systèmes stellaires se multiplico-reproduisent, la température de l'espace aurait plutôt tendance à augmenter ; mais à coup sûr, elle ne diminue pas !

Comprenez-vous cher ami ?

J - Oui, merci monsieur Vaskas, c'est tout à fait évident et j'ai bien compris !

La vie existe-t-elle sur d'autres planètes ?

J - Heureusement que le magnétophone enregistre vos paroles, monsieur Vaskas, car vous avez dit toutes ces choses si rapidement que je n'ai pas pu les retenir toutes. Pourtant, vous avez réussi à me montrer clairement que l'Univers est un organisme vivant, en auto-expansion, qui s'auto-insémine et s'autorenouvelle, et surtout qu'il peut penser.

V - Je vous répète encore une fois que tout ce qui est réel et qui existe autour de nous crie et révèle que le système polygalactique dans lequel nous sommes est sans aucun doute possible un organisme vivant polymorphe en expansion cyclorotative, qui s'auto-améliore continuellement... et qui a la faculté de penser.

J - Vous m'avez étonné en affirmant que les Galaxies sont des organismes vivants, et aussi par votre façon de soutenir ce point de vue. Voulez-vous vraiment dire que d'autres systèmes stellaires de l'Univers possèdent des planètes, et notamment des planètes organiques semblables à la Terre ?

V - Je ne vois pas pourquoi vous seriez étonné après tant d'analyses sur ce sujet facile à comprendre et qui peut se concevoir sans la moindre difficulté. Il suffit de penser que dans l'Univers polygalactique connu se trouvent des milliards de Galaxies dissemblables, classifiées, je le répète, en irrégulières, rondes, ovales, elliptiques, régulières, spirales, barrées, etc., etc., dont la forme change en fonction de leur destination, de leur âge et d'autres facteurs. Les Galaxies de type elliptique, par exemple, ont déjà transformé toute leur substance matério-poussiéro-gazeuse en astro-planéto-satellites et ne semblent pas avoir de nuages mésoastriques, pas plus que d'étoiles en formation, tandis que les Galaxies spirales sont pleines de nuages de matière mésoastrique, comme c'est le cas pour la nôtre qui est une Galaxie de taille moyenne contenant des dizaines de milliards d'étoiles et beaucoup d'autres en formation, entourées, comme vous l'avez entendu précédemment, de leurs planéto-satellites avec les nébuleuses qui les constituent ; elles contiennent également des Mères Descendantes qui forment autour d'elles leurs propres astro-planéto-satellites, tous constitués suivant le Code qui a déterminé avec l'exactitude d'une montre les mécanismes de leur système ; avec par exemple dans notre système solaire, la loi des distances qui ordonne les planètes a des distances bien établies et souvent proportionnelles.

Ainsi, comme l'atome n'existe pas sans au moins un électron qui orbite autour de son noyau, il n'y a pas beaucoup d'étoiles sans planéto-satellites en orbite autour d'elles ; et donc, dans notre Galaxie, des milliards d'étoiles, comme notre Soleil, qui émettent des radiations constantes, sont aussi entourées de planètes dont quelques-unes, inséminées par des comètes, acquièrent une atmosphère, de l'eau, des mers ou des océans et des conditions de chaleur et d'humidité appropriées pour faciliter le déroulement biogénétique du Code, et par conséquent le développement de la vie et de l'intellection qui ont leurs débuts avant nombre de générations, héritage de la Première Galaxie. Et tenez compte que n'émettant pas leur propre lumière, ces planètes habitables de type terrestre ne sont donc pas faciles à discerner à des distances aussi lointaines ; et si aucune n'a encore été clairement identifiée, notamment en dehors de notre système solaire, c'est parce que les étoiles les plus proches de nous sont quand même distantes de 4 à 20 années-lumière ; et à de telles distances, il n'est pas facile de discerner leurs planéto-satellites obscurs et nous ne les voyons pas de notre Terre. De leur côté, à peine capables de distinguer notre brillant Soleil nain, les civilisations même très développées qui doivent exister sur certaines de ces planètes lointaines voient d'autant moins notre Terre microscopique, perdue parmi les centaines de milliards d'autres planètes que notre Galaxie accueille, avec son intellection légèrement développée comparée à la leur : je veux parler de l'intellection planétaire unifiée de l'humanité. Car si aucune trace de vie sur Terre n'est observable, ne serait-ce que de la Lune, à peine éloignée de la Terre d'une seconde et demie à la vitesse de la lumière, cela ne veut pas dire pour autant que l'existence de la vie sur de nombreuses autres planètes semblables à la nôtre ne soit pas une réalité.

J - Mais alors monsieur Vaskas, pourquoi n'avons-nous pas été approchés par des êtres hyperintelligents d'autres planètes plus vieilles. Les plus proches étoiles ne paraissent pas si loin pour des véhicules spatiaux à très grande vitesse ?

V - Il semble que vous ignorez ce que signifient des distances en années-lumière et ne réalisez pas avec quelle rapidité ces véhicules devraient se déplacer, ni quelles sont les distances en question. Ecoutez cher ami, je vais essayer de vous donner les éléments nécessaires pour vous aider à comprendre facilement ce qui est connu de tous les astrophysiciens. Prêtez donc attention ! Si vous voyagez dans un véhicule spatial fonctionnant avec de l'énergie atomo-thermo-nucléaire contrôlée continuellement renouvelée, par exemple proton à proton, et pouvant acquérir une vitesse incroyable, proche de la lumière, soit 300.000 km par seconde environ, vous vous rendrez jusqu'à notre Soleil, distant d'environ 150 millions de kilomètres, en 8 minutes et 19 secondes... et en 35 minutes vous pourrez vous rendre jusqu'à Jupiter... et en 5 heures et 25 minutes, vous serez sur Pluton...

Et plus généralement, bien que notre système solaire contienne de grandes et petites planètes encore inconnues puisque son diamètre s'étend sur presque 11 heures-lumière, dans un rayon d'action de 5 heures et 25 minutes, vous pouvez rencontrer les 9 planètes déjà observées, les dizaines de satellites, les presque 900 comètes, et le cercle d'environ 400.000 corps ou éclats polymorphes des astéroïdes et météorites, provenant comme certains le pensent d'une planète qui aurait explosé, · mais qui sont, plus vraisemblablement, les restes des phénomènes de formation de notre système solaire, dans la nébuleuse où il s'est constitué, qui ont été équilibrés par la Loi cyclo-attracto-répulsionnelle cosmofonctionnelle sur la trajectoire de leur orbite actuelle, bien que certains d'entre eux, rarement, quittent leur orbite et voyagent, une fois libres, jusqu'à retrouver un équilibre, une nouvelle orbite, ou tomber et heurter un autre corps céleste.

Et en continuant de voyager, ne l'oubliez pas, à cette vitesse proche de la lumière, à la recherche d'étoiles disposant de systèmes planétaires dont certains comme la Terre ont déjà développé la vie et une conscience, après environ 4 ans et 3 mois, vous pourrez rencontrer les étoiles les plus proches de nous, comme Proxima Centauri qui est d'un très faible éclat... mais dans la même constellation, vous poursuivrez certainement vers l'étoile plus brillante appelée Alpha du Centaure... et en ayant à l'esprit qu'une année-lumière représente environ 10 trillions de kilomètres, vous devrez parcourir une distance de plus de 40 trillions de kilomètres pour y parvenir. Par conséquent, si cette étoile fixe, pas tellement brillante, à peine visible de la Terre puisqu'elle est de 11ème grandeur, est pratiquement hors d'atteinte, comment nous serait-il possible de discerner l'existence éventuelle de planéto-satellites obscurs qui tournent autour d'elle ? En tous cas, si vous y alliez et ne trouviez aucune trace de vie sur quelque planète de cette étoile, vous pourriez continuer votre voyage à la même vitesse pour arriver à l'étoile de Barnard, distante de 5 années et 9 mois de notre planète... et à 8 années et 6 mois, vous rencontreriez l'étoile nommée Sirius... et si vous ne trouviez pas là non plus de planètes qui ont la vie, vous pourriez continuer toujours à une vitesse proche de la lumière, et à 11 ans et 2 mois de la Terre, vous rencontreriez l'étoile 61 du Cygne, et à deux mois de plus l'étoile Procyon, et à 13 ans et 9 mois, vous rencontreriez l'étoile Van Manaen... et à 16 années et 6 mois, l'étoile Altaïr. Et si vous ne trouviez toujours pas de vie, en continuant de voyager à la même vitesse, vous rencontreriez une autre étoile toutes les 4 à 5 années en moyenne.

Et s'il n'y avait pas de planètes habitées par la vie dans ces précédents lieux, avec un rayon d'action de 50 à 100 années lumière, vous en trouveriez certainement près des étoiles voisines. Mais à de telles distances, même la civilisation la plus fortement développée ne pourrait voir notre Soleil, bien qu'il soit brillant et plus d'un million de fois plus grand que notre minuscule et obscure planète. Par conséquent, il est normal que l'intelligence extraterrestre ou les civilisations développées - qu'elles soient semblables ou non à celle de l'homme et plus ou moins avancées - qui se trouvent à d'aussi grandes distances ne puissent pas communiquer facilement avec nous... et quand bien même leur technoscience avancée le leur permettrait, à de telles distances, notre minuscule planète resterait insignifiante pour eux, et peut-être inhospitalière du fait d'une atmosphère probablement différente.

Et bien que nous dépensions des sommes d'argent importantes, par centaines de millions, en moyens sérieux pour la recherche scientifique et le développement d'une conscience logique d'intellection syllogistique - parce qu'en tant qu'hommes, nous acquérons une certaine perspective sur nous-mêmes et voulons enfin discerner notre rôle dans l'ensemble du Cosmos environnant et connaître notre avenir -, notre technoscience et nos véhicules spatiaux ne nous permettent pas encore d'aller à la rencontre d'autres civilisations ; et peut-être ne pourrons nous jamais observer de très près le Noyau de notre Galaxie si nous devons d'abord dépasser la constellation du Sagittaire qui est déjà distante de nous de 28.000 années-lumière. Cela signifie que l'homme restera isolé encore un certain temps sur notre minuscule planète pratiquement inexistante dans l'immense complexité de notre Galaxie.

Mais cela ne veut pas dire, malgré la petitesse de notre planète, que nous n'existons pas ou que ces civilisations n'existent pas, ni que ces astro-planéto-satellites ne sont pas administrés par la même Loi globale cyclo-attracto-répulsionnelle cosmofonctionnelle de la ΛV. Et selon certains, des indices sérieux donneraient même à penser que notre planète aurait pu être parfois utilisée comme escale par des êtres anthropomorphes technoscientifiquement plus avancés, au cours de leurs voyages vers des destinations plus lointaines. Quoi qu'il en soit, je crois que nous trouverons prochainement l'énergie et le véhicule qui nous permettront de nous déplacer pour découvrir pas à pas l'espace qui nous entoure ; et après avoir voyagé dans un véhicule spatial pendant des mois ou des années, étant rendu à des millions de kilomètres sur une autre planète à l'intérieur ou à l'extérieur de notre système solaire, certainement que nous pourrons toujours communiquer avec la Terre dans un temps de quelques secondes en utilisant nos progrès dans les communications.

Sommes-nous le résultat d'une évolution ?

J - Hier, monsieur Vaskas, par deux fois j'ai écouté les enregistrements avec beaucoup d'attention, et j'ai bien apprécié l'enchaînement de votre exposé. Cependant, j'aurais encore quelques questions. Vous dites par exemple, que le Code biogénétique vient de la Galaxie maternelle, et que les organismes reproducteurs ont d'abord été constitués dans ses nébuleuses, à partir de matière provenant principalement de la production du Noyau galactique et de l'explosion d'objets célestes qui se sont dépouillés de leur matière. Mais si c'est le cas, ils n'ont pas pu évoluer sur la Terre comme l'affirme la théorie de l'évolution, et comme le croient la plupart des scientifiques de notre temps. Pourriez-vous préciser votre opinion sur ce sujet, car j'ai noté que dans les premières périodes vous avez employé le mot évolution ou évoluer, et après, je ne les ai plus entendus ne serait-ce qu'une fois, et cela m'a étonné, parce que personnellement, je crois que toute chose est venue à l'existence par évolution et sélection naturelle.

V - Votre requête est légitime cher ami, mais je voudrais vous répéter qu'il m'est difficile de remettre en question le statu quo établi sur quelques théories qui paraissent très vraisemblables. Je préfère laisser les événements qui font la réalité me donner raison. Cependant, pour tenter de vous répondre, nous allons nous tourner d'abord vers nos ancêtres, notamment dans la Grèce antique, environ 2300 ans avant notre temps, pour rechercher ceux qui sont à l'origine de la théorie de l'évolution... En ce temps-là vivaient, comme vous le savez sans doute, les Stoïciens et les Epicuriens, des philosophes qui soutenaient que la vie était apparue par hasard dans un univers mécanique... et avec une certaine prétention intellectuelle, ils affirmaient que les principes fondamentaux de l'évolution étaient la force et la matière. Avant eux, Empédocle spécialement, surnommé « le père de l'idée de l'évolution », croyait que l'origine de la vie venait d'une naissance automatique et disait que les différentes formes de vie n'étaient pas apparues en même temps, mais en premier lieu la vie des plantes, puis, après une série d'épreuves, la vie animale, et que la naissance d'organismes était une procédure très lente... détails qui ont été repris dans certains textes religieux. Et concernant la venue des différents monstres, il disait qu'ils furent rapidement éliminés faute de pouvoir se reproduire, et qu'à la suite de leur élimination, d'autres formes de vie étaient apparues, s'étaient maintenues et multipliées. Si ces idées vous intéressent, cher ami, vous trouverez chez Empédocle le principe de la survivance du mieux adapté, c'est-à-dire de la sélection naturelle. Et notez aussi qu'Aristote a repris les mêmes pensées, ce qui est confirmé dès la première page du livre « l'Origine des Espèces » de Charles Darwin, qui, comme c'est facile à comprendre, en partant des théories d'Empédocle, d'Aristote et de Lamarck, et en examinant plus en détail les différentes formes existantes d'organismes, a progressé vers des textes plus élaborés et reconstruit la démonstration de l'ancienne théorie de la sélection naturelle, mais sans expliquer d'où ces organismes étaient venus, ni comment ils étaient apparus... Et depuis, comme il n'est pas survenu d'autre théorie plus pratique dans la mesure de l'intellection actuelle, étant acceptée par des scientifiques sérieux, elle continue d'influencer le monde entier.

J - Et la tenez-vous pour vrai ?

V - Comme je vous l'ai exposé, l'évolution et la sélection naturelle ont sans doute existé, mais seulement au cours des milliards d'années qui ont précédé la formation rapportée dans la période 5 du cerveau primordial qui a fondé et mémorisé le Code homéo-morpho-diverso-reproducteur symétrique et développé la Loi cyclo-attracto-répulsionnelle cosmofonctionnelle, c'est-à-dire de la mentalité administrato-constructrice ΛV, autoconstituée, qualifiée de puissance énergo-multiplicative et coordino-exécutive, durant la formation de la nébuleuse primitive qui a constitué la « Mère » ... A partir de là, ne fonctionne que la continuelle reproduction homéomorphe effectuée par le Code en développement constant et progressif, qui devient dans les stades suivants, organique, biogénétique et spatial. Et après la période 5, selon l'analyse que j'ai faite, la mentalité administrato-constructrice ΛV acquiert l'intelligence et devient progressivement la conscience galactique qui, au fur et à mesure de la multiplication des Galaxies, se développe en Conscience Cosmique Suprême Pangalactique.

J - Vous voulez dire que vous croyez à l'évolution par sélection naturelle, mais uniquement dans les débuts, lors de l'autocréation de la première Galaxie et non comme une chaîne, avec une succession de maillons. Mais alors pourquoi tant de scientifiques y font référence de la sorte ?

V - C'est normal, car pour la communauté scientifique, l'évolution s'appuie sur certains éléments existants, et elle est acceptée par un nombre toujours plus grand de personnes et d'instituts de recherches de grande valeur scientifique qui ont par ailleurs largement contribué aux progrès de l'homme dans de nombreux autres domaines. Mais comme les fondateurs de cette théorie l'acceptent aussi, pour qu'il y ait évolution, il doit y avoir des organismes. Or, tous les organismes naissent, se reproduisent et progressent uniquement suivant le déroulement du Code homéo-morpho-diverso-reproducteur polyexpérimenté universel ; de plus, aucun homme n'a jamais vu l'évolution par sélection naturelle à l'oeuvre... mais certains tirent quand même la conclusion que la vie, la reproduction de la vie et plus généralement toute la biosphère est née et a évolué ici, sur notre planète, au cours de ses à peine cinq milliards d'années, suite à différents changements accidentels de conditions, qui, grâce au hasard et à des coïncidences aveugles, auraient fini par former leur cerveau hypercomplexe.

J - Mais pourquoi, contrairement à presque toute la communauté scientifique, n'acceptez-vous pas l'évolution comme une chaîne ? Ou plutôt, si vous dites qu'elle n'existe pas, comment le progrès peut-il avancer ?

V - Je ne sais pas, mais à mon avis, c'est l'accumulation de connaissances et de nouvelles informations écrites dans la mémoire du Code qui engendre les avancées du progrès, et non pas l'évolution... Ecoutez ! Après de nombreuses générations de galacto-astro-planéto-satellites, depuis que le Code toujours plus avancé se déroule, des systèmes vivants se reproduisent avec des développements et des changements continuels ; et la théorie de l'évolution est apparue pour essayer de s'y adapter. Mais les partisans de cette idée devraient aussi nous expliquer l'origine de la vie, c'est-à-dire quand et comment sont apparus les organismes vivants, et surtout à quel moment le tout premier chaînon de transition entre l'inanimé et l'animé est venu sur notre planète, ainsi que la structure et la signification du Code - heureusement accepté par tous au stade biogénétique - et la manière dont il a été formé, avec la date de sa formation.

Ne vous faites pas de souci, la réponse rabâchée sera souvent la même, répétant qu'au cours d'une période d'environ 4,5 milliards d'années, qui est sensiblement l'âge de notre planète, la vie fut assemblée par la grenaille d'un supposé Big Bang, à partir du désordre, par un hasard aveugle, d'abord dans les océans qui assurent une protection contre les radiations cosmiques et les rayons du Soleil, pour se développer ensuite dans le cadre d'une évolution accidentelle par sélection naturelle ; c'est ainsi, conclura cette réponse, que se sont constitués les molécules, les cellules et les organismes multicellulaires complexes formés d'accidents et de coïncidences, jusqu'à parvenir au cerveau humain avec sa logique d'intellection syllogistique.

Et pourtant cher ami, si vous affirmiez que l'organisme universel - qui existe depuis des milliers de milliards d'années - a lui aussi acquis un cerveau et une intellection par un processus évolutif de sélection naturelle, vous soulèveriez un immense éclat de rire... et c'est normal car la même mentalité se retrouve partout.

Cette mentalité s'est encore renforcée suite aux récents succès d'expérimentations dans les laboratoires de certains biologistes évolutionnistes qui essaient depuis des années d'élaborer la vie artificielle et notamment sa reproduction dans certaines soupes, lorsqu'ils ont finalement réussi, en 1952, dans des conditions expérimentales appropriées, en canalisant des étincelles dans des mélanges gazeux, à composer effectivement de nombreuses substances chimiques, y compris quelques acides aminés. Après ce triomphe, ils ont alors supposé qu'il leur serait possible, avec des combinaisons convenables, de composer aussi des protéines, les éléments de structure essentiels à la formation de la vie. Mais en dépit de tous leurs efforts, ils n'ont jamais pu réaliser la moindre protéine. Et si récemment, d'autres scientifiques ont dit avoir réussi l'assemblage de quelque chose qui ressemblait à des protéines... encore une fois... ce n'était pas des protéines. Plus récemment, d'autres biologistes ont fabriqué des substances organiques comme des puritines et des pyrimitines, constituants des molécules génétiques... mais aucune molécule génétique réelle n'a jamais été construite.

D'autres après cela, ont élaboré certaines substances chimiques, affirmant qu'il s'agissait de constituants des systèmes vivants, mais aucun système vivant correct n'a jamais été assemblé. Et dans d'autres expériences, des chercheurs ont dit former des sucres de Carbone-5 et 6, du ribose, du glucose, des désoxyriboses, c'est-à-dire les bases des acides nucléiques, adénine, guanine, uracile... et de longues chaînes d'acides aminés qui ressemblent, à les entendre, aux protéines ; néanmoins, aucune protéine véritable n'a jamais été réalisée. D'autres encore disent qu'ils ont produit des nucléotides phosphatés qui entrent dans la composition des acides nucléiques. Et d'autres expérimentateurs disent avoir composé une sorte d'ARN et d'ADN qui ressemble aux originaux de l'ARN et de l'ADN initial. Et ils affirment connaître la manière dont s'est assemblé le premier système autoreproductif avec ses mutations... ainsi que l'origine de la vie, pendant que dans les profondeurs du passé se formaient les substances dont nous venons de parler, spontanément, par un hasard aveugle, par l'évolution par suite de la sélection naturelle. Ce qui revient à dire une fois de plus que des mélanges accidentels furent la cause de l'assemblage de cellules hypercomplexes et que ce fut encore le cas pour des organismes multicellulaires comme les plantes, les animaux et les hommes, constitués, selon eux, de combinaisons de cellules... accidentelles... et inattendues !

Mais heureusement, de nombreux chercheurs acceptent avec sincérité que le plus grand problème à résoudre reste celui de l'origine du Code que chacun se représente selon son imagination ; un simple fait révélateur de l'ignorance de l'origine de la vie. Ainsi les chercheurs ressemblent à ceux qui voudraient construire un gratte-ciel d'une centaine d'étages, mais ils ont seulement découvert que les murs porteurs devaient être faits de cailloux, de ciment et de barres d'acier ; et ils tentent de le construire quand même tout en déclarant leur incapacité à mettre en oeuvre les matériaux, parce qu'ils ne connaissent pas... l'architecte pour diriger les travaux, ni les plans de construction - je veux parler de la ramification biogénétique du Code -, avec toutes les différentes sortes de réseaux d'installations spécialisées, électriques, sanitaires, téléphoniques et autres, ni les techniques pour les mettre en place, etc., etc.

Cependant, nous pouvons apprécier les efforts de tous ces chercheurs parce que compte tenu du déroulement partiel du Code dans les neurones de notre cerveau, les prouesses que je viens de mentionner, réalisées par les scientifiques spécialistes de l'évolution, ne sont pas sans importance. Et nous pouvons leur dire bravo, car de cette manière, il est vérifié que le cerveau de l'être humain, avec son intellection et la constante amélioration de quelques-unes de ses qualités, a été construit par la ΛV. Mais en nous, les hommes, un déroulement beaucoup plus important du Code est nécessaire et de nombreux neurones encore isolés doivent fonctionner pour que nous atteignions notre perfection. Voilà pourquoi nos amis biologistes sont devant des obstacles insurmontables pour achever vraiment la construction de la vie, telle que la ΛV l'a constituée sur des centaines de milliards d'années dans la Galaxie primitive, par l'intermédiaire du Code, assemblé avec complexité, qui a continué d'avancer sur un nombre incalculable de milliards d'années, à travers les nombreuses générations galacto-astro-planéto-satellites.

Ainsi, tous les biologistes reconnaissent que la construction de la vie n'est pas un travail facile, tandis que la prospection de sa construction et sa décomposition ainsi que sa recombinaison et sa différenciation sont devenues possibles aujourd'hui : comme dans les interventions génétiques visant à corriger de nombreuses maladies héréditaires, dans l'industrie des gènes, dans les manipulations pour modifier divers micro-organismes et encore dans beaucoup d'autres programmes génétiques comprenant la recherche des procédures pour augmenter la durée de la vie, etc., etc. Et ils n'ont pas tort de persévérer dans ces travaux car en réalité, lorsque le Code sera davantage déroulé, c'est par l'intermédiaire de la génétique que nous trouverons la voie qui mènera l'humanité vers la vie éternelle réelle, je veux dire par laquelle nous nous rapprocherons davantage de la ΛV, notre constructeur immortel. Mais cela reste encore pour un avenir plus lointain.

J - Mais de quelle manière se transmet le Code, et quel est son processus de déroulement et de perfectionnement ?

V - En arrivant sur une planète, le Code se déroule à partir de minuscules graines (ou micro-organismes qui ont au moins un chromosome) porteuses du

Code au stade biogénétique, renfermant entassées dans sa mémoire les informations et l'expérience de milliards d'années avec les plans de construction des millions d'espèces successives. Et en quelques milliards d'années chaque ramification du Code se déroule en repassant toujours par les différents stades du développement de chaque espèce, et en adaptant peu à peu son mode de vie au cours des générations, suivant toutes les informations contenues dans le Code, jusqu'à parvenir au dernier niveau de chacune. Ainsi dans la reproduction et par exemple dans l'ovule fécondé, l'embryon reprend très rapidement au cours de son développement toutes les étapes à partir de la Galaxie maternelle primitive.

Construire la vie en laboratoire... est-ce possible ?

J - Pourtant, monsieur Vaskas, je crois savoir que la science a déjà construit la vie dans ses laboratoires.

V - Pas exactement... bien qu'effectivement les scientifiques aient déjà réalisé de nombreuses choses en nano-micromécanique avec l'utilisation de micro-instruments de grande précision. Malheureusement, leur joie en reste là, en particulier devant l'examen de la situation de complexité du Code et de son origine, car il est très difficile de bien discerner la machine moléculaire que le Code utilise dans la nature pour former techniquement la complexité développée pendant des milliards d'années. Mais encore une fois, je leur dis bravo !

Car pour construire la vie en laboratoire, il faudrait connaître les informations et l'expérience acquise, je le rappelle, sur des périodes de centaines ou de milliers de milliards d'années que le Code porte en lui ; et c'est ici la raison de leurs vains efforts pour former, par exemple, de véritables protéines. En effet, pour réaliser la synthèse des protéines, il faudrait pouvoir transcrire toutes ces informations et repasser par tout le processus de construction de la vie, comme je l'ai expliqué dans les périodes 21 et 22... en sachant, pour de plus amples détails et suivant la voie bien connue de nos amis spécialistes en biologie moléculaire, qu'après la synthèse - à partir de millions de divers atomes organiques - de l'acide désoxyribonucléique, ou ADN, celui-ci renferme dans sa structure chromosomogénique les informations séculaires du Code ainsi que tout le patrimoine génétique de la continuité de chaque organisme ou de l'espèce toute entière, transcription exacte des informations génétiques d'une génération à l'autre.

Mais à partir de l'ADN qui renferme le Code, le processus de construction des protéines avec la transcription, la traduction et leur expression ou fabrication par les gènes, avec l'ARN, est un processus très complexe. Car s'il y a un type d'ADN avec le Code qui lui permet de se reproduire, il y a trois types différents d'acides ribonucléiques ou ARN dont la synthèse commence dans le processus d'ouverture et le déroulement de la double hélice de l'ADN, à savoir : l'ARNm messager qui transporte l'information de l'ADN original, l'ARNt transfert qui transfère l'information en langage d'acides aminés, et l'ARNr ribosomal qui contrôle le processus de fabrication ; et chacun joue un rôle spécial dans la synthèse des protéines : il faut en effet transcrire l'information du Code dans les unités d'acides aminés correspondantes. Ainsi, pour former une protéine, le Code déjà transcrit en ARN sera déchiffré sur l'ARNm messager par trois nucléotides à la fois, trois nucléotides formant un codon ; et chaque codon code pour un des 22 acides aminés ; par exemple, sur le brin d'ARNm, la séquence GGU, code pour l'acide aminé alanine, et la GCA pour la glycine, la CAC code pour l'histidine, et ainsi de suite... Des paires de nucléotides ne donneraient que 16 combinaisons possibles et seraient insuffisantes pour les 22 acides aminés nécessaires, et des groupes de quatre fourniraient beaucoup trop de combinaisons que celles requises. Cependant, des triplets de nucléotides donnent 64 combinaisons possibles, et cela suffit pour le codage des 22 acides aminés, certains pouvant même être codés plusieurs fois, comme la leucine qui peut être codée par six triplets de nucléotides différents. Et tous les triplets codent pour un acide aminé sauf trois qui ne servent que de codon d'extrémité : par exemple l'UAG signale la fin du processus de transcription en ARN... Un autre codon, AUG, est lié au Code par une double utilité, car il est codant pour l'acide aminé méthionine et en même temps il se trouve au commencement de toutes les chaînes d'ARNm comme initiateur, donnant de toute évidence le signal de départ du processus de transcription à l'ARNm. De plus, après la fin de la transcription de l'ARN vient se placer un étrange post-scriptum ; une queue composée de quelques 200 nucléotides d'adénine ou plus s'attache aux chaînes d'ARNm pour leur permettre de rester stables pendant des heures, voire des jours, car sans cette queue, elles ne survivraient que quelques minutes dans le cytoplasme avant d'être décomposés par les enzymes. Et après avoir traversé la membrane nucléaire, l'ARNm mature se lie aux ribosomes qui reçoivent les directives génétiques du Code qu'il transporte ; et avec l'aide essentielle de l'ARNt, ces données sont produites en protéines fonctionnelles.

En d'autres termes, le Code constitue d'abord les unités d'acides aminés spécialisés parmi lesquelles il pourra choisir celles qui se correspondent ; et à partir de l'ARN messager, avec les règles d'adaptation écrites dans le Code, il effectue la véritable mais complexe traduction en protéines. Et pour construire la vie, il faudrait donc que les biologistes construisent les acides aminés appropriés - et ils ne proviennent pas d'expériences de laboratoire avec des gaz et des étincelles - et obtiennent également le nombre correct d'acides aminés « droits » et « gauches », sachant qu'en dehors de certains cas spéciaux et adaptés, presque tous les organismes vivants ne contiennent que des protéines synthétisées par des acides aminés « gauches ». Or en suivant la voie d'une évolution aveugle, ici, sur la Terre, tout cela semble très difficile, voire irréalisable, car une protéine est constituée de centaines d'acides aminés qu'il est impossible de tous former « gauches » par accident.

Et ce n'est pas tout, car il faut que les acides aminés qui forment les protéines se trouvent au bon emplacement dans des chaînes spéciales et soient bien choisis parmi les 20 racines d'acides aminés hydrophobes ou hydrophiles dont chaque racine doit être constituée de différents groupes d'atomes comprenant différents éléments chimiques.

De plus, les acides aminés doivent être stéréochimiques, ordonnés suivant un plan mémorisé dans le Code, et chaque acide aminé doit aussi contenir un groupe amine ayant qualité de base, et aussi un groupe carboxyle ayant qualité d'acide.

Et nous n'en terminerons pas là, car ces deux groupes doivent aussi être liés à un atome de carbone qui donnera à chaque acide aminé une certaine qualité chimique porteuse de ses caractéristiques spécifiques ; et de plus, les acides aminés devront être reliés systématiquement par des liaisons idiopolarisées pour former des peptides, lesquels s'assemblent pour constituer les protéines, chaque chaîne protéique pouvant contenir des dizaines jusqu'à des milliers de racines d'acides aminés toujours interconnectées par des liaisons chimiques spécifiques, les liaisons peptidiques.

Et par-dessus tout ce qui vient d'être dit, pour fonctionner, tous les organismes vivants, sans une seule exception, contiennent un grand nombre de protéines de différentes sortes qui réalisent des milliers de réactions chimiques bien définies, chacune étant produite par une protéine enzyme spéciale. Et régies à la fois par le raisonnement et la sélection dans le cadre d'une stricte différenciation et de symétries exactes qui sont le fait de l'interaction complexe et de l'activation des électrons (qui appartiennent à l'énergie administrative de la ΛV) des atomes qui les composent, les protéines enzymes sont tellement spécialisées qu'elles sont capables de contrôler les différentes formes de métabolisme, de ne catalyser qu'une certaine série d'éléments, de faire la distinction entre deux éléments stéréo-isomères afin de pouvoir exercer le métabolisme adapté, etc., etc. ; et faire la distinction entre les structures polymorphes des diverses molécules représente un travail vraiment difficile compte tenu de leur très grande ressemblance.

Par conséquent, pour que soit complètement achevée par le hasard aveugle et les coïncidences de l'évolution, sans l'influence coordinatrice du Code contrôlé par la ΛV, rien qu'une petite partie du labyrinthe de cette procédure maintes fois répétée dans le parcours constructif et intellectuel d'une chaîne complexe, une macromolécule souvent codée, appelée à juste titre protéine, et plus spécialement une enzyme, non seulement cinq milliards d'années seraient nécessaires à la recherche évolutionniste pour obtenir satisfaction, mais même mille milliards d'années de sélections naturelles continuelles ne suffiraient pas, car la possibilité est inférieure au rapport de un sur le chiffre un suivi de centaines de zéro. Et si une protéine était enfin réalisée, une fois toutes ces difficultés surmontées, il faudrait encore la coder pour la multiplier à l'identique. Par conséquent, soit nous parlons sérieusement, soit nous plaisantons !

J - Maintenant, je comprends pourquoi vous insistez pour dire que la vie n'a pas commencé sur Terre, et je n'ai rien à ajouter devant ces nombreux aspects des protéines et l'immense complexité de leur composition.

V - Pourtant, je n'ai pas encore terminé avec la procédure de constitution d'une véritable protéine, car en dehors de la polycomplexité déjà mentionnée et du fait qu'elle soit essentiellement l'assemblage, par des liaisons complexes, de chaînes de 20 sortes d'acides aminés gauches qui doivent encore être mises dans le bon ordre, chaque chaîne de protéine doit aussi comprendre quelques types d'atomes organiques, qui se rassemblent en groupes spéciaux régis par différentes liaisons chimiques et prennent forme dans les moules du Code.

Et maintenant, prêtez attention ! La possibilité pour ces atomes d'être convenablement assemblo-formés et transformés en ingrédients diversocomposés qui atteignent la spécialisation des enzymes par le fait d'aveugles coïncidences accidentelles dans la soupe expérimentale des théoriciens de l'évolution, est de : une sur le chiffre un suivi non pas de centaines, mais de milliers de zéros. Pouvez vous imaginer la taille de ce nombre ? Il dépasse largement le nombre de tous les photons, électrons et neutrinos de l'Univers polygalactique tout entier.

Il est encore utile de rappeler que pour favoriser la composition d'une protéine spécifique, il faut d'abord synthétiser l'acide désoxyribonucléique ou ADN, et le ribonucléique ARN polymérase, et les messages codés portés par l'ARN messager doivent être transmis à l'endroit exact des ribosomes. Et pour fonctionner, la cellule, l'élément fondamental des organismes vivants, utilise environ 200.000 protéines de différentes sortes dont 2.000 enzymes, c'est-à-dire comme je vous l'ai expliqué des protéines plus spécialisées et plus complexes sans lesquelles la cellule ne peut survivre ; et donc sans lesquelles il n'y a pas de continuité, ni d'organisme.

Comprenez-vous cher ami, pourquoi l'homme ne peut pas faire ce que la ΛV a réalisé, il y a de nombreuses centaines de milliards d'années, dans les nébuleuses de la première Galaxie autoconstituée, par le diverso-développement du Code ; et pourquoi j'insiste sur cette constitution de la vie en dehors de notre minuscule planète ? Comprenez-vous que pour construire la vie, une expérience préalable de plusieurs centaines de milliards d'années soit nécessaire, et pas seulement les cinq milliards d'années environ de l'âge estimé de notre planète ? Je suis heureux de vous voir sourire... le rire fait du bien.

J - La science a pourtant considérablement progressé, et chaque jour de grands efforts sont faits dans ce sens.

V - C'est incontestable, et encore une fois bravo à nos amis chercheurs et scientifiques spécialistes, car ils fournissent des efforts louables sans lesquels nous serions encore loin en arrière. Mais la réalité reste la réalité, et malgré toutes les avancées et possibilités de la technologie actuelle, les biologistes et spécialement les chercheurs sur l'évolution n'ont pas encore réussi à résoudre les problèmes les plus simples, comme celui de l'interaction des acides nucléiques avec les polypeptides. Alors, la possibilité de construire dans les laboratoires un système moléculaire rudimentaire avec son propre code génétique, capable de s'autoreproduire, de muter et de répéter ses mutations sans que son fonctionnement ne devienne confus, comme la AV a pu le faire il y a des milliards d'années dans la première Galaxie, n'est-elle pas invraisemblable ?

D'où viennent les graines de vie ?

J - Vous avez peut-être raison, monsieur Vaskas, mais nous n'avons pas la moindre preuve que de tels systèmes simples de vie proviennent, comme vous le soutenez, des nébuleuses. Et pour la plupart des spécialistes, la vie a commencé sur notre Terre, et notamment dans les océans.

V - C'est une erreur ! Il y a des preuves que de tels micro-organismes simples et résistants ont émigré des nébuleuses spatiales vers la surface de notre planète, il y a environ cinq milliards d'années - ce qui doit être, répétons-le, l'âge de la Terre - et se sont dispersés dans ses premières couches géologiques. Les géologues ont trouvé de telles preuves et les ont étudiées. Et récemment, des biologistes ont pu isoler, enterrées depuis des milliards d'années sous plusieurs couches terrestres, quelques bactéries simples qui sont, disent-ils, hyperactives et très résistantes. Et non seulement elles ne sont pas déréglées, mais en plus, elles s'adaptent facilement à toute variation de température, à la chaleur ou au froid, et bien qu'elles ne contiennent qu'un seul chromosome, elles montrent généralement une complexité étonnante, car après avoir dévoré des éléments nutritifs, elles les transforment très rapidement en molécules utiles pour leur croissance... et alors, elles s'allongent et se divisent en deux, de deux en quatre, etc. Nous parlons ici des plus simples et minuscules organismes reproducteurs, chacun plus petit qu'une cellule, et qui doivent donc contenir le Code au stade biogénétique le moins déroulé, parce qu'il est resté inactif pendant toutes ces années ; mais chacun d'eux est encore capable d'organiser les ingrédients de sa structure cellulaire simple, de contrôler son activité chimique et d'arranger ses rassemblements moléculaires ; et il a aussi la capacité de les reproduire.

Et ce n'est pas tout, car sous de nombreuses couches géologiques, toujours en dehors des océans, certains chercheurs ont isolé d'autres systèmes vivants plus développés, je veux parler de micro-organismes unicellulaires, qui, tandis qu'ils se développent à des températures relativement élevées, contiennent dans leur minuscule structure des mécanismes complexes chargés de différentes fonctions spécialisées. Car tout en absorbant de la nourriture, ils la modifient et incorporent les ingrédients nutritifs en les transformant en éléments polymorphes ; et ils transforment les substances pour produire environ 50 millions de molécules composées de différents éléments chimiques, dont les acides nucléiques qui doivent contenir le même Code avec les instructions génétiques pour constituer les acides désoxyribo-nucléiques et ribonucléiques qui synthétisent et assemblent l'ADN, l'ARN, les chromosomes et le polymorphisme de milliers de gènes spécialisés chacun dans la formation répétitive d'une et d'une seule protéine spécifique, qui, comme je l'ai mentionné dans la période 22, peut être aussi un catalyseur, c'est-à-dire une enzyme qui accomplit une et une seule réaction chimique à laquelle prennent part aussi une proportion de petites molécules, constituées chacune de quelques dizaines d'atomes, comme des sucres et leurs dérivés, qui se transforment graduellement.

Et pour ne pas nous perdre dans le labyrinthe de la cytologie, disons pour abréger que ces micro-organismes unicellulaires ressemblent beaucoup aux cellules humaines, où le processus biocomposant de la chaîne polynucléotidique d'ADN et d'ARN débute à partir de molécules simples jusqu'à assembler cette formation biochimique de génie qui contrôle toute l'activité interne et externe de chaque cellule.

Et vous noterez qu'une perturbation ou modification accidentelle portant sur la structure des chromosomes et son implication dans la cohérence des mécanismes délicats de l'ADN, désorganiserait le fonctionnement des protéines ; et une anomalie, notamment dans un nucléotide, modifierait le programme du Code même si elle n'altérait qu'un acide aminé dans la protéine qu'il code. Aussi, des modifications avantageuses ne peuvent pas résulter de tels accidents, comme le prétendent les biologistes de l'évolution, mais elles proviennent du déroulement continuel du Code homéo-morpho-diverso-reproducteur préparé il y a un bon nombre de milliards d'années et contenu dans le noyau des atomes organiques et des cellules de différentes structures, dont les innombrables informations font passer successivement les organismes, au cours de leur formation, par toute la chaîne généalogique des différentes morphologies, tandis qu'une fois formés, leurs caractéristiques héréditaires sont contrôlées par les gènes alignés dans les chromosomes, et chacun d'eux forme une seule protéine, contrôle une connexion héréditaire et exécute ou traite un ordre spécifique du Code. Mais l'unité génétique codante pour une protéine, c'est le gène qui a la capacité de lire le Code.

Et tandis qu'une fois constitués les organismes restent toujours les mêmes et ne changent pas à de très rares exceptions près, dans la reproduction, quelques éléments ou plus se différencient radicalement ; nous en sommes, nous les hommes, les exemples les plus proches, car en dehors du cas des jumeaux, une personne ne ressemble jamais exactement à une autre, étant bien connu qu'après l'impulsion sexuelle inscrite dans le Code qui se déroule par l'intermédiaire de la ΛV, et l'orgasme agréable classique qui aboutit à la reproduction, les 23 chromosomes de chaque parent se rassemblent dans l'ovule et les gènes porteurs de l'information génétique et des caractéristiques héréditaires de la répétition homotypique sont dès lors le support fondamental de toutes les expressions, naturelles, animales, pathologiques et intellectuelles. Et les gènes lisent les nombreuses informations avec tous les détails des deux ADN qui viennent des 46 chromosomes, unis maintenant sur des bases microdifférentes ; et d'après ces informations, probablement avec des structures cohérentes qu'ils élaborent et combinent, ils construisent leurs propres acides nucléiques, l'ADN, l'ARN, et les formes variées de protéines ; et d'une manière générale, avec le Code porteur de la complexité organique, ils contrôlent l'organisation complexe de la première cellule mère : et rappelez vous que la même chose s'est aussi produite, de façon différente, dans la Galaxie maternelle. Ensuite, les gènes contrôlent la reproduction cellulaire qui se fait presque comme celle des Galaxies ; et une cellule devient deux, deux deviennent quatre, quatre deviennent huit, etc., jusqu'à ce que soit constitué, l'ensemble multicellulaire le plus proche de nous, l'organisme humain corpo-psycho-intellectuel...

Il se produit donc sensiblement la même chose au cours du montage des organismes des millions d'espèces vivantes, ou de presque toutes celles que les innombrables organismes galactiques de l'Univers contiennent. Ils sont réalisés suivant les plans en déroulement constant contenus dans le Code contrôlé par la AV, dans un processus qui n'a rien a voir avec la supposée évolution par sélection naturelle qui continue à se répandre à cause d'une incompréhensible insistance... bien qu'en réalité, sur Terre comme sur d'autres planètes, il y ait d'une certaine façon, évolution - mais programmée - et adaptation polymorphe du Code, sous forme d'une amélioration fonctionnelle influencée par diverses configurations environnementales et du fait que les gènes suivent leur programme et changent de comportement sous l'influence de physiotransformations dans les divers organismes déjà assemblés et bien formés.

Il en est ainsi depuis l'origine, aussi loin que le Code est concerné avec ses fonctions complexes, spécialisées et polyexpérimentées ; et j'espère que vous n'allez pas me soutenir que c'est l'évolution sur Terre, par la sélection naturelle, qui a composé l'impulsion sexuelle, le spermatozoïde, l'ovule mère, la polytransformation reproductrice toute entière et réellement complexe qui se répète sans beaucoup d'écarts de fonctionnement, la diverso-transformation idiorépétitive et l'organisation sophistiquée des 75.000.000.000 d'atomes environ qui composent chaque cellule et des près de 100.000.000.000.000 de cellules polyatomiques aux formes variées qui composent les différents organes hypercomplexes, au fonctionnement automatique ou non, de chaque organisme humain corpo-psycho-intellectuel, y compris, répétition de valeur, l'inconcevable polycomplexité de son cerveau.

J - Pour m'aider à mieux comprendre, pourriez-vous résumer la formation de l'ensemble du Code Universel ?

V - En vous souvenant des différentes périodes, vous pouvez vous rendre compte des similitudes entre les micro-organismes polyatomiques que sont les cellules d'un organisme multicellulaire comme celui de l'homme, les organismes polyastriques comme les Galaxies, et l'organisme polygalactique incommensurable du Cosmos. Chacun de ces organismes, minuscule, grand, incommensurable, quelle que soit sa taille, commence dans la Loi cosmofonctionnelle de la mentalité administrato-constructrice ΛV, énergo-multiplicative et coordino-exécutive, qui a formé la « Mère » et le premier Noyau, et tout ce qui existe depuis et qui est relatif autour de la « Mère », comme l'espace, le temps, etc., etc. De là, cette mentalité a constitué le Code homéo-morpho-diverso-reproducteur symétrique qui est ensuite devenu organique dans les nébuleuses qui ont formé les milliards d'astro-planéto-satellites de la « Mère », puis biogénétique, après de nombreuses générations dans les mégatomes. Et tandis que la ΛV enregistrait dans sa mémoire du Code les diverses ramifications concernant les nombreuses variétés animales et végétales d'organismes issues de ses différentes adaptations, elle constituait le premier organisme galactique ou la première Galaxie, avec de nouveaux astro-planéto-satellites ou mégatomes en formation autour des Mères Descendantes. Et en se développant et se polymultipliant, la Galaxie primordiale a constitué l'Univers polygalactique, toujours suivant le Code homéo-morpho-diverso-reproducteur désormais polyexpérimenté, cyclono-nucléo-sphéroïdal, symétro-organo-bio-génétique, spatial et universel.

Et je ne pense pas qu'il soit nécessaire de faire beaucoup de recherches pour concevoir que tous les organismes commencent à partir du Code qui a constitué la première Galaxie. Et le Noyau de notre Galaxie, le Noyau de notre mégatome, ou de tout autre système astro-planéto-satellite, possèdent forcément, eux aussi, ce Code.

J - Et qu'en est-il des atomes, possèdent-ils tous le Code, sans exception ? Et comment est-il parvenu au stade biogénétique ?

V - Oui, car aucun noyau n'existe sans contenir la copie du Code symétrique ou organique. Ainsi, dans la nébuleuse de la Galaxie maternelle, les noyaux atomiques possédaient la micrographie du Code homéo-morpho-diverso-reproducteur, les noyaux inertes, la micrographie du stade symétrique, tandis que les noyaux d'atomes organiques possédaient la symétro-organique.

Et pour plus de détails, la ΛV protogalactique a formé le minuscule Code homéo-morpho-diverso-reproducteur symétrique, qui a fait les protons, les neutrons, et plus généralement tous les hadrons ; et suite à l'unification de toutes les forces fondamentales, à travers le Code, la ΛV, alors énergo-multiplicative et coordino-exécutive, a travaillé à l'élaboration des noyaux des divers éléments dans la très haute température des étoiles ; puis elle est devenue intelligente, avec la formation des atomes, tout en développant le Code, qui, pour une partie d'entre eux, s'est transformé à l'intérieur des nébuleuses de symétrique en organique.

Et rappelez-vous que dans les nébuleuses, les astro-planéto-satellites qui constituent les mégatomes sont de deux catégories : si les planéto-satellites d'un mégatome développent la vie avec la conscience, il est organique... sinon il est inerte. De même les atomes sont de deux catégories, inertes et inactifs si les électrons ne développent pas de mentalité, ou organiques s'ils développent des fonctions comme la respiration, l'assimilation, etc., et une mentalité ; et le Code homéo-morpho-diverso-reproducteur symétrique se trouve dans chaque proton d'atome inerte et inactif. Et c'est à partir du proton qu'il se déroule dans les étoiles en formant du Deutérium, du Tritium, de l'Hélium et d'autres éléments plus lourds ; et je le répète, dans les grandes étoiles A qui fonctionnent relativement peu de temps et sont destinées à exploser pour donner leur matière et former des nébuleuses, de grandes quantités de protons se transforment facilement en noyaux de Deutérium et de Tritium, alors que dans les étoiles B comme notre Soleil, le proton ou Hydrogène ne se transforme qu'en de très faibles quantités de Deutérium et de Tritium, mais en de plus grandes quantités d'Hélium, avec d'autres éléments de différentes structures, qui se redécomposent en Hydrogène, qui, à son tour se transforme de nouveau en Hélium, dans un cycle bien équilibré destiné à prolonger leur fonctionnement sur plusieurs milliards d'années pour permettre au Code Universel de se dérouler jusqu'au stade biogénétique sur certains de leurs planéto-satellites.

Et donc, dans les atomes inertes et inactifs, les électrons ne possèdent pas de mentalité, et ces atomes constituent la masse des astres, des planéto-satellites et autres corps spatiaux formés par les nébuleuses qui proviennent des couches éjectées lors des explosions d'étoiles et des mégatomes de génération précédente... alors que dans chaque atome organique, quelques électrons, partie de la ΛV, développent une mentalité ; et le Code homéo-morpho-diverso-reproducteur symétrique se transforme en organique jusqu'à devenir par la suite biogénétique dès que les atomes organiques sont assemblés en gènes pour construire la vie et constituer des cellules avec leur ADN, d'abord dans les nébuleuses, puis, sur les planètes fécondées pouvant faire avancer la vie, sur lesquelles les ramifications biogénétiques du Code, développées au cours des générations d'astro-planéto-satellites, se déroulent en une multitude de formes différentes d'organismes multicellulaires. Car suivant les avancées réalisées à chaque génération planétaire, le Code Universel, en progrès constant, devient polyexpérimenté et de plus en plus avancé, parce qu'il constitue des organismes de plus en plus développés comme ceux de certains animaux, mais notamment des organismes dont les gènes construisent la conscience dans certains mégatomes comme le nôtre ; et sur Terre, la conscience se développe avec l'être humain qui commence à avancer et envisage de s'installer sur d'autres planètes, et qui formera, une fois devenu parfait mentalement et à l'issue de l'établissement des connexions planétaires, la conscience mégatomique : celle de notre système solaire.

J - Mais cette progression du Code s'arrête-t-elle là ? Suit-il un cycle ?

V - La progression se poursuit, car lorsque de tels êtres arrivent à une grande perfection, ils s'unifient à la conscience de la ΛV, tandis que dans la multiplication des mégatomes et des Galaxies, le Code avancé qui développe la conscience, continue de se dérouler constamment dans l'homéo-morphisation des divers types galactiques.

Alors naturellement, si la question est encore soulevée : « Mais d'où vient la première graine ? », je crois vous avoir apporté des éléments de réponse en vous décrivant très clairement le cycle du Code universel homéo-morpho-diverso-reproducteur polyexpérimenté cyclono-nucléo-sphéroïdal symétro-organo-biogéno-spatial qui fait fonctionner toute la structure de l'organisme cosmique. Et ce cycle qui se renouvelle sans cesse dans l'espace-temps fait aussi progresser continuellement la logique d'intellection syllogistique cybernétique pangalactique.

Qui est alors capable d'imaginer l'extraordinaire puissance syllogistique de notre Galaxie, pour pouvoir, dans l'Univers en constante expansion progressive, entrevoir celle inimaginable de la logique d'intellection syllogistique cybernétique pangalactique de la mentalité administrato-constructrice ΛV qui contrôle l'organisme polygalactique tout entier ?

J - En effet, c'est inimaginable, je ne sais que dire devant tant de grandeur !

V - Voilà cher ami, l'explication donnée à la plus grande interrogation qui influence l'homme depuis le moment où il a commencé à développer la conscience : « D'où venons-nous et où allons-nous ? ». Cette recherche se faisait déjà dans le cerveau de Platon - en d'autres termes - et elle aurait pu faire avancer l'humanité d'un bond. Mais toutes les religions de son temps et certaines après lui se sont basées sur sa philosophie pour établir de nouvelles doctrines utopiques comme celles de l'immortalité de l'âme, de la résurrection, de la régénération, des renaissances, etc., etc., qui, à partir de Grèce, ont été diffusées en Egypte et au Moyen-Orient, et de l'Occident à l'Extrême-Orient, par différentes diasporas de diverses populations, jusqu'à ce qu'elles couvrent finalement le monde entier, retenant malheureusement la mentalité et la moralité de l'homme, et les retardant de milliers d'années.

J - Cette description qui répond à la plus sérieuse question de l'homme est vraiment très importante ; et je vais écouter plusieurs fois cet enregistrement pour mieux comprendre cette explication convaincante et persuasive, qui, si elle n'est pas la réalité absolue, en est du moins, certainement très proche. Pourrions-nous continuer demain ?

V - Oui, bien sûr ! Venez demain à la même heure.

Le déroulement du Code dans l'homéo-reproduction organique cellulaire et galactique

J - Si j'ai bien compris votre explication, monsieur Vaskas, vous voulez dire que dans la reproduction organique, chaque organisme est un univers qui provient toujours du même Code homéo-morpho-diverso-reproducteur organique ou biogénétique en constant progrès.

V - Les chiffres peuvent nous en convaincre, ainsi que tout ce qui existe autour de nous. Cela demande néanmoins de faire preuve de réflexion.

J - Certainement ! Mais il y a une chose que je voudrais approfondir. Comment une cellule et une seule, je veux parler de l'ovule fécondé, peut-elle donner naissance à environ 100.000.000.000.000 d'autres cellules, et construire un homme ? J'ai du mal à le concevoir. Mais peut-être que si j'arrivais à mieux comprendre ce mécanisme, je pourrais aussi comprendre comment sont nées les milliards de Galaxies et comment l'organisme cosmique se développe.

V - Ah, cher ami ! Compte tenu de l'extrême complexité du processus du Code qui s'effectue sur des millions d'années et dont le fonctionnement cryptographique n'est pas encore discerné, même un biologiste très expérimenté ne pourrait pas vous donner beaucoup de détails sur ce sujet ; et bien que le cerveau humain ait des rapports avec la ΛV et que la mémoire du Code contienne les programmes bio-diverso-génétiques de millions d'espèces, le Code n'est pas encore suffisamment déroulé pour activer l'ensemble de notre système neurono-cérébral afin de nous donner l'intellection nécessaire à l'examen de tels détails. Pourtant, ce n'est pas si difficile, en sachant que l'ovule fécondé - la minuscule cellule mère qui se trouve hors de l'ovaire de la femme - contient dans son noyau, 23 chromosomes du spermatozoïde mâle et 23 chromosomes de l'ovule femelle, avec l'inexplicable Code écrit dans leurs gènes qui sont équipés d'un plan génétique complet comprenant des centaines de milliers de chronodiagrammes, et dans lequel est inscrit le montage détaillé de tous les organes des diverses espèces précédentes pour arriver jusqu'à l'homme, avec leurs innombrables connexions électrochimiques, ainsi que des fonctions mentales. Et une fois unifiés dans l'ovule, les gènes des 46 chromosomes lisent le Code et établissent un plan programmé pour construire un organisme un peu plus avancé physiquement et doté d'une nouvelle personnalité... et ils commencent alors à construire ce nouvel organisme en repassant progressivement par tous les stades primitifs inscrits dans la mémoire du Code qui commence à se dérouler pour constituer d'abord la cellule ; et là, un schéma d'organisme protogalactique prend d'abord forme et se poursuit avec l'assemblage, comme dans la nébuleuse de la « Mère », de la première structure organique et du mécanisme de sa multiplication... puis, suivant les plans du Code et en fonction de son déroulement, les gènes forment dans l'ovule un noyau bien avancé et bien différencié pour constituer la première cellule avec son ADN. Ensuite, avec les progrès du processus homéo-morpho-diverso-reproducteur, ils font des copies exactes de la première cellule, et suivant le Code qui a commencé à se dérouler, les gènes continuent leur construction d'après les schémas des embryons des organismes précédents qui ont été formés sur les planètes fécondes de la Galaxie maternelle et des générations successives. Et en repassant par les avancées organiques de milliers de générations planétaires dans diverses Galaxies, l'efficacité génétique progresse avec rapidité, combinant la structure des premiers organismes assemblés à la surface de notre planète et passant ensuite par le schéma de nombreux organismes multicellulaires et par des formes de vie plus complexes, sorties des mers et des différentes couches de la Terre, connues aujourd'hui comme les divers fossiles. Et progressivement, l'embryon se développe et se transforme en de multiples formes de plus en plus complexes ; celles d'animaux amphibiens et d'autres animaux disparus ou ayant survécu à travers les diverses anomalies climatiques ; ensuite celles d'organismes plus élaborés ; puis d'embryons d'espèces animales encore plus avancées jusqu'à parvenir à la forme humaine... et finalement, les gènes construisent un bébé... encore plus avancé physiquement et neuromentalement, et différent des autres. Ce qui signifie qu'ils construisent un homme nouveau, avec une nouvelle personnalité, et notamment son cerveau d'une réelle complexité d'où provient l'intellection asyllogistique qui a le pouvoir de le détruire en même temps que la planète qui lui accorde l'hospitalité, mais aussi l'intellection syllogistique qui se développe maintenant pour constituer toutes les valeurs culturelles et le progrès technoscientifique.

J - Je suis vraiment étonné. C'est extraordinaire, vous justifiez la chaîne réelle de la construction de notre organisme. Et toutes ces prouesses sont faites à partir d'une seule cellule ! Jamais avant cela je n'avais entendu de si grandes précisions sur un des plus difficiles sujets qui soient, encore une fois merci !

V - Permettez-moi encore cher ami, d'accepter vos remerciements comme un compliment... et soyez sûr que je comprends votre soif d'explications pour mieux comprendre cet important mécanisme.

J - En résumé, vous voulez dire que le Code et les gènes sont responsables du développement programmé de l'ovule et de l'ADN qui les contient, et de la formation du foetus, et de tout l'organisme.

V - Je vous ai clairement expliqué que l'histoire du Code dans la cellule commence avec l'expérience et les informations des débuts du Code homéo-morpho-diverso-reproducteur symétrique, constitutif de la « Mère », qui est devenu organique en formant l'organisme de la première Galaxie maternelle, où il s'est ramifié dans toute la biodiversité pour devenir biogénétique, et finalement spatial dans la multiplication des Galaxies. Et c'est pour cette raison que la première cellule de l'ovule, une fois fécondée, se reproduit à peu près de la même manière que la Galaxie maternelle, comme une machine programmée pour se recopier avec une étonnante exactitude et une extrême fidélité. Et la nouvelle cellule naît avec le Code, à l'identique, avec les mêmes chromosomes et le même nombre de gènes, qui sont, je le rappelle encore, les principaux continuateurs de l'exactitude héréditaire. Ainsi, la cellule mère donne naissance à une autre cellule, puis les deux à quatre, les quatre à huit, et ainsi de suite... Et pour plus de détails, lorsque l'ADN de la première cellule mère se copie à l'identique, ses fibres se concentrent et s'enroulent en grappes très denses, qui, tandis que la cellule se divise, sont divisées en parts égales entre les deux nouvelles cellules pour que chacune soit dotée d'un ADN et du même Code ; puis, une fois dans les nouvelles cellules, ces grappes se déroulent. Et au cours de la multiplication génétique répétitive, cette procédure va se répéter continuellement dans toutes les cellules qui vont naître par milliards par la suite, à un rythme si rapide - notamment en comparaison de celui des Galaxies - que leur reproduction dans l'embryon atteindra quelquefois les 200.000 à 300.000 cellules par minute... et sous le contrôle des gènes, suivant les instructions du Code et les plans de l'espèce en cours de montage, les diverses cellules programmées pour accomplir leur mission vont voyager dans l'embryon et s'unifier pour former chaque membre et organe de l'organisme avec une précision extrême.

Et le plus impressionnant dans ces procédures qui ne laissent aucune place à l'évolution ou à la chance aveugle, est qu'à point nommé, assurément sous l'influence d'un plan que contient le Code en déroulement, pendant que les cellules se reproduisent et bien qu'elles possèdent toutes le même mécanisme d'ADN, ces cellules commencent à se transformer en 90 ou 100 variétés ou types de cellules aux formes différentes. Et cette différenciation constitue en elle-même la preuve que chaque cellule contient le Code avec le plan de construction de chaque espèce précédente et qu'elle est aussi influencée par la AV, car d'innombrables changements et reclassements différents interviennent au cours de la grossesse. Programmées, les cellules se transforment en suivant les lois spécifiques du Code ; et les différentes fonctions et les formes particulières sont classifiées par spécialités et assemblées suivant leurs différentes variétés : sanguines, épithéliales, osseuses, musculaires, nerveuses, etc., sans oublier les neurones de l'encéphale, la seule variété de cellules qui ne se renouvellent pratiquement pas après la naissance et qui gouvernent et contrôlent les membres de tout l'organisme. Et comme elles ne se renouvellent pas, les cellules du cerveau, les neurones, vivent donc plus longtemps que les autres, jusqu'à ce qu'elles soient exténuées ou deviennent inactives. Alors tous les systèmes automatiques, ceux qui contrôlent les fonctions des autres cellules constitutives des divers organes de chaque corps multicellulaire, de chaque organisme, deviennent inactifs en même temps que les neurones, avec comme résultat manifeste : la mort par incapacité du cerveau.

J - Pourtant, toutes les différentes sortes de cellules se multiplient au cours de la formation d'un organisme.

V - Oui, mais l'oeuf est une cellule d'exception dans laquelle avant de se multiplier, se forme la chaîne du Code et se constitue un microscopique atelier de planification avec pour architecto-entrepreneurs certains gènes, protéines, enzymes, etc., qui font les plans et réalisent un nouvel organisme. A partir de là, l'une après l'autre, toutes les nouvelles et minuscules cellules qui arrivent sont porteuses du Code et savent quel organe assembler, dans un labyrinthe de ramifications, de transformations et de formations répétitives ; elles arrivent à distinguer l'itinéraire précis pour se rendre au point exact de l'organe en cours de constitution qui leur est attribué. Et c'est une cause de stupéfaction, la manière dont les cellules s'éloignent, sans erreur, à leur propre vitesse, très grande pour elles, mais si petite pour notre intellection, pour courir occuper leur position et s'amasser au bon endroit... par exemple dans le cerveau pour les neurones, tandis que d'autres cellules en amas de formes et de types différents, toujours guidées dans ce milieu par la même ΛV qui contrôle le Code en déroulement, voyagent dans cet embryon humain de taille proportionnellement immense, comme les Galaxies dans l'immensité du milieu spatial, pour atteindre leur place programmée et prédéterminée. Alors, une cellule attire l'autre et elles se connectent pour former tous les organes humains de formes et de structures différentes, comme le foie, les yeux, etc., et pour certains d'une incroyable complexité. Les raisons sérieuses ne manquent pas pour insister et répéter que cette procédure de multiplication et d'expansion des cellules dans un embryon qui grandit progressivement rappelle à très petite échelle la multiplication et l'expansion constante et le mouvement tournant d'éloignement des différentes sortes de Galaxies, qui, dans un mouvement rotatif, programmées par le Code en tant que cellules de l'organisme de l'Univers, s'accumulent sous l'influence de la ΛV en groupes diversement homogènes, en amas, superamas, pour s'assembler ou se connecter en groupes de millions de Galaxies appelés continents, qui constituent les organes du

Cosmos, dont les formes sont inaccessibles à l'homme, parce qu'elles sont, même si nous en connaissons une partie, beaucoup, beaucoup trop grandes pour être observées.

***J* - Il est difficile d'imaginer ces procédures cellulaires complexes et de les comparer avec celles du fonctionnement de l'Univers. Mais bien que cela soit très nouveau, c'est peut-être correct, car de cette façon, toutes choses, et surtout les mouvements des Galaxies ont un but et comme vous le soulignez, cela justifie aussi leur existence, sinon qu'elle autre raison pourrait-on invoquer ?**

V - Naturellement, ce qui vient d'être exposé ici dans les grandes lignes est insignifiant par rapport à tout cet ensemble d'une perfection inconcevable. Mais il est un fait incontestable : c'est que chaque cellule exécute d'une façon géniale une certaine tâche spéciale dans l'organe dont elle fait partie. Imaginez la spécificité, l'habileté et l'intelligence très développée que la AV doit manifester lorsqu'elle contrôle le déroulement du Code dans ces cellules qui coopèrent entre elles d'une manière très sophistiquée pour trouver le moyen d'assembler et de construire les mécanismes complexes d'organes vivants équipés de systèmes automatiques aussi parfaits que ceux des poumons par exemple... ou du cœur qui fonctionne sans interruption pendant 70 à 80 ans en coopération avec la respiration pour maintenir en vie l'ensemble de l'organisme de l'homme en filtrant et pulsant le sang dans tout le corps.

***J* - Il ne fait aucun doute que ces mécanismes sont la preuve d'une incroyable intelligence.**

V - Et ce qui est étrange, c'est que l'intellection centrale installée dans l'encéphale de l'homme, qui provient des millions de neurones équipés de milliards de gènes qui contrôlent les mouvements et les mécanismes automatiques du corps humain, ne semble pas se préoccuper particulièrement du système cybernétique de chaque cellule, ni communiquer consciemment avec lui. Alors, compte tenu que l'organisme humain dans son ensemble est constitué d'un assemblage d'environ cent mille milliards de cellules, le système cybernétique de l'ADN de chaque cellule doit lui aussi rencontrer des difficultés à communiquer avec celui de chaque atome organique, par le fait que chaque cellule est construite d'un assemblage de près de 75 milliards d'atomes organiques spécialisés. Et cela renforce l'indication que les atomes, qui ne sont pas inertes mais organiques, intercoordonnés et interdépendants, assemblent les cellules complexes qui disposent elles aussi dans leur structure, à l'instar des atomes, d'une mentalité quasi-autonome par laquelle chaque cellule communique et collabore avec les cellules voisines et avec d'autres. Et les deux, les atomes et les cellules, sont aussi sujets à la Loi cosmofonctionnelle globale de la ΛV - installée, comme l'ADN cellulaire, dans la région centrale de chaque Noyau Galactique - qui contrôle le processus du Code et coordonne la multiplication et le fonctionnement de dizaines de milliards de systèmes stellaires ou mégatomes. Et lorsque la mentalité de chaque mégatome est suffisamment avancée, elle entre en communication avec celle de la ΛV qui contrôle l'autofécondation des Mères Descendantes et la multiplication de nouvelles étoiles qui orbitent autour d'elles jusqu'à ce qu'elles deviennent des mégatomes qui se multiplient par milliards, toujours dans le cadre du Code, pour former de nouveaux embryons de Galaxies. Et ensemble, toutes les Galaxies constituent l'organisme polygalactique en expansion courbe progressive. En conséquence, il y a une échelle cybernétique et multiplicative cosmique variable, qui commence à partir des microcosmos, qui fonctionnent à l'intérieur des petits cosmos, les petits à leur tour fonctionnent à l'intérieur des grands, les grands dans les plus grands, etc., et ils sont tous contrôlés par la Loi cosmofonctionnelle globale de la ΛV qui couvre tous les systèmes polygalactiques spatiaux.

J - ***Il est étonnant, monsieur Vaskas, de voir avec quelle facilité vous expliquez les détails d'un processus aussi complexe. Pour ma part, il me faudra écouter plusieurs fois les enregistrements avant de comprendre ou d'admettre qu'une « mentalité » puisse contrôler les atomes qui constituent les cellules, et que les cellules elles-mêmes aient une certaine petite microcybernétique pour construire un organisme, et pour assimiler la comparaison du processus multiplicatif des cellules avec celui des Galaxies, bien que dans le cas contraire, nous pourrions certainement nous demander comment des assemblages d'une complexité aussi incroyable finissent par former un organisme.***

V - Votre réaction est naturelle parce qu'il est difficile de bien comprendre ce sujet. Mais laissez-moi poursuivre cet exposé, car bien qu'il ne soit pas question ici d'atomes inertes, ni de pierres, il en est comme de toutes les réflexions faites, a priori, sur ce sujet : cela semble irrationnel ; et c'est seulement lorsqu'une étude attentive du fonctionnement des atomes organiques sera conduite, en particulier une étude sur leurs structures complexes, qu'il sera alors possible de discerner, ne serait-ce que faiblement, la maestria avec laquelle ces corps-initiaux spéciaux, les atomes organiques, constituent la vie et assemblent à la perfection les structures polycomplexes des cellules, les éléments de base de l'organisme vivant, et en particulier au départ, celles de la première cellule, l'ovule fécondé.

Il suffit pour s'en convaincre de considérer toute la procédure et la métamorphose complexe qui commence au moment où un spermatozoïde pénètre à l'intérieur de l'ovule, lorsque suivant le Code en constant déroulement, les atomes s'assemblent en diverses molécules pour que s'accomplissent les différentes transformations chimiques et électriques nécessaires à la coordination des mécanismes polycomplexes des macromolécules d'ADN et des structures chromosomogéniques. Et mis à part les monoxyde et dioxyde de carbone qui ne sont pas organiques, dans l'alignement des acides nucléiques qui constituent le squelette du processus de fonctionnement cellulaire formé d'atomes d'Hydrogène, de Carbone, d'Oxygène, d'Azote, de Phosphore, et d'autres, les gènes, qui sont des morceaux d'ADN porteurs de l'information génétique, entreprennent des travaux importants, toujours sous la conduite du Code qui se trouve, comme le montre la période 22, dans tous les atomes organiques faisant partie des séquences de quatre bases d'ADN ; et par conséquent les gènes possèdent une envergure biochimique. Et conformément au point de départ du Code qui forme l'unité chromosomogénique d'une espèce multicellulaire, avec le polymorphisme génique, l'ovule commence à se transformer suivant le processus que je vous ai expliqué précédemment.

J - Et la facilité avec laquelle ce processus très précis semble se dérouler est remarquable.

V - Oui, pourtant, la structuration d'un organisme avec des programmes génétiques variables est relativement risquée, compte tenu des millions d'interactions différentes et de l'adaptation singulièrement complexe du développement des systèmes de transmissions, de la circulation sanguine, nerveuse, etc., et aussi compte tenu des mutations qui créent de nouveaux allèles, comme la mutation chromosomique, où la structure du chromosome pourrait être modifiée accidentellement... ou à cause de l'altération de quelque gène dans le cadre des mutations et transformations géniques qui sont à l'origine du polyallélisme et dont les plus courantes sont la substitution, c'est-à-dire le remplacement d'une base par une autre, la délétion, la suppression d'une base, et l'addition, c'est-à-dire l'apport d'une base. Et la modification ou le changement d'un seul acide aminé peut transformer cette structure avec le risque qu'elle ne soit plus fonctionnelle et perde ses propriétés enzymatiques, car si l'ensemble de la croissance est généralement rigoureusement programmé, une mutation peut avoir d'importantes conséquences sur la construction et le fonctionnement de l'organisme de chaque espèce. Mais malgré ce risque, les mutations et les transformations d'une génération à l'autre se déroulent jusqu'à parvenir à la forme ultime de l'espèce définie dans l'ovule, en repassant avec une grande exactitude et très rapidement par toutes les formes intermédiaires d'organismes par lesquelles le Code s'est développé et ramifié. Car à l'intérieur de cet ovule, il y a aussi toutes les informations organiques contenues dans les macromolécules d'acides nucléiques, dans les gènes, qui, à leur tour, ont commencé à conduire une stupéfiante complexité de réactions biochimiques :

toutes celles que nécessite la construction des structures de la première cellule maternelle fécondée et progressivement multipliée pour former un nouvel organisme multicellulaire aux mêmes caractères et de même espèce, avec une classification héritée d'une grande exactitude, mais aussi pour ordonner cette diverso-polycomplexité sur la base commune du modèle protogalactique d'origine qui est passé au cours de milliards d'années et à travers les milliers de générations successives par tous les changements aléatoires, les adaptations et toutes les caractéristiques, jusqu'à ce que la vie apparaisse sur la Terre, avec les milliards de modifications et de changements déjà intégrés dans la mémoire du Code de base, formé, je le répète encore une fois, des milliards d'espèces multicellulaires précédentes, avec leurs différentes tâches spécialisées pour constituer les cellules du sang, du cerveau, du coeur, etc., avec tous les détails de leur fonctionnement, jusqu'à l'espèce actuelle. C'est-à-dire que tous les plans avec tous les détails de construction d'un organisme multicellulaire se trouvent à l'intérieur du Code qui se déroule jusqu'à la présente espèce en formation.

J - Avec les plans de construction de l'organisme entier à l'intérieur de l'ovule fécondé, comment font les gènes pour établir la vie cellulaire ?

V - Certains gènes fondamentaux contiennent les instructions nécessaires du Code en déroulement pour construire et coder d'abord la plus importante et la première protéine, l'enzyme polymérase, et ces gènes codent l'ARN polymérase pour exécuter les travaux les plus importants dans les cellules, car ensuite c'est elle qui transforme le gène en messager. Et sans l'ARN polymérase et ses travaux, il n'est pas possible de construire l'ARN messager, de synthétiser les protéines, et il ne peut y avoir de vie cellulaire, ni donc d'organisme multicellulaire comme le nôtre. Mais chaque gène, coordonné par cet ARN polymérase qui devient le pilote, construit une protéine précise, qui est ensuite codée pour exécuter une certaine fonction, c'est-à-dire qu'à chaque gène correspond une macromolécule de protéine ; et la majorité des protéines ainsi constituées, comprenant des centaines de millions d'atomes, sont les catalyseurs qui accélèrent les réactions et que nous connaissons sous le nom d'enzymes. Et les gènes commandent à ces protéines spécialisées d'exécuter à la température de l'organisme vivant de nombreuses réactions chimiques précises. De plus, et cela mérite aussi d'être signalé, les structures chimiques des acides nucléiques, ou gènes, et des protéines (enzymes) sont les mêmes dans toutes les cellules et appartiennent à une catégorie spéciale d'unification polymère.

Et dans l'ovule fécondé, les gènes, constitués d'atomes spécialisés de cette première cellule, décodent l'expérience et la multitude d'informations du Code classées dans les 23 chromosomes de l'ovule et les 23 du spermatozoïde. Et après que les 46 chromosomes se soient unis pour former des couples à l'intérieur de l'ovule, l'ensemble des gènes lit alors les informations décodées... et avec les acides aminés qui se trouvent déjà dans l'ovule, ils commencent à construire les systèmes reproducteurs des protéines appropriées pour la composition des nucléotides, et ils réalisent les mécanismes chimiques corrects pour l'assemblage de la première double hélice d'ADN ; puis, avec une inconcevable ingéniosité et suivant une procédure de haute technicité, les gènes polyatomiques, qui connaissent le programme du Code, s'unissent pour construire le mécanisme de reproduction des mammifères ; et ces mêmes maîtres-d'œuvre deviennent ensuite capables de composer une autre double hélice semblable, puis ils copient à la perfection toute la structure de la première cellule mère et lui donnent aussi les plans et les instructions spécifiques pour former les différents schémas, et les instructions nécessaires à sa transformation, et son itinéraire avec la position exacte de sa destination pour former divers organes. Alors, ils divisent la première cellule mère en deux cellules identiques, ayant chacune les informations nécessaires pour former l'organisme... puis en d'autres... et puis en des cellules différentes qui entrent dans le courant de la vitesse de reproduction... et vous connaissez la suite.

Pouvez-vous imaginer l'extraordinaire travail de reproduction réalisé ? Et notez que tous ces mouvements de copie, de reproduction, d'unification pour la construction des différents organes, se répètent et fonctionnent d'une manière si précise et méthodique, qu'aucune partie de fibres d'ADN, aucun chromosome, ni aucun des gènes vitaux n'est endommagé durant ces procédures. Ils ne se mélangent pas, ne se cassent pas et ne se perdent pas au cours de la copie et de la construction des différents membres de l'organisme, ce qui est révélateur de l'existence du Code mais aussi de l'influence d'une intellection de très grande intelligence qui en assure le parfait fonctionnement. En conséquence, que l'homme le veuille ou non, dans les mouvements de connexion des atomes qui constituent l'ADN et la cellule, l'existence du Code, sorte de mémoire qui contient tous les plans nécessaires à la formation de l'organisme est une évidence.

J - Je vous remercie monsieur Vaskas. Je commence seulement à comprendre un peu mieux ce processus impressionnant qui ne peut manifestement pas venir de l'évolution ou d'une chance aveugle.

V - Il n'est pas possible de réaliser toutes ces tâches complexes et précises suivant une quelconque évolution par sélection naturelle basée sur une chance aveugle, comme certains le disent, parce qu'elles sont réalisées par la AV qui influence également les atomes organiques par l'intermédiaire de leurs électrons, qui sont, je le répète, des membres de sa force énergo-exécutive ; et ces atomes accumulés et organisés construisent les cellules constitutives des organismes multicellulaires vivants. Et il faut rappeler que les atomes organiques doivent aussi contenir dans leur structure, à côté du Code, d'autres éléments conscients qui sont doués d'une ingéniosité exceptionnelle. C'est-à-dire que la structure complexe de l'atome organique ou corps-initial est comparable à la structure des atomes organiques beaucoup plus grands que sont les mégatomes spatiaux constitutifs des Galaxies, appelés aussi systèmes stellaires, qui se présentent comme des unités fonctionnelles autonomes, comme c'est le cas pour le nôtre, qui, influencé depuis cinq milliards d'années par la ΛV, est devenu plus qu'un simple mégatome spatial recouvert probablement de courants chauds de vents puissants, car dans ses structures, hormis les huit planètes de maturité biologique encore inconnue, les dizaines de satellites, les innombrables astéroïdes, les comètes, etc., se trouve aussi une autre minuscule planète, la neuvième, notre Terre, dont le sol accueille la vie et sur laquelle le Code émigré des nébuleuses se déroule progressivement... Et actuellement, de nombreuses espèces d'organismes s'y trouvent et particulièrement quelques milliards d'êtres au cerveau avancé, appelés « êtres humains », qui constituent les « gènes » de la Terre. Et bien que notre cerveau soit construit semblable à la ΛV, probablement pour devenir la conscience de notre « mégatome organique spatial », c'est-à-dire de notre propre système solaire, la plupart d'entre nous, étant libres, ne suivons pas les normes de la mentalité administrato-constructrice ΛV, certains s'y opposent même, ce qui crée des problèmes biologiques et intellectuels. Par conséquent, nous sommes, nous les hommes, encore immatures pour faire au moins partie de l'intelligence consciente du mégatome spatial local, je veux parler de notre système solaire. Mais malgré cela, dans l'espèce humaine, le Code se déroule continuellement et elle se civilise… et de toute façon, elle ne tardera pas à devenir un rouage de la ΛV, afin d'accomplir le dessein pour lequel elle a été créée.

J - Tout cela est tout à fait nouveau pour moi, et je n'arrive pas encore à comprendre très bien ce fonctionnement polyatomique et mégatomique.

V - Vous semblez avoir perdu le fil du sujet, mais on peut aussi soupçonner la façon de l'exposer d'être un peu désordonnée. D'une manière générale, dans l'organisme cosmique, on peut dire que la matière, la substance de toutes choses, est constituée comme vous le savez bien, de différents atomes de diverses qualités chimiques sous les trois états, gazeux, liquide et solide ; et l'organisme humain, comme tous les autres, est surtout construit d'atomes organiques et aussi d'atomes symétriques, qui, convenablement assemblés et influencés par la ΛV, forment des molécules, et puis des cellules... ensuite, les gènes des cellules, constitués de divers groupes d'atomes, assemblent les différents organes multicellulaires.

Il en est à peu près de même pour les mégatomes spatiaux, c'est-à-dire que les systèmes stellaires s'assemblent pour former les cellules de l'espace que sont les Galaxies... ensuite, toujours influencées par la ΛV, les Galaxies, en tant que cellules spatiales programmées, se déplacent et viennent s'accumuler afin de constituer des groupes, des amas, des superamas et des continents de Galaxies, pour former les divers organes de l'inconcevable système polygalactique cosmique qui est un organisme vivant de forme encore indéfinie pour nous, étant donné que nous sommes inexistants par rapport à ses dimensions.

Et du fait que certaines planètes des systèmes stellaires ont une intelligence consciente, il en découle que les Galaxies qui en sont constituées en ont une aussi. Ce qui prouve largement et en ordre logique que tout l'organisme cosmique polygalactique, en tant qu'organisme vivant, doit comprendre - d'après la plus simple logique d'intellection syllogistique basée sur les données scientifiques à notre disposition - quelque part dans ses structures et parmi ses innombrables organes polygalactiques, la base de la centrale intellectique cybernétique, c'est-à-dire du principe suprême qui règle et contrôle les lois de son fonctionnement complexe : on peut parler d'une sorte de tête, siège de la force auto-améliorationnelle dont l'analyse de la formation progressive a été faite précédemment et que j'appelle la mentalité administrato-constructrice ΛV, qui est, d'après ses diverses qualités au cours des périodes de sa transformation, énergo-reproductive, coordino-exécutive, intelligente, consciente, et porteuse d'une logique d'intellection syllogistique cybernétique pangalactique.

Logique d'Intellection Asyllogistique... (LIA) ou Syllogistique... (LIS)

J - Permettez-moi de vous demander, monsieur Vaskas, de définir plus précisément ce que vous entendez par les expressions « logique d'intellection asyllogistique » et « logique d'intellection syllogistique » ; en quoi diffèrent-elles ?

V - Pour vous en donner un aperçu général, la logique d'intellection asyllogistique, que j'appelle en abrégé LIA, obéit à quelques gènes des neurones responsables de la partie mentale qui restent encore inchangés, ne suivent pas exactement la vitesse d'avancement dans le constant déroulement du Code et continuent d'obéir aux très vieilles influences intellectuelles innées, héritage de la Galaxie maternelle et des autres générations de Galaxies. Et sans vouloir offenser qui que ce soit, personne n'étant « responsable » de cette situation, il n'est pas blessant d'ajouter que ceux qui sont dirigés par une logique d'intellection asyllogistique ou LIA sont simplement esclaves de la dictature de ces très vieux gènes inchangés des neurones encéphaliques qui contrôlent la mémoire du Code et ne sont pas encore capables, bien que leurs atomes organiques aient traversé de nombreuses générations de galacto-astro-planéto-satellites, de régler et synchroniser le comportement mental.

J - Excusez-moi, mais encore une fois, je ne saisis pas bien ce que vous voulez dire. Pourriez-vous me donner quelques explications complémentaires ?

V - Ah, cher ami ! Il me faudrait alors vous faire un exposé sur l'analyse complète de l'encéphale ; autant dire que nous entrerions dans un labyrinthe. Je vais pourtant essayer de vous en donner une idée générale, car si vous n'arrivez pas à comprendre, tout ce dont nous avons parlé jusqu'à maintenant est peine perdue.

Alors, par l'expression « logique d'intellection asyllogistique », ou LIA, je veux parler du comportement inné, primitif, prédéterminé et automatique qui dépend ou est dirigé par quelques complexités de gènes neurono-encéphaliques de mentalité ancienne qui se trouvent précisément dans les chromosomes de la double hélice d'ADN des neurones des régions relais les plus actives entre les circonvolutions du cortex cérébral et le reste de l'encéphale ; là où les mouvements généraux de neuraxono-synapto-transmissions chimiques et électriques s'expriment au travers des gènes des neurones actifs pour former les fonctions mentales gérées par l'hypothalamus, situé sous le thalamus, le siège de l'interprétation des informations sensorielles exogènes, en coopération avec toutes les stimulations visuelles, qui sert de thermostat pour équilibrer les mécanismes de l'orchestre des sens, et en général, active le fonctionnement du corps. Et en liaison avec la mémoire, l'hypothalamus est aussi le conseiller de la conscience et de l'apprentissage ; en contrôlant et faisant la critique de l'expérience du passé, ses fonctions mentales peuvent transformer la LIA en logique d'intellection syllogistique ou LIS.

Organisés comme les Galaxies (en amas et superamas assemblés pour former tous ensemble deux gigantesques groupes ou hémisphères cosmiques), j'ajouterai que les neurones actifs - chacun étant capable de communiquer automatiquement avec environ 50.000 neurones voisins ; nombre qui peut même atteindre et dépasser 100.000 - contiennent la plupart du temps - et c'est le cas pour la logique d'intellection asyllogistique ou LIA - des gènes de structure et de coordination primitives, aux comportements innés très anciens, rétrogrades et inchangés, hérités de l'époque où ils se trouvaient dans des organismes protozoïques avec le Code partiellement déroulé. Et bien que les neurones contiennent aussi des gènes que la nouvelle connaissance continuellement introduite a transformé en syllogistiques, malheureusement, de nombreux gènes primitifs n'ont pas changé, même après les métissages généalogiques répétés intervenus entre eux ; et ils ne sont pas non plus dirigés par les nouveaux comportements acquis. Et comme ceux qui ne changent pas demeurent toujours prédominants dans la procédure démocratique de la majorité neuronale, ils entraînent le délire et les hallucinations qui nous conduisent à la Logique d'Intellection Asyllogistique ou LIA.

J - Voulez-vous dire, monsieur Vaskas, que les responsables de notre LIA sont les gènes primitifs de nos neurones ?

V - Oui, en réalité c'est une maladie génétique... mais heureusement non héréditaire. Je veux dire que les responsables de la logique d'intellection asyllogistique, ou de l'intellection attardée, sont essentiellement les gènes des neurones et leurs dérivés, qui, la plupart du temps, adoptent un comportement primitif inné... et sachant qu'une faible proportion seulement des milliards de neurones sont vraiment actifs et communiquent entre eux dans le cortex - comme je vous l'ai dit, par des signaux électrochimiques et des neuromicrocircuits qui transmettent les opinions de leurs gènes cybernétiques ou leurs décisions par l'intermédiaire d'un vaste mais très délicat et vraiment minuscule réseau de micro-câbles, gaines et canaux inter-dendrito-neuraxono-synaptiques qui relient les communautés de neurones -, et que malheureusement, les gènes primitifs sous-développés imposent, en tant que majorité, leur comportement primitif inné à la centrale cybernétique encéphalique, notre comportement endogène (résultant des gènes inchangés majoritaires) demeure primitif. En conséquence, celui-ci étant bien établi, il maintient le comportement intellectuel exogène asyllogistique, ce qui entrave l'esprit de la réalité.

J - Mais est-il possible de changer cette situation ?

V - Oui, avec le temps, elle change insensiblement. Ainsi, l'intellection actuelle est d'une forme asyllogistique atténuée, car si nous remontions le cours du déroulement du Code, en retournant dans les profondeurs du passé, nous redescendrions les échelons de la hiérarchie de nos ancêtres et trouverions un comportement asyllogistique inné, impulsif, automatique, énormément plus marqué, car dans ce cadre ancestral, les complexités d'impulsions primitives héritées étaient beaucoup plus évidentes et de très bas niveau.

Heureusement, au fur et à mesure que le Code se déroule et avance, nous gravissons les degrés qui nous font sortir de la hiérarchie primitive, et dans les croisements répétés, nos gènes se métissent et changent progressivement les très vieilles règles d'origine de la première Galaxie maternelle et des Galaxies descendantes, parvenant à se régir de complexités moins innées, en dépit du fait que la grande majorité y reste attachée pendant des séries de générations, je le répète, sans aucune alternative de changement, parce que les très vieux gènes ne permettent pas le libre fonctionnement des mécanismes acquis de contrôle et de filtrage de l'intellection et de l'instruction. Ainsi, les nouvelles informations, expériences et connaissances qui arrivent se retrouvent aux prises avec les restes des impulsions primitives innées, et elles ne passent pas complètement dans les filtres de la logique d'intellection syllogistique, de la LIS ; je veux parler des mécanismes de contrôle pour les mesurer et juger de leur valeur. En conséquence, elles sont classées ou stockées sans procédure ni contrôle dans la mémoire des chromosomes de la région de l'hippocampe et codées et transmises telles quelles par les gènes sous-développés de l'hérédité qui résistent à tout changement de leur comportement. Et cette substance toxique qui possède un effet négatif sur l'équilibre de la mentalité nous coupe de la réalité et nous garde... inconsciemment et désespérément... prisonniers de la LIA.

J - Vous dites « nous », cela veut-il dire que vous aussi, vous souffrez de la LIA ?

V- Hé oui ! Car cette mentalité primitive de la LIA que je qualifie franchement et sincèrement d'anomalie de prédisposition génétique du neurono-développement est pratiquement et malheureusement répandue dans presque toute l'humanité, installée comme une gangrène cancéreuse. Et à la tête de la plupart des nations divisées du monde, ceux qui gouvernent ont de très grandes difficultés à découvrir où se cache cette géno-crypto-énergie ; à la discerner pour essayer ensuite de libérer les populations de cette ancienne logique protozoïque ; c'est-à-dire du déséquilibre cérébral et de l'obscurantisme de la LIA qui se retrouvent dans tous les tabous indélébiles et la mentalité d'égocentristo-nationalisto-souveraineté, qui, depuis des millions d'années, passent d'une génération à l'autre en empoisonnant des milliards d'hommes. Mais par bonheur, le comportement primitif et sauvage est le fait d'habitudes, et toute cette complexité pathologique n'est pas écrite dans le Code qui se déroule toujours et avance continuellement ; ce n'est donc pas héréditaire... ni inguérissable.

J - Est-ce qu'il y a des caractéristiques spéciales qui identifient les personnes pleines de LIA ?

V - Chez 95% des personnes, au minimum, on peut identifier un certain, petit, moyen, ou grand pourcentage de LIA ou de comportement de satisfaction des gènes primitifs attardés. Il s'exprime habituellement par différentes diverso-manies dans tous les domaines, et notamment dans toutes les diverses idéologies basées sur l'impulsion innée de l'égocentrismo-nationalismo-souveraineté qui forme le diverso-nationalisme mondial, associées aux différents dogmes religieux qui produisent les tabous, etc. Et lorsque cette alliance se transforme en fanatisme, elle mène les populations innocentes vers des massacres qui ne peuvent se justifier d'aucune légitimité. Cette peste se retrouve aussi dans la folie meurtrière de toutes les diverso-guerro-manies, survivances du comportement préhistorique qui exige toujours une bataille pour la gloire de la victoire du plus fort, le gagnant, sur l'autre, le plus faible, le perdant.

Et la LIA s'exprime généralement dans tous les conflits et nettoyages ethniques de toutes les formes du diverso-nationalisme qui soulèvent le fanatisme patriotique et le mènent jusqu'à son frénétique paroxysme qui éclate lorsqu'il y a un gagnant et un perdant... comme aussi dans la compétition à l'antagonisme effréné, toujours pour l'emporter sur l'autre... et encore naturellement, dans tout ce qui provoque les violences diverses, sur la base, je le répète, des gènes primitifs sauvages localisés dans le mésencéphale et aussi dans le cortex frontal, qui prédisposent à toutes ces attitudes impulsives en restant attardés sur le principe du comportement primitif protozoïque qui favorise la loi de la jungle ou plutôt le droit sauvage du plus fort qui signifie toujours la destruction du plus faible : le « Ta Mort est Ma Vie ». Cette peste se retrouve encore dans l'esclavage mortel des diverso-narcotico-toxicomanies qui touchent une certaine proportion de la population qui a besoin de l'aide des autres. Et il faut encore tenir compte des nombreuses diverses perverso-sexomanies, des incitations à la violence de toute provenance ainsi que beaucoup d'autres manies exacerbées comme souvent par les médias et l'incontrôlable délire du multimédia et des réseaux par l'intermédiaire desquels, imperceptiblement, au sein de nombreuses sociétés masquées, l'homme trompe l'autre homme pour améliorer ses propres conditions de vie, tout en étant à son tour trompé par d'autres. Et bien que l'homme sache qu'il est mortel, il continue, à cause de sa LIA, à pratiquer toutes ces choses. Et comme une telle situation persiste encore aujourd'hui - car l'augmentation des pressions sociales et du stress des facultés cognitives fait sentir son action dès l'adolescence et même bien avant dans les nouvelles générations -, les bases et la survie de la société humaine sont menacées.

J - Je sais bien que tout citoyen est obligé de supporter l'esprit attardé de quelques-uns de ses compatriotes et d'en payer les conséquences. Mais pensez-vous que cette absurdité pourra prendre fin ?

V - Il y a un espoir, heureusement, car le réseau des communications récemment développé à l'échelle mondiale va permettre la mise en place d'une vaste campagne qui aura pour objectif l'acquisition de la connaissance. Et l'organisation fonctionnelle de chacun des mécanismes de contrôle syllogistique sera mise en ordre... et avec le temps, j'espère que les gènes attardés finiront, eux aussi, par être prêts pour un changement éducatif et qu'ils recouvriront les mémoires chromosomiques obsolètes d'une connaissance entièrement nouvelle et qu'après de telles réadaptations, le comportement cérébral clair et bien équilibré de la logique d'intellection syllogistique, ou LIS, se développera progressivement sur la Terre entière.

J - Voulez-vous dire que notre syllogistique retardée peut se corriger ?

V - Certainement, mais très difficilement : au fur et à mesure que les différents croisements et métissages humains augmentent en nombre au cours du temps et aussi lorsque de nouveaux courants d'influx nerveux accroissent les transmissions dans certaines voies neuronales, stockent et mémorisent les nouvelles informations dans la mémoire de l'hippocampe, et que changent les stimulations sensorielles et augmente massivement la sécrétion de médiateurs chimiques ; lorsque le flux électrique transporte les nouvelles informations mémorisées par les voies nerveuses sous forme d'impulsions électriques et les distribue dans les associations neuronales de l'hypothalamus jusqu'à ce qu'apparaissent des reclassifications dans les gènes des chromosomes des neurones et que les complexités de substances psychotropes endogènes automatiques et impulsives et les comportements innés hérités de nos ancêtres primitifs diminuent et s'éteignent progressivement ; et encore lorsque les mécanismes des gènes des peut-être 15 à 25% des neurones encéphaliques qui fonctionnent énergétiquement en liaison avec des réseaux plus avancés de la AV se trouvent plus fortement influencés par les stimulations exogènes des zones du cortex visuel et par celles de toutes les zones sensorielles par lesquelles des informations nouvelles peuvent arriver, et lorsque les gènes codent dans leur mémoire de nouvelles informations conscientes qui peuvent aussi venir d'autres facteurs environnementaux et sociaux stables. Et tandis que le Code avance dans les neurones, avec le temps, difficilement mais progressivement, certains gènes héréditaires se démarquent et changent pour une conscience plus sensible... car lorsque l'influence exogène s'accroît avec l'acquisition de la connaissance, les complications innées et les mécanismes fonctionnels de l'activité électrique automatique se réduisent au minimum.

Et pour conclure, c'est seulement lorsque les constantes réunions neuronales - où viennent s'ajouter de nouveaux circuits entre les milliards de neurones sans cesse modifiés en fonction des besoins, suite aux activations de leurs neurotransmetteurs - sont dominées par l'acquisition continue de la connaissance et par son accumulation filtrée dans les zones impliquées dans le comportement des circuits mentaux situées dans les régions du thalamus et de l'hypothalamus (cet organe humain dissimulé au centre des hémisphères cérébraux qui a pour rôle de vérifier l'environnement extérieur en rassemblant les éléments visuels d'information et toutes les expériences endogènes et exogènes des sens), que les gènes changent... du moins ceux qui comprennent ; c'est-à-dire suite au filtrage de nouvelles informations sélectionnées par les gènes administrateurs et modificateurs qui régularisent l'assemblage de la logique d'intellection dictant les comportements. A partir de là, dans une véritable restructuration, les vieilles complexités d'interactions impulsives, réflexes, protozoïques et innées, stockées notamment dans la mémoire de l'hippocampe, peuvent peu à peu se transformer ; et le fonctionnement des connexions créées par des millions de milliards de réseaux dendrito-neuraxono-synaptiques prennent une nouvelle forme sentimentale et émotionnelle dans toutes les directions. Ainsi, les pratiquement 85% du potentiel neuronal encore confus deviennent progressivement coordonnés, de nouveaux neuromédiateurs se mettent en place ; de nouvelles liaisons s'établissent entre les parties droite et gauche du cerveau ; de nouveaux réseaux neuronaux permutables et perméables s'installent pour assurer la transmission des divers influx électrochimiques ; le taux de monoxyde d'azote se renforce et stimule la sécrétion massive de médiateurs ; l'activité synaptique s'accroît et l'influx électrochimique pénètre dans les axones d'autres neurones qui se réveillent à leur tour pour favoriser une conscience acquise et un comportement psychomental de plus en plus développé.

Et donc, progressivement, suivant le processus de récupération de la mémoire et de l'intellection mentale, des réseaux réformateurs se mettent en place avec des circuits et des interconnexions qui favorisent le bourgeonnement de nouveaux réseaux pour établir la logique d'intellection syllogistique vraiment humaine, ou LIS.

C'est-à-dire, pour résumer, que la logique d'intellection asyllogistique, ou LIA, suit la plupart du temps les influences endogènes innées, héritées de gènes où le Code n'est pas suffisamment avancé, bien qu'ils aient traversé les différents corps célestes en se perfectionnant progressivement sur des millions de générations à partir de la Première Galaxie maternelle ; tandis qu'à l'inverse, la logique d'intellection syllogistique, ou LIS, suit toujours les récentes influences culturelles exogènes acquises et le déroulement avancé du Code, ainsi que la mentalité administrato-constructrice ΛV, d'une logique d'intellection syllogistique cybernétique pangalactique qui commande le fonctionnement symétrique et vital de l'organisme du Cosmos.

J - Beaucoup vont penser que vous allez trop loin, monsieur Vaskas.

V - Que l'on me pardonne si j'offense quelqu'un sans le vouloir, mais pour compléter ce propos, je voudrais dire que les personnes comme nous, qui ont une logique d'intellection asyllogistique, ou LIA, sont esclaves des lois héréditaires d'anciens gènes encéphaliques qui ne sont pas encore modifiés ; c'est-à-dire qu'elles se trouvent sous la dictature de gènes inchangés, hérités du début du développement de la Première Galaxie maternelle, et qui, parce qu'ils sont majoritaires, contrôlent et dirigent totalement leur comportement inné.

A l'inverse, les personnes qui ont acquis de nombreux gènes transformés, comme je vous l'ai dit, grâce à des métissages répétés, à l'acquisition constante d'enseignements exogènes, à l'influence d'un environnement social en constante amélioration et à celle plus intense de la ΛV, sont dirigées par un comportement héréditaire moins inné, et elles acquièrent non seulement une logique d'intellection syllogistique, ou LIS humaine, mais aussi la vraie liberté.

J - C'est seulement maintenant que je comprends la différence très significative qu'il y a entre la « logique d'intellection asyllogistique » ou LIA et la « logique d'intellection syllogistique » ou L.I.S... Et après tout ce que vous m'avez dit, je pense que vous appartenez à la deuxième catégorie.

V - Absolument pas, je ne suis pas différent des autres... mais permettez-moi de le prendre comme un compliment. Et même si une personne possédait une mentalité plus développée, par hérédité, un reste de gènes cybernétiques primitifs et inchangés continuerait de subsister en elle. Aussi, en dépit de tous les enseignements exogènes acquis et du développement des progrès technoscientifiques, certainement que très peu de personnes sont dirigées par une LIS, et je suis vraiment désolé de dire, mais des raisons m'obligent à n'en pas douter, que c'est malheureusement au coeur de certaines pépinières des valeurs culturelles, dans certains laboratoires de l'avenir humain, que j'ai rencontré les gardiens les plus intransigeants d'idées obsolètes, véritablement rouillées, et de théories établies qui sont entièrement sans fondement. Mais dans tous ces endroits, des scientifiques de renommée mondiale sont capables de LIS et de comprendre immédiatement la réalité ; et il serait regrettable, en raison de certains intérêts privés et pour rester sur des idées sans fondement ni aucun profit pour la plus grande partie de l'humanité, qu'ils soient obligés par la LIA de reconnaître pour vrai ce qu'ils savent bien être faux et de s'opposer à toute nouveauté qui n'est pas encore agréée.

J - En effet, car lorsque la LIS progresse, il s'ensuit des avancées de l'esprit humain.

V - Certainement cher ami, et les progrès technoscientifiques qui résultent de l'augmentation de la LIS se transforment en progrès sociologiques ou en facteurs anthropologiques qui oeuvrent pour le bien public. La robotique par exemple, dont l'utilisation est de plus en plus répandue à travers le monde, engendre d'un côté le chômage en remplaçant la main d'oeuvre, et c'est un facteur désagréable ; mais d'un autre côté, en multipliant la production aux meilleurs coûts, elle permet la réalisation de profits plus importants qui devraient permettre la prise en charge plus facile de ces chômeurs qui ont utilisé leur LIS pour rendre leur vie moins difficile et réaliser des avancées comme celles de la robotique. De tels progrès sont faits pour assurer un meilleur avenir à l'humanité créatrice qui doit en bénéficier pour un plus grand développement de la bio-géo-techno-productivité dans le cadre de la LIS, et parvenir ainsi, dès que des robots peuvent effectuer le travail, à la suppression d'emplois, qui, du moment que la technoscience avance, ne sont en réalité qu'un gaspillage de temps, associé pour certains emplois à diverses formes de fatigue qui réduisent la durée de vie de l'homme. Car l'augmentation de la production et du chômage, notamment dans les pays riches et industrialisés, est un signe du progrès et du développement de la LIS, et par conséquent, de la progression des technologies scientifiques, et plus généralement, de la croissance de l'intellection de l'homme qui a su créer ces hautes technologies pour les mettre à son service... mais sûrement pas pour qu'elles le détruisent.

Car ce sont effectivement de tels progrès qui arrêteront définitivement les différentes formes de la lutte de l'homme pour survivre, en mettant un terme au combat pour la vie que les évolutionnistes appellent : la « sélection naturelle », basée sur l'expression « c'est le plus fort qui survit » et entretenue pendant la période transitoire de ces derniers millions d'années en fonction du déroulement du Code en l'homme. Et avec la mise en valeur de la LIS, l'homme actuel devra profiter pour lui-même des progrès des hautes technologies, et particulièrement de l'ingénierie génétique en rapide développement, avec les variations génohéréditaires qui pourront être apportées par sélection artificielle.

J - C'est vrai que les inventions de l'homme sont faites pour le servir et lui rendre la vie plus facile. Pourtant, on constate souvent le contraire, sans doute parce que quelqu'un de plus habile profite de lui.

V - Peut-être, mais je répète que le chômage devrait être synonyme, dans presque tous les pays riches et industrialisés, de richesse et non de pauvreté ; en fait, nous pourrions même affirmer que ceux qui ont le taux de chômage le plus élevé devraient être les plus riches et les plus civilisés, ceux qui devraient favoriser les progrès de la LIS pour remplacer la L.I.A...

Mais pour utiliser les mots LIA ou LIS, il faut d'abord connaître leur origine et leur histoire, à partir de la ramification du Code qui a constitué le cerveau et son progrès mental développé dans la première Galaxie maternelle, qui fut ensuite transmis à toutes les nouvelles Galaxies reproduites et générées comme je l'ai déjà exposé. Il faut aussi bien connaître leur histoire dans notre système solaire, sur notre planète, où le Code se déroule vers la conscience, toujours sous l'influence de la mentalité administrato-constructrice AV.

Histoire de la Terre

J - Et quelle est l'histoire de notre planète, dans le cadre du fonctionnement de notre Galaxie et de notre système solaire ?

V - Comme tout le monde peut le comprendre, la Terre s'est formée il y a environ 5 milliards d'années dans le cadre du processus du Code qui constitue la sphéroïdisation. Et de sphère incandescente dans la première période planétaire, composée comme presque tous les corps spatiaux d'un noyau recouvert de diverses couches, la couche externe fluide, le manteau supérieur, inférieur, etc., la Terre s'est ensuite lentement refroidie jusqu'à constituer en surface, d'abord une fine enveloppe rocheuse, puis plus tard, une croûte continentale primitive faite de couches géologiques continuellement renouvelées. Et il y a peut-être 4 milliards d'années, une comète « arroseuse » est passée à proximité de la Terre où sa chevelure et sa queue ont déchargé une grande quantité de glace et de poussières, donnant lieu au premier déversement. Mais la quantité de glace et d'eau n'était pas suffisante pour former les pôles primitifs, la mer et l'atmosphère ; et à cause de la chaleur de notre planète dont la croûte n'était pas encore complètement refroidie, et bien sûr de celle du Soleil, et à cause du manque d'équilibre entre attraction et répulsion, les conditions engendrées par cette première comète finirent par disparaître.

Des millions d'années plus tard, l'écorce terrestre, la croûte polystromatique primitive, était pratiquement constituée, comme celle de Mars aujourd'hui, lorsque sous l'influence de la ΛV, une autre comète plus importante est arrivée au voisinage de notre planète pour transformer et renouveler son environnement désertique. Et au passage au travers de sa queue, la Terre reçut beaucoup de glace d'eau déversée sur ses pôles primitifs. Et tout en augmentant l'attraction, cette énorme quantité d'eau a formé la mer primitive, appelée « Panthalassa », (du grec signifiant « mer entière »), laissant apparaître la croûte terrestre constituée d'une plaque continentale presque unique, appelée « Pangée » (du grec signifiant « Terre entière »), qui flottait sur le magma de densité plus importante tout en étant mobile par rapport à la croûte océanique beaucoup plus faible. Et cette autre comète portait le Code, contenant dans sa mémoire des millions d'espèces vivantes, pour la plupart, sous forme de grains de poussières contenant des organismes, etc., qui ont commencé à se développer comme je l'ai exposé en détail dans la période 24, d'abord par des cellules procaryotes capables de se dupliquer, puis plus tard, par des cellules eucaryotes plus complexes, avec un noyau de plus en plus élaboré. Ces cellules ont alors commencé à dérouler le Code par l'intermédiaire des gènes qui ont formé un ADN plus avancé que celui contenu dans le noyau des mitochondries ; et toujours en déroulant le Code, les gènes ont assemblé les cellules et construit les organismes multicellulaires de millions d'espèces vivantes différentes, en commençant par les espèces aquatiques - car l'eau facilite le développement - et en continuant avec les premiers amphibiens qui allaient engendrer par la suite, suivant les chronodiagrammes et les programmes du Code, les millions d'espèces des différents organismes qui ont progressivement grandi et colonisé la Terre, avec certaines ramifications qui ont produit de grands animaux, inutiles aujourd'hui. Et durant les millions d'années du développement programmé de la Terre, les éléments des couches géologiques furent plusieurs fois multitransformés par les divers nouveaux impacts de plus petites collisions avec différents corps célestes, comme des météorites, etc.

Mais avec le temps, la vie devenait difficile, car la quantité d'eau apportée par le passage de cette autre comète diminuait ; et devant l'affaiblissement des conditions d'environnement, en particulier l'impossibilité d'établir le cycle équilibré du dioxyde de carbone, la biosphère s'éteignait progressivement et l'une après l'autre, les espèces vivantes primitives commençaient à disparaître. La Terre était menacée de redevenir peu à peu désertique.

Alors, pour constituer la mentalité de notre système solaire, le temps vint où la ΛV décida d'éveiller la conscience de la Terre pour la transmettre ensuite à d'autres planètes de notre mégatome. Et pour commencer à former la conscience, une dernière comète, qui pourrait être qualifiée de transformatrice et régulatrice, allait provoquer un bouleversement soudain et considérable de l'environnement primitif tout entier et réaliser une métamorphose complète presque automatique, et une refonte totale des conditions fonctionnelles cyclo-attracto-répulsionnelles, climatiques et géo-stromato-océaniques de la Terre.

J - Voulez-vous dire, monsieur Vaskas, que la conscience n'aurait pu s'établir sur la Terre sans cette dernière comète et qu'elle était indispensable ?

V - Oui, car après le refroidissement de la surface de la planète provoqué par l'arrosage et le déchargement, lors du passage des comètes précédentes à proximité de la Terre, notamment de milliards de tonnes de glace, pour former les mers, l'atmosphère dans sa composition primitive, et favoriser la chimie organique nécessaire à la croissance des diverses graines organiques, des divers végétaux et animaux, les forces du cadre environnemental réclamaient de profondes modifications. Il fallait transformer l'environnement terrestre pour qu'il soit capable de développer la conscience mégatomique. Aussi, il y a un certain nombre de dizaines de millions d'années, la ΛV a décidé d'envoyer une dernière comète, qui, cette fois, devait percuter la Terre, où heureusement, l'homme n'était pas encore apparu. Il évitait ainsi de se trouver confronté à cette collision inouïe, inimaginable et d'une ampleur catastrophique.

J - Mais la comète est un phénomène naturel que personne ne dirige.

V - Lorsqu'un avion passe très haut en laissant une queue blanche, pensez-vous qu'il est sans pilote ? Ou lorsqu'un satellite est envoyé dans l'espace, pensez-vous que personne ne le dirige ? Vous avez oublié ce que je vous ai dit, que tout sujet qui bouge seul est vivant et possède une certaine mentalité que nous les hommes ne savons pas toujours discerner... mais les comètes sont formées par le Code Universel, comme des astres, dans les parties chaudes de certaines nébuleuses spécialisées ; et autopropulsées par des jets qui sont la micrographie de ceux d'une Galaxie adulte, elles traversent ensuite les parties glacées des nébuleuses, se chargent de glace, d'Hydrogène, etc., et leur trajectoire suit un plan orbital, fonction de leurs objectifs...

Ainsi les comètes passent autour des étoiles, peut-être pour que ces dernières profitent de la grande quantité d'Hydrogène que renferme leur atmosphère pour se réapprovisionner en ressources énergétiques. De plus, souvent, d'une manière bien visible, par une sorte de puissant et énigmatique projecteur de rayons lumineux dirigé vers l'étoile, elles déchargent peut-être des substances rares nécessaires à la durée de leur fonctionnement, des substances qui facilitent le processus de la chaîne proton à proton ; tandis que, parallèlement, la chaleur des étoiles vaporise la glace de leur tête, faisant varier les dimensions de leur chevelure et de leur queue dans la direction opposée. Les comètes sont alors prêtes pour de nouveaux objectifs.

Et dans leur course programmée, des comètes passent d'abord à proximité de certaines planètes et les arrosent pour commencer à y créer des conditions adaptées pour la vie, notamment une atmosphère, des mers, etc., et les préparer en vue de leur transformation d'inertes en organiques qui s'effectuera par la suite, grâce à d'autres comètes qui pénètrent à l'intérieur des planètes, comme cela s'est passé pour la Terre avec la dernière comète.

J - Oui, je comprends, continuez je vous prie.

Le facteur administratif, photo-électro-neutrinique de la ΛV envoie la dernière comète régulatrice éveiller la conscience de la Terre

V - Je vais tenter maintenant de vous décrire l'impact de la dernière comète et ses effets. Bien que cette représentation grandiose soit difficile et indescriptible, je vais essayer de vous en donner une idée qui n'est peut-être pas très loin de la réalité.

Alors, suivant son itinéraire programmé et télécommandé dans la Loi globale de la ΛV, ce quasi-astre voyageur, la dernière comète, probablement d'une taille colossale et supérieure à celle de Halley, entourée d'une atmosphère comprenant des nuages notamment d'hydrogène, avec un noyau en rotation selon le Code spatial, sorte de tête de grand diamètre chargée dans ses couches d'un mélange de matériaux, de roches, de lithochondrométéorites, de méthane, de glace d'eau, et d'autres éléments en plus petite quantité : des alliages d'oxyde de carbone, de l'iridium, du magnésium, du minerai de silicium, des oxydes de fer, du sulfate de fer et d'autres éléments de l'espace ou minéraux connus sous le nom de magnétites, etc., équipée de jets, dont deux très puissants, auréolée d'une chevelure et traînant une queue de milliers à des millions de kilomètres contenant des poussières de matière inerte et de matière organique prête au développement de la vie, entraînant avec les gaz et d'autres innombrables éléments spatiaux, des graines pleines de micro-organismes unicellulaires ou multicellulaires vivants concentrés et mémorisés dans le Code Universel... cette dernière comète, donc, s'approche de la Terre à une vitesse impressionnante et s'apprête à percuter son écorce, peut-être constituée en ce temps-là d'une plaque continentale et d'une plaque océanique, pour réaliser d'une manière définitive le processus qui a pour nom : « la régulation climato-environnementale planétaire pour le développement de la conscience ».

J - Pourriez-vous me donner quelques explications détaillées sur ces événements ?

V - Oh cher ami ! Je n'étais pas là pour pouvoir connaître en détail les événements de cette époque, mais la science et la logique syllogistique les rendent plus que probables.

Donc, cette dernière comète traverse la faible atmosphère primitive constituée suite au passage des comètes précédentes de différentes couches telles que l'exosphère, la thermosphère, la mésosphère, la stratosphère, la troposphère, comme une foudre de puissance titanesque et de vitesse inimaginable ; et comme un spermatozoïde entre dans l'ovule pour le féconder, elle percute la Terre presque au centre de la région où se situe aujourd'hui le continent nommé Antarctique - qui était, selon certaines indications, subtropical à l'époque - où elle explose comme une bombe à hydrogène d'une puissance de milliers de mégatonnes. La violence de la collision et de l'explosion engendre alors un immense effet de souffle accompagné d'un terrible dégagement de chaleur et de fumées, tandis que la comète écrase, pulvérise, désintègre et brise en morceaux les plaques tectoniques primitives et la croûte océanique et continentale dans l'inimaginable tremblement de terre qu'elle provoque. Et les ondes de choc produites par l'écrasement brutal de l'avalanche des millions de tonnes de matériaux, notamment glacés, de sa tête et du contenu de sa queue, créent un immense courant de fractures, qui, presque automatiquement, fait surgir de nombreuses chaînes de montagnes d'altitudes variées qui s'élèvent dans les régions où les plaques cassées se télescopent.

Parallèlement, en pénétrant dans le magma, la comète accroît la pression interne de la Terre qui s'évacue en soulevant la croûte en fusion à des milliers d'endroits, formant autant de volcans par lesquels le magma sort en libérant notamment de grandes quantités de dioxyde de carbone. Et tandis qu'en surface presque tout l'environnement terrestre prend feu, la comète poursuit sa course à travers le manteau supérieur et inférieur du magma, s'enfonce dans le noyau externe liquide, passe près du noyau central presque solide mais malléable et traverse jusqu'à l'antipode du point d'impact. Et comme la lave brûlante se refroidit et s'alourdit au contact de sa matière froide, la comète forme sur son passage et presque à l'axe de la Terre, un tube solide et quasi-métallique qui relie entièrement les deux nouvelles extrémités Nord et Sud.

Alors le mouvement automatique des couches externes des électrons des atomes orientés dans la même direction génère un courant électrique à l'intérieur et autour de la Terre, et forme dans l'environnement bioclimatique et l'atmosphère comme un invisible réseau attracto-répulsionnel qui commence à déclencher les cycles vivifiants de diverses substances, tel le dioxyde de carbone qui est attiré dans les océans et repoussé de la Terre vers l'atmosphère. Et ce champ attracto-répulsionnel - appelé magnétosphère par la physique contemporaine - recouvre la Terre de lignes de forces constamment cyclo-recyclées d'une manière identique ; c'est-à-dire que des lignes de forces, manifestes tout autour de la Terre et renforcées aux deux pôles, influencent la totalité de la surface terrestre en formant un réseau régi par la Loi cosmofonctionnelle globale de la ΛV qui maintient le flux permanent de la diverso-énergie cyclo-attracto-répulsionnelle et l'équilibre avec des courants de haute tension qui régularisent la géométrie fondamentale de la polarisation.

***J -	Pourtant, sur Terre, il n'existe que la force magnétogravitationnelle, telle que Newton et d'autres l'ont exprimée, car une pomme lancée en l'air retombe toujours et ne monte jamais.***

V -	D'accord... Mais les substances qui ont fait mûrir la pomme sont montées et elle est tombée une fois arrivée à maturité. Donc, s'il n'y avait le fait de monter par la répulsion, il n'y aurait pas non plus le fait de tomber par l'attraction.

***J -	Cependant, personne ne peut nier l'existence de la gravitation ou du magnétisme.***

V -	Bien sûr, la gravitation ou le magnétisme existent, seulement ces deux termes ne décrivent que l'attraction bien perceptible au voisinage des corps célestes comme dans les régions terrestres. Mais quelle que soit la distance, les deux sont englobés dans l'attracto-répulsion cosmofonctionnelle proportionnelle de la ΛV ; car si la magnéto-gravitation s'appliquait entre les corps cosmiques tels que les Galaxies ou les systèmes planétaires et les attirait l'un vers l'autre, l'Univers entier ne serait rien d'autre que le siège d'effondrements catastrophiques !

Ainsi, même dans l'atmosphère, de nombreuses substances qui la constituent montent par répulsion et descendent en un temps fixé par gravitation. Et n'oubliez pas que les atomes légers commencent déjà à échapper à la pesanteur (l'attraction gravitationnelle terrestre), à peine quelques kilomètres au-delà de l'exosphère qui n'est qu'à 480 kilomètres au-dessus de la croûte terrestre. Et lorsqu'un parachute s'ouvre, quel serait le sauveur de l'homme si ce n'était la résistance de l'air rempli de substances non-influencées par la gravitation ? Et comme personne ne peut contester l'existence de l'électro-attraction appelée électromagnétisme par la physique contemporaine dont un petit exemple est l'attraction électrique entre les électrons et les protons qui constituent les atomes, de même personne ne peut nier non plus l'existence de la répulsion qui se trouve aussi dans l'atome.

***J -	Oui, c'est d'une logique incontestable, monsieur Vaskas. Pourriez-vous me donner d'autres détails sur la collision de la comète avec la Terre.***

V -	Ecoutez cher ami, je vous répète encore une fois que je n'étais pas présent à cette époque pour connaître de tels détails ; mais d'une manière approximative, je peux ajouter que dans un pareil événement, les ondes de choc produites par la collision ont traversé avec force les différentes couches de la croûte terrestre et les ont brisées jusqu'aux antipodes du point d'impact, qui est devenu le pôle Nord en provoquant une fragilité géothermique et des séismes d'une intensité gigantesque et d'une magnitude à l'épicentre qui aurait été inimaginable sur l'échelle de Richter ; violemment secouées, les plaques tectoniques de la croûte rocheuse continentale de base, fissurées en morceaux, ont éclaté et se sont cassées brutalement ; la répulsion incroyable et titanesque due principalement aux vagues concentriques d'ondes internes a provoqué des soubresauts qui ont déclenché le glissement des bords de plaques continentales qui se sont ruées l'une sur l'autre avec une brutalité et une violence démesurées ; les couches de la croûte océanique et continentale se sont heurtées et certains de leurs bords se sont fondus dans le magma ; des morceaux de continents se sont effondrés et ont coulé dans le manteau tandis que d'autres se sont élevés. Avec une puissance incroyable, des plaques fracturées et coupées se sont séparées depuis l'Antarctique jusqu'à l'Arctique et se sont ouvertes en formant d'un côté ce qu'on appelle aujourd'hui l'Afrique et l'Eurasie, et de l'autre les deux Amériques. Animés d'une vitesse initiale inimaginable et déterminante, de grands morceaux de plaque se sont détachés ; un morceau détaché de l'Antarctique est venu terminer sa course en s'écrasant sur l'Asie ; d'autres morceaux de plaque terrestre sont partis à des vitesses semblables pour venir s'arrêter là où ils se trouvent aujourd'hui, formant certaines grandes îles en se fracassant sur des couches plus hautes de la croûte océanique qui les ont arrêtés.

Et presque automatiquement, tous ces mouvements et modifications cataclysmiques rapides et pratiquement simultanés ont transformé la Terre entière et lui ont donné l'aspect d'un immense accordéon, tout plissé. Le bouleversement et les convulsions des diverses couches géologiques qui s'entrechoquaient violemment sur toute la planète, la tectonique des plaques et la pression du magma sur la croûte affaiblie, secouée et déchirée, qui déclenchait une activité volcanique générale déversant d'inimaginables flots de lave, ont d'une part constitué des milliers de volcans petits et géants, élevé de nombreuses hautes et basses chaînes montagneuses, formé des plateaux et des plaines, des rivières et des lacs, etc., et d'autre part établi des courants endo-océaniques... et tandis que la force répulsionnelle propulsait le dioxyde de carbone (CO_2) et d'autres substances de l'océan vers l'atmosphère, l'attraction aspirait le dioxyde de carbone de l'atmosphère pour être absorbé par l'océan. Et comme je vous l'ai expliqué en détail lors de notre entretien sur l'atome, ce cycle attracto-répulsionnel conserve toujours, et heureusement, l'équilibre de l'atmosphère et des océans sans lequel nous ne serions pas là.

Dans le même temps, la Terre a oscillé et s'est inclinée automatiquement sur son axe de rotation. Il en est résulté une modification immédiate de son orientation par rapport aux mécanismes attracto-répulsionnels du système solaire, qui s'est traduite par de nombreuses modifications dans la biosphère terrestre, avec des variations climatiques comme les quatre saisons de l'année, etc. ; un événement qui confirme incontestablement la collision de la dernière comète avec la Terre. Et la géométrie initiale de la trajectoire de notre planète autour du Soleil ayant légèrement changé sous l'effet de ces transformations, la Loi globale cyclo-attracto-répulsionnelle cosmofonctionnelle de la ΛV continue de régulariser son système orbital et sa trajectoire, et l'accorde pour l'harmoniser avec la symétrie orbitale du Soleil et des autres planètes de façon que la Terre retrouve progressivement un bon équilibre au sein de notre mégatome ou système solaire.

J - Merci de cette vivante explication, je comprends maintenant comment ont pu se former des chaînes de montagnes comme l'Himalaya. Cela explique peut-être aussi la disparition des dinosaures. Mais pourriez-vous me donner de plus amples détails sur cet événement qui n'est pas encore perçu par la communauté scientifique et qui semble être le plus important de l'histoire de la Terre. D'autant que cette situation catastrophique s'est fait ressentir du pôle Sud jusqu'au pôle Nord.

V - Les détails cher ami, sont sans fin, mais je peux continuer en disant que la majeure partie de l'énorme quantité de glace apportée par la dernière comète s'est déversée dans les océans et les a complétés pour qu'ils puissent jouer leur rôle régulateur de l'environnement terrestre... et en se déplaçant vers le Nord, les ondes de la collision dressaient d'impressionnantes murailles d'eau en même temps qu'elles transformaient les couches placoterrestres en de véritables accordéons géants, constituant les formes obliques et anormales des couches géologiques que nous pouvons observer aujourd'hui sur les principaux continents et les milliers d'îles de la croûte terrestre, morcelée finalement en quelques plaques continentales principales et en plusieurs autres plus petites ; et des parties méridionales de l'Europe se sont transformées de la même manière en montagnes constituées de couches plissées, comme les Alpes, les Pyrénées, etc., et dans une extrême violence, la dilatation provoquée par la pression de la fournaise interne a produit tous les effondrements, étirements, et autres transformations océanogéologiques ; des bancs de sable ont émergé en surface, des parties se sont élevées formant des îles à des altitudes diverses, exo-océaniques et méso-océaniques... et la plaque Pacifique a du se reconstruire suite à l'engloutissement des fonds océaniques à l'Ouest dont les matériaux, en glissant rapidement sous l'Amérique du Sud, ont formé la chaîne montagneuse de la Cordillère des Andes, etc., et de nouveaux fonds océaniques se sont formés avec des fosses abyssales et aussi des dorsales pour séparer les diverses plaques, médio-atlantique, pacifique, etc., et les plaques tectoniques sont restées séparées ; et elles continuent de bouger lentement pour assurer l'équilibre interne, avec des éruptions magmatiques qui créent de nouvelles et lentes modifications.

J -   Outre ce que vous avez déjà mentionné, qu'a encore apporté cette dernière comète ?

V -   En plus de l'immense quantité de glace d'eau, la comète a aussi déchargé sur notre planète - le plus important - une multitude de poussières pleines de divers grains remplis de micro-organismes et d'atomes polyprotono-neutrono-électroniques de diverses qualités chimiques, tels que Fe, Si, Co, Cl, S, etc., qui, mélangés à la poussière de la collision et aux fumées multivolcaniques pleines de sels minéraux, ont chargé l'atmosphère primitive et l'ont transformée en masses ténébreuses. La Terre s'est alors trouvée plongée pour quelque temps dans l'obscurité... et donc dans le froid. Mais avec les années, ces poussières réparties en toutes directions se sont déposées sur l'ensemble de la planète et ont constitué avec la lave et les éléments d'érosion, d'alluvions, etc., des terres fertiles et vraiment cultivables pour la croissance des plantes et des végétaux.

Et tous ces événements ont provoqué un changement total qui a complètement bouleversé les mécanismes climatiques et géobiochimiques désorganisés de la Terre. Et le chlore a ouvert deux grands trous, un à chaque pôle... et le courant électrique de haute tension, heureusement sans concentration dangereuse, a équilibré les impulsions climato-environnementales pour permettre à l'atmosphère terrestre de respirer, en laissant sortir les courants d'air chaud et en donnant accès à de nouveaux courants, etc., en vue de favoriser la biosphère.

Et après ce cataclysme, le temps passant, la Loi cosmofonctionnelle globale de la ΛV a commencé à régler l'intensité périodique de la chaleur dégagée par la couronne solaire, pour alterner des époques glaciaires et interglaciaires. Et ces glaciations périodiques ont eu pour effet de nettoyer l'environnement terrestre des poussières d'iridium, des particules de matière cosmique apportées par la dernière comète, et des microbes inutiles qui auraient pu périodiquement menacer la vie, programmée maintenant, pour établir la conscience de notre système solaire.

Et graduellement, sous l'action de la force de la Loi cosmofonctionnelle globale, et suite à l'apparition sur notre planète de nouvelles montagnes, de déserts, de mers et de lacs plus hauts ou plus bas que le niveau moyen actuel de la mer... et dans les océans, de fosses abyssales, de dorsales, etc., avec différents types d'éruptions volcaniques et de tremblements de terre qui faisaient diminuer l'énergie thermique en réserve dans la roche en fusion et le magma, cette complexité a changé le spectre cycloclimatique ; et les interactions entre les courants et les vagues de vents chauds et froids ont commencé à provoquer des tourbillons et des cyclones entre l'atmosphère et les océans où les micro-organismes apportés par la comète ont commencé à se transformer d'abord en plancton, la base nutritive de tout le développement biologique, puis, de marin, ils sont devenus terrestres, avec les milliers d'espèces produites dans l'éclosion de la mémoire du Code... tandis que les volcans, et cela mérite d'être répété, continuaient de réchauffer les océans et d'émettre du dioxyde de carbone pour compenser sa perte dans l'atmosphère, dans un équilibrage proportionnel régie par la Loi cosmofonctionnelle globale qui maintient les conditions climatiques et rend notre planète organique. Par la suite, sauf aux points faibles de la croûte terrestre, les éruptions volcaniques ont diminué jusqu'à équilibrer harmonieusement la chaleur de la Terre avec le rayonnement solaire afin de régénérer progressivement la vivacité de l'atmosphère établie jusqu'à environ 7.000 km d'altitude en diverses couches comme la troposphère, la stratosphère, l'ionosphère, l'exosphère, etc. .... Et comme les artères de la planète, des rivières souterraines et sous-océaniques se sont aussi installées pour distribuer l'eau suivant des courants qui, jouant le rôle de vaisseaux, transportent la nourriture aux différents secteurs du vivant... et les lits profonds des fleuves et des rivières souterraines se sont formés grâce au recyclage continuel de l'eau qui travaille et façonne aussi les stalactites, les stalagmites et toutes sortes de concrétions spectaculaires dans diverses grottes.

Mais tout en allant vers un équilibre stable, la Terre n'était pas encore orthonormée. Elle restait toujours agitée et en perpétuelle transformation ; et même avec le rôle stabilisateur du champ attracto-répulsionnel, elle était encore tourmentée par de très fréquents et terribles cyclones, ouragans, typhons et tornades, mais devenant de moins en moins violents avec le temps. Et notez que les mouvements de vents très violents et les flux aériens de tempêtes et d'orages viennent souvent de la région où est tombée la comète dont le rôle était aussi d'ouvrir dans l'atmosphère de la Terre, le trou respiratoire par lequel entrent les divers courants froids en provenance de l'espace, qui, filtrés par l'ozone, deviennent des courants et des vents propres à conserver la vie, et sortent les courants chauds qui jouent aussi un rôle modificateur et stabilisateur de l'atmosphère, afin d'obtenir un mouvement vital général. Et dans le renouvellement des générations, la Terre est devenue grouillante de vie, et les animaux vertébrés ont progressivement présenté une certaine avance encéphalique jusqu'à devenir capables de penser. Mais aujourd'hui, après un temps si long, il est difficile de retrouver quelque trace acceptable de nos premiers ancêtres et de squelettes d'organismes datant de cette époque.

J - Et quelle est la fonction de l'Antarctique aujourd'hui ?

V - Je ne sais pas, je pense que l'Antarctique, actuellement réparti en secteurs relevant de différents pays, constitue surtout et c'est bien connu, une réserve naturelle de glace servant à l'équilibre climatique et à la régulation de la température terrestre qui nous permet de vivre.

***J -	L'ensemble de ce récit répond à nombre d'interrogations, ainsi qu'à la difficile compréhension des événements les plus importants de l'histoire de la Terre. Et les nombreuses anomalies qui subsistent encore aujourd'hui doivent avoir leur origine dans ces événements.***

V -	La présence de certaines anomalies signifie simplement que nous ne sommes pas encore arrivés au point de stabilité complète et que le fonctionnement de la machine Terre n'est pas encore complètement reconstruit et renouvelé. Elle n'a pas encore pris sa position correcte et définitive, isopérimétrique, à l'intérieur d'une section elliptique du mécanisme solaire. L'axe de la Terre, initialement vertical avec des nuits et des jours de même durée, a été incliné pour que leur durée varie sans cesse, et pour former un angle programmé entre le plan de son équateur et celui de son orbite ; mais jusqu'à ce que la Terre s'équilibre avec le mécanisme des différents champs attracto-répulsionnels et orbitaux du système solaire, son inclinaison continue de varier de 22° à 23.5° et jusqu'à 24 degrés, et il finira par se stabiliser dans une position en résonance avec les champs attracto-répulsionnels de la Loi cosmofonctionnelle globale de la ΛV. Et dans une régulation des fluctuations naturelles du climat, les vents très forts programmés dans la mémoire du Code et causés par les perturbations atmosphériques continueront progressivement de se calmer.

Toutes ces corrections qui modifient le visage de l'écorce terrestre se poursuivront jusqu'à l'établissement du mouvement de rotation convenable de la Terre. Et bien plus tard, lorsque la Terre sera dans sa position correcte par rapport au fonctionnement du mécanisme du système solaire, influencée et affinée par l'orbitalisation des autres corps célestes, toutes les anomalies auront progressivement et complètement disparu et la stabilité climatique relative sera établie. Mais les hommes peuvent aussi contribuer à l’amélioration du visage de la Terre, et plus rapidement, au moyen d'une énergie bon marché, comme celle du cycle proton-proton, ou par l'utilisation du Deutérium inépuisable des océans... et par exemple, en ce qui concerne les déserts, ils pourraient devenir capables de transformer l'eau salée en eau potable à grande échelle, de la canaliser et l'utiliser pour transformer les terres désertiques en terres fertiles et productives, afin d’entreprendre le plus rapidement possible, le reboisement nécessaire de la surface terrestre, s'ils veulent préserver la vie sur la planète.

***J -	Quoi qu'il en soit, les activités croissantes de l'homme influent aussi sur le climat, et pas toujours en bien.***

V - C'est exact, et dans les générations précédentes, la multiplication frénétique et indisciplinée des populations demeurées dans la LIA a eu pour conséquences l'augmentation incessante des besoins et de la pollution... et aussi de la LIA ... A tel point, dans ce paradigme, que chaque année, la déforestation transforme plus de 5.000.000 d'hectares de terres en désert, diminuant d'autant la respiration terrestre et par conséquent la vie humaine. Et du fait de la division des nations, aucune justice pananthropique ou presque n'a pu désigner les éléments responsables de ce désastre volontaire contre toute l'humanité. Mais heureusement, l'unification pananthropique mondiale mettra fin à cette folie qui mène les hommes à l'autodestruction ; et par exemple, nous réaménagerons nos activités pour ne plus détruire la Terre, mais au contraire sauver les arbres et accélérer le redéveloppement des forêts pour protéger le sol et favoriser la vie dans un équilibre entre les végétaux et les animaux multipliés et reproduits par le Code Universel ; enfin unifiés et organisés, nous pourrons alors aboutir à la conscience.

J - C'est vraiment la première fois qu'il m'est donné d'entendre une version cosmologique aussi importante. C'est inouï, ces explications semblent réalistes, mais elles sont trop soudaines, trop inattendues, voire révolutionnaires ! Comment la communauté scientifique pourra-t-elle les recevoir sans réserve ? Et qui pourra les confirmer ? Car enfin, tout ce que vous avez dit est logique mais difficile à accepter. A moins que je ne sois dans l'erreur, parce qu'en réalité, l'environnement terrestre tout entier témoigne que vous avez raison.

V - Naturellement cher ami ! Toutefois, ce n'est pas moi, mais plutôt une approche non dogmatique de la réalité qui peut convaincre un homme habitué à autre chose, mais d'esprit ouvert et logique ; car nous savons bien que la vague de résistance de la LIA se mobilisera, comme face à toute nouveauté, en dissimulant son ignorance derrière la phrase : « C'est trop nouveau, attendons et laissons passer un peu de temps... car tant que nous n'avons pas de preuves expérimentales, rien n'est jamais sûr ». L'histoire du développement du savoir et de la technoscience est remplie de cette lutte de l'homme ignorant contre toute nouvelle connaissance paradoxale et difficile à démontrer.

Certes, il n'y a rien de concret sans preuve complète, et tant qu'il n'y a pas de preuve expérimentale, presque toute nouvelle découverte scientifique rencontre les mêmes difficultés, notamment de la part des contradicteurs. Mais en ce qui concerne la chute de la dernière comète, les preuves abondent et sont visibles partout. Il faut cependant faire montre d'un peu de syllogisme pour comprendre que la Terre qui partage presque le même héritage géologique que les autres planètes de notre mégatome ou système solaire, est à notre connaissance l'unique planète qui possède des océans qui s'évaporent par répulsion et forment des nuages qui retombent par attraction endoterrestre. Pourtant, jusqu'à l'intervention de la LIS qui éliminera toute réaction anorthologique, l'opposition classique de la LIA restera de circonstance, car les hypothèses et théories embrouillées sur le sujet ne manquent pas, elles foisonnent. Mais si mes vues ne sont pas des faits, les questions suivantes de pure logique syllogistique resteront encore en suspens, attendant toujours une réponse incontestable, à savoir : « Quelle est donc la force hypercolossale dont on n'a jamais entendu parler qui a pu lancer l'Inde pour que l'Himalaya soit formé, et aussi pour dresser des chaînes montagneuses comme les Alpes, les Andes et d'autres ? Et pourquoi de nombreux sommets sont-ils pleins de fossiles d'animaux marins ? Quelle puissance titanesque a séparé l'Afrique de l'Amérique du Sud et modifié le reste des continents ? » La théorie présentée par certains paléogéobiologistes d'un déplacement de quelques centimètres par an des plaques tectoniques répond-elle à ces questions ?

Il faut donc reconnaître que les sciences doivent se renouveler sans cesse devant la LIS, sinon, le progrès et le développement du savoir scientifique deviennent impossibles. Notez qu'il n'est pas du tout dans mes intentions de sous-estimer l'excellent travail de recherche de la communauté scientifique, des astrophysiciens, des géologues, des paléontologues, et celui des biologistes et de beaucoup d'autres. Je les prie seulement de bien vouloir réfléchir. En effet, il n'est pas difficile d'observer et de comprendre dans tout ce qui nous entoure aujourd'hui - dans les lacs d'eau salée plus hauts ou plus bas que le niveau de la mer, ceux qui sont asséchés, dans la diverso-complexité incontestable de l'ensemble des plissements et des courbures anormales des couches géologiques - la modification complète de la Terre qui, d'inerte a été transformée en organique par cette dernière comète... et depuis, tout le monde peut constater qu'elle n'accuse aucun déséquilibre ou vibration sensible.

J - C'est vrai que même un verre d'eau ne tremble pas si personne ne le bouge, ce qui montre que l'équilibre terrestre est pratiquement parfait.

V - Oui, c'est incontestable.

L'histoire, à partir des origines de la formation de l'homme et le développement du comportement ENR

J - Nous devons donc, monsieur Vaskas, nous libérer de la LIA inconsciente pour établir la LIS consciente. Mais quelles sont les origines de l'homme et de la LIA et de la LIS ?

V - Bien que j'aie déjà répondu brièvement à cette question et que les détails soient sans fin, je vais pourtant essayer de vous donner quelques éléments supplémentaires. Pour commencer, il faut repasser par les milliards d'années du début et de l'évolution du Code Universel pour venir des milliers d'années après la chute de la dernière comète... Donc, le Code, qui a ses débuts dans la formation de la Galaxie maternelle que je nomme en grec « μανα » (mère) et qui est le même dans les milliers d'organismes vivants, commence, dans la formation de chacun d'eux, par la répétition du processus génératif du premier organisme ; en effet la première cellule d'un organisme vivant contient l'ensemble du processus de transformation polycomplexo-diversifié du Code qui se déroule depuis le début de son existence dans la forme protogalactique pour ensuite repasser, quasi-uniformément, par toutes les ramifications des polydifférentes formes organiques avec leurs progrès écrits dans sa mémoire au cours des milliards d'années ; c'est-à-dire les composantes génétiques d'un nombre infini de différents êtres vivants. Et brièvement, dans la ramification de l'homme, les informations génétiques sont transmises lorsqu'un spermatozoïde pénètre dans l'ovule et dépose toutes les informations et substances nécessaires pour le féconder ou le fertiliser.... et même le meilleur microscope électronique ne peut bien discerner le processus indistinct de la construction d'un nouvel être humain qui commence par former, infailliblement, une machine infiniment petite : l'inestimable cellule initiale remplie d'innombrables, intimes, et intouchables mécanosubstances, les protéines de l'ovule et ses 23 chromosomes déjà à l'intérieur augmentés des 23 autres du spermatozoïde qui déchiffrent, dans une minuscule coopération, les informations héréditaires nécessaires... Cette rencontre des chromosomes est un processus très délicat où la moindre erreur peut entraîner la mort ou la malformation de l'embryon... Ce complexe qui détient toutes les informations pour le développement d'un être vivant tel que l'homme est ce qu'il y a de plus essentiel dans le processus fécondateur... ensuite vient le processus bien connu de la multiplication cellulaire programmée par le Code pour différencier et spécialiser des cellules en groupes qui prennent chacun la forme de l'organe à constituer... et de cette façon, le Code met en place les organes et les fait coopérer. Ainsi, l'embryon repasse très vite tout le parcours d'autres organismes plus anciens dans la mémoire du Code, jusqu'à parvenir finalement au déroulement de la ramification de l'être humain dans laquelle il continue à multiplier ses cellules et à bien progresser en vue de la naissance... Pour le reste des événements qui sont advenus dans cet intervalle, ils sont tous bien connus.

Donc, toujours en bref, après la chute de la dernière comète qui avait divisé la surface de la Terre en plusieurs plaques tectoniques et continents, la vie se perpétuait en toute région... et suivant le déroulement des ramifications biogénétiques du Code, diverses espèces animales qui avaient survécu dans le contexte de la dernière comète et les nouvelles qu'elle avait apportées continuaient de se développer et de progresser à chacune des nombreuses générations et régénérations successives, se renouvelant sans cesse durant des millions d'années. Mais au cours des périodes glaciaires qui ont suivi la chute de la dernière comète, beaucoup d'entre elles ont disparu... et sauf pour les espèces restantes, le Code a du recommencer à se développer en diverses régions de la Terre ; pourtant les anthropologues ont plus particulièrement commencé leurs profondes recherches en Afrique de l'Est, à l'endroit où il y a de nombreux millions d'années vivaient, comme en d'autres endroits de la Terre, des animaux tels que les Propliopithèques, ancêtres des grands singes, et d'autres animaux comme les Adapis, des primates primitifs parents des gorilles et des chimpanzés qui sont entrés en lutte les uns contre les autres pour protéger la région qu'ils considéraient comme leur territoire. Et c'est ainsi que plus tard, l'impulsion primitive du « patriotisme » a commencé à faire son apparition jusqu'à s'implanter dans les gènes encéphaliques de tous les premiers hominidés disséminés sur presque toute la Terre, les pré-australopithèques, ou plutôt, de l'avis de certains chercheurs, de ceux qui se trouvaient dans les régions de l'Afrique Centrale, du Kenya, de la Tanzanie, de l'Afrique du Sud, etc., et notamment à proximité des lacs Turcana et Victoria. Et ces scientifiques pensent que là se sont développés les descendants d'ancêtres communs avec les singes qui se sont divisés plus tard en au moins trois lignées différentes, comme celle du Ramapithecus, qui correspondaient à des animaux vivant en groupes ou en sociétés, d'une taille inférieure au mètre, etc., etc., et comme ils défendaient depuis des millions d'années le territoire où ils vivaient ensemble, celui de leur naissance, des impulsions de patriotisme se sont implantées profondément. Le temps passant, tandis qu'ils s'endurcissaient dans la lutte pour survivre, certains hominidés organisés en groupes nomades, en différentes sociétés ethniques qui préfiguraient déjà des nations, exerçaient le droit sauvage du plus fort, s'éliminant l'un l'autre pour des raisons de souveraineté de territoire, au cours d'exterminations qui dégénéraient en véritables et continuels génocides ethno-patrioto-souverains.

Mais grâce au déroulement continu du Code qui formait des gènes modificateurs et administratifs plus expérimentés pour que se poursuivent les transformations programmées et sélectives de ces animaux, ou du moins des survivants, les premiers de la classe des anthropoïdes ou homininés connus sont apparus, entre autres avec le genre Australopithécus afarensis et d'autres, dont nous retrouvons des traces qui datent de millions d'années. Et ces êtres étaient les seuls à marcher pratiquement debout et à savoir utiliser leurs pieds avant comme des mains auxquelles ils transmettaient la volonté de leur cerveau ; de plus, leur crâne se développait et devenait plus gros que celui des animaux qui étaient les ancêtres de leur famille et leurs dents ressemblaient presque à celles de l'homme moderne. Et dans la lutte sauvage pour la survie, ces homininés se regroupaient en plus grandes tribus, qui, de nomades devenaient plus stables en même temps qu'elles se nationalisaient. Et en commençant à mieux utiliser leur cerveau et leurs mains, ces homininés se sont transformés en animaux productifs ; mais ils se montraient surtout très « performants » dans la compétition impulso-patriotismo-nationalisto-souveraine, condamnant de nombreuses autres formes de vie animale à l'extinction.

Et sur la base des Australopithèques, les gènes modificateurs et administratifs qui suivaient les plans du Code ont aussi formé deux autres lignées, ou ramifications de la famille des homininés, les genres Australopithécus africanus et robustus, et d'autres encore. Ensuite, au cours des millions d'années, ils ont formé des anthropoïdes plus avancés, d'une taille d'environ 1,20m avec un crâne un peu plus grand. Puis le Code s'est déroulé vers le genre Homo Habilis, identifiant l'homme droit, manuel, plus productif et déjà capable de parler ou presque.

De ce fait, il n'est pas sûr qu'il faille situer plus tard l'apparition de l'Homo Erectus, d'une taille d'environ 1,20m, qui se développait là où se trouvaient déjà d'autres premiers anthropoïdes. Et colonisant progressivement presque toute la Terre, l'Homo Erectus notamment, est devenu de type « Proanthrope », avec un crâne un peu plus grand et une taille de 1,25m à 1,55m. Et c'est peut-être lui qui a domestiqué le feu. Puis le type Pithécanthrope ou « Hypanthrope » a fait son apparition avec un crâne encore un peu plus grand, un mécanisme neuronocérébral en progrès et une taille moyenne de 1.60m. Et tandis que la reproduction s'étendait, les impulsions devenues innées progressaient et les gènes les transmettaient de génération en génération. Et à cause de ces impulsions patrioto-nationalisto-souveraines innées, la lutte pour occuper un territoire toujours plus grand s'est intensifiée et ces hommes primitifs qui se répartissaient la Terre et s'autoproclamaient propriétaires sont devenus de plus en plus avides et meurtriers jusqu'à pratiquement s'éliminer.

Après la disparition quasi-totale de ces hommes primitifs de type Hypanthrope du paléolithique sont apparus ceux d'un type archaïque d'Homo

Sapiens ou presque, qui avaient reçu de l'Homo Erectus les mêmes caractéristiques innées et la particularité anatomique leur permettant de parler. Et au cours des millions d'années de migrations et d'implantations préhistoriques où ils se croisaient et se multipliaient, certains ont été capables de survivre dans les périodes froides et de résister à toutes sortes d'attaques, peut-être en se protégeant dans des grottes ou d'autres refuges, mais surtout grâce à leur cerveau qui se développait. Et au cours de ce développement biologique, les gènes des survivants ont formé progressivement différentes lignées néolithiques d'Homo Sapiens plus avancés, comme celle de l'homme de Neandertal, d'une taille de 1.60m environ avec un crâne plus grand que ses prédécesseurs. Mais cette lignée a disparu par la suite d'une manière énigmatique, peut-être éliminée dans des luttes nationalisto-patriotiques de souveraineté territoriale par d'autres types d'Homo Sapiens, à moins qu'elle ne se soit peu à peu transformée en de nouveaux types d'homme pour aboutir au génome plus connu de l'Homo Sapiens sapiens, comme l'homme de Cromagnon, ou « Protanthrope », qui possédait un « égocentrisme » hypertrophique et des capacités socio-artistiques accrues, et chez lequel le « nationalisme » signifiait, en réalité, l'auto-esclavage de l'homme à l'intérieur d'un territoire qu'il considérait comme sa propriété ou son lieu de captivité qu'il avait lui-même clôturé. Et donc, l'impulsion de supériorité égocentristo-nationaliste était bien implantée, et « l'éphélodoulie », c'est-à-dire l'esclavage volontaire de l'homme (en grec εθελοδουλεια) commençait à s'installer. Et dans le cadre de cet auto-emprisonnement à l'intérieur de son territoire clôturé, l'homme était toujours prêt à se défendre contre d'autres patrioto-nationalistes semblables à lui, ou à les attaquer. Mais en même temps, comme sa culture continuait à progresser, son ère technologique a débuté et il est devenu l'homme moderne, ou « l'Anthrope » en grec.

J - Mais pourquoi ne mentionnez-vous pas plus précisément les dates de ces différentes étapes ?

V - Parce que ces périodes de la préhistoire et de l'histoire du géo-diverso-développement de notre planète, et en particulier celles de la formation de l'homme restent parmi les plus obscures. En fait, elles ne peuvent pas être datées, ou avec trop peu de précision compte tenu des énormes transformations, modifications et changements géo-océano-stromato-géologiques, climatologiques et biologiques survenus dans l'environnement planétaire après la dernière comète, et aussi compte tenu des phénomènes de cycles naturels qui formaient une énorme machinerie nouvelle sur notre planète en perpétuel mouvement d'adaptation.

Avec le temps, l'histoire du développement des ancêtres de l'homme est devenue de plus en plus complexe, remplie d'égocentrisme et de confusion. Et comme ils vivaient en diverses tribus nomades et en sociétés plus peuplées, la compétition territoriale a commencé, c'est-à-dire le désir de conquérir le territoire de l'autre. Et dans leur lutte pour survivre, chacune se clôturait toujours de frontières et de murs de plus en plus infranchissables par peur des autres nomado-nations, qui, comme toutes, avaient la même mentalité et innovaient constamment en vue de leurs incessantes luttes territoriales. Et de plus en plus peuplées, ces sociétés d'hommes primitifs ont continué à se transformer en différentes nations de plus en plus grandes qui ont commencé à inventer des techniques pour fabriquer des armes de plus en plus meurtrières - bien que toujours très rudimentaires dans un premier temps - pour se défendre ou attaquer les autres de même mentalité. Finalement, la seule chose qu'ils connaissaient bien, c'était la manière de s'entre-tuer, la devise « Ta Mort est Ma Vie » étant déjà bien établie dans le cadre de leur comportement devenu Egocentristo-Nationaliste.

Le temps passant, l'appareil des neurones du cortex encéphalique de l'homme primitif ayant progressé, des préoccupations spirituelles et des sentiments esthétiques ont fait leur apparition dans ces sociétés qui sont devenues de plus en plus rituelles et ethno-nationalisto-sentimentales. Mais pour être devenues vieilles ou peut-être pour s'être entre-tuées du fait que le comportement dysanalogique global et conflictuel qui s'était installé était beaucoup plus violent, ces sociétés ont toutes disparu avec le temps, ne laissant derrière elles que quelques constructions et divers monuments. Cela n'a pas empêché les hommes survivants de continuer par la suite à exercer cette même mentalité égocentrique et à lutter sans cesse l'un contre l'autre, toujours pour le pouvoir territorial ou national.

Plus tard, nos ancêtres ont commencé à s'en aller massivement d'Afrique et à voyager comme des oiseaux migrateurs conduits par leur instinct. Et passant par Suez, qui était à l'époque l'unique voie de terre conduisant vers l'Asie, ils ont colonisé toute la région du Moyen-Orient, où nombre d'entre eux se sont installés, partout où la terre était fertile, notamment dans la région du Nil et de la Mésopotamie. Ils ont alors commencé à élaborer les techniques traditionnelles et à constituer diverses civilisations primitives. A partir de là, et probablement d'autres lieux où ils se sont aussi développés, nos ancêtres ont progressivement colonisé toute la Terre.

Et sur le long chemin de la colonisation de la Terre, les Homo Egocentristo-Nationalistes primitifs migrateurs ont connu de nombreuses frayeurs physiques devant les phénomènes produits par des mécanismes naturels et climatiques tels que les tremblements de terre, le bruit de roulement du tonnerre, les éclairs et la foudre, les orages, la grêle, les tempêtes de vents très forts, les tornades, les ouragans, les typhons, avec quelquefois des pluies de poissons, de grenouilles et d'autres animaux qui tombaient du ciel sous l'action de ces cyclones. Ils craignaient encore les éruptions volcaniques et d'autres événements au pouvoir meurtrier qu'ils considéraient comme des mystères ou des punitions en provenance, pensaient-ils, de puissances extraordinaires, vindicatives et effrayantes, qui engendraient des phobies et des angoisses psychiques, qu'ils associaient à d'autres phénomènes naturels inexplicables pour eux, comme le Soleil, la Lune, les étoiles, etc.

Et avec le sentiment de peur des phénomènes naturels et notamment de la mort, nos archéo-ancêtres ont créé selon leur fantaisie d'innombrables représentations de puissances supérieures produites dans leurs rêves remplis d'illusions ; et notez que tous ces fantasmes étaient toujours privés, protecteurs d'un seul groupe ou d'une seule tribu nomade, et ils aidaient souvent une nation à lutter contre une autre nation, etc., etc., etc., et ces fantaisies issues de leurs neurones étaient protectrices de leurs faiblesses et inspiratrices d'un héroïsme qui les rendait capables de tuer et de massacrer les autres pour gagner des batailles contre leurs ennemis. Ainsi, sur la base de la crainte des forces de la nature, diverses fantasmo-illusions et Divinités totalement imaginaires ont commencé à voir le jour ; et des milliers de mytho-philosophies ont pris naissance et commencé à se développer et se ramifier en d'innombrables croyances et doctrines religieuses. Et l'écriture n'était pas encore inventée que les histoires de ces diverso-divinités, etc., etc., et leurs mythes quelquefois redoutables commençaient à circuler oralement sous différentes versions qui ont souvent complètement changé en passant d'une génération à l'autre. Et comme toutes ces versions avaient des racines communes et que l'une copiait l'autre, elles ont peu à peu envahi le psychisme des hommes en produisant fréquemment et sous diverses formes, une autosuggestion qui s'est transformée en foi... souvent fanatique, avec les conséquences que nous connaissons bien.

Ainsi est né le tempérament religieux qui est venu s'ajouter à l'impulsion Egocentristo-Nationaliste. Et à partir de là, les hommes primitifs concentrés sur le slogan « Ta Mort est Ma Vie », prêts à donner même leur vie pour la gloire de la victoire, n'ont plus vécu que pour combattre et gagner, toujours avec l'aide de leurs Divinités privées. Ils se sont donc comportés avec la mentalité primitive « Egocentristo-Nationalisto-Religieuse », que j'appelle *ENR* en abrégé, et qui, gardant des restes d'instinct animal, est devenue au fil de nombreuses générations l'impulsion innée de l'homme.

J - C'est donc à cause de cette mentalité ENR que la vie de l'homme, de la préhistoire à nos jours, s'est résumée à faire la guerre.

V - Bien entendu, car selon les sciences anthropologiques, cette même impulsion ou presque a résisté jusqu'à nous, les hommes contemporains ; et ce comportement s'est ancré de plus en plus profondément dans notre génome ou notre psychisme ; et nous l'exprimons dans la diversité du patrimoine ethnique, dans le respect des coutumes traditionnelles, dans diverses formes de luttes ethno-nationalistes et notamment dans les diverses antagonismo-concurrences et intolérances diverso-religieuses. Et aujourd'hui, malheureusement, ce génome primitif n'est toujours pas modifié complètement, et le comportement ENR presque semblable qui reste produit les divers fanatismo-intégrismes, les guerres, les massacres, etc., etc.

J - Je ne sais pas pourquoi, mais j'ai du mal à croire qu'en profondeur, nous ayons un rapport avec les animaux.

V - Il n'y a pourtant aucun doute, et pour les sciences biologiques, comme je l'ai mentionné, nous venons d'ancêtres animaux. Nous ne devrions pas être étonnés, ou vouloir comme l'autruche cacher notre identité car nous descendons d'eux en suivant une ramification spécifique du Code. Et encore aujourd'hui, dans notre cerveau, toutes nos racines génétiques comportent un grand nombre d'anciens gènes qui viennent de nos ancêtres animaux, si bien que selon les affirmations de la biologie moléculaire, des molécules cybernétiques d'ADN, des facteurs rhésus du sang, des gènes administrato-modificateurs, des chromosomes et d'autres caractéristiques cellulaires sont presque communs et se retrouvent dans le génome de l'homme et de l'animal. Et les animaux sont en quelque sorte nos cousins de plus en plus proches, jusqu'à posséder plus de 90% du matériel chromosomique en commun, pour atteindre selon certains, plus de 99% entre l'homme et le chimpanzé. Et en partant de nos ancêtres communs, cette petite modification de moins de 1% des gènes sur une période de plusieurs millions d'années a finalement abouti à l'homme, avec des effets importants sur son anatomie et sa descendance. Il suffit cher ami, pour vous en convaincre, de regarder les photos d'embryons de certains animaux, de chiens, de poules, de tortues, de rats, de lapins, etc., porteurs du même Code, légèrement différencié et arriéré, pour découvrir que dans les premiers jours de leur développement, lorsque le Code commence à se dérouler, ils sont presque identiques à l'embryon de l'homme. Et des effets importants de cette proximité avec les animaux subsistent et se retrouvent dans le comportement actuel de LIA qui est toujours bien ancré dans nos gènes cérébraux administratifs et cybernétiques de mentalité primitive puisque, encore aujourd'hui, nous mangeons en réalité notre parenté... mais nous sommes de nobles cannibales, car lorsque nous mangeons notre famille, c'est aristocratiquement, rarement crue, plutôt cuite, avec des fourchettes, etc., etc. Pourtant je crois que la connaissance nous sera bientôt donnée d'une alimentation de qualité pour manger de préférence des légumes, avec d'autres produits, ce qui contribuera considérablement dans l'avenir à l'augmentation de la durée de notre vie... Pourquoi riez-vous ? Cet exposé n'a ni le ton, ni rien d'humoristique... De toute façon, il est temps de s'arrêter pour aujourd'hui.

J - ***Pourrais-je revenir demain, à la même heure ?***

V - Oui, je vous attendrai.

Le facteur administratif, photo-électro-neutrinique, de la ΛV donne la LIS à l'homme pour apporter les valeurs de civilisation et développer ses progrès techno-scientifico-culturels

J - Après avoir bien retracé l'origine et l'histoire de la LIA et du comportement ENR, pourriez-vous, monsieur Vaskas, me donner quelques éléments sur l'origine de la LIS ?

V - L'origine et l'histoire de la LIS sont parallèles à celles de la LIA ... En réalité, la LIS a ses débuts dans la Galaxie maternelle primordiale. Et sur notre planète, son histoire est plus récente que celle de la LIA, parce que la LIS de l'homme a véritablement commencé à poindre à partir des inventions techniques : par exemple en Mésopotamie, il y a quelques milliers d'années, dans la civilisation sumérienne, avec l'instrument de pesage, puis plus tard avec le tour de potier, etc., et par la suite, en Chine, avec l'invention de la fonte du fer, plus de 2600 années avant notre temps, c'est-à-dire avant l'ONU. Puis 50 ans plus tard, en Grèce, la force multiplico-reproductrice photo-électro-neutrino-nucléo-atomo-synthétique qui agit dans la Loi globale cyclo-attracto-répulsionnelle cosmofonctionnelle de la ΛV, que nous appelons en grec « νους του κοσμου », ce qui signifie « mentalité cosmique », a donné la LIS à Thalès de Milet pour qu'il découvre son existence par une de ses caractéristiques qui fait aussi sentir son action dans l'organisme de l'homme : « l'électricité statique ». Et bien que ses meilleurs travaux aient peut-être disparu dans l'affaissement d'une île proche de Milo, nous savons qu'en frottant de la résine fossile avec des cheveux ou de la laine, il se produit des photons, des fragments appelés en grec « ηλεκτρονια » (électrons). Thalès de Milet a donc découvert le commencement de la mentalité administrato-constructrice de la ΛV qui est à l'origine de la LIS suivant les détails que j'ai mentionnés dans la période 5.

J - C'est vrai que l'énergie électrique est aujourd'hui très importante et s'étend dans le monde entier à tous les secteurs biosociaux des humains.

V - Oui, c'est bien connu cher ami. Et avant de poursuivre l'histoire de la LIS terrestre, une parenthèse mérite d'être faite pour répéter que cette énergie électrique qui peut s'exercer dans une grande diversité de formes : communicative, lumineuse, cinétique, et en de nombreuses autres, sans limitation, et qui fait partie, en réalité, de la ΛV, est aussi le facteur principal du progrès de l'homme et le soutien de la vie dans de nombreux domaines essentiels : par exemple, selon ce qu'affirme la physique terrestre, en influençant la partie froide des nuages avec de la vapeur qui monte par la force de répulsion dans l'atmosphère et contient des électrons chargés positivement, qui, rencontrant les électrons négatifs, s'unissent en provoquant dans leur dématérialisation une ou plusieurs décharges électriques ou éclairs lumineux qui chauffent l'air dont les dilatations et les contractions produisent des ondes sonores qui propagent le bruit de tonnerre que nous connaissons ; et par la force d'attraction cette vapeur retombe sous forme de pluie pour accomplir la Loi attracto-répulsionnelle. Et l'efficacité protectrice du paratonnerre confirme que pendant que le courant électrique circule à l'intérieur, les électrons se déplacent tous dans la même direction, bien disciplinés. Et la pluie bienfaisante produite par ce phénomène donne la vie à tous les corps biosynthétisés, car lorsque l'action énergétique de ce courant se décharge par la foudre - souvent mortelle pour l'homme s'il en est frappé -, toute la biosphère est influencée.

Ce sont principalement les électrons qui circulent en flux d'énergie dans tout l'espace macro-microcosmique, qu'il soit galactique ou terrestre, diverso-biomorphique ou inter-membranaire cellulaire ; et en rapport généralement avec la neutrine, les électrons coordonnent la vivacité cosmique, et aussi la nôtre dans notre système musculaire, nerveux et notamment nerveux central où ils activent les neurones cérébraux qui commandent tout le fonctionnement de notre organisme et règlent les mouvements cardio-pulmonaires.

Cette énergie des électrons influence également nos progrès dans tous les domaines ou presque, parce que le développement technoscientifique dépend aussi de cette énergie, de même que l'ensemble du domaine multimédiatique, avec notamment les ordinateurs qui développent et font avancer l'ensemble du secteur épistémologique afin de former, après l'unification pananthropique, une mentalité planétaire homogène... et plus tard celle de notre mégatome et peut-être au-delà.

Avec l'énergie électrique en coopération avec d'autres parties de sa force photo-électro-neutrino-nucléo-atomo-synthétique multiplico-reproductrice, suivant sa Loi globale, la AV transforme toutes les interactions, énergies et puissances qu'elle comprend, selon ce qui est nécessaire, de complexes en intégrées, de simples en conjonctives, combinatoires, polyadaptatives, associatives, copulatives, etc., et unifiées de façon à ce qu'elles coopèrent ensemble pour constituer le cosmofonctionnement cyclo-attracto-répulsionnel qui produit aussi la compactivité symétrique qui entraîne la rotation et l'approcho-éloignement proportionnel synchronisé de tous les corps spatiaux et coordonne l'orientation et l'adaptabilité des diverses fonctions mécaniques qui les maintiennent continuellement en suspension dans un équilibre organique. Et cela vaut la peine de répéter que la Loi globale de la ΛV organise les pôles contraires pour qu'ils s'attirent (et inversement pour les autres) suivant les mêmes principes qui régissent le fonctionnement de toute la structure polygalactique organique cosmique ordonnée, notamment dans les diverses variations dimensionnelles des champs cyclo-attracto-répulsionnels polydirectionnels, sur des orbites proportionnellement symétriques.

Mais sur la Terre, la LIS est vraiment apparue vers 2400 ans avant notre temps, comme des étincelles sous le choc de deux silex, dans la réflexion scientifique du cerveau d'un savant grec appelé Démocrite, et plus tard d'un autre appelé Héraclite, les premiers physiciens du monde ; et cette lumière intellectuelle a illuminé l'obscurité asyllogistique de l'espèce humaine. A partir de là, la recherche fondamentale a commencé à éclairer la constitution de la matière. Et ce que Démocrite a discerné vaut la peine d'être répété, à savoir que toutes les substances environnementales et les objets inertes ou vivants sont composés d'un nombre incalculable de minuscules particules invisibles, possédant chacune leur personnalité ; et il les a nommées en grec « ατομο » ou « atome », c'est-à-dire « personnage ». Et bien qu'il sût que tout ce qui est dans l'espace cosmique est constitué d'atomes, de son temps, il n'avait malheureusement pas les moyens de démontrer cette réalité.

J - Vous dites cela si vite monsieur Vaskas, alors que je n'ai pas encore bien compris le fonctionnement des différentes charges électriques et des atomes.

V - Essayez d'être attentif, car bien qu'ayant déjà parlé de ces détails bien connus du monde scientifique dans les périodes 11 et 12, je vais répéter que la contrôlo-synchronisation des électrons - ou la différence entre les charges positives et négatives - est toujours formée suivant cette Loi cosmo-fonctionnelle fondamentale globale de la ΛV qui réussit intelligemment à les régulariser dans une exacte analogie et un équilibrage cyclo-attracto-répulsionnel entre les charges et à les placer sur des orbites électroniques autour des noyaux nucléoniques pour constituer les atomes. C'est-à-dire qu'avec sophistication, la ΛV donne aux particules sous-atomiques et par exemple au proton, une charge électrique positive, tandis qu'elle ne donne aucune charge à son partenaire, le neutron ; et avec intelligence, pour obtenir l'équilibre, elle place en orbite autour de chaque noyau nucléonique, suivant le nombre de protons, toujours dans une stricte analogie, le même nombre d'électrons correspondants dont la charge électrique est équivalente mais opposée, c'est-à-dire négative. De cette façon, elle constitue l'atome, équilibré et électriquement neutre, sans aucune charge électrique. Parallèlement, elle isole des positrons, les antiparticules chargées positivement. Mais l'organisation des processus électroniques des mécanismes plus complexes est plus importante : par exemple l'organisation d'atomes reliés par des liaisons polarisées, qui, pour constituer des molécules, changent leurs liaisons électroniques en liaisons de covalence et partagent les électrons entre les noyaux de différentes puissances, les plus gros attirant suivant leurs besoins exacts les électrons à leur merci des atomes plus proches d'eux. Et dans une analogie équivalente, par émission-absorption photo-électro-neutrinique, comme je l'ai décrit dans la période 12, la ΛV transforme certains atomes inertes en organiques. Vous comprenez là, que seule une intellection avancée peut parvenir à un tel arrangement de valeur de la force électrique ; et pour cette raison, après la constitution de l'atome, l'énergo-reproductive, coordino-exécutive, mentalité ΛV est devenue intelligente.

J - Cela veut-il dire que les atomes sont commandés électriquement par une certaine valeur de cette force ?

V - Oui, mais dans tous les cas, la valeur de cette force dépend de la valeur des charges et aussi du carré de la distance qui sépare les charges, c'est-à-dire que si la distance est divisée par deux, la force est quatre fois plus importante. Et comme je vous l'ai déjà dit, les électrons sont des éléments constitutifs du facteur administratif de la ΛV qui, à travers eux, réfléchit et constitue la complexité des atomes organiques, et leur donne notamment une certaine mentalité. Et n'oubliez pas que les atomes modifient leurs caractéristiques chimiques par le transfert des électrons qui constituent leur couche externe, car, et cela mérite d'être rappelé, la ΛV fait fonctionner la structure universo-endogalactique polarisée, ou celle des systèmes stellaires, en utilisant de différentes manières le flux d'électrons qui obéit toujours au processus bien connu entre deux charges électriques, sur cette base que les pôles semblables se repoussent et les contraires s'attirent. Et dans cette loi, la force polymorphosynthétisée de la ΛV polarise presque toute la structure cosmique.

J - Je comprends maintenant que la découverte de l'électricité était vraiment très importante. Pourriez-vous poursuivre l'histoire de la LIS ?

V - Pour être plus descriptif, parallèlement, un autre savant mathématicien grec, Archimède - connu de tous par le fameux mot « Eurêka ! », signifiant « J'ai trouvé ! » -, porteur du même esprit de LIS, a fait de nombreuses découvertes et inventions qui sont restées célèbres. Sa LIS a trouvé entre autres, et c'est aussi très connu, la vis sans fin, les divers principes des leviers, la flottabilité - en précisant que dans un fluide, la poussée vers le haut était égale au poids du fluide déplacé, ce qui signifie pour plus de détails, que si un corps déplace un kilo d'eau, il crée une poussée verticale égale à un kilo qui s'exerce sur ce corps du bas vers le haut - et il a aussi découvert que la densité est le rapport du poids de matière au volume, etc. A partir de là, on pouvait dire que grâce à la LIS de Thalès de Milet, de Démocrite, d'Héraclite, d'Archimède et d'autres, les bases scientifiques étaient en place pour que la LIS puisse se répandre et toucher de nombreux domaines de la civilisation.

Mais à peu près à la même époque, environ 2220 ans avant notre temps, un autre savant grec, Aristarque, observateur astrophysicien influencé par la même LIS, a tenté de mesurer les distances du Soleil et de la Lune à la Terre par une ingénieuse méthode basée sur la trigonométrie. Et déjà à son époque, il défendait avec force l'héliocentrisme, affirmant que notre planète est plus petite que le Soleil et qu'elle tourne en orbite autour de lui. Il a discerné la trajectoire cyclo-orbitale, le mouvement de yo-yo de l'interconnexion symétro-dissymétrique et la base de la relativité magnéto-gravitationnelle planétaire, éléments qui seront repris plus tard par les nouvelles générations de pensée de Copernic, Einstein, et d'autres. Et il proclamait que la croyance de la LIA, l'idée de cette époque qui affirmait que le Soleil tournait autour de la Terre était erronée, ce que pensait - hélas ! - un autre philosophe à la LIS moins avancée, qui vivait à Athènes environ 2330 ans avant notre temps, je veux parler d'Aristote, ce savant grec célèbre qui a écrit, avant Aristarque, de nombreux ouvrages traitant de diverses sciences naturelles, exposant que toute matière était constituée des quatre éléments, terre, feu, eau et air, et aussi d'autres éléments. Mais de son temps, Aristarque ne disposait malheureusement pas des moyens d'expérimentation nécessaires pour démontrer ses affirmations et la théorie géocentrique erronée d'Aristote est restée prédominante, certainement avec l'approbation de la LIA des religions absurdes de l'époque qui ont freiné, pour des raisons bien entendues, tout progrès de l'intellection humaine pendant presque 2000 ans.

Et tandis qu'au cours des deux siècles précédents, la LIS d'autres savants avait découvert de nombreux détails concernant les divers éléments ou substances constitutives de la matière qui compose les différents corps répandus dans la nature, Hérophilus, un autre savant grec disait que le siège de la conscience se trouvait dans le cerveau, alors que le philosophe Aristote, ce disciple de Platon (l'auteur de la géométrie symétrique et synthétique de la pensée de l'homme, mais aussi malheureusement, de l'éternité de l'âme qui allait commencer à nourrir la fantaisie de certains), lui-même élève de Socrate, insistait encore en disant que l'âme se trouvait dans le coeur. Et la LIS était encore trop peu développée chez d'autres savants observateurs grecs plus anciens, comme Anaximandre, 2600 avant notre temps, connu pour être le père de l'astronomie, mais qui pensait à tort que la Terre était comme un cylindre alors qu'Aristote savait bien que notre planète, comme la Lune, avait une forme sphérique. Cependant, sa LIS entravée par l'influence de la LIA des religions hégémoniques de l'époque, avides de pouvoir et pleines du diverso-nationalisme grec, Aristote pensait que la Terre était le centre immobile de l'Univers et que tous les autres corps célestes se déplaçaient autour d'elle ; et il a égaré l'esprit du monde connu d'alors dans cette absurdité. Et malheureusement, la LIS d'Aristarque qui manifestait une avancée de la pensée humaine ne put changer cette conception trompeuse de la LIA. Et comme aujourd'hui nombreux sont ceux qui restent attachés à l'hypothèse du Big Bang, de même en ce temps-là, tous restèrent attachés à la pensée erronée d'Aristote qui influença par la suite de nombreux savants observateurs grecs et même Eratosthène, qui, environ 2200 ans avant notre temps, détermina presque exactement la taille de notre planète et insista pour dire qu'elle était de schéma cyclique.

Et les observations célestes ont continué avec d'autres observateurs grecs, comme Hypparque, environ 2090 ans avant notre temps, qui, bien avant l'invention du télescope et sans utiliser d'instruments optiques avait fait des observations exactes sur les mouvements apparents de notre Soleil, de la Lune et des planètes ; et il avait répertorié la position exacte de 846 étoiles. Il avait aussi découvert avec précision leurs déplacements dans le temps et introduit le système de magnitude pour exprimer l'éclat des étoiles, en répartissant les astres, dans son catalogue, en six catégories de brillance à partir de la première magnitude qui est encore en usage à quelques modifications près.

Hélas ! Environ 1800 ans avant notre temps, un autre savant observateur grec, Ptolémée, à qui nous devons de nombreux travaux sur l'astronomie, a suivi lui aussi, comme tous les autres, l'esprit entravé d'Aristote, soutenant que la Terre était le centre du Cosmos et que tous les autres corps célestes tournaient autour d'elle. Il affirmait que certaines planètes se déplaçaient plus vite en exécutant un mouvement spiral rétrograde dans le ciel et qu'elles pouvaient même changer proportionnellement d'éclat suivant les différentes parties de leur orbite. Et finalement, il a ajouté à la pensée d'Aristote que, selon lui, chaque planète se déplaçait autour de la nôtre en décrivant un petit cercle, un épicycle axé sur un cercle plus grand, etc. Et ce principe était presque vrai, mais mal expliqué, car ce qui était absurde, en réalité, c'était de l'appliquer au mouvement de la trajectoire terrestre. Et la LIA de ces deux hommes a retenu l'esprit intellectuel, le laboratoire de l'avenir de l'homme, et l'a retardé de près de deux mille ans.

Mais grâce aux recherches fondamentales d'autres savants grecs dans tous les domaines tels que la philosophie, les techniques sculpturo-picturo-architecturales, les sciences, etc., le dynamisme de la LIS faisait qu'elle avançait dans la généalogie du progrès. On peut citer encore une fois Thalès, qui était aussi le père de la géométrie, et le géomètre Euclide, Hippocrate, le père de la médecine, Homère, le père de la poésie, et Clisthène, le fondateur de la première démocratie, la démocratie-mère athénienne qui a fait admettre le principe fondamental et l'établissement de la démocratie ou souveraineté du peuple ; la première lumière contre-dictatoriale à briller dans le monde de ténèbres et de violence de la séculaire tyrannie de type ENR bien installée dans le génome de l'homme, et à montrer la porte de la délivrance avec la formation des premiers textes constitutionnels protecteurs de l'égalité et des droits de l'homme dont l'héritage continue de construire notre civilisation dans tous ses aspects, et notamment dans le principe d'isonomisme qui signifie l'égalité des droits de chacun devant les lois, avec des systèmes électoraux qui donnent le droit à chaque homme de participer librement au pouvoir cybernétique.

Et la LIS avançait dans la diverso-culture, la philosophie, etc., et dans les arts, la sculpture, l'architecture, le théâtre, etc. ... Et nous ne pouvons pas oublier les nombreux créateurs des diverses valeurs du progrès de la LIS, comme Pindare, Esope, Anacréon, Hésiode, Tyrtée, Pythagore, Plutarque, Empédocle, Diogène, Héraclite, Archilogue, Alcée, Simonide, Eschyle, Sophocle, Euripide, Aristophane, Hérodote, Thucydide, Socrate, Platon, Ménandre, Epicure, Théocrite, Strabon, Epictète et de nombreux autres, associés à de nouveaux mouvements libérateurs comme ceux des philosophes grecs stoïciens, épicuriens, etc. ... Mais à cette époque, la LIS grecque, qui faisait progresser de mille ans les mathématico-géométrie et diverso-science universelle, ne possédait pas d'armes suffisamment efficaces pour lutter contre la LIA, qui, de son côté, comme elle s'étendait sur presque toute la Terre, résistait toujours au moindre mouvement de progrès libérateur en s'appuyant sur d'anciens esprits de division nationaliste, invariablement fanatico-nationalisto-sectoreligieux de type ENR.

Ces savants grecs ayant donc fondé les principes d'intellection avancée de la gnoséologie et de la diverso-technoscience pour les siècles à venir, il s'ensuivit une période d'attente et de guerre permanente, jusqu'à ce qu'enfin, dans le reste de l'Europe toujours basé sur les sciences grecques, un autre savant, Copernic, discernant dans les écrits d'Archimède la découverte faite par la LIS d'Aristarque, vienne provoquer une révolution dans l'astronomie de son temps. Et réaffirmant ce que la LIS d'Aristarque avait déjà signalé 1700 ans environ avant lui, il a mis en valeur le fait que la Terre est vraiment une planète ordinaire en orbite autour du Soleil. Mais sa LIS présentait encore des lacunes, car Copernic pensait que le Cosmos était centré sur le Soleil ; et il n'a pas eu un succès fulgurant. De plus, la LIA s'accrochait, d'autant que dans ces années-là, le monde commençait à s'élargir aux autres continents avec les voyages et découvertes de nouveaux territoires par de grands navigateurs comme Colomb, Cabot, Diaz, Vasco de Gamma, Cook, Magellan, Cano, et d'autres... ce qui favorisait l'exportation des fantasmes nationalisto-religieux de la mentalité ENR et de la LIA, avec l'émigration de populations pleines de cette mentalité qui débarquaient dans tous ces territoires pour les coloniser à tout prix en se servant du nom de certains Dieux d'amour et de miséricorde et notamment de celui du pacifique Jésus-Christ pour commettre d'inimaginables et atroces génocides, assassiner des millions d'hommes et perpétrer d'autres crimes écrits dans la mémoire de l'histoire au déshonneur de l'homme hypocrite, cagot et homicide.

Mais plus tard, avec d'autres découvertes, la communauté scientifique allait cette fois se réveiller pour essayer de mieux comprendre l'Univers. Ce sera particulièrement le cas d'astronomes comme Tycho qui livrera ses observations planétaires à Kepler, son assistant mathématicien qui saura démontrer la théorie héliocentrique d'Aristarque et surmonter certains obstacles rencontrés par Copernic, en indiquant que les planètes ne se déplacent pas suivant des combinaisons de cercles, mais suivant des ellipses. Il démontrera aussi clairement que les planètes vont plus ou moins vite sur leur orbite selon qu'elles sont plus ou moins proches du Soleil... et nous connaissons ces précisions sur les orbites elliptiques des planètes, basées sur les observations précises de la LIS de Tycho, sous le nom de première loi de Kepler, qui a continué, avec ses deux autres lois cosmologiques, à secouer la LIA endormie sur les autorités et diverso-dogmes de l'antiquité pour développer la LIS.

A la même époque, la flamme intellectuelle et technoscientifique s'était aussi accrue avec Galilée qui avait observé d'innombrables étoiles en utilisant une lunette de sa fabrication. Mais dans sa résistance aux progrès de l'intellection humaine, la fausse dévotion et la pseudothéocrainte religieuse de cette époque l'emprisonnera à vie dans sa propre maison, afin d'arrêter, ce qu'elle avait toujours fait depuis notre plus lointain passé, tout progrès de la LIS contraire à ses intérêts.

Malgré toute cette macabre oppression de la mentalité ENR, la LIS a continué de se développer pour ouvrir la porte de l'Univers et de la connaissance, et libérer l'homme de la LIA qui n'en finit pas de frapper l'humanité.

Parallèlement à tous les carnages provoqués dans le monde au cours de toutes ces années par la LIA, la LIS n'a cessé de croître, progressivement, avec les grandes découvertes et inventions d'hommes qui en étaient porteurs, et qui, notamment depuis environ 1000 ans, se sont multipliées et perfectionnées au cours du temps.

Et toutes les réalisations, inventions et découvertes ont profondément changé le rythme d'acquisition des moyens de subsistance de l'homme. En favorisant l'organisation progressive de la société, elles ont contribué à l'amélioration de la vie. C'est pourquoi les organisations sociales qui commandent les progrès de la civilisation doivent toujours parvenir au plus haut niveau de la technologie dont elles disposent. Aussi, toute la population de la Terre doit comprendre que les technosciences font, plus que toute autre chose, les progrès biologiques et culturels, car c'est essentiellement par la modification des mécanismes de diverso-échanges entre les hommes civilisés que les organisations sociales se transforment.

Il est donc clair, dans une société qui dispose de moyens de communication par satellites artificiels pour couvrir toute la planète, que c'est particulièrement la transmission audiovisuelle par satellite - parce qu'elle pénètre par la télévision dans toutes les maisons et touche tous les habitants de la Terre - qui peut jouer un rôle important en faveur de l'éducation, de la culture, de la compréhension, de la paix ou plus généralement de la cohabitation et de la coexistence pacifique, humaine, entre les populations. L'enseignement de l'histoire est à cet égard particulièrement important pour que les détenteurs du pouvoir tirent les leçons de cette généalogie de l'homme sous l'influence de la LIA et ne répètent pas les erreurs commises.

Et si l'audiovisuel - notamment la télévision, etc. - est en mesure de prendre en main sa mission d'éducation populaire, dans une nouvelle forme d'université pananthropique, étant unifié sur toute la Terre et surveillé par une commission mondiale d'intellectuels scientifiques porteurs de LIS, il pourra alors apporter une large contribution en faveur de l'organisation, de l'encouragement et du renforcement de valeurs telles que le respect dû à la famille et à la société, si au moins il veut bien diffuser les bons exemples de générosité, d'altruisme, de compréhension, d'amitié et de respect mutuel qui fleurissent sans cesse autour du monde, parce que c'est dans ce but que la AV a d'abord construit le réseau de communication autour de la Terre, afin de mettre en place les moyens de communication qui vont jouer un rôle très important dans l'inévitable métamorphose biosocioculturelle mondiale qui transformera la LIA pour qu'elle rejoigne la LIS actuelle. Car si les medias continuent de diffuser des stéréotypes négatifs, au lieu d'unir l'humanité, ils accentueront ses divisions. Or, la culture et la connaissance actuelles ne peuvent être les mêmes que celles de la LIA datant de 4000 ans et que l'on rencontre encore de nos jours. Car même si les formes des divers systèmes sociaux et de gouvernements sont aujourd'hui assez semblables et instaurent de plus en plus de nouvelles lois pour corriger les erreurs du passé, les défauts des hommes restent toujours les mêmes et l'appétit pour le pouvoir est relativement classique et identique. Dans le domaine de l'humanisme, le véritable changement de la LIA en LIS se fera grâce à l'augmentation de la technoscience, car il est clair que le cadre dans lequel se déroule la vie quotidienne et prospère la société dépend énormément du niveau technoscientifique de la civilisation dans laquelle l'histoire des découvertes et des inventions a lieu. Et malgré ce lamentable anachronisme de la LIA dont la pseudo-archéo-moralité s'est répandue pratiquement dans le monde entier, les droits de l'homme, principe de base d'une nouvelle démocratie planétaire pour tous les pays du monde, avancent, progressivement, avec l'expansion de la communication et de la connaissance, vers l'élimination de l'analphabétisme et le perfectionnement de tous les systèmes de valeurs civilisées en s'adaptant successivement aux besoins de la communauté anthropique mondiale.

Et dans sa course, infatigable, la LIS interconnecte l'intelligence du monde entier tout en s'appuyant aussi sur la LIS des cerveaux de milliers d'hommes qui ont participé aux progrès de l'intellection et de la culture et dont les travaux de recherche fondamentale sont mondialement reconnus dans les domaines des découvertes technoscientifiques, des lettres, des arts, etc., etc., et de certains hommes politiques humanistes dont les noms méritent d'être écrits en lettres indélébiles dans l'histoire de la civilisation humaine.

Et tandis que l'augmentation de la connaissance élimine peu à peu certains archéo-idéalismes séculaires et fait diminuer la LIA, la progression ascensionnelle de la haute culture de la LIS se poursuit et se poursuivra jusqu'à ce que l'intellection de l'homme, humaine et pleine de LIS, ait changé la société contemporaine pour un avenir meilleur qui verra son influence se porter sur d'autres planètes. Alors, en tant qu'intellection ou conscience de notre système solaire, ou mégatome, elle sera incorporée, comme celle d'autres mégatomes, dans la Conscience Cosmique Suprême de la AV pour accomplir sa mission conformément au programme du Code Universel homéo-morpho-diverso-reproducteur polyexpérimenté symétro-organo-biogéno-spatial.

Dieu, réalité absolue... mais...

J - Finalement monsieur Vaskas, tout ce que vous avez dit sur l'existence de la mentalité administrato-constructrice ΛV avec sa Loi cosmofonctionnelle globale, cyclo-attracto-répulsionnelle, vérifie celle de cette puissance de grandeur inconcevable que nous appelons Dieu. Et vous avez raison de parler de l'impulsion interne, inscrite dans les gènes de nos chromosomes, qui nous pousse à croire spontanément en l'existence d'un Créateur et la justifie. Aussi je pense à présent que vous croyez en Lui... et même plus que moi. Car avec la ΛV, vous levez le voile sur les plus grandes interrogations qui nous influencent et vous prouvez Son existence, non pas de manière religieuse ou philosophique, mais scientifique et positive.

V - Ecoutez cher ami ! Bien que je respecte et participe à votre foi religieuse et à l'existence de certains Dieux créateurs, votre position sur cette idée m'oblige à spécifier que le rêve est bon mais je préfère parler un langage sincère et pragmatique qui m'oblige à dire que vous vous trompez complètement sur la signification du terme ΛV, car avec son harmonieuse Loi cosmofonctionnelle globale, la ΛV qui unifie la totalité des interactions, énergies, puissances, etc., contrôle tous les principes diverso-symétro-dissymétro-organiques dans tout le mécanisme polygalactique et coordonne toute sa structure en développement constant appelé Univers ou Cosmos, est un principe strictement scientifique qui n'a rien à voir avec les milliers de Divinités et Dieux, les uns réels et les autres fabriqués - selon Homère et divers documents exclusivement historiques - par l'homme.

Car vous ne semblez pas encore avoir tout à fait compris que le programme du Code installé dans la mémoire polyexpérimentée des gènes, notamment de nos neurones, s'exprime dans l'impulsion innée par laquelle le Code nous pousse à rechercher, trouver et reconnaître l'existence de cette mentalité administrato-constructrice ΛV, instrumento-organisationnello-orchestratrice et transformatrice du Chaos primitif irrégulier en complètement régulier, et constitutrice de la Loi cyclo-attracto-répulsionnelle cosmo-fonctionnelle globale et du Code Universel... et comme toute existence, de l'infiniment grand à l'infiniment petit, qui, si elle existe, a un démarrage (et j'ai bien analysé en détail ses débuts et la manière dont elle s'est progressivement auto-constituée, auto-reconstituée et auto-développée), la AV doit avoir un commencement originel qui nous assure qu'elle existe depuis des centaines de milliards d'années à travers d'innombrables et continuelles générations et régénérations qui constituent les trillions de compositions galactostellaires avec lesquelles elle compose l'organisme polygalactique cosmique à l'intérieur duquel nous vivons et dans lequel elle a créé et continue de construire toutes choses - inertes et vivantes - et de développer une conscience cosmique et aussi, en micrographie, notre conscience pour qu'elle devienne capable de l'estimer, et, une fois parvenue à maturité, de s'y incorporer.

Elle ne nous a donc pas créé pour rien, mais assurément dans quelque dessein. Aussi nous donne-t-elle déjà la capacité de vérifier par nous-mêmes et de constater le fait que nous, les humains, ne sommes certainement pas la création de Divinités ou de certains Dieux, peut-être réels ou non et dont l'existence est une interrogation dès lors que presque tous n'ont pas de commencement... Et comme toute chose qui existe - c'est une loi inviolable - a une origine et un commencement, incontestablement, les Dieux et Divinités sans commencement ni origine ne peuvent avoir été inventés et élaborés que par l'homme… Ainsi, d'après certains sociologues, la majorité ont été créés à des époques paléo-méso-néolithiques selon les fantaisies de certains hommes qui, tout en vivant en nomades, étaient suffisamment intelligents pour que ces Dieux et Divinités restent toujours vraisemblables, notamment pour les penseurs pleins de mythologies et d'illusions... Et cette impulsion codique innée ne peut parler pour nous assurer que nous avons été créés dans l'unique but d'accueillir la conscience, comme sur d'autres planètes organiques endo-galactiques, également sur Terre où les êtres humains sont la conscience, qui, malheureusement, a été trop souvent dénaturée et déformée suivant une multitude de diverso-déviations de leur intellection toujours en continuel développement et de leur esprit qui devenait indépendant.

Aussi, pour éviter tout malentendu, je répète que la logique syllogistique basée sur cette loi inviolable, d'un côté nous laisse supposer une possibilité que certains Dieux, Déesses et Divinités existent et soient réels, mais d'un autre côté, nous assure que, selon la science, rien n'existe sans origine ni commencement. C'est une très simple mais profonde réalité que nous avons du mal à regarder en face...

Je préfère donc croire en un créateur réel qui a commencé à exister de la manière bien illustrée dans les premières périodes pour ensuite s'autoconstituer et s'autodévelopper au cours des milliards d'années, que j'appelle AV, la mentalité administrato-constructrice fondatrice de la Loi cyclo-attracto-répulsionnelle cosmofonctionnelle globale, du Code Universel et de la

Conscience Cosmique Suprême, sans aucun rapport avec certaines diverso-divinités qualifiées paralogiquement de créatrices de l'Univers.

J - Permettez-moi néanmoins de continuer à soutenir que cette mentalité administrato-constructrice AV et sa Loi globale que vous avez exposé dans les détails peut donner un commencement originel et une réputation constructive ou une identité à tous les Dieux et Divinités qui exercent une certaine influence dans le monde.

V - Je vous félicite de suivre vos critères, vous pouvez agir comme bon vous semble, mais permettez-moi de vous dire que l'analyse de la réalité est très complexe... Je répéterai cependant que l'idée de l'existence de certains Dieux, super puissants ou subalternes, et comme vous dites qui exercent une certaine influence, n'est pas mauvaise du tout, parce que réels ou non, il suffit qu'ils soient inaccessibles et vraisemblables pour pouvoir impressionner la fantaisie de chacun des fidèles qui pourra les prier et invoquer leur assistance, leur soutien et leur aide afin d'être sauvé et d'échapper ou sortir de sa situation malheureuse : donc, peu importe à l'homme qui souffre que les Dieux et Divinités auxquels il croit soient réels ou non... Pourtant, cela n'empêche pas la logique syllogistique de continuer à poser la même et implacable question.

J - Oui c'est logique, mais je ne sais pas si nous avons le droit, nous les hommes si petits, de remettre en question l'existence des grands, supérieurs et tout-puissants Dieux, Déesses et Divinités, s'ils sont un héritage de la tradition archaïque.

V - Je ne vois pas la raison pour laquelle, nous les hommes, n'aurions pas le droit de remettre en question leur existence... Eh ! Quoi ! Ne sommes-nous pas des êtres humains portés à réfléchir pour rechercher la réalité ! ... Pourtant, comme l'opiniâtreté ne me plaît pas et que je ne rejette aucune opinion facilement, la possibilité que vous ayez peut-être raison n'est pas exclue, personne n'est infaillible, peut-être que la tradition archaïque a plus de valeur que notre intellection ! ... Mais pour ne pas ajouter que nous sommes aussi lents à comprendre, je vais essayer de trouver une façon de vous faire plaisir et de me mettre en accord avec vous... et sans être dogmatique mais réaliste, je vais fouiller tout ce qui existe et l'examiner avec vous dans un dialogue basé sur la logique syllogistique humaine afin de tirer au clair certaines questions. Et pour commencer, pourriez-vous me dire où habitent les nombreux Dieux et Divinités qui peuvent peut-être exister sans avoir ni origine, ni commencement ?

J - Aux cieux, bien sûr ! Et vous le savez très bien.

V - Oui, c'est bien connu ! Mais là, excusez-moi, certains penseurs peuvent s'interroger, car dans la simple logique, s'ils sont réels, existants et tout-puissants, pourquoi se cachent-ils dans l'immensité des cieux et ne se présentent-ils pas ici, sur la Terre ou dans le ciel autour de la Terre, pour que tous les hommes puissent croire en eux et qu'il ne subsiste plus aucun doute quant à leur existence ? Je ne crois pas qu'ils soient si timides ou qu'ils puissent se sentir gênés ?

J - Vous savez bien que dans la Bible, les écritures grecques chrétiennes notamment rapportent clairement que Dieu s'est présenté et a parlé du ciel... et même bouche-à-oreille avec certains hommes. Avez-vous une Bible ?

V - Bien sûr, j'ai là une Bible grecque si cela peut vous convenir. Montrez-moi quel passage justifie cela ?

J - Très bien ! ... Permettez ... Tenez, ici, dans l'évangile de Mathieu au chapitre 3, lors du baptême de Jésus par Jean le Baptiste, il est dit au verset 16 : « Voici que les cieux s'ouvrirent... que des cieux une voix disait : 'Celui-ci est mon fils... », etc.

V - Vous avez raison, ce récit est vraiment extraordinaire, mais qui d'autre a écouté cette voix et fut témoin de cet inestimable événement ?

J - Personne d'autre que Jean le Baptiste qui a baptisé Jésus ; et c'était suffisant.

V - Vous avez peut-être raison, mais ici, il est écrit que Jean le Baptiste - et seulement lui - a vu ces choses et entendu la voix venue des cieux désigner celui qu'il venait de baptiser comme étant le Christ.

Alors permettez-moi de vous signaler que selon ce que rapporte aussi la Bible, ici, en Mathieu 11 : 2,3, un peu plus tard, étant en prison, ce même Jean le Baptiste, l'unique témoin oculaire de ces événements inestimables, s'est contredit et a désavoué cette voix céleste lorsqu'il a envoyé ses disciples vers le Christ pour lui demander, je cite : « Es-tu Celui qui vient ou devons-nous en attendre un autre ? » Voulez-vous le vérifier ? ... Donc, Jean le Baptiste n'a pas vu, ni entendu non plus cet élément !

J - ... Oui votre remarque est logique, vous avez raison, ce doute de Jean Baptiste est inexcusable et ce dernier verset montre clairement que l'ouverture du ciel et la voix de Dieu n'avaient aucune réalité pour Jean le Baptiste. Je n'avais encore jamais fait le rapprochement entre ces deux

passages complètement contradictoires des écrits bibliques. Mais il n'est pas nécessaire que Dieu ouvre le ciel pour parler car il réside aussi lui-même sur la Terre.

V - Voulez-vous vraiment dire que les divers Dieux qualifiés de créateurs de tout l'Univers résident également eux-mêmes sur la Terre ?

J - Bien sûr, et cela m'étonne qu'en ayant tant d'expérience, également de la religion chrétienne, vous ne sachiez pas que le Dieu qui a créé l'Univers a dit lui-même : « Le Ciel est mon trône et la Terre est mon marchepied ».

V - Oui, c'est écrit dans la Bible, en Isaïe... ici, au premier verset du chapitre 66. Je le connais parce que je me suis penché sur ce passage. Mais permettez-moi de vous poser une question.

J - Je vous en prie, allez-y.

V - Je voudrais seulement vous demander ce que vous répondriez à l'un de vos amis, s'il vous certifiait qu'un certain Dieu a créé les nombreux milliards de petits grains de sable du désert, comme au Sahara, par exemple, dans le seul but de s'asseoir sur un seul d'entre eux.

J - Vous plaisantez ! Cette anecdote est comique ! Ce serait complètement absurde et déraisonnable. Jamais un Dieu n'aurait créé des milliards et des milliards de grains de sable uniquement pour s'asseoir sur un seul d'entre eux. Car pourquoi en créer tant lorsqu'un seul suffit. Je conseillerais peut-être à cet ami d'aller dans un hôpital pour handicapés mentaux afin d'y consulter des psychiatres et se faire soigner.

V - Le pauvre ! Pourquoi lui donner un tel conseil si c'est un homme ignorant comme nous et comme presque tous ? Et que pourriez-vous faire pour favoriser la guérison de votre ami si les psychiatres avaient la même opinion ?

J - J'essaie de comprendre où vous voulez en venir. Vous voyez bien que vous me mettez dans l'embarras. Je ne sais que répondre, car si c'est ainsi, personne ne pourrait le guérir.

V - Oui votre ami pourrait guérir, et à mon avis, l'unique remède pour cela est le contraire de l'ignorance, c'est la connaissance. Mais vous auriez pu répondre à cette question difficile ce que beaucoup auraient répondu. Car il est bien connu que lorsque la science prouve que le dogme d'une théologie parmi des milliers est mythologique, la réponse qui suit est classique : « Notre dogme théologique n'est pas mythologique, mais symbolique ».

J - Et que faut-il entendre par symbolique ?

V - Vous n'êtes pas sans savoir que le mot symbolique est un terme grec bien choisi pour couvrir ce qui est inexplicable et mystérieux. Mais comme chacun est libre de croire en ce qu'il veut, je respecte la liberté d'expression et les croyances, et je ne veux offenser personne, et vous moins encore cher ami, parce que tous les croyants et non-croyants sont sympathiques... car dans un monde où, culturo-moralement, rien n'est concret, la croyance en quelque chose dénote souvent la crainte ou la peur d'une supériorité capable de produire une certaine moralité... et pour cette raison, pourvu qu'elles soient pacifiques et ne fassent pas de mal à l'autre, je respecte toutes les croyances, même anthropocentriques ou symboliques. Et pour revenir à cette question, j'aimerais que vous trouviez vous-même la réponse, après avoir fait l'effort de vous rappeler mes propos précédents dont vous avez reconnu la véracité, n'est-ce pas !

J - Je ne me rappelle pas bien tous les détails, mais je vais essayer...

V - C'est naturel cher ami, toute chose nouvelle est difficile à comprendre et c'est la raison pour laquelle le progrès marche avec des béquilles, mais je vous ai déjà donné les éléments susceptibles d'accroître votre connaissance pour que vous puissiez répondre facilement à cette question, cependant vous ne semblez pas encore avoir bien saisi. Alors, sachant que la répétition est l'alliée de la mémoire, je vais vous rappeler la difficulté qu'il y a pour un homme, sur une Terre aussi minuscule qu'un grain de poussière, de parler bouche-à-oreille avec certains Dieux qui, cela mérite d'être répété, sont tous qualifiés de créateurs des milliards de Galaxies et des trillions d'astro-planéto-satellites. Car tout le monde sait que la Terre - le marchepied de divers Dieux créateurs de l'Univers - qui nous semble grande, évidemment du fait de notre petitesse, est vraiment infime et presque inexistante à l'intérieur de notre système solaire, puisqu'elle est environ 1.000.000 de fois plus petite qu'un astre de taille moyenne comme le Soleil qui lui donne sa lumière pour garder sa forme de vie miniature et l'empêcher de disparaître, et qui est lui-même, avec l'ensemble de notre système solaire, très minuscule et complètement perdu parmi les 140 milliards environ de systèmes stellaires presque semblables au nôtre que contient notre Galaxie, une parmi des milliards de taille moyenne. Mais en comparaison d'autres, notre Galaxie est elle-même très petite et se perd aussi parmi les innombrables milliards de Galaxies qui composent l'organisme polygalactique de notre Univers ; et naturellement, toutes ces Galaxies contiennent des millions de milliards de planètes comme la nôtre et de plus grandes, de la même manière que le Sahara contient des millions de milliards de grains de sable. Comment est-il possible que ces Dieux anthropomorphes qualifiés de créateurs de tout cet immense Univers, aient créé notre minuscule Terre, complètement inexistante dans le chaos d'une explosion aux millions de milliards de Galaxies, dans le seul but d'être leur marchepied ? S'il vous plaît, ne riez pas, cet événement n'est pas comique mais dramatique, car cette impudence rabaisse désespérément notre niveau intellectuel...

J - Oui, vous avez raison, c'est une grande interrogation. Je ne sais que répondre. Cette illustration de la réalité scientifique est très claire, mais au sens ou dans la signification du mot « Θεος » (Dieu), que nous avons établi, nous les Grecs, dans notre ancien polythéisme, je pense que Dieu est une réalité absolue.

V - Je partage votre foi, cher ami, mais il est pourtant bien connu que le mot « Θεος » (Dieu), représente théoriquement toute chose bien-aimée ou adorable pour les hommes. Nous pouvons par exemple appeler nos parents du mot Dieux. Et comme le disaient les philosophes stoïciens, après de rudes épreuves et pour répondre à son espérance, l'homme est toujours parvenu à sacraliser les visions et aspirations endo-encéphaliques intimes produites par son imagination et à les doter d'une entité artificielle que l'expérimentation, le contexte épistémologique et la logique syllogistique ont toujours contesté. Mais tant que les décisions technoscientifiques seront encore trop souvent imparfaites, le dogmatisme extrême et aveugle sur ce sujet restera difficile à réfuter. Néanmoins, personne ne pourra non plus le valoriser avec conviction. Ceci étant, comme ceux qui, parmi les populations, croient en divers Dieux et les craignent sont, je le répète, avec tous les autres, des amis pleins de mérite, surtout lorsqu'ils sont de bonne foi, je partage la joie de leurs convictions sur l'existence des divers Dieux, raison des incessantes prières qui prouvent la bonté de leur coeur... et même si les Dieux ne répondent pas à certaines de leurs prières, heureusement, leur autosuggestion y répond… et c'est aussi une expression réconfortante. Il est donc peut-être encore préférable aujourd'hui de rejoindre votre opinion et de se conformer à l'idée de l'existence du mot « Θεος » (Dieu) qui signifie adorable... alors, tout ce qui est considéré comme adorable est un Dieu.

Cependant, tout en acceptant cette définition respectueuse des pensées et convictions de chacun, permettez-moi de rester dans le cadre de la forme de pensée consciente réfléchie et de l'expérience ortho-logico-scientifique, car toutes les inventions de valeur civilisée - et les preuves abondent - sont créées par un acte syllogistique... Et si nous pouvons réfléchir syllogistiquement, cela signifie, d'après les hommes, que tous les Dieux sont intelligents... mais ni Aristarque, ni Copernic, ni Newton, ni Einstein n’ont réussi à comprendre et expliquer comment ces Dieux avaient pu créer la Terre et l'Univers... Pourtant, la logique syllogistique clame que s'ils existaient, certains Dieux créateurs ne seraient pas à ce point absurdes pour élaborer les diverso-mécanismes cosmiques dans un irréparable acte d'explosion catastrophique et immenso-expansioniste qui les rendraient de plus en plus incontrôlables, un acte qui supprimerait leur qualité de créateurs et les transformerait en simples Dieux. Donc, pour que ces Dieux puissent continuer d'être qualifiés de créateurs, il est incontestable, que s'il y a acte de création, il s'agit sans aucun doute d'un acte administrato-constructif qui assure le contrôle de l'ensemble du ralentissement, de l'accélération et du fonctionnement des mécanismes cosmiques.

Aussi, devant cette logique, permettez-moi d'ajouter amicalement à votre expression spontanée « Dieu est une réalité absolue... », le mot « mais ».

Le comportement archéo-traditionnel ENR favorise certaines « sociétés masquées » dans lesquelles l'homme vit en piétinant l'autre homme

J - Après avoir écouté les enregistrements, j'aimerais aborder avec vous une explication plus détaillée de la mentalité Egocentristo-Nationalisto-Religieuse ou ENR. Et pour commencer, monsieur Vaskas, comme le paradigme scientifique que vous avez utilisé dernièrement me tracasse, pourriez-vous approfondir le comportement religieux en général ?

V - Bien que nous ayons déjà abordé ce sujet archéo-traditionnel, je vais essayer pour vous être agréable, d'ajouter quelques précisions bien connues. Mais sachez tout d'abord qu'il n'est pas dans mes intentions d'influencer ou d'embarrasser qui que ce soit par mes opinions, et mon avis n'étant pas dogmatique, sentez vous libre de le contrarier ou le rejeter en fonction du cheminement de votre raisonnement... De mon point de vue, toutes les religions ont un excellent pouvoir calmant sur certains instincts sauvages de l'homme, mais je rapporterai aussi l'opinion de nombreux sociologues scientifiques et d'autres intellectuels qui pensent que durant les milliers d'années de sa montée, la mentalité ENR a édifié progressivement une pensée morale imagino-rêvo-fantasmagorique aux formes multiples, qui, bien que pure à l'origine, a contaminé, par sa confusion, presque l'ensemble de notre famille pananthropique, en étant invariablement présentée comme bienfaitrice, humaniste et pacifique, alors qu'elle était, selon, je le répète, l'opinion de certains socioreligiologues, exactement le contraire : la gardienne d'archives historiques et archéo-traditionnelles falsifiées à de nombreuses reprises au cours du temps en fonction d'intérêts particuliers qui se sont abreuvés de l'exploitation de certaines populations débonnaires, victimes d'une foi transformée en fanatisme aveugle qui s'est souvent accompli dans des massacres inhumains. Et cette mentalité très vivace qui se retrouve dans certaines sociétés masquées du passé a toujours été au service des divers intérêts commerciaux de ceux qui ont l'égomanie de vivre aux crochets des autres.

Et comme le montre aussi clairement l'histoire écrite, après avoir hérité des anciennes traditions, certaines générations successives ont peu à peu amalgamé des choses créées par l'homme primitif et enracinées dans son génome pour élaborer, au sein des populations, une société de type ENR qui a produit les idéalismes vraisemblablement humains qui nous persécutent encore aujourd'hui sous diverses formes... Et bien qu'ils soient qualifiés de chimériques par l'intellection syllogistique des mêmes socioreligiologues contemporains, ces derniers montrent que certaines secto-religions professionnelles qui disent représenter diverses Divinités pleines d'amour et de miséricorde et promouvoir un progrès culturel et philanthropique, restent, au contraire, sournoisement et profondément attachés à l'esclavage, cherchant plutôt, en raison de leurs intérêts économiques, à mettre en esclavage le plus grand nombre de personnes, à égarer ceux qui sont crédules et débonnaires, et les contaminer... Et sur ce dernier point, je pense comme qu'eux.

J - Alors là ! Permettez-moi d'exprimer mon désaccord sur ce point avec ces socioreligiologues et aussi avec vous qui êtes du même avis et pensez que les religions favorisent l'esclavage de l'homme. Et je ne peux pas croire que vous incluiez dans ces paroles les religions correctes, avec notre Dieu de la Bible, Jésus-Christ, auquel nous croyons en tant que chrétiens. Je regrette, mais vous devez vous tromper, car je sais bien que notre Dieu est un Dieu de liberté, d'amour et de miséricorde qui ne peut favoriser l'esclavage. Et sur ce point, laissez-moi douter de la solidité de votre argumentation. Sinon, vous devez prouver ce que vous avancez.

V - Oh ! Oh cher ami ! Ne vous énervez pas ! Vous avez bien sûr, comme tout le monde, le droit d'être d'un avis différent. Je vous ai seulement donné un avis basé sur l'opinion d'autres, sans être dogmatique car je me trompe peut-être, et vous connaissez ma nature pacifique. De toute façon, tous parlent d'une manière générale et personne ne dit rien contre aucune religion en particulier. Il est bien connu et c'est normal que ceux qui sont très croyants ont souvent des préjugés, mais pourquoi vouloir, par vos paroles, affirmer brutalement et sans raison que votre religion est en cause, car j'ai moi-même parlé clairement de « certaines » secto-religions. Ne vous méprenez pas, je suis libre et ne veux entrer dans aucun cercle, ni faire de tort à qui que ce soit. Soyez donc assuré que personnellement, je n'ai rien contre aucune néo-secto-religion en particulier, ni aucune autre religion en général, d'autant, comme je vous l'ai déjà signalé, que mes parents étaient croyants et moi aussi étant jeune. Je respecte la Bible comme tous les livres des autres et différentes religions, car ce sont, à mon avis, les oeuvres de personnes de foi, qui, pour certaines, ont essayé d'accroître la morale de l'homme... et mon intention n'est pas de les démentir, non plus de bâillonner l'histoire qui insiste pour crier ce que pensent de nombreux intellectuels socioreligiologues.

J - Oui, je reconnais être allé un peu trop loin, vous avez effectivement parlé de « certaines » secto-religions. Mais vous avez bien dit être d'accord sur certains points et s'il est vrai que vous pensez tous de la même manière, vous devez le prouver.

V - Ecoutez ! Pourquoi ne pas arrêter là cette discussion, car le fanatisme ne me plaît pas, et les ruminations autour des archéo-idéalismes en général, où rien n'est concret, ne sont pas engageantes, d'autant qu'avec le temps, toutes les archives archéotraditionnelles ont été plus ou moins diversement modifiées ou complètement détruites. Vous êtes plus jeune que moi et le conseil d'un homme plus âgé peut s'avérer utile.

Permettez-moi donc d'ouvrir une parenthèse et de dire qu'il est normal pour l'homme d'étudier le passé parce que le témoignage de certains événements du passé et de certaines cultures traditionnelles est utile pour acquérir de l'expérience et améliorer l'avenir ; mais face au progrès technoscientifique actuel, il est complètement anorthologique de vouloir retourner vivre dans les traditions primitives du passé. De même que le temps et l'espace cosmique avancent et sont orientés vers l'avenir et non vers l'arrière et le passé, la lumière de chaque nouveau jour nous éveille et nous entraîne vers le futur, et nous ne retournons pas vers le jour d'hier. Il est anormal pour l'homme, porteur de l'intellection contemporaine, de régresser vers les traditions du passé, mais si l'archéo-mentalité subsiste, c'est pour une de ces raisons : soit l'homme est somnambule et vit en dehors de la réalité, soit son génome n'est pas suffisamment modifié et la nostalgie des traditions du passé est si forte qu'il voudrait abandonner le progrès des technosciences actuelles pour recommencer à marcher à quatre pattes et monter aux arbres comme nos premiers ancêtres.

J - Mais nous tenons tous à garder le souvenir de notre passé et de nos racines.

V - Oui, la mémoire est utile pour connaître et conserver chaque événement du passé, et aussi l'ancienne expérience, pour la comparer à la nouvelle, discerner les erreurs infantiles et comprendre la différence entre les ténèbres primitifs qui mènent au déséquilibre mental parce qu'ils délaissent la lumière actuelle ; cette même lumière qui conduit à former un meilleur avenir et une intellection humaine plus avancée, dirigée vers le progrès… car dans les traditions du passé, il n'y a aucun progrès, mais seulement le marasme mental. La mémoire du passé n'est donc utile que pour corriger les erreurs et éviter de les répéter, parce que celui qui les répète vit encore dans le paralogisme de l'homme archaïque et reste toujours dans cette mentalité ancestrale attardée qui n'a pas grand chose d'humain. La mémoire du passé, c'est-à-dire l'histoire écrite, doit toujours être respectée, mais comme le souvenir de l'âge infantile, du temps des désordres et des bêtises qui ont besoin d'être corrigés dans l'âge adulte... car l'homme ne peut pas rester toujours un enfant, de même que nous grandissons tous vers la maturité et que personne ne peut revivre son enfance ou sa période prénatale. Mais si nous sommes à l'époque de la haute technoscience, commençant à envisager de s'installer sur d'autres planètes, et qu'à travers certains archéo-mytho-idéalismes nous vivons encore à l'époque paléo-méso-néolithique, alors, moralement et psychomentalement, ne demeurons-nous pas primitifs ? En toute logique, pour être plus clair, si nous insistons pour vivre dans le passé, nous perdons volontairement le droit de porter la qualité humaine ! Car l'homme ne vit pas dans la stagnation du passé mais dans l'orientation du progrès à venir.

Oui, nous devons écrire et respecter l'histoire, avec toutes ses expériences, et l'examiner pour la connaître, et notamment pour aider nos enfants à discerner les bienfaits plutôt que les méfaits des périodes passées, et nos erreurs pour qu'ils ne les répètent pas. Par exemple, pourquoi ressasser l'intolérance et la criminalité archéo-religieuse du moyen âge, notamment de certaines périodes comme l'inquisition, qui ont utilisé, sous prétexte d'avoir créé de pures fictions - comme les adversaires des Dieux : le Diable, Satan, les démons, etc., etc. -, toutes les méthodes et instruments d'horreur pour torturer et assassiner des centaines de milliers d'innocents. La remémoration d'une telle barbarie ne blesse-t-elle pas le psychisme des jeunes qui devraient apprendre le passé utile pour former un meilleur avenir et non le criminel pour tenter de faire revivre un passé souvent plein d'horribles atrocités, ce qui serait de toute façon impossible ? Aujourd'hui, alors que nous avons créé et mis l'ordinateur électronique au service de l'homme, et qu'il progresse chaque jour et simplifie notre vie, ne serait-il pas illogique de vouloir retourner vivre au temps de l'électricité statique de Thalès de Milet ? Ce serait une pensée ridicule et complètement absurde, n'est-ce pas ? Et nous ne voudrions pas non plus retourner au télescope primitif de Galilée dès l'instant où nous sommes parvenus à observer des quasars avec nos télescopes perfectionnés. De la même façon, nous ne devrions pas non plus vouloir retourner à l'époque antique, lorsque nos ancêtres vivaient dans leur psychisme primitif en croyant aux rêves sortis des fantasmes de leur imagination, source d'invention et de création des milliers de Divinités dont certaines subsistent encore à cause de l'ignorance… et de la « lucrativité » du métier religieux. Et du fait de cette ignorance, les populations qui persévèrent dans les archéo-traditions et les transmettent oralement ou par écrit sans changement notable, conformément à l'héritage de nombreuses générations, sont innocentes.

Pour toutes ces raisons, je me refuse à entrer dans les détails concernant certains archéo-idéalismes qui ont été inventés par des personnes qui vivaient en nomades.

Comprenez-vous cher ami ? Ou ai-je parlé sans raison… Voulez-vous que je reprenne en essayant d'être plus explicite ?

J - Oui j'ai compris monsieur Vaskas ! Tout ce que vous dites est logique mais je dois savoir sur quelle base sont édifiées ma religion et ma foi. Et comme je crois à votre intellection, je souhaiterais de plus grandes explications concernant l'esclavage religieux sous toutes ses formes, car, et vous comprendrez mon étonnement, je ne connais aucune religion ancienne ou nouvelle qui favorise l'esclavage de l'homme. C'est la première fois que je maintiens que vos précédents propos sont peut-être exagérés. C'est comme si vous aviez dit que notre Dieu, Jésus-Christ, voulait lui aussi encourager l'esclavage de l'homme. C'est impensable ! Pour cette raison, je suis impatient d'entendre des preuves dans les explications qui préciseront votre pensée ; et il est normal, étant issu d'une famille religieuse, que je veuille savoir où je me situe.

V - Je comprends et vous avez raison, ces propos ont pu heurter vos sentiments ou votre foi religieuse. Aussi pardonnez-moi, car ayant été croyant, comme vous, je sais bien ce que représente la foi religieuse. Mais si vous m'obligez à donner des explications, il est d'abord nécessaire d'apporter la précision fondamentale que celui que nous appelons Christ en grec n'est pas lui-même Dieu, mais que son Dieu est le Dieu de la Bible ; et pour en terminer, je vous répèterai encore une fois que j'ai parlé de « certaines » secto-religions, et d'une manière générale, et que je ne veux pas parler d'une religion en particulier... De toute façon, ce sujet ne me concerne pas.

J - Oui je comprends monsieur Vaskas, vous cherchez à coup sûr une excuse pour éviter de répondre, mais je vous signale que le sujet de la religion concerne de nombreuses populations ; c'est donc bien un sujet cosmologique, et en tant que cosmologue, il vous concerne directement et automatiquement. Alors, puisque vous dites que c'est la réalité, démontrez-le, ne me refusez pas l'explication dont j'ai besoin.

V - Oh cher ami ! Je suis calme et vous semblez soupçonner mon silence sans raison. Pour autant, je suis sûr que votre obstination ne cache aucun chantage. Mais puisque vous insistez et que je ne veux pas répondre moi-même à votre question, je vais laisser la Bible, que vous invoquez, vous répondre. Voici la Bible... Prenez et lisez vous-même la réponse à votre question, car je sais que, comme moi, vous respectez la Bible et qu'il n'est pas dans vos intentions de la démentir.

J - Mais que vais-je lire ? Où trouver la réponse à ma question dans la Bible ? Vous ne pensez quand même pas que la Bible encourage l'esclavage de l'homme !

V - Je pense qu'en tant que croyant, vous connaissez bien le texte de la Bible. Sinon, ne soyez pas impatient, je vais vous aider à trouver vous-même la réponse à votre question. ... Ah voilà ! C'est ici, dans l'Exode, au chapitre 21, le verset 2, voulez-vous lire les instructions du Dieu de Jésus-Christ.

J - Volontiers, « Si tu achètes un esclave..., il travaillera six années, et la septième, il sortira libre, sans rien devoir. »

V - Merci... Pouvez-vous lire le verset 6, un peu plus loin...

J - Oui, « Alors son maître devra le faire approcher du Dieu et le placer contre la porte et son maître lui percera l'oreille avec un poinçon, et cet esclave travaillera pour son maître pour toujours. » Mais ce n'est pas possible ! Je ne croyais pas qu'un tel texte existait dans la Bible.

V - Ne vous précipitez pas, vous pouvez lire aussi le début du verset 7, ici...

J - « Si quelqu'un vend sa fille comme esclave... elle ne sortira pas comme sortent les esclaves mâles. »

V - Et le verset 20, s'il vous plaît...

J - « Si quelqu'un frappe son esclave, homme ou femme, avec un bâton et que l'esclave meure sous sa main, il sera puni sans faute... »

V - Bon... maintenant, lisez ici, le verset 21.

J - « Mais s'il survit un jour ou deux, il - c'est-à-dire son maître - ne sera pas puni, car c'est son argent... » ... Cela me laisse sans voix !

V - A votre avis, que signifie ce texte de la Bible qui précise les saintes instructions de son Dieu ?

J - Quelle question ! Je sais encore lire le grec ! Eh bien, cela signifie que selon le Dieu de la Bible, l'esclave est l'argent du maître ! Mais ce n'est pas possible ! C'est écrit dans l'ancien Testament. Mais dans les écritures grecques du Nouveau Testament, dans l'enseignement du christianisme, l'esclavage n'existe pas.

V - Je ne vais pas moi-même vous contredire, cher ami... car le Nouveau Testament qui se trouve aussi dans la Bible peut vous répondre.

J - Vous plaisantez ! Où avez vous lu cela dans le Nouveau Testament ?

V - Attendez ! Prenons l'enseignement du christianisme et cherchons les écrits de l'apôtre Paul... Voilà ! Regardez ici dans sa lettre aux Ephésiens, au chapitre 6, les versets 5 et 6... Voulez-vous les lire ?

J - Volontiers : « Esclaves, vous devez obéir à vos maîtres selon la chair avec crainte et tremblement, dans la simplicité de votre coeur, comme à Christ, non pas seulement sous leurs yeux, comme pour plaire aux hommes, mais comme des esclaves de Christ qui accomplissent la volonté de Dieu de toute leur âme. »

V - Comprenez-vous ce que cela signifie ?

J - Je ne sais pas pourquoi vous me posez cette question si ce n'est pour m'entendre répondre que cela montre clairement que l'esclavage est suivant la volonté de Dieu, et aussi de Jésus-Christ ?

V - Non, je voulais seulement connaître votre opinion.

J - Bon ! Ce texte est surprenant et complètement inhumain ! Avant, je n'aurais jamais cru à l'existence d'un tel passage dans la Bible. Vraiment, je descends de haut ! Excusez-moi car vous aviez raison, et ce n'est pas vous, mais c'est effectivement la Bible qui répond à ma question. Mais pour moi, ce ne peut être vrai, je ne peux pas croire que notre Dieu et Jésus-Christ encouragent l'esclavage de l'homme. C'est impensable !

V - Eh bien je ne voudrais pas le croire non plus ! Mais ici, c'est la Bible qui parle et pas moi... De toute façon, c'est une consolation que vous commenciez à comprendre... et si vous voulez être encore plus sûr, vous pouvez lire la lettre à Tite, au chapitre 2, le verset 9... Allez-y quand vous l'aurez trouvé.

J - Oui, « Esclaves, vous devez être soumis à vos despotes, leur donner satisfaction en toutes choses, et ne pas contredire. »

Je regrette de m'être élevé contre vos propos de tout à l'heure, mais vraiment je ne connaissais pas ces détails écrits dans la Bible, et aussi surprenant que cela puisse paraître, dans le Nouveau Testament. Car là, c'est malheureusement Jésus-Christ qui donne, lui aussi, comme son Dieu, une forme divine à l'esclavage de l'homme par l'autre homme, lorsqu'il est dit d'obéir à son maître, ou despote, comme au Christ, et

plus encore avec crainte et en tremblant ! Et sachant que la Bible est considérée comme la source de notre religion chrétienne, c'est invraisemblable. Jamais je n'aurais pu entrevoir une chose pareille, que la Bible puisse donner une forme divine à l'esclavage de l'homme ; un fait confirmé par son texte. C'est vraiment inexplicable, car dans ce passage, l'écriture est très claire, et personne ne peut dire que ce texte est allégorique ou symbolique.

Etes-vous sûr que cette Bible est véridique ?

V - Votre insistance est lassante à la fin. Vérifiez-le si vous voulez dans une autre Bible, mais c'est malheureusement vrai. Personne ne peut démentir la Bible car toutes ses versions et leurs traductions dans le monde entier mentionnent la même chose. Elle est le témoin le plus sincère pour confirmer ce fait vraiment tragique, et si vous la lisez vous-même très attentivement, vous y trouverez sans doute d'autres choses encore plus surprenantes... et ne soyez pas déconcerté, car il y en a également, y compris la doulophilie (ce qui en grec signifie l'amour de l'esclavage), dans certains autres livres d'autres religions de diverses parties du monde qui influencent aussi de nombreuses personnes. Pourtant ne regrettez pas votre remarque précédente et soyez sûr que je n'ai pas mal interprété votre réaction car de cet état de fait, comme tant d'autres malheureusement, vous n'êtes pas le seul à vous accommoder, moi aussi, et un grand nombre avec nous... mais cette mentalité demeure inchangée en raison d'un professionnalisme séculaire.

J - Cette mentalité doulophile se retrouve-t-elle dans d'autres passages de la Bible ?

V - Oui, vous pourrez trouver cette même mentalité dans la lettre de l'apôtre Paul aux Colossiens, au chapitre 3, le verset 22... Voulez-vous le lire ?

J - Oui... « Esclaves, vous devez obéir en toutes choses à vos maîtres selon la chair... avec simplicité de coeur, et crainte de Dieu. »

Mais finalement, ce texte de la Bible est plus qu'inhumain. C'est suffisant monsieur Vaskas, j'ai bien compris, ce n'est pas la peine d'en lire davantage. Je ne peux imaginer que mon Dieu et Jésus Christ soient, en réalité, les promoteurs de l'esclavage. C'est vraiment incroyable ! Pour moi qui vis dans un tel environnement, cette si funeste et grave fatalité est intolérable.

V - Je vous comprends mais cessez de penser à mal... il y a peut-être une raison ou une justification... et ne perdez pas le moral ; il est possible que ces textes aient été écrits par erreur dans la Bible. Quoi qu'il en soit, nous estimons tous la « Bible » - qui provient du grec « Βιβλια » qui signifie « Livres » - avec ses dizaines d'auteurs de bonne volonté, car elle a joué un rôle utile pour l'homme au cours du temps.

J - Il est inutile d'essayer d'envisager de telles justifications, je ne suis plus un enfant. Mais comprenez que je tombe du ciel dès lors que je ne peux en trouver aucune. Et cette mentalité esclavagiste était si proche de moi que je regrette de commencer seulement maintenant à comprendre où je suis.

V - Ecoutez cher ami, j'aurais préféré éviter de répondre à votre question pour ne pas vous décourager et parce que j'ai moi-même été stupéfait et peiné de tout coeur lorsque, sachant que la liberté est le plus grand droit de l'homme et le plus valable, j'ai discerné pour la première fois ces versets dans la Bible... mais dans ce cas, le sentimentalisme ne peut rien y changer. De toute façon, dans notre ignorance, nous faisons involontairement partie de cette situation… et donc, nous sommes pardonnables face à notre conscience.

Mais je préfère rester en dehors de tout cela, et je répète que je n'ai rien contre aucun dogme, ni contre les prêtres qui - quels que soient les Dieux ou Divinités qu'ils servent - développent la foi qui s'est souvent révélée utile au psychisme de l'homme dans l'ignorance et les souffrances… et de toute façon, l'exercice de leur métier, s'il ne fait pas de mal à l'autre homme et ne produit ni fanatisme, ni massacres, est tout à fait légal et légitime… et pour moi, ils sont sympathiques, car si quelqu'un travaille pour vivre, quel que soit son métier ou son activité, il est dans un droit fondamental qui doit être respecté, parce qu'il gagne sa vie en travaillant.

Et si un homme réussit à créer un Dieu ou une Divinité réconfortante pour le psychisme des populations : chapeau !... Mais si à cause de la foi qu'il inspire, cette personne commence à exploiter certaines populations débonnaires qui recherchent un Sauveur en profitant de leur innocence, de leur faiblesse ou de leur situation de détresse, et à grignoter soi-disant légalement tous leurs biens, ce n'est pas acceptable... ni d'une société franche, ni même d'une société masquée. Car si l'exploitation de personnes débonnaires dans certaines sociétés est parfois tolérée par la communauté humaine, la surexploitation et le harponnage de certaines populations pauvres et de bonne foi dans leur ignorance, mais conciliantes, généreuses et secourables, est toujours nuisible.

Donc, bien que chacun soit libre d'employer tout moyen convenable pour gagner sa vie, dans une société franche, chacun doit être responsable au regard du droit à la liberté de conscience de l'autre. C'est la raison pour laquelle je respecte toutes les idéologies et généralement toutes les croyances socio-politico-religieuses, d'autant plus si elles sont utiles et s'adaptent à la bienveillance de la démocratie civilisatrice qui conduit aux progrès et à la liberté humaine. Mais je répète que si, en vue de bénéfices faciles à réaliser, certains veulent exploiter l'ignorance, la détresse et la gentillesse de populations débonnaires, pauvres et malheureuses, notamment dans certains petits pays en développement, la chose est grave et même impardonnable.

J - Oui, il est vrai que les populations de certains pays pauvres, assiégées de malheurs et en quête d'espérance peuvent facilement tomber dans les filets de certains exploiteurs, qui, dans leurs efforts pour faire beaucoup de profits, oppriment ceux qui s'y font prendre.

V - Je ne sais pas... il s'agit là de faire travailler la logique syllogistique et la conscience humaine.

Les religions professionnelles

J - ***Pourriez-vous m'expliquer plus précisément ce que vous entendez par l'expression « religion professionnelle », car à ma connaissance, personne ne l'a jamais employée.***

V - C'est très simple cher ami, si vous posez la question : « Quel est votre métier ? » à une personne en civil qui est prêtre d'une certaine religion, mais ne porte pas son habit distinctif, il répondra normalement : « Je suis prêtre », ce qui signifie qu'il travaille dans une profession qui lui est indispensable pour gagner sa vie ; et donc, d'une manière incontestable et quelle que soit la religion, les prêtres exercent bien un métier... une profession ; et par conséquent, la religion qu'ils servent est sans aucun doute... professionnelle, parce que si elle n'était pas professionnelle, elle aurait disparu de la même manière qu'ont disparu au cours des siècles des milliers de supposés Dieux et Déesses avec leurs religions... du fait du manque de ressources.

J - ***Vous voulez parler des douze Dieux grecs ?***

V - Oui, eux aussi ont disparu par manque de ressources ; cependant je parle en général. Mais arrêtons-nous là ! Je pense que la discussion que nous avons eu à propos de la religion est suffisante.

J - ***Au contraire, je pense qu'il est très utile de poursuivre un peu la discussion sur ce sujet, car c'est vraiment un sujet cosmologique ; et il vous concerne. Aussi, monsieur Vaskas, pourriez-vous simplement me dire, avec quelques détails, comment certaines traditions religieuses archaïques ont pu réussir à se développer jusqu'à notre époque ?***

V - Je constate que notre précédent dialogue a laissé des séquelles et je le regrette… Il n'y a aucune raison de continuer à tourner autour de ce même sujet et il ne me plaît pas de revenir sur des époques primitives. D'ailleurs la méthode est facile et bien connue : il suffit pour certaines entreprises religieuses de profiter de l'impulsion innée, écrite dans le Code, qui nous assure que de toute façon, nous avons été créés ; et instinctivement, comme l'enfant qui cherche à retrouver ses parents, nous commençons à suivre certaines religions qui profitent de cette impulsion qui nous pousse à rechercher notre Créateur…

Et bien camouflées dans leur pseudo-piété et capables de convaincre ou de tromper même l'homme le plus intelligent et jusqu'au plus organisé des Etats, elles transforment, le plus souvent, leur intérêt lucratif en une philanthropo-moralo-socio-solidarité artificielle qui leur permet d'un côté d'exploiter la soif de justice de certaines populations - l'évoquant en parlant des pauvres avec des mots comme charité et solidarité - et d'un autre côté, devant leurs intérêts commerciaux et dans leur droit légal dans presque tous les Etats de défendre leur métier, jusqu'à ne jamais hésiter à immoler ces mêmes populations débonnaires, qui, par ignorance et en toute bonne foi, les acclament et les applaudissent. Et une fois pris au piège, leurs fidèles, accommodants et sincères, sont enseignés dans la peur d'être punis par leurs Dieux et Divinités, et notamment dans la peur de mourir et de perdre une vie future - souvent au ciel -, ou dans l'attente angoissante d'événements tels que la fin du monde pour « bientôt », ou encore dans l'imminence de catastrophes provoquées par leurs Dieux pleins d'amour, supposées détruire tous ceux qui ne sont pas comme eux, dans le vrai dogme religieux, etc., etc.

J - Mais il y a des exceptions.

V- Oui, c'est vrai, il y a heureusement des exceptions. Et il y a aussi des religions pures, réellement philanthropiques et pacifiques.

Mais en dehors des pures, il y a aussi certaines autres nouvelles sectes religieuses, souvent considérées comme populaires, qui, comme de bons commerçants, ne se montrent trop souvent généreuses aux yeux du monde que dans un cadre médiatique et télévisuel trompeur... et peu leur importe si quelqu'un affirme que l'objet d'un tel affichage de générosité est d'appâter, comme de bons pêcheurs, pour ferrer de plus gros poissons, pourvu que leurs résultats soient confirmés par quelques statistiques de certaines banques multinationales qui montrent qu'elles sont pleines de l'argent des offrandes des fidèles, donateurs débonnaires, qui, en toute bonne foi, mordent de toute leur fortune à l'hameçon qui leur fait miroiter une place, presque toujours au ciel... Mais c'est normal ! Car pour exercer leur métier, les dirigeants de ces secto-religions sont obligés d'être de bons comédiens, de fins diplomates et aussi d'adapter leur commerce à quelques intérêts diverso-gouvernementaux, notamment dans certains petits pays en développement, soi-disant démocratiques, où le pouvoir dépend souvent d'une population à la mentalité profondément religieuse dont le fanatisme ne respecte aucune loi humaine, comme persistent à le dire certains anthropologues qui ajoutent que :

« Derrière tout conflit ethnique entre ces petits Etats, toute agression et tout massacre ou génocide qui débute sous un prétexte philanthropique largement colporté par une propagande pseudo-crédible diffusée par tous les moyens d'information, se cache souvent le sournois conflit religieux et la folie de l'intolérance misanthropique de ceux qui, impitoyables et sans merci, commandent en coulisses l'esprit de ces populations. »

Et bien qu'intelligents, certains membres des gouvernements de ces pays ont fréquemment été contraints de tenir compte de telles manoeuvres et de tolérer leurs commanditaires pour conserver de bonnes relations avec eux ; et avec raison, car même lorsque le régime de ces pays est démocratique, ils bouleversent et influencent les raisonnements débonnaires, les scrutins et les votes de certaines populations, la plupart du temps pauvres et ignorantes, qu'ils ont rendues bigotes par leur cagotisme et leur papelardise. Et dans le piège d'une sournoise intimidation, certains dirigeants politiques honnêtes, accommodants et souples, sont pratiquement obligés, selon les circonstances, le plus souvent contre leur gré, de fermer les yeux devant cette tromperie religieuse qui produit couramment la haine ethnique - ce dont l'histoire clame la réalité - et de leur accorder l'autorisation de commercialiser et de vendre leurs dogmes et leurs rites comme ils l'entendent, dans les divers édifices souvent très luxueux qui leur servent de magasins de vente de Divinités, Dieux et Déesses.

Et il est bien connu que si quelqu'un cherche à démasquer ces religio-entreprises et révéler leurs diverses mythologies, celles-ci, soutenues par ces populations débonnaires, s'abritent derrière leurs avantages et demandent aussitôt l'aide de l'Etat, même soi-disant démocratique ; et selon certains sociologues, les dirigeants de telles entreprises n'hésitent pas à qualifier le gouvernement de partenaire et de collaborateur ayant les mêmes intérêts et à dire dans une forme de chantage contraignant :

« Faites attention, vous qui gouvernez ce pays ! Car les infidèles - des athées pour la majorité et un grand nombre de scientifiques - qui sont contre nous et notre dogme de l'unique vérité sont aussi vos ennemis. Ils veulent nous ébranler pour déstabiliser votre gouvernement, alors que nous assurons votre maintien au pouvoir, car n'oubliez pas que ceux qui votent pour vous font partie de nos fidèles. »

Et par une sournoise intimidation, ils persuadent de tels gouvernements de ne pas les dévoiler sous peine de provoquer automatiquement la déstabilisation de leur pouvoir.

« Nous sommes vos bienfaiteurs et les protecteurs de votre pouvoir, murmurent-ils, parce que si les habitants de votre pays s'arrêtaient de croire en quelque Divinité ou Dieu qui cultive la crainte et peut les punir, et se réveillaient de l'engourdissement que nous entretenons, ils se rebelleraient et vous prendriez le risque de vous faire renverser. Vos intérêts sont donc de nous préserver parce qu'en influençant les votes de nos fidèles nous pouvons directement ou indirectement coopérer avec vous et travailler pour vous... Pourquoi nous obligeriez-vous à ne plus vous soutenir ? »

Et bien que souvent les gouvernements de ces petits pays soient pour la plupart honnêtes, pleins de bonne volonté et désireux d'apporter du mieux-être aux populations qu'ils administrent, ils se sont souvent trouvés devant cette extorsion et cette menace, et par conséquent dans l'obligation d'y répondre par leur soutien. Et comme certains dirigeants craignent de perdre des votants et le pouvoir, il est compréhensible qu'ils succombent face à la foi fréquemment fanatique de ces populations et à l'inexprimable indécence de cette pression d'extorsion qui réussit presque à chaque fois. Ainsi ces religions peuvent continuer en toute liberté de proposer leurs rites et vendre leurs Dieux et Divinités. Elles peuvent donc, de cette façon, se régénérer continuellement en amassant inlassablement les fortunes de débonnaires et fidèles donateurs, et gagner régulièrement du terrain pour favoriser leur multiplico-expansion et mieux les exploiter.

J - Oui, je comprends d'autant mieux que cette mentalité est très proche de moi en Grèce ; mais bien que leur comportement soit très connu, personne ne songerait à mettre un terme à cette infection systématique cachée derrière une façade malheureusement légale.

V - Je ne sais pas s'il s'agit d'une infection, car certains points sont justifiés et répondent à la logique équilibrée de nombreux fidèles, d'autant que la religion de Grèce est très populaire, mais je veux parler de certaines sectes bien installées qui infestent certains petits pays et des dirigeants de telles entreprises - les Serviteurs… de leurs Dieux - qui vivent très largement au crochet de la population ignorante, et qui profitent même souvent de leur sainteté pour ne pas payer d'impôts.

Et s'ils sont dévoilés et attaqués dans quelques écrits de penseurs scientifiques qui savent de quoi ils parlent, ils les qualifient de libelles dangereux pour la foi, avertissant que ceux qui sont contre eux sont contre leurs Dieux ou Déesses qui vivent dans le ciel, parce que toutes les Divinités vivent dans le vaste ciel, où, bien entendu, toute confirmation est impossible.

J - Oui, mais les scientifiques n'ont pas d'excuses s'ils n'insistent pas plus.

V - Selon certains sociologues, ils ne pourraient rien faire, même en insistant plus, car il est bien connu que si certains scientifiques prouvent que leur enseignement est complètement mythologique, erroné, et sans aucune base, ces religions changent de disque, car leurs structures fidélo-économiques trouvent toujours une façon de contre-attaquer ; et d'accusées elles se transforment en accusatrices. Alors, employant d'autres excuses du même genre, elles viennent par exemple affirmer et proclamer que leurs rites et leurs mystères - et cela vaut la peine d'être répété -, ne sont pas faciles à expliquer parce qu'ils possèdent un sens « symbolique », ou que ce sont des « allégorismes » inexplicables et incompréhensibles à l'homme du commun (un peu comme l'interprétation controversée des rêves) qui traduisent leur doctrine mystique et mystérieuse dans une vérité profondément cachée et difficile à dévoiler ; un mystère divin compliqué qu'elles sont les seules, en tant que représentantes, à pouvoir expliquer. Et selon les mêmes sociologues, elles voyagent sans être trop dérangées dans cette insaisissable phénoménologie d'une étonnante plasticité, sur le manège de manoeuvres souterraines contradictoires afin d'égarer certains hommes, ou plutôt pour amener sans cesse des familles débonnaires et de bonne foi vers des lieux obscurs, pleins de rêvo-mythologies, de légendes sacrées, de milliers d'exégèses, de cérémonies et de représentations initiatiques toujours plus mystérieuses. Ainsi bloquent-elles toujours dans un état rétrograde la morale de leurs fidèles qui s'habituent à circuler dans les ténèbres. Et si tout s'arrêtait là, passe encore, ce serait supportable ; mais avec la promotion du fanatisme produit par leurs différents dogmes, cela se termine malheureusement trop souvent en luttes atroces qui conduisent à des exterminations d'une barbarie abominable et des massacres d'hommes innocents, sans compter que sous l'influence de leurs rites, certains fidèles ou groupes de fidèles en arrivent à se suicider.

Mais il existe, heureusement, des religions propres ; et cela nous donne l'espoir que certaines peuvent parfois jouer un rôle utile pour l'homme, notamment pour le faible psychisme de ceux qui souffrent et ont besoin d'espérance... car à mon avis, certaines motivations religieuses sont pacifiques, associatives et utiles à l'échelle du monde entier.

En outre, personne ne peut dévaloriser les positions très civilisées de certains passages de livres d'origine religieuse ; par exemple dans la Bible, dans les évangiles, l'expression des écritures grecques :

« Aime ton prochain comme toi-même »,

ou encore ici, le passage des écritures hébraïques d'Isaïe (2 : 4) qui dit :

« Et ils devront forger leurs épées en hoyaux et leurs lances en serpes. Une nation ne lèvera pas l'épée contre une autre, et ils n'apprendront plus la guerre. »

Et comme la Bible, de nombreux textes dans les livres d'autres religions multipopulaires sont aussi vraiment humanistes et exhortent ces religions à ne pas se lier à des intérêts commerciaux personnels, à ne pas coopérer avec les créateurs de sociétés masquées, ni avec tous ceux qui exploitent le totalitarisme d'une manière invisible et abusent du strabisme de leurs semblables sous diverses formes.

Par ailleurs, la liberté de conscience et les droits de l'homme doivent s'appliquer pour que tous puissent s'exprimer librement et pour permettre à chacun de croire en tout ce qu'il veut, et notamment en ce qui est appréciable, avec le savoir et la connaissance disponible. Et il est bien évident que dans un monde démocratique civilisé, personne ne doit être inquiété pour ses croyances - si quelqu'un veut adorer une certaine Divinité ou une autre, c'est son droit - à condition toutefois qu'elles soient exprimées pacifiquement, sans fanatismo-intégrisme violent, et dans le respect du droit de croire ou ne pas croire de l'autre homme et de sa liberté de conscience. Quant à la foi religieuse ou idéaliste, quelle qu'elle soit, qui devient intégriste, engendre le fanatisme agressif et commence à massacrer ses contradicteurs, est-ce encore de la religion, ou plutôt une manie dangereuse et à coup sûr indésirable pour toute la société humaine ? Et dans ce cas, réfléchissez ! Quelle logique peut l'accepter ?

J - Pensez-vous que la religiomanie soit une épidémie ou une maladie psychique incurable ?

V - Pas du tout cher ami, pour moi, dans la société dans laquelle nous vivons, la religion pure n'est pas une psychomaladie mais une « psychonécessité », parce que certains rituels et critères religieux moraux sont utiles...

J - Je comprends monsieur Vaskas. Pourriez-vous maintenant me préciser ce que vous entendez par l'expression « réels ou non », à propos des Dieux ?

V - Vous auriez pu déjà le comprendre, cher ami, mais certainement qu'un croyant, comme je l'étais moi-même, fidèle et profondément nourri par la foi, a du mal à entrer dans une réflexion logique sur ses propres croyances... Il est pourtant facile de comprendre que les Dieux qui existent sont réels dès lors qu'ils ont eu un commencement ; c'est normal cher ami, rien n'est venu à l'existence sans commencement ! ... De toute façon, qu'ils soient considérés comme réels ou non, les Dieux exploités par certaines religions apportent souvent à l'homme une espérance, un espoir, surtout à celui qui souffre de la peur de la mort, de l'injustice, de la pauvreté et de la misère. Donc, aujourd'hui, quels que soient les Divinités ou les Dieux exploités par certaines religions qui exercent un culte pur - exempt de dogmatisme séparatiste et d'intégrisme encéphalopathique aboutissant à des massacres homicides - et créent divers types de rites et divino-engendrements pouvant être qualifiés de valeurs civilisées pour ne pas fomenter de fanatisme, ils sont utiles... Mais l'opinion de certains intellectuels mérite d'être répétée, à savoir que pour l'instant, ce ne sont pas les Divinités et Dieux divers - fussent-ils réels ou non - exploités par de nouvelles sectes religieuses à des fins commerciales, qui aident l'homme à produire l'autosuggestion suffisante pour soutenir sa faiblesse psychique et conserver une espérance à surmonter ses difficultés, même s'il fait pour cette raison, généreusement et sans compter, de nombreux dons et offrandes qui aident surtout… ses Dieux imaginaires, à survivre. Aussi, l'homme croyant et de bonne foi, mais hors du culte pur, doit être considéré comme une victime de l'autre homme qui tire satisfaction en l'égarant à croire ce qu'il croit lui-même… Et n'oubliez pas que dans une démocratie, chacun est libre de créer un Dieu et de former une église avec de nombreuses promesses bien commerciales ou par l'inspiration de peurs comme celle de la fin du monde, toujours pour bientôt... Mais du fait que la passion religieuse qui inspire l'espérance est bien enracinée dans notre psychisme, l'homme croyant mérite une certaine compréhension anthropologique et une aide solidaire au moyen d'une méthode explicativo-consultativo-éducative dispensant la connaissance nécessaire pour élever sa morale et son intellection afin qu'il puisse comprendre.

J - Je comprends bien maintenant pourquoi vous n'êtes pas croyant !

V - Chaque homme croit à ce qu'il pense être réel. Pour ma part, je vous répète que je crois en l'existence qui a un commencement... peut-être suis-je dans l'erreur... je ne sais pas... personne n'est infaillible ! Dès ma jeunesse, j'ai aimé la lecture de livres religieux et comme je suis très curieux, j'ai toujours pris plaisir à faire des comparaisons entre les diverses expressions spirituelles... et pour cette raison, j'en connais quelques-unes en profondeur. L'existence de certains Dieux, Déesses et Divinités vient d'hommes des temps anciens vivant en nomades qui avaient, à l'époque encore un peu primitive de leur création, un tempérament rempli de violence et qui voulaient justifier leur propre comportement cruel, inhumain, et entraîné à toute escroquerie pour exploiter les autres. C'est ainsi que des criminels, devenus créateurs de diverses Divinités, ont commencé à imposer à certaines populations débonnaires certains Dieux de leur invention, misogynes dès l'origine et qualifiés plus tard de « créateurs de l'univers », qui, continuellement réédifiés au fil des générations par quelques intérêts privés mais aussi par des impulsions sentimentales honnêtes, ont pénétré jusqu'à remplir encore aujourd'hui le génome dans le cerveau d'un certain nombre de victimes et se répandre en se multipliant à la manière d'une épidémie contagieuse... Et comme seule la connaissance pourra donner à chacun la puissance de réflexion pour affirmer que logiquement, aucune Divinité ni aucun Dieu supposé réel et qualifié de créateur ne peut être à ce point criminel pour aller jusqu'à exterminer sa création... comprenez donc, dès lors que mes recherches scientifiques pénètrent la création réelle de l'harmonie universelle, que je ne veuille pas mêler les illusions à la réalité... aussi, aujourd'hui, si vous voulez savoir si je suis croyant, je réponds : oui, je le suis ! Mais je préfère croire en ce qui a un commencement réel, car tout ce qui existe a eu sans conteste un commencement, et c'est pourquoi je crois en la ΛV qui a eu un commencement et a constitué, après des milliards d'années, l'harmonie universelle dans l'équilibre de sa Loi cosmofonctionnelle globale poly-cyclo-attracto-répulsionnelle, événement qui ressort de mes nombreuses années de recherches scientifiques et dont je vous ai déjà fait l'analyse détaillée.

J - Je ne sais pas, pour moi il est très difficile de croire que certains hommes intelligents mais meurtriers et exploiteurs de l'ignorance de l'autre homme aient créé certains Dieux à l'esprit partial pour justifier leur criminalité et s'auto-pardonner, et qu'ils aient attribué à ces Dieux leur propre tempérament qui a poursuivi l'humanité des siècles durant et encore aujourd'hui.

V - Ce n'est pas tout à fait comme ça, mais vous n'êtes pas loin de la réalité ignorée par un grand nombre de personnes innocentes et débonnaires parce qu'elles ne soupçonnent pas que le comportement de certains Dieux ou Divinités puisse être quasi-criminel… Il est cependant difficile d'échapper au piège de ces archéo-idéalismes qui vendent souvent très cher leurs promesses d'espérance d'une vie éternelle - après la mort ! -, etc., etc. ; et cet espoir séculaire a rempli le génome des neurones de notre cerveau d'une grande confusion provoquée par diverso-pseudo-moralo-idéalismes faciles à transmettre, dans lesquels certains ont recherché leur intérêt personnel avec toutes les conséquences que nous connaissons d'agressions violentes et d'oppositions au progrès des valeurs civilisées...

Mais récemment, l'intellection de leurs victimes a progressé et cette diverso-division devra finalement cesser et faire place à une complète guérison de cette infection, une libération par la connaissance de la réalité déjà présente à l'état embryonnaire dans la conscience en développement… Et après la réconciliation et l'unification des diverses nations, religions et cultures, les membres de la famille humaine apprendront à vivre ensemble, à coexister dans le respect mutuel...

*J -	Voulez-vous dire que les hommes pourraient cesser de s'entr'égorger, de s'entre-tuer et se réconcilier jusqu'à parvenir à vivre paisiblement ensemble ?*

V -	Oui, tout est possible dans un cadre pacifique dans lequel tout géopolite ou habitant de la Terre a le droit de croire en ce qu'il veut dès l'instant où il ne dérange pas son prochain...

*J -	Mais pourquoi l'ONU ne fait-elle rien, d'abord pour éviter le fanatisme religieux qui engendre les divisions ?*

V -	Il faut reconnaître que jusqu'à présent ce sujet est très difficile pour l'ONU, même si, en l'an 17 de sa création (1962), son Assemblée Générale, avec l'intention de protéger les croyances personnelles - car chacun, je le répète, est libre de croire en ce qui lui plaît dès l'instant où il ne fait pas de mal à l'autre homme -, a demandé la préparation d'une déclaration sur : « L'élimination de toutes les formes d'intolérance et de discrimination fondées sur la religion » ... et certains commentateurs ont ajouté que la liberté de religion ne devait pas être utilisée de manière abusive, en vue d'appliquer des idéologies ou des pratiques contraires à la paix, la sécurité, l'amitié et la coopération amiable entre les peuples.

*J -	Je vous ai déjà entendu faire référence à l'ONU pour situer les événements de notre temps. Mais pourquoi ne pas continuer selon le calendrier habituel ?*

V -	Qu'entendez-vous par calendrier habituel ?

*J -	A partir de la date de la naissance de Jésus-Christ.*

V -	Oui, la naissance de Jésus-Christ est pour moi un événement très important car c'était un homme absolument exceptionnel pour les religions occidentales, malgré qu'elles soient toujours en concurrence et en conflit permanent avec son enseignement plein d'amour pour l'homme qu'elles ont transformé inconsciemment, pour certaines, en bellicisme sans merci et souvent mortel. Mais tandis que la forte personnalité de Jésus-Christ influence une grande partie de la population mondiale, le reste est influencé par d'autres fortes personnalités créatrices de nombreuses formes de religions en Orient et en Extrême Orient. Il n'existe donc pas de calendrier qui représente tout le monde.

*J -	Mais Jésus est né le même jour que vous, le 25 décembre.*

V- Attendez ! Je connais bien le jour, le mois, et l'année de ma naissance, mais personne ne peut affirmer avec exactitude à quelle date est né celui que les évangiles appellent Jésus-Christ. Et parce que sa date de naissance demeure indéterminée, pour éviter une parole évasive, je préfère prendre la date de la création de l'ONU que beaucoup connaissent avec exactitude comme référence calendaire ; et l'existence de l'ONU est aussi un incontestable espoir pour l'humanité car elle représente une internationalisation orientée vers l'unification pananthropique, et de plus elle essaie de garantir la sécurité et la paix pour le bonheur de l'avenir de l'homme.

J - Je comprends, c'est un raisonnement positif, car l'ONU est l'étape la plus importante sur la route de l'histoire de l'humanité. Mais vous semblez faire allusion à une nouvelle manière de compter notre temps. Et quel jour feriez-vous démarrer ce nouveau calendrier.

V - Personnellement, je ne ferais rien démarrer dans ce sens, mais la logique syllogistique humaine pourra peut-être modifier le chiffre de l'année pour commencer notre temps, avec la naissance de l'ONU, non au service des nations divisées mais de la véritable unification mondiale ; il n'y a cependant pas de raison de changer le calendrier existant, avec ses mois, ses jours, etc., ni le début de l'année fixé au 1er janvier. Par ailleurs, notez que je ne suis pas hostile aux fêtes établies par certains cultes populaires qui réjouissent les familles et favorisent les rassemblements. Et si le 25 décembre, en tant que jour de Noël, continue de représenter la joyeuse fête de la famille où s'amusent parents et enfants, et qu'elle soit acceptable pour tous... pourquoi pas ! La fête restera, car toute fête est toujours bien acceptée et populaire... pour de multiples raisons.

J - C'est la réalité, mais avec tout ce que vous avez dit sur l'homme à la recherche de son créateur et sur la Loi cosmofonctionnelle globale de la mentalité administrato-constructrice AV, je persiste à dire que vous avez clairement mis en relief notre Créateur, celui qui a donné une réputation à tous les Dieux et Divinités qui influencent la population mondiale et un commencement à leur véritable existence. Aussi, vos paroles risquent peut-être d'être prises pour base d'une nouvelle religion globale qui satisferait tout le monde.

V - Oui, c'est probablement la force créatrice de la AV qui risque d'être définie par les hommes religieux comme la force créatrice de certains Dieux et Divinités ; et je vous ai déjà fait l'analyse de cette hypothèse... mais la liberté de penser est un droit fondamental de l'homme, chacun peut penser ce qu'il veut !

Pourtant je vous répondrai encore une fois que la Loi globale cosmofonctionnelle d'équilibrage cyclo-attracto-répulsionnel qui constitue l'harmonie universelle est une expression strictement et invariablement scientifique ; elle n'a aucun rapport avec les Dieux, Divinités, ou religions. D'ailleurs je vous ai toujours exposé mon avis dans un cadre purement néocosmologique.

Mais quelles que soient les interventions ou manipulations de l'homme, sachez que je suis strictement et fermement opposé à quiconque voudrait profiter de mes recherches scientifiques dont les éléments créent une nouvelle cosmologie, pour les transformer en une nouvelle religion globale... Comprenez-vous ?

Et si les hommes d'affaires qui inventent et organisent les diverso-néo-secto-religio-entreprises détournent le sens de mes recherches pour en tirer profit et recrédibiliser l'existence de certains Dieux et Divinités, et qu'ils fabriquent une nouvelle entreprise, plus lucrative, sachez que cette action serait pour moi complètement inacceptable et contraire à ma volonté ; et je le répète : je m'y opposerais avec fermeté ! ... Et bien qu'en vue de l'unification pananthropique, les hommes d'affaires producteurs de religions n'oseraient jamais une pareille tentative, je préfère préciser dès maintenant ma volonté. Pour autant, vous êtes venu entendre ces propos, et je ne voudrais pas que ma voix passe comme est passée au fil du temps, comme le vent, la voix de millions de penseurs, car mon unique - si vous voulez - ambition, ma seule intention est de donner jusqu'à la dernière goutte de mon existence pour briser l'invisible - car difficile à identifier - esclavage volontaire (en grec « εθελοδουλεια ») de l'homme qui ne le soupçonne pas car il se présente comme une liberté conventionnelle... mais il opprime perpétuellement nos êtres.

Bon, je pense que cette discussion est suffisante pour aujourd'hui.

J - Oui, je comprends, mais je ne suis pas aussi religieux que vous semblez le penser. Comme vous, je trouverais inacceptable que vos paroles profitent à la création de quelque nouvelle Divinité. Cela dit, monsieur Vaskas, je vous remercie beaucoup, car cette discussion a été très utile. Je suis conscient maintenant d'avoir perdu beaucoup de temps sans raison à marcher dans les nuages pendant des années. Quelque part, je ressens aussi comme une libération, et je vous remercie encore, car je commence à me réveiller de ma léthargie, du sommeil profond dans lequel j'étais plongé, et à revivre dans une anthropisation.

Mais je vous demanderais d'être prudent avec les premières cassettes des enregistrements que je vous ai déjà apportées pour que vous en écriviez un livre, selon vos intentions, et de ne pas mentionner mon nom dans votre livre, qui, naturellement, sera publié aussi en Grèce. Car si vous vivez en France, je dois retourner en Grèce, et comme nous avons beaucoup parlé de certaines religions d'une manière découverte et que j'ai exprimé à plusieurs reprises mon désaccord, vous pouvez comprendre les raisons qui me poussent à ménager ma parenté car je ne voudrais pas me faire des ennemis de certains membres de ma famille qui appartiennent à la haute hiérarchie religieuse.

V - Non, je ne comprends pas vos raisons cher ami, il y a là un malentendu car la Grèce est un pays de liberté. De toute façon, nous n'avons parlé contre aucun idéalisme ni contre personne. De plus, notre discussion est toujours restée dans un cadre purement scientifique et vos remarques s'inscrivaient dans le droit fondamental de chaque homme qui vit en démocratie où son droit est la liberté d'expression. Mais puisque vous le souhaitez et vous devez avoir vos raisons familiales, je respecterai votre demande.

Permettez-moi cependant de vous signaler qu'il n'est pas nécessaire de me remercier, car je n'y suis pour rien si désormais vous comprenez mieux la réalité. Pourtant je regrette que vos sentiments aient pu être touchés, même si c'est vous qui avez insisté, en dépit de mes tentatives pour éviter cette discussion, pour obtenir la réponse à vos questions... Ne m'en tenez donc pas rigueur.

J - Oui, j'ai voulu cette discussion, aussi, loin de moi de vous en tenir rigueur. Mais je vais cesser de vous poser des questions sur ce sujet car c'est assez maintenant. Pourriez-vous me fixer un nouveau rendez-vous, si cela ne vous dérange pas ?

V - Je vous attendrai demain matin, mais venez un peu plus tôt... disons vers 8h00 heures.

J - D'accord et à demain !

Les germes des deux guerres mondiales étaient déjà présents dans le comportement ENR du temps des Chevaliers Teutoniques

J - ***Voilà ! Le magnétophone est à nouveau installé. Nous pouvons commencer monsieur Vaskas. Je suis heureux de reprendre ces entretiens ce matin. C'est pour moi la plus enrichissante manière d'utiliser le temps de mes vacances. Mais n'entendez-vous pas quelqu'un frapper ?***

V - Oh ! Ce sont mes clients qui viennent comme tous les jours.

J - ***Vous attendez des clients !***

V - Oui, ce sont des pigeons qui ont pris l'habitude que je leur donne à manger chaque matin, et j'aime voir le contentement de ces oiseaux, leur épanouissement et leur gratitude lorsque je leur donne un peu de céréales. Attendez, vous allez voir ! Venez avec moi !

J - ***Eh bien ! Ils sont nombreux. Ce doit être un peu fastidieux de les nourrir tous.***

V - Non, je ne me lasse pas de voir leur satisfaction de manger, car ils le font presque toujours paisiblement, comme des colombes, en laissant les plus petits oiseaux manger avec eux, la plupart du temps sans gloutonnerie, ni voracité. Il est plaisant de constater que le génome de cette espèce cache une bonne ramification du Code, où l'esprit du soi et du non-soi, ou de l'ego, est pratiquement absent... certainement, avec quelques exceptions.

J - ***Cela me rappelle encore une fois votre tableau sur la paix, avec l'explosion atomique et les colombes. Mais pour revenir à nos entretiens, il est triste de constater que la condition de l'homme qui somnole dans le monde actuel est telle que vous l'avez décrite et très bien illustrée. Pourriez-vous me donner maintenant d'autres exemples caractéristiques du fonctionnement de la LIA et notamment du comportement ENR ?***

V - Il est bien que vous ayez décidé de passer vos vacances ici, car de trop courts entretiens n'auraient certainement pas été suffisants. Et comme vous le souhaitez, je vais simplement vous brosser un tableau de la LIA et du comportement ENR à partir des croisades, avec le vivant exemple des

Chevaliers Teutoniques, dont l'influence s'est prolongée en Europe au-delà du 12ème siècle, jusqu'à notre époque où le comportement ENR s'est révélé le plus odieux, notamment dans les massacres de la période des deux guerres mondiales.

Selon l'histoire, dans le sillage des croisades, les Chevaliers Teutoniques ont clairement montré la LIA et le comportement ENR en pleine action. Ce groupe nationalisto-religieux a été formé à l'initiative de certains commerçants du Nord de l'Allemagne, qui, en utilisant la protection religieuse, cherchaient à réaliser de nouveaux profits dans certaines contrées d'Asie, mais aussi et surtout d'Europe, dans les territoires voisins qu'ils envisageaient de coloniser, sous prétexte de les évangéliser au moyen de soldats qui se diraient « Hommes de Dieu ». Et dans ce but, ils ont constitué un ordre chevaleresque hospitalier, ayant mission de soigner les malades et de remettre sur pied les combattants blessés, bien sûr pour qu'ils puissent reprendre le combat, mais surtout pour qu'ils rejoignent les rangs de l'ordre guerrier, conquérant et colonisateur qu'ils commençaient à constituer. Et sous la protection du pouvoir nationalisto-religieux, ces chevaliers-moines-guerriers avaient pour objectif affiché de soutenir les pauvres et les pèlerins, notamment Allemands, mais ils entendaient surtout favoriser leurs intérêts commerciaux en même temps que le développement de leur religion professionnelle, en utilisant la force armée et la violence pour combattre - une attitude comme toujours très courante - les ennemis de la foi religieuse qu'ils tenaient pour vraie. Ainsi les Chevaliers Teutoniques rêvaient surtout de conquérir et d'exploiter l'Europe dans l'esprit des croisades et du slogan « Dieu est avec nous », toujours sous le signe et emblème chrétien de la croix, avec pour première préoccupation de réaliser des profits par l'évangélisation ENR, c'est-à-dire l'expansion nationalisto-religieuse au moyen de la guerre, afin de soumettre et dépouiller les populations voisines, qui, à cette époque, ne s'embarrassaient pas non plus pour massacrer des hommes.

J- Mais c'était un ordre fraternel qui était, je crois, très bien organisé.

V- Oui, et pour continuer à examiner l'histoire, l'Ordre des frères Chevaliers Teutoniques, symbole du germanisme conquérant, était très hiérarchisé et bien organisé ; et tandis que son Grand Maître centralisait le pouvoir absolu sur tous les hommes et les biens, l'Ordre avait établi plusieurs classes de frères sous le rang des chevaliers, des religieux et serviteurs auxquels s'ajoutaient des appelés au service militaire pratiquement obligatoire. Et pour de telles activités presque uniquement guerrières, entrecoupées de pratiques religieuses rituelles répétitives, l'acquisition de la connaissance était jugée inutile ; aussi la majorité d'entre eux ne savaient ni lire, ni écrire. Et si toutefois certains voulaient apprendre et recevoir un enseignement, ils devaient obtenir d'abord l'autorisation de l'Ordre qui jugeait plus important d'être toujours prêt à combattre ; et dans cette attente, ils dormaient avec leurs vêtements ornés d'une croix noire emblématique, et l'épée à la main... et la devise « Dieu est avec nous » - une expression banale écrite, entre autres, dans la Bible et utilisée depuis des milliers d'années par toutes les religions professionnelles comme une arme pour insuffler le courage et susciter l'héroïsme dans tout impérialisme nationalisto-religieux - leur donnait le goût du sacrifice héroïque ; et si le nom du Christ entrait dans leurs chants de victoire, ils méconnaissaient son enseignement : « Aime ton prochain comme toi-même ».

Mais l'Ordre était riche et puissant, et les chevaliers le plus souvent de noblesse Allemande qui en faisaient partie étaient peu nombreux. Il faisait donc régulièrement appel à d'autres chevaliers de la noblesse de toute l'Europe pour participer à ses opérations expansionnistes, car la mission donnée par la religion professionnelle était d'évangéliser (c'est-à-dire de faire de nouveaux fidèles) par les armes et de convertir et réduire les populations à l'esclavage religieux pour accomplir la volonté divine telle qu'elle est enseignée dans certains écrits religieux... en confisquant leurs biens, leurs terres et leurs enfants. Et comme pour les croisades au Proche et Moyen-Orient, l'intérêt, en réalité, n'était pas tant de faire un grand nombre de conversions que de toucher des dîmes et de profiter des populations dépossédées qui devaient encore payer de leur personne.

J - Je comprends ! Et vous dites que l'expression biblique « Dieu est avec nous », employée par les Chevaliers Teutoniques, est très courante.

V - Bien sûr, c'est un slogan classique et purement religieux professionnel qui a été souvent utilisé par certains impérialismes, notamment par certaines communautés sectoreligieuses fanatiques, débordantes de comportement ENR, comme les Chevaliers Teutoniques, qui, poussés par de telles croyances et organisés avec austérité, ont appliqué dans leurs conquêtes une stratégie moderne pour l'époque en quadrillant le territoire conquis de monastères militaires édifiés en des points stratégiques pour servir de postes fortifiés de défense... mais aussi de bases d'attaque. De là, ils ont pu facilement chasser les indigènes, les déplacer, les dépouiller et les réduire à l'esclavage avec la seule alternative pour ces malheureux de se soumettre et se convertir ou d'être mis à mort... la fuite restant le rare privilège de quelques-uns. Une fois le pays conquis et écrasé, sa colonisation systématique pouvait commencer. Alors les uns après les autres, à l'appel et en accord avec le pouvoir religieux central, des colons chrétiens Allemands qui attendaient de nouvelles terres pour échapper à la pression démographique, arrivaient pour encadrer les indigènes et s'installer sur les terres mises à leur disposition par l'Ordre, à la seule condition de lui payer un droit d'exploitation et d'accepter le service militaire obligatoire pour défendre le territoire conquis... et des pays comme la Pologne, la Russie, les pays Baltes, etc., étaient constamment menacés.

Mais endurcis par les guerres et poussés par une plus grande soif de cruauté, l'anormale pathologie religieuse de ces « frères-guerriers » s'est aggravée jusqu'à faire subir le même sort à leurs coreligionnaires des pays voisins, à qui ils avaient d'abord offert protection et organisation en échange du paiement de taxes, dans le but inavoué de s'emparer ensuite de leurs terres pour réaliser de plus grands profits et augmenter leur puissance. Et c'est avec de telles vues impérialistes qu'ils se sont emparés de l'important port de Dantzig, sous prétexte que la ville n'avait pas payé ses taxes. L'Ordre est alors devenu une véritable nation qui possédait les pouvoirs politiques, religieux, judiciaires et militaires ; et en frappant sa monnaie, il établissait sa puissance économique qui était déjà assurée par une certaine supériorité commerciale en Europe et au-delà, où il contrôlait des moyens de transport et des voies de communication, notamment fluviales, fondant des comptoirs commerciaux et installant des représentations un peu partout et s'emparant du monopole de certaines denrées selon des méthodes qui ne sont pas sans rappeler celles qui se pratiquent actuellement à l'échelon transnational. Et n'ayant de compte à rendre que directement au chef suprême de leur religion, leur collaborateur dans tout ce commerce, les Chevaliers Teutoniques n'avaient qu'un seul impôt, ou plutôt une offrande, à lui verser... si bien que dans cette nation fondée sur la force des armes et la puissance de l'argent, c'était toujours l'Ordre, c'est-à-dire une poignée d'hommes, qui régnait par une bureaucratie absolue en possédant tous les pouvoirs. Ainsi, ces frères, autoproclamés Seigneurs et Maître et s'estimant de race supérieure, pouvaient continuer à se livrer avec d'autant plus d'avidité et de malin plaisir à leur politique d'expansion cruelle et violente, et typiquement religieuse à cette époque, tout en considérant les populations comme des esclaves ou des brebis qu'ils pouvaient égorger sans compter pour leur propre profit et celui de leur chef religieux.

Et tandis que les promoteurs de l'Ordre et la religion professionnelle continuaient à prospérer dans ces territoires par d'autres moyens, pour des raisons que nous connaissons maintenant, cette mentalité ENR et pleine de LIA des Chevaliers Teutoniques entrait dans sa phase de déclin qui s'est accentuée après la défaite de Grünwald. Les populations ont ensuite commencé à brûler certains lieux de culte pour manifester aussi leur opposition à l'Ordre qui a perdu peu à peu ses forces et ses conquêtes, confirmant que la gloire de la victoire est éphémère et que la puissance des affaires circule de main en main.

Le déferlement du comportement ENR au cours des deux guerres mondiales

J - Les Chevaliers Teutoniques sont vraiment un exemple marquant du comportement ENR. Mais pourquoi la LIS n'est pas entrée en action pour arrêter un tel système nationalisto-religieux ?

V - Oui, c'est une bonne question, d'autant que l'histoire écrite nous montre que cette mentalité s'est prolongée avec d'autres puissances mondiales et de nombreux impérialismes du passé qui ont voulu se partager la terre dans le droit du plus fort et réduire certaines populations à l'esclavage. Mais ils sont tous tombés et ont disparu en raison de leur ignorance de l'histoire et de la réalité. Cependant, à cause de cette mentalité fanatico-nationalisto-religieuse, les progrès de la LIS et de toutes les valeurs morales de civilisation de l'humanité ont pris des centaines d'années de retard ; et notre époque constitue à cet égard un exemple particulièrement frappant, un siècle des plus critiques pouvant être défini à juste titre comme celui du désordre, du génocide et du conflit meurtrier avec deux guerres mondiales provoquées par la LIA qui s'oppose aux progrès de la LIS : le siècle du règne de la terreur ENR, de l'homicide et de l'anomalie mondiale diverso-catastrophique.

Alors, à l'aube de notre temps, dans une Europe débordante de bonheur, avec la « Belle Epoque », etc., etc., tandis que certaines nations se remplissaient de la puissance générée par leurs découvertes scientifiques et leurs colonies, et investissaient les bienfaits du progrès et leurs capitaux pour tirer profit - grâce à leurs émigrés - de la richesse de tous les continents, les théories idéologiques de divers penseurs du 19ème siècle à l'esprit ENR avaient cours, comme celles de l'italien Mazzini et des allemands Schelling, Fichte, et Hegel (qui avaient commencé des études pour devenir théologiens ou pasteurs), enseignant qu'il y a toujours un Etat seigneurial supérieur, prédestiné pour dominer les autres. Et Fichte particulièrement, ce disciple de Kant, influencé par certaines diverso-philosophies nationalisto-religieuses, avait commencé à édifier un panthéisme esclavo-endo-cosmogonique centré sur « l'ego » du Chef (ou du Seigneur) et le « nous », soumis à la distinction entre le soi et le non-soi, dans lequel le nationalo-impérialisme de l'empire Allemand est tombé en même temps que celui d'autres nations, parce que dans la population mondiale de cette époque, il y avait malheureusement beaucoup plus de gènes attardés qu'aujourd'hui dans la tête de presque tous. Et c'est ainsi qu'un peuple discipliné et donc de progrès, s'est laissé aveugler par un nationalisme fanatique qui réclamait, comme presque tout nationalisme, de développer un amour supérieur pour la souveraineté de leur nation, de leur patrie, pour l'argent, etc. ... Et cette mentalité ENR s'est vraiment exprimée lorsque certains chefs politiques nationalistes d'Europe, convoitant comme toujours une position forte et dominante, ont voulu s'ériger en défenseurs de la culture, de la civilisation et de la moralité de l'époque, et se sont regroupés pour former deux pseudo-alliances, la triple alliance de l'empire Allemand avec l'Autriche-Hongrie et l'Italie, opposée à l'autre triple alliance ou l'Entente de l'Angleterre avec la France et l'empire Russe, toutes deux établies pour le maintien de la paix définitive, aux dires de ces pays, dont certains, déjà avilis dans les tortures et les massacres, remplis de haine supernationaliste et sous l'influence de la LIA et de la religion professionnelle, étaient en réalité tout, sauf pacifiques. Et bien que se prétendant chrétiens, ils étaient manifestement opposés aux principes chrétiens ordonnant d'aimer son prochain comme soi-même et d'aimer aussi ses ennemis. Malheureusement, la LIA du passé se renforçait en se reproduisant, et rompre avec elle était devenu impossible ; les germes archaïques, nationalistes, totalitaires et de mentalité ENR étaient présents dans ces régimes politiques... et l'absurdité n'avait plus qu'à se propager jusqu'à ouvrir le chapitre le plus dramatique de l'histoire de l'humanité.

J - Vous faites allusion à la première guerre mondiale. Mais quelle cause l'a réellement provoquée pour qu'elle devienne une véritable tuerie ?

V - Dans un monde rempli du comportement ENR, il est facile de trouver une raison de déclencher un massacre homicide. Et au départ de la première guerre mondiale, l'assassinat d'un seul homme était suffisant à la mentalité ENR pour justifier le massacre de millions d'innocents, d'autant que l'homme assassiné en juin 1914 par un nationaliste Serbe était un important prince Autrichien. Et pour ce motif, un mois plus tard commençait la guerre Austro-Hongroise contre la Serbie ; et en août 1914, était livrée une nouvelle bataille à Tannenberg ou Grünwald, considérée par le monde de l'époque comme une défaite de l'empire germanique ; et en septembre éclatait la bataille de la Marne, etc., etc. Oui, cher ami, à cause d'une raison absurde, tous les pays nationalisto-religieux de mentalité ENR de ce temps-là ont trouvé dans cet événement un prétexte valable pour satisfaire leur génome attardé violent et donner suite aux dangereuses tensions de leurs rivalités coloniales et économiques, et aux pressions de certaines religions professionnelles concurrentes. Pour les êtres autoproclamés hommes, tous ces motifs étaient bons pour entrer en lutte les uns contre les autres, toujours pour la gloire de la victoire et de la foi religieuse, mais aussi pour accomplir l'idéologie de Hegel et de Fichte, qui exigeait la domination d'un supernationalisme - les Seigneurs - sur les autres - les esclaves - afin d'essayer à nouveau, cette fois sous l'appellation de pangermanisme, de réaliser le rêve séculaire de l'absurdité impérialiste de dominer le monde... jetant à terre l'Europe civilisatrice.

J - C'est incroyable que la première guerre mondiale ait pu débuter à cause d'un seul homme.

V - Oui, le handicap mental de la LIA et la férocité du comportement ENR avaient besoin d'un prétexte pour commencer à se produire dans un abattoir gigantesque, non pour l'abattage d'animaux, mais pour celui d'hommes ignorants. Et à cause de l'assassinat d'un seul homme, beaucoup de nations se sont lancées dans une guerre qui a fait des millions de victimes, frappant toute l'Europe en même temps qu'une grande partie du monde. Et cette guerre qui porte le nom de première guerre mondiale, parce que, si je me rappelle bien, plus de 25 pays y étaient engagés, s'est terminée avec le résultat, selon les statistiques, d'environ 9.000.000 de soldats tués et presque 5.000.000 de civils morts dans les zones de combat, auxquels il faudrait encore ajouter d'autres dommages incalculables, etc., etc. Et malgré un si grand carnage, la LIA et la mentalité ENR de certains pays nationalisto-religieux meurtris par cette guerre n'étaient pas satisfaites : le massacre était trop petit ! Les activités meurtrières des hommes contre eux-mêmes n'avaient pas été suffisamment grandes, absurdes, et coûteuses. Un nombre beaucoup plus important de victimes était exigé pour que les gènes des survivants soient vraiment rassasiés. Et donc chapeau à la mentalité ENR capable de réaliser de si grands travaux !

Cependant, comme l'histoire le rapporte, immédiatement après le massacre de la première guerre mondiale, pour éviter une autre boucherie inhumaine, Woodrow Wilson, un humaniste et homme politique, qui, heureusement, n'était pas contaminé par la mentalité ENR, a tenté de résoudre ce problème de l'établissement de la paix définitive en proposant la création de la Société des Nations ou SDN. Mais malgré les efforts et la bonne volonté de cet homme d'exception dont le nom mérite d'être écrit en lettres d'or dans l'histoire humaine et les efforts de quelques autres très attachés à la paix qui ont soutenu ce projet, cet organisme mondial constitué de plusieurs nations malheureusement divisées et de mentalité ENR dans leur majorité a échoué dans la réalisation de son objectif d'établir durablement la paix mondiale, car naturellement, à cette époque, le génome de l'homme n'avait pas suffisamment changé, et la mentalité de LIA, les impulsions nationalisto-religieuses ENR, étaient très actives... comme un cancer et ses métastases... et plutôt que la paix, certains cercles vampiro-financiers préféraient une nouvelle guerre mondiale plus lucrative.

Donc, la tuerie de la première guerre mondiale n'ayant pas été suffisante, les nations divisées de mentalité ENR ont voulu anéantir une fois encore le rêve de paix internationale. Et chronologiquement pour être plus concret, en 1922, un nationaliste du régime politique fasciste appelé Mussolini, d'une valeur reconnue à l'époque pour certaines oeuvres accomplies pour sa patrie, mais influencé sans aucun doute par son compatriote l'écrivain Machiavel et aidé par certains vampires financiers, est finalement parvenu - en utilisant aussi, selon certains historiens, l'escroquerie et la perfidie dans les élections - à devenir le sauveur impérialiste de l'Italie, et peut-être, pensait-il, du monde entier. Mais son nationalisme extrême était contraire à la mentalité civilisée et pacifique de la population italienne, qui, en majorité, désapprouvait sa politique, pendant que la religion l'approuvait et que son régime apportait, selon ses partisans, quelques principes utiles à l'Italie. Et il déclarait avec une emphase pleine d'audace que la violence qu'il employait était, comme toujours, selon « la volonté de Dieu » ; mais il mettait aussi en pratique la sentence de Machiavel : « Il y a plus de sécurité si les autres ont peur de toi, plutôt que de t'aimer ». Et donc, encore une fois, la mentalité ENR a dominé et le droit sauvage du plus fort s'est appliqué, avec pour résultat par la suite, le sacrifice « normal » et continuel d'innocents.

J - Mais si les populations persistent à suivre cette mentalité de LIA et le comportement ENR, elles deviennent coupables et ne peuvent être tenues pour innocentes des conséquences. Ainsi, dans le passé, en suivant volontairement la mentalité ENR, les populations ont porté une grande part de responsabilité, et leur propre génocide est devenu volontaire. C'est peut-être un droit d'autodétermination comme lorsqu'un homme décide volontairement de se suicider ; personne d'autre n'est responsable.

V - Merci de cette précision qui se voudrait humaniste... mais ce que vous dites n'est pas tout à fait juste, car les populations, souvent mal informées et encore une fois sans le savoir, ne font que suivre leur ennemi séculaire, c'est-à-dire « leur génome archaïque ». En fait, nous sommes tous d'un génome plus ou moins attardé, et dans notre ignorance, nous risquons à chaque instant de tomber dans le piège difficile à éviter de la mentalité ENR parce que seule la conscience peut la combattre au moyen de la connaissance et nous permettre de lui échapper.

J - Oui, mais si nous obéissons à nos instincts, nous sommes des animaux !

V - Merci pour le compliment !

J - Oh ! Excusez-moi ! J'entendais par là que le comportement ENR est une psychopathologie presque inévitable et tout à fait en dehors de la volonté humaine logique. Mais je vous en prie, monsieur Vaskas, continuez cette importante histoire de la LIA et du comportement ENR.

V - Bon ! Continuons ! ... Pareillement, un peu plus tard, en 1933 - vous devez bien connaître cette partie de l'histoire -, un ambitieux peintre autrichien a réussi par ses talents d'orateur et de comédien à convaincre les Allemands qu'il était leur sauveur ; et au début, selon certains d'entre eux, il avait organisé l'Allemagne et paraissait bien. Mais il était aussi le fondateur d'un nouvel impérialisme - une fois de plus en Allemagne - auquel il avait donné le nom de national-socialisme, ou nazisme, dans lequel il reprenait certains modèles de l'Ordre des Chevaliers Teutoniques dont il avait récupéré une partie de l'organisation et des symboles comme l'emblème religieux chrétien de la croix qu'il utilisait transformée en Svastika, et l'expression nationalo-religio-impérialiste classique « Dieu est avec nous » derrière laquelle il dissimulait son idéologie. Et par la suite, pour laver l'affront, remontant peut-être à l'époque des Chevaliers Teutoniques, qu'avait subi l'empire germanique avec la perte de la ville de Dantzig, le régime politique nazi décida de la reconquérir.

Et considérant que les termes du traité de Versailles étaient prescrits, tandis que d'un côté il essayait d'organiser la vie sociale, d'un autre côté il lançait une production effrénée d'armes et préparait secrètement l'Allemagne vaincue lors de la première guerre mondiale en vue d'une nouvelle guerre vindicative pour régler les comptes... tout en rêvant, comme tous les impérialistes précédents, de conquérir le monde entier. Et après avoir organisé méthodiquement des systèmes de police des plus sévères (la Gestapo et les SS), il fondait l'Etat nazi comme l'expression du national-socialisme, en utilisant d'horribles moyens de propagande pour tromper d'abord la logique du peuple Allemand, sa première victime, puis celle de certains pays d'Europe qui prenaient au sérieux son bavardage rhétoricien. Et tandis qu'il s'autoproclamait chrétien fanatique pour détourner la conscience religieuse vers lui, il commençait lui aussi, comme les impérialistes précédents, à suivre et pratiquer l'enseignement du Christ, « Aime ton prochain comme toi-même », dans la purification et le nettoyage ethnique, entreprenant d'assassiner des millions de personnes appartenant à des peuples innocents... notamment des Juifs, des Tsiganes, des Slaves, etc., etc., afin de purifier une soi-disant race noble et préparer ses partisans à devenir les Seigneurs d'un monde d'esclaves. Et donc chapeau au Seigneur Hitler, le comble de l'idiotie et de l'arriération et le maréchal du criminalisme de mentalité ENR !

J - Jusqu'à présent, vous avez parlé de deux rêveurs de la conquête du monde entier, mais quel est le nombre de ces impérialistes ?... Combien sont-ils ?

V - Ah cher ami ! Ils sont nombreux les fanfarons qui veulent sournoisement conquérir le monde, même encore à présent où un certain nombre de pays sont devenus des puissances nucléaires. Car chaque fidèle de la mentalité ENR rêve de conquêtes et de dominer l'autre, et tout impérialisme, notamment nationalisto-religieux, est toujours dans l'attente d'un chef mégalomane mais sauveur... comme Hitler ; et tous les rêveurs qui voudraient dominer le monde entier forment une longue queue… Pourquoi riez-vous ? C'est normal, l'idioto-arriération psychopathologique ENR est encore bien vivante dans le monde.

J - Je souris parce que vous commencez à plaisanter. Vous ne parlez pas sérieusement en disant qu'il y a encore de nombreux rêveurs fanfarons qui sont prêts à conquérir le monde. Car aujourd'hui personne n'est assez idiot pour proclamer une chose pareille !

V - Oh cher ami ! Vous avez le droit de vivre dans un autre monde et de vous nourrir d'illusions... mais pour moi, ce n'est pas seulement comique, c'est pire que cela, c'est tragicomique. Mais je ne suis pas contre le rire, lui au moins fait du bien à la santé.

La deuxième guerre mondiale commence par le supplice de la population espagnole dans l'indifférence générale

J - Un peu d'humour est utile de temps en temps, mais vous n'avez sans doute pas encore terminé l'histoire de la LIA et de l'ENR, et je pense qu'il est important de bien connaître les raisons des malheurs de l'humanité. Pourriez-vous me dire, monsieur Vaskas, ce qui s'est ensuite passé avec cette file de rêveurs cosmoconquérants ?

V - L'histoire est bien connue cher ami, mais pour vous faire plaisir, je vais vous rappeler le plus vivant exemple de comportement ENR. Pour cela, il nous faut revenir sur certains événements survenus vers 1935 et y ajouter quelques détails… reprenons donc leur récit rapporté dans beaucoup de livres d'histoire et d'écrits de témoins oculaires. A cette époque, comme je vous l'ai déjà dit, Mussolini essayait d'organiser l'Italie sur la base de son fascisme nouveau-né ; et si d'un côté, il faisait ce qui s'appelle selon certains du bon travail, d'un autre côté, étant aussi nationalisto-impérialiste, il entreprenait d'exterminer les Ethiopiens, d'occuper et de coloniser leur pauvre pays, sans que la SDN fasse quelque chose pour l'arrêter. Peu de temps après, un nouvel amateur du fascisme - la mode de cette époque - se présentait : le Général Franco, considéré comme un digne et honnête homme par la noblesse espagnole de son temps et surtout comme un sauveur providentiel par la religion espagnole… alors que sa valeur n'était guère appréciée par d'autres qui voyaient en lui un petit homme ambitieux, qui, pour gagner une certaine popularité, cachait sa soif de pouvoir derrière le désir vraiment profond et justifié de venger cette religion dont les prêtres étaient assassinés et les églises détruites par la barbarie de certains extrémistes. Et selon certains écrivains et historiens, Franco s'est largement appuyé sur le besoin de vengeance de cette religion chrétienne… et avec son accord, sa bénédiction, ses encouragements et le financement d'une certaine noblesse, sa mission était de conquérir le pouvoir et de la réinstaller en Espagne à tout prix ; même s'il fallait marcher pour cela sur des milliers de cadavres, leur nombre importait peu.

Donc, la mentalité ENR gagnait encore une fois, bien appliquée par cette religion, qui, selon un écrivain français de valeur - un internationaliste, ami de la liberté qui détestait toute forme d'oppression -, n'allait pas hésiter, pour régler ses comptes, à entraîner la population espagnole innocente et en majorité chrétienne dans un massacre abominable… Et toujours selon ce même écrivain, au lieu d'aimer aussi ses ennemis comme tout chrétien doit le faire, cette religion soi-disant chrétienne envisageait plutôt, ses intérêts étant en péril, de transformer l'Espagne en véritable abattoir homicide, et sous prétexte que le prétendu christianisme était en danger, elle poussait les soldats de Franco à éliminer - ce qui fut fait avec une extrême barbarie - des centaines de milliers d'Espagnols, hommes, femmes, enfants et vieillards. Cependant, certains historiens affirment que ce n'était là qu'un manque de sensibilité du néanmoins digne Général Franco qui allait fomenter une révolution contre le gouvernement espagnol républicain de gauche élu démocratiquement, indésirable pour certains intérêts.

Mais Franco n'était peut-être pas aussi mal que certains historiens l'ont laissé entendre et peut-être était-il lui-même une victime, car au delà de la pression religieuse, il était peut-être plus fortement égaré par les conseils de ses confrères de même mentalité ENR, que ce soit Mussolini, ou Hitler qui avait déjà commencé à assassiner d'innocentes populations comme les Juifs et d'autres, avait fait de lui son sujet d'étude favori, et l'utilisait, en réalité, pour essayer ses nouvelles armes. Et sous prétexte d'amitié et de solidarité, ils ont massacré un grand nombre d'Espagnols innocents qualifiés, selon les dires de certains intellectuels de l'époque, de « cochons » par le Général Franco !

Mais il y a peut-être là une certaine confusion, si malgré un tempérament un peu anxieux, Franco était, pour certains de la haute société espagnole, un homme digne et de bons principes. De toute façon, selon les mêmes intellectuels dont l'écrivain français déjà cité, avec le soutien de cette religion respectée pour sa moralité chrétienne qui avait facilité son rapprochement avec ses deux confrères, Mussolini et Hitler, et marchant dévotement et dignement, comme tout sauveur du monde, derrière l'expression « Dieu est avec nous », - une formule classique admirable mais souvent trompeuse pour les populations qui applaudissaient sans réfléchir, sans doute par ignorance et naïveté -, ce n'était pas trop grave pour le comportement ENR que cette bande torture et massacre très civilement l'innocente et courageuse population espagnole profondément religieuse dans sa quasi-totalité, suivant l'héritage de ses ancêtres… Et là, en Espagne, les impulsions ENR sauvages et misanthropes se sont exprimées d'une manière évidente ; et selon les mêmes intellectuels, l'expression « Ta Mort est Ma Vie » a servi à protéger et restaurer les intérêts cléricaux de cette religion qui disait massacrer des milliers d'hommes sous la protection et par la volonté de soi-disant Dieux et de celui qui a enseigné « Aime ton prochain comme toi-même » et « Aime aussi tes ennemis ». Et si tout cela est vrai, il ne reste donc plus qu'à dire chapeau ! La mentalité ENR mérite d'être applaudie encore une fois.

Mais après un carnage impressionnant, le combat mortel des divers intérêts politico-religieux contre la population vraiment très courageuse d'Espagne n'a abouti qu'à l'écroulement du pays. Et ce conflit complètement absurde s'est particulièrement résumé dans le cri « Vive la Mort », prononcé dans l'extravagant délire d'un général franquiste ; mais paradoxalement, ce cri a été entendu par les deux camps qui ont fait preuve, à droite comme à gauche, d'une égale et indescriptible barbarie meurtrière. Et la mémoire de l'histoire de notre temps doit garder gravée et ne jamais perdre de vue cette tragédie répressive inimaginable et intolérable qui a vu l'action meurtrière de l'intérêt religieux utilisant la croix de la religion chrétienne peinte en couleurs foncées sur toutes les armes destructrices, les chars, les avions, etc., en provenance de pays gouvernés par un régime ENR fascisto-nazi, contre la courageuse population espagnole baignée d'innocence et d'ignorance. Aussi, la guerre civile espagnole doit retentir encore aujourd'hui comme un signal d'alarme capable de réveiller toute la population de la Terre contre l'esprit aveugle et rétrograde de la LIA et du comportement ENR toujours bien vivants.

J - Compte tenu de son importance, pourriez-vous me donner quelques détails supplémentaires sur cette guerre civile espagnole ? N'était-ce pas une lutte de la haute société contre les classes plus basses.

V - Non cher ami, le responsable de ce triste massacre humain en Espagne était en réalité la mentalité ENR de toute la société en lutte contre elle-même. Mais il n'est pas inutile de reprendre quelques détails historiques, car cet exemple est très représentatif de son fonctionnement.

Les historiens nous rapportent encore qu'à cette époque, l'Espagne se distinguait par une grande diversité, avec notamment les nobles-monarchistes pleins du rêve classique qu'a tout impérialisme de conquérir le monde et qui, pétris de mentalité traditionnelle, regrettaient les rois de la grande Espagne, les défenseurs de cette religion chrétienne rendue vindicative pour qu'elle conserve sa prétention à la domination, tandis que la population espagnole oppressée défendait son droit humain.

A la veille des élections, la situation était confuse ; et comme cela se passe bien souvent, certains blocs s'affrontaient pour le pouvoir : d'un côté la religion, des « serviteurs de Dieu » défendant l'ancien régime, les monarchistes, le front national, la phalange, c'est-à-dire la droite qui espérait reconquérir le pouvoir à tout prix ; et de l'autre côté, la gauche qui avait surmonté ses divisions, des anarchistes, certains qui se disaient communistes, et des opposants à la religion, qui, dans une fourbe, cruelle et inhumaine barbarie, n'avaient pas hésité à détruire des églises d'une grande valeur architecturale et à tuer sauvagement des prêtres et des évêques qui travaillaient dans le droit de chaque personne de gagner sa vie. Et cette cruelle barbarie que les anarchistes appelaient « gauche » pour se couvrir, allait être bientôt soutenue par un autre supernationalisme, le communisto-impérialisme de l'Union Soviétique Stalinienne, qui, de son côté, voulait barrer la route à la famille fascisto-nazie-religieuse de Mussolini, Hitler et Franco. Voilà en relief toute la folie du comportement ENR prête à s'exprimer dans une lutte féroce des uns contre les autres, basée sur le droit sauvage du plus fort et le « Ma Vie est Ta Mort » et vice versa... toujours avec l'objectif de réaliser le rêve séculaire impérialiste et utopique de mettre les populations de la Terre en esclavage et de les dominer.

Et sans sortir de notre sujet, l'histoire affirme avec force que parmi les diverses religions, professionnelles ou non, beaucoup n'ont toujours pensé qu'à augmenter leur influence et donc leurs profits, sans jamais vouloir comprendre qu'une grande partie du monde des hommes est composée d'incroyants qui ont le droit de l'être, et qu'il est impossible pour un homme pensant d'être rendu croyant sous la contrainte, par la force ou le prosélytisme.

Donc, en Espagne, selon certains historiens, la religion de cette époque qui se sentait menacée depuis la proclamation de sa séparation avec l'Etat, savait qu'elle n'avait rien à attendre de la laïcité de cette République populaire. Ayant toujours affiché sa solidarité avec les classes conservatrices, elle s'opposait à tous ceux qui voulaient effacer le système social partial qu'elle représentait et qui était vraiment manifeste lorsqu'elle favorisait ostensiblement l'éducation des enfants de la minorité de la ploutocratie monarchiste par rapport à ceux de la majorité populaire qui, étant pauvres, pouvaient bien rester analphabètes et dans l'ignorance. Et certains intellectuels vont même jusqu'à dire qu'en renouvelant un Etat fascisto-monarchique plus cruel que les précédents, elle voyait venir l'occasion de faire renaître son odieuse et horrible inquisition religieuse ; mais là cher ami, je ne crois pas que ces suppositions soient vraies. Quoi qu'il en soit, le conflit et le massacre de la population espagnole étaient provoqués par différents intérêts qui ont finalement décidé de trouver une solution dans les élections.

J - Et quel fut le résultat de ces élections ?

V - Le vote de la majorité n'a donné satisfaction ni aux uns, d'extrême droite, ni à la République, ni à d'autres extrémistes ; et dans une véritable confusion, le pouvoir est devenu celui de la rue, avec des affrontements, de la violence et des attentats de jour en jour plus nombreux dans lesquels beaucoup trouvaient la mort. Alors, profitant du soutien de la religion, d'Hitler et de Mussolini, Franco a déclaré la guerre à la République en vue de conquérir le pouvoir, car il savait, suite à divers contacts et par les puissantes organisations nazies sur place, qu'il avait la possibilité d'obtenir des armes de l'Allemagne nazie ; et une semaine après le soulèvement, lorsqu'il est entré officiellement en contact avec Hitler, ce dernier a engagé son plan de soutien sur l'heure, et l'Italie de Mussolini a apporté immédiatement son aide... comme si tout était déjà prévu d'avance !

Et devant l'impuissance du gouvernement à maîtriser la situation, les impulsions sauvages et primitives ENR se sont déchaînées partout ; et dans leur colère, ceux qui s'étaient autoproclamés communistes, selon certains sociologues, à cause de la haine de la religion, sans savoir ce que communisme voulait dire, ont réclamé des fusils pour régler les comptes d'une manière expéditive, décidés à tuer tout adversaire ; et des milices se sont formées dans l'espoir d'un monde nouveau qui ne pouvait naître, d'après ces « communistes », que dans l'action violente.

J - Je ne sais pas non plus exactement ce que communisme veut dire. Pourriez-vous m'en donner une définition réaliste ?

V - Il est bien connu cher ami que le mot « communisme » tire son origine du mot « commun » et signifie communauté de biens, collectivisme ou réel christianisme tel que l'exprime le Nouveau Testament dans la Bible... Voilà, ici, dans le livre des Actes 2 :47, vous pouvez le lire avec moi :

« Tous ceux qui croyaient étaient ensemble, et ils avaient tout en commun. »

Mais cet humanisme chrétien est irréalisable dans un monde au comportement ENR, parce qu'à notre époque où domine le droit sauvage du plus fort, il n'est pas d'être humain qui veuille ou puisse le suivre et le pratiquer... et comme toute idée humaniste, celle-ci a du mal à survivre et résister aux assauts destructeurs des intérêts des hommes cupides ; car pour exister, le communisme a besoin de la puissance du pacifisme, tandis qu'il est anéanti par la violence. C'est pourquoi celui qui se réclame du communisme s'attribue un mot complètement figuratif car il n'y a pas de réel communisme ; et en utilisant la violence, il l'endommage et pratique en réalité l'anticommunisme de la même manière que celui qui se dit chrétien et tue l'autre pratique l'antichristianisme ; et donc, en Espagne, personne n'étant pacifiste, il ne pouvait y avoir ni chrétiens ni communistes, les deux n'étaient plutôt que des vandales qui se tuaient l'un l'autre.

J - Je comprends mieux, merci. Et que se passait-il dans l'autre camp ?

V - L'histoire montre que cette religion se disant chrétienne et le Général Franco continuaient à demander l'intervention de leurs confrères Mussolini et

Hitler ; et ces chefs « fasciste » et « nazi » amplifiaient et renforçaient progressivement l'aide si rapidement apportée au départ ; bien qu'Hitler la dosât prudemment, ne voulant pas que le feu soit mis à l'Europe avant qu'il ne soit lui-même militairement fin prêt. Mais déjà à Séville, le Général Franco était accueilli par la religion et certains nobles comme le libérateur ; les symboles religieux et les armes étaient acclamés dans la même procession et le drapeau de la vieille Espagne avait remplacé celui de la République. Et tandis que les armées des religio-fascisto-franquistes avançaient et gagnaient du terrain en marchant sur des cadavres d'êtres humains, les civils et tous les sympathisants de la République étaient systématiquement abattus au nom de Jésus-Christ... Ils mouraient et disparaissaient chaque jour par milliers sous prétexte d'une nostalgie de la préhistoire, et pour rétablir la schizophrénie trompeuse et le sadisme ENR.

Mais devant une telle sauvagerie impitoyable et cruelle, et face à la comédie internationale de non-intervention, le gouvernement de la République s'est vu contraint et dans l'obligation de demander encore désespérément, je le répète, l'aide d'un autre supernationaliste se disant communiste, l'impérialiste Staline, le chef de l'Union Soviétique. Alors la lutte entre les deux extrêmes nationalismes concurrents s'est généralisée ; des armes et des hommes, volontaires fascisto-religieux et antifascistes, etc., sont arrivés de toutes les parties du monde pour défendre leurs idéologies qui se trouvaient confrontées là, fascisto-religieuses ou fascisto-communistes, toutes pleines de mentalité ENR.

Mais avec sa population courageuse, l'Espagne était loin de soupçonner qu'elle était devenue en réalité le terrain d'expérimentation de la guerre moderne. Tandis que les fascisto-religieux franquistes recevaient l'aide de leurs confrères fascisto-nazis, Mussolini et Hitler, de l'autre côté, les républicains et les extrémistes recevaient celle du fascisto-communisme de l'Union Soviétique stalinienne qui prenait part à la direction stratégique des opérations - car le prestige de son impérialisme était en jeu - et mettait en place ses chars, son armement, ses conseillers, etc. Et comme le loup qui protégerait des agneaux, elle les assurait de sa bienveillance et de sa solidarité, tout en envoyant la plus grande partie du trésor de l'Espagne - bien sûr pour qu'il soit à l'abri - à Moscou, où il servirait en réalité à payer très cher les services rendus et les armes. C'est ainsi que, n'ayant d'autre choix, voulant éviter de tomber dans les mains de l'esclavage fascisto-religieux dictatorial, la République espagnole était tombée dans le piège de l'esclavage de l'impérialisme fascisto-communiste, lui aussi dictatorial. Et pour comble, il convient de rappeler que peu après le début du mouvement d'action espagnol pour s'entre-tuer et s'entre-dévorer, quelques pays du monde avaient proclamé solennellement leur position de non-intervention en Espagne dans une déclaration signée par 27 nations, dont curieusement et avec une extrême témérité, l'Italie fasciste et l'Allemagne nazie... Alors là, plus que chapeau !!! C'était l'apothéose de l'hypocrisie mensongère communisto-fascisto-nazi-religieuse et de son abominable comportement manigancier ENR en pleine action.

Donc, bravo ! Car il n'y avait pas de chose plus représentative de cette odieuse mentalité ENR.

J - C'est vraiment lamentable ! C'est une tragédie complètement inhumaine !

V - Attendez ! Ce n'est pas fini ! Car des hommes opposés à l'expansion de la fascisto-dictature allaient encore arriver de toute l'Europe et même des Etats-Unis pour former des brigades internationales composées de dizaines de nationalités différentes ; et des intellectuels qui étaient contre l'empiétement du droit sauvage du plus fort étaient là aussi pour défendre les droits de l'homme transgressés ; et en particulier un intellectuel français de valeur, détesté par les fascisto-religieux et proscrit des nazis, dont les sentiments et l'altruisme étaient blessés ; car s'il était déjà grave que le religiofranquisme reçoive du fascisme et du nazisme de nombreux soldats pour le soutenir et massacrer la population espagnole avec une extrême barbarie, il était encore plus grave que le nazisme mette en oeuvre l'expérimentation de sa stratégie et sa machine de guerre totale, basée sur des innovations et de nouvelles tactiques qui allaient ensuite jouer un rôle majeur pour détruire l'Europe. Et avec cet objectif, le régime d'Hitler a non seulement fourni des moyens en armes, en avions bombardiers et en spécialistes, comme la légion Condor, se faisant payer d'avance, souvent en nature, et toujours jusqu'au dernier centime, mais les soldats nazis sont aussi venus là pour faire l'apprentissage de la guerre foudroyante, avant de l'utiliser pour massacrer toute l'Europe. C'était le règne de la nostalgie de la sauvagerie nationalisto-souveraine archaïque, du sadisme et de l'absurde ; et l'impulsion primitive du psychisme malade du « gagnant-perdant » toujours vivace, était même en progression.

Donc cher ami, selon l'histoire, la deuxième guerre mondiale avait pratiquement commencé dans l'indifférence générale par le supplice de la population espagnole, et sa première bataille fut celle d'Espagne.

Un terrain d'opérations qui révélait en micrographie ce que les autres nations, indifférentes et endormies devant ce massacre de la population espagnole, allaient vivre sous peu, avec comme enjeu la domination de l'une d'elles sur toutes les autres ; car presque tous les pays nationalisto-impérialistes étaient concernés, et notamment je le répète, l'impérialisme du nationalisme Soviétique contre ceux d'Allemagne et d'Italie ; avec de nouvelles armes et tactiques de guerre pour tester et démontrer leur capacité de destruction, avec la bénédiction de religions qui disaient représenter, je le répète, celui qu'on appelle Christ qui enseignait d'aimer même ses ennemis ; avec des pseudo-chrétiens fascisto-nazis qui affirmaient hypocritement qu'il fallait détruire tous les ennemis du christianisme.

Il vaut donc la peine de crier encore une fois : Chapeau à la légitimation du mensonge pour l'intérêt personnel, et à la mentalité primitive ENR, qui, malheureusement, commandait toujours la pensée cérébro-neuronale de l'homme ! C'est dire que tous ces impérialismes pratiquaient un véritable comportement hypocrito-tragicomique mensonger complètement antichrist.

Et l'histoire rapporte d'autres grandes atrocités attisant la haine ; l'histoire humaine le crie, lorsque le Général Franco, toujours avec la bénédiction de la religion, a donné l'ordre de bombarder implacablement Madrid, la capitale espagnole, et que tous les bombardiers allemands Stukas, et les Junkers porteurs de parachutistes, toujours marqués très visiblement de l'emblème chrétien de la « croix », ont massacré la population civile espagnole innocente, quartier par quartier, sans distinction d'âge ni de sexe. L'Espagne, un pays à la population, je le répète, courageuse et profondément religieuse, chrétienne, alors déchirée par les intérêts religiopolitiques n'a plus compté ses morts : des centaines de milliers d'hommes, de femmes, de vieillards et d'enfants inhumainement et cruellement tués et massacrés. Et malgré cela, certains descendants naïfs et débonnaires de ces victimes, remplis de reconnaissance, continuent d'applaudir leur ignorance... donc encore une fois :

« Chapeau ! Cela vaut la peine d'élever la voix pour crier que vive aussi notre agréable masochisme ou notre ignorance injustifiée. »

Et bien que l'histoire crie, en même temps que de nombreux intellectuels du monde entier, que la mentalité ENR, notamment de quelques impudents sans scrupules quelquefois qualifiés de méritoires, et dont beaucoup sont complètement insoupçonnés, a joué un rôle important dans ces massacres, il est malgré tout difficile de croire à l'existence de tels monstres et cercles homicides qui, plus tard, revêtus d'hypocrisie, auraient abusé de leur qualité d'homme et écrasé complètement la conscience jusqu'à se rendre complices de la mort de presque 50 millions d'Allemands, Français, Anglais, Américains, Polonais, Slaves, Russes, et autres de diverses nationalités, en majorité chrétiens, et encore de la mort de presque six millions de Juifs innocents. Car pour moi, ces faits et ces abominables machinations d'hommes de la barbaro-sauvagerie et de l'animalité sont complètement incroyables et déconcertants, et je préfère ne pas y penser... Quoi qu'il en soit, je voudrais croire qu'il n'y a pas de preuves irréfutables.

Mais si tous ces rapports historiques sont authentiques, les véritables responsables de ces massacres d'une abominable férocité se sont bien débrouillés pour ne pas être accusés d'un crime inimaginable contre l'humanité. Et comme il n'y avait pas encore de justice mondiale pour les juger, non seulement ils sont restés libres et impunis, mais ils profitent encore impudemment des applaudissements des nouvelles générations, ignorantes.

Il subsiste donc là une grande interrogation, car un tel crime majeur et presque prémédité contre l'humanité est tout à fait impossible, impensable et incroyable ! ... Et le seul fait d'y penser m'afflige et me rend honteux d'être une personne humaine.

J - C'est vrai, et je partage vos sentiments monsieur Vaskas. Et suivant votre vocabulaire, je dirais que cette description correspond complètement à la mentalité homicide ENR. Heureusement, aujourd'hui, il n'y a pratiquement plus de mentalités comme Franco, Mussolini, Hitler ou Staline, et même les religions ne sont plus aussi vindicatives qu'à cette époque.

V - Oui, mais ces mentalités du passé qui agissaient à visage découvert pour bouleverser le monde et qui ont aussi, comme le rapportent certains historiens, fait de bonnes choses pour leurs pays, étaient peut-être moins sauvages et moins dangereuses que la mentalité de certains cercles crypto-bellicistes contemporains en quête du moindre prétexte pour pouvoir commencer une nouvelle guerre.

J - De quels cercles crypto-bellicistes voulez-vous parler ?

V - Ah cher ami ! Ils sont très difficiles à identifier car ils se cachent toujours derrière une certaine respectabilité, dans de nombreux pays du monde.

Il n'y a pas d'état-nation sans nationalisto-souveraineté, sans défense ni attaque

J - De toute façon, monsieur Vaskas, votre exposé sur les guerres meurtrières montre que la mentalité ENR se retrouve notamment dans le nationalisme. Il est à se demander comment ce comportement d'origine préhistorique de l'homme peut encore se développer de nos jours.

V - C'est simple et très naturel, cher ami, le nationalisme commence avec le sentiment inné, que je ressens aussi, d'être propriétaire d'un lopin de terre. Et lorsque des propriétaires s'implantent et se multiplient, qu'ils se rassemblent sur un territoire avec de nombreux autres propriétaires enracinés et engagés eux aussi dans le même patrimoine culturel, et qu'ils viennent à parler la même langue, inévitablement, ils forment alors, avec d'autres habitants qui ne sont pas propriétaires mais qui naissent sur cette Terre avec les mêmes droits, une nation, une patrie ; et l'amour pour notre patrie ou nation devient naturel. Et en passant d'une génération à l'autre, ce sentiment inscrit par l'hérédité dans notre génome nous fait reporter dans notre comportement vis à vis des autres les procédures autoritaires qui partent du thymus, le coordinateur de la défense de notre organisme contre divers microbiocosmes, en charge de faire la distinction fondamentale, que j'ai déjà mentionnée, entre le soi et le non-soi, deux mots derrière lesquels se cachent tous les mécanismes sociaux, de la société archéo-nomadique à la société contemporaine toujours enfermée dans l'antagonisme naturel classique déjà présent à l'intérieur de notre corps : par exemple lorsque notre soi rejette toute greffe nécessaire et parfois vitale en la considérant comme un non-soi, un corps étranger, parce qu'elle provient d'un autre homme qu'il considère comme ennemi, et donc qu'il rejette… Pourtant, au sein de l'espèce humaine qui devient consciente et civilisée, nous ne devons plus nous rejeter, mais au contraire, tendre vers l'unification pananthropique et ne pas rester dans cette opposition naturelle primitive du Code qui organise la défense du corps et tous les comportements biosociaux, sachant qu'en réalité le promoteur fondamental de cet antagonisme et le responsable de tous les maux n'est autre que la mentalité ENR, avec encore pour effet les multiples formes irréversibles de nationalisto-souverainetés divisées qui alimentent la séparation nationalisto-ethnologique, sa réflexion, et la soif expansionniste souvent manifeste dans toute revendication territoriale. Et donc, si nous voulons cesser de vivre dans la peur de l'autre nation, elle aussi nationalisto-souveraine, et apporter le bonheur en héritage à nos enfants, il nous faut mettre un terme au comportement ENR, à cette distinction entre le soi et le non-soi, et transformer notre mentalité de nationalisto-souveraine divisée par les conflits territoriaux, en planétaire unifiée, conciliatrice de la conscience pananthropique.

J - Mais personne ne peut s'empêcher d'être nationaliste en vivant sur un territoire national.

V - Oui, c'est vrai car la loi archéo-nationaliste ne change pas... et sachant que chacun de nous considère un certain territoire comme national, nous sommes tous, inévitablement, nationalistes, et notre archéo-patrimoine nous assure que c'est normal. Mais en réalité, dans la logique que le territoire terrestre a déjà été occupé par des milliers de générations d'hommes successives - toutes de passage sur la Terre qui les mange, eux comme tous les êtres, après leur avoir permis de vivre une certaine période de temps -, d'autres nouvelles générations, à travers lesquelles le Code va continuer à se dérouler vers la conscience, vont venir y vivre à leur tour ; et absolument personne ne veut prendre en compte cette réalité qui, hélas !, nous empêche d'être de réels propriétaires de la Terre ; car même si nous avons le droit de vivre notre vie durant sur notre terrain, dans une habitation que nous considérons comme notre propriété, acquise par notre travail ou reçue en héritage de nos parents, cet incubateur géant qu'est l'accueillante planète qui nous accorde l'hospitalité n'est pas là pour être divisée en propriétés individuelles et contrarier le déroulement et la mission du Code qui, après avoir fait germer la conscience et l'avoir fait éclore, doit la développer jusqu'à son union avec celle des autres planètes semblables à la Terre qui constituent toutes ensemble la conscience galactique, et parvenir, dans l'union des consciences galactiques, à la conscience polygalactique ou cosmique.

En outre, la situation géopolitique mondiale est profondément confuse, car aucune nation au monde ne peut apporter l'acte d'achat ou de vente, ou une quelconque preuve de l'acquisition ou du paiement du territoire qu'elle occupe pour pouvoir le considérer légalement comme national, parce qu'en réalité, il n'y a pas de véritable vendeur ou acheteur de la Terre, et logiquement, aucun pays ou nation, aucune identité ethnologique n'a le droit de s'attribuer ou de clôturer arbitrairement et autoritairement par des frontières, un morceau de terre d'un endroit quelconque de la planète. Et, anorthologiquement, presque toutes les nations divisées du monde prétendent souvent occuper un territoire sous prétexte qu'il s'agit d'un usage traditionnel ou hérité de leurs pères. Un autre de leurs arguments est de dire qu'il vient de conquêtes et qu'il s'agit de terres occupées après une victoire ancestrale remportée dans un conflit rapporté de nombreuses années auparavant, sachant qu'au cours du temps, ce récit a sans aucun doute été déformé à plusieurs reprises, etc., etc. Aussi sont-elles peu nombreuses à pouvoir tenir devant le désaveu de l'histoire, du fait que presque tous les territoires « nationaux » résultent d'une occupation arbitraire et que leur potentiel actuel à été sauvegardé à travers des empiétements, des accaparements et des annexions de terres, comme ce fut le cas par exemple des Amériques, suite à leur découverte, dans leur colonisation, leur occidentalisation et leur christianisation, au moyen de la force, par des immigrants principalement européens qui ont importé le cruel comportement ENR sur ce continent. Et après que ce comportement ait exterminé la plus grande partie des populations indiennes qui vivaient depuis des milliers d'années, librement, sans aucune frontière, sur l'ensemble de ces terres, et réduit presque tous ceux qui restaient à l'état de prisonniers dans d'étroites réserves, de nombreux colons et immigrants nationalisto-religieux appartenant à diverses diasporas ethniques et se disant majoritairement chrétiens, sont alors venus s'emparer et se partager les terres, les occupant pour en faire leurs propriétés clôturées, selon leur soi et leur non-soi. Et tandis que leur nationalisme devenait de plus en plus oppressif, certains ont continué, dans une attitude souveraine, à exterminer ou mettre en servitude et exploiter d'autres populations sans manifester la moindre humanité. Voilà un vivant exemple de la mentalité ENR, nationalisto-religieuse, scissionniste, expansionniste et impérialisto-colonialiste, qui, bien qu'il ne puisse exister, en réalité, de pouvoir territorial, a oppressé le monde des hommes et produit une Terre pleine de contrastes et de contradictions, découpée en morceaux souverains, sans aucun droit, ni titre de propriété... et si cette anomalie se perpétue, il sera peut-être difficile, pour l'homme, d'échapper à une troisième guerre mondiale et au complet anéantissement.

En fait, comme la mentalité administrato-constructrice ΛV n'a créé qu'un Code Universel qui a engendré dans ses ramifications tous les êtres vivants, la Terre est commune à tout ce qu'il forme sur elle, et donc aussi à l'être humain : le contraire serait une violation de l'invariable Loi cosmo-fonctionnelle. Et l'habitation de chaque homme (ou de chaque famille) doit être respectée et privée, séparée et protégée en droit, sans aucune menace d'expulsion, d'exclusion, etc., jusqu'à sa mort... et dans une nouvelle société franche, chaque « géopolite » ou « habitant de la Terre », vivra dans sa propre habitation... car dans un nouveau système pananthropique, toutes les nations s'unifieront ; et alors cesseront les diverso-ethno-nationalisto-souverainetés divisées qui ne font que justifier les inégalités permanentes qui faussent, distordent et restreignent le droit de chaque homme de circuler librement sur la planète où il est né et de s'installer dans son habitation. Et lorsque finalement tout le monde sera uni, personne n'aura le droit d'interdire à un géopolite l'accès à un territoire de la Terre, s'il désire vivre, habiter et travailler pacifiquement en respectant les principes producto-culturels de l'ensemble de la société humaine. Voilà le droit de l'être humain dans le cadre de la réelle liberté et de l'égalité, car en dehors des mesures nécessaires à la communauté humaine pour le maintien du respect et de l'ordre dans la société et pour éviter les différentes formes nuisibles de criminalité, l'homme bénéficiera de tous ses droits dans l'unification. Mais certains articles de la Charte de l'ONU sont, et c'est difficilement compréhensible, une violation flagrante de ses droits, comme par exemple, certains passages de la déclaration universelle des droits de l'homme adoptée et signée le 10 décembre de sa troisième année par toutes les nations de l'Assemblée Générale de l'ONU, qui, bien qu'étant fermement contre toute inégalité et en faveur de l'égalité des droits de l'homme, considère paradoxalement, et probablement suite à des pressions venant de certaines nations membres pleines de mentalité ENR, que l'homme n'est libre qu'à l'intérieur d'un Etat ou d'une nation ; et bien entendu, à l'extérieur de sa nation, il perd automatiquement son droit d'être libre et de circuler librement. Et donc, où se trouve sa liberté ? Il est bel et bien esclave sur la Terre qui donne impartialement l'hospitalité à tous ceux qui y sont nés.

J - Vous voulez dire que l'homme a le droit de vivre librement sur toute la Terre, mais nous sommes grecs, et nous vivons librement en France, donc nous sommes libres.

V - Oui, c'est vrai, nous sommes libres en France, car ici la bonne volonté de la population a beaucoup lutté pour obtenir cette liberté, mais en plus nous sommes Européens, bien que l'Europe soit unie dans une communauté poly-diverso-entêtée qui est aussi, comme toutes les régions du monde, dans le cercle de la conflagration, et qui reste toujours nationalistiquement et politiquement divisée et encore loin d'être l'unification réelle des populations.

De toute façon, n'oubliez pas qu'il y a des exceptions sur tous les sujets dont nous parlons, et qu'il n'y a aucun dogmatisme dans une expression libre. D'une manière générale, j'évoque une situation plausible logiquement et comme tout le monde le sait, qui existe vraiment ; et donc, je voudrais dire franchement que le principe numéro un de chaque nation divisée, qui, naturellement, a des frontières comme premier résultat de sa méfiance de l'autre, réside dans l'organisation de la défense de son territoire. Mais logiquement, toute défense présuppose un ennemi ; et les ennemis, bien entendu, sont les autres nations qui organisent aussi leur défense en obéissant aux mêmes principes divisio-nationalistes, avec des services secrets, d'espionnage, de contre-espionnage, etc., etc. Et c'est une réalité bien connue que chaque défense nationale ajuste toujours les impôts pour répondre en priorité aux dépenses de production ou d'acquisition d'armes, bien sûr, de plus en plus meurtrières, et tout cela, rien que pour la défense... mais si c'est nécessaire, aussi pour l'attaque, ce qui est naturel et logique dans notre civilisation avancée ; car nous ne sommes libres que dans notre nation souveraine et nous devons nous préparer à la guerre parce que notre liberté est en danger permanent, sinon, pourquoi préparer notre défense ? Et à cause de cette permanence du danger venant d'autres nations, une grande partie de l'économie populaire est inévitablement dépensée dans l'armement pour garantir la sécurité du territoire national. Donc, notre liberté à l'intérieur de notre nation est inévitablement payante... et souvent très chère, à cause de la menace permanente d'autres nations, qui sont aussi libres, d'une liberté que chacun paye également en même temps que son auto-emprisonnement invisible dans sa propre nation clôturée de frontières. Retenons donc, cher ami, que dans toutes les nationalisto-souverainetés divisées par la méfiance, la haine, etc., la liberté est toujours payante... et bien entendu, en réalité, une liberté payante n'est pas une liberté. C'est pourtant la loi incontournable établie malheureusement par toute la communauté internationale dont les germes ont commencé à pousser il y a des millions d'années, avec la mentalité ENR, dans le cerveau des premiers anthropoïdes.

J - ***Je me sens triste en pensant à cette réalité. Vivons-nous encore à cette époque ? Cela signifie donc que s'il n'y avait pas de nations souveraines divisées, les frontières et la défense ne seraient pas nécessaires, et nous serions vraiment libres.***

V - Libres, mais sur une planète libre, où aucune nation ne produit des armes pour menacer les autres ! Parce que sinon, tout le monde reste sous une dangereuse épée de Damoclès... et personne n'est libre en face d'une menace permanente !!! Mais ce n'est pas la peine de se voiler la face et d'adopter le comportement de l'autruche pour éviter de voir la réalité que nous sommes habitués à être des esclaves volontaires parce que nous vivons dans une éphélodoulie permanente ; car dès l'instant où la défense est nécessaire pour vivre libre à l'intérieur d'une nation clôturée et que nous sommes obligés de payer pour assurer notre liberté à l'intérieur de frontières fermées, il ne reste rien d'autre à faire qu'à s'écrier : « Vive notre liberté dans un sommeil profond ! ».

J - ***Vraiment monsieur Vaskas, tout cela est d'une incontestable réalité, et heureusement que vous vivez ici, en France, plutôt qu'en Grèce où la moitié du budget est utilisé pour la défense, et qui est encore économiquement faible parce qu'elle ne s'est jamais sentie libre depuis l'époque de la bataille de Marathon ; et en tant que porte de l'Europe, la Grèce reste depuis des milliers d'années, sous la menace de certaines nations asiatiques qui ont été encouragées par...***

V - Ce n'est pas la peine de poursuivre, je comprends... ce sujet est inépuisable, nous arrêter trop longuement sur cette énormité polymorpho-contradictoire et continuer sur cette voie nous ferait perdre encore beaucoup de temps.

J - Oui, c'est mieux de changer de sujet. De toute façon, vous vouliez dire que dans un monde polynationalisto-souverain, presque déraisonnable, certaines nations, ou plutôt leurs populations préfèrent vivre comme des esclaves volontaires.

V- Certainement, mais nous ne nous en rendons pas compte, tellement nous sommes habitués à vivre dans cette condition. Et c'est pour cette raison que presque toutes les populations s'accordent pour sauvegarder les divisions de la famille mondiale et renforcer constamment la mentalité ENR. C'est aussi pour cette raison qu'à notre époque où de nombreux Etats, conscients de cette réalité, se regroupent pour former de grands ensembles (comme les unions ou les communautés : Européenne, Africaine, Américaine, Asiatique, etc.), que, paradoxalement, la psychose nationaliste se manifeste, notamment dans certains petits pays en développement qui veulent la division, la séparation et leur indépendance dans une souveraineté nationale - le plus souvent pour quelque raison personnelle - c'est-à-dire qu'ils veulent, asyllogistiquement, former une nationalo-souveraineté de plus ; et égarés par leur impulsion ENR, ils achètent des armes et commencent à commettre des assassinats et des attentats, parce qu'ils ont du mal à comprendre qu'une nouvelle forme d'esclavage apparaît avec la naissance d'une nouvelle nation. Car si une nation souveraine est indépendante, il existe automatiquement la nécessité de sa très chère défense qui se transforme souvent en attaque... et ainsi se perpétue le cercle de cet absurde paralogisme. Par conséquent, lorsque la division nationalistique et la souveraineté ethnique dominent, nous sommes contraints de vivre dans le climat rempli d'incertitudes, de guerres, de massacres, etc., etc., qui a déjà fait des millions de victimes depuis l'époque de son apparition. Et cette situation se cache aussi derrière la façade que certains appellent la civilisation du 20ème siècle, qui laisse transparaître dans son mode de vie, sous son progrès technoscientifique, une morale, en réalité, complètement déshumanisée qui détruit toute idée unificatrice pacifique et fait vaciller les lumières démocratiques jusqu'à vouloir les éteindre complètement.

J - Oui, je comprends bien, et ce que vous dites amène une certaine réflexion. Mais quelle est la solution ?

V - Je ne sais pas ! C'est à la fois décevant et décourageant ; notre mentalité reste toujours la même. La situation qui règne dans ce monde est vraiment tragicomique, car sachant la menace d'une guerre nucléaire toujours présente, nous irons tôt ou tard à l'extermination complète si nous ne mettons pas un terme à cet innommable paralogisme protanthropique de la division diverso-nationalo-souveraine et ne changeons pas cette mentalité ENR.

J - Oui, je suis moi-même nationaliste mais je le comprends.

V - Ecoutez cher ami, je n'ai rien personnellement contre le nationalisme, au contraire, j'ai même de nombreuses raisons d'être nationaliste. Mais la réalité saute aux yeux et la politique de l'autruche me déplaît qui consiste à éviter de comprendre que le nationalisme, en produisant une certaine compétitivité, est une mentalité séculaire dichotomique, désavantageuse pour l'intérêt unificateur des hommes, qui nous empêchera toujours de vivre ensemble dans la paix.

L'athlosportisme : un remède contre la guerre et une porte ouverte à la réconciliation mondiale

J - Je pense que les athlètes, et aussi les sportifs comme je le suis moi-même, sont déjà complètement en dehors de la mentalité ENR et du comportement guerrier. Pourriez-vous me donner quelques éléments sur ce point, monsieur Vaskas ?

V - Bon ! Puisque vous semblez comme moi être amateur de sport et que vous voulez quelques détails sur ce sujet, il va falloir pour être précis revenir à son origine. Vous savez que le mot athlète vient du vocable grec « athlos » représentant le résultat d'un combat victorieux... et de là vient aussi le mot athlétisme, synonyme de bataille, mais à l'intérieur d'un stade ; il n'a donc pas une grande relation avec la mentalité ENR. Et bien que vous connaissiez l'histoire, il n'est pas inutile de rappeler que le petit village où je suis né, le 25 décembre 1927, Tropéa, est situé près de la ville d'Olympie, où, comme vous le savez, plus de 2700 ans avant notre temps, se tenaient des fêtes en l'honneur des douze Dieux qui influençaient la fantaisie des Grecs de cette époque, avant qu'ils ne disparaissent par suite de l'arrêt de leur financement, les populations étant sorties d'une certaine ignorance. Mais durant ces manifestations, ces Dieux habitaient non pas au ciel, mais exceptionnellement sur le sommet du mont Olympe ; et tous les 4 ans, des fêtes étaient organisées pour suivre la compétition des combats athlétiques auxquels venaient participer et assister des athlètes et des athlophiles ou athlo-supporters des diverses régions ou villes de Grèce, chacune étant constituée en Etat autonome et souverain, comme Sparte, Macédoine, Thèbes, Athènes, etc., etc., qui n'en finissaient pas, suivant le comportement ENR, de se faire la guerre pour la gloire de la victoire. Et dans la compétition athlétique, ils avaient trouvé un moyen d'assouvir pacifiquement leur génome primitif violent qui ne se satisfaisait jusqu'alors que dans la guerre continuelle ou la bataille pour remporter la victoire qui leur donnait le droit d'être des héros, morts ou vivants. Et leurs guerres armées permanentes étaient heureusement provisoirement suspendues le temps du déroulement de ces compétitions athlosportives qui représentaient une manière plus noble et sans victime de se combattre et d'obtenir la victoire. Et les athlètes qui obtenaient la victoire dans le stade étaient très honorés et aussi distingués comme héros nationaux parce qu'ils apportaient la victoire à une région, une ville ou un Etat autonomo-souverain de Grèce sans recourir aux armes. Pourtant, selon l'histoire, ces fêtes et compétitions pacifiques des Jeux Olympiques qui unissaient les Grecs durant quelques semaines ont ensuite été interdites par l'empereur Théodose, sous le prétexte néo-religieux d'être païennes et idolâtriques.

J -   Mais les Jeux Olympiques ont encore lieu aujourd'hui.

V -   Oui, car faisant partie d'une histoire civilisée, les Jeux Olympiques ne sont tombés dans l'oubli que jusqu'à ce qu'un humaniste français, alliant clairvoyance, sensibilité et perspicacité, et admirateur de l'ancienne gloire grecque, comprenne leur valeur pacificatrice et unificatrice, et vienne s'entretenir avec les autorités grecques pour les convaincre qu'il serait regrettable de laisser définitivement tomber dans l'oubli de telles compétitions athlosportives capables, grâce à leur action et leur influence en faveur de la paix, de remplacer et d'éviter les massacres des guerres. C'est ainsi qu'en 1896 la compétition des Jeux Olympiques renaissait en Athènes. Et depuis cette année-là, ces jeux ont lieu tous les 4 ans, comme dans l'antiquité, mais dans différents pays du globe où des athlètes de toutes les nations du monde viennent concourir... et ils obtiennent un vif succès car ils répondent toujours aux excitations violentes de l'impulsion guerrière innée des supporters athlo-amateurs du monde entier qui suivent le déroulement des Jeux Olympiques depuis les gradins ou à la télévision, ou par tout autre moyen médiatique.

Donc cette compétition athlétique présente l'avantage, tous les 4 ans, de satisfaire l'impulsion guerrière de notre génome qui se résume dans l'expression « Il faut se battre pour gagner », et cela sans qu'il y ait de guerre mortelle parce que cette impulsion de type ENR peut éclater dans les stades athlosportifs où se tiennent les Jeux Olympiques, à l'idéal pacifique, même si celui-ci a plusieurs fois vacillé dans de précédentes manifestations sous les assauts d'actions terroristes de certains fanatico-intégristes.

Vous vous rappelez sans doute les événements qui ont découragé passagèrement et fait baisser le moral des athlètes qui participaient aux Jeux Olympiques de Munich, en Allemagne, lorsqu'un commando d'extrémistes en provenance du Moyen-Orient a pris en otage des athlosportifs d'un autre pays de la même région. En dépit de cet incident tragique, vous savez que les Jeux Olympiques n'ont pas cessé d'avoir lieu même si la mentalité de LIA et le comportement ENR, toujours présents, ont continué de chercher à déstabiliser cette manifestation athlosportive pacifique d'envergure mondiale. Et pour diverses raisons, d'autres incidents de type ENR se sont produits, car un peu plus tard, une grande nation dont les habitants étaient sous la menace permanente de milliers de bombes atomiques à hydrogène a décidé, suivi par quelques autres, de boycotter les Jeux Olympiques qui se déroulaient dans une autre grande nation dont les habitants se trouvaient aussi sous une menace similaire... bien que cette mentalité ait été condamnée par d'autres, principalement des nations occidentales qui considéraient que le site des Jeux Olympiques n'avait pas à souffrir d'un quelconque diktat politique nuisible et devait bénéficier d'une sorte d'internationalité ou d'extra-territorialité, et se dérouler en dehors de toute politisation, dans un esprit pacifique pananthropique.

Quoi qu'il en soit, quatre ans plus tard, à titre de représailles, l'autre grande nation de même mentalité s'est comportée de la même manière en boycottant à son tour les Jeux Olympiques. Ces événements regrettables ont démontré une fois encore qu'en suivant leur rivalité ENR, ces deux grands nationalismes concurrents, de régimes politiques différents, ont perturbé cette manifestation pacifique des Jeux Olympiques, saboté leur idéal et mis en danger la flamme de cette compétition mondiale en boycottant sa tentative de remplacer les guerres meurtrières séculaires par des jeux athlosportifs et d'éviter le massacre des hommes. Mais heureusement, lors des Jeux Olympiques plus récents, les incidents entre divers nationalismes et régimes politiques opposés et divisés ont été, de beaucoup, moins importants.

Et pour le bonheur du plus grand nombre, il n'y a pas si longtemps, un Anglais, créateur de jeux pour les riches athlo-amateurs désoeuvrés de son pays, a inventé le tennis, le base-ball, le rugby, etc., en même temps que d'autres jeux athlosportifs de compétition qui permettent de remporter « la victoire bien-aimée » non par les massacres de la guerre, mais dans la lutte de deux adversaires ou groupes athlétiques qui se battent pacifiquement et heureusement sans faire de victime.

Et en modifiant un ancien jeu olympique appelé en grec « Ποδοσφαιρο » (podosphero), il a conçu le football qui a l'avantage de combiner l'attaque et la défense entre deux équipes athlosportives, représentant souvent aussi deux nations, qui combattent sur la pelouse d'un stade toujours pour obtenir « la très désirable victoire », comme dans tout jeu de compétition. Et il faut reconnaître que ce moyen d'obtenir la victoire par le jeu offensif-défensif du football ou de tout autre athlosport compétitif est très satisfaisant pour nos gènes primitifs habitués à se comporter violemment depuis l'époque de la préhistoire, d'autant que cette façon de faire éclater nos impulsions violentes agit comme un vaccin contre l'impulsio-habitude guerrière. Et donc, cette manière de laisser se déchaîner notre ancien génome inchangé depuis longtemps, est vraiment « magnifique ».

Vous pouvez comprendre maintenant pourquoi l'homme, depuis les temps reculés à partir desquels la conscience pacifique a commencé à progresser, ne s'est pas beaucoup intéressé à la gymnastique qui lui serait pourtant plus utile, et lui a préféré la rivalité ou l'excitation du combat dans la compétition athlosportive qui se déroule sur la pelouse d'un stade où il peut assouvir son insistante impulsion innée à faire la guerre. Aujourd'hui, comme la férocité de nos gènes violents ne peut pratiquement plus s'exprimer dans le combat guerrier, notamment en raison de la peur de la bombe atomique, le football est devenu, entre autres athlosports compétitifs, un véritable libérateur de notre comportement ENR producteur de guerres meurtrières, car il satisfait, je le répète, par l'excitation d'un match ou d'une bataille dans le stade, l'impulsion de notre patrioto-nationalisme écrit dans le patrimoine de nos gènes primitifs qui ont survécu au travers de nombreuses générations et peuvent s'exprimer et se satisfaire maintenant, heureusement, dans les compétitions athlosportives.

C'est pour cette raison que les gouvernements des diverses nations, encouragés par ce comportement compétitif mais humain, construisent pour tous les habitants athlo-amateurs, des stades - c'est-à-dire des temples de l'athlosportisme - dans lesquels la violence est bien moindre que dans les stades monumentaux de l'antiquité, tel le Colisée à Rome, où les assistants athlomanes criaient leur satisfaction et applaudissaient de voir un gladiateur, véritable héros, tuer brillamment son adversaire, ou de voir d'autres se faire dévorer par les lions.

J - De toute façon, les athlosports m'intéressent. Pourriez-vous me donner quelques précisions supplémentaires sur ce sujet ?

V - Ah, cher ami ! Le comportement athlosportophile compétitif mais humain, comme dans le tennis, le rugby, le football et beaucoup d'autres, est bien connu de tous et provoque un délire d'excitation agréable car c'est une des façons de remporter la gloire de la victoire. Il n'est donc pas nécessaire de trop s'y étendre puisque tout le monde le connaît. Mais pour mieux comprendre, je rappellerai que dans les stades - les temples de l'athlo-sportisme, ce nouveau culte en passe de remplacer les anciens -, prennent place les supporters et les athlètes de diverses équipes qui représentent aussi diverses régions ou nations ; et tous viennent assister à la victoire de leur équipe régionale ou nationale contre un adversaire, l'équipe d'une autre région ou nation ; et au cours d'un match, en réalité un combat, chaque équipe lutte pour rapporter la « victoire » qui satisfait particulièrement, je le répète, l'impulsion patrioto-nationaliste belliciste. Et vous pouvez facilement le comprendre, car lorsqu'un match commence entre deux équipes qui représente deux nations, il est souvent indispensable avant le début du combat qu'un orchestre joue les hymnes nationaux des deux nations en compétition pour renforcer d'abord les impulsions nationalisto-patriotiques des joueurs et des supporters de chacune d'elles. Alors à partir de là, le combat athlosportif se transforme dans le psychisme de tous les supporters-spectateurs en un réel combat patrioto-nationaliste, bien camouflé derrière l'expression « match sportif », dans le seul but de se disputer la « victoire ». Ainsi, il n'est pas difficile de comprendre que l'objet d'un match de football et de l'agonie des spectateurs et supporters parfois fanatiques, partout dans le monde, n'est pas qu'un ballon entre à l'intérieur de trois poteaux, mais plutôt le désir de satisfaire notre impulsion belliciste innée, et pour cette raison, se battre pour gagner et remporter d'une manière ou d'une autre la gloire de la victoire... mais aussi pour ressentir intérieurement la satisfaction qu'un autre a perdu. Et tout cela est un agréable défoulement pour notre génome.

Donc, pour cette raison, chaque stade ne reste pas simplement le lieu d'une gentille compétition athlétique à la satisfaction des supporters, mais il devient aussi pour nous comme un champ de bataille, où derrière les deux équipes s'affrontent deux nations qui viennent d'entrer dans une guerre, heureusement, athlétique et athlosportive. Et comme aujourd'hui, je le répète, la peur d'un conflit atomique très meurtrier ne permet pratiquement plus à l'encéphalopathie belliciste nationaliste de la guerre de s'exprimer en s'entre-tuant et s'entre-dévorant, l'athlosportisme est un médicament civilisateur ; malgré quelques regrettables bagarres qui éclatent encore trop souvent entre supporters fanatiques.

J - Merci monsieur Vaskas, c'était une bonne illustration. Et donc, d'une manière générale, l'athlosportisme n'est pas dangereux, mais utile et je pense même plutôt sympathique.

V - Oui, c'est ce que j'essaie de vous dire, l'athlosporto-comportement n'est pas seulement utile et sympathique, mais il est aussi humain, parce qu'il éloigne la guerre. Mais la guerromanie existe toujours et dans certains pays très nationalistes, quelques guerro-toxicomanes ont trouvé d'autres manières de laisser éclater et s'exprimer la violence de leurs gènes attardés en jouant à la guerre avec de fausses armes, de faux blessés, de faux morts, etc., afin de ressentir une excitation plus proche de la guerre réelle. Ce sont des extrêmes guerromanes dont le comportement montre bien que notre psychisme est toujours malade.

J - C'est la première fois que j'entends parler avec autant de clarté de ce que peut cacher un match de football comme ceux que nous regardons. Mais n'avez-vous pas quelques préjugés sur l'influence nationaliste ?

V - Oh cher ami ! Il est manifeste que dans tous les athlosports l'influence nationaliste n'est pas un préjugé, c'est une réalité bien visible mais heureusement non dangereuse. De toute façon, bien que je préfère la simple gymnastique, je n'ai absolument rien contre l'athlosportisme, car tous les sports qui ont pour but la victoire sont bons et salutaires. Et en tant que distraction ou amusement, j'étais content et prenais plaisir, il y a encore quelques années, à essayer, malgré mon handicap, de jouer avec mon fils Nicolas-David, car j'étais moi-même sportif dans ma jeunesse... mais pas fanatique. Cependant, à mon avis, il faut bien donner à chaque supporter ou athlo-amateur, notamment s'il est fanatique, ce que réclame son organopsychisme : la victoire.

Et dans les stades, les meilleures places pour assister au combat athlosportif sont souvent occupées par les hommes politiques qui dirigent les divers Etats... mais comme eux, nous éprouvons tous du plaisir à suivre un match, avec des joueurs attaquants et défenseurs qui se jettent à l'assaut d'un ballon, se courent derrière, se disposent, feintent, se heurtent, se poussent, se malmènent, crient et s'injurient, se donnent des coups qui entraînent diverses blessures vraies ou fausses, car nous avons tous, c'est naturel, les mêmes gènes... mais je répète qu'aujourd'hui, l'athlosportisme s'avère très utile et qu'il est devenu un phénomène social profitable.

J - En tous cas, je pense, certainement comme vous, que le football est un sport amusant et civilisé.

V - Oui, je suis d'accord avec vous... mais quelquefois, il n'est pas toujours amusant. Il suffit d'aller dans un stade et d'assister à un match de football pour observer certains groupes de supporters fanatiques hors d'eux-mêmes lorsque leur équipe marque un but, signe de victoire... et ils se lèvent automatiquement, comme un seul homme et dans un délire et une sorte de paroxysme hystérique, ils crient, sifflent, gesticulent, chantent fièrement leur hymne national, etc., agitent leur drapeau, etc., etc., etc. Et comme leurs manifestations sont quelquefois trop brutales, ils sont parqués dans le stade et prisonniers de grilles de protection, car dans un excès d'exaltation fanatico-patriotique, surexcités, ils n'hésitent pas à injurier les autres supporters et peuvent en venir à les frapper lors d'affrontements. Et souvent après le match, une fois en ville, pensant qu'ils sont les vainqueurs et défenseurs de l'honneur national, ils continuent d'exprimer leur fierté avec une violente brutalité. Se prenant pour des héros, ils s'attaquent avec une inexplicable barbarie aux représentants de l'ordre qui essaient de les calmer ; et ils sont souvent responsables de désordres, de divers troubles, de bagarres qui font quelques blessés, et parfois des morts, avec d'autres effets désastreux.

Et lorsqu'une équipe nationale revient sur son territoire, ou dans sa nation, après avoir remporté la victoire sur l'équipe d'une autre nation, la population athlophile déborde de fierté et sort dans les rues en dansant et criant pour la célébrer, ce qui est l'occasion de réjouissances débridées mais la plupart du temps bon enfant, etc., etc. ... L'athlosportisme s'est donc transformé en la plus grande pépinière productrice d'affrontements nationalistes, mais heureusement pacifiques.

J'aurais encore beaucoup d'autres choses à dire sur ce sujet qui gagne du terrain chaque jour à la manière d'un bon virus très contagieux - mais d'une contagion agréable et joyeuse - qui a presque contaminé la population de toute la Terre, car c'est déjà une porte ouverte à la conciliation mondiale qui se développera aussi dans le futur système de l'unification pananthropique.

L'argent est souvent facteur de corruption et d'exploitationdans les sociétés masquées

J - Bien ! Je vous remercie, monsieur Vaskas, pour cette analyse en relief du comportement athlosportif et je vous laisse reprendre où vous en étiez avant mon interruption sur le sport. Vous aviez fait allusion à d'autres comportements qui oppriment et tyrannisent réellement l'homme dans le cadre des sociétés masquées. A quoi pensiez-vous en disant cela ?

V - Oui, tout cela est bien connu, mais l'athlosportisme n'a rien d'un comportement qui opprime les hommes, au contraire il les réconcilie... et si notre bavardage ne vous fatigue pas, nous pourrions continuer avec l'anortho-sociologisme économique, répandu partout, qui consiste à consacrer sa vie entière à la permanente poursuite de l'argent qui est devenu l'unique moyen concurrentiel d'épargne ou d'échange qui oblige l'homme à se battre sans cesse contre l'autre homme, dans une lutte sans merci, afin de réussir à survivre, avec toute la succession de malheurs divers qu'il apporte fréquemment.

J - Mais il n'y a là rien d'anorthologique, l'homme est obligé de courir après l'argent, c'est une nécessité obligatoire, un malheur inévitable.

V - C'est malheureusement vrai, cher ami… Dans son paralogisme, l'homme lui-même a mis en place cette loi oppressive et ommiprésente que « sans argent, rien ne bouge », et l'intérêt privé a pris corps jusqu'à s'étendre au monde entier, notamment avec les mécanismes imposés des taux d'intérêts qui ont constitué le jeu interbancaire, légalisé par la suite, dans lequel presque tous les pays du monde se sont largement endettés, et avec eux leurs habitants, déjà débiteurs dès leur naissance… C'est donc un malheur inévitable ! Et c'est pour cette raison, et d'autres innombrables, qu'un gigantesque rajustement du système conciliatoire est incontestablement et impérativement nécessaire, inévitable et inéluctable sur cette Terre polynationalodivisée. Mais certains spécialistes avancent qu'une réorganisation de tous les systèmes financo-monétaro-économiques du monde nécessiterait une action réformo-bouleverso-révolutionnaire efficace et peut-être aussi d'autres actions indispensables pour échapper à certains cercles financiers, qui, à partir de quelques sociétés masquées, comme des vampires, exploitent et oppriment l'homme de notre époque.

J - Il est vrai que nous sommes tous tellement habitués à notre système économique qu'il semble immuable.

V - Pourtant, heureusement, le système économique actuel est facile à modifier. Il suffit pour cela de mobiliser un peu de l'ingéniosité superflue de l'homme pour rajeunir d'abord son intellection afin qu'il devienne capable de construire un système économique ne permettant pas la diverso-exploitation de l'homme par l'autre homme. Car bien que d'un côté, l'argent soit un moyen socio-économique utile dans le sens où il oblige l'homme à travailler pour vivre et où la compétition pour gagner de l'argent assure la diverso-productivité et le progrès social, d'un autre côté, amasser de l'argent pour exploiter l'autre est socio-culturellement anorthologique.

Et pour cette raison fondamentale, en sortant de son objet de coordinateur impartial des échanges, l'argent est devenu la source de tous les maux commercio-économico-biosociaux de la famille humaine. Mais la volonté unificatrice va équilibrer les inégalités économiques et éviter aux pays les plus pauvres de coopérer avec certains établissements financiers privés de diverses catégories, qui forment la base d'une pyramide dont le sommet est contrôlé par un petit nombre d'organismes manoeuvrés par quelques centaines de cercles prédateurs aveuglés par la vanité et l'avidité, sans conscience, qui utilisent certaines machinations et manipulations sournoises et trompeuses pour paraître économiquement les plus forts alors qu'ils ne sont en réalité que des tricheurs, qui, tout en maniant de l'argent douteux, se font passer pour une force économico-financière... et c'est pour cette raison que je qualifie ces cercles de « Vampiro-Financiers », en abrégé « VF », parce que comme des vampires, ils aspirent et se nourrissent du sang, c'est-à-dire de l'argent, des autres hommes économiquement faibles.

J - Mais à part quelques anomalies, en général l'économie fonctionne bien !

V - Oui, peut-être ! Mais bien que certains gouvernements fassent du bon travail pour éviter le vampirisme financier, les résultats ne sont pas probants car ce qui se passe dans l'économie mondiale est vraiment la systématisation d'une anarchie curieuse. En effet, bien que l'or n'ait plus d'influence sur l'économie depuis la vingt-sixième année de l'ONU (1971) et que cet archéo-système monétaire permette à l'homme de gagner sa vie et répondre à ses besoins, il est obligé de se dépenser, souvent durant toute sa vie, à l'intérieur d'un cycle ténébro-tentaculaire, dans une chasse chronique, pénible et dépressive, pour rechercher l'argent qui lui est nécessaire pour vivre. Heureusement que certaines populations, habituées à vivre dans la simulation de cette économie de hausses et de baisses anarchiques n'ont pas à se soucier, si, à côté d'elles, d'autres populations beaucoup plus nombreuses luttent désespérément pour arriver à gagner tout juste ce qu'il faut d'argent pour survivre !

J - Je suis sûr que dans certaines sociétés, notamment dans les nations riches, les populations vivent bien.

V - C'est vrai, il y a certainement des exceptions... et tous ces mécanismes sont un peu difficiles à saisir. Je vais pourtant essayer de vous les faire toucher du doigt, cela en vaut la peine. Et d'abord, dites-moi quels sont, à votre avis, les pays du monde dans lesquels se rencontre la plus grande pauvreté ?

J - Je pense aux nations où il n'y a ni pétrole, ni or ; et aussi à celles où la Terre est improductive et qui n'ont pas les possibilités des pays riches.

V - Pas seulement là ! Car aujourd'hui, la pauvreté se rencontre quelquefois d'une manière beaucoup plus frappante, notamment à cause de la diverso-corruption, dans des pays ou nations qui se prétendent riches et débordantes de bien-être.

J - Et comment a commencé cette chasse à l'argent qui occupe tout le monde aujourd'hui ?

V - C'est vraiment une bonne question, mais je vous le répète, je ne suis ni historien, ni socio-économiste. Je m'attendais pourtant devoir répondre à de telles questions, aussi vais-je essayer de vous expliquer en commençant par la première tentative d'union monétaire, qui a vu le jour avec la monnaie unique grecque qui circulait d'une ville à l'autre dans les cités autonomes de Grèce et par l'histoire bien connue de Crésus, il y a plus de 2600 ans, ce roi de Lydie qui a frappé les statères, les premières pièces de monnaie en or que les soldats d'Alexandre le Grand ont ensuite répandues, tant en Grèce qu'en Occident et dans tous les pays occupés du Proche, Moyen et Extrême-Orient... car c'est à partir de là que l'abominable hégémonie de l'argent et le marathon pour l'obtenir ont commencé.

J - Oui, et que s'est-il passé avec cette monnaie en or ?

V - L'or, ce métal tellement attrayant, à cette époque où n'avait toujours pas débuté la transformation… du plomb en or, a commencé à jouer un rôle fondamental dans le commerce ; et par mimétisme, il s'est répandu partout jusqu'à devenir le pivot de l'économie des diverses nations et le moyen numéro un pour assurer le bonheur de l'homme qui serait capable de s'enrichir en exploitant l'autre homme. A partir de là, l'implacable chasse à l'or, à l'argent, s'est poursuivie à travers le monde. Et ceux qui n'étaient pas producteurs d'or avaient trouvé le moyen de devenir riches en utilisant la loi du plus fort ; et ils s'emparaient des richesses des autres par la force, c'est-à-dire après les avoir massacrés.

Les armes et leur production sont alors devenues de première nécessité. Il est d'ailleurs bien connu qu'en vendant des armes à bons prix dans la période récente des deux guerres mondiales, les Etats-Unis, un des principaux producteurs d'armes, ont amassé de grandes quantités d'or qui furent converties pour une valeur équivalente en monnaie de papier, ce qui leur a permis de prendre en main, à partir de là, l'économie mondiale. Mais par la suite, au cours des années de la guerre froide, les deux superpuissantes nations concurrentes dans la production de bombes atomiques et d'autres armes meurtrières ont dépensé de si grandes sommes d'argent que leurs économies ont faibli... et certains ont supposé qu'elles aient dû, pour équilibrer leurs budgets, vendre leurs réserves d'or ; ce qui aurait eu pour conséquence de mettre en circulation dans le commerce presque tout l'or qui sommeillait dans les coffres de leurs banques. Et les Etats-Unis, gouvernés démocratiquement, auraient alors entrepris de récupérer et de mettre à sa place, de l'argent venant d'autres pays dont la monnaie avait encore son équivalent en or.

Mais certains socio-économistes persistent à dire que les cercles financiers - que j'appelle VF - qui se sont progressivement installés aux USA, ont trouvé des manières plus pratiques d'exploiter les populations... et bien que le mot « Capital » ait perdu sa signification 26 ans après la création de l'ONU (1971) pour se transformer en « Convergence conventionnelle de convertibilité monétaire », les VF ont construit une simulation d'économie presque mondiale. Et en utilisant une monnaie en papier sans aucune convertibilité, ils ont ramassé presque tout l'or, les pierres précieuses, etc., etc., et mis au point les conditions d'une économie phénoménale à leur avantage qui a réduit à la pauvreté d'abord une grande partie de la population des USA. Et par certains artifices, ils ont imposé l'inconvertibilité dollar/or à tous les pays qui leur devaient de l'argent, oubliant, certainement pour des raisons bien entendues, de mentionner l'or comme garantie de la valeur du dollar.

Par conséquent, du fait de ce changement, en dix ans, l'or, le symbole de la richesse et la base fondamentale de l'économie mondiale des années précédentes, a perdu sa valeur de garantie. Heureusement, le dollar, qui représente un pays riche et courageux, est toujours resté valable et a influencé presque tous les Etats… à l'exception des soviétiques dont le système monétaire n'était pas organisé de la même manière, mais pour un temps car par la suite, il a lui aussi profité de cet exemple américain pour commencer à rentrer dans ce type d'économie conventionnelle. Et finalement, tous les Etats ont donné le pouvoir aux banques centrales de produire et d'émettre de la monnaie en papier de toute nationalité et de toute catégorie pour couvrir leurs besoins d'argent. Et l'économie mondiale marche d'une manière magnifique !

Heureusement que certaines sphères diverso-étatiques affirment par les moyens multimédia-informatiques, peut-être pour tranquilliser quelques inquiétudes publiques, que l'or devrait représenter encore aujourd'hui l'équivalent de 40 à 60 % des réserves dans les coffres des banques centrales de différents Etats, ce qui soulève la question raisonnable : Mais pour quel usage, puisque la convertibilité papier/dollar existe ? Et cette interrogation demeure un mystère inexplicable... de savoir pourquoi certains gouvernements ont en réalité, ou disent conserver beaucoup d'or sous forme de lingots qui sommeillent dans les coffres de leur banque pour soutenir la valeur de leur monnaie, tout en sachant qu'à présent l'or ne peut plus servir à l'évaluer et contrebalancer les variations du baromètre de leur économie.

Mais l'expérience montre qu'une monnaie en papier n'est pas du tout une mauvaise chose, car bien qu'inconvertible en or, elle a au moins, entre les divers Etats, une valeur conventionnelle nécessaire au maintien de l'ordre dans les échanges monétaires, à l'arrêt des convulsions et à la sauvegarde de la confiance, ce qui, à mon avis, n'est pas un mal, parce qu'ainsi les diverses conventions entre nations peuvent garder l'économie mondiale en équilibre.

Le plus grand cri d'alarme pour échapper à la simulation d'économie et éviter le danger d'un esclavage planétaire causé par certains cercles Vampiro-Financiers ou VF

J - Tout cela est l'incontestable et regrettable réalité. Mais pourquoi parlez-vous d'une simulation d'économie mondiale, et que cache l'expression Vampiro-Financiers ou VF ?

V - Ecoutez cher ami ! Vous me posez une question sur ce sujet assez difficile tout en sachant que je ne suis pas un économiste capable de critiquer la complexité de l'économie mondiale. Mais chaque homme réfléchi peut discerner l'anomalie socio-économique mondiale actuelle et comprendre qu'en fait nous nageons, nous les hommes, dans une économie monétaire handicapée dès lors qu'à cause de l'activité dissimulée, sournoise et avide de certains établissements professionnels, pitoyables spéculateurs de l'argent des cercles vampiro-financiers à la cupidité hypertrophique, presque tous les budgets nationaux sont pratiquement partout déficitaires et que les dettes publiques qui torturent dans un sens plus que théorique la plupart des pays du monde augmentent sans cesse et se chiffrent en milliards.

Il faudra attendre l'unification mondiale pour que ce système monétaire qui garde les hommes en dehors des valeurs civilisatrices, dans l'unique occupation de la chasse à l'argent, soit entièrement remplacé par un système complètement incorruptible de paiement électronique des achats qui mettra un terme à l'activité de ces cercles vampiro-financiers ou VF qui contrôlent sournoisement le système monétaire, ainsi que presque tous ses circuits avec leurs récupérations et recyclages du commerce secret de l'or et des milliards en provenance des narcotiques et d'autres sources spéculativement influencées presque totalement par ces mêmes VF.

Il n'y a que le Conseil de Sécurité, s'il s'accorde à constituer une commission d'enquête dans certains établissements financiers qui fonctionnent à l'échelle mondiale, pour pouvoir discerner où est installé le siège de leur organisation et quels sont les cercles qui la composent et oppriment sournoisement, systématiquement, et sans aucune exception tous les pays du monde.

J - Mais qui se cache derrière ces cercles vampiro-financiers ? A votre avis, monsieur Vaskas, d'où viennent les VF et qui sont-ils ? Comment sont-ils apparus historiquement ?

V - Je ne sais pas cher ami ; je ne suis pas un expert en économie contemporaine et leur histoire n'est pas comme celle de certains hommes qui ont changé visiblement de personnalité en passant de pauvres à riches avant de commencer à opprimer le reste des pauvres. L'histoire des VF est très compliquée, mais certaines recherches socio-économiques de provenance incertaine montrent qu'ils se seraient surtout développés après les grandes expéditions des 15ème et 16ème siècles qui ont favorisé l'extension des colonies européennes dans diverses régions du monde et notamment en Amérique du Nord et du Sud où l'importation de la mentalité ENR a fait un nombre indéfinissable de victimes, dont beaucoup d'indiens, éliminés par les vagues successives de colons, très avides d'argent pour certains, qui apportaient la mentalité archéo-traditionnelle du Vieux Continent.

Et selon les mêmes cercles historiques, parmi ces colons, certains fanatiques se prétendant chrétiens mais égarés par la mentalité archéo-religio-esclavo-impérialiste de certains pays d'Europe particulièrement religieux, clamaient de façon dogmatique que la Terre entière appartenait au Christ - qui, d'après les Evangiles, n'avait pour toute propriété que son vêtement - et affirmaient, assurés d'être un jour établis « sur tous ses biens », avoir le droit de disposer de tout ce qui était occupé par des indiens débonnaires qui ne croyaient pas en lui, et qu'ils qualifiaient d'attardés. Et sous le prétexte hypocrite d'étendre le christianisme et l'amour de son prochain comme de soi-même, convaincus de faire le bien, ils ont commencé à piller les terres habitées par certaines populations paisibles venues par la voie de l'extrême Nord. Et que ce soit sur ce fondement ou sur d'autres, un certain nombre de colons pseudo-bigots mal intentionnés, véritables homicides et cruels trafiquants de terres rêvant d'une thésaurisation facile, ont commencé à s'implanter arbitrairement en marchant sur les cadavres de ces populations pacifiques. … A l'exception de quelques-uns aux sentiments humains, c'est ainsi ou presque qu'ils se sont appropriés les vastes territoires de l'Amérique du Nord et du Sud et se sont établis sur les terres d'autres hommes, en majorité inoffensifs et sociables, après les avoir exterminés d'une manière abominable. Ils ont alors commencé à détruire les terrains boisés pour les transformer en grandes propriétés clôturées et en terres productives et lucratives dans les cultures du tabac, du coton, etc., qui réclamaient beaucoup de main d'oeuvre. Et pour cultiver ces terres, cette minorité de colons immigrés, de rapaces pseudo-mégalo-propriétaires, a utilisé des « travailleurs sous contrat !!! », des noirs qu'ils ont acheté et fait venir d'Afrique non pas en tant qu'êtres humains, mais pour les exploiter et les utiliser comme esclaves, sous prétexte que le commerce des esclaves était légal et en accord avec les principes de leurs croyances religieuses.

Et selon l'histoire, ces attrapeurs couverts de paravents archéo-traditionnels et remplis de morale obscurantiste ENR, sont finalement parvenus, par l'exploitation de l'esclavage humain, à figurer parmi les plus riches propriétaires. Ils ont alors formé une certaine souche aristocratique qui a continué d'acheter et d'exploiter, sans leur payer de salaire pour leur travail, des esclaves noirs qui, d'après eux, ne méritaient pas la moindre considération humaine parce qu'ils étaient comme du bétail... et leur propriété. Et au nombre de quelques millions, ces malheureux esclaves noirs ont travaillé dans des conditions oppressives, se saignant complètement pour ce groupe d'honorables maîtres blancs qui ont alors continué à s'enrichir énormément - surtout grâce à la production gratuite de leurs esclaves - jusqu'à ce que les habitants du Nord, pour des questions culturo-unificatrices ou peut-être par une avancée des lumières républico-démocratiques, commencent à contester la mentalité esclavagiste de certaines familles riches et scissionnistes du Sud. Car en dehors de quelques exceptions, cette minorité de colons ne cultivait ni la mentalité de LIS, ni le comportement républico-démocratique et restait encore sous l'impulsion ENR paléo-méso-néolithique divisionniste ; et comme ce petit nombre dominait grâce à son argent la plupart des habitants du Sud, l'unification avec les autres Etats Nord-américains n'a pu se réaliser qu'au prix d'une terrible guerre civile, dans laquelle cette minorité esclavagiste du Sud a été battue par la conscience libérale du Nord, majoritaire.

Mais dans les ressentiments de leur défaite, à l'exception de quelques-uns, ces grands et riches propriétaires du Sud remplis de mentalité ENR et assoiffés de vengeance sont toujours restés une menace pour les populations du Nord. Et depuis cette époque, fidèles à leur traditionnelle cupidité, ils ont amassé d'importantes sommes d'argent ; et avec ces capitaux, ils ont méthodiquement et systématiquement préparé leur revanche en mettant en esclavage économique d'abord la majorité des habitants du Sud, en même temps qu'ils se regroupaient en diverses associations et organisations secrètes et strictement mystiques où ils cultivaient la haine et bâtissaient des plans pour accroître leurs richesses dans l'intention principale de reprendre un jour les armes afin de laver l'affront de la défaite, et pourquoi pas de se rendre maître de tout le pays des USA et le soustraire à la majorité du Nord. Et avec l'argent provenant en grande partie de l'exploitation de l'esclavage des noirs, ils ont commencé à acheter sournoisement les industries et diverses entreprises importantes dans tous les Etats du Sud, et du Nord où leurs anciens esclaves libérés étaient partis travailler en tant que salariés ; et pour réaliser leur programme érosif, ils ont réussi, toujours avec leur argent, par la corruption et l'achat de certaines consciences gouvernementales, à occuper quelques positions clés aux Etats-Unis, et plus tard, à favoriser la création d'un lieu d'échange général pour accaparer sournoisement et systématiquement, mais légitimement, les biens des autres Américains.

Mais cette rapacité des trafiquants de milliers d'hectares de terre qui, en ce temps-là, se réalisait légalement par l'élimination des réels propriétaires, était la mode de l'époque, non seulement en Amérique, mais aussi dans de nombreuses autres régions du monde. Et tandis que tous les êtres vivants ont toujours voulu demeurer dans une sorte de fédéralisme, dans une communauté équilibrée, sur presque toute la surface de la Terre y compris sur le continent américain, ces trafiquants de milliers d'hectares de terre les ont comme toujours diverso-découpées, clôturo-fermées et se les sont appropriées souvent avec une violence sanglante… et pour sauvegarder leur hypertrophique avidité, ces pseudo-propriétaires criminels ont constitué une sorte de pseudo-fédéralisme qui leur a permis, en distribuant des pots-de-vin à certains dirigeants corrompus de l'époque, de conserver légalement cette illégitime et frauduleuse appropriation… Et après leur mort, ces milliers d'hectares de terres sont revenus automatiquement à leurs héritiers puisque les lois qu'ils avaient fait établir ne permettaient pas aux agriculteurs de cultiver pour eux-mêmes ces terres privées et clôturées pour se nourrir et en vivre ; tandis que d'autres, dans les sociétés masquées successives qui ne voulaient pas non plus ôter leurs masques, ont continué à les préférer pauvres ou chômeurs, sans le moindre droit de travailler dignement et de vivre, jusqu'à ce que leur vie se termine dans l'indigence.

Ils ont alors commencé à constituer les quelques banques strictement privées nécessaires à la réalisation de leurs frauduleuses et secrètes activités lucratives, notamment usuraires et financières, et de leurs desseins. A partir de là, ils ont pu imposer et bien établir la loi de l'économiquement plus fort, d'abord dans le Sud et plus tard dans tous les Etats-Unis, où des millions d'Américains ont été complètement saignés et obligés de s'endetter pour acheter à crédit ce dont ils avaient besoin... et lorsque ces derniers ne pouvaient plus rembourser les prêts avec leurs intérêts, tous leurs biens mobiliers et immobiliers étaient saisis légitimement par les établissements de ces cercles financiers ou VF, avec toute l'autorité qu'ils avaient eux-mêmes constituée et organisée ; et à partir de là, de nombreuses personnes se sont appauvries chaque jour un peu plus sans pouvoir trouver la source de leurs malheurs.

J - Pourriez-vous me donner plus de précisions sur cette page d'histoire que je ne connais pas bien ? Et d'abord sur ce qui a déclenché la guerre civile entre le Nord et le Sud ?

V - Il vaut mieux que vous relisiez l'histoire cher ami, car je ne connais pas tous les détails, mais je peux reprendre brièvement certains éléments historiques appris lorsque j'étais étudiant, qui concernent cette période où il y avait d'un côté la majorité du Nord qui développait aussi une forte mentalité ENR, mais qui, sous l'influence de certains dirigeants humanistes, préservait la flamme de la lumière républico-démocratique, s'appuyait sur la liberté et la libre entreprise industrialo-commerciale, et interdisait l'esclavage qui lui posait un problème moral... et de l'autre côté, certains habitants du Sud qui autorisaient l'esclavage dont l'affligeante oppression engloutissait la sueur de millions d'hommes ; car le grand avantage qu'ils apportaient ne favorisait que l'enrichissement de certains maîtres blancs, qui, dans leur ignominie, allaient même jusqu'à faire l'élevage d'esclaves pour la vente. Mais comme l'exploitation des esclaves touchait leurs différents intérêts et que certains groupes d'immigrés venant du Nord de l'Europe n'étaient pas d'accord avec la mentalité esclavagiste, la population a commencé à se diviser entre esclavagistes et anti-esclavagistes, et les Etats d'Amérique sont devenus une nation comptant des travailleurs libres dans le Nord et des esclaves dans le Sud... Et tandis que certaines personnes honnêtes et anti-esclavagistes du Nord s'irritaient contre la mentalité esclavagiste des patrons du Sud qui devenait de plus en plus inhumaine, les esclaves noirs, pauvres et illettrés, aspirant à se sentir libres au même titre que les autres hommes, continuaient à fuir et s'échapper pour aller vers le Nord, et plus loin encore jusqu'au Canada. Et devant cette situation amplifiée par la disproportion des sentiments moraux et des ressources humano-économiques, l'irritation et les désaccords ont commencé à éclater entre certains patrons du Sud et le Nord. C'est alors que cette minorité de patrons du Sud a trouvé avantageuse l'idée de financer certains hommes pour qu'ils deviennent des soldats sudistes et fassent sécession... en utilisant, comme d'habitude, le slogan classique « Dieu est avec nous ! » qui produit l'autosuggestion nécessaire pour persuader les soldats qu'ils sont supérieurs et gagnants.

Mais l'idée de la légitimité de l'esclavage a trouvé un redoutable adversaire en la conscience d'Abraham Lincoln qui voulait maintenir les Etats-Unis libres dans le cadre de l'éclairage républico-démocratique et d'une unification humaniste entre tous les Etats, car disait-il : « tous les êtres humains sont égaux et dignes de respect », et « s'il y avait un Dieu, il ne serait jamais esclavagiste mais défenseur de la liberté humaine ». Puis à partir de l'année 1860, alors que Lincoln, fidèle à sa mentalité républico-démocratique et ne voulant pas affronter et combattre les compatriotes du Sud, avait commencé un dialogue pacifique, cette minorité de patrons égarés du Sud a lancé la révolte ; et se constituant en Etats confédérés, ils se sont armés et ont effectivement proclamé leur sécession.

Ainsi, l'irritation et les simples désaccords entre le Nord et le Sud se sont transformés en une guerre civile sans merci, longue, sanglante, absurde et inutile, qui a commencé en 1861 pour 4 années pendant lesquelles, selon l'histoire, le Nord a défendu ses idéaux républico-démocratiques opposés aux idéaux esclavagistes. Et cette guerre a fait près de 600.000 morts pour tenter d'établir une profonde et véritable révolution sociale panaméricaine contre l'esclavage.

Mais bien que l'économie du Sud ait été bouleversée et la minorité de l'aristocratie presque ruinée, de grands propriétaires sudistes avaient encore des capitaux bien cachés. Et voulant garder cette blessure ouverte, certains d'entre eux étaient fermement décidés à ne jamais accepter l'égalité avec les noirs, ni à s'aligner vraiment dans l'unité nationale et la démocratie égalitaire fondée sur divers droits de l'homme. Ils sont donc restés remplis de mentalité esclavagiste, prônant toujours la ségrégation raciale ; ce qui les a conduits à faire tomber d'une manière artificieuse, injustement et prématurément, quelques présidents républico-démocrates de valeur des USA, à commencer par le président Lincoln, assassiné dans sa loge par un acteur sudiste. A peine la guerre perdue, ils ont rassemblé secrètement leurs capitaux pour engager une autre guerre vindicative plus dangereuse, cette fois contre la population républico-démocratique du Sud d'abord, puis du Nord, une guerre économique et financière, souterraine et sournoise, contre les intérêts de tous les Etats américains ; et comme de bien entendu, ils ont alors formé une société strictement mystique et masquée, dans laquelle, selon l'histoire, sont nés les premiers cercles vampiro-financiers ou VF.

Et après avoir installé un réseau exploito-financier dans toutes les villes des Etats-Unis, ils ont ensuite réussi, en utilisant les pots de vin, la corruption par l'argent et notamment le financement de campagnes préélectorales, et diverses autres machinations, à mettre systématiquement des personnes de leur confiance aux positions clés de presque chaque Etat des USA pour occuper les postes de gouverneur, ministre, et d'autres hautes fonctions, etc., etc. ; et à travers eux, et aussi notamment par une propagande sur divers réseaux de communication, comme les journaux, la radio, etc., etc., qu'ils avaient achetés pour déformer la réalité, ils ont commencé à manipuler l'opinion publique et à exploiter sous différentes formes et avec plus d'efficacité presque toutes les populations des Etats-Unis qu'ils ont finalement réussi à mettre, depuis cette époque, dans un invisible et sournois mais réel et asphyxiant esclavage économique et social. Ainsi, ils ont peu à peu affaibli la potentialité d'une des plus grandes et courageuses républico-démocraties du monde.

Mais selon les mêmes sources, douteuses pour nous, l'histoire des Vampiro-Financiers ou VF, même si elle avait commencé avant, est devenue particulièrement importante à partir de 1900, à la « Belle époque », alors que les Européens dominaient 65% des terres émergées et que de grands capitaux étaient investis dans les empires coloniaux et notamment aux USA pour soutenir les entreprises industrialo-commerciales d'émigrés, pour la plupart honnêtes et progressistes, qui venaient de nombreuses régions, notamment du Nord de l'Europe, et pensaient faire avancer la civilisation sur la terre américaine en même temps que la lumière républico-démocratique. Mais c'était sans compter avec une nouvelle montée du comportement ENR.

Car outre ce que je vous ai déjà dit à propos des deux guerres mondiales, certains historiens racontent qu'au cours de la première, qui a commencé en 1914 dans les Balkans avant de s'étendre au monde, l'industrie américaine, en grande partie aux mains des VF, produisait de grosses quantités de matériel d'artillerie et d'armement divers qu'elle vendait aux belligérants européens qui cherchaient de l'aide de tout côté. Car l'intérêt des Américains était naturellement de favoriser d'abord le commerce, qui générait de grands profits avec les ventes d'armes à l'Europe en guerre, sans avoir à participer au conflit. Mais lorsque la guerre sous-marine a menacé leurs navires et leurs transports, les USA, dont la population était majoritairement composée d'immigrés européens, sont entrés en guerre aux côtés des alliés ; et en novembre 1918, près d'un million huit cent mille soldats américains sont arrivés en Europe. Et pendant que les entreprises américaines étaient débordées de bonnes affaires, les capitaux européens, naturellement, déménageaient en quasi-totalité vers les USA.

Après avoir bouleversé le monde pendant quatre années, la première guerre mondiale, qui avait été déclenchée par la mentalité ENR de certaines nations européennes, a pris fin... mais les pertes en vie humaines, notamment militaires, étaient énormes, et elle avait coûté si cher que tous les anciens trésors de guerre étaient épuisés. Alors pour faire face à l'inflation de leur monnaie affaiblie, tous les pays européens touchés ont demandé l'aide des USA. Et là, certains établissements privés vampiro-financiers ont encore une fois réalisé de très bonnes affaires.

En 1919, lors des négociations du traité de Versailles, les nationalismes des alliés, vainqueurs mais pauvres, étaient comme toujours divisés ; et finalement, pour garantir la paix, le courageux et humaniste Wilson, alors président des USA, a proposé la constitution de la Société des Nations. Mais c'était encore une fois la mentalité ENR qui allait gagner car la signature du traité de Versailles fut un véritable fiasco, tant pour les vainqueurs que pour les vaincus, sachant que l'Allemagne l'avait signé tout en tenant pour injustes les conditions qui lui avaient été imposées et qui soulevaient, en modifiant la carte géographique, de nombreuses contestations qui rendaient ce traité garant de la méfiance plutôt que de la paix.

Et presque à la même époque, en Russie, durant la révolution, le Tsar et sa famille qui s'appuyaient sur des prêtres comme Raspoutine ont été assassinés par les Bolcheviks qui se sont emparés du pouvoir... et la famine s'est installée en Russie. Mais en 1922, l'URSS s'est constituée et son administration a commencé à lutter contre le malheur et l'analphabétisme, car les Bolcheviks disaient que sous le tsarisme la population avait été maintenue dans l'ignorance par la religion dont le rôle était de l'endormir. Et plus tard, Staline, tout en voulant essayer d'organiser l'union soviétique, a constitué un Etat totalitaire dans lequel la liberté et la propriété privée avaient disparu, réduisant la population au travail obligatoire. Et pour que personne ne soit tenté d'anéantir son ambition, Staline a fait assassiner presque 10 millions de suspects, des koulaks, etc. ; et beaucoup de ceux qui contestaient son régime ont été envoyés dans des camps de travail en Sibérie. Mais malgré la disparition de la liberté, la collectivisation et l'industrialisation étaient soutenues, notamment pour la production de toutes sortes d'armes. Et méprisant l'ignorance et l'intolérance populaire, Staline a unifié certaines nations pour faire de l'URSS une grande puissance.

Mais en 1929, dans le délire de la croissance économique des USA, certains établissements vampiro-financiers - ayant créé une situation asphyxiante en corrompant quelques hauts fonctionnaires pour rester sur la terre américaine et pouvoir continuer à renforcer le droit à l'exploitation de l'économiquement plus fort, à provoquer des inégalités chaotiques et appauvrir les populations - se sont particulièrement enrichis en achetant à très bas prix les actions de sociétés et d'industries sur le point de faire faillite. Et avec tous les moyens d'information disponibles dont certains étaient leur propriété, ils ont fait la publicité nécessaire pour vendre ces actions industrielles à la Bourse de Wall Street, en les faisant monter d'une manière trompeuse et artificielle. Et dans ce contexte, les VF se sont mis à vendre des dizaines de millions d'actions au cours le plus haut, alors qu'elles étaient en réalité sans valeur, réalisant ainsi d'immenses bénéfices en quelques minutes... tandis que des spéculateurs et des milliers d'américains crédules empruntaient de l'argent à leurs banques pour acheter ces actions à un prix surévalué dans l'espoir de les revendre et de gagner facilement de l'argent. Mais ils étaient tombés dans le piège des VF et ils n'ont pas tardé à se savoir ruinés lorsqu'a été connue la réalité de la véritable et grave condition des industries ayant émis ces actions ; et comme ils ne pouvaient plus rembourser leurs emprunts bancaires, les banques se sont trouvées à leur tour menacées de faillite. Alors, dans la situation créée par cette machination, la panique économique s'est étendue à l'ensemble des Etats-Unis. Ainsi, selon certains économistes et historiens, en 1929, les cercles vampiro-financiers d'immigrés installés aux USA ont provoqué à leur avantage le plus grand krach boursier de Wall Street, déclenchant une crise économique sans précédent dans l'économie du monde entier, et notamment aux USA où la chute des principales industries a causé une forte augmentation du chômage. Et des millions de personnes se sont retrouvées dans le malheur et la pauvreté.

Après cela, les cercles VF, comprenant quelques centaines d'immigrés venus de divers pays, se sont frottés les mains de satisfaction d'avoir dérobé tant d'argent à la population américaine débonnaire de l'époque par une abominable escroquerie. Et avec cet argent, en réalité volé, ils ont commencé à acheter de l'or, des pierres précieuses, des diamants et d'autres objets de valeur à bas prix et à les amasser en grande quantité. Ils pouvaient désormais se présenter comme les patrons et comme des anthropo-sauveurs financiers... et grâce à la puissance de cet argent qui les rendait plein d'audace, nombre d'entre eux ont réussi à devenir de hauts fonctionnaires d'Etat, etc. ; et à partir de là, selon certains économistes de l'époque, ils ont continué à exploiter sournoisement sur une plus grande échelle et en toute liberté presque tous les Etats des Etats-Unis, et notamment les populations pauvres, en achetant avec cet argent si facilement gagné des terrains et des immeubles de rapport qu'ils ont loué à de bons prix, faisant ainsi de bonnes affaires immobilières, achetant aussi les plus grandes industries et maisons commerciales, et notamment des journaux, des stations de radio et presque tous les moyens d'information, etc., pour diffuser une fausse propagande plus efficace, faire du lavage de cerveau, et masquer complètement la réalité. Et tandis que leurs industries embauchaient des chômeurs au salaire le plus bas, ils devenaient quant à eux de plus en plus riches.

J - Le moins qu'on puisse dire est que c'est un horrible dessein ?

V - Mais le problème aurait été beaucoup plus important et plus grave sans la perspicacité du président Roosevelt. Il avait compris d'où venait le danger pour le peuple américain et en 1932, il imposa l'intervention de l'Etat dans l'économie des USA, très contaminée par les VF. Pour cette raison, son premier objectif fut d'éliminer tous les vampiro-financiers et de les renvoyer du territoire pour libérer les USA de cette peste corrosive qui faisait tout pour garder l'argent en son pouvoir ; et il a dévalué le dollar de près de 40%, ce qui eut pour effet de faire repartir la production industrielle et les exportations sans l'argent des VF. Mais dans la population, des centaines de milliers de personnes souffraient de la faim et nombre d'entre elles mouraient chaque jour parce que le système lucratif des VF avait consisté d'abord à provoquer sournoisement des conditions de pauvreté et de misère pour pouvoir ensuite prêter de l'argent avec un bon intérêt et ainsi exploiter la faiblesse économique de la population qui s'appauvrissait. Et celui qui était économiquement fort prêtait de l'argent à celui qui offrait des garanties patrimoniales suffisantes, assuré de pouvoir éventuellement mieux le saisir ; mais à ceux qui étaient pauvres, il ne prêtait rien du tout. De cette façon, si la production était aidée, le pouvoir d'achat était détruit et toute la société et l'Etat étaient endommagés. Pour y remédier, le gouvernement des USA a commencé à prendre différentes mesures et à verser des subventions pour circonscrire et faire baisser le chômage. Mais l'exemple des bénéfices faciles tirés du commerce de l'argent provoqua un effet de mimétisme dans une grande partie de la population, qui, pour vivre sans travailler, se mit aussi à amasser de l'argent en exploitant l'autre.

J - Mais de nos jours, presque toute la population du monde raisonne de cette façon.

V - Oui, et le premier coupable est la valeur de l'argent qui entraîne la chasse à l'argent, la première occupation de l'homme ; et pour cette raison, tout le monde se dirige inexorablement vers un antagonisme impitoyable qui nourrit les inégalités et la confusion... et bien que je ne sois pas économiste, je vais essayer de vous aider à le comprendre.

Depuis toujours, le seul capital véritable est l'homme lui-même, qui, en se multipliant et se reproduisant crée les inséparables production et consommation - car sans production, il n'y a pas de consommation et réciproquement - liées à de nombreux métiers qui rendent tous un service. Mais bien que la production, la consommation et les métiers soient interdépendants, les établissements vampiro-financiers prêtent surtout aux Etats, alors que toute la population mondiale, y compris les pauvres, devraient pouvoir bénéficier de prêts pour que de nombreuses entreprises familiales puissent voir le jour et vivre, et devenir d'utiles facteurs de la société. Mais les cercles vampiro-financiers ne veulent rien savoir, arguant qu'un monde sans pauvres signifierait un monde sans riches... et donc pour eux, la diminution du nombre des pauvres a toujours été inacceptable parce qu'elle entraînerait la diminution proportionnelle du nombre des leurs ; et la population s'est divisée en deux classes, la minorité des quelques cercles vampires financiers, les exploiteurs… et la majorité des milliards d'exploités. Et cette profession consistant à sucer le sang des autres s'est transformée en une maladie contagieuse dans laquelle un plus grand nombre vivait bien de l'exploitation de l'autre.

Alors, la multiplication des exploiteurs et la perte du monopole aidant, les établissements vampiro-financiers ont dû rechercher d'autres marchés profitables. Et voyant qu'une grande partie de la population des USA était bien exploitée, que le reste était quasiment soumis à leur esclavage financo-économique, et que nombre de leurs établissements étaient devenus de puissantes organisations financières, les grands cercles vampiro-financiers qui se présentaient aussi comme de grands anthropo-sauveurs, ont décidé de se tourner vers l'Europe en quête de nouvelles terres vierges et plus lucratives pour une plus grande exploitation financière. Et considérant que l'augmentation de la rivalité économo-commerciale de certains nationalismes répartis en deux alignements opposés était favorable à leurs intérêts, avec d'un côté ceux qui possédaient des empires coloniaux, de l'or et des marchés privilégiés : c'est-à-dire les Alliés ; et de l'autre côté, ceux qui étaient réduits à des ressources insuffisantes, les nations de l'Axe : Japon, Allemagne et Italie, les VF ont commencé, suivant leur système, par mettre l'économie de certains pays d'Europe en difficulté, puis par un travail sournois, tout en cultivant, comme d'habitude, la misère, ils ont provoqué diverses crises économiques afin de prêter de l'argent à des taux d'intérêts élevés sous prétexte de les sauver (dans un sens catastrophique) ; ou qui sait, peut-être cherchaient-ils plutôt à faire éclater une nouvelle guerre mondiale plus lucrative pour eux que la précédente. Alors l'Europe a commencé à traverser une crise socio-économique très grave qui a favorisé les régimes totalitairo-nationalisto-religieux extrêmes de type fasciste et mis en péril la démocratie.

J - Est-ce dire que le totalitarisme a commencé en Europe à cause de l'activité des VF ?

V - Selon les événements racontés et diversement exprimés par l'histoire, oui, car ce sont les VF qui ont provoqué la crise économique de certains pays d'Europe... et cette situation avait déjà commencé en 1915-1918, avec quelques VF d'origine italienne revenus en Italie après avoir été expulsés des USA, qui avaient mis en route la même machination, entraînant la population dans la pauvreté pendant que leurs profits s'accumulaient dans les coffres-forts de certains établissements receleurs. Et en Italie, sous l'influence des VF, les conflits entre la monarchie et les divers partis politiques totalitaires sont devenus permanents jusqu'à ce que les VF choisissent un instituteur, Mussolini, et convainquent le roi Victor Emmanuel de le nommer président du conseil.

Et avec l'assistance des VF renvoyés des USA, qui, en Italie, étaient devenus propriétaires de banques, d'industries, etc., et par des promesses trompeuses classiques et d'autres moyens légaux et illégaux, Mussolini a regroupé tous les mécontents qui vivaient dans la misère en raison de la gravité de la situation économique et formé le parti national fasciste. Et sous les applaudissements de la population italienne tenue dans l'ignorance, Mussolini a réussi, avec aussi un peu de terreur et quelques assassinats, à obtenir les 2/3 des sièges qui lui ont permis d'établir ensuite facilement sa dictature fasciste, la première en Europe, tandis qu'il s'autoproclamait, avec une extraordinaire fierté, le continuateur de l'empire romain. Et pour soutenir les VF qui l'avaient mis au pouvoir, il a établi un libéralisme économique en Italie qui était un refuge pour ces cercles vampiro-financiers, mais en réalité contraire aux intérêts de la population. Et donc bravo à Mussolini... car tandis que les applaudissements de la population italienne se faisaient plus intenses et répétés, les VF se frottaient une nouvelle fois les mains de satisfaction.

J - Mais ces VF n'ont rien d'humain ! Pourquoi insister pour faire tant de mal ?

V - Pff… cher ami, les cercles vampiro-financiers privés, ou VF, sont composés d'hommes comme nous, mais qui souffrent d'une maladie d'extrême cupidité difficilement guérissable transmise de père en fils, maladie pratiquement toujours liée à l'intérêt personnel basé sur le droit du plus fort et une mauvaise utilisation de l'argent. Ils sont comme des pyromanes qui aiment le spectacle du feu dévorant...

Donc, selon certains ethnologues, la propagande des VF s'est répandue dans d'autres régions d'Europe par la radio et d'autres moyens de diffusion. En ces mêmes années, après 1918-1919 et la chute de l'Allemagne impériale, le social démocrate Liebknecht a formé une république, une démocratie dont l'assemblée constituante avait voté une constitution libérale qui favorisait la machination des emprunts et des prêts d'argent d'organismes vampiro-financiers qui étaient, là aussi, bien installés. Et du moment que l'Etat remboursait ses dettes aux VF, son économie a faibli au point que le mark a dû être dévalué, ce qui a entraîné une inflation catastrophique. Aussitôt, toujours prêts à profiter et à imposer leur système d'appauvrissement, les VF ont acheté à de bons prix toutes les grandes industries, les sociétés commerciales, etc., etc., et commencé à exploiter les Allemands démocrates, ce qui a déclenché la crise économique de 1925 et produit presque 6 millions de chômeurs en Allemagne.

Alors, selon l'histoire, la misère provoquée par les VF a poussé la population vers les partis extrêmes, d'un côté le parti communiste de l'époque, et de l'autre le parti national-socialiste d'Hitler qui, comme il le disait lui-même, prenait position contre l'anarchie et la misère. Et pour guérir l'Allemagne, le parti nazi s'est retourné contre les cercles vampiro-financiers qui l'avaient aidé à prendre le pouvoir, car il les tenait aussi pour responsables de l'augmentation du chômage et de l'appauvrissement du pays. Et après avoir été nommé Chancelier par le maréchal Hindenbourg, devenu chef du gouvernement, Hitler a formé, comme Staline, une dictature totalitaire, mais opposée aux intérêts vampiro-financiers ; et les SS, bientôt au nombre de dizaines de milliers, ont exécuté quelques dizaines de responsables de la grave dégradation de la situation économique de la population allemande ainsi que certains hauts fonctionnaires soupçonnés de coopération avec les VF et de corruption. Et à partir de 1936, comme par magie, tandis que l'amélioration de la situation économique se faisait sentir, le parti nazi qui envisageait une guerre pour se venger des alliés, avait curieusement trouvé suffisamment d'argent pour lancer une production d'armes effrénée, suffisante pour conquérir l'Europe et peut-être plus.

A la même époque, suite à la baisse de la livre sterling, conséquence du krach vampiro-financier de 1929, l'Angleterre était elle aussi victime d'une crise économique provoquée par certains VF ; et la France également.

Et donc, selon certains historiens, le rêve des VF de faire éclater une deuxième guerre mondiale plus lucrative se trouvait déjà dans la crise économique qui a débuté aux USA en 1929, et qui, par la suite, est devenue mondiale. Et comme les VF favorisaient la montée de la pauvreté et de la misère en Europe, les extrêmes nationalismes d'Italie et d'Allemagne se sont constitués ; et s'estimant trop contraints et lésés au lendemain de la première guerre mondiale, ils ont éclaté en fascisto-dictatures au comportement pleinement ENR. Et même en France, pays traditionnellement démocratique, le désaccord quasi-permanent de quelques hommes politiques et l'influence de certains VF a failli permettre l'installation d'un système totalitaire.

J - Une situation vraiment féroce s'établissait donc en Europe.

V - Oui, et la férocité de la guerre s'est renforcée encore à cause du fléau des inégalités économico-territoriales issues de la première guerre mondiale, car les alliés avaient beaucoup de colonies qui soutenaient leur économie tandis que l'axe en était dépourvu. Et dans l'Allemagne de 1936, comme vous le savez, après la destruction du réseau vampiro-financier et le rétablissement de l'économie et notamment de l'industrie lourde, les troupes allemandes hitlériennes bien organisées et préparées pour une guerre foudroyante ont pénétré en Rhénanie, en violation du traité de Versailles. La même année, Mussolini, assoiffé de colonies, envahissait l'Ethiopie. Et en Extrême-Orient, le Japon, une nouvelle puissance industrielle candidate elle aussi à la conquête du monde, profitait de l'anomalie européenne et de la guerre civile en Chine pour commencer à l'envahir progressivement par la Mandchourie ; et en 1937, quelques riches régions de Chine étaient envahies. Mais pour certains hommes politiques des pays démocratiques d'Europe, cette menace pourtant bien visible ne mettait pas la paix en danger. Et en 1938, du moment que la SDN était impuissante, et que de plus la France et l'Angleterre n'étaient pas préparées à la guerre et se refusaient d'intervenir, Hitler rattachait méthodiquement l'Autriche, puis la Tchécoslovaquie, tout en commençant à assassiner certaines populations innocentes. Et en 1939, il signait un pacte de non-agression et le partage de la Pologne avec son confrère Staline ; et cette autre collaboration monstrueuse entre le totalitarisme nationalisto-fasciste et nationalisto-communiste fortifiait le comportement ENR.

Et la question suivante restait en suspens : Que faisait l'Alliance pendant que progressivement Hitler se renforçait très dangereusement et s'armait de plus en plus ? Car ayant déjà constitué la Grande Allemagne sans être aucunement inquiété, sans dettes ni difficultés économiques, il était désormais devenu inflexible, rendant impossible toute négociation avec les pays démocratiques. Aussi, lorsque la France et l'Angleterre se sont enfin réveillées et lui ont déclaré la guerre, il était déjà bien tard et tout le monde avait pu mesurer le résultat de l'inexplicable et incompréhensible indifférence des alliés qui avaient laissé la foudroyante machine de guerre hitlérienne dévorer tout sur son passage ; car en 1942, l'axe Berlin-Rome-Tokyo était maître du 1/7 du monde. Et une nouvelle fois, des millions de soldats et de civils innocents allaient être sacrifiés dans cette guerre absurde, sur l'autel de la LIA et du comportement ENR. Et le grave héritage de la deuxième guerre mondiale qui a dépassé en horreur la première, s'est élevé à plus de 43.000.000 de soldats tués et presque 12.000.000 de civils, hommes, femmes, et enfants... sans compter des dommages matériels inestimables. Mais les bénéfices des VF dissimulés notamment sur le territoire des USA où certains étaient revenus bien qu'ils soient indésirables depuis le président Roosevelt, étaient aussi inestimables.

Alors, en 1945, les vainqueurs ont formé l'ONU, qui, jusqu'à présent, lutte inlassablement pour préserver l'égalité des droits de tous les habitants de la Terre, et la paix... impréservable en raison de la méfiance entre les divers ethnonationalismes toujours divisés, souvent en raison des intérêts lucratifs des VF. Et s'il ne fallait plus que se répètent des désordres économiques mondiaux comme ceux qui avaient suivi le krach boursier de 1929 et provoqué la dévaluation du dollar et de la livre sterling, il fallait aussi reconnaître que la convention, en 1944, à la conférence de Bretton Woods, d'un nouveau système monétaire, avec la création du FMI, le Fond Monétaire International, devait éviter qu'une telle crise se reproduise ; mais qui sait si une autre machination sournoise des VF n'est pas née en même temps. Quoi qu'il en soit, deux ans après la création de l'ONU (1947), en dépit de l'opposition sournoise des VF, le gouvernement américain a commencé avec le plan Marshall à aider efficacement les pays d'Europe ; et les échanges commerciaux ont été réorganisés avec la signature, à la même époque, du premier agrément presque international de l'accord du GATT qui favorisait l'import-export.

J - Pourriez-vous me donner d'autres détails sur la situation économique mondiale récente pour mieux comprendre ce secteur si important dans la vie de l'homme.

V - Seuls les experts en économie pourraient vous décrire en détail la situation économique mondiale récente, mais certains spécialistes pourront vous dire qu'elle est l'enchaînement d'une expansion où se mêlent d'incontrôlables et sournoises machinations, et que dans l'espace d'intercirculation monétaire, grosso modo, certaines manipulations, mutations, évaluations, dévaluations et spéculations ininterrompues, ainsi que toutes les précédentes conventions monétaires diverso-nationalo-étatiques divisantes, ont fonctionné et fonctionnent le plus souvent dans le cadre de l'exploitation de l'homme par l'autre homme... ce qui, de longue date, a toujours suscité un cri de réprobation de toutes les populations de la Terre.

Et devant une telle situation nauséabonde, il ne reste qu'un remède : le changement complet du système archéo-monétaire que seule la LIS des dirigeants des pays de l'ONU et particulièrement des membres du Conseil de Sécurité peut mettre en oeuvre, avec la composition de commissions d'enquête pour effectuer un nettoyage profond de tous cercles, organisations et établissements vampiro-financiers parasites des hommes, qui, dans les ténèbres, nourrissent cette peste des inégalités avec des conflits, des spéculations, des investissements, des renforcements, des détournements, des fusions, des acquisitions, des concentrations, des dépôts de bilans générateurs de chômage et autres faillites soigneusement organisées, des plans d'ajustement, de redressement, de sauvetage, etc., etc., et de tous ceux qui sont - et c'est plus grave - de fanatiques marchands de guerre, qui, sournoisement, voudraient trouver un bon prétexte pour commencer une autre guerre mondiale, encore plus lucrative.

Donc, la solution est simple : il s'agit de mettre en place une méthode efficace d'abord pour trouver leur cachette et essayer de les réveiller et les désintoxiquer pour qu'ils comprennent enfin où leur voie les conduit, puis de faire que l'homme s'arrête d'exploiter l'autre homme et cesse de semer la haine, la rivalité, la division internationale et qu'il ne tienne plus pour acceptable la lutte entre le soi et le non-soi, et ensuite, progressivement mais aussi d'urgence, qu'il s'unifie et mette en chantier le système économique électronique mondial : l'unique moyen de sauver des milliards d'hommes de certains cercles séculaires d'hommes exploiteurs et oppresseurs... et aussi d'éviter une complète dévastation de notre malheureuse petite planète.

**Installée sur l'empoisonnement volontaire,
la drogue est source d'anthropo-destruction et de profits abondants**

J - Oui, mais il y aussi la question de l'argent de la drogue. Qu'avez-vous à signaler sur ce sujet monsieur Vaskas ? Pourriez-vous me donner quelques explications sur la manière dont la drogue est devenue un si grand fléau pour l'humanité.

V - Pour ce qui est de la drogue, cher ami, la presse, l'ensemble des médias et d'autres moyens de communication nous tiennent tous informés... et je n'ai rien de particulier à vous dire. Je sais, comme tout le monde, qu'il s'agit d'une accoutumance, d'une addiction selon le terme anglais... mais en réalité, c'est un phénomène d'autodestruction de l'homme qui est maintenant généralisé sur toute la Terre ; et si la drogue a toujours existé à cause de notre LIA, aujourd'hui ses progrès sont notables. Et tandis qu'il était plutôt question jusqu'au début du siècle de drogues tirées de plantes naturelles - car l'homme s'était longtemps contenté d'en isoler les principes actifs -, de nos jours avec la multiplication du nombre de ceux qui veulent se sentir quelques instants en dehors de la réalité d'une société misanthrope et qui font grimper la consommation en flèche malgré de sérieux dangers pour leur santé et un risque mortel, avec l'augmentation des pays producteurs et des terres de production, avec le développement de l'usage pharmaceutique, de l'utilisation industrielle et chimique, à cause de la forte demande, de l'accoutumance rapide et de l'esclavage toxique que la drogue entraîne chez l'homme, certains laboratoires ont pu mettre au point des produits de synthèse, des drogues artificielles moins chères qui n'ont plus rien à voir avec les plantes.

Mais naturelles ou artificielles, différentes drogues et produits narcotiques souvent mortels, arrivent à passer d'une manière magique et en grande quantité des pays producteurs aux pays occidentaux. Et malgré la guerre déclarée contre les drogues illicites par de nombreux gouvernements qui lancent des campagnes de sensibilisation et mettent en place des forces de polices nationales et internationales spécialisées, malgré les milliers de personnes chargées de leur élimination et tous les contrôles douaniers aux frontières et sur les bords de mer, malgré l'argent dépensé pour arrêter ce commerce honteux et illégal et essayer de désintoxiquer les esclaves des stupéfiants - plus encore esclaves des trafiquants, des sociétés masquées et des VF qui les exploitent -, de grandes quantités de ces produits souvent mortels, circulent pratiquement librement partout ; ce qui sous-entend qu'il y a parfois de bonnes relations entre les uns et les autres, bien que de nombreux policiers qui luttent sérieusement contre la drogue soient souvent victimes de gros trafiquants qui s'enrichissent sur la base d'un trafic commercial facile, sans être punis, ni vraiment trop inquiétés.

J - Mais il existe une politique presque internationale d'interdiction assez ferme et concrète.

V - C'est exact, mais paradoxalement, l'annonce publiée par les médias d'une saisie de drogue toujours minime par rapport aux grandes quantités qui circulent en toute impunité, et que les gouvernements sont incapables d'empêcher d'entrer dans les pays, a seulement pour effet de rendre la drogue plus rare sur les marchés ; et à cause de cet effet médiatique, les prix montent et les toxicomanes doivent payer plus cher pour acheter leur dose de narcotique ; ce qui montre que la guerre déclarée à la drogue est, dans ce sens, un échec complet, sauf pour les trafiquants, pour qui chaque saisie est l'occasion d'augmenter les prix pour encaisser des profits supplémentaires.

Mais leurs victimes ne meurent pas seulement par la drogue qui détruit maintenant des enfants de plus en plus jeunes et en plus grand nombre à l'échelle planétaire, mais aussi par la violence provoquée par le besoin de narcotiques et par les combats sans merci qui sont livrés pour les profits faciles et sans avoir à travailler auxquels la drogue fait rêver. Ce commerce assassin est une fraude monstrueuse, car dans certains pays, même les fonctionnaires des douanes et des diverses polices sont quelquefois empêchés d'aller trop loin dans leurs enquêtes par des ordres de supérieurs qui ne peuvent pas toujours faire autrement. Et si chacune de leur petite prise fait l'objet d'une si grande publicité, c'est aussi pour rendre compte des milliards qui sont dépensés pour lutter contre la drogue et pour justifier de nouvelles subventions des Etats, qui, heureusement, sont les défenseurs de la population victime de la toxicomanie. Mais comment expliquer qu'un volume aussi important de drogue, dont la valeur annuelle représente des sommes d'argent énormes, puisse circuler à travers le monde avec autant de facilité que les produits honnêtes et entrer dans presque tous les pays malgré les interdictions, etc. ? Il y a là encore matière à s'interroger ! En effet, l'échec de la guerre contre la drogue ne peut pas seulement s'expliquer par les effets pervers de la répression ou par la corruption possible de quelques agents de contrôle, compte tenu des sommes d'argent incroyables que rapportent chaque jour les diverses drogues, et qui semblent si faciles à blanchir.

J - C'est une importante question qui mérite des éclaircissements, quels sont donc les mécanismes financiers les plus courants pour blanchir l'argent de la drogue ?

V - Ces mécanismes financiers passent par certains Etats dont le monde occidental a toujours besoin, appelés paradis fiscaux, qui sont des pays où le secret bancaire est préservé et où des sociétés peuvent utiliser de l'argent non déclaré. Et l'argent de la drogue vient se réfugier dans ces pays et se greffer sur ces mécanismes qui profitent du fait qu'aucune volonté politique, presque nulle part au monde, n'ose remettre en cause la structure de ces Etats. Alors la question logique se pose encore : Qui profite de l'argent de la drogue ? Cela aussi reste un mystère, et la société masquée garde bien son secret, à moins qu'il s'agisse là encore des cercles vampiro-financiers.

Par exemple, certains cercles de grands pays parmi les plus importants, dont les lois concernant le nettoyage de l'argent sont paradoxalement parmi les plus strictes, sont ceux qui profitent le plus de l'argent de la drogue ; et les statistiques de ce commerce indiquent clairement que les producteurs dans les pays en voie de développement ne retirent qu'un bénéfice minime de l'ensemble de la distribution effectuée principalement sur les marchés des pays occidentaux qui sont parmi les plus grands consommateurs de drogue ; et des moyens d'information, comme la presse ou la télévision, nous montrent aussi que l'argent de la drogue représente des sommes décisives dans toutes les Bourses du monde ; et bien que certains Etats ou groupes d'Etats prennent des mesures pour éliminer le danger de la drogue, ils se trouvent souvent contraints d'accepter son argent sale - nettoyé par ceux qui se sont spécialisés dans ce blanchissage - pour le mettre au service des énormes dettes des pays en voie de développement et de leurs dirigeants qui peuvent ainsi garantir le paiement de leurs achats d'armes, de munitions, etc. ... Et tandis que la puissance armée de ces pays augmente, les sommes des subventions internationales pour les soutenir disparaissent comme par enchantement, ce qui enlève encore aux populations, toujours plus pauvres qui produisent la drogue, la seule marchandise qui leur permet tout juste de manger chaque jour à leur faim. Et si jamais cette masse d'argent qui provient de la drogue ne venait pas s'investir directement en Bourse pour couvrir les fluctuations et les désordres boursiers, cela pourrait facilement entraîner la déstabilisation de l'économie mondiale dans son ensemble.

J - Tout cela veut-il dire que sans l'argent de la drogue, l'économie mondiale pourrait s'effondrer ?

V- Non, pas exactement... mais quelque chose d'approchant. Et voilà cher ami, vous en connaissez maintenant un peu plus sur ce sujet.

Les VF commandent aussi malheureusement l'économie mondiale par l'argent qui provient de la vente de drogue et qui se trouve maintenant dans presque toutes les principales places boursières du monde et pèse sur elles... bien qu'en réalité, l'argent de la drogue soit sans valeur, comme celui d'autre provenance. Mais pour des raisons que tout le monde peut comprendre, personne ne songe à leur contester le commandement impudent de la montée et de la descente des cours.

La demande de drogue, sa consommation et les bénéfices qui en découlent, raniment, réchauffent et encouragent la production de stupéfiants, et par conséquent la toxicomanie, avec ce qui l'accompagne, la mort des pauvres victimes de l'homme-exploiteur ; et les bénéfices réalisés par les VF dans certains Etats, insensibilisent effrontément la conscience de la Terre ; et s'il y a toujours un certain assainissement et des réprimandes à l'encontre des pays producteurs de drogue, son sale bénéfice, toujours novateur, entre librement dans certaines Bourses et dans certaines banques receleuses presque privées et produit de sales intérêts qui encouragent le renouvellement de la production de ce poison, lequel finira peut-être par être légalisé dans certains Etats pour arrêter l'exploitation de ces malheureux toxicomanes et des nombreuses autres personnes accoutumées qui pourront choisir de mourir sans avoir à payer trop cher leurs assassins. Et pendant ce temps, le cercle d'exploitation ou d'élimination de l'homme asservi par l'autre homme exploiteur continue, sans aucun scrupule. Donc, chapeau à ces malfaiteurs, qui, sous le couvert de l'inconscience de certaines personnes, feignant d'être des bienfaiteurs, assassinent des centaines de millions de toxicomanes et se débrouillent très bien pour circuler librement et continuer d'exercer leur profession homicide sous les applaudissements d'innocents.

J - Qui pourra délivrer l'homme de ce terrible fléau ?

V - Nombreux sont ceux qui ont voulu réagir, mais forte de ses fonds et de ses bénéfices, cette impudence a toujours gagné ; et de ce fait, les toxicomanes se multiplient en proportion de ses sales profits... et le malheur augmente ; les dispensaires, les maisons de désintoxication et les hôpitaux se remplissent de ses victimes, et ceux qui y échappent sont encore tenus de payer les soins pour tenter de les guérir. Mais comme pour les cercles et les recyclages du commerce de l'or, ceux des stupéfiants, une autre source suspecte d'argent des VF, nécessitent une véritable lutte à l'échelle planétaire ; et seule une action vigoureuse et concertée d'une nouvelle organisation mondiale de l'humanité unifiée contre la toxicomanie et son exploitation pourra débarrasser la planète de ce terrible fléau dynastique, oppressif et mortel.

L'agonie de l'homme qui survit dans certaines sociétés masquées

J - Vous exposez la situation dans laquelle nous nous trouvons en toute franchise et avec une très grande logique, monsieur Vaskas, et on peut se demander comment nous pouvons continuer à supporter de vivre dans de telles conditions.

V - Merci pour votre appréciation, cher ami, car si nous devons parler une langue franche, exempte de sous-entendus et d'allusions, alors certaines sociétés masquées que des hommes exploiteurs d'autres hommes ont organisées, ont besoin d'une profonde désintoxication. Mais habitués à vivre dans cette société, nous ne sommes pas encore conscients de la profondeur de l'esclavage qui commence dès l'enfance pour chacun de nous, car lorsque cet âge de l'enfance est dépassé, alors que la conscience de l'homme qui se développe devrait lui donner la puissance de comprendre qu'il se trouve plongé dans la férocité de la mentalité ENR et des VF, la routine l'anesthésie et l'emporte ; et bien qu'il soit prêt à travailler pour vivre, il ne trouve que difficilement du travail ; et si enfin il en trouve, il se met à la disposition d'un patron, un homme qui exploite parfois la faiblesse des autres et profite de son besoin de travailler... et lorsqu'il touche son salaire, si ses parents ne lui ont pas laissé une maison en héritage, il cherche un propriétaire pour se loger auquel il donne de nombreuses garanties pour l'assurer de sa solvabilité et du paiement régulier du loyer... et là, il doit souvent payer plus du tiers de son salaire pour son logement. Puis il doit payer ses impôts pour participer aux dépenses sociales et subvenir aux besoins des postes administratifs, et aussi pour aider ses compatriotes, ceux qui sont sans travail, sans sécurité sociale, sans domicile, malades, handicapés, âgés, etc., et aussi pour participer aux dépenses pour l'armement et la défense, garants de sa liberté à l'intérieur de sa nation clôturée de frontières. Il doit aussi payer le crédit de ses meubles, de sa voiture, de ses équipements ménagers, etc., et bien sûr avec des intérêts... et s'il reste un peu d'argent, il pourra acheter sa nourriture et manger, mais il devra là encore payer des taxes comme sur tout ce qu'il achète... et s'il a besoin de se déplacer il paiera l'essence très chère à cause de taxes établies pour subvenir à d'autres besoins sociaux, et il devra encore payer les péages, pour améliorer les autoroutes, etc., etc., etc. Mais il veut aussi se marier ou gaspiller son argent, à supposer qu'il en reste, pour satisfaire ses besoins sexuels naturels, tout en évitant d'attraper certaines maladies incurables, etc. Et dans la constante agonie pour trouver l'argent qui lui manque, sa vie n'est plus qu'une torture parce que naturellement, l'argent est cher et sans argent, il n'a pas le droit de vivre.

Et c'est ici que commence l'art culinaire ! ... Car vient alors un ami, méritant et représentant d'une néo-secto-religion qui lui offre un monde enchanteur et plein de bonheur pour son avenir au ciel grâce à une Divinité, un sauveur... mais pour obtenir et garder la protection de cette Divinité quelquefois très gourmande, il lui conseille de payer une somme régulière en proportion de ses ressources, en disant que la protection divine est aussi payante ; et cet argent n'est pas sensé rentrer dans les poches de certains vendeurs de Divinités, mais il est bien sûr attribué aux pauvres... comme lui. Et s'il n'a pas été déjà enseigné dans quelque croyance, le plus souvent celle de ses parents, parce que chacun suit son patrimoine traditionnel, il peut alors tomber dans la manie du fanatisme néo-secto-religieux ou dans tout autre piège virtuel semblable mais toujours payant.

Et s'il réussit à éviter ces pièges, souvent, un autre meilleur ami, certainement méritant lui aussi et plein d'amitié lui offre une cigarette de tabac, contenant de la nicotine, une drogue légère mais aussi dangereuse et mortelle, et légitime du point de vue de la société, car presque tout le monde fume. Alors il commence à fumer, et la première cigarette offerte coûte cher quand elle devient un paquet quotidien ou deux, ou trois, qui, en toute légalité, tout en vidant son porte-monnaie, minent lentement sa santé jusqu'à ce qu'il soit tôt ou tard conduit à l'hôpital pour payer dans sa chair l'absurdité de sa toxicomanie. Et si la cigarette ne lui apporte pas un soulagement suffisant, un autre meilleur ami, plus méritant encore, voulant vraiment le sauver, lui conseille cette fois d'acheter une autre drogue qu'il vend très cher, mais qui est plus efficace pour oublier temporairement ses malheurs... et donc il en achète jusqu'à son dernier centime... et dès ce moment, non seulement ce pauvre homme se sent inutile pour la société, mais c'est souvent une manière de manifester par là sa volonté d'en finir plus rapidement avec la vie ; et il vend tout ce qu'il a et fait n'importe quoi pour pouvoir acheter des doses de drogue de plus en plus fortes pour être efficaces... et finalement, poursuivi par policiers et huissiers, il devient dépressif, désespéré... et à la détresse absolue, il préfère une rapide autodestruction et se suicide pour se libérer de cette société masquée et misanthrope afin d'aller plus rapidement... dans la tombe... où se termine l'histoire de ce pauvre homme qui a eu la malchance de naître à notre époque qui ne veut pas reconnaître le multi-diverso-esclavage de l'homme dont la faiblesse est exploitée par celui qui est devenu économiquement plus fort.

Bien que certains gouvernements prennent des mesures utiles pour protéger la vie des populations, telles qu'augmenter le prix des cigarettes, déclarer la guerre à la drogue et poursuivre les trafiquants, les parasites de la société masquée, comme les VF, cachés derrière les intérêts de certains pays, sont toujours là pour financer et encourager souvent invisiblement les producteurs des diverses drogues ; car en effet, tandis que les gouvernements démocratiques honnêtes luttent contre l'abominable empoisonnement des drogues en général qui fait des millions de victimes dans la population, les vampires financiers de certaines sociétés masquées favorisent leur production et font croître leur consommation... et bien que toutes les autorités gouvernementales reconnaissent également que la drogue est un des plus grands destructeurs de l'homme, des comités de grandes communautés multinationales donnent libéralement d'importantes subventions à certains pays membres pour en produire davantage, notamment du tabac, sachant que dans la simulation de l'économie mondiale, sa vente est vitale pour certaines poches. Et d'une manière presque semblable, certains cercles vampiro-financiers, cachés dans certains pays, protègent invisiblement les producteurs et les trafiquants de drogues, leur facilitant les ouvertures vers le marché de la consommation populaire et le passage de la marchandise, afin de gagner d'immenses sommes d'argent sale et noir, qui, à peine nettoyé dans les pays refuges sera réutilisé sur les marchés pour manipuler l'économie mondiale... Mais je me répète, car vous avez déjà commencé à comprendre que sous la loi sauvage qui favorise le plus fort et dans la simulation d'économie de certaines sociétés masquées, la majorité de la population qui vit dans la misère et la désespérance est légalement droguée et endormie dans un état d'hypnose, de paralysie et d'inactivité permanente, dans des conditions qui lui permettent à peine de subsister, incapable de réagir. Et l'esclavage de l'homme par l'homme sans conscience empire alors que nous vivons en sursis sur une planète qui agonise elle aussi à cause de la diverso-pollution produite par notre séculaire mentalité ENR.

Notre anomale psychosynthèse souvent arrogante et prétentieuse, prête à assiéger tout le domaine de l'autre homme, et notre intérêt égocentristo-personnel ont établi les diverses formes du droit sauvage du plus fort qui supprime chaque droit de l'homme. Pour éliminer le droit dévastateur du plus fort qui s'exerce notamment dans le domaine économique et torture des milliards d'hommes, le seul remède est la monnaie électronique mondiale

J - Mais en pratique, monsieur Vaskas, comment l'ONU va-t-elle mettre en oeuvre un programme général pour changer cette anomalie mondiale ? Il semble difficile de savoir par où commencer.

V - Ecoutez cher ami, j'ai déjà exprimé mon avis sur le programme de l'immense espérance de l'humanité qui repose sur l'unification mondiale. Et il est facile de discerner que l'une des priorités de l'ONU sera d'éliminer le droit arbitraire et infondé du plus fort dont les racines se trouvent dans les prétentions et l'arrogance de notre psychosynthèse qui défend constamment ce qui compte le plus pour nous : d'abord notre intérêt personnel. Car notre égocentrisme nous pousse toujours à vouloir surpasser l'autre, à l'emporter sur lui, à le mettre dans un état d'infériorité pour pouvoir le dominer, régir tous les domaines de sa vie, s'approprier ce qui est à lui et lui ôter tout droit. Et le seul remède pour rejeter ce droit fictif du plus fort passe par le changement du système monétaire du monde dans lequel l'unique occupation de l'homme, depuis l'invention de l'argent, est de rivaliser et de lutter sans merci contre son semblable, usant souvent de tromperie pour s'emparer de l'argent tant désiré, dans l'intention de le valoriser pour exploiter d'autres jusqu'à ce qu'ils se retrouvent démunis, c'est-à-dire sans droit de vivre, dans la difficulté de payer les intérêts de l'argent que l'économiquement plus fort leur aura prêté. Il ne faut donc pas prolonger plus longtemps la continuelle renaissance de cette Hydre de Lerne, ni laisser s'enraciner plus profondément l'exploitation de l'homme par l'homme sous prétexte qu'il est accoutumé à l'invisible esclavage auquel il se soumet, et que ce système économique est solidement établi et ne peut changer ; car tant qu'il restera en place, l'élimination des inégalités mondiales, notamment économiques, et de leurs conséquences sera vouée à l'échec.

Pour autant, aucun pays ou gouvernement, ni aucun établissement bancaire légitime n'est responsable des malheurs de l'homme ; car l'unique responsable de cet anthropodrame est en fait notre mentalité ENR avec sa prétentieuse psychosynthèse égocentrique pleine de diverses vanités qui poursuit son intérêt personnel. Ce pernicieux comportement qui nous touche tous et entrave les progrès de la logique de l'homme se disant civilisé se retrouve dans toute l'histoire mondiale, attisant les conflits traditionnels et l'affrontement des divers intérêts économiques qui oppriment sans cesse les populations débonnaires de la Terre; et il est particulièrement manifeste dans certains cercles sans la moindre conscience de soi, où le sentiment exacerbé d'être économiquement fort nourrit le rêve de vouloir dominer et exploiter les autres pour en tirer de superprofits.

Et pour ouvrir une parenthèse, le contexte historique et économique profondément confus des deux siècles précédents nous permet de comprendre que dans certains pays, souvent très endettés, les responsables de cet appauvrissement sont fréquemment certains cercles VF qui cherchent à accroître leur puissance monétaire en accaparant le monopole de l'exploitation des nécessités de l'homme. Ainsi, en semant et développant la pauvreté et la misère, en augmentant la valeur de l'argent en leur pouvoir, ces cercles qui nagent dans une ambition et avidité naïves et complètement illusoires, rêvent toujours de conquérir le monde grâce à leur (en réalité pseudo-) puissance économique. En dépit de la réprobation de l'intellection humaine avancée, ils n'hésitent pas à devenir de sournois producteurs de malheurs un peu partout dans le monde ; et comme ils sont aussi bellicistes, peu importe aux membres de tels cercles vampiro-financiers de compter leur argent sur une Terre privée d'habitants... et donc de clientèle à exploiter ; car leur mentalité refuse de mesurer les conséquences.

L'histoire des hommes recense de nombreux pseudo-conquérants, qui, à plusieurs reprises au cours du temps, ont voulu se rendre maîtres du monde en exploitant les populations. Et les innombrables fariboles, les parodies farfelues, les nombreuses péripéties et un océan d'homicides n'ont jamais réussi à leur servir de leçon. Il faut donc, sachant qu'à notre époque aucune mentalité financière exploiteuse impérialiste n'est acceptable, que ces quelques-uns qui torturent des milliards d'autres parmi les populations réfléchissent et cessent de pratiquer le comportement ENR traditionnel et misanthrope, s'arrêtent de caresser le rêve de conquérir le monde grâce à leur argent, et qu'ils laissent l'intellection humaine avancer. Car il n'est pas trop tard pour ces cercles VF de changer d'orientation, et s'ils sont forts, de venir au contraire soutenir les populations qui gémissent sous l'oppression de leurs établissements et de prendre part à la réalisation de l'unification mondiale.

Et sachant que la plupart des hommes sont contaminés par cette mentalité et que ma sympathie va vers toute l'humanité sans exception, et donc aussi vers ceux qui font partie des VF, je leur donnerai le conseil profondément amical et sincère de réfléchir avec la capacité anthropique pour en finir avec ce comportement arbitraire et sauvage du plus fort qui anéantit complètement tout droit humain. Car si quelqu'un, se fondant sur l'habitude de l'homme de valoriser l'argent pense être économiquement fort - alors que certains économistes affirment qu'il n'existe en réalité aucun capital -, cela ne lui donne nullement le droit d'abuser du droit de l'autre homme, débonnaire, mais seulement celui d'oeuvrer dignement comme tout être humain ; d'autant qu'aujourd'hui, avec les nombreux moyens d'informations à la disposition de chacun, les populations s'éveillent et n'ont pas beaucoup de difficultés à découvrir ceux qui se cachent derrière cette mentalité omnivore qui a établi le droit fictif du plus fort qui annule leurs droits. Et si certains ne veulent pas changer et continuent délibérément, sournoisement et sans justification valable de piétiner les droits réels de milliards d'hommes, l'histoire ne manque pas de leur rappeler de prendre garde aux conséquences.

Bon ! Après cette parenthèse, j'ajouterai que l'économie actuelle et l'ensemble du système économique peuvent être changés en dehors de toute influence et sans partialité, sans laisser la moindre marge à l'exploitation des hommes, par la seule monnaie électronique mondiale

J - Mais les rappels de l'histoire font souvent référence à de sanglantes révolutions. Faudra-t-il une nouvelle révolution pour instaurer ce changement ?

V - J'ai répété à de nombreuses reprises que les propos concernant l'unification mondiale sont pacifiques et n'ont aucun rapport avec une quelconque révolution réalisée par la force et dans la violence. Et pour prévenir tout malentendu, je répéterai encore une fois que la cosmologie « **paligenesia** » ne provoquera pas le moindre dommage, car elle exhorte les hommes à s'unifier pour vivre ensemble d'une manière pacifique, sans s'exploiter les uns les autres, et à réaliser une métamorphose socioculturelle mondiale où la vie humaine, débarrassée des perpétuelles exploito-oppressions qui pèsent sur elle, se prolongera indéfiniment.

Des milliers d'années après les débuts de la civilisation, sommes-nous dignes aujourd'hui de porter la qualité humaine ?

J - Oui, je comprends très bien l'orientation des VF qui voudraient toujours exploiter la faiblesse de l'homme en appliquant le droit sauvage de l'économiquement plus fort. Mais les temps changent et l'homme d'aujourd'hui n'est pas naïf au point d'accepter facilement d'être exploité par son semblable.

V - Je suis heureux de vous l'entendre dire... Cependant, l'actualité quotidienne montre que certaines populations continuent toujours de gémir et de souffrir sous cette abominable exploitation de l'homme par son semblable.

J - A propos ! Dites-moi ! L'exploitation de l'homme par l'homme et le nationalisme sont-ils des comportements incurables ?

V - L'instauration de l'unification pananthropique et du nouveau système monétaire électronique mettront fin à l'exploitation de l'homme par l'homme, notamment dans les sociétés masquées, et à l'hostilité innée envers le semblable, comme aussi au nationalisme, symbole de division, cette impulsion née avec un certain animal arboricole qui, pour ses besoins, est descendu des arbres pour devenir arboriculteur et cultivateur de la terre. Et au fur et à mesure du déroulement du Code en lui, il est devenu postulant-homme et a commencé à s'apprivoiser et s'ennoblir ; puis, progressivement, il s'est fait quasi-homme et a commencé à créer une culture cérébrale qui a d'autant progressé qu'il s'unissait à d'autres dans une vie communautaire... et pour se défendre des autres communautés agressives, il a clôturé le lieu qu'il occupait, s'auto-emprisonnant à l'intérieur de divers territoires appelés nations - et leurs habitants nationalistes -, mais son hostilité nationaliste divisante restait toujours une entrave à sa culture civilisatrice et perpétuait sa primitivité.

Aujourd'hui, cette ancienne mentalité nationaliste freine encore toute unification ; elle nous empêche de vivre ensemble pacifiquement et nous prive, sans qu'elle soit soupçonnée, du droit de revêtir enfin la qualité humaine. Car vous savez bien que nous qui nous sommes autoproclamés hommes, nous refusons, en tant que nationalistes, de quitter l'époque protanthropienne dès l'instant où nous continuons de pratiquer cet auto-emprisonnement ou auto-esclavage volontaire, synonyme des temps primitifs où le postulant-homme exploitait son semblable afin de mieux vivre dans une société masquée exerçant le droit du plus fort que pratiquent les animaux sauvages dans la jungle. Et bien que nos ancêtres aient cru, il y a des milliers d'années, au pouvoir du peuple pour se débarrasser de cette mentalité ENR, la démocratie n'a pas encore réussi à l'éliminer et le nationalisme reste toujours nationalisme. Est-ce faute d'avoir soigné ce handicap que la démocratie continue de marcher avec des béquilles ? Toujours est-il qu'aujourd'hui nous traînons encore ce fardeau, resté le même depuis l'époque de nos aïeux. Ce qui laisse en suspens cette incontestable question : S'il a toujours été difficile de parvenir au niveau humain tout en restant nationaliste, comment se fait-il que les Grecs soient considérés comme les promoteurs de l'intellection de l'homme ?

J - Mais monsieur Vaskas, prenez garde en disant cela, vous touchez directement notre patrimoine ! N'oubliez pas que nous sommes grecs et qu'il n'est pas pensable de sous-estimer l'intellection de nos ancêtres qui a fait luire chacune des valeurs civilisées ; car personne ne peut contester sa potentialité.

V - Ecoutez cher ami ! C'est un malentendu ! Je parle en toute franchise et n'ai jamais contesté la réalité, et personne ne peut nier que la Grèce est la racine fondamentale de toute culture technique, philosophique et scientifique ; et tout le monde sait d'où vient la généalogie de l'intellection... mais cette intellectualité n'était qu'un point de départ qui est devenu si lointain, qu'aujourd'hui, parmi les milliards de personnes qui bénéficient de l'électricité ou de la physique atomique, peu nombreuses sont celles qui en connaissent l'origine.

J - Voilà ! Vous reconnaissez que l'intellection grecque est un point de départ. Mais de ses débuts à nos jours, elle ne s'est jamais éloignée de l'homme : elle a toujours été une lumière sur sa route, sur sa façon d'être, de penser et de vivre. Tout le monde reconnaît que nos ancêtres étaient avant-gardistes sur tous les plans et dans tous les domaines ; ils étaient des novateurs, des inventeurs, des philosophes qui ont créé un monde d'intellection prodigieux. Et vous savez que je donnerais tout ce que je possède pour approcher un Grec qui prolonge pour nous ce merveilleux patrimoine. C'est d'ailleurs pour cela que je viens ici presque chaque jour.

V - Merci de votre courtoisie ! Vous êtes trop aimable ! ... Mais il y a un malentendu sur mon expression ; il s'agit simplement de franchise. Vous dites que nos ancêtres étaient avant-gardistes ; c'est vrai, tout le monde le sait, ils l'étaient ; et je n'ai jamais contesté notre patrimoine... mais pour moi, l'ancestrophilie et l'archéo-nationalisme qui se sont transmis de génération en génération jusqu'à notre époque sont des dysfonctionnements de psychosynthèse qui touchent toute notre famille, et selon l'intellection syllogistique, les causes des plus grands malheurs de celui que nous appelons « Homme ». Je reconnais que pendant quelques siècles, l'ancienne civilisation grecque a profondément bouleversé le visage de la pensée et fait avancer la technoscience ; mais dans certains domaines culturels, son monde intellectuel et politique a aussi créé un infantilisme infectieux inextirpable, comme celui de certains philosophes qui ont conçu une littérature imaginaire imprégnée de mentalité nationalisto-religieuse, avec diverses anthropo-divinisations, avec des héros dont certains étaient des demi-dieux, et d'autres fantasmes, etc., etc., dans un cadre amplement mythologique lui-même producteur d'un déluge d'autres encyclopédo-idéologisations n'apportant rien de civilisé et le plus souvent inutiles, mais si bien exportées, assimilées et intégrées dans le monde entier, et si bien cultivées et digérées par les professionnels qu'elles sont malheureusement devenues dans le monde d'aujourd'hui, des impulsions innées presque indéracinables. Et si je n'aime pas certaines formes culturelles fantasmo-mythiques, par contre, j'apprécie celles, constructives, objectives, réalistes, qui font avancer l'intellection.

Il faut pourtant reconnaître qu'à l'exception d'une série d'innovations syllogistiques qui ont fait croître la sagesse et le savoir et contribué à l'évolution de la pensée et de la culture grecque, certains idéalismes illusoires plus anciens et d'autres nombreux morphologismes ont produit une cascade de «...isme » qui ont fini par éroder cet intellectualisme, laissant des cicatrices encore indélébiles et inguérissables dans notre psychisme crédule ; et ne me demandez pas pourquoi je me sens inquiet à cause de tout cet archéo-poly-idéologo-encyclopédisme que le monde a bien ingéré.

J - Je ne comprends pas bien l'esprit de vos derniers propos.

V - C'est pourtant facile à comprendre, ils viennent d'un esprit complètement ouvert et libre qui admet les corrections et modifications. Et pour être plus clair, comme tout être se disant humain et patriote, je chéris moi aussi la terre où je suis né, mais avec quelques réserves et en premier celle de refuser la qualité de nationaliste... car par ailleurs, comme tous, je reconnais que la Grèce a éclairé de nombreux domaines humanistes et commencé à faire progresser le domaine moral. Mais de toutes les lumières culturelles que la Grèce a transmises au monde entier, l'une des plus visibles aujourd'hui est la flamme de la compétition athlétique des Jeux Olympiques, qui, bien qu'elle favorise la conciliation mondiale, ranime aussi le nationalisme. Cette flamme, bien qu'elle remonte le moral sportif et combatif, a donc peu à voir avec la véritable lumière de l'intellectualisme hellénique, capable d'apprivoiser la mentalité de l'homme, qui ne se trouve que dans l'intellection syllogistique formatrice de la solidarité anthropique unificatrice. Le temps n'était pas venu où les Jeux Olympiques ne fomenteraient plus le nationalisme diviseur et resteraient dans leur rôle d'émulation pacifique, car avec la combativité de l'armée helléniste et la violence de cette époque qui contrariait leur puissance culturelle et humaniste, nos ancêtres n'ont pas réussi à apprivoiser et civiliser l'homme qui est resté jusqu'à ce jour dans la même condition, de mentalité antique, notamment moralement. Et le rêve d'Aristote de civiliser les barbares et d'unifier le monde de son époque est resté chimérique du fait que certains généraux d'Alexandre le Grand, amateurs de diverso-nationalisme, ne cherchaient que la domination sur un monde incivilisé… ce qui n'était d'aucune valeur.

Quoi qu'il en soit, une certaine sagesse ressort de l'époque helléniste, car en même temps que nos ancêtres édifiaient leur humanisme, la philosophie, la démocratie, etc., etc., et que le nationalisme et l'impérialisme persistaient, ils avaient également et heureusement la prévoyance - afin de laisser éclater et calmer leur impulsion patrioto-nationalisto-souveraino-belliciste innée et d'arrêter de s'entre-tuer - de construire des stades pour se battre pacifiquement dans les compétitions athlosportives des Jeux Olympiques où s'arrêtaient les guerres intestines entre Cités et Etats grecs ; et même si ces édifices ont été construits, comme chacun le sait, en l'honneur des douze Dieux imagino-mythologiques de nationalité grecque, l'avancement de l'intellection n'en a pas été perturbé longtemps, car leur culte athlo-héro-mythologique a peu à peu été délaissé au fur et à mesure de l'augmentation de l'incrédulité des fidèles dont les offrandes ont diminué jusqu'à ce que les prêtres perdent tout intérêt et changent de profession.

***J -	Nos ancêtres avaient donc bien préparé le terrain pour changer les anciens comportements ENR et calmer le bellicisme inné. Et bien que nous ayons développé ensuite une civilisation vraiment humaine, il est étonnant, après tant de générations, que le dommageable nationalisme soit resté le même ou qu'il ait empiré.***

V -	C'est normal ! Ne croyez pas que soit facile la lutte contre le nationalisme, qui, du fait de son ancienneté, est devenu un comportement inné écrit dans notre génome ; et comme tous les comportements en rapport avec le génome neurono-cérébral sont psychiques, il est très difficile de découvrir la partie associée au comportement ENR nationaliste afin de la modifier et la soigner ; d'autant que nous n'avons pas encore pu discerner les gènes qui sont en cause, cachés parmi les dizaines de milliers d'autres gènes constitutifs de l'héritage génétique et responsables du comportement sensoriel et émotionnel interne et externe de l'homme, et notamment ceux qui influencent l'information génétique, forment les caractères distinctifs et les transmettent sans changement des parents aux enfants à travers de nombreuses générations.

Et pour cette raison, bien que des milliers d'années se soient écoulées, le nationalisme, cet impulso-géno-comportement inné, en réalité sournoisement homicide, non seulement ne faiblit pas, mais au contraire, gagne fréquemment du terrain, notamment dans certains petits pays en développement. Heureusement, les gènes responsables du fonctionnement mental qui reproduisent l'héritage du comportement ENR avec le diverso-fanatisme, les agressions, les guerres et les massacres, peuvent se corriger par la connaissance continuelle venant de l'extérieur à travers les organes sensoriels ; et cette correction passe par des gènes spéciaux, appelés « modificateurs », chargés d'examiner les nouvelles informations qui entrent dans le dépôt de la mémoire et de changer ce comportement suivant un processus de rafraîchissement syllogistico-positif.

J - Voulez-vous dire que la mentalité nationalisto-religieuse est difficile à guérir ? ... Vous riez, mais c'est une question pertinente, d'autant que dernièrement, nous ne sommes pas, nous les Grecs, tant nationalistes que religieux.

V - Je ne sais pas ! Peut-être ! Mais vous mentionnez toujours la Grèce alors que le mal n'est pas seulement grec, il est aussi mondial : car la plupart des nations du monde sont nationalisto-religieuses même si c'est peut-être en raison de l'héritage, entre autres pays, de la Grèce. Mais réfléchissez ! Sachant que nous avons, nous les Grecs, une histoire civilisée vraiment reconnue : Où sont aujourd'hui le génie et la magnificence de notre civilisation ? Où se trouve notre haute intellection ?

Tout a été dévoré au cours du temps par le développement du comportement ENR nationalisto-religieux et la manière de penser de la LIA ; et cela démontre que l'intellection grecque avancée, avec sa précocité et sa prématurité, n'a pas pu prendre le dessus et donner à l'homme la qualité humaine, car les forces de l'obscurité ENR n'ont jamais cessé de lutter contre elle. De toute façon, cette intellection importante en son temps dans toutes les sciences, était loin de pouvoir apporter à l'homme la perfection de la LIS, parce que sa morale demeurait presque semblable à celle des autres... Certes ! à l'exception de quelques philosophes grecs bien connus pour avoir essayé, mais sans succès, d'accroître la réelle réflexion afin de susciter un progrès. Et donc, la haute civilisation grecque a pratiquement sombré dans le chaos de la mentalité ENR que nous pratiquons, malheureusement, nous aussi.

Excusez cette franchise cher ami ! C'est vrai que c'est triste ! Mais s'il existe une conscience, il existe aussi une responsabilité et donc une obligation de dire la criante réalité de notre situation biosociomorale récente et contemporaine : à savoir que si nous restons dans la même mentalité, notamment morale, que les postulants-hommes de l'époque paléo-méso-néolithique, nous tous qui nous sommes autoproclamés hommes, nous ne sommes pas encore réellement parvenus à devenir humains.

J - Mais vous exagérez monsieur Vaskas, aujourd'hui, personne ne peut admettre que nous ne soyons pas encore devenus des hommes. Mettriez-vous en doute l'existence de l'humanité. Et que serions-nous donc ? Des animaux ?

V - Oh cher ami ! Gardez votre calme ! Ne vous échauffez pas sans raison ! Je n'ai pas dit que nous étions des animaux. Et bien que nous ayons une certaine ressemblance organique avec eux, et que cette simple réalité peut surprendre, je regrette qu'elle puisse toucher votre conscience sensible... mais reprenez-vous et pensez syllogistiquement en tant qu'homme.

Vous dites que je mets en doute l'existence de l'humanité, mais pourriez-vous préciser de quelle humanité vous parlez ? Et où peut-on la trouver ?

L'esprit de contradiction justifiée me plaît parce qu'il suscite une nouvelle occasion de réfléchir. Aussi montrez-moi quelque chose d'humain dans l'ensemble des activités de ce monde pour me raisonner si je suis dans l'erreur et que nous commencions à parler d'humanité. Car pour devenir humain, il faut changer et cesser de suivre la mentalité ENR, s'arrêter d'appliquer envers nos semblables le droit fictif et arbitraire du plus fort auquel s'adonnent les animaux sauvages de la jungle, et pratiquer l'égalité et l'impartialité de droits réels dans la solidarité humaine. Mais pour y parvenir, il faut d'abord modifier les restes archaïques de notre génome et arrêter de s'entre-tuer, de s'entre-déchirer, de s'entre-dévorer, de s'entr'égorger et de se diverso-intoxiquer... aptitudes que même les animaux sauvages n'ont jamais manifesté à une aussi grande échelle que nous. Quel type d'êtres vivants sommes-nous donc ?

Le cycle actuel du comportement consistant à survivre en exploitant son semblable doit être remplacé par une conduite pacifique et humaniste dans le cadre de la solidarité et du droit commun humain, en dehors de tout esprit partisan ou de toute idéologie sociale élaborée dans le comportement ENR primitif et protanthropien, parce que je le répète encore une fois, le droit sauvage du plus fort dans la jungle qui s'applique sournoisement aujourd'hui dans le monde entier ou presque, annule et s'oppose à tout droit humain. Et si un être vit sans le moindre droit : Qui est-il ?

Et si celui qui pense être un homme reste sans aucun droit, dans un esclavage qu'il a du mal à discerner, habitué qu'il est à vivre dans cette mentalité du féroce droit sauvage de l'intérêt personnel d'un autre homme qui le rend esclave... si donc les deux vivent ensemble dans cet esprit : lequel des deux peut revêtir la qualité humaine et prendre le nom d'homme ?

Alors que sommes-nous et où allons-nous dans un tel système mondial inhumain que nous avons créé dans notre ignorance ?

Car de nos jours où la Charte de l'ONU et la Déclaration Universelle des Droits de l'Homme proclament l'égalité de nos droits fondamentaux, chacun d'entre nous peut, s'il le veut, discerner qu'en réalité, il n'y a ni droit de l'homme, ni rien d'humain, dès l'instant où toutes les populations restent sous cet infâme droit sauvage du plus fort qui cherche toujours à dévorer le semblable plus faible.

Et cette situation qui n'est pas nouvelle était déjà condamnée par l'intellection de certains philosophes grecs comme étant complètement inhumaine. Car n'oubliez pas qu'il y a plus de deux mille quatre cent ans, Diogène, que certains bourgeois et aristocrates athéniens - dont le rôle était, leurs intérêts privés étant en jeu, de désintégrer la démocratie en la transformant en une démocratie technocratique - traitaient de clochard et de cynique, était un véritable philosophe qualifié de réaliste et très humaniste par d'autres qui en avaient assez et étaient révoltés... Diogène donc, parcourait la ville de la sagesse et de la lumière intellectuelle, sa lampe allumée à la main en plein midi, en disant : « Je cherche un homme » ... et il n'en a trouvé aucun, car bien que la civilisation de la société athénienne de cette époque soit avancée, hélas pour son humanisme, la chasse concurrentielle à l'argent et les revendications matérielles avaient débuté, sonnant le glas de l'expression « humanisation hélléniste ». C'est la raison pour laquelle Diogène ne trouvait aucun être humain, même parmi ceux qui se prétendaient intellectuels.

J - C'était l'opinion de Diogène à une époque ancienne, mais aujourd'hui le monde est rempli d'hommes.

V - Où sont donc ces hommes aujourd'hui ? Montrez-moi un homme qui ne vive pas dans la jungle et ne pratique pas sa loi ?

Diogène, qui connaissait bien la signification du mot homme, professait un dédain justifié de l'impérialisme et de l'exploitation économique et antidémocratique - qu'il qualifiait de complètement inhumains - que les athéniens exerçaient à l'encontre de leurs alliés dans la Confédération... Et cet événement soulève les questions suivantes : bénéficierait-il d'une meilleure réputation dans certains pays d'aujourd'hui ? Trouverait-il un seul humain dans les sociétés terrestres souvent masquées ?

Dans quelle situation se trouvent notre morale avec ses milliers d'années de retard, notre civilisation, notre intellectualité et notre pensée humaine ? Que répondriez-vous à cela ?

J - Je ne sais pas, tout ceci est un peu trop soudain et inattendu, je ne sais que répondre.

V - Ce n'est donc pas la peine de se bercer d'illusions et de se leurrer : quelque soit l'aspect du droit sauvage et arbitraire du plus fort, il annule toujours tout droit de l'homme... et donc, il enlève la qualité d'être humain sans laquelle il ne peut y avoir d'humanité !

J - Oui, c'est la réalité ! Pourtant, à la question « Qui sommes-nous ? », je répondrais pour ma part que je me sens homme, et libre.

V - Oui, cela dénote un bon optimisme et je vous le souhaite de tout coeur parce qu'il est encourageant et bien de penser que nous sommes hommes et libres. Mais lorsque vous réfléchissez que le mot « Ανθρωπος » (homme) est contraire au mot « ζωον » (animal) et plus encore à l'animal sauvage qui vit dans la jungle, et que l'homme qui est supposé être, avec les milliers d'années, complètement sorti de l'animalité, continue à vivre comme une bête féroce, dans ce droit primitif du plus fort pour que son semblable ne bénéficie d'aucun droit : ne conteste-t-il pas lui-même la qualité humaine ? Dès l'instant où nous ne respectons encore aucun droit humain et cherchons toujours par notre comportement à réduire l'autre homme à vivre inconsciemment dans une éphélodoulie - un esclavage volontaire - incontestable et complètement inhumaine qu'en réalité nous créons nous-mêmes ; comprenez-vous que nous avons revêtu un peu trop tôt cette qualité d'homme et que nous vivons les uns et les autres dans l'illusion d'être libres et humains ? Et ne nourrissons-nous pas cette illusion parce qu'il nous manque le syllogisme qui mène à la perception... et au connais-toi toi-même ?

C'est pourtant une consolation que personne ne puisse nous empêcher de nous autoproclamer hommes... et les hommes, humanité ! Même si dans de telles affirmations, nous ajoutons l'auto-immunité pour notre autodéfense ?

Il vaudrait mieux cesser d'être des songe-creux et reconnaître honnêtement que si nous vivons dans le droit féroce du plus fort, il est clair que nous ne sommes pas encore des êtres humains ; et ce serait sottise de se leurrer en disant que nous sommes des hommes, lorsque nous sommes en réalité des esclaves volontaires d'autres esclaves...

Et sachant qu'aucun esclave n'a jamais pu revêtir la qualité d'être humain, dans quelle catégorie nous placerons-nous donc ? Réfléchissez un peu !

J - Oui, je commence à comprendre votre esprit ; et il est vrai qu'il subsiste là une grande et profonde interrogation.

J - Que pourrais-je ajouter ? Rien de plus, dès l'instant où je comprends l'irrationalité de ma précédente affirmation de penser être homme alors que dans le droit sauvage et arbitraire du plus fort - c'est impensable mais c'est l'irréfutable réalité - il n'y a ni homme, ni humanité, et que, comme vous le dites, nous pouvons être inconsciemment tant des bêtes féroces que des esclaves volontaires. Et cette triste réalité complètement démoralisante et décourageante nous oblige à reconnaître que nous restons malheureusement, en dépit de nos progrès technoscientifiques, dans une situation terriblement difficile à modifier. Et comment allons-nous la changer lorsque personne, aucun homme, ni politique, ni intellectuel, ne peut résister à ce droit sauvage du plus fort.

V - Oui, j'ai peine et regret à dire que nous vivons en dehors de toute mesure humaine, dans un anthropo-exploito-anarchisme peu visible mais qui existe. Pourtant, malgré la difficulté à modifier notre mentalité ENR, ce n'est pas impossible : tout dépend d'une bonne et ferme détermination qui ne cède pas au découragement. Il faut donc se sentir un homme vrai, réellement libre, et capable de s'élever contre cette indifférence feinte et complètement injustifiée qui nous attaque sournoisement et se retrouve bien camouflée, notamment dans certaines sociétés masquées qui se présentent hypocritement comme démocratiques mais qui sont le plus souvent secrètement totalitaires et oppressives, fondées sur un mensonge illégitime, qui fonctionnent dans la corruption générale tout en s'exprimant par la propagande médiatique trompeuse et illusoire de certains exploiteurs sans conscience qui bafouent en permanence notre logique syllogistique et falsifient sournoisement l'histoire humaine en imposant le féroce droit sauvage du plus fort... sans compter de nombreuses autres actions et méthodes misanthropiques qui finissent par démontrer que ces sociétés n'aboutissent, pour certaines, qu'à de pseudo-démocraties, divisées nationalistiquement et politiquement, qui s'entre-menacent, développent et fortifient le droit de la jungle et une méfiance mondiale permanente conduisant à des guerres froides ou réelles qui finissent souvent dans l'expression de la plus affreuse barbarie par des massacres dont le seul responsable est l'ego de l'homme, qui, dans sa mentalité ENR, son plus grand ennemi, refuse de sortir de son origine animale, préférant une voie auto-destructo-catastrophique.

Pour éviter de m'étendre en détail sur l'analyse de cette odieuse illégitimité basée sur le marasme de la corruption socio-économique et l'anarchie anthropique internationale particulièrement manifestes dans les générations précédentes et notamment dans certaines petites nations en développement, et pour ne pas traiter ces quelques sociétés déprimantes, dépravées et corrosives pour la stabilité mondiale de sociétés soudoyées, factices, trompeuses, ignobles et exécrables, j'ai préféré suivre mon tempérament pacifique et les appeler avec plus de modération et plus simplement du nom de « sociétés masquées ».

De toute façon, seule la discipline d'une cybernétique planéto-pananthropique établie en dehors de la mentalité ENR pourra les éliminer et permettre à l'homme de revêtir enfin la véritable qualité humaine et de pouvoir accomplir sa mission polyvalente.

J - Bien qu'il me soit difficile de bien vous suivre lorsque vous m'emportez vers un nouveau système mondial, je suis sûr maintenant que le fondateur de toutes les sociétés, que vous appelez masquées, et le créateur de la mentalité ENR, et donc le plus grand ennemi de l'homme, c'est en réalité, et vous l'avez dit, l'homme lui-même. Et j'ai bien pris conscience que notre unique espoir pour sortir de cette situation tragique réside dans l'unification mondiale.

V - C'est exact ! Votre compréhension me réjouit parce qu'il me semble que rien n'est perdu. Quoi qu'il en soit, à moins d'être conscient des conséquences et de ne pas vouloir repousser cette mentalité, personne n'est coupable de l'exercer dans l'ignorance ; car cette mentalité qui produit l'inflexibilité et tout le malheur de l'homme est inhérente et coexiste avec l'archaïque impulsion égocentristo-patrioto-nationalisto-souveraine venant, psycho-analytiquement, de notre génome d'origine primitif.

J - Mais en attendant la réalisation de l'unification, nous devrons bien trouver une solution pour démasquer et détruire ces sociétés et édifier une nouvelle et véritable mentalité morale.

V - Mais il n'est pas nécessaire de détruire les sociétés masquées pour édifier une nouvelle mentalité morale humaniste ; la logique ne cherche pas à les punir mais à les transformer pacifiquement et complètement pour qu'elles ne puissent réapparaître plus tard, comme cela s'est passé pour la première démocratie athénienne que la renaissance de la mentalité ENR a transformé en Hydre de Lerne, plus dangereuse. Je veux croire en effet que tous les malheurs du passé sont le fait d'un grand malentendu et qu'en réalité, nous voulons tous que notre espèce survive sur la malheureuse - de notre fait - petite planète qui nous accueille.

Et pour cette raison et d'autres encore plus importantes, le temps est venu où l'ensemble de la famille humaine va enfin comprendre que la « **paligenesia** » (la métamorphose biosocio-culturelle du monde nous libèrant réellement de notre ancienne mentalité) est inévitable et que l'unification mondiale est une nécessité absolue et urgente dans laquelle devront s'engager tous les hommes qui auront un grand rôle humain à jouer, et d'abord tous les dirigeants des divers pays qui connaissent bien ce qui menace le monde, afin de supprimer le marasme diverso-nationaliste dichotomique dans lequel nagent perpétuellement tous les habitants de la Terre. Alors, unifiés, nous deviendrons tous des compatriotes solidaires apprenant enfin à vivre ensemble sur la Terre dans une coexistence humaine paisible. Et la société aura progressé, lorsque s'appliquera vraiment le premier article des Droits de l'Homme adoptés lors de l'assemblée générale du 10 décembre de la troisième année de l'ONU (1948), qui affirme... voilà, c'est ici :

« Tous les êtres humains naissent libres et égaux en dignité et en droits. Ils sont doués de raison et de conscience et doivent agir les uns envers les autres dans un esprit de fraternité. »

Il nous faut donc réfléchir en tant qu'êtres humains et oublier définitivement les temps infantiles de la diverso-ignoro-innocence ; et pour cela, mobiliser tous les hommes, et en avant-garde tous les politiques et intellectuels du monde entier pour éliminer enfin le droit sauvage et arbitraire du plus fort qui rabaisse notre intellection et annule tout droit réel de l'homme, et aider les populations à s'éveiller et s'unifier en faisant leurs les principes d'amitié, de compréhension et de respect mutuels, qui favorisent le bien-être général dans une égalité des droits et dans la solidarité impartiale, humaine cette fois, qui sera l'emblème de l'ONU, dont tout le programme sera organisé dans une sociologie symétrique sur cette base de l'estime réciproque entre les populations de la Terre.

Et sachant que notre conscience est souvent fragile, il ne faut pas se précipiter mais penser que le temps est proche où l'équilibre social sera contrôlé impartialement par une cybernétique parlementaire mondiale renforcée par un puissant facteur électronico-mécanique complètement impartial, peut-être un ordinateur supergéant qui fonctionnera comme un cerveau planétaire, mais dans l'idée centrale de régulariser les diverses inégalités d'une manière solidaire, ceux qui sont forts soutenant et affermissant ceux qui sont faibles pour qu'ils deviennent forts eux aussi. Et de cette façon ou presque, la volonté civilisatrice constituera une solide société pananthropique vraiment humaine.

J - Je pense, monsieur Vaskas, que vous devez aussi avoir une opinion plus étendue sur cette question de l'unification mondiale, et j'aimerais vous demander un nouveau rendez-vous pour continuer nos entretiens sur ce sujet.

V - Je ne sais pas si mon avis est ou non de valeur, mais vous pourriez revenir mercredi à la même heure, et nous verrons.

Sommes-nous prêts pour l'unification mondiale qui apporte, à nous et nos descendants, la paix et la sécurité réelles ?

J - Pouvons-nous reprendre nos entretiens ?

V - Oui, mais à quel point étions-nous arrivés ?

J - A propos de la « paligenesia » et de l'unification mondiale, je disais que vous deviez bien avoir un avis sur la manière de procéder. Car la réalisation de cette idée d'envergure mondiale va sûrement demander une mobilisation colossale.

V - Oui, bien entendu ! Car pour qu'un si grand sujet soit réalisable, cette métamorphose socioculturelle mondiale que j'appelle « **paligenesia** » devra s'accorder avec la perception de milliards d'autres personnes qui pourront au moins ajouter leur volonté en faveur de ce changement qui concerne, avec ses procédures gigantesques, la survivance de notre petite planète, notre propre survie et l'avenir de nos enfants.

J - Pardonnez ma précipitation monsieur Vaskas, mais je suis impatient de connaître dès maintenant les grandes lignes de l'unification mondiale qui me semble, après les dernières analyses que vous avez faites, très difficile à réaliser. Pourriez-vous m'en donner un aperçu ?

V - Eh bien ! Vous êtes à la fois pressé et pessimiste. Mais prêtez attention, car même si nous ne pouvons jamais avoir une compréhension immédiate du sujet, nous ne devons pas évaluer une proposition aussi importante pour l'avenir sans faire d'abord les efforts nécessaires pour la comprendre.

Il est naturel de dire du gigantesque bouleversement socioculturel mondial que sera l'unification de tous les habitants de la planète qu'il sera difficile. Et il est normal que certaines catégories d'hommes bien installées dans ce système de choses ne veuillent peut-être pas d'un si grand changement ; et avec raison, pour pouvoir continuer, au sein de certaines sociétés masquées pleines de l'impulsion quasi-innée de notre égocentristo-nationalisto-souveraineté, à vivre dans la « tranquillité » assurée par nos chères entretueries et entr'éliminations, comme au temps de la préhistoire où le postulant-homme était encore un fauve inapprivoisé ; car psycho-instinctivement, nous sommes tous tellement habitués à supporter cette séculaire anomalie dans laquelle nous vivons tranquillement, que nous nous cherchons toujours querelle sous n'importe quel prétexte nationaliste ou ethno-séparatiste.

Mais si fatigués de tout cela nous sommes à la recherche d'une issue, le seul moyen d'accéder à une certaine logique humaine est une organisation unipananthropique faisant au moins preuve d'un comportement de réconciliation. Et comme l'unique institution internationale animée depuis plusieurs années d'un comportement pacificateur est l'ONU, il n'y a donc d'autre choix pour réaliser l'unification mondiale que de se recommander à l'Organisation des Nations « Unies », malheureusement actuellement « divisées ».

Et donc, le seul remède pour guérir notre impulsion d'homme primitif est, je le répète, l'unification pananthropique avec la formation d'un parlement planétaire qui éliminera les divisions du diverso-nationalisme et toute cause d'exploitation de l'homme par l'homme, avec l'établissement du droit égalitaire légal de l'homme, et de la monnaie unique électronique mondiale.

Mais avant cette transformation colossale, il est bien naturel qu'il soit indispensable de désintoxiquer d'abord les mécanismes de notre psychosynthèse qui suit encore notre comportement ENR primitif. Car, je le répète, nous sommes tellement habitués à vivre au milieu de cette férocité sociale déguisée que cette métamorphose ne nous semblera peut-être pas aussi nécessaire qu'elle l'est ; d'autant que nous ne songeons toujours qu'à revaloriser nos profondes racines primitives et que nous acceptons de continuer à vivre selon cet odieux comportement ENR qui réduit à l'impuissance et annihile en nous la moindre volonté réelle de changement que nous pourrions avoir.

Nous devons pourtant enfin comprendre que l'homme a besoin de la compagnie amicale et de la collaboration de son semblable ; c'est une réalité qui devrait nous porter à apprendre à vivre ensemble dans une société franche et humaine. Et si nous voulions continuer à tolérer certaines sociétés masquées que nous avons constituées et qui nous maltraitent, nous devrions au moins penser à nos enfants. En effet, peut-être que la seule chose qui puisse nous inciter à entreprendre cette désintoxication et ce changement global est le sentiment parental instinctif écrit dans le Code, qui se retrouve aussi en nous, les hommes, et nous fait considérer nos enfants avec amour. Car dès l'instant où nous y réfléchissons, la nécessité s'impose d'une nouvelle rationalisation mondiale (c'est-à-dire d'un « orthologisme » social totalement libéré du comportement ENR) indispensable pour protéger l'égalité des droits et améliorer l'avenir, notamment celui de nos enfants... parce que nous sommes, nous les parents, les principaux responsables de leur bonheur. Cette considération à elle seule est capable de nous réveiller de notre agréable impassibilité et de nous sortir de cette indifférence léthargique qui nous fait tolérer inconsciemment l'esclavage volontaire.

J - Mais tout le monde aspire à une meilleure situation, et vous semblez dire que l'homme n'est pas pressé de changer de conditions de vie. Pour ma part, je ne peux pas le croire.

V - Je ne veux pas le croire non plus ! Mais malheureusement cher ami, nous sommes aussi complètement en dehors de la logique du Code en continuel déroulement ; et je parle ici d'une réalité très concrète. Vous savez certainement qu'à peine sortie de son oeuf, dans le sable, la petite tortue de mer, suivant sa ramification du Code, connaît aussitôt le chemin qui la mène directement dans la mer pour survivre... mais curieusement, nous les hommes, malgré notre intellection avancée et nos progrès technoscientifiques en accélération vertigineuse, nous ne savons pas encore comment nous pourrions nous réveiller de l'immobilisme, malheureusement chronique, qui nous empêche de penser syllogistiquement et nous garde inconscients dans un état d'aboulie, tolérant depuis des siècles l'esclavage de l'impulsion innée du comportement ENR belliciste de l'homme primitif. Alors, quel genre d'héritage pouvons nous donner à nos descendants pour leur assurer la paix et la sécurité en dehors de l'unification mondiale ?

J - Vos derniers propos laissent supposer de nombreux changements structurels et institutionnels au sein de l'ONU pour réaliser cette métamorphose considérable qui se concrétisera dans l'unification de toutes les populations de la Terre et nous conduira vers la réelle humanisation. Pourriez-vous me faire partager votre point de vue en me donnant quelques détails sur ce sujet essentiel ?

V - Votre insistance est un signe encourageant. Je suis heureux de savoir que vous êtes de ceux qui cherchent à connaître le chemin qui mène à ce grand rapprochement, car bien que le sujet d'une unification partielle soit actuellement la préoccupation de certains Etats déjà unifiés dans une politique commune et générale, ces mêmes Etats ne sont pas encore interalliés dans une stratégie d'unification globale. Aussi vais-je essayer, suivant mon langage habituel, franc et exempt de sous-entendus, de vous donner un point de vue subjectif sur ce changement qui est un sujet essentiel : « l'organisation de la néo-planéto-démocratisation unipananthropique » ...

Mais comme vous le savez, je ne suis pas ethnologue, ni sociologue, pour pouvoir vous donner un avis précis sur une transformation aussi importante sur le plan mondial. Cependant, en tant que cosmologue, je voudrais vous en donner une vue d'ensemble qui pourrait s'avérer utile, notamment aux hommes politiques, aux intellectuels et à la jeunesse... même si une question, toujours la même, risque de rester en suspens : Qui écoute ? ... ou plutôt : Qui veut bien écouter ? Car à quoi sert de proposer une si grande modification humaine, s'il n'y a pas la volonté ! Et même la volonté de quelques millions d'hommes ne suffit pas pour opérer un si grand réformo-changement, parce que dans cette métamorphose socioculturelle mondiale qu'est la **paligenesia**, l'unification unipananthropique est une rectification vivifiante gigantesque, une recréation, réformation et réorganisation colossale inimaginable qui concerne toutes les populations de la Terre qui nagent, dans leur majorité, dans une confusion totalement inextricable. Par conséquent, ce sujet qui implique un si grand changement bio-socio-politico-géographique dans le cadre d'une réelle humanisation nécessite la coopération de l'ensemble de la population terrestre et notamment des intellectuels qui doivent bien le comprendre ; il nécessite aussi et surtout de grands efforts des dirigeants politiques et de l'ensemble de leurs administrations interétatiques qui doivent travailler ensemble pour le réaliser, en liaison avec l'organisation cybernétique centrale de l'ONU et tous ses organes permanents afin de faciliter les plans de l'unification.

Mais il est très difficile de changer ou d'éliminer instantanément nos habitudes très ancrées, car nous sommes malheureusement enracinés et sous le joug, entre autres, de nos imperturbables nationalisto-souveraino-manies de type ENR ; et c'est normal puisque, comme je vous l'ai déjà dit, et l'histoire le confirme, nous sommes habitués depuis des temps archaïques à subir l'esclavage que nous avons nous-mêmes constitué. Et ayant accepté et vécu dans ce comportement ENR depuis des milliers d'années, nous sommes tellement accoutumés à cet asservissement et au syndrome de la « doulophilie », que, comme des drogués, nous ne voulons pas changer facilement. Mais sans volonté de réforme ayant pour principe l'unification pananthropique et le consciencieux travail de chacun dans son domaine pour obtenir une production et une consommation équilibrées, sans la participation démocratique de tous, ayant les mêmes droits, dans toutes les réformes planétaires bio-socio-économiques et technoscientifiques, aucune réformation pananthropique ne pourra avoir lieu ; car je le répète, cette rectification réclame l'égale adhésion de presque toute la population de la Terre, libérée des chaînes du passé et surtout de la « doulophilie », l'amour de la servitude.

Mais si nous ne discernons pas notre esclavage et le désastre dans lequel nous vivons, comment pourrons-nous changer cela ? La mentalité de notre ancien génome ne changera pas toute seule, sans l'augmentation du savoir culturel. Et bien que nous disposions de moyens technoscientifiques d'information avancés, du fait de notre profonde accoutumance et du grave état d'intoxication qui nous enlève toute force de réflexion et d'autoconservation, nous restons dans les obsessions et ne nous sentons pas prêts, pour construire un meilleur avenir pour nous et nos enfants, à éliminer certains traités et conventions du passé.

J - Bon ! Supposons que nous soyons prêts à nous réveiller de cette léthargie, comment devrons-nous agir pour mener à bien l'unification pananthropique ?

V - Vous vous trompez si vous pensez qu'il est facile de connaître la façon exacte de procéder. Mais il est bien entendu que dans les débuts de l'unification pananthropique, tous les parlements démocratiques et d'autres organisations étatiques devront rester en fonction comme ils sont, avec tous leurs services et leurs fonctionnaires, en particulier avec toutes leurs forces de police et de sécurité civile, car chaque région de notre planète doit d'abord être désinfectée de tout foyer d'infection belliciste archéo-traditionnelle. Cela signifie que l'organisation socio-gouvernementale de chaque Etat restera en place pour assurer l'ordre et la discipline publique, par exemple sur l'immigration - déplacement rendu inutile dans la période d'unification -, et continuer d'administrer la vie sociale et la maintenir en dehors de toute anarchie jusqu'à ce que les pays développés et industrialisés qui se considèrent comme riches, notamment ceux du Conseil de Sécurité, puissent normaliser leurs relations et s'unifier les premiers pour aider les autres, en voie de développement, à parvenir au même niveau biosocioculturel et plus tard s'unifier avec eux. Pour cette raison, les habitants de chaque pays seront invités à rester dans leur région pour aider par leur travail à rattraper le temps perdu dans l'inactivité et les malheurs de l'intoxication ENR. Car il n'est pas logique que les hommes d'une région migrent ou se déplacent vers d'autres régions de la Terre en abandonnant la leur où ceux qui restent sont obligés, pour qu'elle ne dépérisse pas, de s'échiner à la valoriser et la développer par un plus dur travail.

A l'inverse, les très grandes villes, qui concentrent et centralisent de nombreux habitants et sont pleines de divers parasites et sources de pollution, absorbent le produit du travail des agriculteurs ; ce qui signifie qu'il y a suffisamment de nourriture à la campagne pour y déplacer ces populations citadines, et qu'elles participent par cette décentralisation à la valorisation de la terre en améliorant les divers écosystèmes, et à la dépollution de l'environnement biosocial.

Et sur ces bases, selon les procédures de l'unification intergouvernementale et pananthropique, il faudra changer ou modifier progressivement toute la sphère des activités qui favorisent l'exploitation de l'homme par l'homme et qui divisent la famille humaine, pour finalement établir une autorité suprême incorruptible réellement humaine, protectrice impartiale des droits privés et publics de l'homme, basée sur une stratégie de concentration de l'intellection panplanétaire.

J - Vous avez raison monsieur Vaskas, et je suis le premier à souhaiter cette rectification vivifiante.

V - Merci pour votre réponse encourageante, mais je vous ai donné une idée personnelle qui sera peut-être loin de retenir l'attention générale... bien que notre époque soit certainement propice à sa compréhension ; et si nous comprenons pourquoi cette unification humaine à l'échelle planétaire est urgente, nous trouverons aussi la volonté de la réaliser, et d'autant plus facilement dans une action interalliée.

Mais comme vous voulez entendre mon point de vue, je vais essayer de vous expliquer ce qui me semble nécessaire de faire sur un premier plan... D'abord, nous devons bien comprendre qu'il est indispensable de secouer la mentalité de l'homme pour en extraire les toxines de rivalité et d'antagonisme internationaliste et ne laisser que l'émulation du progrès civilisant, pour qu'il se réveille complètement et se libère de la LIA et du comportement ENR ; ensuite, avant qu'il ne soit trop tard, pour les nombreuses raisons importantes que nous avons évoquées dans tous les prolégomènes, prendre toutes les mesures nécessaires pour installer d'urgence un nouveau système appelé « Unipananthropique », (en grec « Πανανθρωπινη Ενωσις ») qui signifie, à l'inverse du diviso-internationalisme :

« L'unification au niveau mondial de toute l'humanité dans l'application égalitaire du droit humain et de la justice dans tous les domaines ».

J - Et d'après vous, que pouvons-nous faire maintenant, avant qu'il ne soit trop tard ?

V - Il n'est jamais tard pour éviter le trop tard. N'ayez donc pas peur, il n'y a aucune raison de nourrir un trop grand pessimisme ou une trop vive inquiétude pour le moment. Bien sûr, nous ne pouvons pas prendre la réalité à la légère - comme par exemple le problème linguistique sachant que nous sommes, nous les hommes, plus de 6 milliards, sur une Terre divisée en plus de deux cents nations qui parlent des milliers (!!!) de langues et microdialectes qui rendent l'un étranger à l'autre et sont la raison principale de la différenciation socio-culturo-territoriale et qui ont mené l'être humain à commettre d'innombrables homicides et bains de sang - et rester sourds dans cette bruyante confusion, mais nous devons malgré tout garder notre calme ; car même si aujourd'hui certains se demandent quand le danger s'estompera, l'avenir reste imprévisible et nul ne sait ce qui se passera demain. Quoi qu'il en soit, comme le sage prépare sa cuisine avant d'avoir faim, il nous faut se préparer avec logique à ce que peut apporter l'avenir. Donc, si vous voulez mon avis, je pense que nous devrions commencer dans un premier temps par améliorer nos performances mentales, ce qui peut se réaliser par une didacto-pédagogie culturelle mondiale efficace, et puis utiliser notre intellection syllogistique pour changer le processus d'institutionnalisation impulsif et comprendre pourquoi il est nécessaire de réaliser d'urgence l'unification de tous les Etats-nations qui parquent toutes les populations de la Terre, et faire ensuite des progrès dans le domaine de la morale qui se trouve, du fait du traditionnalisme, à des milliers d'années de retard, et la faire venir au niveau de notre progrès technoscientifique. Alors ce changement colossal par lequel l'humanité entière va échapper à la LIA et au danger du comportement ENR sera vraiment à notre portée.

Cela signifie que l'unification pananthropique dépend entre autres du changement de diverses institutionno-procédures dont les modifications vont donner de nombreuses préoccupations à notre communauté interétatique, avec certains dérangements causés par les intérêts de quelques extrêmes nationalistes qui luttent suivant diverses stratégies chimériques pour parvenir à la domination du monde. Mais le monde à besoin de l'unification dans un système néo-planéto-démocratique, et non dans l'esclavage impérialisto-expansionistique dont rêvent certains idéalismo-fanatismes.

L'unification se réalisera, si toutefois nous avons la volonté de la construire ; et si toutes les populations de notre planète comprennent ce que réclame leur intérêt, elles vont toutes coopérer pour la réaliser. Mais il faut encore que nous prenions tous conscience que le plan de construction de l'unification mondiale est extrêmement complexe et difficile, car elle ne pourra se faire qu'en dehors des incessantes conflagrations déshumanisantes dues à la turbulente confluence de nations qui restent toujours divisées, bien que dernièrement un certain optimisme ait vu le jour du fait que nombre d'entre elles se soient regroupées à l'intérieur de grandes communautés.

Et l'unification mondiale ne pourra se faire, je le répète encore, que par l'intermédiaire de l'ONU qui a le mérite d'exister et qui possède déjà de l'expérience dans l'idée de l'internationalisme. Et l'ONU modifiera partiellement son organisation et ses mécanismes structuraux, multipliera son activité opérationnelle et s'adaptera pour réaliser ce gigantesque changement et transformer le « diviso-internationalisme » en « unipananthropisme » dans le cadre d'une impartialité irréprochable et d'un esprit pacifique général permanent. Et en utilisant son expérience, l'ONU commencera à travailler pour tempérer le nationalisme de certains de ses membres et pour créer les conditions de l'unification mondiale dans une communauté pananthropique, avant que toutes les confusions et asthénies des diverses sociétés masquées ne deviennent congénitales et inguérissables... avec les conséquences d'une aggravation bien connue. L'ONU devra donc prendre ses responsabilités et son rôle réel d'organisme de nations réellement unies et non de nations unies mais en réalité divisées.

J - Mais suivant quel programme ?

V - Sur un sujet aussi grandiose que celui de l'unification progressive de tous les habitants de la Terre, il est bien évident que la planification-programmation pour organiser cette reconstitution et ce rajustement mondial sera dressée par les spécialistes de l'ONU, et notamment à l'initiative des gouvernements qui appartiennent au Conseil de Sécurité.

Pour ma part, je me contenterai d'évoquer ici simplement quelques idées qui pourront peut-être s'avérer utiles et favoriser la réalisation au niveau mondial de cette réformo-modification de la société humaine unifiée dans une ONU restructurée, rénovée, réédifiée, renouvelée, réorganisée et réorientée d'une manière opportune et convenable, qui sera passée de l'Organisation des Nations Unies (en réalité, je le répète, divisées) à « **l'Organisation Néoplanétodémocratique Unipananthropique** » (réellement unifiée), ayant pour but principal un droit commun humain basé sur « les principes d'amitié, de compréhension et de respect mutuels, qui favorisent le bien-être général dans une égalité des droits et une solidarité humaine impartiale », qui devra nécessairement être établi dans le cadre général de diverses lois adaptées à une nouvelle réglementation du texte constitutionnel fondamental mondial.

Et ce droit commun humain s'appliquera à l'échelle de la Terre entière et sera bien sûr en dehors des anachroniques idéologies ENR classiques et loin de toutes les catégories de réseaux archéo-socio-géopolitiques qui partagent le monde en diverses zones remplies de toutes sortes de rivalités et contradictions. Et l'ONU mettra en place une cybernétique planéto-parlementaire qui lancera d'abord - et c'est indispensable - une campagne mondiale d'enseignement culturel et d'éducation fondamentale sur toute l'histoire humaine. Et la formation devra être obligatoire dans le monde entier pour éliminer l'analphabétisme et l'illettrisme qui maintiennent les populations dans l'ignorance.

La signification de la néo-planéto-démocratie

J - Je regrette de vous interrompre, monsieur Vaskas, mais que voulez-vous dire par le mot « néo-planéto-démocratique ». A-t-il un rapport avec la démocratie-mère athénienne ?

V - Vous savez bien que le mot démocratie vient du mot grec de synthèse « Δημοκρατια », de « Δημος » (Demos) qui signifie peuple ou les humains en collectivité, et du mot « Κρατος » (Kratos) qui signifie pouvoir ou autorité ; et donc le mot démocratie signifie au sens propre : « Pouvoir ou gouvernement du peuple » ... et c'est principalement en Grèce, et notamment en Athènes, environ 2500 ans avant l'ONU, que par l'évolution de l'intellection dans les différents domaines, les premières lueurs de réflexion démocratique sont véritablement apparues dans l'obscurité de la LIA et de la mentalité ENR, à une époque où les régions et cités grecques autonomes étaient, comme vous le savez, presque toujours en guerre les unes contre les autres. Et dans ce contexte, dans le progrès de l'intellection avancée d'hommes tels que Péricles qui a complété le nouveau système démocratique fondé par Solon et prolongé par Pisistrate, Clisthène et certains philosophes de cette époque, la démocratie est née pour établir l'isonomie, l'égalité et la liberté, pour combattre la tyrannie et l'esclavage qui étaient le fait d'hommes installés également en Athènes, pour éliminer le droit du plus fort, notamment celui d'une oligarchie aristocrato-monarco-dictatoriale qui tenait le pouvoir dans ses mains, et pour ôter l'antagonisme du soi et du non-soi, facteurs de diverso-inégalités, d'archéo-socio-idéalismes, d'égocentristo-souverainetés et autres archéo-dominatio-manies.

D'une manière plus analytique, la démocratie libératrice athénienne est venue s'opposer à toute forme d'ancien régime oppressif qui broyait tous les droits fondamentaux de l'homme et favorisait son exploitation par l'autre homme. Dans un contexte où des périodes de tyrannie alternaient avec des périodes de liberté, Athènes, appelée en ce temps-là la « Ville de la sagesse », a été la première à être libérée par les nouvelles institutions ou lumières démocratiques qui ont finalement réussi à supprimer le déprimant diverso-esclavage monarco-oligarchique séculaire dans les ténèbres duquel la mentalité ENR primitive résistait depuis des siècles ; et c'est au prix de nombreux efforts et d'incessants conflits que l'embryon de la démocratie maternelle athénienne a commencé à éliminer l'obscurité diverso-archéo-idéaliste oppressive et à étendre son éclairage lumineux tout en se développant dans un environnement très hostile et rempli de divers archocrato-gouvernements tyranniques qui tenaient le pouvoir depuis des époques protanthropiennes et maintenaient toujours un climat de haine, de rivalité et de guerre quasi-permanent avec les autres cités ou Etats grecs, Sparte, Thèbes, Corinthe, Macédoine, etc., tous remplis d'indépendantisme ethno-nationaliste et de revendications d'hégémonie aristocrato-monarchique nationalisto-patrioto-souveraine presque innées, écrites dans le génome populaire depuis la période paléonéolithique protanthropienne.

Et cette violente et homicide guerromanie interne à la famille grecque - habituée à être gouvernée par une succession continue de tyrans héréditaires que les pauvres doulophiles et analphabètes athéniens appelaient « Souverains » et qui se maintenaient au pouvoir par la force de leurs clans, de leurs coteries, de leurs courtisans ou privilégiés, tous protecteurs du favoritisme -, était pleinement associée comme toujours à la religiomanie divisionniste, productrice d'absurdes fanatismes basés sur ses douze Dieux de l'époque et sur des coutumes et des rites religieux archéo-mythiques et primitifs profondément implantés dans son archéo-héromanie.

Dans ce contexte de conflagration contradictoire avec d'un côté les lumières démocratiques naissantes et de l'autre l'obscurité archéo-monarco-religio-aristocratique qui contestait et s'opposait au pouvoir du peuple en développant diverses machinations, (comme la pauvreté, l'illettrisme, la production d'argent, la vénalité et l'art de se constituer exploiteur des autres dans des régimes archéo-égocentristo-individualistes), l'augmentation de l'éclairage démocratique n'était pas favorisé, d'autant que grandissait la rivalité avec les régimes grecs voisins qui se méfiaient de plus en plus des progrès, de l'opulence, de la puissance et du rayonnement intellectuel de la cité athénienne à l'esprit et au mode de vie démocratiques.

Il est alors compréhensible, avec tant d'opposition et de difficultés produites par l'obscurantisme de type ENR qui cherchait sans cesse à renforcer les privilèges du pouvoir du favoritisme, et devant de savoureux appâts pour se convertir à l'économiquement plus fort, que la mentalité des démopolites ou démocrates athéniens se soit rattachée à ce comportement et tournée vers la cupidité et la chasse à l'argent, qu'ils aient peu à peu perdu tout élan pour cultiver l'intellection, assurer leur droit humain et améliorer les affaires publiques, et qu'ils se soient complètement assoupis dans leurs rôles et responsabilités de démopolites… et que plus tard, à cause du renforcement de l'archéo-manie monarco-souveraino-oligarchique et de l'intensification de la chasse à l'argent corrupteur et perturbateur de l'évolution de la conscience humaine, la direction gouvernementale archéo-souveraine se soit orientée vers la vie facile et l'improductivité ploutocrato-aristocratique, transformant

Athènes, la « Ville de la sagesse », en une véritable entreprise commercialisant la conscience, l'esclavage, et exploitant impitoyablement la faiblesse physique et mentale de la population, où la sélection en fonction de la fortune de chacun devenait trop souvent la règle. Dans de telles conditions, et notamment dans l'hégémonie de l'argent corruptible, il n'était pas étonnant, le féroce droit sauvage du pouvoir arbitraire et de la domination du plus fort écrit dans le génome attardé de l'homme ayant regagné du terrain, que les lumières démocratiques aient commencé à vaciller et que l'état de pauvreté des hommes - que j'ai malheureusement qualifiés pour certains d'analphabètes et pour d'autres d'insuffisamment intelligents pour se rendre compte qu'ils étaient exploités entre autres par de paresseux faux bourdons - s'aggrave, avec le spectre souvent artificiel de crises économiques (pour excuser les salaires de famine, etc., etc.) agité par les hommes sans conscience qui exploitaient la faiblesse des autres hommes de cette époque... jusqu'à l'arrivée de l'intellection lucide de Périclès qui a presque éliminé la corruption et cette abominable tragicomédie, pour développer les premiers principes de la démocratie qu'il a renforcée en abolissant toute forme d'esclavage et de servitude de l'homme, en constituant la structure et les caractéristiques d'une société démocratique dans laquelle s'effaçaient progressivement la lutte des classes, la mentalité partialo-discriminatoire et les divers antagonismes des égo-ambitio-intéressés par la conquête du pouvoir. Progressivement, il a néo-organisé la démocratie pour qu'elle fonctionne strictement dans le cadre du pouvoir public et de l'isonomie populaire, dans lesquels il a réussi à construire, notamment en rendant l'enseignement obligatoire, une grande civilisation, appelée « Χρυσος Αιωνας » (c'est-à-dire un « Age d'Or »), et à mener Athènes au zénith de sa culturo-civilisation.

Mais après avoir battu en retraite à cause des difficultés suscitées par ses opposants, la manie collective des héros-gagnants et l'impulsion nationalisto-religieuse primitive ont comme toujours repris du terrain, et malheureusement, la démocratie est finalement tombée pour céder la place à la victorieuse société masquée traditionnelle qui nage dans la mentalité ENR. Cela n'a pas empêché cette première démocratie maternelle athénienne, parce qu'elle a semé ses graines en direction de certains pays de progrès, de rester, encore aujourd'hui, le modèle et le système prototype gouverno-socio-bioculturel avancé qui a le plus contribué au progrès de l'intellection humaine... et lentement, avec le temps et quelques révolutions populaires qui ont essayé, sans trop de succès, de faire cesser la corruption et la prévarication, les lumières démocratiques ont commencé à germer et luire dans le monde entier ; et la démocratie est devenue le mode de vie auquel se réfèrent et aspirent presque toutes les populations de la Terre pour obtenir enfin la liberté dans une égalité des droits de l'homme.

J - Voudriez-vous me rappeler encore quelques détails des principes de la démocratie athénienne ?

V - Mais en tant que Grec, vous devez connaître ces détails, et de plus, je crois avoir déjà répondu brièvement à cette question. Mais si vous voulez, je peux ajouter qu'à cette époque, la démocratie, ou l'autorité de la communauté de tous les démopolites athéniens, était très productive pour le bien de l'homme, car elle s'appuyait sur le progrès de toutes les avancées intellectuelles de la LIS - désignant, je le rappelle, la « Logique d'Intellection Syllogistique » - pour développer la sensibilité humaine dans tous les domaines culturels, dans le cadre de lois isonomiques et harmonieuses qui allaient inspirer par la suite presque toutes les constitutions des autres cités grecques. En même temps que la démocratie, s'exprimait aussi une véritable République, un gouvernement populaire qui mettait fin à l'esprit féodal diverso-monarco-totalitaire contesté par la population qui commençait à se cultiver et lançait diverses invectives à l'encontre des responsables qui l'avait piétinée. Car dans la démocratie, la population exerce elle-même la souveraineté, souvent par des élus, dans un sens démocratique et non représentatif, sans aucun autoritarisme d'une personne ou d'une minorité. Et donc, à moins que ses décisions ne soient contrôlées par un parlement élu des démopolites, la souveraineté n'est jamais l'affaire d'un seul homme, et encore moins dans le sens tyrannique ou monocrato-monarchique. Et dans la démocratie athénienne à la recherche de l'équilibre social, personne n'avait à rougir de sa condition car tous les démopolites pouvaient se sentir complètement libres et s'exprimer sans nulle crainte pour défendre leurs droits, assurés que le parlement élu respecterait leur dignité.

De cette façon, basée sur les principes de liberté, d'égalité, de coopération et d'unité souvent repris dans les devises de certaines nations actuelles, la démocratie-mère athénienne a installé un climat de paix favorable à l'expansion et au développement de la prospérité ; et la solidarité financière commençait aussi à voir le jour. Mais malheureusement, à cause des rivalités nationalisto-souveraines de type ENR, ses moyens économiques ont été principalement dilapidés pour la défense et l'attaque, notamment contre les asiates, barbares en ce temps-là, ennemis séculaires de la Grèce et ses inlassables assaillants... jusqu'à ce que le rationalisme aristotélicien exprimé par Philippe, roi de l'Etat grec de Macédoine, réussisse, en dépit de l'opposition de Démosthène, à unifier tous les Etats ou cités autonomes de Grèce, et que tous ensemble, sous la conduite d'Alexandre le Grand, un élève d'Aristote, les Grecs, ayant enfin cessé de s'entre-tuer, attaquent cette fois les asiates sur leur terrain, leur faisant comprendre une importante leçon. Mais à cause de la mort prématurée d'Alexandre et d'autres malheurs, et bien qu'ils aient apporté la civilisation helléniste jusqu'aux Indes, les Grecs n'ont pas réussi l'unification de tout l'ancien monde sous le brillant éclairage de la démocratie, comme le rêvaient certains penseurs et notamment Aristote dont la lecture des idées a plus tard été interdite par une assemblée religieuse au début du 13ème siècle à Paris, qui est allée jusqu'à brûler ses écrits pleins de lumières démocratiques, après les avoir qualifiés d'hérétiques ; et voilà l'aboutissement de la puissance unificatrice qui était d'arrêter le malheur et de favoriser le progrès... mais les écrits d'autres philosophes grecs entretenaient aussi ces lumières.

Nous devons donc tirer certaines leçons de l'expérience du passé ; et comme vous avez pu le constater, beaucoup de gouvernements ont tenté par la suite de refléter sensiblement le modèle de la toute jeune démocratie athénienne qui est à l'origine du progrès socioculturel humain et de le développer ; et ce modèle de la première démocratie-mère athénienne, s'il n'est pas pollué, peut encore nous être utile au niveau planétaire pour que tous les habitants de la Terre, à l'image de la population d'Athènes, progressent en marchant sur la route lumineuse de la démocratisation et de la libération de toutes les formes d'esclavage et de servitude créées par l'inconsciente mentalité ENR de l'homme.

Mais depuis 2500 ans, bien que l'intellection de l'homme ait avancé, les progrès dans ce domaine n'ont pas été vraiment significatifs, car toutes les conditions de corruption ou de prévarication des régimes de type ENR qui ont causé l'arrêt de croissance, le déclin et la chute de la démocratie-mère athénienne, qui n'avait pas prévu de moyen de sauvegarde, sont encore très présentes dans presque toutes les démocraties modernes divisées, malheureusement, à cause de la manie contagieuse de la chasse à l'argent devenue obligatoire du fait de la situation qui prédomine dans certaines sociétés masquées, comme c'était déjà le cas dans la Grèce de cette époque.

Et malgré l'héritage culturel démocratique, pratiquement rien n'a changé jusqu'à présent, en raison du retard, que vous connaissez bien maintenant, de notre génome qui se complaît dans la LIA, et du comportement ENR de sociétés masquées dans lesquelles certains hommes sans conscience courent après l'argent, non seulement pour bien vivre, mais aussi pour instaurer un pouvoir personnel et dynastique totalement antidémocratique. Et cette course de l'intérêt personnel pour l'argent devient complètement misanthropique lorsqu'elle se base aussi sur le droit du plus fort où l'un s'efforce de gagner beaucoup d'argent pour se satisfaire qu'un autre a perdu le sien et qu'il est devenu pauvre... tout cela pour nourrir une mentalité primitive liée à la psychose de remporter la victoire à n'importe quel prix et dans n'importe quel domaine ; et cela contre toute logique, parce que vainqueur et vaincu ne pensent pas un instant qu'ils vont aller tous deux, inévitablement et sans pouvoir se défendre, dans la macabre inexistence, alors que raisonnablement, ils pourraient vouloir changer leur mentalité ENR pour se libérer de l'esclavage archéo-idéaliste et s'unifier pour construire ensemble des conditions propices aux progrès bio-diverso-technologiques de façon à modifier l'hérédité multiplico-reproducto-cybernétique mortelle en vue de réaliser la continuelle renaissance et la régénération des systèmes cellulo-neurono-cybernétiques et immunitaires qui les mèneraient dans l'aventure qui paraît fantastique mais qui n'est pas imaginaire d'une proche et plus que probable éternité. Il faut donc en finir avec les illusions mégalomaniaques et les diverses toxicomanies hystérocollectives contagieuses fondées sur certains archéo-idéalismes complètement paralogiques, car tous nos espoirs reposent sur notre volonté de fortifier les lumières démocratiques dans le cadre de la logique syllogistique, de relever notre morale et d'avancer en faisant face à la réalité.

J - Et croyez-vous cela possible dans le contexte actuel ?

V - Oui, aujourd'hui c'est très faisable, car avec les moyens modernes de communication, avec les récents progrès technoscientifiques et la connaissance avancée, nous pouvons tous comprendre quelle orientation nous devons prendre pour que la vertu démocratique aille vers sa véritable destination en tant que régime néo-planéto-démocratique dans une organisation unipananthropique qui requiert l'unification de toute l'humanité, en dehors de toutes les conditions ENR qui ont nourri la division diverso-nationaliste complètement antidémocratique.

Et dans une nouvelle société, la néo-planéto-démocratie ne signifiera ni la ruée vers le favoritisme et la corruption, ni l'emportement dans la cohue, non plus le noyautage, la terreur ou le terrorisme, ni le pataugeage dans les archéo-gouverno-dysfonctionnements, ni le nivelage isomorphe des sociétés existantes, pas plus que la mentalité démagogique: « Descendez, vous les riches pour que nous montions nous les pauvres », mais elle signifiera au contraire, une néo-hominisation qui fonctionnera dans une « taxinomie pananthropique » surtout pacifique et civilisée ; en particulier par une assemblée ou parlement mondial dont le but sera de sauvegarder la volonté de la majorité et la dignité des contestataires, d'accélérer la prise de décision par un vote démocratique, pour choisir par exemple quelle sera, après chacune des langues maternelles, la langue mondiale, et d'éviter les retards que pourraient provoquer certaines altercations, mais toujours en fonction du résultat du vote et dans le cadre d'une égalité impartiale, isonomique - c'est-à-dire de l'isocélité des droits vis à vis des lois -, dans laquelle il n'existe aucune différence traditionno-héréditaire ; car dans la perpétuelle régénération de la vie où les êtres humains sont renouvelés dans le cadre du déroulement et du progrès du Code, toutes les conditions biosociales, toutes les activités, professions, valeurs, dignités, et plus généralement tous les moyens qui constituent la prospérité et le bonheur de vivre doivent être accessibles à tous.

Donc, dans la néo-planéto-démocratie, dès l'instant où la vie de l'homme et sa prospérité seront garanties dès sa naissance par la société mondiale, il n'y aura plus de distinction entre diverses classes, etc., et tous les géopolites ou habitants de la Terre sans exception auront les mêmes droits dans une isonomo-taxinomie pananthropique qui distribuera sa protection dans une équivalence-équité et une équipartition-équilibrée, sans privilège, ni préférence. La néo-planéto-démocratie sera un paritarisme agissant dans un coopératisme et une solidarité populaire dont le premier objectif sera la prospérité et la félicité pananthropique, et non celle d'une minorité ou d'une majorité ; et tout favoritisme, marchandage clientéliste et achat de consciences avec de l'argent, et tout intérêt personnel réalisé dans l'exploitation de l'homme seront considérés comme inadmissibles ; mais toute initiative qui augmentera la sage et convenante émulation évolutive productrice du diverso-progrès culturel sera acceptable. Alors la démocratie reprendra son développement dans un système aux formes nouvelles, au service des buts de l'ONU modifiée en « Organisation Néoplanétodémocratique Unipananthropique », où la néo-planéto-démocratie, contrôlée par un Parlement Planétaire et un Conseil d'Intellectuels composés d'élus de tous les pays du monde, et sauvegardée par un Conseil de Sécurité, sera conduite par la cybernétique de la collectivité mondiale qui s'exprimera librement et démocratiquement en dehors de tout obstructionnisme démagogique, monarchique ou polyarchique ; une association mondiale, un système dans lequel l'entre-déchirement se transformera en solidarité pour le bien-être des humains inséparablement unis par l'amitié et le respect mutuel.

J - Mais comment cela sera-t-il possible si la rivalité nationaliste perpétuelle et l'autoritarisme personnel séculaire, responsables de la chute de la démocratie-mère athénienne sont toujours d'actualité, et s'ils se renforcent encore ?

V - Oui, vous n'avez pas tort… parce que la forme contradictoire de démocratie que certains petits Etats ont appliquée, n'a rien à voir avec la véritable démocratie, et cela pour de nombreuses raisons.

J - Lesquelles par exemple ?

V - Les raisons ne sont pas difficiles à discerner cher ami ; mais d'abord, sachez que j'aime le dialogue à propos de la vraie démocratie, la bouée de sauvetage de l'homme dans cet océan de malheurs, car je répète que la réelle démocratie planétaire signifie un gouvernement pananthropique en collectivité qui fonctionne comme je vous l'ai dit, dans le cadre de la coopération et de la solidarité impartiale qui respecte les droits égaux de l'homme en face des lois, dans une socioculture vraiment humaine. Elle est surtout vertueuse et strictement laïque, compréhensive, franche, intègre, irrépréhensible et exempte de corruption ; elle favorise impartialement l'intérêt personnel constructif en liaison avec l'intérêt commun et s'oppose aux intérêts personnels exploiteurs des autres.

Mais dans les générations précédentes, certains Etats - autoproclamés démocratiques dans leur irresponsabilité et incompétence - ont, je le répète, transformé la démocratie en une intéresso-privatisation, une perversocratie ou pseudo-démocratie de mentalité ENR, source de diverses machinations crypto-totalitaires qui ont bafoué la liberté et n'ont eu aucun scrupule à se cacher derrière la démocratie vertueuse, à la changer en démagogie, à la falsifier en la détournant de sa signification, à en tordre le sens, à déformer sa déontologie et à la diminuer en rejetant loin de toute humanité les valeurs de civilisation qu'elle représente... et contrairement à la réelle démocratie qui doit unir les populations dans la même idéation démocratique, ses impudents bourreaux les ont divisées. Il va de soi que de telles sociétés hypocrites et bestiales avaient besoin d'être assainies en profondeur. Car dans le fonctionnement d'un Etat qui s'autoproclame démocratique, le droit principal de chaque habitant, ou démopolite, ou démocrate, ou citoyen, est la capacité donnée à l'électeur d'accepter ou de rejeter par son vote, la politique (du grec πολιτικη) qui le gouverne ; et le fait pour chacun de participer au scrutin en fonction de la manière dont il souhaite être gouverné est une chose de valeur, car cela lui donne le droit de participer à la formation de la société dont il est membre.

J- Mais pourriez-vous me parler de cette perversion de la démocratie avec le temps et de ce qu'elle est devenue aujourd'hui où elle est considérée par de nombreuses populations du monde comme le régime de gouvernement le plus enviable.

V- Je ne sais pas si aujourd'hui les populations dans certains pays envient le régime démocratique actuel ou en sont déçues. Car après que les Grecs aient posé un bon fondement avec l'âge d'or de Périclès et les commentaires de Platon sur la République et d'Aristote sur le domaine politique, et que la réflexion intellectuelle sur le meilleur gouvernement ait été bien engagée, l'obscurité de la mentalité ENR, les intérêts personnels corrupteurs, le favoritisme, etc., etc., ont réussi à maintenir le statu quo au profit de ceux qui se montraient sans conscience dans la lutte contre les lumières démocratiques individualo-collectives ; et dans ce contexte, ne pouvant se développer, la lumière de la démocratie s'est pratiquement éteinte jusqu'à ce que sa flamme se ranime et commence à circuler d'Europe vers les Etats-Unis et vers d'autres pays du monde. Mais dans certains pays, l'éclairage démocratique est resté faible, car en dépit de différents essais au milieu de toutes sortes de conflits, guerres, prises de pouvoir et autres révolutions, populaires ou non, certains régimes ont conservé l'habituelle corruption des intérêts privés et continué de fonctionner pratiquement comme avant, tout en s'arrogeant le nom de démocratie pour la seule raison qu'il était populaire.

Pourtant, tous les régimes ou presque ont aussi fait croître la lumière démocratique, surtout en donnant de plus en plus largement le droit aux populations de voter, au fur et à mesure que leur niveau d'alphabétisation s'élevait. Avec le temps, le droit de vote d'abord réservé aux hommes, fut ensuite étendu aux femmes, qui, pour certaines raisons (notamment peut-être à cause de l'ancestrale domination établie par les créateurs de certains Dieux : des hommes pour la plupart qui, presque inévitablement, les ont créés misogynes - selon leur propre intérêt - afin de maintenir la femme en position d'esclave et de servante de l'homme), étaient encore, il n'y a pas si longtemps, considérées dans nombre de nations comme des sujets d'exploitation et tenues à l'écart du vote.

Mais dans la réelle néo-planéto-démocratie, bien que les femmes pourraient prétendre à plus de droits du fait que l'homme se développe au sein de leur organisme, qu'elles souffrent et offrent une grande partie de leur vie à l'élever, elles devront au moins avoir les mêmes droits que les hommes.

Et il y a quelques décennies, devant l'espoir démocratique suscité par le suffrage universel qui permet la libre expression de tous les membres de la population en âge de voter, certains intérêts, prétextant encore de l'incompétence des électeurs mais ayant surtout peur de perdre leurs avantages, et aussi dans le souci compréhensible, en fonction des moyens techniques limités de l'époque, de simplifier la complexité du suffrage universel, ont suggéré de représenter la volonté de la population par la voix de quelques élus dans un système parfois autoritaire de partis, etc., pour eux plus facile à contrôler, dans une forme pseudo-démocratique devenue représentative, c'est-à-dire figurée, qui écartait une nouvelle fois la population, otage de l'intérêt personnel de certains de ses représentants mais heureusement consolée, dans ces manoeuvres, par quelques bienfaits promis et redistribués par un Etat qui se voulait providentiel.

Mais comme aujourd'hui, grâce aux progrès de l'audiovisuel et de l'informatique, personne ne peut se cacher derrière des paravents devenus transparents qui découvrent ce que certains appellent le spectacle de l'Etat, je ne suis pas seul à constater que dans de nombreux pays, les électeurs, suffisamment informés, instruits et capables de discernement, se désintéressent ou s'abstiennent progressivement de voter à des élections qu'ils considèrent, parfois avec une certaine ironie, comme trop éloignées de leur quotidien ou ne reflétant souvent que le partisanisme, et fréquemment, en réalité, l'antidémocratisme. Et en constante augmentation, les abstentionnistes qui seront bientôt majoritaires, loin d'être tous irresponsables, obligeront les différents acteurs à trouver de nouveaux moyens pour essayer de faire revenir un électorat de plus en plus désabusé au spectacle qu'il trouve puéril des interminables jeux de mots, de la diverso-cacophonie, des échanges d'injures, des calomnies et des heurts logomachiques ; un électorat qui perd toute confiance en certains qui transforment les intérêts publics en intérêts privés afin de prolonger l'oligarchie classique, au mépris d'autres, sincères, qui cherchent à augmenter l'éclairage démocratique pour entreprendre, grâce à leur expérience et leur intellection logique, une modernisation de la société... en attendant la centralisation administrative planétaire qui fera cesser toute collusion entre certains anciens régimes qui se veulent démocratiques.

Pourtant, celui qui n'est pas conscient de cette responsabilité de voter démocratiquement, refuse le droit d'être membre actif de la société humaine. Et donc, l'abstention de certains, totalement antidémocratique, est une indication manifeste de l'absence de conscience, de responsabilité et d'esprit démocratique. Car s'abstenir de voter n'est pas, comme certains le pensent, un facteur de liberté, mais souvent, au contraire, synonyme d'irresponsabilité. Et les conséquences de cette négligence deviennent flagrantes lorsqu'en raison de l'abstention, la population en âge de voter laisse volontairement les fanatiques de l'un ou l'autre parti politique gouverner de façon oligarchique le pays qu'elle habite, en privilégiant et favorisant une certaine clientèle ; car en laissant gouverner les intérêts personnels d'une oligarchie, elle risque un jour de se réveiller dans l'esclavage inacceptable d'un cercle politique vicieux. Par conséquent, l'Etat qui laisse croître l'abstentionnisme dans un scrutin ou un référendum, sous prétexte du droit de chacun à la liberté de voter ou de ne pas voter, ne peut en aucun cas appeler son système gouvernemental du nom de démocratie ; et s'il est compréhensible que certains puissent s'abstenir par lassitude ou pour d'autres raisons valables en voyant que de toute façon la démocratie est loin d'être appliquée et qu'ils pensent ne rien pouvoir y changer, leur comportement est néanmoins mal fondé, car en ne faisant rien pour l'instaurer, la rétablir et l'affermir, ils manifestent leur abandon de la démocratie et ouvrent la porte au régime « X ». Et j'oserais ajouter qu'il existe une loi inviolable : « Là où la démocratie échoue surgit la dictature et l'esclavage. »

J - Mais le vote des démopolites est obligatoire dans certains Etats, comme la Grèce et d'autres. Alors pourquoi n'y a-t-il pas là non plus de véritable démocratie ?

V - Car bien que la raison du scrutin démocratique soit de désigner les élus d'une population étatique pour qu'un dialogue s'instaure entre eux sans cris ni passes d'armes et qu'ils échangent amicalement des idées constructives et que la majorité décide suite au vote parlementaire, et que les Grecs aient eu la volonté de valoriser les principes démocratiques dans les procédures électorales, comme cela se passe aussi dans certains autres pays, la population a trop souvent été représentée par de nombreux partis répartis généralement en deux groupes, malheureusement divisés par des altercations et des duels continuels. Dans de telles conditions, l'Etat est gouverné alternativement par la droite ou la gauche, en flagrante opposition... comme si dans le corps de l'homme, illustrant un Etat, la main droite et la main gauche voulaient travailler séparément, sans l'aide l'une de l'autre, allant même jusqu'à se repousser ou se contrarier pour s'opposer l'une à l'autre. Un tel comportement dichotomique s'est souvent retrouvé dans la division politico-étatique de certains autres gouvernements précédents, qui, dans une lutte politique compétitive, destructrice pour le progrès de la démocratie, sont allés jusqu'à entretenir une opposition souvent hostile, sous prétexte que c'était indispensable, devant la population qui ne pouvait que se réfugier dans la division populaire.

Et cette pratique qui consiste, au nom de la démocratie, à dichotomiser la conscience collective et à diviser une population, ou une nation, en deux alignements qui s'affrontent, est absurde en réalité et dénote l'existence d'un sérieux et profond handicap social qui s'oppose à l'harmonie des relations de solidarité d'une société construite ensemble par le vote des démocrates ; à ce stade de la division étatique, où manquent le dialogue constructif et la négociation pacifique au parlement, les hommes de pouvoir, les « kratos », et les populations, les « démos », n'ont aucune relation entre eux et sont presque ennemis ; et par conséquent, non seulement la démocratie, coupée en deux, en contradiction, ne progresse pas, mais il n'existe plus du tout de démocratie tant que les « kratos » et les « démos » ne coopèrent pas ensemble.

Car si nous savons tous ce que les deux mains peuvent réaliser lorsqu'elles oeuvrent ensemble, nous pouvons aussi imaginer la difficulté de faire quelque chose avec une seule main, ne serait-ce que de se laver le visage, lorsque l'autre, supposition stupide, s'oppose avec hostilité, refuse de coopérer et au contraire résiste à ce que veut faire la première. De même, lorsque le corps électoral essaie de se gouverner soit avec la droite, soit avec la gauche, il est affligé d'un handicap traditionnel qui n'a rien de démocratique... et comme tout le monde le sait, et vous-même me l'avez raconté en détail, une telle situation s'est développée en Grèce, avec pour conséquence l'éclosion de l'esclavage d'une dictature nationalisto-religieuse, celle des Colonels, appelée « Ελλας Ελληνων Χριστιανων », qui signifie « Grèce des Chrétiens Grecs ». Voilà donc une vivante application de la loi inviolable que je viens de mentionner, malheureusement à l'endroit où est née la démocratie.

J - Voulez-vous dire qu'il faut supprimer l'opposition en politique ?

V - Si vous entendez par là d'abandonner une opposition destructrice et la lutte acharnée entre partis adverses et la prise de décisions sérieuses sans scrutin endo-parlementaire : oui ! ... Mais une opposition solidaire, associée dans une émulation constructive, coopérative et coordonnée dans le but de servir ensemble le bon fonctionnement d'un Etat est non seulement utile, mais nécessaire, et les décisions doivent résulter d'un scrutin endo-parlementaire démocratique. Et pour reprendre l'illustration de notre corps, l'exemple de nos deux mains, l'une représentant la droite et l'autre la gauche pourtant opposées l'une à l'autre bien qu'appartenant à un corps qui représenterait la population, est typique des possibilités de réalisation dans une opposition solidaire animée d'une même volonté constructrice de progrès, où les deux rivalisent d'activité et d'habileté pour avancer rapidement et d'une manière synchronisée vers un bon résultat pour l'ensemble du corps. Mais quel genre d'opposition retrouvez-vous dans certains Etats ?

Loin de moi de vouloir critiquer la politique, car je n'ai aucun lien avec elle, mais en tant qu'homme libre, comprenez cher ami que j'aie au moins le droit, comme chacun d'entre nous, de défendre la dignité de la démocratie ; et mon objectif est de dévoiler la gravité de cette situation dépassée à laquelle certains sont habitués et qu'ils considèrent comme normale, après s'être beaucoup démenés pour obtenir le pouvoir et pour que leur parti « majoritaire » soit victorieux, de limoger immédiatement ceux qui étaient en charge de l'administration sous le précédent gouvernement pour les remplacer par des personnes fidèles du même parti politique victorieux qui se trouvent ainsi récompensées. Mais je suis indigné lorsque d'une manière vraiment magique, notamment dans certains petits Etats en développement, certains dirigeants du parti vainqueur aux élections, droite ou gauche, peu importe, peuvent soudain, eux ou leurs « neveux », acheter des villas de grand prix, tandis que la population souffre dans une société sans affection. Et donc, dans une administration partiale, certains amis ou supporters du parti gagnant vivent bien, en raison d'un certain favoritisme qui peut venir surcharger la bureaucratie, tandis que ceux du parti vaincu perdent souvent le droit de travailler et de vivre comme les autres. Il y a là, dans la famille humaine, un conflit basé sur l'inégalité sociale complètement antidémocratique et pire encore, inhumain... et par conséquent, dans une société divisée où la population est divisée, avec d'un côté les favorisés et les privilégiés, et de l'autre les défavorisés et sans privilège, la démocratie, complètement persécutée et étranglée, devient le fief de toute fourberie. Or la démocratie qui représente l'unification des « Δημος » et des « Κρατος », ou des populations et du pouvoir ne doit pas favoriser la division de la population dans un conflit permanent.

J - Vous ne vouliez pas parler de la Grèce ?

V - Non, je parle en général et j'examine le sujet dans une optique cosmologique, neutre... Ma voix est amicale et se voudrait complètement impartiale ; elle concerne tous les pays qui se disent démocratiques et non la Grèce en particulier qui doit donner l'exemple en tant que berceau de la démocratie. Mais il est bien connu que les supporters du parti gagnant profitent de nombreux avantages, tandis que les autres, les perdants du scrutin, se retrouvent traumatisés du fait de perdre leur position et de rester parfois sans travail, n'ayant plus qu'à vivre avec leur famille des miettes du chômage, s'ils peuvent en bénéficier. Et cette discorde discriminatoire a toujours été bien acceptée par la population qui, par habitude, considère cette situation esclavo-préférentielle comme normale, bien qu'elle n'ait rien, en réalité, d'anthropo-morphologique, ni de démocratique.

Mais ce n'est pas tout, cet anthropodrame ne s'est pas terminé là, car dans le passé, bien camouflées derrière chaque pseudo-démocratie figurative, notamment dans certains pays où seul le scrutin était démocratique, se sont souvent cachées sournoisement des égo-monocraties ou des monarchies despotiques totalitaires qui ont favorisé la concentration du pouvoir dans les mains d'une personne, et transformé et perverti la démocratie dans le cercle vicieux d'une monocratie dictatoriale constituée d'une impertinente manière antidémocratique et manoeuvrée en toute confidentialité et pseudolégitimité.

Par conséquent, tout ce comportement théâtro-tragicomique qui s'est manifesté dans le passé autour de certains pays, notamment en développement, a complètement ridiculisé la démocratie et diminué l'intellection socioculturelle de l'homme ; il n'a pas favorisé le pouvoir de la population, mais plutôt le droit sauvage du pouvoir plus fort qui avantage l'intérêt privé d'une minorité. Donc, cet ancien comportement pseudo-démocratique, illégitime et frauduleux de type ENR ne peut plus continuer à se cacher derrière l'inestimable rideau de l'intellection humaine civilisée appelé « démocratie » ; car pour résumer, la néo-planéto-démocratie doit démocratiser toutes les institutions civiles et sociales dans l'isonomie, égaliser tous les droits de l'homme et favoriser le pouvoir de toute la population de la Terre sans aucune distinction ou discrimination.

Et bien que la critique du passéisme et la rumination des erreurs commises dans certaines sociétés en développement ne me plaisent pas, et qu'en réalité je n'aie rien personnellement contre les monarchies actuelles dont certaines ont un cérémonial très sympathique, ne se mêlent pas du pouvoir gouvernemental et sont plus démocratiques que certaines autres, je ne peux pas dire pour autant que je sois enthousiaste devant cette dramatique mascarade, très active dans certains pays en développement, qui rabaisse l'intellection de l'homme. Et donc, si nous sommes libres dans un pays libre, nous devons signaler avec franchise l'humiliation du mot démocratie, dont l'idéologie civilisée a été plusieurs fois diverso-transformée dans la mentalité ENR monocratique et totalitaire... ce qui n'a rien à voir, je le répète, avec certains pays considérés comme des monarchies parce qu'il y a une famille royale et d'autres pays considérés comme des dictatures, qui sont en réalité, plus démocratiques que certains pays qui se sont autoproclamés démocratiques, uniquement en raison de leur mode de scrutin, mais qui, en réalité, n'ont rien de la démocratie.

Mais ces dysfonctionnements démocratiques, notamment dans les systèmes électoraux dépassés de certaines nations en développement, ont souvent commencé sournoisement, avec les supporters du despotisme et de l'anarchocratisme corrompu dont les machinations antidémocratiques ont d'abord débuté dans certains conseils communaux, puis provinciaux, en liaison la plupart du temps avec certaines préfectures, ou parfois encore dans un ensemble de structures intercommunales reliées dans un mécanisme de diverso-corruptions profondes et multidiversifiées, où, dans une forme de despotisme dissimulé, les réglementations et particularités démocratiques ont été traduites en démagogiques et englouties au profit des intérêts personnels ; et donc, j'affirme franchement que jusqu'à présent, certains petits pays du monde souffrent encore très visiblement d'un déficit démocratique.

Quoi qu'il en soit, toutes ces situations encore bien vivantes parfois dans certains pays peuvent sembler décourageantes pour l'intellection consciente de l'homme ; mais en pensant à l'avenir de nos enfants, nous devons reprendre courage, être décidés à travailler et unifier notre volonté pour établir une réelle néo-planéto-démocratie dans laquelle chaque géopolite ou habitant de la Terre se sentira libre d'exprimer ouvertement et franchement ses opinions et de transmettre sa volonté par la voie électronique, d'abord dans chaque Etat ou région, où il élira démocratiquement des parlementaires dont certains iront porter leur Etat ou région au parlement de la cybernétique centrale de l'Organisation Néoplanétodémocratique Unipananthropique, ou ONU_2.

J - Cela veut-il dire que la néo-planéto-démocratie n'a rien à voir avec la démocratie traditionnelle ?

V - Substantivement, la néo-planéto-démocratie est l'opposée de certaines sociétés masquées, c'est une démocratie nouvelle, franche, planétaire, issue d'une rectification ou d'une suppression et substitution totale des constitutions et du fonctionnement complet de l'ancienne société des hommes. Elle est basée sur un vote dans la franchise, c'est-à-dire celui de géopolites vraiment libres qui ne craindront pas d'exprimer ouvertement et franchement leur opinion et leur volonté ; et ces voix unies à d'autres constitueront à partir des plus petites assemblées, des réseaux de courants qui afflueront pour se rassembler en faisceaux qui se concentreront et se renforceront dans la succession des assemblées intermédiaires jusqu'à tous s'orienter dans la même direction, canalisés en un flux unique vers le parlement du gouvernement central de : l'Organisation Néoplanétodémocratique Unipananthropique, qui conservera le sigle « ONU » dans lequel la liberté d'expression et le vote seront les premiers droits de toute la communauté humaine, qui, dans une logique coopéro-associative avec la communauté politico-intellectuelle, assumera ses responsabilités devant la prospérité réelle que l'avenir réserve à l'humanité.

L'ONU$_2$ forme la Commission Préparatoire qui élabore les plans de l'unification et lance le programme d'enseignement mondial

J - Et comment concevez-vous de passer de l'Organisation des Nations Unies à l'Organisation Néoplanétodémocratique Unipananthropique ? Par quel processus ? Je continue de penser qu'une telle réforme colossale n'est pas si facile dans la situation mondiale actuelle.

V - Avant tout, je le répète, les premiers travaux ne pourront se faire que sur l'initiative de l'Assemblée Générale et particulièrement des Etats-nations membres du Conseil de Sécurité de l'ONU, dans un esprit de réconciliation propice à la construction d'une société ayant la nouvelle physionomie d'une démocratie réelle et avancée, dans une organisation garante du bien-être général. Et l'Assemblée Générale pourra charger, sous l'autorité du Conseil de Sécurité, le Conseil de Tutelle, composé de compétences des pays membres permanents du Conseil de Sécurité et peut-être de quelques autres qu'ils auront désigné parmi les pays très développés, de veiller sur la planète entière jusqu'à la complète unification de tous les pays, les uns après les autres et par étapes. Car le Conseil de Tutelle, dont les précédentes missions sont pratiquement terminées et réussies, a acquis une grande expérience de préparation, de soutien, de conseil et d'administration sur les plans économiques, politiques, sociaux et culturels dans de nombreux pays ou territoires disposés à exercer eux-mêmes les responsabilités de leur développement et de leur autonomie. Son nouvel engagement sera notamment d'accompagner activement et de favoriser rapidement les progrès qui conduiront ses membres à normaliser et égaliser certains intérêts nationaux et considérations géopolitiques, à établir les infrastructures appropriées pour les transformer en intérêts internationaux et les organiser jusqu'au niveau suffisant pour la première étape de l'unification.

Pour ce faire, le Conseil de Tutelle commencera par former une Commission Préparatoire à l'ONU$_2$ qui aura pour mission de réaliser les plans d'une modification sociogéopolitique fondamentale dans les relations humaines, de définir avec précision les différentes options et de faire des propositions constructives qui seront présentées, choisies et entérinées par le Conseil de Sécurité, et par l'Assemblée Générale qui se transformera progressivement en Parlement Planétaire Central.

Et cette Commission Préparatoire aura une structure simple composée d'un nombre limité de membres, tous intellectuels, spécialistes avisés et hautement qualifiés, à l'esprit d'initiative, et aussi taxinomistes, spécialistes en logique d'organisation sociale - ou au moins sachant choisir le bon et laisser le moins bon -, ayant aussi l'expérience du terrain pour l'avoir pratiqué. Et sur la base d'études systématiques, avec le concours notamment de tout l'appareil onusien mais aussi en constante communication, et à l'échelle mondiale, avec les universités, surtout de droit, les organisations et organismes non gouvernementaux, les bureaux d'études et les experts compétents, etc., avec les chercheurs et leurs équipes, les scientifiques, les sociobiologues, les historiens, les socio-économistes, les professeurs et leurs étudiants, les statisticiens, etc., et de nombreux partenaires sur le terrain, elle préparera les premiers éléments structuraux capables d'assurer la cohésion et les liaisons harmonieuses entre les géopolites et l'organisation de l'ONU2.

J - La tâche de cette Commission Préparatoire est immense.

V - Oui, mais aujourd'hui, les progrès constants et rapides de l'informatique rendent accessibles de telles tâches complexes. Ils permettront de rassembler en continu les informations qui constitueront les bases de données pour les recherches et d'établir des échanges très ouverts en vue d'élaborer un organisatio-institutio-développement ordonnancé dans l'établissement progressif du nouveau système de valeurs, concerté, consensuel, pacifique, sécurisé, cohérent et dynamique de l'Organisation Néoplanétodémocratique Unipananthropique ; ils permettront aussi de préparer la composition de ses nouvelles structures cybernético-organiques, avec ses divers mécanismes, ses fonctions, ses processus de décision, de vote et d'intégration, combinés et convergents de façon à toujours être efficient mais sans excès, de sorte que les objectifs puissent être acceptés et approuvés par le consensus des géopolites qui s'orienteront vers le même but au fur et à mesure de l'accroissement de la connaissance par laquelle ils se motiveront pour participer activement et s'attacher à l'organisation pananthropique dans un esprit de concertation, de conciliation, d'égalité, d'émulation avec une volonté de recherche qualitative continuelle, d'autodiscipline, en dehors des arbitraires, des autoritaro-pouvoirs, des contraintes anti-institutionnelles, des questions de délais ou autres, et à l'abri de toute pression coercitive.

Et pour rassembler toutes les données, cette commission devra étudier les organisations existantes avec leurs diverses composantes et mécanismes, quelles qu'elles soient, familles, associations, groupements, collectivités, sociétés, syndicats, partis, entreprises, corporations, institutions, etc., et quelle que soit leur taille, ponctuelle, communale, régionale, étatique, mondiale, etc., suivant leurs activités, publiques, sociales, environnementales, etc., ou leurs métiers, avec toutes leurs complexités de niveaux hiérarchiques, de chaînes de décisions et de systèmes d'autorité et toutes leurs interactions, interrelations, etc., dans un entier respect des habitudes, comportements, mobiles, motivations, identifications, repères, appartenances, croyances, etc., de chacun... pour construire, à l'aide des nouveaux moyens informatiques, les plans structuraux de liaisons à partir des plus petites entités progresso-organisationnelles que sont les géopolites eux-mêmes, puis les familles, et ainsi de suite... afin d'établir les rapports d'une coexistence humaine harmonieuse basée sur des relations franches, libres et ordonnées dans un esprit constructif et collectif où chacun trouvera sa place. Et avec la mise en place de systèmes pour recueillir, traiter, sélectionner, concentrer et ordonner automatiquement et en temps réel une complexité d'informations utiles qui feront apparaître, en fonction de toutes ces données, des choix intégrationnels consensuels, elle programmera la création d'une cybernétique centrale panplanétaire fonctionnant mécaniquement, et donc impartialement.

Mais le premier objectif de cette Commission Préparatoire sera de préparer un programme didacto-éducatif incitant chaque géopolite à comprendre et se mobiliser dans l'ONU2, dans ses mécanismes structuraux nouveaux qui s'articuleront les uns aux autres à mesure qu'ils recevront l'assentiment général jusqu'à établir l'institutionnalisation régulatrice et contrôlée d'un système de règles formelles mais consensuelles, codifiées et reconnues comme fondamentales par tous les géopolites interdépendants, et entérinées par le Parlement Central qui sera ainsi assuré de porter les meilleures décisions. Et sur ces bases, la codification s'adaptera très rapidement et se développera dans une dynamique continue sur les objectifs précis des hommes d'établir la conscience terrestre et d'avancer vers d'autres aspects de leur mission civilisatrice. Car en aucun cas, la néo-planéto-démocratie ne sera une « ochlocratie », c'est-à-dire le pouvoir ou le gouvernement de la foule agitée, mais au contraire, une taxinomie de tâches et de travaux bien répartis et distribués, accomplis par des femmes et des hommes à l'intellection syllogistique, conscients, libérés par la connaissance, unis et mobilisés sur toute la Terre.

J - Et sur quels autres sujets cette Commission Préparatoire va-t-elle plus précisément travailler ?

V - La Commission Préparatoire sera aussi chargée d'établir le plan général pour préparer l'unification pananthropique et ses structures, en commençant par définir les raisons du choix de l'emplacement du siège de l'ONU2, afin de déterminer s'il faut ou non changer d'emplacement. Ensuite, en fonction d'une analyse de l'expérience mondiale, de l'histoire, des causes de succès et d'échec, dans un esprit de concertation constructive et en vue d'aboutir à des solutions acceptables par l'ensemble, cette commission dont les membres, indifféremment hommes et femmes, viendront des pays du Conseil de Sécurité et d'autres, étudiera le programme général et détaillé de toutes les institutions spécialisées nécessaires et de tous les systèmes de la cybernétique centrale et des différents organes de l'ONU2 ... notamment la composition des Parlement Central et Conseil Consultatif planétaires, avec leurs liaisons à différentes commissions d'études, d'examens, de propositions, etc., etc. Et s'appuyant notamment sur des échanges ouverts et les éléments d'informations traitées et collectées, elle étudiera la planification et l'intégration planétaire de toutes les orientations constitutives, s'agissant par exemple de la solution au problème linguistique qui jouera un rôle important dans toute organisation et notamment dans la conciliation populaire, de la mise en place du système monétaire électronique et de l'accélération de la croissance du nouveau système économique, contraire au précédent système vampiro-financier, du développement systématique des diverses ressources avec la planification de l'équilibre entre production et consommation dans le cadre d'un fonctionnement planétaire commun et homogène, etc., de l'établissement de tous les domaines prioritaires, sociaux, environnementaux, etc., etc.

Mais surtout, je le répète car c'est essentiel, la Commission Préparatoire préparera le programme d'une campagne d'éducation fondamentale et d'enseignement dans tous les domaines technoscientifiques et de culture générale à destination de toute la population de la Terre pour lutter contre l'ignorance et l'indifférence, augmenter l'ensemble du savoir et installer la connaissance, la conscience, et la réflexion humaniste et universaliste qui affermiront la défense des égalités et des droits de la personne humaine, et produiront la logique d'intellection syllogistique pour que l'homme délaisse l'ancien socio-comportement et l'esprit ENR destructeur et générateur de certaines sociétés masquées. Cette campagne préparera aussi les populations et les familiarisera à la gigantesque métamorphose biosocioculturelle mondiale pour qu'elles passent facilement de l'ancien système au nouveau. Car nous devons comprendre la nécessité de ne pas rester plus longtemps tributaires de nos ancêtres et nous sentir enfin réellement libres, capables de former sur le plan mondial la nouvelle société franche, « Unipananthropique », dans la paix et la sécurité permanente d'une coexistence humaine.

J - J'apprécie votre enthousiasme, monsieur Vaskas, mais ne pensez-vous pas que la réalisation de ce nouveau système sera difficile du fait aussi que l'homme, comme un enfant perdu, commet toujours les mêmes erreurs.

V - Oh cher ami ! Serez-vous toujours pessimiste ? Ce que vous dites est vrai, mais il est vrai aussi qu'en allant vers l'âge adulte l'enfant acquiert la capacité de raisonner pour sortir de l'infantilisme infécond et ne pas retomber dans les erreurs du passé. Et pour cette raison, ce nouveau système ne pourra se mettre en place qu'après la diffusion, par tous les moyens avancés de communication, en particulier avec la création d'une « Université Pananthropique Virtuelle », d'un enseignement complet sur l'histoire de l'homme et sur les divers bouleversements causés par le comportement ENR, par la LIA et par certaines sociétés masquées anciennes et contemporaines, ivres de conflits, de génocides et de massacres, avec le récit de leurs agissements. Car le suffrage objectif et vraiment humaniste de toute population dépend de son niveau de culture et de connaissance, lequel prédispose tous ses membres à vivre ensemble, humainement, pacifiquement et surtout en dehors de l'intolérance archéo-traditionnelle qui mène d'une manière invisible, mais à coup sûr, à la misanthropie, et lui évite d'être reprise par la nostalgie d'un passé confus et douloureux. Et pour cette raison importante, entre autres, avant le premier scrutin néo-planéto-démocratique, chaque habitant ou géopolite et électeur de la Terre devra bien connaître comment le comportement ENR est né, et son fonctionnement et son rôle dans la complète fragmentation de notre planète. Il devra connaître également les exacerbations et revendications concurrentes de type ENR et les divers fondamentalismes et intégrismes qui ont résulté de diverses mentalo-intoxications souvent dues à la reprise d'invraisemblables traditions et croyances anciennes basées sur des symboles, des rites et diverses impostures quasi-préhistoriques qui occupaient le cerveau de l'homme il y a des milliers d'années, et qui, à cause de son ignorance, l'ont polymartyrisé et maintenu dans une hypnose permanente, le rendant esclave de son anachronisme utopique complètement inhumain et retardant tout progrès sociomoral. Après cela, une fois l'ignorance disparue et transformée en lucidité logique, ce passéisme abominable ne sera considéré que comme une parenthèse, mais une parenthèse tragique et dramatique dans l'histoire de l'homme.

J - ***Pour ma part, je suis d'accord. Mais sans être pessimiste, je pense qu'il reste quand même une véritable difficulté parce que l'homme n'a pas beaucoup changé au cours de ces derniers milliers d'années ; et dans différentes nations, des millions d'analphabètes et d'illettrés vivent encore dans d'insupportables conditions, parfois pires que celles des bêtes. Comment pourront-ils comprendre ce que signifie l'unification pananthropique ?***

V - C'est vrai qu'il s'agit d'un sérieux handicap car aucune pensée constructive ne peut prospérer dans l'ignorance. Mais si les hommes sont enseignés... ils vont comprendre... parce que la connaissance développe la limpidité de pensée qui produit la lucidité logique. Il serait donc illogique, sous prétexte d'attendre que s'améliorent les possibilités de ces quelques millions, de retarder le renouvellement de milliards d'autres qui sont déjà en mesure de comprendre. Pour cette raison et d'autres très sérieuses, il faudra d'abord enseigner comment cesser de suivre le comportement ENR et instruire pédagogiquement l'esprit de l'homme pour en terminer avec les incertitudes présentes et la négativité progressoculturelle afin que la population ait une vision claire de l'histoire éducative. Et pour cela, il sera nécessaire d'en faire l'analyse détaillée au travers de grands espaces biosocioculturels pour que la mentalité se transforme le plus vite possible, car ce n'est qu'avec la connaissance que les gènes responsables de la mentalité et du comportement changent. Il faut donc dispenser un enseignement profond dans tous les domaines, notamment dans le cadre d'une université pananthropique virtuelle qui utilisera les techniques didacto-pédagogiques et les moyens multimédiatiques les plus avancés, pour renforcer la prise de conscience et l'examen réfléchi sur la base de toute l'expérience de l'homme, afin de produire la LIS, la logique d'intellection syllogistique, et d'accroître la lucidité de pensée et le niveau intellectuel de l'ensemble de la population.

J - Et quelle sera plus précisément la matière de cet enseignement ?

V - La connaissance détaillée de l'histoire de l'homme, remplie de haines, d'atrocités et de massacres, qui nous fera comprendre les difficultés que la lumière de la LIS a rencontrée à cause des ténèbres de la LIA … Nous pourrons alors transformer ces valeurs de connaissance en expérience, dans une logique qui nous fera cesser de revivifier l'invariable mentalité ENR des divers archéo-idéalismes et entrer dans le contexte d'une sociologie scientifique franche et moderne, au sein d'une véritable néo-planéto-démocratie, avec une nouvelle orientation de l'ordre social qui devra produire et institutionnaliser une nouvelle conscience suffisamment sensible, avancée, significative et humaine.

J - Et après l'histoire de la LIS, de la LIA et du comportement ENR, que vous avez clairement identifiés au cours de nos entretiens, quels autres enseignements seront encore dispensés dans le programme mis en place par la Commission Préparatoire à l'ONU$_2$ pour accroître la connaissance de la population ?

V - Un des principaux sujets que les géopolites devront aussi bien connaître est celui de l'histoire et du fonctionnement de l'actuelle Organisation des Nations Unies, car je le répète, c'est seulement par l'intermédiaire de cette organisation déjà bien expérimentée dans l'internationalisme que le rêve de l'unification mondiale pourra devenir réalité, une fois que le monde des hommes sera libéré des anciens régimes de certaines sociétés masquées, qui, depuis l'antiquité, produisent une désorganisation continuelle qui aboutit à une inconsciente inégalité avant de tomber dans l'iniquité séculaire. Il sera donc nécessaire d'avoir un enseignement sur l'ONU pour savoir ce qu'elle est réellement et se rendre compte des efforts très durs qu'elle a dû déployer pour tenter d'apprivoiser certaines nations à l'extrême ethno-religio-nationalisme ;

car elle va prendre toutes ses responsabilités et les mesures indispensables pour réconcilier les divers aspects de l'esprit religieux et extrême-nationaliste, pour pouvoir jouer ensuite le rôle le plus important dans l'histoire de l'homme lorsqu'elle réalisera l'unification inévitablement progressive mais réelle et urgente de toute l'humanité.

J - Compte tenu de son importance, pourriez-vous me donner un aperçu sur l'ONU et son histoire ?

V - Oui mais sommairement, car je suis loin de connaître son histoire en détail. L'ONU a succédé à la Société des Nations ou SDN, fondée en 1919, première institution internationale suggérée par le président pacifiste et humaniste des Etats-Unis, Thomas Woodrow Wilson. Mais à partir de 1933, sans l'Allemagne, ni le Japon et l'Italie, en l'absence des Etats-Unis, la SDN avait perdu son caractère d'organisation à vocation universelle ; elle apparaissait plutôt comme une vague association de démocraties occidentales, principalement européennes, réunies sans conviction ni efficacité... et elle était très fragile en face des Etats de régime nationalisto-fasciste, la « mode » de l'époque. Aussi en 1939, tandis que la seconde guerre mondiale débutait, survint la fin de la SDN, inévitable en raison des constants atermoiements et diverses exacerbations dues aux égocentristo-nationalisto-souverainetés, aux polynationalo-géopolitico-divisions et au manque d'esprit de rapprochement de certains pays.

Alors en 1945 à San Francisco, après le désastre des deux guerres mondiales et pour préserver et assurer enfin la paix et la sécurité parmi les nations, les puissances victorieuses contre les puissances de l'Axe se sont unies pour fonder l'actuelle Organisation des Nations Unies, qui, malheureusement, je le répète, est constituée de nations unies mais en réalité divisées. Et la volonté de projets pacifiques de ces nations toujours désunies fut traduite dans une Charte qui s'ouvre sur le fondement de son organisation et présente ensuite des principes sur le respect des droits de l'homme, le progrès biosocial, la liberté, la coopération internationale, etc., etc., avec des résultats mitigés mondialement connus, car avec le partage du monde à Yalta, un voile de méfiance et de suspicion était descendu sur toutes les nations, futurs membres de l'ONU. Et dès le départ, cette méfiance a perturbé la bonne volonté de cette organisation - qui fait par ailleurs montre d'un grand courage - ainsi que ses perspectives pacifiques et unificatrices.

J - Oui, vous avez raison, ce sont les accords impérialistes de Yalta qui ont inspiré la méfiance et empoisonné les relations humaines.

V - Mais tout ce passé n'est pas mon propos... et pour revenir à l'ONU2, la Commission Préparatoire, en même temps qu'elle proposera la révision de la Charte qui tiendra compte, face à tout impérialisme, du droit à la liberté de tous les pays du monde, préparera et élaborera, en collaboration avec la Cour de Justice, les stratégies propices au bon fondement des nouveaux et réels droits égaux de chaque géopolite, adaptés à la nouvelle constitution administrative planétaire de « l'Organisation Néoplanétodémocratique Unipananthropique ».

Et par-delà le Conseil de Tutelle, c'est l'entente entre les grands pays qui est déjà la base du fonctionnement du Conseil de Sécurité, qui permettra de conduire l'unification à bonne fin. Et le Conseil de Sécurité ne sera plus seulement responsable de la paix et de la sécurité mondiale, mais il veillera aussi à la mise en place du développement progressif de l'unification mondiale selon ses différentes étapes. Il garantira aussi le système cybernétique de l'ONU2, une fois les travaux de la Commission Préparatoire validés. Et les chefs des Etats membres du Conseil de Sécurité ont tous les capacités cognitives et l'intellectualité nécessaires pour introduire le programme et la planification de l'unification, pour insuffler ce nouvel esprit conscient dans les autres structures existantes ou à créer, pour augmenter la connaissance et la conscience de l'homme, et développer la mentalité des populations pour les amener vers l'organisation unipananthropique chargée d'assurer leur bien-être à venir, car ce sont tous des personnes de grande expérience et de valeur politique reconnue, remplies d'une volonté créatrice et humaniste. Aussi pouvons-nous affirmer que : **Jamais au cours de l'histoire millénaire de l'homme, quelques personnes, à savoir les chefs des Etats du Conseil de Sécurité, notamment ceux des pays membres permanents, n'auront eu de responsabilités aussi importantes devant toute l'humanité.**

Et s'ils coopèrent tous ensemble au lieu d'indépendamment, d'une manière désintéressée, ils pourront effacer les inégalités qui divisent les Etats et s'attacher à favoriser la modification de l'Assemblée Générale de l'ONU en Parlement Central Planétaire, dans lequel tous les chefs d'Etats progressistes dans leur majorité, avec les parlementaires élus pour porter les aspirations et orientations nouvelles, joueront pleinement et directement leur rôle dans une dynamique qui valorisera les décisions en vue de réaliser l'unification des populations suivant ses étapes successives... et au fur et à mesure de l'avancement des travaux d'unification, les dirigeants et les élus des régions déjà unifiées commenceront à les gouverner à partir du Parlement Central.

J - Les pays en voie de développement ne risquent-ils pas de rester longtemps à la traîne ?

V- Non, pas vraiment, car avec l'aide du Conseil Economique et Social et de la Banque Mondiale, la Commission Préparatoire étudiera en même temps la réforme complète du système monétaire afin d'établir le système monétaire électronique dans toutes les nations, y compris celles en voie de développement, et les mesures à mettre en place pour éliminer la dictature de certains réseaux vampiro-financiers dont les intérêts exploiteurs perturbent et divisent les diverses sociorelations en favorisant la cupidité, l'intérêt personnel et les inégalités qui empêchent la population d'apprendre à vivre ensemble.

Et pour exécuter tous ces travaux initiaux, l'ONU donnera au Conseil de Tutelle et à la Commission Préparatoire tous les moyens de réaliser les études nécessaires, notamment dans les pays en voie de développement, avec des missions d'information sur le terrain, et de proposer les procédures utiles à l'amélioration des conditions de communication, télévision, multimédia, etc., pour que toutes les populations puissent bénéficier de la connaissance, et à l'amélioration des divers écosystèmes pour que l'essor de ces régions soit programmé et que s'accroisse le dynamisme de leur productivité agro-alimentaire, industrielle, etc., etc., et qu'elles puissent effectivement progresser et se préparer à venir s'unifier en leur temps avec les autres.

Et de nouvelles dispositions transformeront l'ensemble de l'ONU qui doit inspirer la confiance et l'espoir, car avec ses diplomates de grande expérience nommés par les gouvernements de la plupart des pays du monde, avec leurs ambassadeurs délégués et leurs représentants bien formés, et notamment les employés dévoués de ses organes principaux, l'ONU est l'unique pépinière de personnes compétentes, habituées à changer la pensée conflictuelle en mentalité pacifique unificatrice, capables de transformer cette organisation internationale divisée en organisation unie, de développer en son sein « l'Organisation Néoplanétodémocratique Unipananthropique », et de conduire aussi l'unification des diverses populations en développement de la Terre. Après avoir entrepris les différentes actions de remaniement, de réformation fondamentale et de rectification nécessaires, suivant les premiers plans de la Commission Préparatoire, l'institutionnalisation de la superstructure unipan-anthropique commencera, peut-être dans un nouveau siège, sur un nouvel emplacement, suivant le résultat du vote de l'Assemblée Générale.

J- Il y a pourtant déjà longtemps que tous les pays membres de l'ONU ont conscience de la nécessité de la réformer largement, mais jusqu'à présent, aucune réforme de grande ampleur n'a jamais abouti, parce qu'en profondeur, une nation soupçonne l'autre.

V - C'est normal, car les efforts de certains se sont toujours heurtés aux diverses frontières, aux nationalisto-souverainetés et plus encore aujourd'hui, au travail sournois des cercles vampiriques, qu'ils soient financiers ou pseudo-dominateurs mondiaux, qui voudraient peut-être, pourquoi pas, prendre les rênes de l'ONU pour la transformer en une gigantesque entreprise commerciale mondiale de vente de missions d'aide humanitaire, de paix, de solidarité, etc., et la cantonner dans ce rôle, la dominer, et à partir de là, amasser de l'argent du monde entier.

J - Mais comment serait-ce possible ? Vous devez m'en dire un peu plus et m'expliquer ces affirmations !

V - Ecoutez cher ami, vous n'êtes pas sans savoir que les intérêts privés de certains cercles vampiro-financiers deviennent de plus en plus prépondérants au sein du système financier de l'ONU. Ce n'est certainement pas sans raison ! Car le but des VF est toujours le même : soumettre le monde entier à l'esclavage ; et leurs méthodes ont fait leurs preuves et sont bien connues, elles ne changent pas quelle que soit leur proie.

Il s'agit d'abord de produire au sein de l'ONU, comme les VF l'ont déjà fait ailleurs, d'un côté des tensions financières et des crises budgétaires pour limiter ses actions et l'acculer au défaut de paiement qui provoquera la mise en place de plans de restriction de programme et de vagues de compression d'effectifs en vue d'obtenir, comme dans toute entreprise, une meilleure rentabilité... et d'un autre côté, de provoquer des tensions psychologiques et d'affaiblir sa position dans l'opinion jusqu'à ce que certaines voix s'élèvent dans certains pays poussés à se désintéresser de l'ONU pour demander que leur nation s'en retire afin de mieux préserver, comme toujours, certains intérêts privés. Mais heureusement, un tel scénario est inacceptable des nombreux pays du monde qui mettent leurs espoirs dans le rôle majeur que doit jouer cette institution et qui la soutiennent avec confiance en dépit de certaines difficultés.

J - Mais comment la confiance pourra-t-elle se renforcer et l'ONU pleinement s'affirmer tant que son siège reste aux USA, un pays dont l'expression de puissance peut sembler quelquefois menaçante pour certains autres pays du monde installés dans la méfiance depuis plusieurs dizaines d'années ? Que répondriez-vous à cette interrogation ?

V - C'est une question du ressort des pays de l'ONU. Pour moi, l'emplacement du siège de l'ONU aux USA n'est pas un problème, car ils sont un pays démocratique, et ces dernières dizaines d'années, ils ont manifesté une bonne volonté solidaire en faveur de nombreuses valeurs civilisées. Mais c'est vrai que la méfiance existe ; aussi l'ONU doit d'abord ôter ce voile de méfiance qui subsiste pour des raisons bien connues entre certains pays membres dont les populations sont pour la plupart très nationalistes... et pour cette raison et d'autres psychologiques, l'Assemblée Générale avec le Conseil de Sécurité pourront, si nécessaire, mettre en place un scrutin dans tous les pays du monde et demander le vote de toute la population de la Terre pour reconsidérer et décider librement s'il faut ou non déplacer le siège de l'ONU pour ne pas retarder plus longtemps la réelle unification et pour permettre à tous les pays du monde de pouvoir participer sans scrupules ni réticences à sa reconstruction, son développement et à l'implantation du cerveau cybernétique central. Et bien que certains pays soient reconnaissants aux USA d'avoir contribué efficacement à la libération d'une grande partie de l'Europe et de les avoir aidé à se rétablir après les ravages de la guerre, si le vote de la majorité rassemblant tous les pays du monde le décide, le siège sera inévitablement déplacé de New York vers un autre territoire qui sera décrété complètement indépendant, pour pouvoir faire disparaître certains dysfonctionnements psychologiques qui ont pour origine la suspicion qui a peut-être commencé lors de la répartition du monde à Yalta. Et même si, à mon avis, tout ceci semble absurde en réalité, c'est peut-être très important du point de vue de certains pays qui souhaitent d'autres orientations et qui ont la volonté d'installer la cybernétique centrale de l'ONU2 en dehors de certaines influences dissuasives, dans une région du monde complètement neutre. Mais comme des représentations de l'ONU2 seront installées dans diverses régions du monde, l'immeuble de l'ONU à New York, représentera aussi l'ONU2 dans la région des USA.

J - Et à votre avis, où pourrait se situer le meilleur emplacement pour installer le nouveau siège de l'ONU et le site de la cybernétique centrale ?

V - Cette question concerne l'Assemblée Générale de l'ONU et il est très difficile d'y répondre... Mais si l'Assemblée Générale décide qu'il est nécessaire de déplacer son siège, elle préférera implanter l'ONU2 dans une région pacifique, populaire, centrale et vraiment neutre, près d'une ville importante qui concentrera tous les attributs et les qualités pour favoriser aussi l'installation de l'ordinateur géant qui constituera le cerveau électronique central de la cybernétique planétaire.

Et si vous voulez mon avis, beaucoup d'endroits conviennent pour cette installation et de nombreuses villes sont bien adaptées, par exemple en Europe : en France, en Angleterre ou en Allemagne ; ou aussi en Australie ; et certainement qu'il y a encore de bons emplacements près de grandes villes d'autres pays qui avancent vers la première étape de l'unification mondiale

De toute façon, sur ce sujet, le meilleur site sera choisi par un vote démocratique à l'échelle mondiale, en proportion du nombre d'habitants de chaque pays, réalisé à l'initiative de l'Assemblée Générale de l'ONU... qui, de plus, trouvera peut-être bon de changer la signification du sigle « ONU » qui, de « Organisation des Nations Unies » (en réalité, divisées), pourra être modifié pour une nouvelle signification en « Organisation Néoplanéto-démocratique Unipananthropique », c'est-à-dire l'ONU réellement unifiée.

En parallèle, après avoir fait disparaître la méfiance et le climat de suspicion qui règne entre eux, les pays membres permanents du Conseil de Sécurité oublieront leurs anciennes nationalisto-rivalités et seront prêts à résoudre leurs dissensions et leurs problèmes en toute amitié afin de jouer le rôle principal dans la première étape du plan d'unification, et ce qui est important, dans la construction d'un ordinateur géant qui constituera le système cybernétique unipananthropique terrestre, l'impartial et incorruptible cerveau central de l'ONU2 chargé d'exécuter sans se plaindre les décisions du parlement mondial.

Et c'est grâce à cet ordinateur géant que nous pouvons qualifier de « cerveau exécutif » de l'ONU2 que toutes les populations pourront accroître leurs connaissances en vue de l'unification complète.

J - Je ne vois vraiment pas quel genre d'ordinateur pourra exécuter, à l'échelle mondiale, les décisions du parlement intercontinental de l'ONU.

V - Il n'est pas difficile de comprendre que les secteurs technoscientifiques de tous les pays membres permanents du Conseil de Sécurité et d'autres pays très industrialisés pourront profiter des progrès actuels de la micro-électronique, et notamment de l'explosion multimédiatique, et qu'ils utiliseront les travaux d'expérimentation de certains centres de recherches avancés d'un haut niveau de technologie pour combiner et mettre en place une forme de microminiaturisation quantique et construire des puces performantes plus rapides et des transistors miniaturisés plus poussés, connectés à des microprocesseurs multipuissants très sophistiqués capables de brasser et traiter une quantité impressionnante de bits/seconde à la vitesse de la lumière, qui viendront constituer dans l'ordinateur planétaire géant d'une fiabilité totale de l'ONU, le plus rapide mécanisme de cerveau artificiel qui pourra se substituer au système neuronal dendrito-neuraxono-synaptique.

Et dans son immense mémoire seront stockés toute l'histoire et les constitutions diverso-étatiques, les fichiers et répertoires d'identité de chaque géopolite, la culture ancienne et moderne concernant toutes sortes de civilisations, l'histoire socio-moralo-scientifique de l'homme et des progrès technoscientifiques, les banques et bases de données, les catalogues et répertoires, les ouvrages bibliothéco-encyclopédiques, tous les résultats des statistiques, et d'autres écrits, archives et documents historiques traduits dans toutes les langues et dialectes du monde, toutes les analyses et conséquences des malheurs engendrés par la mentalité de LIA et le comportement ENR dans certaines sociétés masquées, le panorama complet sur la logique asyllogistique et syllogistique... et d'autres énormes quantités d'informations collectées, choisies et finalisées dans leur forme par un Conseil Consultatif d'intellectuels au sein de l'ONU2.

J - Mais quelle sera la structure essentielle de cet ordinateur géant ?

V - J'attendais cette question pour m'exprimer davantage sur les mécanismes informato-administrato-communicatifs qui constitueront l'énorme cerveau planétaire de l'ONU2 qui éliminera toutes les formalités et la bureaucratisation, car il sera en liaison avec plus de six milliards de géopolites interconnectés par leur communicateur personnel, ordinateur portable ou fixe, sur son double réseau cybernétique planétaire... par un système de liaisons et transmissions à grandes distances, qui, par diverses applications connectera tous les géopolites entre eux, suivant un réseau tentaculaire principal de câbles en fibres optiques, formant des nervures alignées dans des gaines spécialisées de l'infrastructure polytransporteuse intercontinentale, ramifiées ensuite vers chaque région, Etat, province, commune, établissement, jusqu'à l'habitation de chaque géopolite, qui pourra aussi, à partir de son ordinateur personnel, se connecter au cerveau central suivant une architecture constituée d'un tissu de cellules jointives, comme un filet de mailles, recouvrant la Terre, selon des voies d'ondes dans un réseau de relais émetteurs-récepteurs et de stations terrestres, couplées avec différents satellites télécommandés autour de la planète. Et ces modes de liaison pourront acheminer des centaines de milliers de milliards de bits d'informations par seconde, en fonction des besoins, pour faciliter la transmission de milliards de communications par minute entre les milliards de géopolites, avec leurs centres de contrôle de fonctionnement correspondants, aux niveaux communaux, provinciaux, étatiques, régionaux, et dans des complexes logistiques de contrôle et de services inter-continentaux, jusqu'au centre de contrôle de l'ordinateur central de la cybernétique planétaire qui sera aussi connecté, je le répète, avec tous les satellites en fonction, en orbite autour de la Terre... mettant tous les résultats de leurs actions et de leurs missions d'observations à la disposition de l'ensemble de la population. Et grâce à cette démocratisation disciplinée de la multimédia-micro-informatique, chacun pourra converser directement sur tout le réseau téléphonique ou télévisuel de la cybernétique... et toute gêne sur son immense réseau, soit par des avaries, des perturbations, des effets spatiaux encore incontrôlables, ou tout simplement pour des travaux de révision ou d'entretien, n'interrompra pas les communications qui pourront toujours passer d'un mode de fonctionnement dans l'autre ou d'un parcours vers un autre, de telle sorte qu'il n'y ait jamais d'interruption, mais toujours progression, car c'est dans le perfectionnement quotidien des signaux communicatifs à travers le réseau informatique inter-géopolito-communicatif, que toute la planète sera recouverte par la mentalité humaine unifiée, comme elle l'est par l'atmosphère.

J - Mais si une machine aussi délicate que l'ordinateur géant de l'ONU2 tombe en panne de courant, ou qu'elle soit sabotée, sa cybernétique s'arrêtera de fonctionner et les ordres et instructions ne seront plus pris en compte. Et n'oubliez pas le crypto-piratage du multimédia.

V - Oh cher ami ! Ne soyez pas assez naïf pour penser que le monde entier laissera le cerveau central sans protection et risquer le moindre danger. Il est bien évident que pour éviter certaines perturbations et les irrégularités d'alimentation en courant électrique, et aussi pour parer à tout dommage, à l'éventualité d'erreurs, de pannes ou d'autres sortes de dysfonctionnements provoqués par une mauvaise manipulation ou interprétation des instructions programmées, pour éviter les accidents, les actes de malveillance, les attaques de virus et le sabotage ou piratage criminel, etc., et pour assurer son continuel et parfait fonctionnement, le cerveau électronique central de l'ONU2 sera alimenté par une source d'énergie totalement indépendante, peut-être avec l'électricité produite grâce à un dispositif amélioré et évolué du fonctionnement de type maser qui concentrera la force cosmique mentale photo-électro-neutrino-nucléo-atomo-synthétique de la ΛV... où, en attendant que la technoscience en arrive là, il pourra fonctionner par d'autres moyens, comme par exemple : un puissant générateur particulier fournissant sans relâche l'énergie électrique nécessaire et capable d'assurer, grâce à un système d'alerte à déclenchement automatique, le fonctionnement perpétuel de cet ordinateur géant doté d'une super-intelligence artificielle qui pourra gérer automatiquement toutes ses multiples applications et installations cybernétiques régionales et planétaires.

De l'anarchie des nombreux réseaux audiovisuels mondiaux de l'informatique au réseau ordonné de la cybernétique centrale planétaire

J - Je comprends bien maintenant que le cerveau exécutif de la cybernétique de l'ONU peut fonctionner facilement. Mais de nombreuses questions se posent encore sur la diffusion de l'enseignement dans le système cybernétique unipananthropique, et sur le contrôle des réseaux mondiaux d'informatique existants.

V - Ecoutez cher ami ! Si les pays membres du Conseil de Sécurité sont unifiés, il n'y a aucune difficulté. De plus, compte tenu des progrès quotidiens des techniques de transmission des télécommunications et des réseaux informatiques, avec les satellites entre autres, qui couvrent déjà pratiquement toute la Terre et la contrôlent, il est facile aujourd'hui, à partir d'un tel système, de diffuser les enseignements pour étendre la connaissance à toute la planète habitable, car dans la diverso-adaptation et l'accélération importante des moyens communicatifs multimédia-informatiques, etc., etc., il est possible de diffuser presque toutes les valeurs littéraires et technoscientifiques pour enseigner et fortifier l'éducation gnoséologique, connecter socioculturellement et accroître la conscience des populations au niveau mondial... encore faut-il que cela se fasse dans une discipline informato-communicative organisée et contrôlable, selon la responsabilité de certains grands réseaux légaux et de bonne réputation qui est d'enseigner la conciliation pacifique et de mettre un terme à toute anarchie destructrice.

Il sera donc possible d'entreprendre, notamment sous l'impulsion du Conseil de Sécurité et sur la base des travaux de la Commission Préparatoire à l'ONU2, la stratégie de dévelop-pement d'un réseau informatique consultatif planétaire bien contrôlé, capable de faire parvenir les connaissances salutaires à toutes les régions du monde, dans chaque maison, et à chaque géopolite, par diverses applications de l'ordinateur et du multimédia, et principalement par le télévisio-ordinateur portable qui connectera l'un à l'autre tous les géopolites dans une symbiose humaine, en liaison avec l'ordinateur géant de l'ONU2, qui, remplissant son office de cerveau électronique central planétaire, utilisera à son tour toutes les plus récentes technologies d'enseignement éducatif pour renforcer le savoir et la connaissance de tous les géopolites. Mais auparavant, il est indispensable que le Conseil de Sécurité juge bon de prêter attention à cette tempête actuelle des progrès accélérés du multimédia, notamment à l'explosion de la micro-électro-informatique et des diverso-adaptato-ramifications communicatives, et qu'il fasse spécialement attention aux réseaux incontrôlables qui voudraient influencer et pousser les populations vers une logique unilatérale propagando-partiale à l'échelle mondiale ; car derrière certains réseaux du multimédia se cachent la politique de concurrence commerciale souvent invérifiable et l'intérêt de certains cercles résolus à gagner beaucoup d'argent... Restez donc éveillés!

J - Oui, je suis bien éveillé pour voir que ces réseaux incontrôlés gagnent du terrain à chaque instant !

V - Vous avez raison... et c'est vrai qu'en tout lieu, notamment depuis les transmissions par satellites, il faudrait prêter attention à l'absence de contrôle systématique de la criminalité dans l'informatique anonyme et à certaines agences internationales, qui, par des images soigneusement choisies et commentées, orientent les réactions de spectateurs inconnus, et veulent emmener l'homme vers la folie concurrentielle de certains réseaux diverso-multimédiatiques irréguliers et occultes, interconnectés et orchestrés dans certains Etats par quelques VF dont les messages numérisés et mis à disposition dans quelques serveurs fantasmatiques selon un protocole entre émetteur et récepteur, affichent une mentalité qui se veut humaine en prônant par exemple un monde nouveau ou un paradis virtuel imaginaire, mais toujours payant. En réalité, leur objectif est parfois de maintenir sur nous une hégémonie mentale par de sournoises propagandes crypto-nationalisto-néosectoreligieuses qui cherchent à égarer l'opinion publique vers un monde dans lequel l'homme, après avoir subi un discret lavage de cerveau, nagerait dans le paralogisme et serait transformé en robot programmé, sans conscience syllogistique ni sensibilité humaine, errant au milieu des visions diverses d'un monde complètement artificiel plongé dans un ensemble d'informations interconnectées mais indisciplinées en provenance de certains cercles, qui, comme des fantômes, évoluent dans l'anonymat et l'anarchie, dans divers piratages, fraudes et obstacles méthodologiques aux instructions sur les matériels et logiciels de cryptage, dans les infractions et chantages de détournements d'informations et autres indiscrétions… et qui, par de telles propagandes pleines d'escroqueries vidéo-télévisio-communicatives bien commercialisées et répétées, égarent l'opinion publique pour qu'elle participe à leurs intérêts privés qui affirment toujours vouloir restaurer l'honneur et la dignité ; mais les conséquences de leurs sales méthodes peuvent souvent se révéler graves, voire catastrophiques, pour toute la société pananthropique.

J - Mais qu'est-ce que l'ONU peut faire contre une telle pollution informatique, si tout le monde est imbriqué dans cette confusion.

V - Eh bien l'ONU, et notamment les dirigeants des pays du Conseil de Sécurité, devront prendre l'initiative d'ordonner une vérification des statistiques, spécialement celles de la criminalité informatique anonyme, et surveiller la télématique, les télécommunications numériques, contrôler le cryptage informatique irresponsable et éviter le développement de réseaux illégaux avant que l'informatique issue de l'actuelle anarchie informatico-communicative, excessivement surchargée par son développement frénétique, ne devienne une nouvelle forme psychasthénique pour l'homme et ne détruise en lui toute mesure. Il faut donc que le facteur humain des pays du Conseil de Sécurité intervienne avec efficacité pour stopper le furieux accroissement de cette nouvelle et plus dangereuse toxicomanie que sont les délires incontrôlables du développement du multimédia - quand il fonctionne pour la désinformation de la société - mis en oeuvre, je le répète, dans le cadre de l'impérialisme sournois de cercles lucratifs qui gagnent rapidement du terrain par une propagande dont le but est de créer, après un insensible lavage de cerveau du public, un esclavage mental qui mène à une exploitation plus efficace de l'homme par l'autre homme et à l'éphélodoulie.

Donc, seuls les dirigeants des pays unifiés du Conseil de Sécurité pourront prendre sans délai les mesures nécessaires... avant que certains ne mettent en place des réseaux encore plus efficaces qui véhiculeront, selon des circuits incontrôlables, des paquets de communico-informations à grandes distances venant d'entreprises d'origine souvent masquée, anonymes, sans siège certain, représentées par des listes d'adresses chez certains fournisseurs qui tarifient les communications informatiques internationales à haut débit, organisées, en dépit des lois spécifiques qui protègent les droits de l'homme, selon un modèle néo-anarchique, et interconnectées avec des millions et plus tard des milliards d'utilisateurs de récepteurs-serveurs, afin de transporter dans leur commercialisation informatique, tous les fruits bien adaptés et intégrés de la mentalité ENR de certaines sociétés masquées, ainsi que les aspects destructeurs de l'homme que sont le fanatisme, le terrorisme, les incitations à divers nettoyages ethniques, à la drogue, et notamment l'extrême pornographie, parfois pédophile, psychopathologique et diverses autres formes cryptocriminelles, etc., etc., et donc, les dirigeants du Conseil de Sécurité devront prendre des mesures d'urgence, avant qu'il n'y ait plus ni accusateur, ni condamnation devant la frénésie anarchique des débordements de cette innovation, la Terre étant transformée en une gigantesque marmite de folle confusion.

J - Ce qui serait un désastre, et je pense que peu nombreuses sont les personnes qui discernent le danger de ces nuées de réseaux anarchiques et irresponsables.

V - Mais ne vous inquiétez pas, l'ONU et le Conseil de Sécurité sont bien informés. Ils disposent maintenant de tous les moyens pour former un unique réseau mondial contrôlé par le cerveau central d'un ordinateur géant dont l'intelligence artificielle fonctionnera à la vitesse de la nanoseconde et qui concentrera dans sa mémoire l'intelligence avancée pour ordonner et unifier la mentalité de l'homme en augmentant sa connaissance pour qu'il soit capable de penser syllogistiquement et de bien installer l'intellection consciente. Ainsi, après avoir constitué le cerveau exécutif de la cybernétique terrestre, l'homme pourra continuer à accomplir sa mission, pour que plus tard, cette intelligence concentrée, constamment perfectionnée, coordonne la mentalité terrestre et puis celle de l'ensemble de notre mégatome, c'est-à-dire de notre système solaire.

J - Vous avez raison, et logiquement, cela devrait être réalisable après l'unification, à commencer par un contrôle efficace qui permette d'éviter l'anarchie mondiale. Car tous les Etats de l'ONU doivent bien savoir que la solution aux nombreux problèmes de la société ne réside que dans l'unification de la communauté des humains sur Terre.

V - Ce qui signifie que tous les réseaux multimédiatiques légaux dans les différents pays devront absolument s'unifier également. Et bien que cette tâche ne sera pas facile et prendra certainement du temps, toute l'aide appropriée sera apportée par le Conseil de Sécurité qui contrôlera et interconnectera la totalité des grands réseaux informatiques existants et de bonne réputation ; et il les unifiera dans le réseau cybernétique central de l'ONU[2] qui interconnectera tous les récepteurs télématiques, les systèmes de commande à distance et tous les instruments sophistiqués qui produisent l'ensemble du fonctionnement automatique, pour constituer le cerveau colossal de l'Organisation Néoplanétodémocratique Unipananthropique dont le réseau informatique général central gouvernera toute la population de la Terre avec justice... et son système nerveux informato-communicatif couvrira toute la planète de connaissance tissée de logique d'intellection syllogistique pour établir la conscience réellement humaine.

En même temps que le Conseil de Sécurité ordonnera tout le réseau diverso-informatique, il sera facile de lancer une campagne d'enseignement pour instruire toute la population de la Terre et lui faire comprendre que les intérêts de tous les Etats, gouvernements et dirigeants politiques - dont la plupart seront d'une grande aide parce qu'ils possèdent une très grande culture, de l'intelligence et des idées de progrès très avancées -, sont de favoriser et d'organiser l'unification étatique pour l'adapter dans une cybernétique pananthropique planétaire ; et aussi lui faire prendre conscience des risques qui proviennent de la diverso-corruption et de la criminalité apparente ou dissimulée qui, chaque jour, érode un peu plus notre planète. Et pour de nombreuses autres raisons et préoccupations importantes - comme l'explosion démographique, la destruction de l'environnement et toute question concernant plus généralement la « vivance » de l'homme et de la Terre - nous voudrons comprendre la nécessité d'établir d'urgence l'unification mondiale.

J - Et comment chaque géopolite pourra recevoir toutes les informations du cerveau central ?

V - Toutes ces informations seront transmises vers les milliards d'utilisateurs qui posséderont comme je vous l'ai déjà dit, un visio-télé-communicateur portable personnel, qui pourrait s'appeler « Atomocom » ou « Interunicom », signifiant la connexion communicative de toute « personne » avec « la cybernétique du cerveau central mondial de l'ONU2 dans l'unification des communications planétaires », un système, je le répète, d'ordinateur portable « Interunicom » équipé d'un processeur plus performant que ceux d'aujourd'hui, avec un ensemble complet de logiciels de communication à grandes distances, pour converser par un signal numérique fondamental, codé dans toutes ses opérations de fonctionnement, avec la cybernétique régionale et si nécessaire avec le cerveau central de l'ONU2. Et ces connexions en différentes langues seront transmises et recevront une réponse en traduction simultanée dans un temps qui se mesurera en nanosecondes, car le cerveau central de l'ONU2 aura alors rassemblé de nombreuses caractéristiques universelles, comprenant notamment toutes les informations concernant les principales langues vivantes existantes et aussi celles de toutes les autres langues et dialectes avec leur vocabulaire, leur syntaxe et leurs expressions... et toutes ces données seront transformées par la logique informatique bien constituée de la programmation multilingue de sa gigantesque magnétomémoire et enregistrées dans des unités divisées en millions de secteurs sur des milliers de disques spécialisés qui comprendront chacun de grandes quantités d'informations avec leur traduction en de nombreuses langues.

Et chaque géopolite pourra tout voir représenter, des photos en couleurs, des animations, des films, des objets, etc., sur le petit écran adapté aux textes et aux images de son « Atomocom », qui sera aussi équipé d'une microcaméra, d'écouteurs ou de hauts parleurs pour exprimer les sons et les voix, et d'un micro... et il pourra échanger des informations avec tout autre géopolite qui sera également connecté par son propre ordinateur numérique portable et codé, sur le réseau cybernétique intercontinental et même planétaire de l'ONU2, relié à des milliards d'ordinateurs dans le monde. C'est-à-dire que par l'intermédiaire de votre appareil « Atomocom » connecté au cerveau central de l'ONU2, vous aurez la possibilité de vous exprimer dans toutes les langues du monde sans les avoir apprises... et vous serez un réel géopolite.

J - Voulez-vous vraiment dire, monsieur Vaskas, que le cerveau central pourra répondre dans leur langue maternelle à tous ceux qui l'interrogeront, et à propos d'informations qui proviendront du monde entier ?

V - Oui cher ami, les utilisateurs recevront les réponses à leurs questions traduites dans leur propre langue, ou même dans leur dialecte ; et ils soutiendront tous cette superstructure du serveur planétaire de l'ONU2 que chacun considérera comme un ami fidèle, franc, intègre, irrépréhensible, impartial, exempt de favoritisme, garant de son travail, de l'ordre social et juridique, de son habitation, de son alimentation, de tous ses besoins, de sa propre respiration et de son milieu, car le cerveau central contrôlera aussi la surpopulation, la pollution atmosphérique et l'environnement en général pour le maintenir propre et accueillant.

J - La protection du caractère personnel et privé des communications avec l'ordinateur central devra certainement être bien étudiée, car les meilleurs systèmes actuels ont pratiquement tous trouvé leur pirate.

V - C'est pourquoi l'ONU2 travaillera sur la planification de son architecture de manière à tout contrôler tout en mettant en oeuvre des infrastructures protocolaires qui assureront une interopérabilité unipananthropique totale. Aussi un ensemble de protocoles identifiera chaque utilisateur qui conviendra avec le cerveau central de clés secrètes qu'ils seront les deux seuls à connaître, de telle sorte que les échanges seront protégés par des protocoles d'accès fonctionnant avec des méthodes cryptographiques très fiables. Et un système très efficace d'authentification sera mis au point pour éviter la décentralisation, plus complexe à gérer, pour que les clés et les mots de passe ne transitent pas en clair, et pour protéger les communications qui circuleront dans le réseau. Car depuis des années, les informaticiens ont deux sortes de préoccupations : d'une part empêcher ceux qui sont en dehors d'un système d'y pénétrer, et d'autre part éviter qu'à l'intérieur, les utilisateurs du système ne se gênent, ou, par une fraude informatique, ne violent les règles de sécurité qui préservent la confidentialité.

Et les frontières intérieures de l'ordinateur du cerveau central de l'ONU2 simplement défini par son unité centrale, sa mémoire avec des milliards d'enregistrements et ses lecteurs de disques ou de bandes, seront contrôlées en cas d'incident ou de modifications par une équipe de quelques techniciens hautement spécialisés et très peu nombreux, peut-être de l'ordre de quelques dizaines ou moins, sélectionnés parmi diverses régions du monde, qui auront les directives de l'ONU2 - c'est-à-dire de son Parlement Central, par son Conseil de Sécurité, en liaison avec son Conseil Consultatif et la Cour Suprême de Justice Planétaire -, pour intervenir... et pour tout le reste, à l'extérieur, toute information entrante ou sortante devra traverser le périmètre formé par les lecteurs et les terminaux, mais pour accéder à un terminal, pour protéger la confidentialité de la communication, l'utilisateur devra employer un système de clés d'accès et taper son code secret ; et dans un calcul algorithmique complexe, la connaissance de cette information couplée avec le numéro de sa carte d'attribution personnelle, identifiera l'utilisateur, car seul le possesseur d'un nom et d'un nombre donné aura la connaissance de son code secret et donc, la possession de sa clé correspondante... et d'autres mesures d'authentification et d'identification anthropométriques empêcheront aussi les pirates de déjouer les systèmes de sécurité.

Et cet ordinateur géant constituera le cerveau artificiel planétaire de l'ONU2, ses puces et circuits de microprocesseurs remplaçant les neurones... et utilisant des logiciels identiques, il sera connecté avec les ordinateurs multimédias polyvalents de chacun dans le monde entier.

***J -	Vous voulez dire que le monde entier sera gouverné par la cybernétique d'un ordinateur géant, alors qu'il existe encore des millions d'analphabètes ?***

V -	Oui, et dans très peu de temps, car je le répète, ces millions d'analphabètes voudront suivre le programme d'éducation didacto-pédagogique de l'ONU2 et de son université pananthropique virtuelle. Et ce n'est pas une perspective vague mais au contraire très positive et perspicace, car l'ordinateur cybernétique central de l'ONU2 sera programmé pour enseigner la population mondiale et accroître son intelligence par la connaissance, au moyen d'un système éducatif efficace qui traitera de tous les domaines encyclopédiques sous leurs divers aspects importants : historiques, socio-moralo-techno-scientifiques et humains. Et seul le cerveau central aura la capacité de bien accomplir ce travail vraiment difficile d'éduquer la population, de la désintoxiquer des anciennes traditions et de faire pénétrer la réalité d'un monde juste et clair dans le cerveau de l'homme. Parallèlement, le cerveau de l'ONU2 exercera à l'échelle mondiale une cybernétique franche et je vous le rappelle, sans aucune possibilité de corruption, de favoritisme ou de partialité. Il détruira complètement certaines sociétés masquées et la mentalité ENR qui torturent l'homme depuis des milliers d'années et qui pratiquent, malheureusement en toute légalité sans être ni inquiétées ni considérées comme coupables, le plus grand crime contre l'humanité.

J - Mais tous ceux qui profitent à présent de certaines sociétés masquées, les cercles spéculateurs qui exploitent les autres hommes, vont s'y opposer sans faute. Et ils sont puissants et bien cachés.

V - Oui, c'est bien naturel ! Mais dès l'instant où ils seront démasqués, ces bourdons parasites - une minorité qui compose les cercles VF - perdront le droit qu'ils s'étaient arrogés d'exploiter d'autres hommes par certaines sociétés masquées... et l'exploitation de l'homme sera terminée pour eux. Dans la néo-planéto-démocratie, ils trouveront des difficultés pour convaincre à nouveau les autres, car après l'enseignement diffusé par le cerveau cybernétique central de l'ONU2, les hommes seront dans leur majorité bien réveillés et il sera difficile qu'ils redeviennent leurs esclaves et se laissent à nouveau exploiter. De toute façon, dans le nouveau système mondial, des ex-parasites comme les membres des cercles VF vivront bien eux aussi et cette fois seront ensemble avec leurs ex-victimes. Car si tous vivent bien, en paix et dans la sécurité, dans le respect de la nouvelle constitution garante des droits de la personne humaine et de tous les aspects de leur vie, de celle de leurs enfants, et du bien-être de chacun, ils seront contents, comme minorité, de pouvoir suivre la majorité ; et dans de telles conditions, l'un n'aura plus aucune raison d'exploiter l'autre ; et toutes les formes de criminalité et les toxicomanies des hommes prendront fin en même temps que le parasitisme, parce que leur meilleur ami, le cerveau cybernétique central de l'ONU2, répondra à tous leurs besoins... et en quelques secondes.

J - Et quels besoins, pourriez-vous me les préciser ?

V - C'est facile ! Vous êtes un homme... vous connaissez bien vos besoins, et vous ne devriez pas avoir à faire preuve de perspicacité ou à entreprendre de longues recherches pour comprendre les perspectives privilégiées qui vont s'offrir à tous dans la prospérité de la solidarité humaine apportée par la cybernétique centrale, qui évitera également les gaspillages inutiles.

J - Mais pour prendre un exemple de besoin, où trouvera-t-on la puissance économique pour financer la construction de millions de maisons pour chaque famille ou chaque géopolite ?

V - C'est une question de calcul pour les spécialistes de l'économie qui feront ce qu'il faut pour éviter les dépenses inutiles. Mais dès que le thermomètre qui mesure la fièvre de la chasse à l'argent sera à la baisse, l'économie mondiale commencera à respirer et de grands programmes concernant l'habitat humain seront mis en place.

J - Mais quelles dépenses pourrons-nous éliminer, car elles sont toutes utiles.

V - Pas toutes cher ami ; par exemple, tandis que l'unification progressera et que la sécurité mondiale se réalisera, les dépenses de l'armement pour la défense de chaque nation disparaîtront progressivement et pourront être attribuées, non plus pour s'entre-tuer, mais par exemple pour la construction de maisons ou pour répondre à certains besoins principaux de l'homme. Ainsi, les nations pourront s'arrêter de dépenser des dizaines de milliers de milliards par an dans les armes et le budget global de la défense internationale pour maintenir des millions de soldats pour cette défense ; et sachant par exemple que l'ensemble de la dette internationale est moitié moindre, si les hommes réduisaient simplement les dépenses de la défense de 50%, ils feraient l'économie nécessaire pour payer immédiatement et définitivement toutes ces dettes... éliminant du même coup aussi rapidement les dettes publiques et les déficits.

Car selon les statistiques et bien qu'il y ait aujourd'hui une baisse du budget mondial de la défense, qui est passé, en raison d'un certain pacifisme, de milliers de milliards d'euros il y a quelques années à des centaines de milliards d'euros, certaines nations qui fabriquent et exportent des armes, et par là, d'une certaine manière, favorisent la guerre entre d'autres nations, font toujours de nombreuses ventes et de bonnes affaires. Et toujours selon des statistiques publiées récemment, une quantité inimaginable et incalculable de mines anti-personne humaine, plus d'une dizaine de millions de soldats, plus d'une centaine de milliers de chars lourds et légers, des dizaines de porte-avions, des milliers d'ogives nucléaires, un nombre démesuré de missiles divers, et aussi des bombes atomiques et à hydrogène, des dizaines de milliers d'avions de chasse et bombardiers lourds, quelques centaines de sous-marins, constituent une colossale machine de guerre mondiale qui se tient prête pour que l'homme paranoïaque détruise non seulement l'autre homme, mais avec lui, plusieurs fois notre malheureuse petite planète.

J - Il est difficile d'imaginer que tant d'armes puissent exister et se vendre aujourd'hui !

V - C'est pourtant une réalité ! N'oubliez pas que la LIA et le comportement ENR gardent encore notre pseudo-humanité bien vivante.

J - C'est incroyable, car nous vivons une époque qui se veut pacifique. A qui toutes ces armes sont-elles vendues ? Et pour quelles raisons ? Où se trouve notre conscience ?

V - Ecoutez cher ami ! Vous savez bien que dans un monde rempli de mentalité ENR, où règne le droit du plus fort, aucune conscience ne peut exister ; mais nous avons suffisamment parlé précédemment de cette question qui ne rentre pas dans le cadre cosmologique général, mais dans le cadre politique. Je veux croire cependant que selon leur conscience humaniste, les politiques prendront toutes les mesures qui conviennent. Mon propos était seulement de vous rappeler l'ampleur des dépenses d'armement - peut-être indispensables dans notre monde divisé où l'armement est nécessaire pour la défense mais aussi pour l'attaque -, pour vous montrer à quel point la division et la rivalité diverso-nationaliste représentent un immense gaspillage qui influence directement et hémorragiquement la situation économique mondiale, et vous aider à comprendre que si les nations s'unifiaient et que la division et la rivalité s'arrêtaient, rien que les centaines de milliards engloutis dans ces dépenses d'armement, en réalité pour détruire l'homme, pourraient facilement se transformer, par le moyen de l'ONU, en millions d'habitations et autres utilisations de première nécessité pour l'homme, comme la construction de trains, de camions, d'avions et de bateaux cargos, et d'autres constructions... en commençant par la mise en chantier de la colonne vertébrale planétaire.

J - Excusez cette interruption, mais que voulez-vous dire avec cette colonne vertébrale ?

V - Vous faites bien de poser cette question, car j'en ai à peine parlé et il est nécessaire de préciser la signification de cette colonne vertébrale terrestre. Il s'agit d'une infrastructure polytransporteuse intercontinentale géante qui reliera d'une manière continue l'Europe, l'Afrique, l'Asie, et l'Amérique du Nord et du Sud, en suivant autant que possible les régions littorales, et dans les galeries de laquelle circuleront tous les réseaux techniques, communicatifs et d'approvisionnement, avec en parallèle des artères polycirculatoires regroupant différentes lignes à voies multiples, ferroviaires, électriques ou non, et autoroutières... et cette infrastructure sera entrecoupée à intervalles réguliers, peut-être tous les 300 km, de gigantesques complexes logistiques comprenant tous les services, des centres de contrôle, d'énormes entrepôts frigorifiques et autres, des plates-formes de groupage et de redistribution et des installations de ports maritimes, d'héliports, d'aéroports avec des pistes d'atterrissage normales et d'urgence, des relais communicatifs, etc., etc. Et ces complexes logistiques seront reliés aux différents réseaux de transport existants avec leurs ramifications inter-régionales, étatiques... jusqu'à communales, pour approvisionner et distribuer tous les produits en fonction des besoins de consommation de chacun parmi la population.

J - Ce qui signifie que cette construction sera la plus importante jamais réalisée au monde ?

V - Certainement ! Et cette oeuvre gigantesque qui donnera du travail à un grand nombre de personnes, resserrera les liens des relations humaines intercontinentales en organisant et facilitant systématiquement les transports rapides étatiques et interétatiques de la diverso-production à la diverso-consommation.

J - Oui, mais en considérant d'un côté tout le gaspillage actuel et d'un autre côté cette gigantesque infrastructure à entreprendre, je n'arrive pas à imaginer quel programme économique va permettre à l'ONU d'établir et d'unifier la nouvelle société pour couvrir tous les besoins de l'homme. Pourriez-vous m'en donner un clair aperçu ?

V - Quel aperçu voulez-vous cher ami ? Finalement, vous me pressez systématiquement de questions. Comprenez que je ne suis ni magicien, ni économiste, ni un sociologue spécialiste pour prévoir une telle disposition ; en ce qui concerne le plan ou le programme de cette gigantesque réforme de l'unification mondiale dans une nouvelle économie, etc., etc., c'est la responsabilité des nombreux experts de l'ONU, ce n'est pas la mienne d'étudier et d'imposer le système monétaire électronique... Je peux bien entendu vous donner mon avis, mais il ne faut pas trop en attendre. Quoi qu'il en soit, pour aller vers une telle solidarité humaine impartiale, les dirigeants politiques, notamment ceux des pays unifiés du Conseil de Sécurité, voudront établir d'urgence une nouvelle économie redistribuant la prospérité sur un mode équilibré et cohérent qui contribuera à l'élévation régulière du niveau de vie de toute la population de la Terre, à travers des activités qui n'auront plus pour objet de provoquer des antagonismes industrialo-commerciaux dans la loi du plus fort, de faire des bénéfices sur l'exploitation de la faiblesse, de pousser à la diverso-producto-consommation dans le cadre d'intérêts particuliers ou privés et d'endetter les populations, mais au contraire de favoriser l'émulation dans le cadre de la solidarité humaine pour réaliser l'équilibre mondial entre la production en continuelle amélioration et la consommation.

J - Vous pourriez quand même, monsieur Vaskas, m'exposer votre point de vue sur ce plan économique essentiel pour parvenir à l'unification ?

V - Bon ! Je vais donc essayer de me transformer en économiste. Heureusement, les grandes lignes du plan économique sont simples. Il devra d'abord prévoir d'édenter profondément les abominables exploiteurs de l'homme, les spéculateurs de certains établissements sournois, des cercles vampiro-financiers ou VF bien ramifiés, en changeant complètement le système monétaire qui provoque les maladies de cupidité et d'amour de l'argent parmi la population, pour le remplacer, je le répète, par celui d'une monnaie mondiale unique, électronique, garante de transactions plus faciles et positives. En conséquence, la diverso-criminalité basée sur la fraude financo-économique s'arrêtera automatiquement et complètement.

Dans le même temps, et cela mérite également d'être répété, la monnaie unique électronique éliminera les diverses sociétés financières - derrière lesquelles se cachent les VF - qui ont tissé de grands réseaux avec certaines banques privées, certains fonds d'investissements et de pensions, certaines entreprises et sociétés industrialo-commerciales transnationales, certains grands groupes de communication, de production d'énergies consommables, etc., et qui, dans leur insatiable boulimie de profits faciles, avec leurs nombreux facteurs de stimulation de la croissance et de diffusion des diverses technologies, en interaction avec certains mécanismes bancaires privés qui exploitent les populations sous la contrainte de la compétitivité, provoquent des crises économiques sociopolitiques. Et dans ce paradigme, vous savez que les grands intérêts privés des VF voudraient bien mettre la main, par exemple, sur toute la production d'eau potable du monde entier, pour la vendre à leur prix imposé, exorbitant, à la moitié de la population qui a les moyens, pour qu'ils en tirent profit et s'enrichissent démesurément... tandis que, compte tenu de leur propagande et de leurs manipulations médiatiques, personne ou presque ne se mobilise pour que cesse la situation de l'autre moitié des plus de 6 milliards d'habitants de la Terre, qui, parce qu'ils n'ont pas les moyens et manquent d'eau potable, sont condamnés, devant certains intérêts des VF qui ont les moyens, à tomber malade et peut-être mourir en buvant de l'eau polluée.

C'est pourquoi toutes ces diverses entreprises seront d'abord libérées de l'actionnariat et des capitaux privés, en même temps qu'elles seront reliées aux banques centrales régionales ou étatiques, dont les rapports seront contrôlés, au début, par la section économique de l'ONU, jusqu'à ce que la monnaie traditionnelle soit transformée en monnaie unique électronique planétaire, qui est aussi la solution au chômage, à la misère, aux diverses formes de criminalité, à la drogue, etc., etc. Cette nouvelle monnaie libérera tous les pays des cercles VF, de la concurrence monétaro-financière, des jeux spéculatifs... et de leurs dettes. Et toutes les entreprises des pays unifiés arrêteront de payer des impôts, des intérêts et des taxes, et seront préparées pour leur intégration dans le système Unipananthropique au fur à mesure que les différents pays seront connectés selon le programme de la cybernétique centrale ; et leurs anciennes fonctions divisio-nationalistiques cesseront progressivement pour garantir le fonctionnement de l'Organisation Néoplanéto-démocratique Unipananthropique.

J - Mais comment peut-il y avoir des progrès économiques sans concurrence financière mondiale ?

V - L'émulation qui naît de la rivalité mondiale des métiers pour accroître les progrès biosocioculturels est utile. Elle devra rester et même s'amplifier. Quant à la concurrence financière qui favorise l'intérêt personnel des VF et génère aussi, par la corruption, toutes les inégalités qui érodent l'entier domaine de l'homme, elle doit disparaître.

J - Je comprends difficilement comment une entreprise pourrait progresser sans concurrence.

V - Je vous répète que dans toutes les entreprises productrices, l'émulation née d'une course pour la nouveauté et une meilleure qualité subsistera ; mais cette émulation s'inscrira dans un cadre de symétrie humaine qui nécessitera donc de changer le mode de paiement et de recyclage financier.

J - Mais comment est-ce faisable, d'une manière pratique ?

V - Ecoutez cher ami, la situation n'est pas si désespérée, ce n'est pas difficile. Si un groupe industriel fait, par exemple, un chiffre d'affaires de 200 milliards et un bénéfice net de 2 milliards, cette somme sera créditée dans l'ordinateur cybernétique régional qui créditera au-delà d'un plafond d'achat minimum, des sommes correspondantes à chacun selon son poste, président, directeur, employé, ouvrier, sur son compte électronique, et chacun aura le droit de dépenser selon ses besoins et d'acheter tout ce qui lui est nécessaire ou ce qu'il veut en échange d'un reçu légal, et si une somme est inutilisée, elle restera au crédit de son compte sur l'ordinateur central, toujours à la disposition du même bénéficiaire qui ne pourra virer, transmettre ou transférer le montant écrit sur sa carte sur le compte d'un autre pour des raisons de prêt ou d'emprunt. Ainsi donc, les VF resteront sans clientèle... et ils travailleront dans les mêmes conditions, avec les autres, leurs proches.... et l'homme, libéré de ses impitoyables exploiteurs et de leur gourmandise financo-vampiro-impérialiste, s'arrêtera de nourrir certaines revendications... Et donc, personne ne vivra injustement au dessous d'autres, car le droit du plus fort et du plus riche ne restera que dans l'émulation entre personnes capables de vivre dans l'amour pour leur famille tout en menant une vie commune et bien symbiotique avec les autres, en valorisant leur travail pour être utile à la société qui travaille aussi pour eux et qui travaille bien notamment dans les domaines de la recherche et des valeurs techno-scientifico-littéraires humanistes et civilisées utiles à toute l'humanité... et donc, la chasse à l'argent se transformera en continuel progrès d'intellection !

J - Mais si ce groupe industriel fait des pertes, qui les financera ?

V - Cela arrive quelquefois, mais après une étude qui permettra de remédier aux causes des pertes et de réduire le gaspillage, ou de vérifier que la voie suivie qui n'a pas donné les résultats escomptés n'était pas la bonne, c'est la cybernétique régionale, connectée avec la cybernétique mondiale chargée d'équilibrer la production et la consommation, qui augmentera directement les fonds propres de l'entreprise pour rétablir la situation sans jamais diminuer le plafond d'achat de ceux qui travaillent... d'autant que pour quelques entreprises qui peuvent pour diverses raisons et temporairement faire des pertes, il y en a toujours beaucoup d'autres qui font des bénéfices et qui permettront à la cybernétique régionale de compenser.

J - Mais la réalisation d'un espace monétaire commun pour arriver à ce point n'est pas une mince affaire. Cela demande énormément de préparation et de travail de la part du secteur bancaire et monétaire, et de la part des différents Etats concernés.

V - C'est une raison supplémentaire pour que les dirigeants politiques mettent fin aux divisions et barrières égocentristo-souveraines, sachant que dans cette transformation et particulièrement dans sa phase monétaire transitoire, les VF voudront comme toujours multiplier les profits en spéculant sur les différents mouvements de conversion et sur les émissions, et favoriser la compétitivité et une concurrence effrénée dans laquelle différents établissements s'entredéchireront selon le même mécanisme bien connu, en vue de s'emparer de plus grosses parts du marché, en inventant de nouveaux produits adaptés à la situation, etc. … Car si les dirigeants politiques continuent de les laisser faire, les VF dont le but et les profits résident dans la division, mettront encore, par de telles manoeuvres, les gouvernements dans une situation très délicate vis à vis des populations, faisant monter d'un cran la grogne et la pression sociale. Aussi pour éviter ce dangereux piège contre l'unification mondiale, contre les gouvernements et les populations, les dirigeants politiques qui connaissent bien leurs intentions voudront sans doute laisser de côté la méfiance et la présomption des nationalistes ENR pour présenter un front uni et fort contre les VF de la capitalisation, afin cette fois d'imposer leur vision politique qui s'inscrit dans la perspective de la nouvelle économie mondiale avec sa monnaie unique électronique. Et au fur et à mesure de l'unification et dans une première phase, électronico-scripturo-fiduciaire, ils voudront imposer leurs directives à leurs banques centrales pour qu'elles deviennent réellement étatiques - en dehors des propriétaires privés qui favorisent l'exploitation publique -, et éliminer les anciennes monnaies, contrôler l'émission de la nouvelle, établir une même parité dans les pays qui s'approchent des conditions qu'ils ont défini, programmer la suppression des dettes interétatiques, réduire progressivement les taux d'intérêts, renforcer le soutien aux entreprises, améliorer les budgets, éviter l'inflation, etc., afin d'établir une solide confiance des populations dans la force de cette monnaie et surtout d'avancer rapidement vers la deuxième phase qui est le passage à la monnaie totalement électronique. Et l'ONU avec son Conseil de Sécurité voudra certainement aussi tout faire pour renforcer la confiance dans cette nouvelle monnaie avec laquelle les différentes monnaies restantes finiront par s'unifier, jusqu'à perdre leur identité lorsqu'elles représenteront le droit de chaque géopolite de vivre en sécurité, et que le cauchemardesque mot « argent » aura disparu.

J - Mais ne pensez-vous pas qu'il sera très difficile de couvrir toute la diversité des besoins de l'homme rien qu'avec ce système de transactions économiques électroniques ? C'est une véritable révolution, et aucune révolution n'est facile.

V - Pas du tout, c'est seulement que notre compréhension est peut-être obscure ou reste indémontrée. Mais il est facile de comprendre qu'une monnaie unique électronique pour le monde entier est plus pratique pour les échanges interpopulaires, et qu'elle est aussi une arme contre toute spéculation et fraude monétaire, contre la corruption et toutes les inégalités. Et ce procédé n'a rien de nouveau, puisque l'économie mondiale s'oriente déjà vers ce système, mais il faut maintenant avancer plus rapidement pour que nous soyons libérés, je le répète, de la concurrence et de l'exploitation financière des VF dont l'avidité psychopathologique pour l'argent opprime l'homme.

Et lorsque les cercles VF auront compris la nécessité de changer de comportement, tous les pays du monde sans exception respireront, car libérés de leurs dettes, leurs budgets ne seront plus déficitaires. Cela fera réfléchir les dirigeants politiques aux décisions qui s'imposent pour initier cette action conjointe contre les intérêts exorbitants des quelques cercles VF, et particulièrement les dirigeants de certains pays d'Europe qui voudraient encore, bien qu'étant dans l'Union européenne, garder intacte leur nationalisto-souveraineté. Et ils voudront se réunir pour en discuter afin de s'unifier vraiment et politiquement, car sans une Europe unie qui prend l'initiative de l'unification mondiale, celle-ci deviendra difficilement réalisable. Mais ils connaissent le chemin pour faire aboutir cette action qui leur permettra enfin de gouverner avec une très grande marge de manoeuvre.

Et ce système économique, qui, depuis quelques années, commence insensiblement à se mettre en place, gagnera du terrain à grande vitesse pour la satisfaction générale et avancera notamment dans les pays industrialisés. Et déjà, dans la répartition des moyens de paiement dans le monde, la proportion des moyens scripturaux est en augmentation, car ils sont passés de 10%, 40 ans après l'ONU (1986), à 30% six ans plus tard (1992) avec l'expansion de l'utilisation de la monnaie électronique, c'est-à-dire du paiement par carte bancaire équipée de microprocesseur, strictement personnelle avec un numéro d'identification chiffré et codé, permettant de disposer d'une capacité limitée de débit selon les cartes, etc. … Et si actuellement, plusieurs milliards de cartes bancaires électroniques différentes et d'origines diverses - dont certaines viennent des établissements VF - sont en circulation, dans quelque temps, elles seront supprimées et remplacées par une seule carte électronique personnelle : celle de la cybernétique centrale planétaire, émise par l'ONU2. Et progressivement, toute la population de la Terre utilisera cette carte qui contiendra le compte personnel d'échange de chacun, crédité de la valeur de sa rémunération, etc., toujours au-dessus du seuil minimum de ressources pour bien vivre et adapté en fonction de chaque condition humaine. Et chacun sera crédité ou débité dans une analogie d'offre et de contrepartie.

J - Voulez-vous dire que chaque personne disposera de cette nouvelle carte semblable à toutes celles que nous connaissons déjà ?

V - Certainement, ce qui montre que tout ce que vous entendez est vraiment réalisable avec les moyens actuels. Chaque habitant qui entrera dans l'unification et adoptera le système de l'ONU, se verra attribuer une carte personnelle, une carte « ONU », avec un code d'identification confidentiel et strictement privé qui lui permettra d'abord de pouvoir communiquer sur le réseau étatique, régional, et si nécessaire avec la cybernétique mondiale jusqu'au cerveau central dans la mémoire duquel seront stockées toutes les informations le concernant, son dossier personnel, auquel il sera le seul à pouvoir accéder en toute confidentialité, son identité, son curriculum vitae, ses disponibilités professionnelles, économiques, etc., etc.

J - Et comment cette carte permettra-t-elle d'établir la communication avec le cerveau central ?

V - C'est facile, contrairement à la multitude de cartes adoptées et utilisées aujourd'hui par de nombreuses personnes, la carte « ONU » les remplacera progressivement toutes, et elle s'adaptera à tout Atomocom portable ou non. Elle sera utilisée dans toute communication télétexto-audiovisuelle pour transmettre ou recevoir des données à destination ou en provenance des relais communaux, provinciaux, étatiques, régionaux, et même jusqu'à l'ordinateur géant planétocybernétique. Et cette carte qui possédera de très nombreuses fonctions, servira aussi d'identification et d'autorisation pour accéder à différentes informations de la cybernétique centrale, pour établir la compensation entre consommation et production de chacun, et favoriser l'équilibre des besoins en fonction des disponibilités et possibilités personnelles gérées par la cybernétique régionale, étatique ou provinciale connectée avec l'établissement où il travaille qui provisionnera sa carte « ONU » d'une certaine valeur, un peu comme les transactions se font aujourd'hui par virement et au moyen des diverses cartes bancaires. Et les géopolites l'utiliseront encore lors des scrutins pour déterminer et valider leur vote sur le choix des personnes qui porteront leurs voix au Parlement Central de l'ONU2. selon les principes de la néo-planéto-démocratie, ainsi qu'à tous les niveaux d'assemblée, un peu comme des résultats sont donnés en quelques minutes sur différents sujets lors d'émissions télévisées qui font appel à l'opinion du public, mais dans le cas de la néo-planéto-démocratie, la sélection transmise sur les sujets concernés aura pu être étudiée, argumentée et mûrement et syllogistiquement réfléchie au préalable. Quoi qu'il en soit, vous pouvez facilement comprendre que les progrès technoscientifiques actuels des communications et du multimédia permettent déjà de réaliser les bases de la cybernétique du cerveau central de l'ONU2.

De plus, après le désendettement public de tous les pays du monde, le système électronique d'échanges qui aura obligé les VF à changer de comportement et de métier, permettra le financement automatique de chaque entreprise, individuelle ou collective, agricole, artisanale, industrielle, commerciale, de recherches, etc., dont la valeur de production sera créditée dans l'ordinateur central régional ou étatique, qui à son tour créditera la carte électronique de chaque employé géopolite.

J - Et que pourra faire chaque géopolite avec la valeur inscrite sur sa carte ONU ?

V - Tout ce qu'il voudra, régler ses diverses dépenses personnelles, professionnelles, et assurer ses financements immobiliers et d'équipements, etc., car cette valeur sera la rémunération de chaque géopolite pour sa production et son apport au développement, au progrès et à la croissance vers le destin de l'homme. Et comme chaque carte sera équipée d'une sorte de compteur qui calculera automatiquement les opérations, chacun pourra connaître en permanence le solde de ce qu'il a encore le droit de dépenser suivant sa rémunération dont la valeur prendra en considération divers critères de production, d'âge, de santé, de capacité, de compétences, de création, de difficultés, etc., en fonction de la durée du travail, de sa dureté ou de sa complexité, toujours dans un souci de compensation. Et l'ordinateur cybernétique central de l'ONU2 contrôlera la production et la consommation et tiendra les statistiques pour équilibrer en valeur les échanges et la distribution impartiale et juste de la production et de la consommation mondiale... et analogiquement, il créditera automatiquement des sommes de monnaie électronique sur chaque carte électronique identifiant chaque géopolite, après l'exécution et la bonne réalisation de ses travaux suivant ses possibilités, mais tout en renforçant la volonté consciente de chacun de progresser dans ses activités, car personne ne sera plus jamais serviteur d'une autre personne, et nous serons tous des contributeurs, solidaires l'un de l'autre.

Et si en raison de la maladie, d'un handicap, de la vieillesse, etc., quelqu'un se trouve dans l'incapacité de travailler, sa carte électronique sera aussi créditée d'un niveau d'achat suffisant pour couvrir au mieux tous ses besoins. Et toutes les professions qui sont pour le bien-être de la population et celles qui contribuent à la sécurité sociale pananthropique, comme tous les services de santé, de sécurité et de protection, les services publics... avec tous les fonctionnaires des hôpitaux, de l'enseignement, des transports, des collectivités, etc., etc., auront des cartes créditées de la même manière, selon des valeurs reconnues.

J - Mais si les géopolites sont tous assurés de pouvoir mener une vie correcte grâce à un niveau confortable d'achat versé presque d'office, ne pensez-vous pas que l'ardeur et la qualité du travail vont diminuer du fait de l'absence d'intérêt personnel ?

V - C'est une bonne question, mais vous raisonnez encore selon l'actuel système monétaire, car dans le système monétaire électronique, à part le plafond d'achat systématiquement accordé pour vivre décemment, il y aura également la possibilité de faire progresser son niveau de vie, pour vivre encore plus confortablement, faire des voyages, etc., en ayant une plus grande valeur inscrite sur son compte de disponibilités dans la mémoire de sa carte « ONU ». D'autre part, les géopolites seront très motivés pour rendre leur temps de travail très productif, sachant que l'ensemble des avancées dans leur métier les conduira vers de meilleures conditions de vie. Car il faut bien comprendre que l'unification de la population des géopolites, tous contributeurs, concourra automatiquement au développement socio-économique qui apportera, par une redistribution mécanique impartiale, des richesses à tous. Et les progrès développés dans les domaines technoscientifiques, dans une biosphère propre et non polluée, nous emmèneront à coup sûr vers de nouveaux horizons.

Le progrès constant n'est favorisé que dans ce qui nous différencie des animaux, c'est-à-dire dans notre intellection syllogistique et consciente. Et pour améliorer les conditions et le niveau de vie de chacun et combler les inégalités fondamentales, nous voudrons absolument développer les possibilités qu'offre le progrès, non pas pour l'exploitation au profit de certains privilégiés, mais je le répète encore, pour faire avancer la LIS de l'ensemble de la société unipananthropique. Et donc pour cela, il faut mettre au rang des priorités :

- d'abord, la diffusion d'un enseignement didacto-pédagogique et d'une éducation qui augmentent le savoir et élèvent le niveau de connaissance de tous,

- ensuite, la lutte contre la diverso-pollution avec l'établissement d'une sécurité biosocioenvironnementale bien respectée,

- enfin et surtout, l'augmentation de la durée de vie par une santé qui se renouvelle automatiquement suivant les progrès technoscientifiques, notamment de la génétique moléculaire.

Alors, cette LIS développera l'esprit conscient de la Terre dans une productivité dynamique et agissante qui révélera pleinement l'harmonie du génie humain à travers la Loi équilibro-attracto-répulsionnelle cosmofonctionnelle globale de la ΛV, ce qui permettra l'accès de tous à la véritable prospérité dans une égalité des droits et une solidarité véritable qui renforcera, par l'intellection terrestre unifiée, le développement de l'ONU2 dans sa dimension humaine.

J - Si je comprends bien, toutes les conditions, le fonctionnement administratif, etc., vont donc changer à tous les niveaux, que ce soit dans les grandes entreprises, les collectivités, les diverses institutions, ou autres.

V - Vous n'êtes pas loin de la réalité, car dans l'unification unipananthropique, le fonctionnement de toutes les administrations des régions diverso-ethno-étatiques s'effectuera dans la voie démocratique et sera progressivement automatisé au fur et à mesure que la cybernétique du cerveau central prendra le relais des personnes. Et de même qu'avec une robotisation de plus en plus importante d'objets technoscientifiques avec une manipulation de haute précision, l'agriculture et l'industrie demandent de moins en moins de main-d'oeuvre pour une production accrue et de meilleure qualité, pareillement les fonctions administratives s'automatiseront… et de tels processus sont déjà en cours. Les seuls freins qui subsistent sont ceux d'un système économique dépassé, qui, au mépris de la personne humaine, accroît rapidement les inégalités pour développer le profit et maintient l'ignorance et la précarité plutôt que de développer la LIS humaine, contraignant l'homme à surprotéger l'emploi qui lui permet de survivre et à tout faire pour le conserver en employant les réclamations, les grèves, les manifestations et parfois même les séquestrations, les actes de vandalisme, les émeutes, etc.

Mais dans le nouveau système unipananthropique, personne ne craindra de perdre son emploi, au contraire, car toute la production sera équilibrée. Et dans la course à l'innovation, lorsqu'une machine viendra remplacer le travail d'un homme, celui-ci ne perdra pas la valeur de sa production puisqu'une machine travaillera désormais à sa place et pour lui. Et les entreprises qui auront besoin de moins en moins de personnes continueront de rétribuer ceux qui ont contribué à leur développement et les emploieront dans d'autres travaux et sur d'autres postes où la main d'oeuvre est utile… et ils ne seront pas privés de la récompense de leurs travaux. Ainsi, dans l'équilibre de la production, chaque emploi supprimé trouvera sa part de rétribution dans l'amélioration apportée, ou une compensation équilibrée si une entreprise reprend le travail d'une autre. Et cette transformation gigantesque de l'économie se fera selon un programme de mise en place à court terme, qui exigera beaucoup de travail et d'énergie de la part de l'homme, mais qui en requerra moins à moyen terme, pour finir dans le long terme, à très peu de fatigue et de dépenses.

J - Pourriez-vous me donner quelques exemples de ce mécanisme concernant la sécurité de la rétribution de tous les contributeurs.

V - C'est facile, le plein emploi de tous les contributeurs sera assuré par exemple dans les trois grands secteurs des métiers de l'agriculture, de l'industrie et de l'environnement... et ce dernier en particulier, comprendra une multitude d'emplois variés qui pourront fournir du travail à toute personne disponible ; sachant que celui qui est capable de travailler est utile dans tous les domaines. Donc, bien que ce soit moins facile à spécifier, logiquement, dans la production agricole, l'écoulement des produits et denrées sera garanti à tout producteur qui viendra les apporter sur une plateforme de stockage d'un centre logistique du réseau d'échanges et de transactions le plus proche des lieux de production, souvent communal, en liaison avec tous les autres niveaux, intercommunaux, interprovinciaux, interétatiques, inter-régionaux, et même intercontinentaux des complexes logistiques de l'infrastructure polytransporteuse planétaire. Et il sera fixé une valeur commune identique d'un même produit pour l'ensemble des régions du monde unifié, tenant compte de tous les facteurs de production, de logistique et de recyclage pour éviter toute compétition dommageable et préjudiciable pour un certain nombre de producteurs ; et en cas de pénurie en quelque endroit, il sera fait appel instantanément aux zones de surproduction et inversement. Et dès que les besoins de la partie du monde unifiée seront couverts, des dispositions humanitaires seront prévues pour envoyer rapidement les denrées et produits en surproduction vers d'autres pays en développement et non encore unifiés, suivant les besoins de leurs populations. Et le compte de l'entreprise productrice sera crédité pour lui permettre de répartir cette valeur sur les comptes des différents géopolites contributeurs qui pourront lire avec leur « carte ONU » personnelle, la valeur correspondante et l'utiliser... Et chaque carte sera créditée ou débitée dans un contrôle de l'équilibre des échanges populaires.

De même dans l'industrie, une production d'automobiles, par exemple, sera valorisée sur une plateforme de stockage pour le compte d'une entreprise, et selon son crédit disponible sur sa carte électronique ONU, chacun pourra demander et recevoir la voiture de son choix. Et en fonction des demandes de produits de différents pays, il y aura un échange interétatique ; et si les stocks grossissent inconsidérément dans tel ou tel modèle, la production sera automatiquement réduite et l'équilibrage sera ajusté selon la loi mondialement respectée.

Ainsi se constitueront des stocks importants de nourriture et de biens de consommation pour des valeurs faibles qui ne viendront pas grever le budget des géopolites. Et le droit de consommer sera toujours donné dans un esprit de libéralité, tandis que le système central du cerveau électronique de l'ONU2 surveillera l'équilibre métrique de la production et de la consommation en tenant compte de son expérience mondiale. Et ceux qui ont le niveau de vie le plus élevé, et déjà un grand crédit disponible sur leur carte « ONU », dans la mesure où elle a été créditée d'une plus grande valeur pourront choisir d'aider les plus faibles, en reversant ce qu'ils ont de trop et qu'ils n'utilisent pas, à la cybernétique qui augmentera d'autant la richesse de l'ensemble et le plafond d'achat minimum. Car le système socio-économique de l'ONU2 n'est pas d'abaisser ceux qui sont riches pour que les pauvres viennent à leur place, mais pour que ceux qui sont haut puissent prendre soin et donner la main à ceux qui sont plus bas et les élèvent à leur niveau. C'est là, la solidarité réelle de la planéto-démocratie !

J - Pourriez-vous me donner de plus amples détails sur la manière dont le travail et sa rémunération seront organisés dans les différents secteurs pour parvenir à établir une réelle solidarité ?

V - Je ne connais pas tous ces détails car l'organisation de tous les secteurs d'activité dans le cadre de l'équilibrage de la production et de la consommation est affaire d'ingénieurs qualifiés qui la mettront au point en dehors de toute dérive vampiro-financière. Mais peut-être que les offres et les demandes d'emploi seront saisies selon des procédures appropriées dans les ordinateurs régionaux ou dans la mémoire colossale du cerveau central de l'ONU2 et que chaque professionnel pourra demander des travaux dans sa spécialité et répondre favorablement aux offres abondantes qui seront présentées ; et en fonction du travail fourni, une valeur de rémunération viendra s'inscrire sur son compte personnel qui pourra ensuite être débité suivant ses différents besoins de consommation. De toute façon, personne ne connaîtra plus l'angoisse des fins de mois difficiles... car avec la cybernétique centrale mondiale rien ne manquera.

J - Alors à quoi bon épargner ?

V - C'est une bonne question, car dans les conditions du système Unipananthropique, l'épargne n'aura plus d'utilité et le goût pour les tirelires disparaîtra puisque le système incorruptible et impartial du cerveau central lui-même sera la garantie de la sécurité de vivre et de la santé de tous les habitants. Et en dehors du temps réservé au travail, car le travail sera organisé à temps partagé ou choisi et non plus contraint, et selon les nécessités sociales, les besoins de chaque géopolite de vacances, de loisirs, de spectacles, de divertissements seront satisfaits, et surtout le besoin de connaissance et de tout ce qui est nécessaire à l'épanouissement culturel sera prévu et programmé pour que le cerveau de l'homme puisse s'adonner largement à une plus grande production de logique et d'intellection syllogistique. Par conséquent, au moyen de notre Atomocom et de notre « carte ONU » comme identité personnelle, nous pourrons compter sur un véritable conseiller intime toujours là pour nous expliquer et nous avertir sur les risques de tel ou tel comportement.

J - Oui, maintenant je comprends monsieur Vaskas, et je pense que tout va changer notamment lorsqu'il sera mis un terme à l'entente entre les VF pour l'exploitation.

V - Non, pas tout, mais suffisamment de choses changeront. De toute façon, je ne fais que donner l'idée centrale, car selon mon point de vue, rien n'est plus important que d'être libéré de cette gangrène. Et si en attendant, le système monétaire reste le même, il continuera invariablement de provoquer diverses exaspérations entre les diverso-nationalisto-spéculateurs toujours divisés qui ne comprennent pas encore qu'il n'est pas nécessaire de préciser la valeur de leur monnaie par rapport à l'or ou au dollar, alors qu'il suffit, je le répète, d'une monnaie unique électronique qui régularise d'une manière impartiale toutes les transactions relatives à la production et la consommation de toutes les nations unifiées. Mais certainement que tout cela n'est qu'une simple indication que des économistes expérimentés vont étudier et modifier jusqu'à trouver la méthode la mieux adaptée à ce sujet. Ils pourront alors appliquer une réglementation unique dans le cadre de la monnaie électronique qui facilitera les échanges, favorisant les activités de toutes les entreprises grandes et petites qui n'auront plus de besoins financiers, parce qu'elles ne manqueront jamais de fonds propres comme c'est souvent le cas aujourd'hui, où elles se heurtent souvent à la frilosité et timidité de certaines banques qui, remplies de méfiance, soupçonnent tout et tous, ayant du mal à comprendre les multiples obligations des entreprises. Au contraire, dans les échanges monétaires électroniques, l'ordinateur régional connecté avec l'ordinateur du cerveau central de l'ONU2 sera prêt à chaque instant à contrôler impartialement la situation économique de chaque entreprise, sans l'intervention des VF exploiteurs, et il sera disposé à comprendre et aider l'entreprise petite ou grande à survivre, à mieux adapter sa productivité et progresser dans le cadre de l'ONU2, l'Organisation Néoplanétodémocratique Unipananthropique.

Et si certains cercles qui s'autoproclament économistes montrent par leurs actions qu'ils veulent prolonger l'ancien système monétaire et garder des comptes et des coffres secrets dans les banques de certains pays... méfiance, les VF ne sont pas loin ! Ceux-là se posent en ennemis de l'homme et s'identifient sans faute aux exploiteurs. Car dans la nouvelle organisation unipananthropique, avec l'établissement du nouveau système monétaire électronique, les comptes ne seront pas secrets et il n'y aura plus d'argent sale, noir ou gris - que ce soit celui des trafiquants de drogues, de la contrebande ou de l'évasion fiscale, etc., etc., - pour favoriser diverses formes de criminalité. Et tous ceux qui se cacheront ou chercheront à dissimuler leur identité ou leurs coordonnées, montreront par leur attitude qu'il y a de quoi s'interroger ; et dans le nouveau système unipananthropique franc, de tels hommes qui avaient l'habitude de vivre en parasites en exploitant les autres seront obligés de changer de mentalité et de métier. Car dans la mémoire de l'ordinateur central, il n'y aura ni partialité, ni tromperie, ni fraude, ni corruption… et le compte économique d'une personne inscrit dans la mémoire de sa carte ONU le sera dans le cadre de la loi, en sécurité et libre d'être utilisé comme le désire son bénéficiaire. Et si ses droits s'élèvent, du fait de sa position, à des sommes importantes, il pourra par exemple transformer sa maison offerte à vie par l'ONU, comme bon lui semblera, même en palais ; mais si le niveau de ses droits devient démesuré pour lui seul et qu'ils demeurent inutilisés, certainement qu'au bout d'un certain nombre d'années, les montants non utilisés seront remis à la disposition de tous, car personne n'aura besoin de récolter de l'argent dans le but d'exploiter les autres ou de faire des économies pour les transmettre à ses enfants en héritage, sachant que leurs droits dans la société et leur bonheur seront assurés d'office, et ce dès leur naissance… et il n'y aura pas de crainte à avoir, ni d'inquiétude pour leur démarrage dans la vie, car, outre le fait qu'ils ne pourront plus jamais naître avec des dettes, leur portion vitale et leur habitation seront garanties. Ainsi, vivront-ils dignement sans l'attente d'héritage ni le besoin de faire des économies pour leurs descendants ou leurs successeurs, et la Terre sera devenue libre, sans frontières, grilles ou barbelés, sans mines ni bombes atomiques, hospitalière pour le bonheur de nos enfants et des nouvelles générations.

Cela signifie que rien que la monnaie unique électronique mondiale apportera de nombreux bienfaits, au moins à nos enfants et à leurs descendants, et peut-être à vous aussi cher ami, car vous êtes jeune et ce temps n'est pas loin.

Par ailleurs, après l'élimination de la mentalité VF, grâce à l'établissement de la stabilité monétaire, la monnaie unique électronique permettra l'organisation d'une économie inter-connectée dans une interdépendance mondiale, sans aucune interférence du parasitisme des VF ou autres bourdons, ni crypto-spéculation venant d'autres organismes similaires spécialisés pour provoquer certains krachs économiques artificiels. Et tous les Etats industrialisés ou en voie de développement sortiront de leur endettement plus ou moins lourd et exporteront des produits sans devoir en passer par la gourmandise de certains ; et les divers conflits causés par l'augmentation des droits de douanes dictés par certains cercles vampiro-économiques cesseront. Et parce que les intérêts des pays industrialisés ne s'y opposeront pas, les difficultés de production et de consommation à l'échelle mondiale s'arrêteront, ainsi que la concurrence acharnée des sociétés multinationales qui ne seront plus dirigées pour les profits des VF ; et les subventions aux exportations de l'agriculture mondiale pourront être supprimées ; les difficultés de certains pays devant des positions inconciliables par le passé, se trouveront aplanies ; et les dirigeants des gouvernements pourront facilement et complètement réduire à zéro les chiffres annoncés dans les différents pays pour le chômage, ce grand danger social provoqué notamment par certaines manipulations des VF ; et toutes les mesures pour renverser la tendance à la hausse du chômage ne seront plus utopiques et vouées à l'échec comme dans le système économique classique.

Car les dirigeants qui ont toujours recherché sérieusement des solutions aux questions sociales qu'ils connaissent bien, veulent éviter à tout prix que se crée une situation de désordre indescriptible ; et ils savent qu'ils n'auront d'autre issue que de prendre le plus rapidement possible des dispositions pour éliminer cette peste de la mentalité ENR et d'accélérer l'unification des pays et l'expansion du processus de monnaie unique électronique. Mais pour aborder et poursuivre le gigantesque mouvement structurel de cette métamorphose planétaire, ils ont aussi besoin à leurs côtés, d'une volonté massive de toute la population de la Terre... et surtout en dehors de la psychopathologie ENR.

J - Mais comment aller de l'avant, lorsque tout mouvement rencontre toujours l'opposition d'intérêts divergents ?

V - Je le répète, grâce à la compréhension des habitants à la suite d'une campagne didacto-pédagogique de diffusion de la connaissance par tous les moyens audiovisuels télé-multimédiatico-informatiques modernes. Sachez pourtant que personne ne pourra être contraint de devenir géopolite, car cela aussi est une décision personnelle qui doit être réfléchie et librement consentie. Et chaque géopolite recevra sa carte à puce de gestion personnelle « ONU », sorte de porte-monnaie chargé de droits d'achats, qui sera acceptée partout sur la planète et avec laquelle il pourra couvrir tous ses besoins. Il pourra habiter la maison de son choix, suivant ce qu'il décide d'édifier, pour la durée de sa vie s'il le désire, et il n'aura plus de loyer à payer ; et sa carte lui donnera accès à l'assurance maladie avec tous les soins médicaux, etc., etc., dans le monde entier, mais en contrepartie il devra apporter sa contribution, c'est-à-dire fournir sa part, suivant ses capacités, qualifications et possibilités, en étant utile à la société.

En outre, l'implantation dans les campagnes sera favorisée et le marché intérieur sera développé au plus haut point vers des conditions régionales riches en productions vivrières de grande qualité, sans être autarciques, car un pays ou une région pourront développer des spécialités qui lui seront propres pour en faire bénéficier le reste du monde, etc., etc. Et comme le temps réservé au travail diminuera en proportion des progrès technoscientifiques, la culture et la connaissance tiendront une place de plus en plus grande chez les géopolites qui noueront des liens entre eux et parmi tous, pour tisser l'humanisation.

Et tous les métiers trouveront leur utilité dans le cadre unipananthropique. Tout être humain quel qu'il soit et quel que soit sa situation professionnelle sera réputé apporter quelque chose aux progrès de la civilisation dans la société humaine, d'autant qu'en ayant la connaissance et bien compris les enjeux, il voudra adhérer à la néo-planéto-démocratie... c'est-à-dire à la réelle démocratie mondiale. Et d'anciens métiers s'arrêteront tandis que d'autres seront créés, mais aussi longtemps qu'il le voudra et tant qu'il sera en mesure de le faire, chaque être humain pourra offrir son énergie et ses capacités pour apporter et assurer le bien-être à tous, y compris à lui-même, et à coup sûr, cette fois, à ses enfants… parce que l'esprit de l'Organisation Néoplanétodémocratique Unipananthropique ou ONU_2 qui est l'expression du respect des indications unipananthropiques pour éviter les anomalies imprévisibles et les accidents biosociaux, se résume dans la très simple recette du bonheur et de la sécurité qui tient dans cette phrase :

« Finissons-en avec l'avidité ! Car si nous construisons notre maison et que la possibilité de bien vivre nous est offerte, il convient d'aider aussi notre voisin à construire sa propre maison et à bien vivre, tout comme nous. Ce faisant, nous vivrons tous bien, dans une égalité équilibrée et la cause de nos malheurs disparaîtra promptement ».

Et la fierté de chaque être humain ne sera pas d'être envié pour être le plus fort et le dominant, mais pour être celui qui fait preuve de LIS, de logique d'intellection syllogistique. Et quelle que soit sa production personnelle, grande ou petite, chacun pourra se réjouir d'avoir lui aussi prouvé la réalité de la plus grande valeur civilisée, parce qu'il aura aimé et respecté son semblable et apporté sa pierre au colossal édifice de la construction de la conscience terrestre, et plus tard mégatomique. Et au-delà, en préparant pour ses enfants le chemin du bonheur, il leur aura laissé un héritage définitivement civilisateur qui deviendra de plus en plus humain.

La transformation des organes et du fonctionnement de l'ONU en faveur de la coexistence humaine dans la paix planétaire

J - A votre avis, monsieur Vaskas, quelles seront les différentes structures institutionnelles à mettre en place dans l'ONU, autour de la cybernétique centrale du cerveau planétaire ?

V - Je voudrais encore dire que je ne suis pas un sociopolitologue, ni un spécialiste en institutions pour vous donner plus de détails, mais en regardant ce qui existe déjà dans de nombreux pays, vous pouvez penser que l'ONU2 comprendra toutes celles qui seront nécessaires pour une action administrative capable de gérer tous les secteurs d'activité, de répondre aux besoins de l'homme à l'échelle mondiale, et de le mettre en position de réaliser sa mission grâce au cerveau de la cybernétique centrale planétaire ; chaque géopolite y étant relié directement par son Atomocom, suivant les relais et stations de chaque région étatique.

Donc, le premier objectif unificateur de l'ONU2 sera d'établir les institutions de Justice planétaire, avec sa Cour Suprême de Justice, installée au sein d'un Conseil Consultatif d'intellectuels. Quant au Conseil de Sécurité, peut-être élargi à d'autres pays industrialisés, il continuera de prendre toutes les mesures nécessaires en matière de sécurité militaire et armée, d'autant plus dans les premiers temps de l'unification pour protéger les géopolites de la mentalité ENR de certains extrémismes ; en outre, il veillera à la sécurité civile et au bon fonctionnement de la néo-planéto-démocratie. Le Secrétariat, pour sa part, restera chargé de l'assistance et de l'intendance interne.

Enfin, le Parlement Central de l'ONU, avec son président, membre du Conseil de Sécurité, qui présidera le monde entier pendant un certain temps, selon la durée de son mandat, dans lequel chaque décision concernant les divers secteurs de l'activité bio-environnementale humaine sera confirmée par voie démocratique, et programmée, une fois approuvée, dans l'ordinateur géant de l'ONU2 pour être appliquée sur toute la planète.

J - Mais comment et à quel moment ces organes seront-ils mis en place ?

V - Bien entendu, l'Assemblée Générale de l'ONU modifiera certaines structures anciennes pour les adapter de façon à constituer un parlement central rassemblant tous les élus inter-état-gouvernementaux qui travailleront au niveau planétaire, ainsi qu'un conseil d'intellectuels dont le rôle restera purement consultatif ; elle prendra aussi des mesures pour que le Conseil de Sécurité, le plus puissant organe actif de l'ONU, puisse mettre en place, au service de l'unification, le Conseil de Tutelle avec sa Commission Préparatoire, en collaboration avec les institutions actuelles de Justice. Alors, progressivement, un certain nombre de sujets seront mis en chantier, notamment, la préparation de la constitution mondiale de l'Organisation Néoplanétodémocratique Unipananthropique, que le Conseil de Sécurité fera adopter pour être appliquée sur toute la planète ; parallèlement, il fera avancer un programme éducatif reconstructeur pour enseigner et réveiller les populations souffrant de l'archéo-mentalité ENR, en unifiant d'abord les divers réseaux multimédias légaux de communications par câbles et satellites en un seul réseau planétaire dirigé à partir du cerveau central ; et surtout, il veillera à la mise en place progressive mais d'urgence, de la monnaie unique électronique pour éliminer, je le répète encore une fois, l'argent classique corruptible, les cercles VF et les diverses formes de criminalité, afin de garantir l'équilibre salarial, d'assurer une production/consommation proportionnello-équilibrée et de normaliser tous les échanges entre géopolites porteurs de leur carte ONU personnelle.

J - Pouvez-vous m'expliquer grosso modo comment la néo-planéto-démocratie va fonctionner ?

V - Je vous l'ai déjà exposé en détail, mais puisque vous le voulez, je puis ajouter que l'Assemblée Générale, quant à elle, se transformera en Parlement Central de la néo-planéto-démocratie, comprenant jusqu'à 1500 membres ou plus, composé des dirigeants élus démocratiquement de chaque Etat ou région de la planète, qui décideront démocratiquement de la cybernétique. Et si leur décision vient d'une majorité qui recouvre les 2/3 des électeurs, elle sera programmée dans le cerveau de l'ONU pour en faire l'application mécanique, impartiale et sans aucun favoritisme dans le monde entier.

J - Et comment les membres du Parlement Central planétaire seront-ils désignés ?

V - Bien entendu selon les voies politiques et démocratiques normales de chaque Etat, qui gardera son organisation administrative, comme dans l'Union Européenne ou les Etats-Unis d'Amérique, parce que dans un premier temps, les systèmes électoraux, envisagés sous l'angle politique, resteront pratiquement inchangés, et le suffrage unipananthropique pour la formation du Parlement

Central de l'ONU2. débutera au niveau de chaque Etat, qui devra élire ses dirigeants au Parlement Central et des parlementaires suivant le nombre défini pour chaque Etat. Mais parallèlement, dans le domaine administratif et dans le cadre des différentes étapes de l'unification et au fur et à mesure de ses progrès, les dirigeants politiques inter-gouvernementaux, en coordination, voudront préparer les mécanismes de nouvelles élections populaires libres qui pourront ensuite avoir lieu à intervalles de temps réguliers, pour donner l'occasion aux populations étatiques unifiées à l'échelle de la planète, c'est-à-dire aux géopolites, de choisir eux-mêmes, démocratiquement, des élus capables de participer au Parlement Central qui gouverneront, un peu comme au Congrès des Etats Unis, mais à l'échelle mondiale... et qui pourront, en cas d'anomalie, soumettre leurs problèmes étatiques ou régionaux aux autorités planétaires parlementaires ou juridictionnelles de l'ONU2 pour rechercher et apporter ensemble une régularisation ou une solution dans l'esprit de la néo-planéto-démocratie.

Il n'est donc pas besoin de philosophie pour que vous compreniez que les élections planétaires seront faites à partir des suffrages des plus petites unités administratives que sont les géopolites dans leurs foyers, directement vers l'ordinateur étatique ou régional... et les géopolites voteront à partir de leur Atomocom ou de n'importe quelle machine communicative, en utilisant leur propre carte ONU, strictement privée, qui remplacera la carte d'identité, et dont la puce contiendra, entre autres, toutes les informations d'identification anthropométriques, avec leur code privé, strictement confidentiel. Et à une date définie, après un temps suffisant d'étude et de réflexion syllogistique, chaque géopolite devra composer la référence de la ou des personnes qu'il aura lui-même choisi parmi les divers candidats, tous intègres, bien éduqués, d'esprit ouvert et de culturo-morale avancée, en fonction des données sur leur parcours personnel, leurs réalisations, leurs compétences, leurs capacités, leur expérience administrative, leurs dispositions à s'associer sur tous les sujets abordés et les développer suivant un processus syllogistique de concertation réflexive en vue de faciliter le fonctionnement de la néo-planéto-démocratie, etc., etc. ... ensuite, à un moment donné, chacun validera définitivement son vote qui sera transmis et reçu automatiquement dans l'ordinateur de la cybernétique étatique ou régionale qui transmettra automatiquement le résultat du scrutin à l'ordinateur géant de l'ONU2. C'est ainsi que seront élus les membres des deux organes populaires de la cybernétique mondiale : Le Parlement Central et le Conseil Consultatif de l'ONU2... Et au Parlement Central, ceux qui porteront les voix de la population se réuniront et éliront alternativement un membre politique dirigeant parmi les pays les plus représentatifs, membre notamment du Conseil de Sécurité, pour être pendant un certain temps le président de la néo-planéto-démocratie, c'est-à-dire du monde entier, mais dans le cadre des lois démocratiques unipananthropiques de l'ONU2, et non pas comme le gouverneur incontrôlé du monde, ce qui serait contraire à la démocratie, car jamais le monothélisme, c'est-à-dire l'imposition de la volonté d'une seule personne ou d'un petit groupe de personnes, ne pourra recevoir un quelconque pouvoir pour dominer autocratiquement et unilatéralement des milliards de géopolites. En même temps, en tant que président du Conseil de Sécurité, il sera chargé d'annoncer les décisions prises par le Conseil de Sécurité dans les cas irrésolus au Parlement. Il aura aussi pour tâche de coordonner les initiatives et de lancer les travaux des diverses commissions et du Secrétariat. Et d'une manière semblable, les géopolites éliront les membres du Conseil Consultatif d'intellectuels, dont les avis, résultats d'un scrutin, pourront aider la résolution de problèmes, comme les désaccords au Parlement Central ou dans les réunions du Conseil de Sécurité.

J - Et si le nombre des parlementaires est défini comme c'est le plus souvent le cas aujourd'hui, en fonction du nombre d'électeurs ou d'habitants, les pays les plus peuplés vont obtenir une écrasante majorité face au reste du monde ?

V - Votre question montre bien la difficulté qu'il y a pour chacun de se libérer de ses tendances nationalistes traditionnelles. Il faut cependant tenir compte que ce Parlement Central sera planétaire et donc complètement en dehors des désaccords provoqués par les nationalisto-souverainetés, et par conséquent, les parlementaires devront avoir une vision, une volonté et un esprit planétaire. Ce qui n'empêche votre question de rester logique et très valable ; et pour éviter le déséquilibre d'une représentation trop importante d'une population concentrée de quelques grands pays, la répartition des sièges au Parlement Central se fera d'après une évaluation symétro-géo-démographique sur la base d'une analogie proportionnelle, c'est-à-dire que le nombre de sièges attribué à chaque Etat sera fonction de sa population, mais pondéré selon son niveau de développement et d'instruction et suivant l'étendue de son territoire habitable.

Car pour la logique unificatrice mondiale, il existe trois inégalités : géométrique, démographique et du niveau de vie sociale, qu'il faut aplanir pour obtenir une répartition symétro-isométrique équilibrée, équipotentielle, et une division isotopique de la Terre, toujours dans l'égalité des droits isomorphes des géopolites dans le cadre de l'Organisation Néoplanétodémocratique Unipananthropique. Et d'abord, pour en finir définitivement avec le crypto-impérialisme, il est nécessaire de réaliser un équilibrage isométrodynamique entre les 4 grands pays que sont la Chine, la Russie, l'Europe et les Etats-Unis d'Amérique, pour qu'il y ait un paritarisme équivalent et que cesse toute dissimulation à l'échelle de la planète.

J - Pourriez-vous me donner quelques détails sur la résolution de ces inégalités pour régler le sujet délicat de l'attribution du nombre de sièges, car c'est souvent une source de disputes et de désaccords.

V - Vous connaissez bien ces trois inégalités qui font obstacle à l'unification. Et d'abord, géométrique, car de toutes les terres émergées, certaines ne sont pas vraiment habitables pour l'homme, comme certaines zones glaciaires et polaires, des zones trop arides dans les déserts, certaines zones de très hautes montagnes où de forêts vierges inextricables, etc. Il sera donc utile de rapporter les surfaces des divers Etats à la mesure de leur territoire habitable ; mais ces territoires offrent des différences d'étendue énormes et varient dans des proportions d'un à mille suivant les Etats.

L'inégalité des Etats se retrouve aussi dans leur démographie qui varie dans des proportions semblables d'un à mille au moins, souvent inégalement répartie dans un même territoire, entre mégapole et campagne. Et cette inégalité devra trouver sa solution dans l'équilibre de l'isométromérisation démographique, avec la transplantation de certaines populations d'un Etat où la densité est trop importante, dans un autre où elle est faible, par exemple, des Japonais, des Chinois, ou d'autres qui vivent dans des territoires surpeuplés pourraient venir mettre en valeur les terres où peu de personnes habitent ; des habitants des villes pourraient recevoir des terres à la campagne pour les cultiver, etc., etc.

Une autre inégalité externe et interne aux Etats réside dans la différence de développement et de niveau de vie de leurs habitants, et vous la connaissez bien maintenant que nous l'avons précisé en détail à propos de l'économie mondiale.

Il est encore constaté d'une manière générale, que les Etats au plus haut niveau de vie ont un taux de croissance démographique faible, voire stationnaire ou récessif, alors que ceux qui ont fait l'explosion démographique ont souvent une population dont le niveau de vie est des plus bas. Il semble donc normal, dans cette situation de départ disproportionnée et déséquilibrée de donner un nombre de sièges plus grand dans le Parlement Central aux populations qui ont su développer dans leurs pays une qualité de vie générale plus élevée, qui pourront apporter une aide plus efficace et qualifiée aux autres pour que la qualité et le niveau de vie mondial s'élèvent et s'équilibrent isométriquement… et surtout pour éviter toute baisse du niveau de vie de chacun parmi la population mondiale. Ainsi, pour chaque Etat, le nombre de parlementaires sera défini en fonction du nombre d'habitants, de la surface pondérée des terres et du niveau de développement comparé des habitants pour parvenir à un équilibre.

J - Voulez-vous dire par là qu'un très vaste Etat, aux nombreux habitants qui manifesteraient un important développement, serait favorisé ?

V - Oui s'il remplissait ces trois conditions à la fois ; mais il n'y aura pas de favoritisme dans la situation de départ, car aucun Etat n'est dans ce cas. La Russie par exemple est un très vaste pays, avec 17 millions de km² mais sa densité de population de 8 habitants par km² est faible et son niveau de vie se situe dans la moyenne mondiale. La Chine est aussi un grand pays de plus 9 millions de km², et très peuplé, avec une densité de près de 130 habitants par km², mais malgré sa rapide croissance, le niveau de vie de sa population est encore faible par rapport à la moyenne mondiale. Et d'autres pays, comme les USA, bien qu'ayant sensiblement la même surface, n'ont qu'une assez faible densité de population de moins de 30 habitants par km², mais un niveau de vie 4 fois plus important que la moyenne. Et par rapport à ces trois régions, l'Europe avec pourtant plus de 5 millions de km² est une région moyenne, mais bien peuplée avec une densité de 100 habitants au km² et un niveau de vie triple de la moyenne mondiale.

J - Mais quelle est la moyenne mondiale ?

V - Actuellement, selon certains calculs, la densité de la population sur la planète se situe entre 40 et 50 habitants par km², alors que le produit moyen par habitant qui devrait être lié au développement et au niveau de vie - mais dont les chiffres ne reflètent pas réellement les inégalités intérieures et dont les bases de calculs statistiques sont souvent conventionnelles et avantagent plus particulièrement certains Etats-nations par rapport à d'autres - varie, selon diverses études statistiques, mais reste proche des plus bas minima sociaux.

De toute façon, avec les progrès de l'unification et de la monnaie unique électronique à l'échelle mondiale, tous les différents niveaux de vie vont continuer à s'élever sans cesse ; et ceux qui sont plus bas dans certains Etats s'élèveront beaucoup plus rapidement dans un réel rattrapage du niveau de vie le plus élevé, tandis que leur population se stabilisera et diminuera. Et dans les élections successives, la répartition de chaque région au Parlement Central se modifiera en proportion des progrès réalisés jusqu'à parvenir à une situation bien équilibrée, contrôlée par le Conseil Consultatif, car si la densité moyenne actuelle de la Terre est encore acceptable, malgré la répartition disproportionnée, elle est aussi presque suffisante pour la planète, et chacun sait bien qu'il est grand temps de la stabiliser. Aussi, dans la perspective d'homogénéisation relative de la population et de son implantation régulière sur la Terre, la répartition parlementaire, dysanalogique au départ, s'équilibrera, et l'expansion démographique sera freinée dans les lieux surpeuplés pour favoriser une meilleure répartition de la population jusqu'à parvenir à un équilibre nécessaire entre les villes qui ne seront plus surpeuplées et les campagnes qui ne seront plus presque vides, en encourageant le développement général à l'intérieur de chaque région dont les flux migratoires, imposés par certaines situations conjoncturelles de précarité, diminueront, puis cesseront. Et dans le cadre de l'Organisation Néoplanétodémocratique Unipan-anthropique, les habitants d'un pays qu'ils affectionnent se rendront vraiment compte de l'efficacité de leur contribution à l'expansion de sa prospérité dans l'amélioration de leur propre bien-être.

J - Et si des pays sont trop petits pour arriver à remplir les conditions pour avoir un seul siège au Parlement Central planétaire.

V - Il n'y a pas de raison de laisser de côté un seul chef d'Etat des petits pays, car ils ont souvent fait preuve d'une bonne administration de leurs territoires, acquérant pour certains une réputation mondiale et des conditions de haut niveau de vie pour leurs habitants... mais c'est à l'Assemblée Générale qu'il reviendra d'en décider.

Ainsi, le Parlement Central planétaire pourrait comprendre dès le départ environ 1500 membres dans un équilibre entre le Nord et le Sud, avec les grandes régions que sont l'Europe, les Etats-Unis, la Chine et la Russie qui pourront élire chacune jusqu'à 150 parlementaires environ, ou un peu plus... sachant que ces dernières régions, qui font actuellement partie du Conseil de Sécurité devront toujours garder au Parlement Central un nombre de voix supérieur au tiers des voix, par exemple, 600 sur 1500, pour s'opposer à tout risque de vote d'une loi défavorable à l'ONU2.

J - Mais ces parlementaires seront-ils toujours élus sur la base des partis politiques ? Et j'aimerais connaître d'autres détails à propos des élections. Seront-elles au suffrage universel ?

V - Je vous l'ai déjà dit, il est important, dans un premier temps, que chaque pays conserve tous ses mécanismes fonctionnels et ses institutions dans les mêmes dispositions qu'aujourd'hui, car il serait absurde de faire table rase de tout le système existant qui est le fruit de tant d'années de développement. Il y aura donc au départ des partis politiques, comme aussi des associations et des syndicats, ils sont d'ailleurs tous nécessaires aujourd'hui pour motiver la population et l'inciter à réveiller sa mobilisation pour participer plus pleinement à la vie publique. Mais avec le temps, il est aussi certain que les institutions et les appareils de chaque Etat, comme ceux des unions ou des communautés continentales se modifieront progressivement pour s'inscrire et s'intégrer dans les structures institutionnelles de l'appareil planétaire de l'ONU2 qui se retrouvera également au niveau des provinces et des communes ; en effet, même pour les mairies, les électeurs géopolites habitant dans ces territoires éliront par une procédure immédiate, grâce à leur carte « ONU », à partir de leur Atomocom, selon des règles semblables et pour une certaine période, d'une part les membres du parlement municipal de la commune, dans le cadre de la néo-planéto-démocratie, en se basant sur la valeur personnelle de candidats francs et sincères, sur leurs actions précédentes, leurs compétences, leurs capacités et aptitudes personnelles, leurs dispositions à l'initiative, à entreprendre, et à poursuivre le développement communal dans l'intégrité, la concertation, le consensus, le travail d'équipe, la coordination, etc., élus également pour leur esprit d'ouverture, de solidarité et de respect d'autrui, pour leur conception équilibrée de leur rôle le temps de leur mandat, etc., etc., et d'autre part, il en sera de même pour les candidats au Conseil Consultatif de la commune, composé d'intellectuels reconnus, dont les membres seront peut-être trois fois moins nombreux. Et les organes municipaux fonctionneront par analogie, d'une manière semblable à ceux de niveau planétaire, mais en rapport avec les besoins particuliers au territoire de la commune... et en remontant, parmi les membres des parlements municipaux, et des conseils consultatifs communaux, les géopolites éliront régulièrement le parlement provincial et son conseil consultatif, pour arriver de proche en proche au parlement et conseil consultatif étatiques qui prendront en mains tous les besoins au niveau d'un Etat... et ensuite de la même manière dans les unions ou fédérations interétatiques régionales, jusqu'au niveau mondial. Et le rôle et les responsabilités de chacun étant bien définis à chaque niveau de l'architecture pananthropique, chaque géopolite pourra, bien sûr selon les questions, entrer dans les ramifications de la cybernétique du cerveau central et se mettre en relation directe avec les serveurs de la cybernétique, communaux, provinciaux, étatiques, régionaux... et même, si nécessaire, avec le cerveau central planétaire exécutif qui fera appliquer les décisions du Parlement Central et les avis de son Conseil Consultatif sur toute la planète.

J - Mais qui seront les intellectuels du conseil consultatif planétaire ? Et qu'entendez vous par intellectuel ? Un journaliste ou un artiste peuvent-ils être considérés comme des intellectuels ?

V - Si vous voulez mon avis, les intellectuels qui peuvent faire partie du conseil consultatif planétaire seront désignés et choisis parmi ceux qui ont une bonne formation encyclopédique et universitaire et qui n'ont aucune étiquette archéo-traditionnello-idéaliste. On peut comprendre des scientifiques comme des astrophysiciens, des physiciens, des socio-anthropologues, des archéologues, etc., etc., et aussi des gens de lettres, des professeurs de diverses branches, tous capables d'apporter une critique constructive pleine d'intellection syllogistique aux propositions du Parlement Central de la néo-planéto-démocratie. Et si certains journalistes ou artistes sont reconnus comme tels, ils pourront aussi être choisis, selon le vote des électeurs ; mais les artistes, dans leur grande majorité sont plutôt des créateurs qui augmentent les valeurs civilisées et la culture dans les domaines techniques, alors que ceux qui siégeront au conseil consultatif planétaire devront apporter de telles valeurs dans le domaine de la cybernétique. De toute façon, ils ne seront certainement pas de ceux qui s'autoproclament intellectuels, mais ce seront plutôt des membres d'académies du monde entier, des professeurs d'universités, de grandes ou plus petites écoles ; des hommes et des femmes reconnus par leurs pairs et aussi des géopolites qui seront au moins capables de discerner le point d'équilibre entre le trop et le pas assez.

J - Mais les géopolites pourront-ils continuer d'être associés à l'action de ces deux chambres, ou leur laisseront-ils la représentation ?

V - Oui, car dans un appel à la rencontre des géopolites et grâce à la puissance du cerveau exécutif cybernétique central, les différents comités et commissions parlementaires appuieront leurs travaux préparatoires sur les universités du monde entier, sur les centres de recherches, les entreprises, etc., pour recevoir l'avis de tout géopolite, qui, libéré de la fatigue, grâce à des conditions favorables de redistribution et de partage du travail, instruit dans la connaissance par tous les moyens mis à sa disposition, sera aussi capable et motivé pour participer au développement de la nouvelle société franche. Et ils auront l'occasion de participer et d'observer ouvertement l'élaboration des projets sur les écrans de la cybernétique centrale, formant ainsi des commissions très étendues, ou il n'y aura plus aucun obstacle partisan à l'expression de chacun, hommes et femmes ; et les résultats argumentés de toutes les informations échangées représenteront l'intellection de la population unifiée dans une approche vraiment scientifique et culturelle. Ainsi, l'ONU2. prendra toutes les décisions qui conviendront à la mesure des particularismes et de la complexité des diverses identités socioculturelles pour les amener progressivement, sans rétractation ni désaccord, dans le courant concertateur de la plus vaste adhésion populaire, celui de la conscience terrestre.

Et selon la constitution de l'administration planétaire et dans son cadre, le Parlement Central sera chargé des décisions sur tous les sujets déposés, pour que la néo-planéto-démocratie, avec tous ses mécanismes, fonctionne pour le bien-être de l'ensemble de la population de la Terre. Ses membres auront la responsabilité du législatif parlementaire ; ils prendront l'initiative de l'amélioration des lois dans tous les domaines de l'activité pananthropique et ils examineront des sujets concernant la sécurité, la santé, l'économie, la production, la consommation, l'environnement, la justice, etc., etc., et chaque décision définitive, prise à la majorité absolue des 2/3 des voix sera programmée automatiquement dans la cybernétique de l'ordinateur géant du cerveau central de l'ONU2 pour exécution. Et dans la salle d'assemblée du parlement, chacun sera assuré d'avoir un droit de parole pour exposer dans un temps limité et mesuré les problèmes de sa région étatique devant tous, car les réunions du Parlement Central de l'ONU2 seront télédiffusées mondialement ; mais toute question pourra toujours être exprimée par écrit à l'intention du président du parlement. De plus, lors des assemblées, les parlementaires des divers Etats déjà unifiés devront être obligatoirement présents, physiquement ou vidéocommunicativement, et ils seront les seuls à posséder le droit de vote, soit pour, soit contre, sans possibilité d'abstention, car ils sont élus pour voter, tandis que selon les différentes phases de l'unification, les Etats non encore unifiés seront eux aussi présents, mais en tant qu'observateurs, en attendant de pouvoir voter à leur tour, dès leur intégration dans l'unification.

J - Et quel sera le rôle du Conseil Consultatif des intellectuels si les parlementaires prennent toutes les décisions ?

V - De son côté, le Conseil Consultatif planétaire des intellectuels, qui pourrait être composé d'environ 250 membres ou plus, des intellectuels reconnus, élus alternativement de toutes les régions du monde, sera chargé de donner un avis devant tous, puisque ses réunions seront aussi télédiffusées, sur toutes les propositions ajournées parce qu'elles n'auront acquis que la majorité simple lors du scrutin du Parlement Central, c'est-à-dire une majorité située entre 1/2 et 2/3 des voix. Et prenant en compte les commentaires et les remarques, le conseil des intellectuels étudiera le sujet qui n'a pas été accepté par les 2/3 des voix de l'assemblée parlementaire, et après un vote néodémocratique, il donnera son avis au Conseil de Sécurité qui décidera seul, dans un vote interne, d'utiliser ou non son vote complémentaire, car le Conseil de Sécurité possédera un droit de vote complémentaire et exo-parlementaire, qu'il pourra utiliser si nécessaire jusqu'à la moitié des 1500 voix de l'assemblée, c'est-à-dire de 750 voix, pour l'adoption d'une décision définitive en apportant son vote à la partie de l'assemblée dont le suffrage est trouvé juste et utile pour l'ONU2. De plus, lorsqu'il sera nécessaire, l'avis du Conseil Consultatif des intellectuels sera bien étudié et étayé avec les derniers moyens encyclopédico-technoscientifiques. Et le Conseil Consultatif pourra aussi, selon les besoins, introduire des questions auprès du Parlement Central sur tous les sujets concernant la socio-biosphère, son environnement, les recherches dans différents domaines et tout autre sujet scientifique ou culturel qu'il jugera bon de soulever.

J - Mais je ne comprends pas bien ce fonctionnement décisionnel, car la majorité absolue des deux tiers ne sera pas toujours atteinte au Parlement Central. Quel sera le processus décisionnel pour trancher tous les cas, tout en respectant la néo-planéto-démocratie ?

V - Oh! Oh cher ami ! C'est un point important, mais je ne vais pas coordonner le fonctionnement de la cybernétique de l'ONU2, et je ne sais pas si mon avis est fiable. En tout cas, lorsque la majorité absolue des 2/3 est atteinte au Parlement Central pour une proposition, elle sera adoptée automatiquement par le monde entier et intégrée pour être appliquée dans l'ordinateur exécutif central de l'ONU2, tandis qu'une proposition qui recueillerait moins de la moitié des voix serait refusée. Mais lorsque la majorité absolue des 2/3 n'est pas atteinte, et que les voix de la majorité constituent une majorité simple se situant entre 1/2 et 2/3, la proposition restera en suspens et sera ajournée ; et dans ce cas, après avoir demandé l'avis du Conseil Consultatif des intellectuels sur cette proposition, le président de la néo-planéto-démocratie la portera à l'ordre du jour d'une réunion propre au Conseil de Sécurité pour que tous ses membres se prononcent dans un vote interne, toujours à la majorité des 2/3 de ses membres, tenant compte de l'avis donné par le Conseil Consultatif ; et si le Conseil de Sécurité se prononce avec une majorité absolue, sans objection de l'ensemble des membres permanents, son vote complémentaire qui représentera dans tous les cas la moitié des voix du Parlement Central, viendra s'ajouter en bloc du côté décidé, et la proposition en suspens sera automatiquement acceptée ou rejetée. Mais si dans le vote du Conseil de Sécurité, la majorité est simple, entre 1/2 et 2/3 des voix, ou si l'ensemble des 5 membres permanents est opposé, dans ces deux cas, il sera demandé de trancher à la Cour Suprême de Justice planétaire, constituée de 12 ou 18 juges choisis du monde entier, qui seront aussi membres du Conseil Consultatif des intellectuels, mais dans lequel ils n'auront pas de droit de vote... et selon la constitution mondiale, comme dans le chapitre XIV de la charte de l'ONU, la décision finale de la Cour Suprême de Justice planétaire sera définitive, acceptée de tous et intégrée dans la mémoire de l'ordinateur géant de l'ONU2, en vue d'être appliquée.

J - Ce qui signifie que le veto sera supprimé.

V - Vous savez que le droit de veto des membres permanents du Conseil de Sécurité à été employé plus d'une centaine de fois par l'URSS, un peu moins par les Etats-Unis, moins encore pour la Grande-Bretagne, la France, et pratiquement jamais par la Chine. Ce droit de veto unilatéral, complètement antidémocratique, a de nombreuses fois paralysé le Conseil de Sécurité et le monde entier... et il a toujours été devant tous, un révélateur des intentions, des intérêts et des buts de chacun des pays qui l'ont imposé. Et dans le nouvel ONU, le veto subsistera pour éviter les désaccords et les conflits, mais il restera à la disposition de l'ensemble des cinq membres permanents unis et ne pourra plus être le fait d'un seul d'entre eux. Il ne pourra être utilisé que si tous les membres permanents sont d'accord pour s'opposer à un vote disproportionné du Parlement Central dont ils sont aussi membres. Et donc, je le répète, ce ne sera pas le veto d'un seul pays membre, mais celui des 5 pays membres permanents d'accord tous ensemble.

J - D'après la description précédente des organes de l'ONU, il semble que le Conseil de Sécurité et la Cour Suprême de Justice planétaire joueront les rôles majeurs. Pourriez-vous me les préciser un peu plus ?

V - Comme une coque protégeant une amande, le Conseil de Sécurité, dans une entente raisonnable, une coopération cordiale et exempte de ressentiment, ayant résolu ses désaccords avec compréhension et laissé de côté tout orgueil triomphaliste lié au comportement classique de la mentalité sauvage du droit du plus fort, aura pour premier objectif d'être le bras de la Justice planétaire, garantissant l'application sans entrave du droit commun humain, et le gardien du cerveau de la cybernétique centrale exécutive. Il aura donc la responsabilité de prévenir, d'assurer et d'établir la sécurité, de veiller à la mise en place de la légitime logique unificatrice planétaire dans tous les domaines fonctionnels, en particulier l'éducation, la sécurité sociale et bio-environnementale, pour mettre en déroute la misère et protéger les géopolites de l'influence de l'ancien comportement ENR, et plus généralement de tous les risques d'accidents, de catastrophes, d'actions extrémisto-terroristes, de guerres, d'exploitations occultes, de méfaits dus aux drogues et aux problèmes des centralisations et concentrations mégalopolaires, à la pollution, etc., d'apporter les secours humanitaires nécessaires aux populations touchées, de veiller à la mise en place d'une assurance santé planétaire, etc.. Il devra établir la sécurité et maintenir l'ordre par toute mesure qui s'inscrit dans le cadre des lois et de la constitution néo-planéto-démocratique, grâce à la formation et l'utilisation de la Force d'Action de Sécurité de l'ONU2 qui comprendra tous les corps constitués armés ou non de la sécurité militaire, paramilitaire, civile... et les corps de police, de pompiers, de secouristes, etc., avec leurs états-majors, coordonnés dans le conseil stratégique planétaire des états-majors qui sera composé de personnes de grande expérience diplomatique interétatique et militaire ; ces derniers commanderont cette Force d'Action de Sécurité et seront chargés de la coordination entre ses différentes ramifications, en Europe, en Amérique, en Asie, etc., centralisées au niveau du Conseil de Sécurité de l'ONU2 pour la mise en place d'actions préventives importantes et l'exécution de ses résolutions jusqu'à ce que le comportement ENR ait disparu.

J - Vous avez dit que le Conseil de Sécurité pouvait s'élargir. Quelle pourrait être alors sa nouvelle composition ?

V - Il est bien évident que le Conseil de Sécurité gardera sa composition actuelle, ou n'augmentera que de quelques membres supplémentaires jusqu'à l'unification complète et l'établissement d'un esprit pacifique mondial. Mais les dirigeants des pays membres du Conseil de Sécurité, notamment les membres permanents qui vont initier ce grand changement en s'appuyant principalement sur les institutions de Justice et les travaux du Conseil de Tutelle auront une immense responsabilité vis-à-vis de tous les géopolites du monde. Aussi devant l'importance de la tâche, ils désireront peut-être en renouvelant les membres non permanents, nommer aussi, avec l'accord de l'Assemblée Générale, d'autres membres permanents, pour être au nombre de 15 ou 20, mais qui n'entreraient pas en compte dans le droit de veto, et qui seraient des dirigeants de régions ou pays importants, comme l'Allemagne, le Japon, l'Australie, l'Ukraine, le Kazakhstan, la Corée, le Canada, l'Italie, l'Espagne, le Bénélux, la Scandinavie, etc., etc., qu'ils jugeront nécessaire d'intégrer en fonction des étapes de l'unification, selon les résolutions de l'Assemblée... tout en s'assurant de garder entre eux une intime cohésion.

J - Et qu'adviendra-t-il des nombreuses missions en cours du Conseil de Sécurité pour le maintien de la paix dans le monde.

V - Certainement que toutes ces missions iront jusqu'à leur terme dans le cadre de l'ONU avec beaucoup plus d'efficacité et de bonne volonté de la part des parties en présence, du fait de la levée des entraves économiques et de la perspective de l'unification. Mais pour ce qui est du mot paix, il a toujours trouvé ses racines dans la volonté des populations de sortir de la guerre à laquelle il est donc très lié, tandis que la sécurité est un besoin supérieur, global, qui existe même en temps de paix, et l'appellation de « Sécurité » donnée à ce conseil est extrêmement bien choisie compte tenu de la lourde charge de sécurité et d'établissement de l'ordre entre des populations au génome très violent et extrême-nationalistique pour certaines. Donc, l'existence d'un pouvoir, ou plutôt ce qui convient mieux, d'une taxinomie planétaire, est nécessaire, car aucune loi n'est applicable sans taxinomie, et naturellement il n'y a pas de taxinomie sans taxinomiste.

J - Ce qui signifie que dans la perspective de l'unification mondiale, la sécurité est, à votre avis, le principal besoin de l'homme.

V - Oui, bien que certaines populations pensent sans raison que le pouvoir représente le droit du plus fort, et que dernièrement, à cause de cela, tous les pouvoirs du monde ont été contestés par la majorité populaire mondiale. Mais il est bien vérifié que l'autorité étatique n'a rien à voir avec l'exercice du droit du plus fort qui marche le plus souvent dans le cadre de la sphère privée de l'individualisme, notamment dans l'inconsciente concurrence de personne à personne ou de groupe de personnes à personnes, et aussi dans la sphère publique en ce qui concerne la compétition d'une nation contre l'autre. Mais dans un pays, lorsque l'autorité et le pouvoir élu par la majorité s'effritent sous prétexte de prétendue liberté, ce pays court à l'anarchie ; et lorsque l'anarchisme entrave l'exercice du pouvoir élu par la majorité, cette autorité légitime peut aboutir légalement à l'obligatoire-oppressive dictature. Car dans un pays ingouvernable, il n'existe pas de démocratie parce que la démocratie signifie le pouvoir du peuple mais dans une taxinomie ou un ordre public, parce que sans ordre public et sans l'autorité d'un taxinomiste ou d'un responsable expérimenté, il n'y a ni organisation, ni oeuvre, ni progrès, ni civilisation. De la même façon une opposition est aussi nécessaire, par exemple dans la composition d'un parlement, et elle doit pouvoir donner librement son avis, qui peut être acceptable s'il est constructif pour corriger le programme d'un gouvernement élu par la majorité, mais elle ne peut affaiblir, interrompre, freiner ou perturber l'action d'un gouvernement élu par la majorité sans prendre une position antidémocratique, manifeste de ses intérêts personnels ou privés. De même, les manifestations et les actions de grève sont tout à fait démocratiques, mais elles n'ont pas le droit de nuire ou perturber le fonctionnement gouvernemental lié à l'intérêt et l'ordre ou la taxinomie publique, parce que dans le cadre d'une civilisation avancée, s'il existe une injustice ou un problème d'intérêt privé, l'unique solution humaine est la concertation et le dialogue pacifique entre les parties en présence, en dehors de l'intransigeance, du chantage, du dialogue de sourds, de l'enlisement et du pourrissement, etc., pour trouver des solutions efficientes dans le cadre de la responsabilité devant les autres. Car là où il n'y a pas de responsable, il ne peut y avoir d'ordre, et sans ordre c'est la confusion... et dans la confusion, il n'y a ni paix, ni sécurité. Donc, dans la première étape unificatrice comme dans les autres, il faut qu'il y ait une sécurité qui protège la taxinomie ou l'ordre, et pour cette raison, dans la « **paligenesia** », cette métamorphose et rectification gigantesque, une des principales nécessités sera aussi d'établir sur la base des diverses constitutions étatiques et des différents textes de la Charte de l'ONU, une constitution d'administration pananthropique planétaire, intégrant une sécurité qui protège la paix et le droit égal de chaque être humain, et qui s'applique avec justice dans toutes les formes d'activités planétaires.

De toute façon, toutes les précautions seront prises pour que la coopération dans tous les domaines du droit soit efficace à l'échelle planétaire et facilitée par la vitesse de traitement de l'ordinateur géant de la cybernétique centrale exécutive.

J - On dit pourtant que la « justice » n'est pas la même pour les riches qui arrivent à s'y soustraire, que pour les pauvres qui ne peuvent échapper.

V - Si cette mentalité existe, c'est au sein de certaines sociétés masquées, mais dans la société franche, dans l'unification mondiale, les droits dans la vie de toute personne humaine seront respectés dans le cadre de la justice sociale impartiale. Et l'unification mondiale qui devra débuter, dans un premier temps, dans la discipline de la loi et de l'organisation en vigueur dans chaque pays, parviendra par la suite à l'orthonormie humaine productrice de LIS et ne restera pas plus longtemps dans l'anarchie improductive de la LIA ; l'inverse serait anarcho-paralogique et catastrophique.

Le système unipananthropique ne sera pas une machinerie incontrôlable, ni anarchique : « Descendez vous les riches pour que nous montions, nous les pauvres ! », et pour que la lutte sociale se poursuive dans la loi de la jungle. Car l'homme qui est devenu riche honnêtement devra rester riche, mais avec une conscience humaine ; et dans la solidarité unipananthropique, il voudra aider le pauvre, plus faible, à devenir riche, lui aussi. Et donc, dans le nouveau système, tous deviendront riches... sinon, l'homme pauvre réduirait l'homme riche à la pauvreté et tous finiraient par devenir pauvres, et dans ce paralogisme, avec une telle mentalité rétrograde, tout progrès du système Unipananthropique Néoplanétodémocratique se trouverait réduit à néant... parce que l'esprit de l'unification mondiale et de la démocratisation idéale n'est pas de détruire la richesse, mais d'aider la pauvreté à devenir aussi richesse. Donc, les principes fondamentaux de l'unification mondiale auront pour objet de transformer le monde pacifiquement dans une justice sociosymétriquement logique et égale, ce qui signifie que le but de l'unipananthropisme est que la pauvreté se transforme en richesse, et non l'inverse.

Cependant, l'unification mondiale organisée, qui aura des responsables de travaux selon toute logique productive, nivellera les maîtres ; parce que si les maîtres restaient, les esclaves resteraient aussi. Mais l'unification panathropique ne laissera aucune place à quelque forme d'esclavage que ce soit, car rempli de connaissance après la campagne d'éducation et réellement libéré des racines rétrogrades des diverso-nationalo-idéalismes implantés pour la plupart depuis l'époque protanthropienne, chaque géopolite participera à tout processus administratif décisionnel, ayant au même titre que les autres les mêmes droits isomères, dans un esprit modificateur et réformateur pacifique, civilisé, totalement anthropomorphe, et en dehors du droit sauvage et arbitraire du plus fort. Et cela constituera le premier et le plus important pas en avant de l'Organisation Néoplanétodémocratique Unipananthropique, synonyme de l'élimination de l'esprit de LIA, du comportement ENR, des conflits, des affrontements, de la violence en général et de toutes les instabilités sociales de la triste réalité quotidienne, comme l'exploitation, notamment des femmes, des enfants, etc., pour au contraire favoriser l'installation d'une conscience humaine planétaire que nous voudrons à tout prix renforcer en tant que personnes humaines, pour en finir une fois pour toutes avec les raisonnements archaïques liés à la mentalité de LIA et au comportement ENR.

J - Et à votre avis, quelle sera l'organisation générale de la Justice dans l'ONU$_2$?

V - Dans un premier temps, rien ne sera changé par rapport aux dispositions prises dans chaque pays ou dans les unions régionales ou les fédérations de pays, et à l'organisation des actuelles Cours de justice régionales et de la Cour Internationale de Justice avant qu'elle ne devienne la Cour Suprême de Justice de l'ONU. Elles s'occuperont surtout de soutenir la paix, de la condamnation des crimes contre l'humanité, de résoudre tous les problèmes inter-étato-gouvernementaux et nombre de problèmes divers et conflits sociaux, et de toute question que les géopolites se poseront sur les divers aspects des jugements démocratiques ; et la Cour Européenne s'occupera de toutes les questions qui toucheront l'Union régionale européenne, la Cour suprême des USA, de celles qui toucheront les Etats Unis d'Amérique, etc. Mais progressivement, sous l'impulsion du Conseil de Sécurité, les Institutions de la Justice planétaire et leurs répliques étatiques seront définies et tout leur système juridictionnel sera mis en place avec l'accord du Parlement Central assisté du Conseil Consultatif dans le cadre du droit commun humain unique et cohérent, applicable à tout géopolite et recouvrant tous les domaines du droit, constitutionnel, civil, pénal, administratif, etc.

J - Et quel est votre point de vue sur ce nouveau système juridictionnel ?

V - Je ne sais pas répondre en détail à cette question car je ne suis ni magistrat, ni spécialiste du droit. Mais puisque vous voulez mon avis, je suis sûr d'une chose : c'est qu'il fonctionnera dans le cadre de la société franche, dans l'unité et la coopération plutôt que dans la diversification et la fragmentation, en dehors de toute concurrence et vanité d'ambition de carrière, et en laissant de moins en moins de place à l'interprétation personnelle de façon à respecter l'égalité des droits de tout géopolite. Mais dans un premier temps, il sera logique et essentiel de reprendre le fonctionnement de la Cour Internationale de Justice qui siège au Pays Bas, l'organe judiciaire de l'ONU constitué dès sa première année (1946), car elle devra former, avec l'approbation de l'Assemblée Générale et du Conseil de Sécurité, les institutions judiciaires de la néo-planéto-démocratie, et en particulier sa Cour Suprême de Justice planétaire. Et les magistrats qui composeront la Cour Suprême de Justice planétaire de la néo-planéto-démocratie seront des personnes d'expérience, d'un entier sérieux, très compétentes, d'une intégrité incontestable, incorruptibles, irrépréhensibles, irréprochables, ne se laissant pas tenter. Ils auront acquis la confiance de tous les pays pour exercer leur fonction avec l'autorité et le respect nécessaires pour pouvoir trancher et résoudre les différents. Chez aucun d'eux ne devra prévaloir un quelconque lien d'appartenance de type ENR. Ils seront donc totalement indépendants de leur nation d'origine et leurs décisions seront prises sur des bases logiques et impartiales, toujours dans le cadre de l'ONU2.

La Cour Suprême de Justice planétaire, véritablement impartiale, pourra établir à la requête du Parlement Central et du Conseil de Sécurité, tout tribunal pour traiter aussi bien des différents administratifs, que d'affaires du domaine civil ou pénal, à leurs différents niveaux de jugement, et elle pourra coordonner très rapidement toute action avec les Cours régionales ou étatiques. Elle supervisera aussi le processus électoral représentant la volonté de toute la population panplanétaire unifiée, totalement en dehors, je le répète, du mode de scrutin secret et dissimulé de quelques anciennes sociétés masquées, infectes et infamantes.

Et chacun des tribunaux qui en dépendront pourra se référer à la mémoire de la cybernétique du cerveau central dans laquelle seront inscrits, pour faciliter la réflexion sur l'exercice de tous les droits civils, la constitution, la charte modifiée et le droit commun humain en constant développement comprenant les différents textes adoptés jour après jour par le Parlement Central, et toute la jurisprudence cohérente de leur application, contrôlée par la Cour Suprême de Justice qui sera plus particulièrement chargée de toutes les affaires judiciaires au niveau planétaire, c'est-à-dire concernant l'environnement général et les différents entre pays ; et des tribunaux de plusieurs juges seront établis spécialement en fonction des affaires à traiter pour que jamais la responsabilité d'un jugement ne repose sur un seul.

La Cour Suprême de Justice de la néo-planéto-démocratie travaillera aussi en étroite relation avec le Conseil Consultatif des intellectuels, puisque ses magistrats, originaires de différents pays et reconnus du monde entier comme des professeurs éminents du droit, assisteront à ses réunions, sans pouvoir pour autant participer à ses votes. Mais elle pourra être consultée, donner des avis et favoriser toutes les mesures indispensables pour transformer l'opinion internationale divisée, misanthrope et en conflit ENR permanent, pour qu'elle devienne pacifique et unipananthropique. La Cour Suprême de Justice de la néo-planéto-démocratie sera aussi un tribunal planéto-constitutionnel qui pourra statuer sur la légalité d'une résolution au plus haut niveau de l'ONU2, et trancher pour une position lorsque le Conseil de Sécurité lui-même et ses membres permanents seront divisés, et résoudre les différents. Et toutes les dispositions qu'elle retiendra en dernier recours seront, en accord avec la constitution mondiale, sans appel devant tous les organes de la néo-planéto-démocratie, et écrites pour application dans l'ordinateur de la cybernétique centrale.

La Cour suprême de Justice devra également s'organiser pour être compétente dans la révision des diverses institutions intergouvernementales, pour les transformer ou les rejeter si nécessaire, en même temps que certaines sociétés masquées ENR, afin de former et de veiller à l'installation d'une nouvelle constitution d'administration panplanétaire... tandis qu'il sera donné au Conseil de Tutelle avec sa Commission Préparatoire à l'unification de planifier une action dynamique à court, moyen et long terme, et d'établir le programme totalement nouveau d'un développement panterrestre gigantesque qui contiendra, bien définies, les conditions de l'unification progressive suivant certaines étapes... en commençant, c'est indispensable, par les nations membres du Conseil de Sécurité, et notamment en premier lieu les membres permanents dont les gouvernements, bien organisés, établiront, pour régler leur contentieux et les détails de la stratégie d'unification, un plan efficace dans lequel chaque pays membre permanent viendra assurer tour à tour et pendant un certain temps la présidence de la population unifiée tout entière... jusqu'à la réalisation de l'unification planétaire définitive de tous les pays du monde et l'organisation d'un gouvernement mondial, qui exprimera sa direction par l'intermédiaire de l'ordinateur cybernétique central géant de l'ONU2.

Et la Cour Suprême de Justice de la néo-planéto-démocratie, le fondement même de l'existence juridique de l'ONU2, mettra tout en oeuvre pour éliminer les rivalités intergouvernementales et internationalistes ENR qui s'opposent à l'interintégration que requiert la conception unipananthropique, et pour équilibrer le dynamisme entre les nations et les forces existantes dans une organisation mondiale purement néo-planéto-démocratique et unifiée, fondée sur le principe de l'amitié et du respect mutuel dans une égalité des droits et une solidarité humaine impartiale, ayant à coeur les intérêts de tous les habitants de la Terre. Elle devra encore jouer un rôle coordinateur primordial et réellement consultatif sur toutes les questions d'ordre administratif, de manière à mettre fin aux crises d'instabilité politique, à réformer toutes les institutions parlementaires anachroniques et les constitutions diverso-nationales pour garantir, dans une société cohérente et associée, une cybernétique planétaire franche, réellement démocratique, qui respectera sans prétention l'opinion publique dans chacun des domaines fondamentaux du droit commun humain, mais qui ne sera pas pour autant une commémoration de la démocratie grecque maternelle.

Voilà cher ami, une approche sommaire de nouvelles institutions que les pays membres de l'ONU, et surtout les 5 pays membres permanents unis du Conseil de Sécurité pourraient envisager de mettre à la disposition des milliers de spécialistes sociopolitologues pour en faire l'étude nécessaire de façon à les mettre très rapidement en place dans le cadre de l'unification mondiale.

J - Et cette nouvelle constitution et ce droit commun humain resteront-ils liés à la charte de l'ONU et aux droits de l'homme ?

V - Cela ne fait aucun doute ! Et précisément, cette Constitution devra clairement mentionner que le premier article du premier chapitre de la déclaration universelle des droits de l'homme adoptée par l'Assemblée Générale de la première ONU, le 10 décembre de la troisième année de sa création (1948), représente la base fondamentale de l'esprit des textes constitutionnels de la seconde ONU, l'Organisation Néoplanétodémocratique Unipananthropique … il dit :

« Tous les êtres humains naissent libres et égaux en dignité et en droits, ils sont doués de raison et de conscience et doivent agir les uns envers les autres dans un esprit de fraternité. »

Car après 1945 et notamment sur la base de cette déclaration bien connue de tous et adoptée par une majorité de nations, une nouvelle époque commençait, celle de l'ONU, comme je vous l'ai déjà expliqué, un point de départ réaliste acceptable par l'ensemble de la population du monde pour dater tous les événements à venir, et aussi pour situer ceux du passé.

J - Je comprends l'importance de ce nouveau point de départ clairement défini pour tous. Mais en ce qui concerne la déclaration des Droits de l'Homme, vouliez-vous dire qu'elle sera intégrée en totalité dans la nouvelle constitution de l'ONU ?

V - Oui, la plupart des articles sont bons et pourront s'appliquer dans la nouvelle ONU, tandis que d'autres seront aussi intégrés mais après quelques modifications, car certains contredisent par exemple le premier article, comme le 13 qui dit : « Toute personne a le droit de circuler librement et de choisir sa résidence à l'intérieur d'un Etat. ». Cet article qui considère que l'homme n'est libre qu'à l'intérieur d'un Etat et non sur toute la Terre, s'oppose fortement au début du premier article qui affirme que : « Tous les êtres humains naissent libres et égaux. » Or d'après l'article 13, à l'extérieur de cet Etat, l'homme n'est pas libre du tout. Il est donc libre dans un Etat et esclave dans le reste du monde puisqu'il ne peut circuler s'il ne dispose d'un visa, d'un passeport, etc., etc. Et sur ce point, le premier article perd de sa valeur et de son sérieux, car il se fait porteur d'une hypocrisie déguisée qui établit des complications humanitaires et révèle un profond et irrationnel paralogisme de type ENR qu'il faudra enlever en changeant d'autres textes parallèles de l'ONU, dans la logique d'hommes libres.

J - Mais quelles modifications précisément pensez-vous qu'il faille apporter ?

V - Comme je vous l'ai dit, bien que la majorité des textes de l'ONU concernant les droits de l'homme, ceux du départ et les résolutions qui ont suivi soient de qualité, il faudra en réexaminer quelques-uns, non dans l'ancien esprit des Nations « Unies » mais en réalité « divisées » ... mais dans un nouvel esprit de Nations réellement Unies. Et donc le principe de l'ONU$_2$, représentant l'article de base, pourrait être étendu et s'énoncer ainsi :

« Tous les êtres humains sans distinction, naissent libres et égaux en dignité et en droits, ils sont doués de raison et de conscience et doivent agir les uns envers les autres dans l'amitié, le respect mutuel et la solidarité impartiale qui favorisent le bien-être général sur toute la Terre. »

Et certainement que sur cette base, d'autres propositions pourront être faites par les spécialistes de la sociologie et du droit universel. Mais après toutes les procédures inhabituelles que vous avez pu entendre introduire ou proposer lors de nos entretiens, il est temps de s'arrêter en disant qu'elles sont toutes encadrées d'une certitude qui atteste clairement de la réelle possibilité de mettre en place l'unification mondiale. J'espère donc que tout est bien conçu dans une bonne direction et vraiment envisageable. Il dépend de nous tous désormais que cette conception dynamique apporte la renaissance et le rajeunissement au monde des hommes… et que nous devenions capables de sauver la vitalité de cette petite planète, pleine des blessures que nous avons provoquées et perpétuées, qui lance désespérément ce S.O.S., peut-être pour la dernière fois. Nous voudrons donc nous réveiller et réagir, car sur ce sujet, comme vous le savez bien, l'ajournement engendre des situations de plus en plus désagréables et en dehors de toute forme humaine.

J - Et quel sera le rôle de la cybernétique du cerveau central dans le domaine de la justice en dehors de la mémoire de toute la jurisprudence et des textes de lois ?

V - La cybernétique centrale du cerveau planétaire sera finalement capable de donner une proposition argumentée de verdict en fonction d'une complexité d'éléments et suivant ses programmes et sa mémoire des textes du droit et de toute la jurisprudence, et de sa connaissance d'informations privées, car la cybernétique sera capable de vérifier elle-même le fichier privé des personnes ou tout sera centralisé et de prendre en considération des éléments qui doivent rester du domaine privé sans les rendre public, mais qui peuvent être importants dans l'élaboration de la décision, ce qui soulagera la justice des hommes sans pour autant la remplacer. La cybernétique centrale sera également utile dans la détermination de la juridiction compétente et accélérera les procédures en rendant toute communication immédiate entre les différentes juridictions.

J - J'ai bien suivi toute cette description des organes de l'ONU, mais vous n'avez pratiquement pas évoqué le Conseil Economique et Social. Pourtant, son rôle actuel est très important. Que devient-il dans cette réformation ?

V - En réalité, j'en ai parlé lors du passage de l'économie actuelle à la monnaie unique électronique. Et les institutions de ce conseil seront très utiles pendant toute la période transitoire de la préparation et du passage de la monnaie biosociocorruptible à la monnaie unique électronique franche et incorruptible… et en particulier la Banque Mondiale qui est avant tout, dans une époque de confusion économique, une source de conseils avisés et qui compte, selon certains spécialistes, des gens sérieux, de grande expérience, qui connaissent bien la marche actuelle des Etats et sont capables de tirer des leçons du passé. Et dans le contexte de l'unification, bien conscients que la véritable richesse est ailleurs que dans l'argent, ils se tourneront entièrement vers le développement des progrès de l'homme. Aussi le Conseil de Sécurité leur demandera de travailler dans le cadre du Conseil de Tutelle pour mettre en place au fur et à mesure de l'unification toutes les dispositions monétaires électroniques nécessaires aux échanges des géopolites ; et la Banque Mondiale n'ayant plus ni or, ni fonds, ni argent, à garder ou à prêter, ni dettes à gérer, ni intérêts à comptabiliser, étudiera les valeurs de compensation ou de contrepartie, une tâche immense à entreprendre et très satisfaisante à réaliser, parce qu'elle valorisera les ressources humaines. Elle se chargera aussi de toutes les valeurs d'échanges avec la carte « ONU » de chaque géopolite dans la cybernétique centrale, en liaison avec d'autres institutions commerciales de l'actuelle ONU, etc., etc. Mais nous rentrons là dans un dédale de détails et je préfère laisser aux experts et spécialistes de ces institutions, qui les connaissent beaucoup mieux que moi, le soin de traiter de cette complexité.

La situation géo-politico-économo-démographique actuelle se prête-t-elle au développement de l'unification mondiale

J - Oui, il est vrai que toutes ces mesures transformeront complètement les conditions de vie de l'homme et répondront à ses aspirations. Mais c'est sans compter notre traditionnelle apathie, qui fait que les élus, des personnes qui ont lutté pendant de nombreuses années avant d'accéder au pouvoir, ne peuvent que conserver les traditions devant la population. Et pour cette raison, ils devront trouver mille excuses pour rester dans la division nationalistique qui garantit leur pouvoir ; de ce fait, ils essayeront de retarder la mise en place de cette nouvelle société franche, contraire à leurs intérêts.

V - Vous avez des préjugés cher ami. C'est une ancienne et banale méfiance avec laquelle je ne suis pas du tout d'accord... je suis même sûr du contraire, car parmi les élus et ceux qui gouvernent dans la période présente, nombreux sont les hommes politiques honnêtes qui veulent faire le bonheur de la population. Il suffit de se référer à certaines statistiques et aux données des sociologues, des scientifiques, et de tous ceux qui étudient le développement de la situation planétaire actuelle et ses perspectives. Et sachant que souvent, ceux qui font partie du monde politique sont pleins de sentiments altruistes - bien qu'aimant aussi le pouvoir, comme tous - je refuse de croire qu'ils puissent manquer de conscience humaniste en raison de leurs intérêts personnels.

J - Et à quelle conclusion arrivez-vous, monsieur Vaskas ?

V - Vous connaissez bien mon refus de critiquer qui que ce soit, mais dans le cadre cosmologique, je peux vous donner un avis sur un sujet aussi important. Vous avez sans doute constaté vous-même que dans de nombreux commentaires sur les événements depuis la fin du siècle dernier de nombreuses personnalités emploient de plus en plus souvent des termes comme internationalisation, globalisation, mondialisation, etc. De telles préoccupations avaient germé dans le cerveau d'Aristote et s'étaient exprimées dans les actions d'Alexandre le Grand, son élève, qui, se basant aussi sur les débuts de la culture grecque, ne voulait pas tant conquérir l'ensemble du monde connu de l'époque que l'unifier pour constituer la première société unipananthropique ; malheureusement, les moyens étant insuffisants et la vie de l'homme trop courte à cette époque, ce programme humain est resté inachevé. Aussi, sans perdre de temps, il nous faut examiner l'actuelle situation politico-économo-démographique, (expression qui vient du grec « Πολιτικη Οικονομικη - Δημογραφικη »), pour savoir si elle se prête à la « **paligenesia** », la grande métamorphose de l'unification mondiale...

Il faut donc l'examiner sous un angle économo-politico-idéologique quantitatif réel, en regard de l'évolution du calcul démographique, qui je le répète, est lié à l'innovation, notamment par rapport à des secteurs d'activités qui reposent dans tous leurs aspects sur les progrès de la micro-électronique et de la multimédia-informatique qui permettent le traitement de masses d'informo-communications, et dont les diverses applications se mettent en place au niveau mondial et influencent les socio-internationalo-relations dans des domaines de plus en plus nombreux au fur et à mesure des accords qui se multiplient à haut niveau entre les divers Etats, les administrations, les institutions, les organisations, les universités, les associations, les conglomérats et les firmes, les sociétés, etc., qui, de nationales à multinationales et transnationales deviennent mondiales, globales, se regroupent et se concentrent de plus en plus en réseaux de plus en plus ouverts, tandis que presque dans le même temps, les réglementations, les normalisations et les qualifications se définissent et entrent en application. Et dans cette globalisation progressive des diverses adaptations et activités socio-industrialo-commerciales où l'interdépendance est devenue une généralité, les Etats se trouvent entraînés et prennent de plus en plus conscience de la nécessité de concertations mondiales qui puissent examiner de plus en plus de questions en vue de leur règlement, notamment sur l'approvisionnement, la santé bioculturelle et socio-économique et la sécurité des populations en général. Car tout le monde est conscient de la nécessité de mettre globalement le progrès technoscientifique au service de l'homme, et notamment dans sa lutte contre la pollution, dans les domaines de la santé, de l'environnement, de l'écologie, du traitement de l'eau potable, du recyclage des déchets, des transports, avec l'utilisation de nouvelles énergies et de carburants moins dangereux, comme l'électricité, l'hydrogène, l'oxygène, etc., etc., et dans d'autres secteurs importants qui sont communs, à l'évidence, et qui commencent à être étudiés et adaptés dans le cadre mondial.

Et sur toutes ces questions, invariablement, le seul fardeau qui contrarie le règlement de ces grands équilibres humains est toujours financier. Le dénouement capable d'apporter la solution, presque automatique, comme pour le noeud gordien, apparaît donc, très clair, simple ; car il n'est pas difficile de comprendre que dans l'unification mondiale, il suffira de supprimer le système exploito-économique vampiro-financier corruptible, oppressif et dévoreur, par lequel quelques cercles d'hommes transgressent le droit de toute l'humanité à la prospérité, de le remplacer progressivement par un système économique mondial basé sur l'impartiale et incorruptible monnaie unique électronique et d'équilibrer les échanges dans une équivalence analogique entre la consommation et la production distribuée de façon impartiale, avec à terme, la mise en commun des ressources de la planète qui seront bien évaluées dans une réelle analogie de valeurs en fonction de chaque productivité, à l'aide de moyens informatiques chaque jour plus avancés qui élimineront les injustices et l'exploitation par des parasites, et offriront des solutions de gestion assurant le contrôle instantané totalement télématique et une entière sécurité pour l'homme et son habitat.

Par ailleurs, sans parler politique, il n'est pas difficile de comprendre que le monde actuel balance entre deux positions extrêmes qui le divisent, car dans la présente situation, une grande partie de la population se réclame de l'individualisme, tandis qu'une autre partie se réfère au collectivisme. Ainsi la population se trouve séparée, fragmentée, divisée, comme si une société pouvait exister sans les personnes qui la compose ou comme si les individus pouvaient agir seuls sans nouer des liens avec la collectivité... alors qu'en réalité, personne ne peut exister sans l'autre ! Cela tient donc d'idéologies anorthologiques et irréalistes de vouloir séparer l'homme de l'autre homme. Et dans les essais de collectivisme, la population a toujours été gérée par une minorité autofavorisée qui ne tenait pas compte du droit démocratique de la majorité, tandis que dans les tentatives d'individualisme, étiquetées curieusement « libéralisme », la population a toujours été, et est encore exploitée et pressée, je le répète, par une minorité vampiro-financière, qui exalte la réussite individuelle - forcément au détriment de celle des autres - sous prétexte d'une soi-disant liberté d'entreprendre qui détruit la société et la déchire pour en tirer plus de profits privés.

Il est donc facile de comprendre par une réflexion syllogistique, que ces deux positions extrêmes, pleines d'intérêts personnels, ne peuvent coexister que dans de constants rapports conflictuels. Et ni l'une ni l'autre de ces positions qui nuisent à l'homme et divisent la société ne sont acceptables pour construire un monde sûr et paisible. Un autre grand équilibre reste donc à trouver pour la société ou collectivité, c'est-à-dire pour les personnes qui la composent ; et il ne pourra s'établir que dans la réalité de l'unification où chacune de ces positions devra revenir à une conception globale équilibrée. Et l'ancienne rivalité et l'antagonisme diverso-social ENR devront cesser - bien qu'une certaine incitation aux progrès, notamment dans le domaine des recherches scientifiques, s'avérera toujours stimulante et utile - pour que tous les hommes forment une société pananthropique, collective, commune, franche et impartiale, en faveur de laquelle chaque personne pourra jouer pleinement et librement son rôle, l'une à l'autre liée, et tous vivant ensemble dans une solidarité humaine. Car dans la nouvelle société pananthropique où le marché sera administré mécaniquement, sans aucun doute par le cerveau d'un ordinateur géant, incorruptible, la personne et la société, ayant toutes deux le même intérêt, ne pourront plus être séparées et ne fonctionneront plus dans un état de conflit permanent.

Et souvent délaissée par les institutions actuelles, parfois marginalisée, la crise générale de la société endommagée par les influences corruptrices est également un indice du besoin de la solution d'unification. Car une grande partie de la population reste à la traîne, prend du retard et se trouve distancée par rapport au développement accéléré des innovations liées à l'informatique. Aussi la nécessité d'une assistance politique apparaît clairement, et au niveau mondial, pour prendre toutes les mesures et créer sans délai les conditions pour favoriser et ouvrir largement l'accès de la population aux toutes dernières possibilités. Aujourd'hui, elle est fatiguée de la mentalité ENR et réclame de nouvelles formes d'organisations sociales basées sur la coopération mutuelle et la solidarité dans le respect des droits de la personne humaine.

De plus, la recherche, le développement et l'innovation doivent aussi s'appliquer dans le domaine sociopolitico-économique, et je le répète encore, dans celui de la morale en retard de milliers d'années. Et grâce aux réseaux diverso-médiatiques, la possibilité est déjà offerte à ceux qui habitent d'un côté de la Terre de connaître et de s'intéresser à ceux qui sont de l'autre côté, et timidement, des réactions aux difficultés ou au bien-être des autres commencent à voir le jour à l'échelle planétaire, favorisant l'éclosion de sentiments de solidarité qui commencent, un peu partout, à se manifester selon la compréhension de chacun.

J - De toute façon, cette division en deux à tendance à s'estomper aujourd'hui au profit de multiples divisions. Cela se constate dans les revendications identitaires d'un nombre croissant de peuples, d'ethnies, de minorités, etc., qui veulent être reconnus pour eux-mêmes dans leur diversité nationale ou territoriale, religieuse ou culturelle.

V- Il est vrai que par réaction à certaines pressions, quelques groupes de mentalité ENR, se basant sur d'anciennes appartenances et traditions, se démarquent, revendiquent une certaine indépendance et cherchent à faire sécession, parfois par des moyens terroristes, entraînant avec eux les populations craintives qui vivent sur leurs territoires. Mais le morcellement des territoires et la multiplication récente et constante du nombre d'Etats est aussi un signe de l'affaiblissement et de la dilution progressive des frontières qui se démantèlent et se désagrègent de plus en plus et qui seront supprimées une fois l'unification mondiale réalisée. Car dans chaque nouvel Etat qui se forme pour manifester une certaine identité ancestrale, nationalisto-religio-patrimoniale ou ethnoculturelle, la majorité de la population, souvent confrontée à des problèmes économiques, rêve en même temps de se fédérer avec d'autres et cherche aussitôt à être reconnue au niveau mondial, en particulier par l'ONU, pour faire partie de l'identité géopolitaine mondiale. Cependant, le phénomène de suppression des frontières, et donc le mouvement vers l'unification, avance beaucoup plus rapidement et pacifiquement, et en dehors de toute violence et terrorisme, lorsqu'il se fait dans le cadre d'accords entre Etats qui se rassemblent pour former diverses communautés, fédérations, confédérations, unions, etc., et les exemples sont nombreux, en Europe, en Asie et en Amérique. De plus, en dehors des pays refuges de l'argent, paradisiaques ou autres, la multiplication d'espaces privilégiés et de zones franches sur un même territoire étatique et dans un plus grand nombre de pays, est le signe d'une tendance à créer des zones facilement accessibles, parce que libérées des droits à payer pour passer les frontières ; c'est encore un indicateur à grande échelle du besoin d'échapper au fardeau économique qui pèse sur les entreprises commerciales et industrielles qui travaillent souvent avec de trop lourdes taxes étatiques (rendues nécessaires pour combler le trou social et rembourser les intérêts des dettes) et qui recherchent, en accord avec certains Etats, des conditions plus favorables à leur développement... en attendant la suppression totale des taxes qui ne sera possible que dans le cadre de l'unification mondiale.

Et même si quelques Etats ont encore des vues empreintes d'un crypto-impérialisme indéniable qui laisse subsister ou supposer de sérieux risques, aucun d'eux ne veut apparaître comme une menace pour l'autre. Et dans le contexte actuel, toutes tendances confondues, ils se dirigent tous inexorablement vers l'unification mondiale qui commencera à s'édifier sur la base des régions principales comme l'Europe, la Russie, la Chine, les Etats-Unis d'Amérique, le Japon, etc., etc., et notamment dans la dynamique des deux zones mégalopolaires d'impulsion de la Terre, Américaine et Européo-Asiatique, qui constituent l'oligopole mondial actuel dans les principaux domaines de la recherche, l'innovation, l'énergie, la production, la consommation, de la communication, mais aussi du point de vue politique, financier, décisionnel, etc., et surtout social. Et l'ONU, comme dans un corps planétaire, pourra utiliser ces deux zones comme deux mains qui travailleront ensemble à la réalisation des différentes étapes de l'unification mondiale, car aucun des pôles de ces zones ne peut se définir comme étant, lui seul, le centre du monde. Les régions de chacune de ces zones ont leur expérience et leurs qualités propres à faire partager, les unes sont à l'âge de la maturité et pleines d'expérience, les autres sont devenues adultes et remplies d'énergie et de puissance, et d'autres, encore jeunes, sont ouvertes pour bénéficier de l'expérience des plus avancées et pour apporter leurs forces neuves. Mais ensemble, elles constituent le cercle de base du développement solidaire et de l'éveil de l'unification mondiale dans un esprit de co-responsabilité, d'interdépendance et de coopération pananthropique.

J - Mais comment chacune des différentes puissances pourra-t-elle apporter un élément d'unification alors qu'elles sont encore toutes rivales et remplies de mentalité ENR ?

V - Votre question est réaliste et très importante... y répondre est difficile, mais il n'est pas inutile de consulter les rapports et les statistiques économiques et de reprendre les études des socio-économistes sur l'état des différentes zones d'influence importantes autour du monde à notre époque pour constater que leur esprit nationalisto-diviseur devient progressivement unificateur.

J - Je peux déjà vous affirmer que certaines nations ne sont pas prêtes à marcher dans l'unification mondiale. Et que penser du paradigme de la croissance et du développement de la Chine en comparaison du miracle du Japon ? N'y a-t-il pas de grandes différences ? Comment ces deux nations pourraient-elles s'unifier ?

V - Vous êtes trop souvent pessimiste cher ami, peut-être à cause de quelques préjugés, car toute situation change. Mais il n'est pas difficile de se rendre compte que comme des parents qui ne voient pas grandir leur enfant, de nombreuses personnes considèrent toujours la Chine, encore freinée par son précédent régime et certaines contraintes structurelles, comme une puissance montante mais aussi qui reste faible, bien qu'elle déborde de vitalité, d'énergie, de ressources, et que sa population représente une puissance colossale qui s'accroît sans cesse puisqu'elle a presque triplée en quelques dizaines d'années, passant, selon certaines estimations, d'environ 430 millions à 1300 millions de nos jours. D'ailleurs, une grande partie des pays voisins et d'autres plus éloignés ne s'y trompent pas et ils ont compris qu'il était absurde de vouloir rivaliser avec elle ou de rester concurrent ; et aujourd'hui, ils envisagent plutôt un rapprochement ouvert sur de nouvelles voies d'échanges, car la production de la Chine est de plus en plus efficace, et dans le développement de son industrialisation et de son économie, son potentiel est devenu incontournable. Et sa jeunesse très active, entourée d'un personnel d'animation et d'encadrement bien formé et instruit qui accroît son dynamisme, laisse entrevoir un bon avenir. Il est donc clair que se lève une réelle puissance, également militaire, atomique et spatiale, mais sans clairon ni fanfaronnade, qui est aussi un pays fort, parce qu'animé d'une détermination tranquille.

Et au-delà de l'éveil de sa puissance, la Chine, née d'une histoire civilisée, est bien avancée dans l'esprit unificateur, car elle montre une volonté qui aspire à l'unification centralisée, sans heurt et en voulant éviter tout affrontement, ce qu'elle démontre déjà largement dans les relations avec ses régions autonomes et ses provinces, en dépit de grandes disparités géotraditionnelles, économiques et sociales, en essayant de freiner l'exode rural et de résorber les inégalités. Et malgré son importante population, elle a su la conserver en grande partie en milieu rural, tout en assurant du mieux possible sa santé et en faisant progresser son niveau d'instruction. Et la Terre qui appartient à la collectivité et les activités réparties dans des exploitations familiales et de petites industries commencent à évoluer peu à peu vers un système qui pourra rejoindre facilement celui de l'ONU lorsque chacun pourra habiter et exploiter un morceau de terre comme propriété personnelle sa vie durant, ou exercer une activité le temps qu'il le voudra ou bien le pourra. Et tenant compte de son expérience passée, la Chine sait prendre ses responsabilités et le montre depuis un certain nombre d'années maintenant, en particulier face au problème majeur et difficile à résoudre du trop grand accroissement démographique, en le traitant sur une vaste échelle, d'une manière qu'elle juge efficace et avec des résultats positifs. Et dans sa recherche patiente du progrès bioculturel, elle a déjà beaucoup avancé pour s'affranchir de l'esprit rétrograde ENR et elle essaye maintenant de développer un climat de solidarité anthropomorphique.

Donc, avec le réel esprit d'ouverture pacifique que révèlent ses positions pondérées au sein de l'ONU, la Chine ne voudra pas rester en dehors de la société pananthropique, ni se refermer sur elle-même. Elle ne rêve pas non plus de dominer le monde, à l'instar de certains crypto-impérialismes sournois. Et dès qu'elle aura réussi, ce qui n'est pas facile compte tenu des disparités ethniques et de son taux élevé de peuplement, à étendre le respect des droits de l'homme à tout son territoire, son intégration dans les relations avec d'autres Etats croîtra rapidement ; et progressivement, elle ira vers une démocratisation logique qui favorisera le rapprochement vers l'unification mondiale.

J - Et le Japon, pensez-vous qu'il va répondre favorablement à l'unification ?

V - Pourquoi n'y répondrait-il pas ? Le Japon, avec sa population loyale, courtoise, disciplinée et laborieuse est l'exemple même de ce qui peut se réaliser par le fait de travailler dans une culture de vie commune et solidaire. Et par sa forte activité, il est devenu l'une des principales puissances économiques mondiales dans de nombreux domaines, grâce à une capacité industrielle qui est principalement l'assemblage cohérent et facilement financé de microsociétés qui possèdent notamment un grand savoir-faire et sont toutes associées dans l'amélioration et l'accroissement de la production qui favorise l'exportation. Et malgré que le Japon soit incité par certains à se remilitariser, nous pouvons comprendre que la limitation des dépenses de défense a favorisé sa rapide progression économique, si bien qu'aujourd'hui, devenu le pays le plus industrialisé du monde, il se trouverait presque en situation de rentier et pourrait pratiquement se suffire des intérêts de ses investissements, s'ils n'étaient attaqués. Mais même premier créancier du monde, le Japon est un facteur de progrès technoscientifique, qui, dans sa soif d'informations nouvelles, continue de travailler sans relâche pour élargir ses implantations dans tous les pays qu'il incite à progresser... et il entraîne dans son sillage les populations environnantes d'Asie du Sud-Est, contribuant à élever leur niveau de vie, cherchant à les rendre riches et non à les appauvrir. Et mise au service de l'unification, une telle volonté de progrès avec une population généralement vraiment pacifique, sera très efficace.

Mais le Japon, qui sait reconnaître l'expérience des autres sous ses meilleurs aspects, qui poursuit une politique de non-engagement et reste le premier a avoir renoncé définitivement à la guerre, qui refuse de développer l'arme atomique et qui fait tant d'efforts est si mal compris qu'il est souvent obligé de se replier sur lui-même... alors qu'il est évident qu'il a besoin de s'ouvrir et d'être accueilli par les autres populations, parce qu'il a développé des qualités de conciliation pacifique qui seront des plus utiles dans l'unification où il pourra mettre au service de tous son expérience positive de la concertation, de la consultation, du consensus, du respect et de l'entente harmonieuse, de l'intégration de propositions, d'autant que sa population, comme celle de la Chine, a pratiquement triplé, passant de 44 millions au début du siècle à plus de 125 millions... et seule l'unification, dans un accord amiable entre tous les pays, permettra de réguler et mieux adapter la démographie aux besoins des personnes et des différents territoires. Et n'ayant pratiquement pas de ressources naturelles propres, le Japon est bien placé pour savoir que la vie et le bonheur d'une population dépendent aussi de la coopération, de la solidarité et de la production d'autres populations pour constituer un équilibre des échanges dans le respect mutuel. Mais pour le moment, la peur de sa puissance industrielle en constant développement sous l'impulsion d'un Etat qui apporte généreusement moyens et informations, engendre des réactions d'autodéfense des autres Etats concurrents, et même partenaires, qui ont tendance à se montrer protectionniste ou à exercer des pressions pour freiner son développement réalisé grâce à l'unification des intérêts de sa population disciplinée. Mais comme il ne menace militairement aucun autre pays, il constitue une valeur civilisée en faveur de la paix qui sera très utile dans la planification et l'organisation par l'ONU de l'unification planétaire.

J - C'est vrai que le Japon ne menace aucun pays et favorise ainsi l'unification mondiale. Mais comment l'ONU, tant qu'elle restera installée à New York, aux USA, pourra jouer un rôle impartial dans cette unification ?

V - Pour ma part, je vous l'ai déjà dit, ce n'est pas un inconvénient que le siège de l'ONU soit dans un pays démocratique comme les Etats-Unis d'Amérique dont la population d'une grande mobilité est courageuse, efficace, créative, avec un esprit pionnier et d'entreprise, dans un pays aux nombreuses ressources, extrêmement productif et vigoureux qui a sacrifié par deux fois des milliers d'hommes pour aider l'Europe à se libérer de son auto-esclavage ; et ce pays profondément dynamique dans tous les secteurs culturo-technoscientifiques et d'une grande expérience unificatrice comprendra l'importance de cette gigantesque réformation ayant pour but de rassembler la famille humaine et agira très vite pour prendre et soutenir la voie de l'unification pananthropique.

Car déjà maintenant, avec leur indéniable puissance, l'excellente coordination de leur fédéralisme modérateur et compensateur qui suit le progrès en automatisant de plus en plus la vie pour économiser les forces de l'homme, avec leurs grandes capacités dans certains domaines comme l'information, le multimédia, les transports, etc., et d'autres de haute technologie... et surtout, avec leurs avancées spatiales, les USA comprennent l'importance de l'unification mondiale et sont très ouverts à la collaboration avec des pays avancés comme la Russie, la France, le Royaume-Uni, l'Allemagne, la Chine, le Japon, etc., etc. Et ils seront avec l'ONU$_2$, dans la fondation et la construction de l'unification planétaire pananthropique.

J - Et que pensez-vous de la Russie ?

V - Vous me posez des questions difficiles cher ami, et je ne suis pas ethnologue pour connaître en détail les possibilités de chaque pays, mais il est bien connu que la Russie, le pays le plus étendu du monde, est un des plus riches par ses ressources, notamment dans le sous-sol. Et c'est la Russie qui a donné le signal et pris l'initiative de changer le rapport des forces dans le monde... et grâce à elle, le désarmement a pu débuter, les dépenses pour la défense ont diminué et la méfiance a commencé à se dissiper ; et la Russie garde une volonté intacte, toujours manifeste, et maintenant en association avec d'autres, de continuer à faire avancer la recherche spatiale, démontrant par là qu'elle connaît notre objectif futur. N'oubliez pas que le Spoutnik, 12 années après l'ONU (1957) et le premier homme dans l'espace quatre ans plus tard furent des événements inoubliables et les premiers signes de croissance de l'homme qui commençait à sortir des limites de son berceau terrestre.

Et tandis que la population de Russie reste dans une attente encore difficile à supporter, elle sait que les situations économiques catastrophiques conduisent à l'impasse ; aussi, tournée vers l'avenir, elle aspire à l'unification dans un système d'égalité, de liberté et d'esprit communautaire qui préserve le bien-être de chacun et dans lequel elle apportera la lourde expérience de son passé. Et dans l'amélioration de son administration, disciplinée dans l'idéal démocratique, la Russie va très vite progresser pour venir prendre une solide position en faveur de l'unification mondiale.

L'Europe réellement unifiée
jouera un rôle important dans l'unification mondiale

J - Et un rapprochement entre l'Europe et la Russie est-il envisageable ?

V - Mais un rapprochement entre l'Europe et la Russie n'est absolument pas nécessaire, car géographiquement et historiquement, la Russie fait aussi partie du continent européen... par conséquent, par nature, ces régions sont déjà unifiées. Elles ne sont divisées que par l'absurdité idéalistique et nationalistique. Et certains pays de cette mosaïque de populations européennes, pensant que le premier facteur de l'unification est principalement économique, se sont déjà rassemblés dans un espace économique commun. Et nombreux sont ceux qui considèrent l'Europe comme le berceau de l'humanité, car elle possède aussi une longue expérience historique et une culture plusieurs fois millénaire dans presque tous les domaines de la technoscience, des arts, des lettres, etc., notamment à partir de l'époque où les anciens Grecs s'y étaient installés... et au départ de la Sicile, ils ont construit des villes comme « Νικαια » (Nice), « Αντιπολις » (Antibes), « Μασσαλια » (Marseille), et de nombreux autres sites comme en témoignent d'anciens monuments.

Et comme ils étaient dispersés sur ce continent, sur cette Terre digne d'être ensemencée de puissance qu'ils avaient appelée par amour « Ευρωπη » (Europe) - du nom de la fille de Phénix dans la mythologie, emportée par son Dieu tout-puissant, à cette époque Zeus (ou Jupiter) métamorphosé en taureau, symbole de puissance -, avec le temps, certaines régions sont devenues des nations indépendantes et puissantes, telle que Rome, etc., etc. Puis, l'Europe s'est divisée en diverses ethnies nationalisto-souveraines qui ont chacune édifié leur propre langue et civilisation. Et les nouvelles cultures civilisées des divers pays ont constitué l'un des continents les plus avancés du point de vue culturel, une Europe qui doit donc cesser d'avoir de l'appréhension, ne pas seulement parer de belles paroles les forces démocratiques de l'unification mais monter sur leur puissance, et se laisser entraîner jusqu'à porter le fruit de son potentiel socioculturel et civilisateur qui ne pourra prendre toute sa valeur que lorsqu'elle s'unifiera enfin, également politiquement, pour être capable de devenir le conseiller et le promoteur principal de l'unification mondiale et un fondement solide du développement planétaire.

Mais l'Europe qui veut s'unifier depuis des dizaines d'années ne l'est pas encore à cause de la fidélité de certains pays à la mentalité ENR, à leurs anciennes rivalités, leurs divisions nationalistiques, leurs égocentrismes, leurs revendications excessives de souverainetés patrimoniales, etc., etc., qui sont autant d'entraves à l'unification.... Pour toutes ces raisons, les populations du Vieux Continent s'encroûtent dans le conservatisme et restent toujours divisées, bien qu'elles aient aussi le droit d'être à l'avant-garde de l'intellection et de l'unification pananthropique.

J - Mais enfin, que se passe-t-il ? Avec une civilisation aussi expérimentée, pourquoi les pays d'Europe n'arrivent-ils pas à la réflexion qui leur permettrait de discerner leur intérêt ? C'est une énigme vraiment inexplicable !

V - Ce n'est pas une énigme, ni une situation inexplicable. Elle résulte de l'euroscepticisme, des infinies difficultés provoquées par certains intérêts de pouvoir profondément nationalistes et de la multitude de peaux de banane lancées par certains cercles exo-européens dans le cadre de leurs intérêts financo-industrialo-commerciaux... et pour cette raison, les dossiers du processus de réforme des institutions et de la construction européenne sont sournoisement bloqués dans presque toutes leurs directions et orientations ; et cette dyskinésie du processus unificateur est encore aggravée par l'esprit profondément nationalisto-souverain de l'Europe qui fait que son avenir reste toujours incertain et oblige l'unification à patienter ainsi que le consciencieux programme d'assistance et d'élargissement aux pays de l'Est qui doivent entrer dans l'Union européenne, notamment l'Estonie, la Lettonie, la Lituanie, la Pologne, la République Tchèque, la Slovaquie, la Hongrie, la Roumanie, la Bulgarie et d'autres.... Dans la situation présente, l'Europe n'existe que sur la carte, mais pas pour très longtemps, car en dépit de tous ces obstacles, le processus unificateur est bien enclenché. Et même si certaines formes de procédures de rapprochement manifestent encore la séculaire souveraineté nationalistique traditionnello-primitive qui entrave l'esprit d'unification et que le chemin à parcourir est semé d'embûches placées par certains intérêts, et encombré par diverses déceptions, par l'attente de subventions, par des détournements, des veto, de longues discussions sans décision, par des avis personnels contradictoires, des dialogues de sourds, et notamment par des intérêts privés vampiro-financiers qui voudraient bloquer et appauvrir l'économie européenne, le processus unificateur est engagé ; et même s'il continue d'avancer difficilement, petit pas à petit pas, son plan sans précédent s'élabore sous l'impulsion de tous les membres conscients de la situation, notamment de certains représentants et hauts fonctionnaires, et particulièrement de quelques dirigeants étatiques et responsables politiques qui ont saisi l'urgence de l'unification et l'ont prise en mains, sachant qu'elle soulagera les populations qui ne comprennent pas encore bien qu'ils travaillent en réalité à leur bien-être futur.

Donc, malgré la déstabilisation et le blocage économique provoqués par la compétitivité et la concurrence industrialo-commerciale très visible, les Européens, dans leur majorité, en vue de l'amélioration de la biosocioculture de la société dans son ensemble, commencent à exprimer leur volonté de réaliser enfin un pouvoir exécutif investi de la gestion des affaires communautaires, avec des institutions établies dans le cadre d'une véritable autonomie économo-monétaire et politique de l'Union européenne qui seraient capables de faire évoluer la situation vers l'unification complète et d'ouvrir la voie - dans la mesure où la confiance s'affirme et les susceptibilités s'estompent dans chacun des pays - à l'élargissement des compétences des organes européens et à l'accroissement de leur rôle dans toutes les décisions communes. Mais pour obtenir ce résultat, il faut éviter certains écueils comme la diversité multidimensionnelle des langues (source principale du nationalisme diviseur), la surreprésentation au parlement, et respecter les divers quotas et réalités démographiques entre petits et grands pays de façon à ce que les voix dans l'Assemblée soient bien proportionnelles ; il faut aussi éliminer certains points sensibles qui provoquent des désaccords et des mécontentements qui divisent l'Union, comme la reconduction des fonds structurels et le mode de promotion déguisé de certains fantômes.

J - Mais les dirigeants politiques des nations européennes ne se rendent-ils pas compte du coût de ce retard pour l'unification complète ?

V - Aujourd'hui, tous les chefs d'Etats d'Europe sont bien conscients de ce qui provoque les conflits de pouvoir, les dérapages et les divers dysfonctionnements et anomalies, de ce que signifie ce retard, et des responsabilités de premier plan qui sont les leurs pour mener à bien cette importante et délicate construction européenne qui pourrait devenir le prélude à l'unification mondiale ; car de plus en plus de personnes bien informées des conséquences de l'ancienne mentalité ENR homicide, s'orientent, au-delà de l'Union européenne, vers l'unification mondiale lorsqu'après le passage à la monnaie unique européenne, elles entrevoient son union avec les monnaies d'autres pays du monde et sa transformation en « monnaie électronique planétaire », complètement incorruptible ; un véritable bulldozer, qui, dans les pays unifiés, détruira l'esclavage vampiro-financier de certains établissements privés souvent exo-européens, éliminera complètement les dettes nationales et le commerce mortel et frauduleux des narcotiques, le crime international organisé et d'autres choses semblables... tandis qu'elle permettra la libre - mais bien organisée - circulation des marchandises, facilitera la gestion de la montée des pays plus faibles - ce que l'ONU essaie déjà de mettre en oeuvre dans la prévention des conflits ethno-nationalisto-religieux singuliers - où les populations auront compris, après un programme explicatif, l'importance de s'unifier et d'être égaux vis à vis des droits et des lois, dans une isopartition où les terres seront mises en valeur dans un équilibre démographique et une isodynamie de production et de consommation bien programmée qui évitera le danger de résurgence des sournois responsables des deux guerres mondiales dévastatrices : les nationalisto-archéo-idéalismes de type ENR qui vont à l'encontre des possibilités données aux populations de s'unifier et se développer isométriquement pour entrer dans la communauté pananthropique en dehors des contraintes biosocio-économiques. Cela suppose donc, dans la période de pré-unification mondiale, de transformer les diverses économies en un partenariat planétaire qui évite les fractures et où s'applique la réelle solidarité. Et comme aucun Etat ne peut devenir fédérateur sans susciter la méfiance des autres, certains pays sont déjà prêts à accepter le rôle de l'ONU pour faire contrepoids à toute puissance égocentrique qui voudrait devenir tutrice des autres en raison de son propre intérêt. Car seule une mobilisation impartiale de l'ONU, et notamment du Conseil de Sécurité, peut faire avancer l'unification mondiale dans la sincérité et la confiance jusqu'à dépasser le marasme des divisions et rivalités nationalisto-souveraines.

J - Que la monnaie électronique puisse résoudre la confusion économique actuelle est étonnant !

V - Vous devriez enfin comprendre qu'avec l'établissement de la monnaie unique électronique, tous les malheurs du monde provoqués par l'avidité et la cupidité insatiables qui exploitent économiquement toutes les nations et produisent les diverses dettes étatiques disparaîtront immédiatement, et avec eux les inégalités sociales corrosives et la corruption monétaire au niveau planétaire… et à partir de là, dégagée des intérêts personnels débridés qui règnent dans la division, l'unification mondiale sera plus facile à mettre en oeuvre. Et lorsque les pays du Conseil de Sécurité se donneront la main et abandonneront leur rivalo-méfiance, qu'ils se mettront d'accord pour assumer leurs importantes responsabilités en face de toute la population terrestre et prendront toutes les mesures nécessaires - ce que j'espère compte tenu de l'humanisme manifesté récemment par certains dirigeants - l'unification pananthropique se réalisera, pacifiquement, graduellement, et en plusieurs étapes.

Bien sûr, il n'existe pas de futurologue au monde qui connaisse les détails et les plans qui seront établis par de nombreux experts ; mais l'ONU devra commencer, avec l'aide du Conseil de Sécurité, par aplanir et éliminer la profonde division de certains pays dans l'Assemblée Générale et notamment ses causes archéo-idéalistes de type ENR ; elle devra aussi mobiliser le Conseil de Tutelle, la Cour de Justice Internationale, le Secrétariat, le Conseil Economique et Social, et les diverses institutions spécialisées comme l'OIT, la FAO, le FMI, l'UNESCO, l'OMS, la Banque Mondiale, et des services spécialisés comme la CNUCED, l'UNICEF, le HCR, etc., et aussi certaines ONG, pour construire le squelette de l'unification. Et pour donner suite aux différents accords qui seront pris dans un cadre démocratique par les dirigeants politiques de tous les pays du monde qui composent l'Assemblée Générale - notamment ceux des pays du Conseil de Sécurité et plus particulièrement de ses membres permanents -, la structure de cette organisation sera peut-être modifiée par une profonde révision sur certains points.

Mais pour vous donner une idée générale de l'unification, il suffit de mon point de vue de prolonger et poursuivre les efforts déjà entrepris sur la planète, et de reprendre d'urgence et d'accélérer le cours de cette marche difficile dans laquelle se sont déjà réalisées de nombreuses unions, fédérations, confédérations, fusions d'Etats, etc.

J - Et en tant qu'Européens, de quelle union pourrions-nous tirer expérience ?

V - L'Europe va trouver sa voie pour s'unifier... mais certains paradigmes peuvent répondre à votre question, et tout près de nous, un exemple récent du processus d'unification est celui de la formation des USA, constitués des 50 Etats indépendants d'Amérique du Nord, ex-colonies de leur mère Europe, qui, tout en gardant chacun leur langue maternelle ont choisi démocratiquement de parler une seconde langue qui serait commune à tous, aux 50 Etats américains : la langue anglaise... et ce choix a donc été la première marche positive pour l'unification qui a facilité la conciliation entre les populations, les échanges économiques, etc., et ils se sont fédérés à la fin du 18ème siècle grâce aussi à la ténacité et la conviction de quelques hommes politiques bien conscients et humanistes. Et malgré une guerre civile et des inégalités socio-raciales bien connues, ces Etats ont réussi à rassembler leurs efforts pour s'unifier réellement et établir un gouvernement fédéral garant du bien-être de leurs populations et chargé de régler leurs relations commerciales, d'établir une monnaie unique, d'unifier leurs lois, d'instituer des tribunaux fédéraux et une Cour Suprême... dans un système qui conserve la plus grande souplesse et laisse à chacun des différents Etats une importante autonomie dans de nombreux domaines, mais toujours dans un cadre vraiment unificateur.

Et cette unification des 50 Etats nouvellement constitués d'Amérique est un très bon paradigme pour les fortes nationalo-souverainetés de certains Etats très expérimentés du Vieux Continent Européen, sur lequel, chaque nation qui veut garder sa propre langue maternelle - et c'est normal - rend difficile - ce qui est peut-être moins normal - le vote européen pour choisir démocratiquement une langue commune... Et tandis que l'Amérique aux progrès scientifiques incontestables parle depuis longtemps d'une seule langue - raison de l'abolition des nationalismes diviseurs et catastrophiques, qui, comme tous les nationalismes, courraient tous s'affronter sournoisement dans une paranoïa paranormale au profit de leurs divers intérêts - l'Europe continue d'en parler des dizaines, car, bien que dans une consanguinité quasi-générale, chaque nation d'Europe se considère elle-même comme le berceau de la civilisation, et entre autres pour cette raison, nous nous sommes entre-dévorés par deux fois avec un fol emballement sous l'impulsion de la férocité inhumaine de notre mentalité ENR, entraînant presque toutes les populations de la Terre dans les massacres successifs de deux guerres mondiales, à chaque fois durant quatre années. Et cette volonté de nous entre-tuer nous a conduit à la pauvreté, à la faiblesse, etc., etc. Bien qu'il soit admis aujourd'hui par de nombreux pays que les Etats Unis d'Amérique sont un des pays les plus forts et le plus avancé au monde en raison de la solide unification de ses 50 nations, nous les européens, comme des somnambules, sommes encore à chercher divers prétextes pour éviter de nous unifier réellement.

J - Avec toutes les leçons de notre passé, il est très curieux que nous soyons restés, d'une manière absurde, dans la même mentalité dévastatrice. Et il est tout à fait incompréhensible que par deux fois les pays européens aient répété une attitude aussi funeste et continuent de rester les mêmes ! Cette mentalité est complètement incroyable !

V - Oui, malheureusement, lorsque la mentalité ENR domine, c'est une inanité ! Et les causes sont toujours les mêmes, je vous en ai abondamment parlé : à savoir que notre Vieux Continent est pétri de nationalisto-souverainetés qui sont responsables de dizaines de millions de morts, de dommages incalculables... et aussi de nos dettes envers les VF. Et tout cela parce que l'égopathie de certaines mentalités et le nationalisme de certaines nations européennes sont restés sourds au cri de l'écrivain français Victor Hugo, qui avait déjà plaidé, au milieu du 19ème siècle, comme d'autres avant et après lui, pour la formation des Etats-Unis d'Europe. Mais certains pays ont préféré, comme toujours pour des raisons ethno-territoriales, se diviser et s'entre-déchirer en appliquant le droit sauvage du plus fort pratiqué dans la jungle plutôt que de s'unifier et apprendre à vivre paisiblement ensemble.

C'est donc avec plus d'un siècle de retard, et après les malheurs et les massacres destructeurs de deux guerres mondiales que, sous l'impulsion de quelques personnalités conscientes et humanistes, les premières lueurs du jour sont enfin venues, avec trois petites nations d'Europe qui ont vraiment commencé à se rapprocher pour former d'abord le Bénélux, puis, avec d'autres nations, elles ont favorisé la formation du marché commun économique européen. Mais tandis que le courage d'un général français se dressait contre une certaine influence anti-européenne, le diverso-nationalisme et le conservatisme de certains pays d'Europe grandissaient au point qu'ils en perdaient la mémoire ; et comme des masochistes, fidèles à leur comportement ENR, incapables de tirer la moindre leçon du passé, ils insistaient inlassablement pour conserver leurs anciennes nationalisto-souverainetés divisées. Et en raison de divers bouleversements, notamment sur le plan économique, les accords vers l'unification complète ne progressent toujours que lentement - rétrogradant même quelquefois - à travers toutes sortes de duels et d'absurdes désaccords souvent superficiels. Et sous divers prétextes et de sottes justifications arbitraires, ces accords ne parviennent pas encore à se concrétiser pleinement ; comme par exemple celui sur la libre circulation véritable ; ou encore sur la monnaie unique européenne - une étape indispensable vers l'unification européenne - qui a été longtemps freinée par certains intérêts personnels qui s'opposent aussi à sa nécessaire transformation par la suite en monnaie électronique, mondiale et pananthropique... tandis que par ailleurs, bien conscients de la nécessité de s'unifier, les pays d'Europe sont de plus en plus nombreux à vouloir s'associer dans l'Union européenne, et notamment de nombreux pays de l'Europe de l'Est qui font acte de candidature.

J -   Peut-être et c'est normal que certains hommes politiques ne soient pas positifs, parce qu'ils pensent perdre dans l'unification un pouvoir qu'ils ont obtenu au prix de nombreuses années de lutte.

V -   Vous exagérez cher ami, je ne peux pas croire à cette version, car je le répète, certains dirigeants et responsables politiques de pays européens sont heureusement bien éveillés et remplis de sentiments vraiment humanistes. Conscients de leurs responsabilités, ils ont compris que nous devons aller résolument vers l'unification réelle du Vieux Continent Européen polyexpérimenté mais aussi polymartyrisé par notre mentalité ENR et jusqu'à présent dans un état quasi-permanent de souffrances causées par l'invariable absurdité nationalistique. Ils ont compris aussi que la paix ne peut se maintenir que dans l'unification et la puissance ; car comme vous pouvez le constater, malgré une si grande expérience du bellicisme catastrophique, le comportement ENR est malheureusement encore très vivant en Europe. Mais ils sont désormais convaincus qu'il n'est pas trop tard et que l'unification de l'Europe va réussir très rapidement et dans tous les domaines ; et particulièrement en politique - en dehors de la personnalisation du pouvoir et des rivalités ethnosouveraines et supranationales -, avec l'adoption d'une constitution européenne qui permettra d'entreprendre une action réaliste et d'organiser la défense des Etats-Unis d'Europe en tant que grande « Nation » ; parce qu'avant l'unification mondiale et tant qu'existeront de sournois impérialismes, il n'y aura pas de liberté dans une nation sans défense.

Par conséquent, il sera nécessaire de créer une Force d'Action pour la Sécurité en Europe, bien formée et équipée des derniers moyens techniques, coordonnée sous l'autorité d'une direction purement européenne, d'un état-major stratégique commun, qui sera constituée à partir des différentes armées de métier ou de volontaires de chaque pays d'Europe... parce qu'une Europe forte et unie, comme le rêvait Winston Churchill, est nécessaire. Il faut donc que les extrêmes cessent de se nourrir d'illusions et d'hallucinations et sortent le plus vite possible de leur inexcusable lenteur et inqualifiable naïveté.

Donc, tous unanimes, les Etats de l'Union européenne doivent enfin comprendre qu'il y va de leur intérêt d'accélérer ce processus d'unification, surtout au niveau politique, et de renforcer leur collaboration pour, après avoir établi leur monnaie unique, et en vue de l'unification mondiale, avancer sur la mise en place de procédés de règlements et d'échanges au moyen de l'incorruptible monnaie unique électronique planétaire, de façon à déjouer les projets sournois de quelques cercles VF qui se cachent malheureusement dans certains pays démocratiques, et cesser d'alimenter leur boulimie spéculative qui voudrait se rassasier en mettant de nouveau l'Europe à nu, dans un état permanent de faiblesse et de mendicité pour qu'elle reste leur esclave, toujours soumise à leur volonté.

J - Pensez-vous, monsieur Vaskas, que l'unification mondiale n'est difficile à réaliser qu'en raison de certaines machinations socio-économiques ?

V - Le cours du temps est orienté sans le moindre doute vers l'unification mondiale ; et elle n'est pas très difficile à réaliser ; il suffit que nous soyons enfin conscients d'être des personnes humaines doués d'une intellection en continuel développement et de prendre la décision de désavouer l'éphélodoulie ou esclavage volontaire, et d'y mettre un terme. Et avec un peu de réflexion et de concentration syllogistique, je vous répète qu'il est facile de comprendre la situation planétaire réelle.

Cependant, tout en commençant à prendre conscience de leur interdépendance dans le cadre de la solidarité et de l'entraide mutuelles, les

Européens admettent qu'il puisse y avoir, comme dans tout début, d'inévitables difficultés ; par exemple, en face d'un traité pour l'unification de l'Europe qui a aussi ses défauts, certains facteurs irresponsables donnent quelquefois l'impression d'un ferme et fidèle attachement au conservato-nationalisme et soulèvent encore d'inlassables réticences ; et tout en luttant pour résoudre les conflits endo-européens, ils ne peuvent s'empêcher, faute d'harmonisation équilibrée, d'entraver la libre circulation de divers produits en provenance d'autres pays d'Europe, ce qui engendre une certaine anarchie qui empoisonne et paralyse l'unification. Ils devront donc comprendre la nécessité d'en terminer avec les escarmouches illogiques contraires à leur intérêt commun pour enfin s'unifier réellement et notamment politiquement... sachant que d'un conflit entre deux, profite un troisième.

En parallèle, si vous me permettez de donner un avis impartial, dans leurs efforts pour favoriser l'unification, les dirigeants et responsables politiques voudront renforcer la puissance de la Cour de Justice Européenne, qui, après avoir redéfini ses rapports avec les différents pays et favorisé la coopération entre les différents magistrats, devra étudier les bases et établir une constitution européenne unique prévoyant un plan éducatif didacto-pédagogique pour transmettre la connaissance à certaines populations en vue de réussir à éliminer la mentalité ENR, les aider à comprendre que le nationalisme est une menace pananthropique et à réfléchir pour sortir de l'obscurantisme et la division. Sur ces bases, et notamment sur les cinq pays au moins qui constituent le squelette de l'Europe, les dirigeants politiques avisés, dans leur bon vouloir, renforceront les institutions européennes tout en simplifiant leurs procédures ; et ils reverront et étendront les domaines de décision du parlement et du conseil européen, non dans une agglomération, mais dans une véritable unification, politique, économique, militaire et judiciaire qui permettra finalement à l'Europe de prendre sa place de mère de la civilisation et de l'unification mondiale.

J - Cela signifie-t-il que l'élimination de la mentalité ENR aidera l'unification européenne qui sera le prélude à l'unification mondiale ?

V - Eh oui cher ami ! A condition d'en avoir d'abord terminé avec cette lenteur provoquée par la mentalité ENR, il sera alors envisageable de mobiliser pleinement toute la communauté politico-intellectuelle, et après avoir réalisé l'unification européenne, de poursuivre vers l'unification mondiale.

Mais parallèlement, il ne faudra pas non plus négliger d'apporter tout le soutien possible à l'ONU, l'unique espérance de la planète ; car malgré les divers conflits et rivalités ultranationalisto-religieux dans certains pays débordants de mentalité ENR, et une certaine faiblesse administrative qui limite parfois les possibilités d'un dialogue amical et impartial permettant de rester actif sur ce sujet, un jour souriant vient, où tous les habitants de notre planète prendront tout à coup conscience qu'ils ont des intérêts communs... et tout en luttant tous ensemble pour accélérer leur délivrance, ils accorderont un soutien indispensable à l'ONU qui sera ainsi encouragée pour rassembler les nations, aujourd'hui encore profondément divisées, dans une discipline unificatrice constructive pour former une Commission Préparatoire à l'unification qui élaborera le programme des travaux nécessaires.

La première étape du programme de l'unification pananthropique

J - Et après l'unification de l'Europe, monsieur Vaskas, dans quel ordre pourrait se poursuivre l'unification de tous les pays de la Terre ?

V - Vous avez déjà pu commencer à le comprendre au travers de ces entretiens. Et bien que cette question ne me concerne pas puisque je ne suis pas un spécialiste de l'ethno-sociogéographie, mais comme vous voulez mon avis : il faut d'abord, pour plus de précision, que face à leur nouveau destin résolument humain, les cinq membres du Conseil de Sécurité cessent d'institutionnaliser le droit inhumain du plus fort et éliminent l'influence de la minorité vampiro-financière contraire aux droits de milliards d'hommes, entreprenant par cette première action une initiative réaliste et complètement humaine. Une fois ce nettoyage en profondeur de la mentalité ENR bien réalisé, ils voudront alors, toujours dans l'exercice du pouvoir politique, mais en dehors des égocentrismo-souverainetés, engager la première étape unificatrice de l'Europe avec les USA, le Canada, et d'autres pays de l'Est européen, comme la Russie, l'Ukraine, le Kazakhstan, et le Japon. Et ils viendront tous ensemble, dans un isochronisme relatif, soutenir économiquement et industriellement la Chine dans sa croissance pour qu'elle se synchronise, se démocratise et vienne s'unifier avec eux tandis que parallèlement, d'autres pays comme la Corée, l'Australie et la Nouvelle-Zélande viendront également s'unifier dans cette première étape. Et tout sera fait pour favoriser cette première et plus importante étape de l'unification polyvalente dans laquelle l'autorité et l'exercice du pouvoir politique et l'organisation sociale de chaque Etat seront respectés pour que la machine disciplino-administrative ne soit pas perturbée et que le processus d'unification ne devienne pas une cohue anarchique.

Ensuite, les pays riches et industrialisés devront garantir la libre circulation des géopolites de la première étape. Cependant, pour des raisons de discipline d'organisation, de protection de l'orthonormie sociale et pour assurer l'ordre public, il leur faudra aussi bien contrôler les flux migratoires pendant que les pays avancés et unifiés dans la première étape aideront les pays plus faibles à se développer en favorisant l'égalité des droits et l'homogénéisation des conditions socio-économiques nécessaires, de telle façon que progressivement, tous les pays en développement progressent et parviennent isométriquement à une parité, au même niveau de prospérité et s'unifient dans les mêmes conditions ; tout cela pour éviter le paralogisme d'une immigration frénétique et ses conséquences anarcho-socio-déséquilibrantes venant des populations des pays en développement à l'encontre des pays déjà développés et unifiés ; et cela, jusqu'à l'unification mondiale complète qui devra se terminer dans l'isométrie d'une production-consommation pananthropique équilibrée.

Mais le plus important sera surtout d'établir et de mettre en oeuvre la cybernétique centrale du cerveau planétaire de l'ONU, puis rapidement de la connecter à tous ses relais pour mettre un terme à la compétition économique interétatique, qui, dans une nouvelle régulation, sera transformée en dynamisation économique planétaire respectée par tous les pays unifiés, grâce à la nouvelle monnaie unique électronique, incorruptible, qui éliminera l'esclavage pandémique séculaire dicté par notre occupation principale, la course à l'argent et au bénéfice facile, à laquelle nous sommes presque tous, souvent involontairement, obligés de prendre part pour gagner plus facilement notre irrésolue et difficile vie dans une société de cercles vicieux. Mais les cercles professionnels, dans lesquels domine le tout-puissant but de l'avidité lucrative productrice de la délinquance et de la diverso-corruption internationales, constituent les Vampires Financiers : ces constructeurs du blanchiment de capitaux, des paradis fiscaux, etc., etc., etc., ces introuvables qui se dissimulent généralement derrière certaines micro-régions très fermées, qui, tout en présentant souvent une façade républico-démocratique, sont en réalité les gardiennes de l'anonymat qui favorise le déficit démocratique, avec leurs coffres-forts qui recèlent l'argent sale venant de toutes sortes de malfaiteurs qui rachètent, avec cet argent sale, leur liberté et un nouveau pays d'origine de façon à poursuivre leurs activités criminelles ; mais plus encore, ils le canalisent dans le financement usuraire qui leur assure une économo-prospérité facile... bien entendu, sur le dos des populations d'autres régions victimes de l'avidité et de cette manie spéculative : parce qu'ils profitent de cette réalité, que, pour vivre, nous chassons tous l'argent, une obligatoire nécessité dès l'instant où notre vie en dépend. Et devant un tel égarement, seul le gouvernement d'un monde unifié qui impose une monnaie impartiale pourra nous soigner en profondeur, en instituant des conditions qui faciliteront la vie et supprimeront l'angoisse pour conserver l'argent, en changeant ce comportement quasi-unidirectionnel de certains hommes, qui, hélas !, par habitude ou à cause de certaines situations, gagnent leur vie par l'exploitation et souvent l'anéantissement de l'autre homme, en faisant disparaître tout dysfonctionnement, et en éliminant la diverso-criminalité et toute discrimination planétaire.

Et par suite de la régression et la suppression des dépenses inutiles, sans compter la suppression de la diverso-inactivité, les entreprises fortifiées croîtront en même temps que se développera la recherche dans le monde entier ; sans oublier, je le répète, le renforcement des établissements qui mettent en oeuvre des programmes scientifiques spatiaux. Et toutes les universités, les organismes spécialisés et les nombreuses institutions technoscientifiques au rayonnement culturel mondial dans tous les domaines, concourront aux bienfaits et au bien-être de tous les géopolites qui s'épanouiront. Et toutes les inventions et découvertes seront prises en considération, notamment dans les domaines de la microélectronique et de l'informatique, des satellites de communication et de télédétection ; et des recherches seront faites pour exploiter de nouvelles énergies qui remplaceront presque complètement l'énergie pétrolière cryptomeurtrière.

Parallèlement, l'ONU aura les moyens de discipliner les destructeurs des régions boisées productrices d'oxygène, de protéger l'environnement et combattre efficacement la diverso-pollution, de stopper la diverso-insalubrité et d'autres facteurs de mortalité pour augmenter la longévité, et de réguler la disproportion entre les Etats économiquement développés et les autres dans lesquels la population augmente de dizaines de millions chaque année. Ainsi, le changement ira croissant et s'accélérera constructivement dans tous les domaines, y compris ceux de la médecine et des sciences génétiques qui sont essentielles pour combattre les maladies et prolonger la vie, etc., etc.

Et notez que si l'unification mondiale n'est pas établie pour prendre les mesures nécessaires, dans vingt ans la population terrestre dépassera huit milliards d'habitants, et vous pouvez déjà comprendre ce qui se passera dans les villes, les agglomérations, les mégapoles et mégalopoles, avec de plus grandes concentrations de populations ; n'oubliez pas que le délire de l'immigration provient d'une politique bioéconomique incontrôlée productrice de l'augmentation démographique contre laquelle il n'est que le gouvernement pananthropique mondial de l'ONU pour avoir la capacité de prendre les mesures susceptibles d'éliminer tous ces diverso-désastres homicides de grande ampleur.

Au cours de cette première étape, de nouvelles structures fonctionneront dans l'ONU au sein des premières ; et certainement qu'après un scrutin démocratique à l'initiative de l'Assemblée Ethnocentrique Générale pour définir le meilleur emplacement, la construction du cerveau et de la cybernétique mondiale sera mise en chantier, puis réalisée... Alors tous les géopolites - les habitants à l'échelle mondiale - seront équipés d'un vidéo-télé-communico-ordinateur portable individuel pour que chacun puisse accéder par un système de codes d'identification et en utilisant sa propre « carte ONU », à la cybernétique régionale d'abord, puis à celle de l'ONU, et puisse voir sa responsabilité personnelle renforcée vis à vis de l'autre géopolite.

Et dès le moment où, après son installation, peut-être dans une région neutre approuvée démocratiquement par l'Assemblée Mondiale, le cerveau central de l'ONU aura commencé à fonctionner dans la première étape du programme de l'unification, tout sera prêt pour les suivantes.

Ainsi, bien étudiée égalitairement sur les plans politique, économico-monétaire et judiciaire par l'ONU, la première et plus importante étape de l'unification mondiale, qui concerne presque la moitié de la population de la Terre, arrivera à son terme en ouvrant la voie de la réelle consolidation de l'unification pananthropique.

Les étapes suivantes de l'unification mondiale

J - A votre avis monsieur Vaskas, à quel moment pourra s'opérer la séparation du cordon ombilical entre l'actuelle ONU et la nouvelle ONU, il semble que cela sera possible dès la fin de la première étape, car tous les pays membres permanents du Conseil de Sécurité seront unifiés.

V- Cela dépendra d'abord de la bonne volonté de toutes les nations et surtout de l'humanisme des dirigeants des pays du Conseil de Sécurité qui seront les seuls à pouvoir prendre cette initiative, en coopération avec les dirigeants des autres pays et le Conseil de Tutelle qui aura établi la planification d'une stratégie efficace pour équilibrer l'unification progressive, mais d'urgence et sans heurt, des autres membres de l'ONU.

Et une importante et profonde campagne de communication sera lancée pour éveiller certaines populations à la scolarité déficiente ou absente, pour leur expliquer la nécessité de la métamorphose réformatrice mondiale et leur donner tous les éléments pour comprendre et profiter de l'ensemble des avantages et privilèges qu'ont déjà les pionniers de ce grand changement humaniste mondial ; la population des pays déjà réunis dans la première étape de l'unification étant enviée et observée par toute la planète, attentive à la mise en place, au réglage et à l'étalonnage de la cybernétique centrale. Et les géopolites commenceront à se familiariser avec l'idée d'unification et à vivre ensemble selon des mécanismes fonction des perspectives intellectuelles de scientifiques du monde entier qui auront programmé le cerveau central de l'ONU2. Ils pourront vérifier le système décisionnel électronique à commencer par les élections aux parlements et conseils communaux, provinciaux, étatiques et régionaux. Puis, dans les différents domaines que nous avons évoqués, les géopolites, que ce soit pour exprimer leurs opinions ou faire part de leurs réclamations, auront le droit de communiquer directement avec la direction régionale ou si nécessaire avec l'ordinateur central qui répondra sur tous les points en rapport avec les droits de l'homme déjà pré-enregistrés et vérifiés par l'ONU2. Malgré l'importance des bases de réponses, de nouvelles demandes entraîneront la mise en place de nouveaux éléments de réponse qui viendront sans cesse et d'une manière réflexive enrichir la cybernétique centrale, programmée indifféremment en au moins six langues principales comme le

Mandarin, l'Anglais, le Français, le Russe, l'Espagnol, l'Allemand, et qui commencera à traduire automatiquement les messages dans toutes les autres langues pour que chaque géopolite puisse avoir en l'espace de quelques secondes une réponse dans sa propre langue, tandis que parallèlement sera choisie démocratiquement et intégrée progressivement la langue mondiale comme deuxième langue après chaque langue maternelle, jusqu'à ce que tous les géopolites sachent communiquer dans une seule langue, la langue mondiale pananthropique.

J - Est-ce à dire que tous les pays du monde adopteront les mêmes structures politiques et administratives, et plus encore la même langue et la même économie ?

V - Le nouveau système commencera dans certains pays, et je vous le répète, sans qu'ils changent quoi que ce soit... les opinions majoritaires pouvant rester dans leurs structures politiques de façon à respecter les diversités socioculturelles des populations. Et tandis qu'avec le temps les structures de l'unification deviendront progressivement prépondérantes, le Conseil de Tutelle et les pays déjà unifiés aideront, par solidarité, les pays en voie d'unification pour qu'ils puissent rejoindre à leur tour le système Unipananthropique et mettre en place, dans une égalité de lois protectrices, les structures de la néo-planéto-démocratie. De même, l'économie des pays riches et industrialisés déjà unifiés aidera sur une très grande échelle l'économie des pays en développement vers l'unification pour qu'ils avancent vers un équilibrage qui leur permette de s'élever, en suivant un programme approprié de réalisations comprenant en particulier le raccordement de tous leurs réseaux et voies étatiques d'infrastructures et de communications à l'infrastructure polytransporteuse intercontinentale avec ses complexes logistiques et portuaires, et comprenant aussi la construction de centres de formation, de statistiques, de planification, etc., etc., pour que ces pays reprennent progressivement en main leur agriculture, la renouvellent et en améliorent la production, puis s'industrialisent jusqu'à couvrir de mieux en mieux leurs propres besoins, et que leurs habitants, libérés des dettes, des charges, de l'illégitime et continuel accroissement de la mainmise des morts sur la Terre, et plus généralement des dépenses injustifiées et inadaptées, commencent à respirer. Et pour qu'ils parviennent au niveau de développement et de prospérité des pays déjà rassemblés dans l'ONU2, il leur faudra aussi absolument veiller à réduire la démographie galopante - notamment en améliorant les conditions de planification familiale et facilitant les conditions d'existence - pour éviter que leurs problèmes demeurent insurmontables et détruisent la famille, le facteur n°1 de la cohésion sociale. Ainsi, graduellement, l'unification continuera de s'établir et se renforcer sur tous les continents... et elle étendra son rayon d'action au fur et à mesure que chacun des gouvernements politico-étatique ou régional se reliera à la cybernétique centrale mondiale et qu'il organisera et normalisera tous ses circuits dans le moule nouveau-né de l'ONU2 pour connecter progressivement l'ensemble de la population de son pays dans l'établissement de bonnes relations unipananthropiques.

J - Mais dans cette extension de l'unification, la cybernétique centrale devra sans cesse se développer.

V - Assurément ! Et toutes les expériences nouvelles et utiles pour la famille humaine, effectuées dans l'accélération des recherches et du développement, viendront s'ajouter à la capacité de mémoire du multi-ordinateur géant de l'ONU2. Et des systèmes de logiciels de traitement de questions apporteront au cerveau de la cybernétique centrale la capacité de gérer toute la planète en quelques secondes et d'apporter une solution à tous les besoins individuels et collectifs courants de chaque région de la Terre ; et même s'il arrive à connaître les habitudes et les préférences de chacun, il gardera une complète fiabilité et sécurité sur les éléments collectifs ou individuels à caractère confidentiel et privé, que les pirates des autoroutes de l'information ne pourront pas percer, car les clés secrètes confidentielles et privées, algorithmo-numériques et anthropométriques seront tellement difficiles à reproduire que chaque géopolite aura une garantie totale en ce qui concerne son identification personnelle et sera par conséquent pleinement assuré du respect de la confidentialité de sa vie privée.

Et il sera possible d'apprendre sans cesse et à tout âge tout ce qui est utile à la communauté parce que la connaissance sera disponible jour et nuit. Cependant l'éducation et l'enseignement recevront une attention toute particulière pour ouvrir l'esprit de la jeunesse, la former, développer sa conscience et la qualifier au service de la société dans les secteurs d'activité les plus nécessaires, tout en respectant la créativité, les capacités et les goûts de chacun... mais toujours dans une orientation donnée par le cerveau central qui favorisera une productivité isométrique, fonction de la consommation.

Ainsi vous pouvez comprendre que tous les pays du monde auront hâte et viendront d'eux-mêmes rejoindre l'incorruptible et impartiale cybernétique centrale inter-gouvernementale mondiale de l'ONU2. Et la morale ayant enfin rejoint le niveau de la technoscience, la société humaine pourra porter tous ses efforts sur la voie de l'allongement progressif de la durée de la vie humaine et commencer à envisager d'exporter ses valeurs humano-technoscientifiques vers d'autres planètes pour commencer enfin à développer la mentalité mégatomique.

J - Je comprends mieux maintenant cette planification humaniste, monsieur Vaskas. Mais si certains dirigeants ambitieux et égocentriques d'une nation ne veulent pas changer leur régime politique, que se passera-t-il pour les populations qu'ils gouvernent ? Ne rentreront-elles jamais dans l'ONU$_2$?

V - L'ONU$_2$ qui porte le nom d'Organisation Néoplanétodémocratique Unipananthropique ne privilégie personne en particulier, en tant qu'individu. Elle n'a donc pas pour vocation de rejeter une population en raison d'intérêts personnels, ni de la forcer à accepter l'unification, ce qui dépend de sa compréhension de la néo-planéto-démocratie. Mais tous les dirigeants sont conscients des besoins des populations qu'ils gouvernent et du système qui répond le mieux à leurs aspirations ; et même certains dirigeants de nations au régime égocratique, monocratique ou autres, le comprennent. Alors un jour ou l'autre il leur faudra mettre d'urgence en place les conditions humanistes de la néo-planéto-démocratie, et ainsi, aux yeux du monde entier, grandir dans l'honneur et la considération qui leur sera due, non en fonction du hasard de leur naissance, de leur appartenance ou de leur puissance dominatrice et dictatoriale, mais en raison de leur humanisme et surtout de leur ouverture d'esprit dans la logique syllogistique civilisée ; car s'ils ne le font pas, leur manque de discernement se retournera contre eux lorsque tôt ou tard les populations comprendront ce qui se passe sur le reste de la planète et rejetteront ceux qui voudront les maintenir dans des conditions devenues désormais rétrogrades et archaïques. En attendant, il ne fait aucun doute que cela demandera plus de temps pour certaines nations ou royaumes que pour d'autres. Mais tous les dirigeants, honnêtes dans leur majorité, seront aussi d'une grande utilité par leur expérience internationale qu'ils pourront mettre au service de l'intérêt général, sachant que l'objectif final de tout mouvement politique est d'unir les populations et de ne rien faire qui puisse à nouveau susciter la désunion et la division.

J - Alors à votre avis, quels seront les pays qui viendront s'unifier ensuite avec ceux de la première étape ; et comment ?

V - Les pays unifiés dans la première étape vont aider les pays de la seconde étape à se débarrasser de toutes leurs dettes et des charges de ces dettes... et ils aideront le Mexique, le Venezuela, les trois Guyanes, le Brésil, l'Argentine, l'Afrique du Sud, etc., etc., à s'unifier avec eux. Et dans le même temps - bien que toutes les croyances diverso-idéalisto-religieuses d'esprit salutaire seront libres de fonctionner selon la liberté d'une autodétermination réfléchie de la volonté populaire - une campagne d'enseignement éducatif et culturel plus intense par tous les moyens de communication audiovisuelle et tout le multimédia informatique, et diffusée par satellite, aidera quelques populations de certaines microrégions en voie de développement au génome profondément archéo-traditionnel, à faire finalement face à la réalité que nous ne vivons plus, nous les hommes, aux temps préhistoriques et dans la mythomanie des archéo-nomades et anciens protanthropes, pour qu'après avoir compris, ils veuillent cesser de se fanatiser, de s'entre-dévorer et s'entre-tuer, et se décident à guérir de leur empoisonnement séculaire pour progresser biosocioculturellement et vivre ensemble, avec les autres, pacifiquement.

Et progressivement, dans une troisième étape, chaque pays resté dans l'attente sera démocratisé et viendra s'unifier avec l'aide et l'assistance technique et économique des populations des pays déjà unifiés dans les deux premières étapes.

Mais surtout, je le répète, durant tout le processus de l'unification, l'ONU édictera certaines règles pour éviter l'invasion des pays déjà unifiés par des flux migratoires de ressortissants de certains pays en voie de développement, et aussi d'une manière générale, pour éviter la mentalité qui crée un climat xénophobe et concentrationnaire.

Car nous devrons tous comprendre que l'idée générale de cette métamorphose biosocioculturelle et réformatrice mondiale n'est pas que les pays riches deviennent pauvres, mais que les pays pauvres, avec la solidarité des pays riches de l'Organisation Néoplanétodémocratique Unipananthropique et dans une symétrique analogie, deviennent riches et viennent aussi s'unifier pour constituer, tous ensemble, une famille mondiale vraiment humaine - avec une mentalité transparente, franche, propre, exempte de tout empoisonnement archéo-idéaliste, sans fanatisme ni vengeance terroriste, exempte de crimes, etc., etc. -, préparée pour accomplir sa mission anthropique.

Voilà grosso modo, cher ami, la signification du mot « **paligenesia** » et le programme pananthropo-unificateur, tel qu'il est nécessaire de le mettre en oeuvre pour établir une réelle anthropo-humano-régénération.

J - Tout ceci est très bon, monsieur Vaskas ! Mais ce sera aussi difficile, car certains fanatiques ne voudront jamais se soigner, notamment ceux qui sont intoxiqués depuis leur naissance et sont âgés maintenant.

V - N'en soyez pas si convaincu ! Le psychodrame de certains passéistes, des êtres humains comme nous qui ont été induits en erreur, peut trouver son chemin libérateur. De même que notre mentalité peut changer, la leur, le peut également. Et avec la croissance des moyens modernes de communication diverso-médiatique, avec la diffusion continuelle du savoir et de la connaissance, toutes les populations qui ont été induites en erreur y compris leurs membres âgés plus difficiles à enseigner, se débarrasseront des anciens motifs dogmatiques d'incompréhension lorsqu'elles comprendront et recevront tous les soins appropriés pour pouvoir s'unifier avec le reste de la famille humaine... parce qu'enfin nous serons tous des personnes humaines dotées d'une intellection avancée ayant appris à vivre ensemble et à marcher vers notre destin commun.

J - Oui, c'est vrai ! Et j'espère que votre optimiste sera corroboré par le fait que notre époque de technoscience avancée rend possible l'unification mondiale.

V - Je veux croire que nous avons maintenant conscience de l'urgence de l'unification mondiale et du caractère devenu impératif de sa prise en main par l'intellection syllogistique humaine qui voudra préparer, ordonner et organiser avec le concours et la participation de toutes les populations de la Terre, ce mouvement paligénésique d'unification pananthropique qui s'est déjà amorcé, mais dans un strict compartimentage social et diverso-idéologique ; car logiquement, l'Organisation Néoplanétodémocratique Unipananthropique voudra, compte tenu de toute l'expérience du passé, procéder différemment et avoir une approche syllogistique.

Il faut donc que certains dirigeants humano-progressistes des nations divisées surmontent leur méfiance et mettent au premier plan un régime de République vraiment démocratique qui porte le pouvoir de la population et garantisse le droit public au service de l'intérêt général, tout en satisfaisant largement les besoins sociobioculturels de chacun. Un régime qui démontre un haut niveau de reconnaissance, d'honneur et de considération à tous ceux qui apporteront leurs idées, leurs actions ou leurs travaux pour la réalisation de l'unification mondiale qui utilisera les dernières découvertes et innovations technoscientifiques pour se réaliser, régler tous les problèmes biosociaux (tels que notamment la diverso-pollution de l'environnement, l'explosion démographique, l'urbanisation, l'exode rural...), et mettre en avant tout ce qui protège la santé publique, dans le cadre d'un profond syllogisme, logique et équilibré.

J - Et quels seront les premiers pas que nous devrons faire pour lancer cette République planétaire ?

V - A court terme, il faudra que tous les experts de tous les pays du monde collaborent pour bien programmer cette gigantesque métamorphose réformatrice dans le cadre d'un dialogue intergouvernemental amical - en dehors de l'institutionnalisation de la loi du plus fort - qui accorde toute sa valeur aux droits fondamentaux de la personne humaine. Et dans ce dialogue, toute la famille politique et intellectuelle mondiale se réunira pour que chacun donne son avis en vue de former ensemble la Commission Préparatoire composée de spécialistes chargés de la planification et de la programmation de l'unification... non pas dans un esprit d'irrationnels antagonismes de profits ou d'intérêts, mais dans un esprit d'entraide et de solidarité réelles faisant naître la logique syllogistique et la compréhension nécessaire, afin de favoriser l'apport du dynamisme à la faiblesse et de faciliter une unification bien programmée dans une logique pacifique et vraiment humaine.

Et pour commencer, il faut d'abord assurer les activités des fonctionnaires qui resteront en place dans chaque Etat, pour qu'elles aient lieu dans le cadre légal de l'organisation de chaque pays de façon à maintenir l'ordre public. Ensuite, l'ONU devra adapter ses structures à celles de l'ONU2 et entrer en contact direct avec les principaux chefs d'Etats, notamment ceux qui constituent le Conseil de Sécurité, ses membres permanents, pour qu'ils augmentent leurs relations personnelles, qu'ils contribuent à réduire les difficultés contradictoires et les obstacles techniques, et définissent les premières lignes de l'unification. Et en coopération, ces dirigeants avec ceux notamment de quelques autres pays riches et industrialisés, pourront entreprendre une action commune de construction des premiers mouvements de l'unification en mettant en place une Commission Préparatoire spécialisée, plus particulièrement juridique, qui proposera, en s'appuyant sur les études réalisées dans le cadre du Conseil de Tutelle, les dispositions essentielles pour la formation d'une force d'action et de sécurité planétaire chargée de garder et de maintenir l'ordre, et pour l'élaboration de l'organisation, son exécution technique, la préparation et la conclusion d'accords unificateurs aux conditions simplifiées. Et en utilisant pleinement les pouvoirs théoriques et énergiques du programme, cette Commission Préparatoire devra établir, avant toute prise de décision sur l'aménagement d'une réforme inter-gouvernementale, une stratégie efficace pour instaurer d'abord la confiance des populations en l'ONU ; ensuite, elle devra s'assurer de la coopération de toutes les nations en vue de la mise en route du fonctionnement de l'Organisation Néoplanétodémocratique Unipananthropique ou ONU2. Et si certains pays demeurent méfiants en raison de l'emplacement de son siège, elle prendra aussi des dispositions pour étudier son implantation sur un site adapté, à proximité du futur site retenu pour la construction du cerveau cybernétique central, tandis que dans l'intervalle, l'ONU située à New York poursuivra les missions en cours et commencera à fonctionner comme le centre régional de l'ONU2 aux USA en faisant tout pour favoriser en son sein le développement de la fragile nouvelle organisation qui devra recevoir tous les éléments nécessaires à sa composition de manière à assurer une transition en douceur de l'une vers l'autre, toujours en accord avec les chefs d'Etats du Conseil de Sécurité qui auront à charge de former, au sein du Conseil de Tutelle, toutes les autres parties de la Commission Préparatoire dans les différents domaines.

Et toutes les structures nouvelles ne seront pas réparties dans différents pays du monde, mais elles seront rassemblées sur un seul site mondial, un site proposé par la Commission Préparatoire et retenu démocratiquement par l'Assemblée Générale de l'ONU, pour donner suite au vote de toute la population de la Terre, pour y construire le nouveau siège de l'ONU2 avec l'installation de la cybernétique du cerveau central. Et si les intéressés veulent considérer mon avis sur ce déplacement, je répéterai que pour moi, l'ONU siège déjà dans un pays bien démocratique et que les USA sont un bon endroit... mais si certains pays préfèrent une Terre plus neutre, pour éviter de commencer un nouveau système dans la méfiance, le siège de l'ONU pourra être déplacé après un vote démocratique mondial.

J - Et à votre avis, si le vote démocratique se prononçait pour un déplacement du siège, quel endroit serait le meilleur ?

V - Ce déplacement pourrait se faire vers de nombreux points du monde, mais pour moi, les meilleurs emplacements, je vous le rappelle, sont en Europe : en France, en Angleterre ou en Allemagne ; ou aussi en Australie ; ou encore dans un des autres pays de la première étape de l'unification mondiale.

Et lorsque l'Assemblée Générale de l'ONU aura annoncé le lieu choisi par la population pour y installer le nouveau siège, tous les dirigeants des Etats voudront étudier ensemble, avec leur propre expérience gouvernementale, le fondement d'une cybernétique centrale mondiale et d'une constellation de nouvelles structures unificatrices. Et après un dialogue amical, en dehors du sentimentalisme hégémonique, voulant maintenir la paix avec plus d'efficacité, ils modifieront, je le répète encore une fois, les relations humaines économo-transactionnelles en imposant la monnaie unique électronique qui éliminera toute corrupto-criminalité et enlèvera le lourd fardeau de dettes qui pèse sur presque tous ; ils définiront les nouvelles conditions reconstructives pour que l'unification se fasse d'une manière pacifique et ils lanceront, cela mérite aussi d'être répété, une campagne d'enseignement très profond des populations, avec tous les moyens de communication, télévision, multimédia, etc., sur le programme de l'Organisation Néoplanétodémocratique Unipananthropique. Ils commenceront alors à entreprendre les actions préparatoires qui aboutiront à l'unification mondiale...

Voilà, cher ami, une initiative sommaire pour répondre à toutes vos questions.

J - De tout ce que vous avez exposé, monsieur Vaskas, il ressort que l'Univers dans lequel se situe l'avenir de l'homme est un mécanisme vivant qui fonctionne dans un ordre vraiment complexe. Et même si j'ai compris vos explications bien enchaînées sur cette analyse néocosmologique, indiscutablement bien orientée et fondée sur la réalité, qui mérite vraiment d'être valorisée, et qui m'a émerveillé et libéré de certains complexes religieux et autres préjugés et idées reçues, je dois pourtant reconnaître que je n'ai pas encore bien assimilé toutes ces choses nouvelles et inhabituelles, qui, à mon avis, foudroient la mentalité de l'insurmontable conservatisme actuel.

Et s'il m'est difficile, bien qu'étant près de vous depuis de nombreux jours et après avoir écouté plusieurs fois les enregistrements, de saisir pleinement l'importance de ces entretiens, cela risque aussi d'être laborieux pour beaucoup d'autres, à moins bien sûr qu'ils ne fassent partie des intellectuels ou du monde politique à l'intellection avancée qui sont capables de comprendre immédiatement la valeur scientifique, pacifique et vraiment humaine de cette nouvelle version cosmologique bien ortho-orientée, notamment pour le bonheur de l'avenir de l'homme.

V - Merci de votre compréhension, car dans notre monde apathique constitué en grande partie, malheureusement, d'égocentrismes indifférents qui proviennent souvent de l'ignorance de personnes parfois illettrées ou analphabètes, il est vrai qu'une voix qui renie l'archéo-conservatisme, quelle que soit sa puissance, disparaît ou devient difficilement audible et peu compréhensible en raison de la mentalité rétrograde du statu quo contemporain difficile à renouveler. Il est vrai aussi, étant tellement habitués à vivre comme des esclaves dans cette société désordonnée et farfelue, que nous avons du mal à comprendre qu'il est temps de se réveiller... et je parle par expérience. Et donc, dans un monde qui nage dans l'impulsion primitive innée ENR, dans un anthropo-psychodrame qui n'admet aucune transformation, sans encyclopédisme profond, il ne sera pas facile de mettre en valeur le système multiréformateur planétaire de la nouvelle ONU, qui demande sans faute pour se développer, une volonté unie de toute la population terrestre habituellement profondément divisée. J'espère pourtant que cela ne restera pas un dialogue de sourds, car une voix perspicace peut parfois capter l'attention de la jeunesse, remonter sa morale, la rendre vertueuse et active, éviter qu'elle ne se corrompe, et développer le dynamisme dans les pépinières des institutions culturelles des écoles et universités où la réformation pacifique et l'inévitable rajustement planétaire débuteront.

J - Vous êtes très optimiste monsieur Vaskas, ce n'est pas un sujet si facile.

V - Ecoutez cher ami ! Il faut sortir des idéalismo-sentimentalismes illusoires et faire face à la réalité. Je ne suis pas le planificateur d'un si grand sujet et soyez sûr que je ne me fais pas d'illusions. Vous voyez bien que je suis déjà vieux et sans ambition - elle est d'ailleurs inutile à mon âge -, par conséquent, que ce sujet soit entendu ou ma voix trouvée plaisante ne m'importe pas... et je n'ai pas non plus l'intention de solliciter quelqu'un pour qu'elle soit entendue, car enfin, qu'aurais-je à gagner ? Conscient que mes références ne sont pas faciles à transmettre, je vous ai donné mon avis simplement parce que vous me l'avez demandé et que vous avez décidé de mettre aussi le temps de vos vacances à profit pour poursuivre et terminer ces entretiens... Mais il est une loi naturelle inévitable que par une bougie, s'il y a la volonté, des milliards d'autres peuvent être allumées, et donc lorsque les choses seront en voie de réalisation, mes convictions seront corroborées... mais l'intérêt n'est pas pour moi car je n'ai jamais eu l'intention infantile de passer pour le sauveur du monde. Une telle intention ridicule et détestable me répugnerait plutôt. Rappelez-vous mes premières paroles au début de ces entretiens : je ne suis qu'un homme minuscule au milieu de milliards d'autres, sans prétention... mais...

J - Oui, je comprends ce que ce « mais » signifie, et je ne conseillerais à personne de prendre à la légère les réponses que vous avez données à mes questions, car en tant qu'êtres humains, c'est une honte de penser que nous vivons encore dans la préhistoire.

V - Prenez ce que je vous ai dit comme vous voudrez, parce qu'à mon avis, le temps de la surdité et de cet anthropo-psychodrame de l'éphélodoulie généralisée est écourté ; et l'esclavage volontaire planétaire (en grec « πλανητικη εθελοδουλεια ») conservateur et rétrograde appartient au passé. Malgré toute cette discussion à propos du passé, je ne suis pas passéiste, mais un futurologue qui a confiance dans l'intellection avancée de l'homme d'aujourd'hui ; et bien qu'il soit génétiquement programmé pour parvenir, tôt ou tard, à accomplir sa mission dans notre mégatome, le destin et l'avenir de l'humanité dépendent pour la première fois de la clairvoyance, de l'habileté, de la perspicacité et du dynamisme des dirigeants avant-gardistes de certains pays, et notamment, je le répète, de ceux qui appartiennent au Conseil de Sécurité, qui sont bien conscients que l'unification mondiale, avec l'établissement de la monnaie unique électronique, etc., etc., n'est plus un rêve insurmontable... dès que la bonne volonté est là. Ils voudront donc prendre leurs responsabilités face à toute la population de la Terre dont le bien-être est lié à leur syllogismoréflexion souvent humaniste. De même qu'ils savent comment résorber les difficultés, ils savent bien également ce qu'il est possible de faire. Et vous avez raison de dire que le conservatisme actuel sape toute volonté unificatrice, mais selon l'analyse que vous avez entendue, cette situation véritablement paléogéno-anthropomorphique sera facile à modifier compte tenu de la mondialisation de l'ONU qui fera tout son possible pour réduire considérablement l'impulsion innée du génome humain en développement qui provoque aujourd'hui l'égocentristo-nationalisto-souveraineté. Et finalement, l'ONU éliminera cette psycho-anomalie séculaire homicide grâce à l'expansion de l'éducation et de la connaissance offerte par le progrès technoscientifique informo-communicatif et médiatique actuel, car je suis sûr qu'aujourd'hui nous sommes suffisamment forts pour profiter des milliers d'émissions culturelles et de l'abondance des archives historiques de façon à discerner l'utopie du passé et ne pas retourner en arrière. Donc, nous n'avons besoin que de la volonté de vérifier notre histoire biosocio-géopolitico-culturelle infantile pour prendre conscience de nos erreurs, ne plus les répéter et réformer fondamentalement notre comportement ENR primitif et farfelu afin d'établir une sécurité durable sur laquelle nous pourrons fonder un avenir de bonheur, pour nous et nos descendants, dans le cadre d'une réelle organisation sociale.

J'aurais encore beaucoup de détails à ajouter sur ce sujet de l'unification ; cependant, je ne voudrais pas prendre trop de votre temps en prolongeant l'entretien d'aujourd'hui. De toute façon, en tenant compte de vos dernières remarques, je pense dans un premier temps ce que j'ai exposé très explicite et suffisant. Et si comme vous le laissez supposer, la condition de la mentalité biosocioculturelle de l'homme de notre époque est peut-être encore trop fermée - en raison de l'égocentristo-nationalisto-souveraineté et du conservatisme classique, toujours bien vivants, ou à cause d'intérêts personnels, ou parce que l'homme veut garder sa spécificité séculaire et son identité nationalisto-patrimoniale, toutes choses qui mettent invariablement des bâtons dans les roues de toute tentative d'humanisation -, ne soyez pas inquiet, car malgré cette instabilité routinière farfelue, je reste optimiste et suis persuadé, parce que nous pouvons, je le répète, en nourrir l'espoir, que l'homme, récemment avancé technoscientifiquement, en élimino-renouvelant d'abord la morale ENR attardée, voudra prendre lui-même l'initiative de sortir de l'anachronisme chaotique et de la politique des inégalités et de l'extermination. Certes, par la force des choses, nous avons, pour en arriver là, un grand chemin rééducatif et rénovateur à parcourir, une véritable renaissance et réorganisation de l'architecture globale, mais elle est strictement nécessaire car toute stagnation provoque le rejet, pérennise l'anomalie géopolitico-anthropique et tourne en dérision l'intellection humaine.

Donc, réveillons-nous de cet aveuglement séculaire et des facéties, maîtrisons notre force d'intellection dans une réelle orthologie basée sur le pragmatisme et revêtons enfin la qualité humaine pour nous lancer sur cette large voie rapide de la haute technoscience, étant chaque jour plus conscients de l'urgence d'établir dans la paix, ce géopolitisme humanitariste que représente l'unification mondiale !

J - Je comprends.

V - Oui, vous comprenez... merci ! Mais ce n'est pas suffisant cher ami ! N'oubliez pas que si votre bougie est allumée, des milliards d'autres attendent de s'illuminer dans une file interminable. Pour cette raison, soyez assez aimable de me laisser les dernières cassettes de ce que vous avez déjà enregistré et de garder ce dont vous avez besoin, car lors d'une prochaine rencontre j'ajouterai d'autres détails. Et comme nous avons parlé bien des jours sur de nombreux sujets importants et qu'il serait dommage que tous ces entretiens aient été réalisés pour rien, je vais les mettre par écrit pour les publier plus tard, par solidarité et amitié pour l'homme, étant sûr qu'avec son intellection gnoséologiquement avancée, notre génération sera prête et disposée à comprendre la nécessité de cette métamorphose réformo-rénovatrice inévitable en face de conditions actuelles bien connues. Car je suis sûr qu'avec une volonté humaine et la compréhension des intellectuels et de certains dirigeants humanistes de divers Etats qui possèdent une grande ouverture d'esprit, l'unification pananthropique sera vraiment réalisable, et dès notre époque... comme il sera aussi possible d'améliorer ce que je vous ai déjà exposé, pour dresser les plans d'architecture et les stratégies les plus efficaces pour effectuer les transformations structurelles nécessaires et mettre en oeuvre, dans une large ouverture d'esprit, les bases de cette grandiose **paligenesia** planétaire, avant de les transmettre aux générations futures qui voudront continuer et parachever cette reconstruction humaine.

J - Je ne voudrais pas abuser de votre temps, mais la curiosité m'oblige à vous demander ce que vous entendez par cette « ouverture d'esprit ».

V - Vous n'abusez pas, il est bien connu et facile à comprendre que « l'ouverture d'esprit », dont le contraire est « l'étroitesse d'esprit », signifie que la porte de réception cérébrale est toujours ouverte pour toutes les nouvelles informations, expériences et connaissances, et que le cerveau est prêt à les accepter, à les examiner syllogistiquement, impartialement, telles qu'elles viennent et sans aucune intention de les préjuger... et dans une telle ouverture d'esprit, le cerveau conserve et utilise les parties qui présentent de la valeur et rejette celles qui en sont dépourvues. Cette procédure transforme le comportement primitif des gènes, exerce et renforce le fonctionnement et la capacité du contrôle cérébral et crée ainsi une logique d'intellection syllogistique, ou LIS, d'où vient tout progrès culturel.

A l'opposé de « l'ouverture d'esprit », « l'étroitesse d'esprit » correspond à la situation anormale de l'encéphale de l'homme influencé par la logique d'intellection asyllogistique, ou LIA, qui, bien qu'ayant accumulé une certaine quantité, la plupart du temps insuffisante, de connaissances erronées ou même exactes et d'expériences, n'accepte pas les informations nouvelles plus avancées, en pensant... qu'il connaît déjà tout. Et la conséquence d'une telle position est l'arrêt de tout développement progressiste de sa mentalité pour favoriser la stabilité, l'inactivité et le marasme mental. Je voudrais montrer par là que pour les nouvelles idées avancées, pour la connaissance et les informations qui pénètrent dans le cerveau, l'étroitesse d'esprit ressemble à des barres rocheuses à escalader ou de constants embouteillages ; elle résulte de l'arrêt de la transformation progressive de la « logique d'intellection asyllogistique » ou LIA, équivalant du terme « inconscience », en « syllogistique » ou LIS, correspondant au terme « conscience ». Et donc, l'étroitesse d'esprit est synonyme de suicide intellectuel et de nécrose cérébrale ; c'est-à-dire que l'homme qui est influencé par la LIA est dirigé par ses mauvaises habitudes de type ENR. Et sur la base de cette mentalité, tout en étant à l'aube d'une ère nouvelle, celle de l'ONU2, l'homme pense comme s'il vivait au moyen âge, ou pire encore, comme à l'époque du monde préhistorique primitif.

En résumé, celui qui croit tout savoir et qui n'accepte pas les nouvelles connaissances, cet homme là est bloqué mentalement par ses gènes neurono-cérébraux sous-développés sur la base des choses établies. Et non seulement il évite d'acquérir plus de connaissances, mais plus encore, ses croyances rétrogrades le rendent fanatique de l'utopie. Et en demeurant dans une stabilité mentale asyllogistique, il reste sous la direction de son étroitesse d'esprit dans laquelle il se leurre... alors qu'une ouverture d'esprit servirait son propre développement mental syllogistique et contribuerait au développement de nouvelles valeurs biosocio-culturelles utiles pour lui-même et pour tous.

L'analyse de la conscience et de l'inconscience

J - Monsieur Vaskas, il y a une chose que je ne comprends pas très bien. Vous avez dit que la dernière comète était nécessaire pour établir la conscience, et maintenant vous reparlez de la conscience et aussi de l'inconscience. Comment les définissez-vous et quel est leur fonctionnement ?

V - Je vous ai déjà pratiquement expliqué l'origine du mécanisme qui engendre la conscience lors de l'analyse de la logique d'intellection asyllogistique, ou LIA, et de la logique d'intellection syllogistique, ou LIS ... Les fonctionnements de la conscience et de l'inconscience sont presque parallèles et un peu difficiles à décrire et expliquer en détail, car il faut commencer par les particules, et dire, par opposition à la physique classique, la mécanique quantique, et de nombreuses hypothèses diverso-stupéfiantes et non identifiables, que la symétrie des particules qui se transforment en divers noyaux, puis en atomes qui forment des cellules, etc., a commencé sous l'influence de la Loi cosmofonctionnelle globale de la ΛV, à partir du Code - d'abord au stade symétrique - installé dans le « proton », la particule drastique et éternelle qui est devenue le constructeur et coordinateur de l'ensemble du processus polymorphe portant sur un grand nombre de multi-diverso-transformations et modifications structurales dans les divers atomes. Ensuite, le Code est devenu symétro-organique, puis, suivant diverses mutations et ramifications, biogénétique, et enfin spatial. Et pour plus de précisions, son expérience découle ou résulte de nombreuses générations et régénérations, à travers certaines biosphères galactiques, d'atomes organiques qui se sont assemblés à leur tour, comme je vous l'ai expliqué en détail dans les périodes 11 à 13, et 19 à 24, pour devenir les constructeurs des diverses cellules et aussi de leurs acides désoxyribonucléiques qui portent chacun dans leur double hélice des dizaines de milliers de gènes intelligents... et ces polytechniciens de génie créent ensuite diverses protéines, enzymes, etc., etc., qui deviennent les vérificateurs et les promoteurs des polyramifications variées du Code Universel, notamment au stade biogénétique. Et bien que les gènes obéissent aux influences diverso-atomiques, chacun d'eux a formé sa propre personnalité et sa spécialité sur des milliards d'années, au fur et à mesure des diverses mutations et transformations dans les différentes espèces sur diverses générations, en suivant l'immense expérience du Code qui a dans sa mémoire les plans de construction des millions de formes d'organismes différents.

Et nombre de ces gènes primitifs ont commencé leur vie dans certaines nébuleuses de la Galaxie maternelle, installés dans des organismes protozoïques extrêmement petits, souvent unicellulaires, qui se sont multipliés par autofécondation et sont devenus terrestres après plusieurs générations-régénérations où ils ont prospéré dans le plancton végétal ou animal, notamment dans les océans, jusqu'à devenir presque semblables à nos gènes... mais d'une expérience attardée. En revanche, ceux qui se sont développés dans les nouvelles générations et se sont installés notamment dans les noyaux des neurones cérébraux du thalamus, et surtout de l'hypothalamus, sont avancés et expérimentés. Ils sont responsables de la croissance cellulaire et donc neuronale, et généralement du développement organique et mental de l'homme. Ils vérifient la préservation des signaux communicatifs et le processus d'acquisition, notamment par les images de la vision, de nouvelles informations qui sont transformées au niveau de la rétine en impulsions électriques et transitent par les nerfs qui les transmettent comme des radiations optiques. Ils traitent alors les informations et les messages que le cortex visuel décrypte de façon à les intégrer dans la mémoire segmentée en diverses formes cognitives ; avec par exemple la mémoire qui permet de savoir et d'être conscient, celle qui concerne la capacité d'identifier les objets qui nous entourent et nous permet de les reconnaître, etc. Et par ce processus d'apprentissage perceptif, le cerveau traite aussi les informations des bons ou des mauvais moments du passé ; et selon l'expérimentation du cerveau, toute nouvelle mémorisation est stockée dans des régions connectées à l'hippocampe, avec les connaissances acquises.

Dans le même temps, les gènes contrôlent en détail l'accroissement et l'intensité des mécanismes des cellules neuronales qui conservent dans leur noyau la totalité de l'information du Code, lequel ordonne aux gènes administrateurs et modificateurs de transcrire l'ADN en ARN messagers qui sont souvent traduits en protéines polymérases capables à leur tour d'activer ou d'inactiver les gènes constructeurs qui entreprennent la différenciation des cellules pour établir de nouvelles synapses. Et ils améliorent leurs performances et l'activité énergétique notamment avec l'aide de l'énergie photo-électro-neutrinique de la ΛV, canalisée dans les cyclotrines, les épines dendritiques et les microtubules des régions synaptiques ; et avec le monoxyde d'azote, ils stimulent l'excrétion des vésicules sécrétoires pour transmettre des médiateurs chimiques d'un neurone vers les récepteurs d'autres neurones. De cette façon, ils forment les liaisons intersynaptiques qui échangent des messages électrochimiques et dominent les équivalences fonctionnelles entre les sensations et les transmissions d'ondes électrochimiques neuromédiatrices et neuraxoniques ; et en augmentant le fonctionnement énergétique des diverses sécrétions et des flux d'ondes communicatives qui passent, je le répète, des neurones émetteurs aux neurones récepteurs par des vagues chimiques et électriques de neuromédiateurs, ils régissent les commandes des divers mouvements et des stimulations sensorielles.

Et dans ce processus d'excitation neuronale, les gènes enregistrent les nouveaux indices tout en étudiant l'expérience et les informations accumulées pendant des milliards d'années dans l'immense mémoire du Code ; et après une sorte d'investigation, selon les résultats des recherches et des vérifications dans cette mémoire, les gènes spécialisés mobilisent les corrélats des extrêmement minuscules neurocircuits de flux photo-électro-neutriniques qui produisent des états d'évaluation et de jugement, et la contrôlabilité des anciens événements, pour les collationner et les comparer avec l'expérience et les nouvelles informations et connaissances inscrites récemment dans la mémoire.

Alors les gènes administrato-modificateurs, connectés par les diverso-circuits qui relient le thalamus, l'hypothalamus, l'hippocampe et d'autres organes administratifs dans tout le cortex, réfléchissent syllogistiquement ou asyllogistiquement, selon leur patrimoine, et par diverses mutations et modifications, ils synchronisent leur comportement cybernétique en fonction des résultats de ces comparaisons et recherches.

Et si le résultat de cette capacité à juger, ou à raisonner est asyllogistique, il constitue une réflexion inconsciente, mais si le jugement est syllogistique, il constitue le phénomène que nous appelons conscience.

J - Je ne comprends pas bien cette dernière phrase, pouvez-vous la formuler plus clairement ?

V - Bon ! Pour être plus explicite, lorsque les gènes administrato-modificateurs des neurones actifs d'un cerveau humain qui dominent le fonctionnement organique ou mental sont encore dans leur majorité de type animal ou protanthropien, leurs impulsions sont inconscientes et l'homme pense asyllogistiquement et il est... **inconscient**.

Mais si ce processus neuronal fonctionne à l'inverse, et que les gènes administrato-modificateurs, dans leur majorité, coordonnent les émotions et les sensations après l'examen et la vérification des éléments accumulés dans leur mémoire, traitent ou comparent les nouvelles informations et les souvenirs dans le stockage de la mémoire, forment de nouvelles terminaisons et liaisons intersynapto-microtubulo-névraxoniques, et réfléchissent avec une logique syllogistique, leur comportement mental change d'illogique en logique et constitue dans le cortex le phénomène de la conscience... et donc, dans ce cas, l'homme pense syllogistiquement et il est... **conscient**.

Cela signifie que dans le cerveau, toutes ces procédures ponctuelles ou continuelles d'activité neuronale changent progressivement sous l'effet des nouvelles perceptions d'informations visuelles et auditives qui peuvent être examinées par les gènes administratifs modificateurs qui contrôlent et comparent les anciennes et les nouvelles expériences, réfléchissent, et peuvent transformer la mentalité de l'homme... et la changer.

Il mérite donc d'être répété que lorsque les nouvelles informations, expériences et connaissances qui entrent dans la mémoire par des perceptions et des sensations visuelles, auditives, etc., passent par le processus de vérification et d'examen, les gènes administrato-modificateurs qui les comparent avec les anciennes peuvent réfléchir syllogistiquement et changer de mentalité, d'inconscient asyllogistique en conscient syllogistique... et inversement dans le cas contraire. Ainsi le changement de toute mentalité humaine est heureusement possible.

Et ce simple raisonnement montre en toute franchise scientifique que l'inconscience provient de la logique d'intellection asyllogistique ou LIA et que la logique d'intellection syllogistique ou LIS est synonyme de conscience, interchangeable et interdépendante avec elle, et plus encore, la LIS est capable d'introspecter la conscience pour produire la haute sagesse, la LIS avancée.

J -   Merci monsieur Vaskas, c'est très compréhensible.

Les préparatifs sont déjà faits pour que l'homme s'approche de l'éternité

J - Mais au début de nos entretiens, monsieur Vaskas, en expliquant la signification de votre longue phrase, vous disiez que la mentalité ΛV allait nous incorporer et nous mener à l'éternité réelle ! Vouliez-vous dire que la vie humaine sera prolongée et que les recherches de l'homme l'amèneront jusque-là ?

V - Oui cher ami, mais d'abord, il convient de répéter que tous les êtres organiques cosmiques répondent à la loi du Code Universel, et tous les êtres vivants sur certaines planètes des Galaxies mûres répondent aux ramifications de la même loi génétique dans laquelle le processus d'allongement de la durée de vie humaine a déjà commencé, et le moyen principal, écrit dans le Code Universel et réalisé au cours de son déroulement consiste à augmenter progressivement la potentialité de l'énergie produite par les mitochondries à partir d'éléments apportés par le sang (notamment des sucres, de l'Oxygène et d'autres nutriments) ; et leur motricité est renforcée un peu plus chaque jour par l'énergie vitale de la mentalité administrato-constructrice ΛV, c'est-à-dire par l'augmentation des charges électriques positives associées à de minuscules particules encore peu connues (dans ce cas des neutrines électroniques polytransformables), qui, silencieusement, fortifient la potentialité de l'intellection de l'homme qui, à son tour, a déjà commencé à bien comprendre que pour conserver en vie les neurones existants et arrêter la diminution de leur nombre, et par conséquent l'affaiblissement de l'intellection, il faut déjà valoriser les recherches autour du renforcement du mécanisme immunitaire des cellules, notamment neuronales, et fortifier le processus se déroulant autour des lymphocytes T4 et B : - d'un côté, après leur transformation automatique en plasmocytes ; multiplier la production d'anticorps antigéniques et renforcer le cercle automatico-répétitif des macrophages pour qu'ils neutralisent ou éliminent les germes infectieux avec plus d'efficacité et faciliter le fonctionnement immunitaire de la structure cellulaire ; - et d'un autre côté, stimuler les lymphocytes cytotoxiques, qui, en liaison avec certaines protéines antigéniques, éliminent les cellules et notamment les neurones infectés. Ensuite, il faut accélérer le déclenchement par vagues de l'influx nerveux qui provoque l'augmentation du niveau d'activité des neuraxones, à travers la sécrétion d'un plus grand nombre de médiateurs chimiques à destination des récepteurs - comme la sécrétion neuronale de dopamine stimulée par exemple par le monoxyde d'azote -, médiateurs qui se propagent par des microcourants et stimulent les connexions dans les régions de contact entre les cellules nerveuses, notamment au niveau des microtubules, des épines dendritiques, et des liaisons avec les récepteurs à partir des vésicules contenant les neuromédiateurs, avec tout ce qui participe à la stimulation et au débouchage des terminaisons axoniques et fonctionne généralement au niveau des espaces synaptiques dans lesquels se rejoignent et s'échangent les messages électro-neutriniques et chimiques.

Et d'ailleurs, certains médicaments très sophistiqués réussissent à renforcer l'influx électrique et chimique dans les axones des neurones actifs ainsi que les transmissions, pour qu'elles puissent passer par les synapses, souvent nouvellement établies par les neurones, qui, fidèles à l'impulsion innée du soi et du non-soi, considèrent tout voisin comme étranger et s'opposent à la propagation directe de l'influx vers les autres neurones, plus précisément, en empêchant les substances stimulantes de pénétrer dans les extrémités axoniques et d'activer les neurones inactifs voisins, lesquels, en dépit de ces difficultés, commencent à se déboucher peu à peu, à se mettre en fonction et se transformer en neurones actifs, au bénéfice de l'intellection qui augmente progressivement. Et de proche en proche, avec l'aide des manipulations humaines, l'activation réelle de toute la machinerie complexe de la structure de milliards de corps cérébro-neuronaux isolés va se poursuivre jusqu'à la complète activation des liaisons médiateurs-récepteurs qui neutraliseront la résistance innée et faciliteront les transmissions synaptiques et le débouchage axonique pour que les neurones actifs réussissent, après l'activation d'autres neurones, à travailler ensemble dans une parfaite synchronisation.

Ainsi, les milliards de neurones inactifs deviendront progressivement actifs. Ensemble, ils seront en nombre suffisant pour compenser et dépasser largement la moindre perte par rapport à ceux qui sont actuellement actifs. Ainsi, l'intellection humaine trouvera facilement sa destination réelle.

Dans le même temps, dans le cadre de l'accroissement de l'intellection produite selon ce mécanisme de la multiplication du nombre de neurones actifs, et en suivant les instructions du Code universel polyexpérimenté, l'homme devra examiner avec plus d'attention la tâche de la télomérase, de certaines hormones, de protéines et enzymes - comme les enzymes P-450 - dans le processus utilisé par certaines bactéries, peu connues et capables de se guérir elles-mêmes, qui jouent un rôle thérapeutique régénérateur et agissent pour toute la défense de notre organisme. Car bien que tous les organismes vivants soient dotés d'un mécanisme de réparation automatique, certaines bactéries rares sont invulnérables à un fort taux de radioactivité et résistent même au coeur d'une explosion atomique.

Un autre processus notamment bio-régénérateur devra commencer à suractiver les antigènes constructo-modificateurs pour qu'ils entreprennent la composition et le codage de diverses protéines, notamment héminiques, qui sont parmi les plus répandues dans tous les êtres vivants, spécifiques de substances capables de décomposer les peroxydes - composés toxiques d'oxygène - et notamment le peroxyde d'hydrogène.

Les enzymes qui fonctionnent souvent comme catalyseurs, à l'exception des ribozymes, sont toutes des protéines avancées, codées par la partie génétique du Code Universel. Et les « peroxydases » notamment sont des enzymes polytechniciennes car elles sont liées au métabolisme de l'iode et élaborent les hormones thyroïdiennes ; elles donnent un but à divers anticorps et se transforment en antibiotiques pour défendre les cellules contre certaines maladies infectieuses, facilitant la production d'hypochlorite, destructeur de divers micro-organismes très souvent nuisibles. Et suivant un processus extrêmement complexe, l'injection de peroxydase établit notamment des circuits dans les terminaisons neuronales, stimule les substances chimiques au niveau de l'extraordinaire complexité des innombrables inter-connections où s'établissent des synapses, et débouche les neuraxones qui connectent un neurone actif avec un autre, inactif. Et dans la complexité des interconnexions du cortex cérébral, cette enzyme développe encore un système capable d'organiser les mécanismes adaptatifs pour stimuler l'activité de dizaines de milliards de zones de connexion neuronales ou circuits synaptiques, sous l'influence du facteur de croissance neuronal NGF qui stimule le développement de fibres neuronales et lance plusieurs « cônes de croissance », prêts à établir des contacts avec d'autres neurones.

De plus, l'enzyme peroxydase fait partie des catalyseurs qui accélèrent la vitesse des réactions chimiques des cellules où ils sont utilisés pour de multiples activités qui leur assurent un bon fonctionnement. Une seule molécule de cette enzyme peut transformer des millions de molécules de substances nommées substrats que d'autres enzymes peuvent utiliser pour fabriquer les cytochromes, transporteurs respiratoires ; et en liaison avec deux autres enzymes, omniprésentes dans les cellules, la « superoxyde dismutase » qui transforme le superoxyde en oxygène et eau oxygénée et la « catalase » qui décompose l'eau oxygénée en eau et en oxygène, et avec divers pigments respiratoires, la peroxydase protège les cellules des peroxydes toxiques ; et en relation avec d'autres protéines (des enzymes polytechniciennes comme les taxinomistes), les peroxydases produisent les hèmes, contenant du fer ionisé, qui aident, par une série de stimulations à haute fréquence, les neurotransmetteurs à passer et être transmis facilement d'un neurone activé à un neurone inactif. Voilà donc un autre bon facteur pour aider au débouchage des neurones inactifs et produire l'accroissement de l'intellection.

J - Cette enzyme appelée peroxydase a donc une très grande valeur constructive.

V - Oui, mais une autre enzyme que j'appelle en grec « ταξινομος » signifiant « taxinomiste » - qui exécute fidèlement l'ordre de différenciation du Code Universel dans presque tous les organismes multicellulaires terrestres -, est peut-être plus active que la peroxydase, sachant que dans l'ovule fécondé destiné à édifier l'organisme d'un nouvel être vivant, avant sa multiplication, c'est elle, l'enzyme taxinomiste, qui, après avoir lu la ramification transgénique du Code Universel et en utilisant son expérience du Code, choisit parmi les caractères héréditaires à sa disposition, et transforme la roulette chromosomique du spermatozoïde et de l'ovule en système intelligemment ordonné. Et dans l'ovule, en quelques heures seulement, en coopération avec d'autres enzymes, gènes, protéines, tous codés je le répète par la partie génique du Code Universel, elle planifie l'organisme tout entier d'un nouvel être humain vivant : les os, les veines, les artères, les nerfs, etc., et notamment tous les circuits d'ADN, ARN, etc., etc., et programme avec une exactitude mathématique la multiplication et la différenciation cellulaire suivant le plan organique et l'emplacement attribué à chaque cellule dans l'organe qu'elle doit constituer.

Et donc, cette existence mystérieuse, complexe et précieuse qui commence en tant que gène, continue comme protéine et fonctionne comme enzyme « ταξινομος » ou taxinomiste, contrôle et assure le suivi et la permanence de toute la construction organique. Elle règle notamment avec virtuosité la nutrition, le processus de la division cellulaire et la coordination des hormones et de nouvelles voies organiques pour bien former l'ensemble de l'organisme multicellulaire. Et en association avec d'autres enzymes spécialisées comme la peroxydase, la dismutase, la catalase, la télomérase, et d'autres dont l'influence n'est pas encore bien identifiée, elle contrôle spécialement la prolifération, dispersant les encombrements et les tumeurs afin de prévenir un vieillissement prématuré des cellules somatiques de vie limitée - notamment dans les noyaux cérébro-neuronaux -, et renforce la maturité sexuelle pour produire des cellules germinales de longue vie. Connectées toutes ensemble, ces enzymes favorisent l'activation du génome chromosomique et contrôlent automatiquement les chromosomes et tous les éléments organiques qui commenceraient à souffrir de dysfonctionnements et de sénescence réplicative et risqueraient de mourir prématurément ; elles soutiennent leurs mécanismes pour qu'ils continuent de fonctionner correctement jusqu'au moment où les cellules somatiques cessent de synthétiser les enzymes spécialisées, notamment les télomérases et taxinomistes. Mais les cellules germinales, plus grandes que les autres, continuent de les synthétiser, et comme cela se passe dans l'espace avec les étoiles A, plus grandes que les autres, qui, à la suite de leur explosion et métamorphose en nébuleuses fécondatrices donnent naissance à de nouvelles colonies stellaires, de même les cellules germinales continuent aussi à se multiplier et à donner naissance à de nouvelles colonies cellulaires... Cependant, tandis que certains mécanismes des neurones cérébraux - sujets à d'autres processus - continuent de synthétiser ces enzymes et de ce fait évitent le vieillissement et conservent la plasticité et l'adaptabilité de leurs synapses, à cause de certains gènes pathologiques responsables du vieillissement prématuré, l'activation des autres cellules somatiques diminue. Mais le plus important, c'est que l'enzyme taxinomiste potentialise les mécanismes multiplico-rénovateurs et diminue la mortalité des neurones qui commandent le fonctionnement automatique des voies reconstructives et immunitaires de l'ensemble de l'organisme multicellulaire et favorise la prolongation de la vie.

Donc, constituées par l'introduction des antigènes, les enzymes, notamment celles précédemment mentionnées, dotées de mécanismes mieux pensants et plus complexes, comme la taxinomiste, constituent la mentalité fonctionnelle des cellules et sont les constructeurs et les planificateurs de tous les organismes vivants ; et ce sont elles, en coopération avec l'énergie électrochimique, qui stimulent les interconnexions neuronales, et en liaison avec certains antigènes, fabriquent infatigablement des anticorps, substances spécifiques de l'autodéfense des cellules, notamment cérébrales où elles s'activent dans le fonctionnement métabolique pour détruire progressivement les facteurs qui perturbent leurs synapto-connexions, pour pouvoir les transformer peu à peu en neurones immunitaires. Ainsi donc, elles améliorent progressivement la pensée qui réfléchit pour contribuer et assurer progressivement l'allongement de la durée de vie humaine.

Parallèlement à ce processus, à l'aide de nouvelles combinaisons et manipulations neurobioépistémologiques en génétique moléculaire, l'intellection de l'homme doit sans cesse travailler pour parvenir à leur synthéto-assemblage, continuer à manipuler les substances impliquées dans la réparation des cellules nerveuses et progresser jusqu'à réaliser et perfectionner l'automatico-immunisation et la renouvello-reconstruction constante de la structure cérébro-neuronale et notamment des mécanismes automatiques et intimes de contrôle et de bon fonctionnement des organes où la cybernétique est installée : le thalamus qui contrôle les mouvements, l'hypothalamus qui contrôle toutes les fonctions vitales et reste sous haute protection, l'hippocampe où les souvenirs sont stockés, et leurs zones voisines. Ainsi, en fortifiant et perfectionnant le mécanisme de la pensée ordinaire ou consciente et en intensifiant progressivement la potentialisation et la régénération des fibres motrices, nerveuses et sensorielles qui traversent l'hypothalamus et transmettent ses ordres au reste du corps, l'homme pourra accroître la durée de vie, notamment la sienne.

Le renouvellement perpétuel des cellules et l'arrêt du vieillissement qui affaiblit notre organisme multicellulaire et le conduit à la sénescence dépendent du renforcement du système reproducteur géno-protéino-enzymatique (il faut cependant se rendre à l'évidence de la nécessité de modérer et maîtriser la « boulimie cadavrophagique » qui, d'un côté, fournit des protéines utiles à la croissance, mais, d'un autre côté, favorise le colmatage du système artéro-veineux et perturbe la circulation sanguine), notamment dans le système cardio-vasculaire, de la normalisation du déséquilibre diverso-hormonal, du bon fonctionnement des mitochondries qui fournissent l'énergie vitale aux cellules et fortifient notamment les stimulations électro-neutrino-chimiques dans le processus que j'ai mentionné du rajeunissement et de la mise en activité d'un plus grand nombre de cellules - surtout cérébro-neuronales… Ensemble, toutes ces réglementations réformatrices effaceront les conséquences du mot « temps » et prolongeront la vie humaine.

Ainsi, le processus qui conduit sûrement à prolonger indéfiniment la vie humaine est presque complet ; et je crois que tout cela progresse quotidiennement et à une vitesse incroyable dans les laboratoires de recherche pharmaceutique ; et ce progrès ira en s'accélérant jusqu'à parvenir à l'éternité. Pour cette raison, tandis que la longévité augmentera, le nombre de spermatozoïdes humains diminuera progressivement - sans compter certaines raisons bien connues comme les maladies sexuellement transmissibles -, jusqu'à mettre un terme à la multiplication effrénée de l'homme sur la Terre, qui, si elle se poursuivait, nuirait de plus en plus à sa survie. Et la mise en œuvre de la réalisation de ce processus devra s'envisager le plus rapidement possible, à moins bien sûr que des problèmes séculaires de l'homme comme la vanité de l'amour de l'argent interviennent pour l'arrêter ; car malheureusement, dans ce système de choses où tout dépend de l'intérêt économique, notre longévité dépend aussi de l'argent, notamment de celui qui est stocké dans les établissements de certains hommes cupides qui préfèrent financer les autoroutes des narcotiques, de la guerre et de tout ce qui provoque la mortalité - parce qu'elles sont lucratives et qu'ils peuvent remplir leur tombe de cet argent - plutôt que le chemin qui conduit à la prolongation de leur vie.

J - Voulez-vous vraiment dire que le processus d'augmentation de la durée de la vie humaine peut commencer et qu'au lieu de financer la vie, les hommes financent la mort ?

V - Oui, c'est incroyable mais vrai ! Et là, notre asyllogisme est poussé à l'extrême ! ... Mais comme il y a toujours un véritable espoir dans les diverses mytho-espérances, je veux croire que le rêve séculaire de l'homme est en passe de se réaliser, même s'il faut aussi tenir compte du fait que de nos jours certaines recherches scientifiques sont malheureusement synonymes, je le répète, de chasse à l'argent dans le cadre de l'intérêt égocentristo-personnel et qu'aujourd'hui le principe de l'intelligibilité est commercialisé inconsciemment.

En dehors de cette séculaire mentalité anti-humaniste, je veux croire qu'une certaine digne épistémologie permettra de poursuivre, en parallèle à ce processus sur la longévité, les recherches biotechnologiques nécessaires, notamment dans le cadre de la biologie moléculaire qui réalise aussi de considérables progrès ; en particulier, après avoir presque complété le décryptage de tout le génome humain, sachant qu'un grand nombre de gènes positifs ou négatifs sont déjà presque localisés et classifiés, et que grâce aux progrès des micromanipulations génétiques, d'incessantes avancées seront réalisées dans le domaine des mutations génétiques, et surtout dans le remplacement d'un gène porteur d'une anomalie par un autre porteur d'une perfection ; et après de nombreux tests probatoires ces recherches parviendront à des êtres vivants sans maladie génétique. Mais comme pour toute chose nouvelle, tout le monde commence par entrer en polémique ; et c'est normal d'être suspicieux ; au début, les réactions habituelles d'inquiétude de la société conservatrice, largement influencée par une certaine mentalité rétrograde attachée au statu quo, ou par certains tempéraments religieux moralistes, sont inévitables ; mais par la suite, elles disparaîtront... personne ne peut arrêter le continuel progrès des sciences dans les thérapies géniques.

Quoi qu'il en soit, la prolongation de la durée de vie de l'homme a déjà débuté et chaque nouveau jour la fait avancer. De plus, l'accroissement du raisonnement syllogistique et la diminution d'autant de l'esprit contradictoire permettent que ces micromanipulations transgéniques soient enfin appliquées au profit de tous les êtres vivants. Car du fait du déroulement du Code Universel, cette révolution biotechnologique d'importance et de valeur incalculable est en marche... et les manipulations chromosomiques, notamment transgéniques, et le clonage ou la reproduction asexuée à partir d'une cellule bioterrestre - typique de la multiplication de certaines Galaxies à partir d'une cellule galactique - sont déjà facteurs de grands progrès biologiques, parce qu'à partir du clonage très élaboré d'une cellule, certains laboratoires créent sur demande de nouvelles espèces végétales ou animales transgéniques, clonées ; et ils parviendront à une plus grande perfection, à l'abri de toute maladie génétique.

Oui, la mentalité conservatrice est contradictoire, et elle émet quelquefois certaines réserves avec raison ; et c'est normal, parce que nous entrons là dans un domaine qui peut être blâmable du fait qu'il est encore peu connu. Mais réfléchissez un instant : Quels parents, en pensant syllogistiquement, ne souhaiteraient pas avoir un enfant dans une coordination transgénique excluant chacune des milliers de maladies génétiques existantes, assuré de naître en bonne santé et avec une bonne intelligence, plutôt qu'un enfant né de la loterie chromosomique, avec le risque de fréquents handicaps ? Donc, dans le cadre des progrès des biotechnologies et notamment de l'inévitable avancement des manipulations et diverso-mutations génétiques dans toute la biodiversité, les familles, la base incontournable de la société franche et le facteur n°1 de l'unification pananthropique, seront les premières à s'unir autour de ce projet qui leur apportera le bonheur de se sentir encore plus utiles au sein de la société humaine.

J - Mais la description de ce processus de rajeunissement est à ce jour le plus important sujet dont l'homme doit profiter. Nous devons faire tout notre possible pour le développer.

V - Ce n'est pas aussi facile que vous pouvez le penser cher ami, car nous vivons sur Terre où la mentalité archaïque et conservatrice de certaines sociétés actuelles et les vigilants gardiens, depuis des siècles, des traditions, ne sont pas encore prêts à fuir la mortalité classique pour s'engager sur la voie scientifique des nano-bio-technologies, pleine de promesses de longévité. Quoi qu'il en soit, le processus que je viens de vous décrire est en passe de se réaliser, car il a déjà franchi le barrage de l'ignorance archéo-traditionnelle ; et certains points ne restent encore inaperçus et inexploités que pour peu de temps, sachant que de nombreux chemins sont entrouverts par l'informatique moléculaire, qui, sous peu, sera capable de discerno-identifier et de classifier tout le réseau du génome humain, ce qui facilitera encore les mutations et le clonage, notamment à partir d'une cellule reprogrammée, et permettra d'effectuer d'autres modifications génétiques pour former également, bien sûr sous le contrôle de la sécurité scientifique et avec beaucoup de prudence, des êtres perfectionnés totalement transgéniques qui n'auront rien à voir avec l'ancien esprit spartiate et sa réplique nazie de race supérieure. Et après qu'un progrès suffisant du processus mentionné précédemment de rénovation du système endo-encéphalique aura fait croître l'intellection, le programme, désormais en cours, sur les clones transgéniques, notamment à partir des noyaux de cellules différenciées, deviendra encore plus facile à réaliser.

Mais il faut répéter que le lent avancement des progrès dans ce domaine est le fait de notre ancien génome qui n'a pas encore compris - et c'est naturel - ce que signifient pour nous les manipulations ou modifications cellulo-génétiques.

Actuellement, l'horizon est encore obscurci du fait que la science ne peut pas encore garantir l'innocuité de certains organismes génétiquement modifiés ; mais au-delà, notre ancien génome est toujours habitué à la mortalité ; et à cause de cette habitude innée séculaire, tandis que nous attendons notre mort, les gènes ne discernent pas la voie de la stimulation du système immunitaire et continuent de fortifier la sexualité parce qu'ils veulent avant la mort déménager au moyen des spermatozoïdes, d'un vieil organisme dans un autre plus jeune, pour survivre ; et comme ils forment notre mentalité, ils refusent souvent la nouvelle connaissance et les réelles perspectives de longévité par lesquelles ils pourraient rester et se régénérer dans le même organisme qui approcherait l'éternité. Aussi, tandis que l'homme continue à explorer la voie immunitaire et accroître ses progrès pour vivre plus longtemps, il lui faut continuer à avoir des relations sexuelles de façon à tromper les gènes, qui, pressés, sont toujours dans l'attente d'un prochain déménagement pour préserver leur mode d'immortalité en passant du vieil organisme au nouveau, et notamment les oestrogènes, les hormones sexuelles qui protègent les neurones d'un vieillissement prématuré.

J - Pourriez-vous faire l'analyse de cette voie immunitaire ?

V - Les biologistes connaissent bien cette voie ; et leur silencieux progrès dans ce domaine est énigmatique... Peut-être ne connaissent-ils pas le déroulement détaillé du Code, qui, dans le labyrinthe cellulaire, organise les voies bienfaitrices de l'immunité pour lutter contre les virus et certains parasites bactériens, et encourage les gènes à synthétiser les protéines correspondantes, et notamment le polymorphisme des anticorps antigéniques qui luttent contre les maladies infectieuses et renforcent la mémoire immunitaire. Autant de processus familiers à certaines recherches pharmacologiques souvent poussées par l'intérêt commercial ; car dans certaines sociétés masquées, la parodie de l'argent, face à l'inévitabilité - toujours actuelle - de la mort, est plus importante que la prolongation de la vie. Cependant, le temps n'est pas loin où les habitudes vont changer complètement par la connaissance croissante et la mentalité de l'homme qui aura profité du progrès.

Pour cette raison et d'autres, sachant que chaque nouvelle valeur civilisée doit d'abord lutter contre notre ancien esprit rétrograde toujours en contradiction avec toute nouvelle perspective, nous voudrons rester attentifs dans ces polémiques classiques. Car par nature, certains contestataires du déroulement du Code Universel, souvent d'une haute intellection et d'une position sociale reconnue, mais influencés, je le répète, par leur génome qui obéit à certains archéo-traditiono-idéalismes, continueront, en suivant leur psychisme de valeur mais passéiste, à s'opposer pendant un temps à ce qu'ils qualifient de dérive génétique.

Mais heureusement, renforcée par les facteurs régénérateurs de notre organisme et notamment par les avancées du processus que je viens de décrire de débouchage des extrémités des neuraxones de milliards de neurones inactifs, notre logique syllogistique est déjà capable de répondre. Et très prochainement, grâce à cette progressive ouverture d'esprit et l'augmentation de notre intellection, libérés du débat inné-acquis et de certaines prédispositions inutiles, nous éliminerons complètement notre archéo-géno-asyllogisme séculaire et deviendrons capables d'effectuer les combinaisons biologiques évoquées.

Il est donc bien compréhensible et ce n'est pas nécessaire de le souligner que le déroulement du Code Universel et la consciencieuse poursuite de la recherche en génétique et biologie moléculaire permettront de trouver les gènes responsables de la stimulation de l'influx électrique et électrochimique, de déboucher des neuraxones pour mettre en action des neurones inactifs - notamment après injection de peroxydase dans leurs extrémités -, et d'établir la régénération automatique et la stimulation immunitaire du système endo-encéphalique fonctionnel, et en général l'automatisation de la défense du système cellulo-organo-cybernétique et la normalisation du déséquilibre hormonal, ce qui aura pour conséquence d'intensifier la reconstruction automatique et continuelle du mécanisme vital.

Ainsi, progressivement, dans un environnement débarrassé des diverses pollutions, nous parviendrons à prolonger méthodiquement, positivement et indéfiniment la durée de notre vie jusqu'à la réelle éternité.

L'allongement indéfini de la durée de vie humaine doit aller de pair avec l'élimination des pollutions diverses

J - Oui, cette description physico-biologique est des plus importantes pour les hommes en général, et aussi pour moi. Mais pensez-vous que nous réussirons à éliminer toute anomalie sur la planète, et notamment à gagner la bataille contre la pollution ?

V - Oui, car ces dernières dizaines d'années, parallèlement à ses efforts pour prolonger indéfiniment la durée de sa vie, l'homme a commencé à combattre avec une certaine efficacité la pollution planétaire ; mais personne ne peut pronostiquer vraiment à quel moment la Terre sera redevenue propre. Quoi qu'il en soit, ce problème est inclus dans la responsabilité de l'ONU et notamment des dirigeants des pays du Conseil de Sécurité qui ont tous une bonne perspicacité et savent bien qu'un monde divisé en divers nationalismes, en régimes controversés, rancuniers, pleins de certaines toxico-épidémies et d'affections haineuses, ne pourra jamais réussir à combattre la mentalité ENR pour établir d'abord la paix réelle et la sécurité, et dans le même temps supprimer la diverso-pollution environnementale avec une réelle efficacité. Car seule la volonté d'une cybernétique mondiale unipananthropique est capable d'éliminer, par une didacto-pédagogie efficace, les pollutions d'abord mentales produites par les ténèbres des diverso-superstitions traditionnelles, et ensuite environnementales.

J - Pourtant, nous sommes plus de 6 milliards d'habitants sur la Terre, et pour la plupart, nous vivons bien !

V - Ecoutez cher ami, nos progrès scientifiques commencent à nous donner peu à peu des années supplémentaires à vivre ; mais même si vous le pensez et que votre sommeil est tranquille, nous n'avons pas encore gagné la bataille contre la pollution. Heureusement, nous sommes tous bien vivants et pour la plupart sans inquiétude, et incapables de sentir ce que signifie cette planéto-diverso-pollution que nous avons développée, nous les hommes, parce que nos organes sensoriels sont en panne ; la peste est si sournoise qu'elle nous touche tous, imperceptiblement, presque agréablement... et sans gravité, car les milliards de puanteurs et de malpropretés diverses, qui, aux quatre points cardinaux, embouteillent la terre, le ciel et la mer, sont sans importance. Il n'y a donc pas de quoi s'inquiéter et vous avez raison, il n'y a pas de problème...

Oui cher ami, je suis aussi optimiste et l'eschatologie ne me plaît pas, mais non plus la naïveté de la politique dite de l'autruche. Car tandis que nous luttons pour gagner la bataille pour la vie, nous sommes en même temps victimes de notre absurde apathie et de notre indifférence à la diverso-pollution, qui, tout en remplissant d'argent les poches de certains cercles vampiro-financiers, touche sournoisement notre santé et tout l'environnement. Et c'est normal, parce que dans l'indiscipline polymorphe de la division internationalistique, aucun contrôle environnemental ne peut être efficace.

Et pour cette raison, nous sommes indifférents aux fortes concentrations de gaz polluants, transportées entre autres par le vent, qui contaminent l'air que nous respirons et entraînent des conséquences inimaginablement graves. Car la pollution de l'air qui provient de nos activités - comme celle venant des gaz et vapeurs d'échappement de centaines de millions de voitures, de bateaux, d'avions, etc., etc., des fumées de combustibles fossiles, des divers rejets d'usines chimico-industrielles et réactonucléaires, et jusqu'aux pulvérisations de pesticides et d'engrais aux conséquences bien connues de tous - se retrouve dans la couche d'ozone qui recouvre la Terre et filtre les courants indésirables en provenance de l'espace, installée notamment dans les trous de l'atmosphère au-dessus des régions polaires qui produisent les vents favorables à la respiration de la biosphère. Et la pollution entrave ce mécanisme de respiration atmosphérique nécessaire à la vie terrestre, provoque la diminution de l'oxygène, et perturbe le cycle de l'eau dont l'altération entraîne la désertification et aussi de nombreux problèmes agricoles par le fait que la pollution du sol et du sous-sol contamine la nourriture animale, avec de fréquentes répercussions biologiques indésirables comme des cancers, des maladies épidémiques, organiques, cardiopulmonaires, hépatiques, etc., etc., des malnutritions, sans compter la contamination de millions de personnes par divers virus, et d'autres effets cliniques. De plus et ce n'est un secret pour personne, les véhicules utilisent principalement l'énergie pétrolière et produisent plus de 70% des oxydes d'azote, notamment du dioxyde d'azote, et presque 85% des monoxyde et dioxyde de carbone et de soufre, émis par millions de nanogrammes et répandus dans toute la biosphère, au risque de réchauffer la planète, de bouleverser son système climatique et de toucher tous les écosystèmes. Et ces émanations sont responsables, est-il besoin de le répéter, de nombreuses intoxications mortelles du système respiratoire, de troubles ORL, de cancers, de maladies pulmonaires et cardio-vasculaires, etc. ; et les cascades de microparticules venant notamment du diesel seraient aussi responsables de la mort de centaines de milliers de personnes chaque année à travers le monde.

Mais sur ce sujet, il n'y a eu jusqu'à présent qu'indifférence ou apathie des hommes, étant bien connu que derrière le pétrole qui met chaque jour des milliers de personnes dans la tombe avant l'heure, se tiennent les grands intérêts de cercles vampiro-financiers qui siègent dans certaines îles paradisiaques et dont les membres s'enrichissent continuellement tandis que d'autres s'éteignent et meurent dans les mégalopoles envahies de déchets domestico-industriels ; et pour cette raison, personne ou presque ne réagit. Et c'est vraiment curieux, pour ne pas dire criminel, s'agissant de notre suicide collectif volontaire, car dans les véhicules des missions spatiales, nous utilisons depuis de nombreuses années l'énergie de l'hydrogène et de l'oxygène dont l'utilisation ne dégage presque aucun gaz polluant... et c'est sans compter l'énergie de la fusion nucléaire, sans danger pour l'environnement et surtout moins dangereuse que certaines autres, qui, lorsque nous aurons trouvé le moyen de provoquer une étincelle d'une température de dizaines de millions de degrés Celsius pour démarrer sa production, pourra remplacer toutes les énergies... et tandis que beaucoup connaissent cette réalité et que certains intérêts sèment l'indifférence, quelques gouvernements, heureusement, financent la recherche sur ce point et certains font d'énormes progrès pour la réaliser... mais paradoxalement, les prétextes pour la suspendre ne manquent pas...

J - Mais jusqu'à quand ?

V - La réponse est simple, jusqu'à ce que le gouvernement unipananthropique central de l'ONU2 impose le système monétaire électronique et prenne des mesures draconiennes pour éliminer tout intérêt de l'homme à exploiter l'autre homme.

En fait, nous avons beaucoup de problèmes et d'autres plus graves sur cette planète que l'homme a transformée, dans son inconscience, en bombes à retardement, mais sur le point d'exploser. Et de tous les problèmes, l'explosion démographique est l'un des plus graves, parce que la population terrestre a doublé en quarante ans. Et sachant que la vie de l'homme doit se prolonger continuellement, d'autant qu'elle ne sera pas contaminée par la pollution, la nécessité d'établir une loi mondiale pour équilibrer les naissances et stopper l'expansion démographique reste donc une priorité.

J - Mais il n'y a pratiquement plus d'expansion démographique dans la plupart des pays d'Europe.

V - Ecoutez cher ami ! Je répéterai que le pessimisme est un vilain défaut, mais il est encore plus dangereux de se faire des illusions. L'Europe n'est pas seule au monde, le danger dissimulé et presque invisible de l'explosion démographique augmente sournoisement dans d'autres pays en voie de développement ; et aujourd'hui, le nombre de plus de six milliards d'individus qui vivent sur la Terre est en soi la sonnette d'alarme, qui tinte de plus en plus fort, de l'incontrôlable - en raison de la division internationalistique - expansion démographique, qui, compte tenu de la continuelle prolongation de la vie humaine, est maintenant devenue l'un des plus grands ennemis du genre humain ; d'autant que la mortalité diminue avec les progrès de la technoscience et la natalité continue de croître indépendamment de l'exploitation du sexe sur les antennes de certaines chaînes de télévision par satellite installées sur toute la surface du globe.

Et n'oubliez pas que dans la division internationalistique, en dehors de l'unification mondiale et de l'organisation unipananthropique, la majorité de la population de la Terre, plus des deux tiers, vit avec un faible revenu dans de moyennes et grandes villes de plus en plus surpeuplées... jusqu'à l'asphyxie : des agglomérations mégapolaires qui concentrent la surpopulation et se transforment en immenses poubelles tandis que les campagnes se vident. C'est ainsi que la faim est devenue un défi quasiment insurmontable dans de nombreux pays de la Terre, car vous savez bien que dans certains pays peu développés du monde, des milliers de personnes meurent de faim jour après jour. Mais même dans les pays les plus riches, une part non négligeable de la population survit dans la pauvreté, principalement dans les grandes villes.

Donc, tandis que l'accroissement de la durée de vie humaine commence à se développer, il faut en parallèle livrer bataille contre la diverso-pollution et poursuivre les efforts pour édifier l'Organisation Néoplanétodémocratique Unipananthropique.

J - Je pense pourtant que la diverso-pollution et notamment le sujet démographique ne sont pas de trop grands problèmes.

V - N'en soyez pas si sûr, car l'augmentation inégale et désordonnée de la démographie constitue un grand problème au même titre que la pollution généralisée, avec la raréfaction des pluies et les sécheresses qui entraînent le manque d'eau potable sur presque toute la Terre ; avec la dégradation des sols du fait de l'érosion de leur structure et de l'altération de leurs qualités physico-biologiques par certains produits chimiques utilisés dans l'agriculture : à savoir l'accumulation de millions de tonnes de déchets industriels toxiques, d'ordures ménagères, d'excréments quotidiens et d'urines qui augmentent la concentration en ammoniaque des égouts, sans oublier les lisiers de l'élevage intensif d'animaux sédentarisés qui inondent presque toutes les régions multipeuplées, préparant une crise écologique sérieuse et imminente. Et les nappes phréatiques, les eaux souterraines, les rivières, les lacs et les mers ne sont pas en meilleur état, à cause des déversements - qui se font ouvertement et à l'échelle de la planète - de produits chimiques sur les terres cultivables et de l'intensification nécessaire du rythme des cultures consommatrices d'engrais et de pesticides, avec la dystrophisation pour conséquence.

Et je ne tiens pas compte de cet autre danger représenté par les déchets nucléaires stockés depuis des dizaines d'années sans précautions vraiment sérieuses dans le sol de certaines régions de la Terre, où, en raison d'infiltrations, certaines parties du sol sont maintenant imprégnées de solutions radioactives, indiquant une concentration des milliers de fois supérieure à la moyenne tolérée. Et bien que certains pays du monde portent une grande attention au problème des déchets nucléaires, d'autres l'ont longtemps négligé, et il est encore loin d'être résolu. Il faudrait aussi parler de certains produits - comme la tétrachlorine de carbone, utilisée notamment pour la fabrication de matières explosives - fortement toxiques et dangereux.

La dégradation s'accroît aussi - c'est important de le répéter - avec les diverses pollutions atmosphériques source de nombreuses catastrophes et modifications climatiques qui dérèglent l'équilibre écologique et entraînent de nombreuses épizooties et épiphyties et la disparition de certaines espèces animales et végétales, etc., etc., etc. ; et avec les nuages de pluies acides poussés par les vents et polluant toute la planète et notamment les écosystèmes aquatiques, les phénomènes de pollution des rivières s'accentuent ; et en s'infiltrant dans les terres et altérant les eaux, ces pollutions altèrent la nourriture de l'homme et mettent en danger sa santé. Mais elles provoquent aussi la mort des lacs, la déforestation occasionnant des inondations et d'autres bouleversements climatiques qui influent sur les actions vivifiantes et respiratoires de la Terre.

Il faudrait encore mentionner les marées noires, les exportations dissimulées d'ordures d'un pays à l'autre et plus généralement toutes les pollutions artificielles aux conséquences biologiques destructrices produites par les activités et les actions de l'homme inconscient. Et compte tenu de l'expansion démographique, toutes ces pollutions se multiplient chaque jour un peu plus au risque de devenir complètement incontrôlables. Et bien que certaines industries aient commencé à traiter et recycler leurs déchets, beaucoup ne sont pas biodégradables et le problème des ordures et de la pollution planétaire en général prend sans cesse de l'ampleur.

J - Est-ce à dire que la pollution est plus néfaste que je ne le pensais ?

V - Oui, et il est devenu évident, je le répète, que seules des lois venant d'une cybernétique planétaire et empreintes de discipline, des lois strictes pour tous les géopolites, pourront réduire toutes ces formes d'intoxication et ces pollutions nuisibles à la vie de l'homme. Pour cette raison, le progrès vers la prolongation de la vie doit donc être synchronisé avec l'unification pananthropique et l'élimination de la diverso-pollution.

J - Je comprends ; et je ne sais pas pourquoi l'homme n'a pas encore pris ce danger vraiment au sérieux pour mettre en oeuvre toutes les mesures qui s'imposent.

V - Sans être spécialiste, j'ai la même interrogation, cher ami… mais je répète que sur une planète remplie de diverso-épidemies et rivalités difficilement curables, sur une Terre divisée et clôturée de frontières par des impulsions innées archaïques poly-diverso-nationalisto-religieuses qui émettent chacune des cascades d'opinions contradictoires, il semble presque impossible de mettre en oeuvre les mesures nécessaires pour nous aider, nous les hommes et la planète diverso-endommagée, à bien vivre. Mais il y a un espoir ; rien n'est encore perdu et nous pouvons tout attendre ; car si nous voulons, nous pouvons mettre un terme à ce handicap polyramifié, notamment dans les mégalopoles où la pollution provoquée par diverses sortes de production d'énergie, de chauffage, etc., présente un danger mortel pour l'homme, la plupart du temps sournois et bien dissimulé, d'autant plus que leurs centres industriels rejettent silencieusement dans la basse atmosphère d'énormes quantités de gaz toxiques et notamment d'oxyde d'azote ou de dioxyde de soufre. Car ces gaz transportés par le vent sont oxydés en altitude avant de retomber sur toute la surface de la Terre, entraînés par les gouttes de pluie, la grêle ou la neige, sous forme d'acide sulfurique ou nitrique en quantité suffisante pour polluer progressivement et mortellement tout ce qui est en dessous. Et avec les vents, certains de ces gaz très actifs - comme c'est le cas du gaz carbonique provenant de diverses combustions - se mélangent à la longue entre les couches hautes et basses de l'atmosphère et transforment progressivement le climat de la Terre, perturbant, je le répète, l'équilibre de sa respiration ; car toute pollution régionale en quelque endroit se transforme rapidement en pollution globale, avec de très graves conséquences, que seul un gouvernement panterrestre pananthropique peut éviter.

Et tandis que l'homme met en danger la santé de la Terre, la nature blessée revient le châtier pour son imprudence sans bornes. Mais dans son ignorance, inconsciemment, il se condamne lui-même à mort à cause d'autres activités insensées pires que celles-ci. Car vous savez sans doute que tant que les nations sont divisées, l'homme est responsable de pollutions encore plus grandes, mais invisibles, avec l'émission dans l'atmosphère des gaz chlorofluorocarbures ou CFC, responsables de la destruction de la couche d'ozone à très haute altitude, qui, en dehors du filtrage du vent spatial, nous protège aussi, comme nous le savons, de certains rayonnements indésirables, des rayons ultraviolets, etc., etc. Et heureusement que les courants de vents qui facilitent la respiration terrestre, contrariée actuellement par la pollution, sont contrôlés par la force énergo-exécutive de la Loi cosmofonctionnelle globale de la ΛV, et qu'entrant par un pôle et ressortant, ils ont réussi jusqu'à présent à neutraliser les dommages causés par l'homme et rééquilibrer et maintenir la vie terrestre... mais à basse altitude, l'ozone mélangée à la pollution atmosphérique constitue un brouillard toxique qui pourrait également déséquilibrer la respiration de la Terre établie par la dernière comète.

J - Je vois que la Terre peut souffrir, comme nous, de graves problèmes respiratoires.

V - Certainement, car n'oubliez pas qu'après la régulation amenée par la dernière comète, la Terre est devenue organique. Mais, malheureusement, à cause de notre débauche, d'autres pollutions difficiles à diagnostiquer entrent aussi dans le cadre de notre propos, comme les pollutions chimiques répandues par exemple sur toute la végétation et qui pénètrent avec certains aliments industriels dans le corps des animaux qui se nourrissent généralement de végétaux, provoquant des maladies qui peuvent contaminer ensuite la nourriture de l'homme qui se nourrit de végétaux et de viande animale... et l'intoxiquer. Et ce n'est pas fini avec la pollution, parce que les molécules PCB par exemple, présentes partout, se combinent avec des atomes d'oxygène pour former les Dioxines - composés cancérigènes qui changent continuellement de comportement tout en restant toujours nuisibles à la vie - et d'autres composés toxiques qui viennent s'accumuler dans les organismes vivants et les empoisonner. En réalité, la pollution est telle que même les pierres des monuments n'y résistent pas. Alors, les dirigeants des nations divisées doivent prendre en considération qu'ils sont aussi des hommes qui respirent comme nous cet air étouffant, irrespirable, et subissent les mêmes atteintes, avec les mêmes conséquences. Ils voudront donc comprendre l'urgence de se mobiliser pour établir l'unification mondiale et éliminer la diverso-pollution.

Car en sachant que tous les effets désastreux actuels sont le résultat de l'ignorance de l'homme, toujours sous l'influence de certaines malédictions ancestrales traditionnelles, victime innocente et souvent involontaire de ses propres activités, mais en même temps créateur, je le répète, de toutes ces anomalies qui se retournent contre lui, il est confirmé avec raison que le plus grand ennemi de l'homme est l'homme lui-même ou son ignorance.

Vous avez donc maintenant tous les éléments pour comprendre le haut degré d'urgence de l'unification mondiale et la nécessité d'une cybernétique globale qui pourra enfin discipliner l'homme et lui enseigner à pratiquer la loi panterrestre.

La mentalité administrato-constructrice ΛV qui constitue la Conscience Cosmique Suprême, progresse en développant et incorporant sans cesse avec les consciences des milliards de Galaxies organiques, celles des milliards de planètes organiques comme la Terre

J - Je vous remercie beaucoup monsieur Vaskas pour cette analyse vraiment importante. Maintenant, il me vient une autre question, car vous insistez sur le fait que l'Univers est un organisme pensant et aussi conscient et que nous approcherons l'immense conscience universelle. Mais comment cette conscience fonctionne-t-elle ?

V - Ecoutez cher ami, faire l'analyse du fonctionnement de la conscience cosmique n'est pas compliqué, mais sachant qu'il s'agit d'un sujet complètement nouveau et que nous sommes tous très attachés à nos idéalismes archéo-traditionnels, j'ai, comme je vous l'ai déjà dit, quelques réticences à lancer un peu prématurément dans un conservatisme abyssal, de nouveaux éléments cosmologiques sur la provenance et la formation de la conscience cosmique de la ΛV, qui seront de toute façon difficiles à comprendre sans préparation ni explications préliminaires. Il est encore trop tôt pour qu'un tel sujet pratiquement inconnu de la communauté scientifique et à fortiori du public puisse être intelligible, d'autant qu'il pourrait surprendre et choquer le sentimentalisme de pensée s'il n'était pas bien analysé et expliqué. De plus, l'ignorance et la courante réaction d'opposition devant quelque chose d'inhabituel risquent de me faire passer pour quelqu'un de trop excessif et m'attirer même de l'adversité, car notre époque est avancée technoscientifiquement, mais elle n'est pas encore prête à assimiler des éléments cosmologiques trop nouveaux, et de ce fait difficilement compréhensibles.

Pour cette raison et afin d'éviter tout malentendu, il me faut nécessairement prendre des précautions pour ne pas perdre un ami sur le champ, et peut-être un nombre incalculable par la suite. Mais bien que la circonspecte communauté scientifique, à cause des sérieuses interrogations induites par mes convictions, va examiner leur recevabilité par des vérifications expérimentales, rien ne m'empêche entre-temps de faire jaillir la première étincelle pour allumer, préchauffer et fertiliser en amont le mécanisme cérébral en vue d'activer l'intellection pensante dont la capacité à raisonner syllogistiquement s'accroît, et qui est, heureusement, de jour en jour plus avancée, pour qu'après avoir examiné certaines déductions précoces et un peu anticipées, elle soit prête à s'enflammer. Et même s'il est un peu tôt, il ne faudra pas longtemps avant que le feu de l'intellectualisme n'embrase le domaine de la pensée pour qu'elle discerne l'immense harmonie de la conscience cosmique, l'élément le plus important de l'assemblage cosmique que l'homme ait à connaître.

De toute façon, vous ne pourrez pas non plus suivre de telles explications difficiles à saisir si vous n'avez pas encore bien assimilé les sujets de nos précédents entretiens qui sont à considérer comme une base de départ. Et si vous avez oublié ce que je vous ai déjà dit, vous n'allez pas comprendre grand chose, car les explications que je vais vous donner maintenant éclairent grosso modo la complexité administrative dans laquelle fonctionnent l'immensité de l'organisme polygalactique et la « Conscience Cosmique Suprême ».

J - Ne vous inquiétez pas. Je comprendrai ces explications, car j'ai maintenant une certaine connaissance sur l'origine de la ΛV, et je me souviens de nos entretiens précédents. Et cela m'intéresse d'écouter certains détails sur la manière dont la ΛV est consciente, et aussi, d'abord, sur la question de la stabilité de l'organisme cosmique.

V - Alors là, bravo ! C'est une bonne question ! Vous pouvez donc déjà comprendre que si la mentalité administrato-constructrice ΛV, qui a créé l'homme au travers du Code universel homéo-morpho-diverso-reproducteur polyexpérimenté cyclono-nucléo-sphéroïdal symétro-organo-biogéno-spatial, n'est pas consciente, nous qui sommes créés suivant une de ses ramifications, ne sommes pas conscients non plus ; mais cela risque d'être surprenant, et avec raison, pour certains amis cosmologues. De toute façon, ce n'est pas grave si quelqu'un ne comprend pas dès maintenant, car heureusement l'avenir existe. Et malgré certaines oppositions du passé ignorant qui résisteront au début, comme cela se passe toujours, je vais essayer de répondre brièvement, en rendant le vocabulaire accessible, à votre très importante question.

Alors, vous devez vous souvenir de ce qui a été dit dans les différentes périodes sur la multiplication galactique, à partir de la constitution du premier stade symétrique du Code, qui a présidé aux prémices de la vie dans la « Galaxie maternelle primordiale », que j'appelle « Mana », (« Μανα » en grec signifie Mère), l'unique corps existant sur lequel est basé le pivotement qui donne le « sens » ou l'orientation cyclique, et dont l'axe reste toujours « en akinisia » (« εν ακινησια » en grec signifie dans l'immobilité), alors que tous les autres corps spatiaux et planétoïdes de densités variées qui existent dans le désert intergalactostellaire sont mobiles et se meuvent dans le « sens » donné par la Mère en planant dans une inégale répartition matérielle-immatérielle diverso-alternative, dans un vide ou plutôt un espace - tantôt moins dense, tantôt presque rempli de nuages d'atomes - que nous pouvons appeler « dianguia » (« διαυγεια » signifiant limpidité, ou ciel, ou espace) - plein d'ondes et de champs orbitalo-attracto-répulsionnels conjonctionno-équilibrationnels, qui, en coopération avec toutes les forces fondamentales, etc., et par l'application de lois interconnexionnelles, édifient l'harmonie fonctionnelle et régularisent, dans diverses polarités opposées, l'organisme cosmique dont la « Μανα » (ou Mère), bien qu'elle tourne sur elle-même mais sans se déplacer, est l'unique existence « statera » (« σταθερα » signifiant stable) qui rayonne d'énergie pour que tous les corps existants qui flottent autour d'elle dérivent d'elle, dans une morphologie de radiations ou d'ondo-rayonnements photo-électro-neutriniques, facteurs constitutifs des champs cyclo-attracto-répulsionnels ondulatoires, qui, unifiés dans la Loi cosmofonctionnelle globale de la ΛV, sont capables de garder l'équilibre fonctionnel de chaque nouvelle génération de Galaxies.

Et il est bon de répéter qu'à partir de là, toute la diverso-densité des espaces dans lesquels flottent et se déplacent à diverses vitesses les systèmes galactostellaires se meut autour de la Mère dans un expansionnisme cyclonique sans limites, périmétro-équilibré, conduit par la mémoire reproducto-multiplicative programmée du Code Universel, dans le cadre de la Loi globale poly-cyclo-attracto-répulsionnelle cosmofonctionnelle de la ΛV, dans laquelle toutes les forces et énergies s'unifient et coopèrent ensemble pour édifier la qualité organique.

J - Est-ce à dire que toutes les puissances fondamentales que de nombreux astrophysiciens ont vainement essayé d'unifier, s'unifient automatiquement dans un univers organique ?

V - Oui, bien entendu ! Car l'unification et la coopération de toutes les puissances fondamentales et des énergies sont indispensables au fonctionnement de l'organisme polygalactique ou cosmique tout entier, dans lequel presque chaque mouvement est interdépendant dans une interaction d'associations et d'enchaînements polycomplexes, et s'effectue selon le mode cyclique attracto-répulsionnel de la Loi globale de la ΛV, dans une expansion cyclorotative équilibrée en rapport avec la reproducto-multiplication galactique continuelle qui s'étend sur diverso-distances jusqu'où se déplace proportionnellement la vibration cyclique du champ attracto-répulsionnel de la Galaxie maternelle, ou « Μανα », la base et l'axe central à partir duquel commencent le fonctionnement de l'organisme cosmique et l'harmonie universelle qui s'étendent jusqu'à la plus lointaine des Galaxies à la périphérie cosmique ; car si, au contraire, l'Univers était inerte, il fonctionnerait dans une confusion farfelue comme une marmite bouillonnante. Par conséquent, physiologiquement, oui, il faut accepter qu'il ne soit rien de stable, ni d'absolu, dans l'immense organisme cosmique à l'exception de l'unique axe cosmique stable de la « ΛV » ou Mère... Tout bouge, mais dans un mouvement cyclo-attracto-répulsionnel organique en continuel équilibrage proportionnel alternativo-convertible... Comprenez-vous cher ami ?

J - Oui je comprends, cet enseignement cosmologique est logique et accessible. Mais si aucun mouvement n'est absolu, que dire de la vitesse de la lumière, est-elle ou non absolue ?

V - Disons qu'elle l'est presque pour éviter de froisser certains points de vue. Car seule la « Mère » ou Galaxie maternelle tourne sur son Noyau en restant dans une immobilité absolue et dans la plus stricte stabilité par rapport à tous les autres corps flottants, galactostellaires, etc. Sinon, aucune base solide n'existerait pour édifier les lois physiques coordinatrices, car il ne peut y avoir de coordination sur une base débridée et effrénée ; et par conséquent, il ne pourrait y avoir de fonctionnement cosmique harmonieux, ni la réalité que nous sommes actuellement en conversation. Est-ce suffisamment clair ?

J - Oui, je comprends bien, mais c'est inquiétant, car dans ce nouveau cadre cosmologique, presque toute l'astrophysique classique et contemporaine s'effondre, alors qu'elle était considérée comme vraie jusqu'à présent.

V - Reprenez-vous cher ami, il ne faut pas exagérer, je ne suis pas là pour détruire la physique classique et contemporaine, là où seuls la logique syllogistique et l'avenir peuvent porter un jugement. Quoi qu'il en soit, je ne pourrais jamais refuser de considérer l'astrophysique classique ou contemporaine comme la base fondamentale qui m'a permis de discerner clairement l'existence de l'organisme cosmique. Et je ne suis pas le seul, car personne ne peut méconnaître et manquer d'apprécier les travaux des scientifiques - notamment de ceux qui vivaient au début du siècle dernier - qui ont voué leur vie entière à la recherche ; et personne ne peut non plus troubler la physique classique ou contemporaine qui confirme directement ou indirectement ma façon de penser. Donc, je ne veux ni abolir ni dévaloriser ses conclusions et apophtegmes, ni rabaisser aucune opinion classique ou contemporaine ; mais je ne peux pas taire non plus la flagrante réalité dont notre existence est le plus important et incontestable témoin.

J - Excusez-moi pour ce malentendu.

V - Non, vous n'avez pas à vous excuser ; vous avez raison de dire ce que vous pensez, et j'apprécie toute opinion contestataire - dès lors qu'elle est honnête - qui me donne l'occasion de présenter mes arguments... d'autant que la vérification de certains détails est indispensable pour essayer de les développer, de les intégrer et les mettre au point. Car sous prétexte de vouloir respecter la cosmologie classique, il ne serait vraiment pas scientifique, ni logique, de refuser de préciser qu'il puisse y avoir d'autres facteurs pour constructo-façonner l'harmonie organique de l'Univers polygalactique : à savoir la confluence et la conjonction de toutes les puissances fondamentales qui sont, en réalité, toutes organiques et coopèrent unies dans la Loi cosmofonctionnelle globale de la AV, qui contrôle, avec son énergie administrative photo-électro-neutrinique, tous les mécanismes organiques interconnecteurs et producteurs d'associatio-enchaînements cyclo-orbitaux attracto-répulsionnels bien déterminés, et les extensions reproducto-multiplicatives et les vélocito-accélérations galactiques alternatives qui maintiennent l'équilibre de l'harmonie cosmique.

J - Mais certains astrophysiciens persistent à dire que les Galaxies s'éloignent de la Terre à des vitesses inimaginables et que tous les corps célestes sont retenus par la magnéto-gravitation.

V - Oui, ils parlent de Galaxies lointaines et indistinctes qui s'éloignent à une vitesse inimaginable, à des distances aléatoires ; alors que sous l'influence de son champ attracto-répulsionnel, la Galaxie Andromède - la plus proche de nous et donc la plus visible, presque deux fois plus grande que la nôtre - se trouve à une distance de notre Galaxie qui varie d'une manière tout à fait contraire à la supposition d'un éloignement continuel. Mais bien que je ne veuille contester personne pour son idéalisme, je ne peux m'empêcher de résister au malentendu du Big Bang qui tente de colmater cette brèche par diverses excuses séduisantes, prétendant par exemple que l'attraction gravitationnelle - car pour eux la répulsion n'existe pas - qui connecte la Galaxie d'Andromède et la nôtre est exceptionnellement plus forte que l'expansion universelle, et que pour cette raison, elle ne s'éloigne pas mais au contraire se rapproche, comme le font aussi d'autres Galaxies ; et ils sont loin de comprendre la gigantesque contraction-décontraction vitale cosmique.

En ce qui concerne la pan-magnéto-gravitation, les habitants de la Terre savent bien qu'en lançant un véhicule à une vitesse de plus de 11km/seconde, il a suffisamment de puissance d'expulsion pour quitter l'orbite terrestre et ne plus la ressentir, ni à l'intérieur du véhicule, ni à l'extérieur. Et pour se maintenir en équilibre dans le cycle attracto-répulsionnel terrestre, un engin spatial restant à 160 km d'altitude environ, doit voyager autour de la Terre à une vitesse de 28.500 ou 29.000 km/h minimum, car si sa vitesse orbitale était plus faible, l'attraction l'emporterait et il retomberait sur la Terre. Cependant, si la vitesse de cet engin spatial dépasse 41.000 km/h environ, il échappera à l'attraction magnéto-gravitationnelle terrestre. Et là, s'il ne dispose pas de moyens de propulsion pour revenir sur Terre, il sera perdu dans l'espace endogalactique. Donc, il est bien clair qu'au-delà d'une certaine limite exoterrestre, la magnéto-gravitation n'existe plus, car elle est compensée dans l'équilibrage poly-cyclo-attracto-répulsionnel de la Loi cosmofonctionnelle globale de la ΛV.

Mais de toute façon, cela ne m'inquiète pas que l'aboutissement de mes nombreuses années de recherche laborieuse ne corresponde pas aux critères cosmologiques passés ou actuels qui se basent majoritairement sur une super-explosion profondément énigmatique et extraordinairement violente, qui, malgré son catastrophisme et la vitesse frénétique de ses plombs, aurait intelligemment produit en quelques microsecondes, selon la perceptibilité de ses partisans, certaines soupes primordiales dans lesquelles se serait constituée la complexité assemblo-synthétique de trillions de nucléons pour former les débuts cosmiques ; car les reproducto-multiplications très visibles de corps galactiques, stellaires, et d'autres corps planétoïdes organiques, amènent incontestablement à des conclusions complètement opposées qui ne résolvent aucun des paradoxes et ne comblent aucun des espoirs suscités par cette hypothèse courante actuelle - complètement injustifiable selon certains astrophysiciens -, qui, ses incontestables discordances mises à part, semble extraordinairement bonne dans certaines sphères scientifiques, tant elle s'adapte à leur syllogisme. Mais personne, heureusement, ne peut retarder la venue d'un nouveau jour qui fait considérer le jour précédent comme passé, ni entraver la régénération de l'esprit cosmologique et les orientations que l'avenir réserve. Et en faisant preuve d'un peu de circonspection, nous pourrons facilement discerner que les résultats de mes insistantes recherches scientifico-observationnelles et documentaires démontrent que l'Univers, diverso-complexe pour certains esprits du passé, est pour l'esprit nouveau l'organisme cosmique vivant dans lequel nous existons.

Mais revenons à la raison principale, la première Galaxie ou « Mère », dont l'existence et la manière de donner naissance aux Galaxies qui se multiplient par milliards - ce qui requiert une logique syllogistique - sont bien démontrés par certaines preuves observationnelles et documentaires irréductibles, et sur de nombreux cas, selon l'analyse que j'en ai fait à partir de la période 26.

Avant cela, j'avais aussi analysé dans les périodes 16 à 25, la manière dont la Galaxie maternelle primordiale était devenue organique, dans l'unification de toutes les interactions et forces fondamentales fonctionnant ensemble, en coopération avec toutes les énergies ; et comment par la suite, le mécanisme cosmique s'était transformé en organisme polygalactique, notamment après l'autofécondation de la Galaxie primordiale et sa reproduction en d'autres innombrables Galaxies de différentes formes données par le Code Universel et discernées par certains astronomes ; des sphériques et lenticulaires tout d'abord, puis une majorité de spirales, d'elliptiques - de schéma plus proche de la Galaxie Mère primordiale et presque toujours « enceintes » et productrices d'autres Galaxies qu'elles englobent où qui restent autour et que les astronomes appellent « Galaxies satellites » lorsqu'elles sont déjà nées -, enfin des spirales-barrées, des irrégulières, etc. Et leur forme dépend de leur âge et de leur vitesse de rotation pour atteindre leur destination : l'amas galactique auquel elles viendront s'ajouter.

Et vous vous souvenez sans doute que le principe de la fécondation des Galaxies a presque toujours la même base, et que la division se réalise presque de la même manière, suivant des procédures progressives relatives au point de départ du Code qui commence par être symétrique dans le proton, puis organique dans l'atome, génétique après l'assemblage d'atomes (Hydrogène, Carbone, Oxygène, Azote et autres) et la constitution des gènes, biotique à partir de la formation de la vie, et enfin spatial par la reproduction quasi-homéomorphique continuelle des systèmes stellaires et galactiques, constituant le Code constructif homéo-morpho-diverso-reproducteur polyexpérimenté cyclono-nucléo-sphéroïdal symétro-organo-biogéno-spatial, que j'appelle plus brièvement Code Universel.

Et parallèlement aux modifications progressives dans la reproduction des divers schémas et morphologies de Galaxies formées par le Code Universel dans lequel sont codés tous les mécanismes de la multiplication, cette procédure de reproduction stellaro-galactique toujours porteuse de noyau se retrouve presque à l'identique dans tous les mécanismes nucléés comme dans les diverso-micromécanismes que sont les atomes, les cellules polyatomiques, les organismes multicellulaires - dont certains parviennent à la pensée - qui se reproducto-multiplient sur les planètes organiques fécondées comme la Terre. Et toutes les cellules de schémas différents porteuses de noyau : galactiques, astroplanétaires, et surtout d'organismes vivants terrestres, contiennent le même Code Universel dans la mémoire duquel il y a toujours des millions de plans d'organismes « poly-diverso-différenciatio-sélectionnés » avec leurs constitutions biochimiques et leurs schémas différents : comme les cellules sanguines, nerveuses, épithéliales, osseuses, etc. ; et chacune est guidée avec précision, suivant le plan, par des gènes spécifiques (cybernétiques, régulateurs, modificateurs, etc.) qui fabriquent les protéines et d'autres substances nécessaires pour qu'elles prennent leur position écrite dans le Code Universel et construisent l'organisme sélectionné.

En d'autres termes - rappelez-vous la claire description des périodes 14 à 26 - le processus d'autofécondation et de multiplication des Galaxies suivant le Code Universel a dans sa mémoire multi-reproducto-homéomorphique tous les détails du diverso-constructo-développement de l'arbre galactostellaire et bio-organo-planétaire, et il a ses racines dans la Galaxie maternelle ou « Mère » ; et le Code fonctionne depuis sur la même base organique du « Noyau avec son enveloppe, souvent sphérique » pour créer toutes les structures stellaires de l'organisme polygalactique qui contient aussi les mécanismes fécondo-reproducteurs de certaines espèces polyatomiques et multicellulaires vivantes sur des planètes organiques comme la Terre.

J - Oui, je me souviens, mais pas très clairement, car vous parlez vite et je ne comprends pas encore bien la signification de ces derniers grands mots synthétisés.

V - Bon ! Prêtez attention cher ami ! Car pour comprendre ce que représente le Code Universel poly-diverso-différencié, il est utile et plus facile d'observer en miniature, dans de microscopiques mécanismes organiques, le fonctionnement fondamental de la fécondation et taxinomisation automatique d'éléments presque semblables aux spatiaux, selon le plan spécifique du même Code Universel qui repose sur des interactions universelles systématiques de cellules spatiales, galactostellaires et génétiques, c'est-à-dire que ce sont presque les mêmes, aussi bien dans les organismes terrestres, mais avec différents schémas ou morphologies - par exemple depuis le cycle quasi-invisible du virus de la grippe jusqu'aux milliers de divisions et reproducto-multiplications visibles au microscope optique et électronique de certains organismes unicellulaires autofécondés -, que dans l'autofécondation galactique. Vous pourrez ainsi vérifier et discerner que tous les mécanismes de division sont presque les mêmes, que ce soient ceux des Galaxies ou des cellules animales qui se reproduisent dans le processus de la mitose : une division cellulaire asexuée partant des centrosomes (selon les prophase, métaphase, anaphase, télophase et interphase), commandée à partir de l'ADN qui contient l'information multiplicatrice de milliards d'années du Code Universel dans la mémoire duquel se trouvent toutes les caractéristiques spécifiques à l'organisme considéré. Et par cette division en deux, une cellule eucaryote peut se reproduire par milliards pour constituer les différents organismes, selon la morphologie de chacun. Et je souhaite que vous approfondissiez le diverso-fonctionnement de ce processus, car ce qui se passe au commencement de la multiplication cellulaire, notamment dans le cytoplasme de certains ovules diverso-morpho-fécondés, se produit aussi, d'une manière presque semblable, dans certains types d'autofécondations et de divisions galactiques de différentes morphologies.

Pour plus de détails, je vais reprendre sommairement quelques points des premiers stades de la fécondation normale : immédiatement après celle-ci, dans le cytoplasme de l'ovule, le noyau mâle se dirige vers le noyau femelle (ou l'inverse) ; et ils se déplacent tous deux vers le centre dans le « plancton » de l'ovule pour y vivifier ; et lorsque leurs membranes nucléaires entrent en contact, elles fusionnent et les deux noyaux s'unifient pour former le noyau de l'oeuf. C'est-à-dire que maintenant, les bâtonnets des chromosomes et les gènes sont unis et lisent dans le Code Universel, le plan sélectionné de l'organisme qu'ils vont constituer. Et cet oeuf est la cellule maternelle unique qui va se diviser dans la mitose en milliards de cellules aux multiples fonctions, suivant les différentes phases que j'ai déjà mentionnées et qui sont programmées dans le Code Universel pour former deux cellules strictement identiques à la base, puis les deux deviennent quatre, etc., etc., puis elles se différencient en formes et fonctions différentes jusqu'à devenir des milliards... chacune prenant sa position suivant le plan considéré, renfermé dans la mémoire du Code Universel pour former un organisme multicellulaire. Et comme de la « Mère » (la Galaxie maternelle) se sont formées les milliards de Galaxies qui constituent l'organisme polygalactique dans lequel chaque Galaxie dirigée par le Code Universel trouve sa place en venant s'incorporer à l'amas galactique prédéterminé, de même chaque cellule contient le plan complet de toute la biodiversité et de l'organisme sélectionné dans lequel elle vient occuper une place précise.

Et donc, dans tous les cas, après l'autoconstruction de la « Mère », la continuelle diverso-reproduction et multidivision des divers organismes dépend des ramifications différentio-considérées du même Code Universel dont les étapes de déroulement sont, au début, presque semblables à celles des diverso-morpho-galaxies, en commençant à partir du point de départ du Code dans la « Mère », la Galaxie maternelle. Et cet événement montre que l'information et la planification de millions d'organismes différents sont renfermées dans la structure élémentaire des cellules spatiales, les Galaxies, et de leurs micrographies : les cellules terrestres.

J - Pourriez-vous me décrire le processus de cette division d'une manière plus détaillée ?

V - Ce serait une perte de temps cher ami car les livres de biologie l'expliquent bien. De toute façon, la cosmognosie indique que de nombreuses lois multiplicatives polymorphes sont répandues dans tout l'Univers, dans les milliards de Galaxies et leurs structures stellaires, sur les planètes organiques, comme aussi dans les multiples mécanismes multiplicateurs existants sur la Terre où tous les êtres vivants ont une origine commune. Cela dit, les Galaxies et leurs systèmes diverso-stellaires s'auto-fécondo-reproduisent sans sexualité, suivant le même Code Universel, sur le même principe que la diverso-morphogenèse cellulaire asexuée terrestre.

Pour revenir au cas de la fécondation d'une espèce animale, c'est aussi le même processus qui se déroule ou presque, et toujours sur la même base ; après l'entrée du spermatozoïde dans l'ovule, un chromosome mâle et son homologue femelle forment une nouvelle molécule d'ADN, identique dans sa structure de base ; puis, un fuseau bipolaire constitué de microfilaments se développe dans le cytoplasme à partir des centrosomes coordinateurs, contenant deux centrioles qui multiplico-organisent les microtubules et contrôlent aussi d'autres fibres protéiques. Et très souvent, les deux centrioles qui sont unis pour composer un centrosome possèdent une structure cyclosphérique péricentriolaire bien visible au microscope électronique ; et leur matière ressemble à d'innombrables « micro-étoiles » d'une manière presque semblable à la multiplico-reproduction galactique, où les Mères Descendantes souvent visibles au centre de nombreux amas globulaires, créent et rassemblent en orbite autour d'elles de grandes quantités d'étoiles pour établir le point de départ de la reproduction de futures Galaxies, qui, une fois séparées de leur Galaxie maternelle, iront se regrouper dans de petites ou grandes structures d'amas galactiques, et participer au fonctionnement de l'organisme cosmique. Comprenez-vous ou voulez-vous que je répète à nouveau ?

J - Mais quel est le rôle exact des centrioles ?

V - Par leur pouvoir dans le cytoplasme, ces centrioles jouent un rôle essentiel dans la duplication en organisant le fuseau mitotique et facilitant les divisions successives des cellules embryonnaires ; ils jouent un rôle déterminant dans toute la complexité biochimique de la morphogenèse cellulaire, au cours du processus par lequel la cellule se divise pour former ensuite un certain nombre de cellules qui contiennent chacune une copie des chromosomes d'origine.

De plus, dans un mouvement cyclo-attracto-répulsionnel, le noyau cellulaire organise le cytoplasme d'une manière semblable ou presque au processus protogalactique par lequel le Noyau galactique organise les éléments dans sa proximité. Car dans la mémoire du Code Universel sont écrits tous les caractères héréditaires des différentes espèces dont les modes de reproduction sont nombreux... mais le principe reste unique : c'est celui que nous retrouvons dans l'Univers sur la base des Mères Descendantes, avec quasiment le même processus, qui, quel que soit le système, ne diffère que sur des points de détails. Car je le répète encore, la reproduction se fait toujours sur des bases semblables.

Et l'analyse documentaire prouve clairement la multiplico-reproduction des Galaxies, car ce phénomène de reproduction d'une Galaxie en plusieurs par autofécondation, ou de division d'une Galaxie en deux est parfois bien visible.

Il est très visible par exemple dans le cas de la Galaxie M51 ; et aussi dans la radiogalaxie plus lointaine Cygnus A, distante d'environ 650 millions d'années-lumière, qui se sépare d'une Galaxie plus petite peut-être sous l'action propulsive de son jet ; également dans la Galaxie Markarian, et les Galaxies que j'ai citées au cours de nos entretiens, et beaucoup d'autres encore. Et vous pourriez consulter aussi certains atlas d'astronomie qui montrent clairement le processus multiplicateur des Galaxies, comme celui de l'astronome russe Vorontsov Velyaminov, entre autres, qui présente de nombreux exemples de ces particularités des phénomènes grandioses de la reproducto-multiplication des Galaxies à travers les Noyaux des Mères Descendantes au sein des divers amas globulaires dans lesquels se développent les embryons galactiques ; et leur naissance, leur séparation, est vraiment très visible. Et la manière dont l'organisme polygalactique est formé rappelle les phénomènes de repro-multiplication cellulaire de la constitution des organismes multicellulaires terrestres, suivant le déroulement des ramifications variées du Code Universel, avec leurs diverses modifications héréditaires, dans la diverso-développo-croissance d'une minorité d'objets visibles galacto-astro-planéto-végétalo-animalo-humains et d'une majorité d'objets invisibles, qui tous ensemble, constituent l'organisme cosmique polygalactique.

J - Nous sommes très loin des explications fournies par certains vulgarisateurs des théories scientifiques actuelles

V - Je ne sais pas ! Sans vouloir critiquer qui que ce soit, il est pourtant manifeste, peut-être à cause d'un inexplicable égarement, que tous ces phénomènes bien visibles et explicites sont souvent ignorés, mal interprétés ou mal compris, même par certains astronomes et astrophysiciens très distingués et de grande valeur scientifique. Mais peut-être suis-je dans l'erreur et qu'ils sont sur la bonne voie. Je donne mon opinion scientifique sans être dogmatique, car il y a peut-être une autre raison importante, en dehors de l'expansion cosmique, qui contraint ces savants polygnostes, de haute expérience et intellection, à suivre la théorie du Big Bang - comme on la désigne aujourd'hui - qui fut soutenue au départ par le respectable euphuisme de l'abbé Lemaître et par certaines observations et calculs théoriques de Gamow, Hubble, etc., etc., tous fidèles naturellement... au mot création. Une raison qui les aurait obligés à accepter qu'après une explosion d'un catastrophisme inimaginable mais dont l'écho, vieux de dizaines de milliards d'années, semble avoir été reconnu aujourd'hui par certains chercheurs (bien que des systèmes de vérification du spectre fonctionnel exoterrestre aient tout récemment démenti le dogme d'un rayonnement isotherme venant de toutes les directions, car en s'éloignant de la Terre la température de ce rayonnement changeait)... après donc la plus grande explosion de tous les temps provenant d'une boule incroyablement chaude et plus petite qu'un atome, d'origine et de préhistoire inconnue, se seraient constitués et composés en quelques millionièmes de seconde et à une température de dizaines de milliards de degrés, des trillions de trillions de trillions de quarks qui, génialement ou miraculeusement, se seraient unifiés d'une manière semblable ou non, par paires ou triplets. Et dans cette brûlante soupe mytho-fantastique, ces trillions d'unions de quarks assemblés - en dépit de la vitesse délirante des plombs de l'explosion - avec une exactitude mathématique pour former les particules de synthèse multicomplexe que sont les protons et les neutrons, auraient toutes trouvé les gluons correspondants pour les souder sans qu'un seul quark reste isolé et inoccupé ou inactif.

Ce qui signifie… et je le répète pour essayer de mieux comprendre, que sans le Code homéo-morpho-diverso-multiplico-reproducteur, cette supercatastrophique et fameuse explosion aurait eu l'intelligence de composer en l'espace de quelques millionièmes de seconde, nageant à une vitesse insaisissable dans cette soupe brûlante, des trillions de trillions de particules élémentaires comme les quarks - classifiés en hauts, bas, étranges, charmes, etc. - et leurs antiquarks, etc., etc. ; et dans le même temps, sans laisser un seul quark en échantillon, elle les aurait assemblés pour former les particules extraordinairement sophistiquées que sont, selon la physique contemporaine, les deux nucléons, les baryons, les mesons, etc., etc., et d'autres micro-éléments plus fins que la plus petite micromachine moléculaire, si petits qu'ils pourraient mesurer mille fois moins que quelques milliardièmes de millimètres. Et pour plus de précisions, cette intéressante explosion surnommée Big Bang aurait été capable dans cette fournaise et en ce très court laps de temps, de réflexion syllogistique pour assembler dans une taxinomie précise - et cela mérite d'être répété - différents composants : gluons, quarks positifs, négatifs, couleurs, charges chromatiques et d'autres éléments pour synthétiser, former, et composer à l'identique, homéo-morpho-logiquement et surtout d'une manière indissociable, les structures multicomplexes - selon les détails exposés dans la période 7 - des protons et des neutrons. Rien que cette remarque devrait suffire à chatouiller la réflexion de certains éminents et respectables physico-observateurs qui connaissent bien la quantomécanique appliquée.

De toute façon, pour éviter de perdre du temps, vous savez maintenant que cette complexité est en réalité cachée dans le Code Universel qui crée, planifie et contrôle l'ensemble des transformations du polymorphisme nucléo-électro-atomique qui parvient à la vie pour aboutir à la conscience. Et vous savez bien qu'il n'est pas dans mes intentions de rabaisser une quelconque opinion, mais qu'il s'agit plutôt de curiosité ; car dans le langage très expressif de la logique syllogistique, il est anormal, à la vitesse effrénée de cette explosion, que les nucléons, les hadrons, etc., puissent être soudés avec les gluons à des dizaines de millions de degrés Kelvin pour se transformer en nucléons et constituer des trillions de noyaux synthétisés avec précision qui captureraient au hasard le nombre d'électrons strictement proportionnel au nombre de leurs protons pour former, un peu plus tard, l'abyssale complexité des atomes, qui, sans multiplico-reproduction et toujours par hasard, auraient constitué et créé sans intention apparente les milliards de Galaxies. Aussi, certains astrophysiciens polygnostes qui doutent de la réalité de leur existence peuvent penser avec raison que c'est par hasard ou simple coïncidence que la plupart des Galaxies possèdent un Noyau lumineux en leur centre, et aussi par coïncidence que les étoiles et les planètes sont toutes sphériques avec chacune un noyau en leur centre. Et ils sont loin de comprendre que les Galaxies et les astro-planéto-satellites sphériques, ainsi que toute la vie sur Terre, sont là pour témoigner de l'existence du Code Universel qui édifie presque identico-homéo-morphiquement toute la structure de l'organisme polygalactique dont ils ne discernent pas encore l'existence.

Par contre, pour prouver que leur opinion sur le Big Bang est véridique, certains déforment la réalité par des trucages de pseudo-visionnaires ou des effets spéciaux de cinéma ou d'ordinateur et n'hésitent pas, dans leur sensationnel sensationnalisme, à essayer de dérouter l'opinion publique en montrant aux téléspectateurs des collisions de deux ou plusieurs Galaxies qu'ils présentent comme réelles dans le but de donner la trompeuse impression qu'il n'y a pas de naissance de Galaxies, ni aucun ordre cosmique, et qu'elles ont été créées par hasard dans l'immense vitesse d'une expansion « bigbanguesque », et qu'il ne se produit que des collisions et des accidents : comme dans certains montages audiovisuels qui montrent une Galaxie en train de passer à travers une autre Galaxie en quelques secondes sans déranger ni leur structure stellaire astroplanétaire, ni l'harmonie du champ attracto-répulsionnel qui, dans la Loi globale de la ΛV, maintient leur équilibre organique… A ceux-là j'oserais poser l'implacable et irrémissible question suivante : Si les milliards de Galaxies ne constituent pas l'organisme polygalactique cosmique et qu'elles sont venues par hasard, pourquoi sont-elles là ? … Pour des raisons figuratives ? Il est donc difficile de croire que certains scientifiques invoquent sans raison le Big Bang pour soutenir la création de l'Univers par divers Dieux ou Divinités qu'ils traitent par ailleurs, inconsciemment, de frimeurs pour n'avoir créé cet immense Univers que pour des raisons figuratives, du moment qu'ils peuvent invoquer le fonctionnement précis de la structure de notre Galaxie, de notre système solaire, et l'exactitude avec laquelle se manifeste chaque éclipse solaire, etc.

J - Ce qui signifie que ces scientifiques ne sont pas tout à fait dupes de certaines virtualités présentées comme des réalités ?

V - Je ne sais pas, il y a peut-être là un malentendu, parce que d'un côté, avec le Big Bang, ils tentent de soutenir leur foi religieuse dans la création de l'Univers par diverses Divinités, et d'un autre côté, ce sont les premiers à ridiculiser cette idée. Mais quoi qu'il en soit, tous sont des amis et chacun a le droit de croire et de s'exprimer comme il veut. Et aujourd'hui, tout autour du monde, dans de nombreux laboratoires spécialisés qui observent les interactions astroplanétaires des Galaxies et des diverses particules, il y a beaucoup de bonne volonté pour parvenir un jour à découvrir les détails qui permettront d'expliquer l'origine et la constitution des structures cosmiques galacto-titanesques. Et je souhaite de tout coeur à la susceptibilité de toute la communauté scientifique de pouvoir travailler consciencieusement, comme elle l'a toujours fait, à l'ouverture de nouvelles voies d'expérimentation pour débusquer la réalité.

Mais jusqu'à ce que les scientifiques arrivent, avec les résultats de leurs recherches et suite à de nouvelles vérifications expérimentales plus positives que les miennes, à des résultats concrets pour justifier la raison de l'existence des milliards de Galaxies avec leurs structures stellaires et celle de notre propre existence, je suis persuadé qu'il ne verront aucune objection à ce que je soutienne ma conviction, facilement justifiée par tout ce qui existe et est observable, à commencer par nous-mêmes et tout ce qui nous entoure, à savoir que :

« Tous les corps spatiaux fonctionnels tels que les milliards de Galaxies qui constituent chacune une entité autonome et dynamique composée aussi de milliards d'astro-planéto-satellites, possèdent un schéma homéomorphe souvent cyclonique et symétrique, notamment rond ou quasi-sphérique, avec presque toujours un noyau souvent au centre de leur structure, parce qu'ils sont élaborés et traités par le même Code Universel qui leur transmet les principes quasi-homéomorphiques et les assemble tous dans un mouvement rotativo-organique de façon à constituer ensemble l'organisme polygalactique cosmique. »

Et les constituants de l'organisme polygalactique cosmique se reproduisent comme ceux de tous les corps multicellulaires des milliers d'espèces vivantes de la Terre ; ce qui prouve incontestablement et irréfutablement le fait de l'irréductible existence du Code Universel, caché dans chaque noyau des corps galactiques et astro-planéto-terrestro-cellulaires, qui contient dans sa mémoire tous les détails constructifs des caractères organiques ou bio-organiques de toute la structure cosmique. Et comme son énergie administrato-constructive forme la conscience humaine dans la multiplication des cellules qui composent l'organisme de l'homme, ce que je vous ai expliqué dans l'analyse de la conscience et de l'inconscience, presque de la même manière, dans le cadre de la Loi globale de l'équilibrage cyclo-attracto-répulsionnel, la ΛV compose aussi l'organisme polygalactique universel dans la multiplication identicohoméomorphique bien programmée des Galaxies, des systèmes stellaires, etc., et développe l'harmonie universelle ou « Conscience Cosmique Suprême ».

J - Pourriez-vous me préciser un peu plus ce développement de la Conscience Cosmique Suprême ?

V - Ma dernière phrase était très claire, mais puisque vous voulez plus de détails, je vous rappellerai ce que je vous ai dit au tout début de nos entretiens : que l'organisme cosmique est composé de minuscules microcosmes qui fonctionnent dans les petits et les constituent, les petits fonctionnent à leur tour à l'intérieur des grands et les constituent... de même les grands fonctionnent dans les plus grands et les constituent, etc., etc. Et pareillement, les Galaxies constituent les systèmes galactiques ou les amas qui fonctionnent toujours cyclorotativement, les uns, petits, à l'intérieur d'autres grands, les grands dans les plus grands, les plus grands dans les grandissimes, les grandissimes dans les hypergrandissimes, etc. De la même façon, la pensée devient intellection et monte les marches de cet escalier progressif jusqu'à parvenir à la Conscience Cosmique Suprême ou harmonie universelle.

Et la ΛV commence par monter les premières marches. C'est-à-dire qu'après le processus nucléosynthétique à l'intérieur et la formation des atomes inertes à l'extérieur du Noyau maternel, comme je l'ai mentionné dans les périodes 7, 8, 9, 10, 11 et 12, la ΛV constituo-façonne la loi d'attraction des charges électroniques opposées et contrôlo-synchronise leur force alternative attracto-répulsionnelle ; et par le processus d'absorption et d'émission d'énergie photo-électro-neutrinique, elle produit le changement alternatif de niveau d'énergie des électrons, transforme certains atomes inertes en organiques et leur donne une mentalité élémentaire imperceptible. Et comme je l'ai mentionné dans les périodes 20 et 22, elle choisit certains atomes comme l'Hydrogène, le Carbone, l'Oxygène, l'Azote et d'autres, et organise leurs liaisons et leurs composés covalents et polarisés pour former les premières molécules organiques selon un processus bien connu. D'abord, elle partage les deux électrons de deux atomes d'Hydrogène avec les huit d'un atome d'Oxygène et les assemble pour constituer la remarquable molécule d'eau ; ensuite, elle partage les quatre électrons de quatre atomes d'Hydrogène avec les six électrons de l'atome de Carbone pour constituer des molécules à base de Carbone - l'atome de base des dizaines de composés fondamentaux du vivant qui sont les briques de la matière organique, car il est capable de se lier facilement avec des milliers ou des millions d'autres atomes organiques pour constituer diverses molécules, dont beaucoup stables.

Et lorsque dans une complexité polymorphe telle que mentionnée dans les périodes 22 et 23, ces atomo-molécules organiques d'une mentalité insignifiante sont reliées les unes aux autres avec encore d'autres atomes, elles forment diverses molécules d'infimes et variées mentalités qui constituent la vie dans les nébuleuses. Et à partir de là, comme je l'ai mentionné dans d'autres périodes, la ΛV ensemence les planètes organiques de chaque Galaxie sur lesquelles, suivant le déroulement du Code Universel, se forme la mentalité cellulaire, puis celle d'organismes multicellulaires de plus en plus développés... jusqu'à ce qu'ils parviennent à s'unifier pour créer la conscience planétaire. Et souvenez-vous que dans notre mégatome -notre système solaire -, la mentalité administrato-constructrice ΛV a aussi commencé, en fonction du déroulement du Code, à développer la conscience sur notre planète afin de l'incorporer. Et cette conscience très précieuse doit encore s'étendre, suivant le plan du Code Universel, jusqu'à ce que l'intellection terrestre se développe et manifeste une réflexion et une intellection mégatomique avancée, comme il en va de presque toutes les étoiles B où se développe un système solaire comme notre mégatome.

De cette façon, toutes ensemble, les consciences des planètes organiques de chaque Galaxie forment la conscience galactique.

Et finalement, en montant les dernières marches, les consciences de chaque Galaxie se connectent l'une à l'autre selon l'administration et l'organisation cosmiques, et toutes ensemble constituent la « Conscience ou Harmonie Cosmique Suprême » qui avance continuellement en incorporant progressivement avec les consciences des milliards de Galaxies organiques, les consciences des milliards de planètes organiques comme la nôtre, qui résultent des mentalités unifiées de milliards d'êtres humains.

Dans l'obligation de suivre le déroulement du Code Universel, nous ne pouvons faire autrement que de bâtir un nouveau système fondé sur la coexistence paisible et la sécurité, où tous les humains du monde seront unis pour répondre à l'appel de la vie

J - Est-ce à dire que la mentalité administrato-constructrice AV en tant que constitutrice de l'harmonie cosmique et Conscience Suprême de l'Univers veut faire avancer la conscience terrestre afin de l'incorporer ?

V - C'est une question normale pour une personne ignorante du sujet, mais venant de vous, elle est presque inexcusable, sauf à vouloir entendre une fois de plus que : oui, cela ne fait aucun doute, car c'est la façon dont la Conscience Cosmique Suprême se développe et le fonctionnement cosmique s'améliore dans tous les domaines. Mais la conscience terrestre n'est pas encore prête à cette incorporation, car depuis l'antiquité, et notamment depuis le temps où il a commencé à méditer pour chercher la raison de son existence, l'homme, qui est destiné à constituer la conscience terrestre, est divisé dans tous les domaines socioculturels suivant diverses idéologies, nations, religions, langues, etc., etc. ; et il vit non seulement dans un récidivisme de démembrement, de séparatisme, d'indifférence et de non-exploration en raison de son attachement à son archéo-mentalité, mais la plupart du temps, il pratique aussi une pédagogie inconsciente, en dehors du Code Universel, qui incite à la violence et au crime sexuel - en transformant le désir physique normal et le plaisir sexuel naturel, dont le rôle premier est en faveur de la nécessaire multiplication anthropique, en excès d'érotisme avec de nombreux partenaires au risque d'être contaminé par diverses maladies sexuellement transmissibles - dans une société impotente, incohérente, contradictoire, discriminatoire, sceptique a priori, pseudo-laïque, mal tenue, dans la concurrence d'une colonisation de l'espace polluée par l'intérêt privé et dans le maintien de la pauvreté qui empêche presque un milliard d'enfants d'être scolarisés, fait prouvant que sur notre planète, l'ignorance résiste encore et tord presque complètement le sens du mot « humanisme » ... et ce retard de l'intellection ne facilite pas la place de l'homme sur notre Terre, dans notre Système Solaire, dans la Galaxie, et au sein de l'Univers...

Ce fait habituel n'est pas surprenant pour certains penseurs en quête de vérité ; bien que j'aie l'espoir que ce retard sera de courte durée lorsque sous peu, je l'espère, les populations comprendront l'intérêt qu'elles ont à s'unifier et se mobiliseront suite à un puissant enseignement gnoséoculturel mondial pour supprimer la morbidité anachronique, transformer l'arrière-gardisme en avant-gardisme et élever l'esprit humain pour qu'il soit capable de comprendre l'urgence d'une complète métamorphose mondiale ; une réelle « **paligenesia** » comprenant l'unification pananthropique édifiée dans un renouvellement reconstructeur et reconstitutif social général ; une modernisation de la vie publique dans les processus de la réelle démocratisation et des avancées de la morale dans le cadre anthropométrique ; un remodelage et rétablissement de la pensée discursive de l'intellection humaine, en dehors de l'étouffante psychopathologie archaïque ENR causée, au fil du temps, par l'indétermination et l'indifférence asyllogistique.

Et pour parvenir à établir ce processus multidimensionnel de la « **paligenesia** », il faut d'abord augmenter l'intellectualité de l'homme pour qu'il devienne capable d'éliminer son fakirisme excentrique qui l'oblige à rester volontairement endormi sans réagir sur divers dangereux clous pointus qu'il a lui-même plantés ; ensuite qu'il s'arrête de pratiquer l'absurde politique dite de l'autruche lorsqu'il est confronté à la réalité ; enfin qu'il cesse d'exalter l'inhumaine diverso-division et le démembrement profondément enraciné dans son psychisme lorsqu'il marche, tel un acrobate, sur la corde fragile et dangereuse appelée « sectorisation archéo-égocentristo-nationalisto-souveraine » (terme de synthèse qui s'applique à toutes les populations divisées du monde), de façon à remplacer ce terme complètement inconciliable par un autre terme de synthèse opposé « l'Organisation Néoplanétodémocratique Unipananthropique », le facteur d'unité pour vivre ensemble dans une paix réelle.

Car seule l'application de cette procédure reconstructive d'unification de l'homme, je le répète, dans tous les domaines idéo-socio-culturels, pourra nous donner une conscience humaine unie et la capacité de l'incorporer, une fois mûre, dans la Conscience Universelle qui nous appelle comme la vie appelle la vie... Mais malheureusement, bien qu'elle soit présente et contrôle le parfait fonctionnement de notre mégatome, et que le résultat de son activité soit vraiment manifeste, elle reste invisiblo-imperceptible et personne ne la soupçonne, mais face à tous les prolégomènes scientifiques analysés, la logique syllogistique nous assure qu'elle existe. Et tandis qu'avec notre Terre, à l'intérieur de notre Système Solaire et de notre Galaxie, nous sommes transportés cycliquement dans l'espace à une vitesse invérifiable, nous ne nous posons jamais la question : « Qu'est-ce qui nous maintient ? », car nous sommes trop occupés à trouver des prétextes légaux pour nous éliminer les uns les autres. Débordants de mentalité ENR, nous ne voulons rien entendre de la puissance qui nous maintient impassiblement et imperturbablement à cette vitesse pour le moins vertigineuse, à laquelle même l'eau d'un verre ne bouge pas ! J'espère pourtant que l'augmentation de la logique syllogistique parviendra au point de nous faire comprendre la situation dans laquelle nous vivons et prendre conscience que nous ne pouvons plus rester dans l'ignorance et le marasme moral archéo-traditionnel qui se traîne à la vitesse de l'escargot, pour enfin dépasser le principal obstacle du progrès : la division des populations provoquée par l'égocentristo-nationalisto-souveraineté, cette invention de l'intérêt privé qui nous oblige à vivre en permanence dans l'incohésion, la dislocation, l'anthropophobie, la guerre et l'entrechoquement farfelu, et qui nous empêche toujours d'apprendre à vivre ensemble comme des humains, à nous respecter l'un l'autre et nous entraider pour nous sentir enfin comme une famille humaine unie, dans une modernisation civilisée de la vie publique, avec l'assurance d'une diverso-protection sociale réelle et le bénéfice des strictes impartialité et mutuello-solidarité qui mettront un terme à la diverso-austérité et apporteront la sécurité, la paix et le bonheur à tous, sans oublier notre petite planète que nous polymartyrisons alors qu'elle nous accorde l'hospitalité et qu'elle est peut-être la seule de notre mégatome qui accueille une vie avancée.

Mais tandis que nous développons un lamentable et profond égoïsmo-individualisme dans notre éphélodoulie ou esclavage volontaire inné, et bien que nous ayons la volonté de suivre un régime démocratique réel, nous maintenons par habitude une mentalité sauvage, belliciste, qui rabaisse notre logique humaine pondérée, parce que nous restons fidèles au passé et que nous ressentons toujours le besoin d'être l'esclave d'un autre homme, d'un Seigneur, d'un Maître, ou d'un despote ; et dès que l'un d'eux meurt, notre psychisme doulophile est en deuil ; et nous sommes tristes et prêts à mourir pour satisfaire notre impulsion à faire des courbettes - n'oubliez pas que fidèles à leur éphélodoulie, des millions d'hommes sont morts pour défendre le pouvoir d'un despote dont des dizaines de millions prononçaient le nom en se saluant l'un l'autre... Et tandis que nous sommes prêts à mourir pour un tyran, nous restons indifférents aux millions d'innocents qui meurent comme des mouches à cause de leur misère ; et après tout cela, nous portons dignement la qualité d'homme alors que notre comportement n'a rien d'humain et que de plus, notre individualisme allié à notre intérêt personnel et à notre rancune pour l'autre que nous considérons souvent en ennemi, nous fait passer pour des misanthropes complètement inhumains et habitués à vivre dans les ténèbres.

Bien qu'il soit inutile de prêcher dans le désert, en désespoir de cause, j'oserais dire franchement que ces dernières dizaines d'années, tout en parlant d'humanité, qui signifie, du fait de notre strabisme, homicide et chasse à l'homme, nous n'avons pas eu conscience d'être aveuglés par notre fidélité à la distinction entre le soi et le non-soi, la base de la haine et de l'intolérance. Car comme une greffe salutaire est rejetée et un organisme multicellulaire condamné à mourir à cause de la maladie égoïsto-psycho-pathologique du soi, de même la haine et l'intolérance peuvent détruire la famille humaine parce qu'elles n'acceptent pas la symbiose pacifique et l'unification pananthropique ! Il faut donc que nous nous débarrassions enfin de nos illusions, et que nous prenions conscience que le ségrégationnisme siège dans notre paresthésie paralogique de distinction... et dans toute discrimination ; car par notre comportement incohérent et irréfléchi, nous tournons l'espèce humaine en dérision au point de ne pas être encore capables de comprendre que nous gaspillons des sommes colossales pour fabriquer diverses armes mortelles pour la destruction massive de l'homme et la complète dévastation de la Terre, sans nous rendre compte que seulement la moitié des sommes dépensées pour que nous mourions plus rapidement serait suffisante au financement des recherches nécessaires à la prolongation de la vie et à d'autres biens comme la construction de maisons pour tous, etc. Mais au contraire, dans notre ardeur à produire des armes de plus en plus meurtrières - nous nous occupons de fabriquer des milliers de têtes de bombes atomiques à hydrogène dirigées sur nos têtes comme l'épée de Damoclès -, et dans la peur constante de mourir, nous préférons construire des abris antiatomiques plutôt que de changer notre dangereux comportement ENR. Il est vrai qu'étant habitués à mourir, comme nos ancêtres, nous ne pensons pas à cette possibilité donnée par nos progrès scientifiques d'investir et de travailler pour faire avancer rapidement le plus important sujet qu'est l'allongement de la durée de notre vie ; au lieu de cela, nous continuons à chercher le plus sûr moyen de la détruire. Et cela soulève l'interrogation légitime suivante :

« Pourquoi dépensons-nous tant pour produire les moyens de détruire la vie et si peu pour trouver ceux de la favoriser ? »

Et certains vont même jusqu'à préférer mourir riches plutôt que de s'associer à de telles recherches qui mèneraient à l'augmentation de la qualité et de la durée de la vie. Il est vraiment temps de se dégriser et de prendre conscience que sur ce sujet notre indifférence est plutôt homicide et extraordinairement illogique pour des êtres humains, même sortis de l'hominisation !

J - Oui, mais qui voudra y réfléchir et comprendre cette réalité à notre époque de confusion ? Je pense que selon l'habitude d'une majorité de scientifiques, ceux-ci vont soupçonner votre nouvelle cosmologie d'affaiblir leurs propres résultats, alors qu'ils ont travaillé pendant des années pour y parvenir. Ils vont essayer de semer des controverses dans tous les domaines que vos convictions affaiblissent, ou de contre-attaquer en prétextant que tout ceci n'est que pure imagination.

V - C'est vrai qu'ils organiseront des controverses... et non sans raison du moment que les résultats obtenus après de nombreuses années de travail tombent en face de cet inévitable réajustement de la cosmologie. Mais je voudrais leur assurer que mes convictions ne sont pas faites pour minimiser leurs travaux, car tous, nous voulons servir la science au service de l'homme, et tandis que je ne fais que répondre à vos questions, à juste titre selon mes critères, n'oubliez pas que je suis suffisamment âgé pour ne pas nourrir l'ambition d'attendre quelque récompense ou de revendiquer quelque originalité ou célébrité, ou de souhaiter réaliser un idéal, qui, de toute façon, n'existe pas ; mais je refuse de laisser la moindre controverse ou la plus petite dispute m'éloigner de la grande amitié que je ressens pour l'autre, peu importe qu'il soit le contradicteur… Et bien qu'aujourd'hui la réalité se précise, certaines astro-physico-cosmologies se basent encore sur les probabilités du passé ; ainsi, sur nos existences, la logique moderne - la pseudoréflexion - rejette le processus constitutif de l'organisme cosmique pour lui préférer des versions établies depuis longtemps… Mais l'espoir commence à naître car l'intellection progresse de jour en jour ; et tandis que certains rêvent d'une destinée probable, d'autres rapportent, expliquent et construisent sur des bases solides… de toute façon, dès lors qu'il participe à quelque travail scientifique que ce soit, chacun veut faire preuve de l'imagination qui prouve que son cerveau est créatif et fonctionne, non pour détruire, mais pour construire. Par ailleurs, il est vrai aussi qu'il est difficile de formuler une cosmologie nouvelle et plus avancée qui prenne la place d'une plus ancienne profondément enracinée - parce qu'arrosée par des cascades de divers points de vue désuets - et tellement implantée pendant de nombreux siècles dans le cerveau de l'homme qu'elle le maintient pour longtemps dans la même logique primitive jusqu'à rendre improductive sa pensée profonde.

Il est donc inutile, dans ce statu quo, de vouloir concilier l'inconciliable… comme chaque jour d'hier s'en va lorsque paraît un nouveau jour, chaque paléogène doit laisser la place au néogène… et il en va de même de la tolérance, par ignorance, de ce qui est ancien... par exemple, lorsqu'à cause de l'intérêt illusoire ou par ignorance, certaines populations, hébétées, comme masochistes, continuent, par habitude, à applaudir la mentalité qui non seulement a assassiné leurs pères, mais encore actuellement, les exploite et les tyrannise.... Mais nous ne nous rendons pas compte qu'en gardant cette mentalité, inconsciemment, nous fomentons tous le même paralogisme, qui, du fait de notre indifférence et notre ignorance, conduit, comme toujours, notre pensée à régresser et notre intellection à marcher avec des béquilles. Et sans y avoir pour autant concouru ou participé, nous nous rendons tous complices et responsables de notre agnosticisme séculaire et de notre somnambulisme pompeux, comme aussi de la misère, des souffrances, de génocides sur lesquels certains intérêts politico-impérialistes ont fermé les yeux, faisant semblant d'être amnésiques pour éviter de se rappeler que des dizaines de millions d'hommes sont morts torturés, assassinés, massacrés et exterminés par d'autres hommes de certains pays qui se disaient religieux, mais qui étaient en réalité déicides, et qui, fidèles à leur mentalité ENR, ont provoqué les deux guerres mondiales, etc., etc. Donc, après tout cela : chapeau à notre incorrigible asyllogisme dans lequel, comme des masochistes, nous ruminons notre handicap irrationnel, car tout en portant cavalièrement, prétentieusement, vainement et indignement la qualité humaine, nous continuons de répéter et suivre cette mentalité homicide ENR et nous fermons les yeux pour ne pas voir ceux qui meurent encore chaque jour dans nos apparentes avancées socioculturelles, du fait des bâtons mis dans les roues du véritable progrès bio-socio-technoscientifico-culturel.

Pourtant, tout est bien dévoilé, car l'histoire elle-même crie que le plus grand ennemi de l'homme et de notre petite planète qui lui accorde son hospitalité est malheureusement l'homme lui-même, qui, bien que voulant se sentir libre, s'acharne à persécuter ou réduire en esclavage l'autre homme.

Donc cher ami, pour éviter la prolixité et rester bref : l'unique solution pour éviter la dévastation est d'apprivoiser l'homme dans l'unification panathropique qui est actuellement le sujet d'urgence prioritaire pour normaliser son existence et supprimer toutes les causes d'oppression et de déconcertation.

Malgré tout cela, nous devons rester confiant dans l'unique espèce terrestre qui, s'il y a tant soit peu de volonté, peut réfléchir, et dont la logique, par l'ouverture d'esprit et la connaissance continuelle, peut progresser jusqu'à penser syllogistiquement. Pour cette raison, avec la conviction qu'il s'agit d'une réalité - comme celle que nous respirons -, je suis sûr que nous allons trouver, nous les hommes, notre destination, que finalement nous cesserons d'être les marionnettes de notre ancien génome indissociable de la mentalité ENR, et que nous finirons par revêtir la réelle qualité humaine, parce que l'âge de l'innocence, des pseudo-mystico-mystéro-divino-idéalismes et de l'hystérie du paralogisme du passé est dépassé et sur le point de disparaître. Je souhaite sincèrement que tous nos semblables parviennent à la réflexion qui produit la capacité de discerner la disproportion sociale et l'anomalie mondiale dans laquelle nous vivons. Aussi est-il vraiment urgent de valoriser les souvenirs de notre mémoire, non pour les faire revivre, mais pour discerner la provenance de nos malheurs, analyser les motivations qui les ont déterminés dans le passé, les comparer aux nouvelles expériences et reprendre avec pondération et bon sens la dissymétrie de notre système gnoséo-étiologique sensoriel qui implique nos émotions, afin de nous réorienter et d'utiliser toutes les modalités sensorielles susceptibles de nous conduire à répondre en écho à l'appel de cette voix amicale et vivifiante, imperceptible mais existante, de la Conscience Suprême de l'Univers dont la conscience de notre planète sera une partie, infiniment minuscule, mais inséparable et unifiée dans une interdépendance... et nous en approcher parce qu'elle nous a créés pour développer entre tous une conscience avancée en vue d'accomplir notre mission, qui nous est encore inconnue aujourd'hui, à cause de notre fidélité aux extrêmes archéo-mytho-traditionno-idéalismes qui nous entraînent dans l'impasse d'une confusion labyrinthique.

En outre, pour représenter avec magnificence la conscience de cette planète suffisamment polytorturée, il faut que nous soyons d'abord libérés de notre éphélodoulie (notre esclavage volontaire) et de parasites gourmands comme les cercles vampiro-financiers, sangsues promotrices de l'industrialisation de la misère et de l'intolérance misanthropique parmi les populations... et notamment que nous soyons libérés de la mentalité ENR pour devenir capables de nous unifier dans l'esprit humaniste et non pas anthropo-exploiteur. Il faut ensuite nous mobiliser et nous dynamiser autour de ce projet d'unification pananthropique décongestif et désintoxicateur général pour qu'ayant établi la paix réelle, nous apprenions enfin à vivre ensemble, paisiblement, comme une famille humaine. Alors, dès que nous aurons développé une conscience digne de la Conscience Suprême, tous ensemble, dans une acclamation massive, nous réussirons à répondre par l'affirmative à cet appel de la vie, dans un « **oui** » retentissant jaillissant de milliards de bouches, notamment celles de la jeunesse dynamique et des étudiants de toutes les institutions culturelles du monde qui auront le plus grand rôle à jouer dans cette révolution pacifique pananthropique, à l'unisson avec tout le reste de la population de la Terre entière unifiée... et par là, nous démontrerons que notre conscience est avancée et digne de la Conscience Cosmique et de son Code Universel qui nous a créés organiquement identiques et qui nous laisse libre de progresser encéphalo-mentalement selon notre volonté, mais sans nuire au principe homéomorphique du Code qui continuera à se dérouler jusqu'à réaliser progressivement la perfection et la plus haute aspiration de l'être humain, qui est d'abord, après avoir lutté contre la force destructrice de la diverso-rivalité concurrente et compétitive, de fortifier le principe sacré du droit égal de chaque personne humaine à vivre dans une réelle liberté, et ensuite, en coopérant dans une émulation non destructive, mais constructive, de s'orienter vers la réelle éternité avec l'arrêt de la reconduction du vieillissement qui est la fin du déroulement du Code... et ainsi réaliser ce que j'ai mentionné au début de nos entretiens dans une phrase qui vous paraissait incompréhensible.

Parallèlement, il faut rassembler et mobiliser la communauté intellectuelle, techno-scientifico-littéraire et politique d'avant-garde, car elle doit prendre la tête et mobiliser l'informatique générale pour avertir avec efficacité les populations, qui, aux prises avec le débat inné-acquis, ont aussi toutes les prédispositions d'intelligence pour comprendre la nécessité première de soigner certaines illusions hypnotiques et retardatrices qui font que quelques-uns suivent diverses mythologies indéfinies et lèguent leur fortune à certains idéalismo-professionnalismes utopiques... et ce, jusqu'à ce que la mentalité administrato-constructrice AV nous fournisse, au travers du déroulement du Code et du fonctionnement de la totalité des neurones cérébraux, la puissance de réflexion suffisante pour devenir capables de marcher dans l'orthologisme sociométrologique et d'avancer encore dans les progrès technoscientifiques pour développer notre capacité à prolonger indéfiniment notre vie et ainsi construire progressivement notre immortalité. En cela, nous ne serons plus des visiteurs qui reçoivent temporairement l'hospitalité sur une Terre qui n'a cessé, jusqu'à maintenant et dans notre ingratitude, d'être polytorturée en retour.

Nous devons donc prendre conscience de la réalité, et soigner l'archéo-cupido-ambitio-avidité, cette diverso-manie épidémique qui menace de détruire toute culture considérée comme humaine.

Il faut donc essayer de se débarrasser de cette absurde impulsion d'égoïsmo-vanité qui ne supporte l'égalité avec l'autre homme que dans la tombe, par obligation, parce qu'étant en vie, nous cultivons la haine raciale, la purification ethnique et l'exploitation de l'autre, et gaspillons tout notre temps à construire les nationalismes, les guerres, l'esclavage, etc., et cesser de regarder les fantasmes du passé au travers de loupes multicolores trompeuses de type ENR qui déforment la réalité… et tous ensemble faire face à l'avenir. Enfin, il faut stopper cette machine mondiale infernale et changer notre irrémissible diverso-inter-répulsio-indifférence et notre imperturbabilité devant cela, pour comprendre que l'amour parental instinctif, au moins lui, devrait nous faire oeuvrer en vue d'assurer ne serait-ce que le bonheur de nos enfants, en nous adaptant sans défaillir et avec attention à ce gigantesque bouleversement et changement palingénésique de l'ONU, nouvellement nommée Organisation Néoplanétodémocratique Unipananthropique.

J - Merci monsieur Vaskas, je suis ému, car sans aucune motivation politique ou religieuse, votre voix logique et porteuse d'un réconfort véritablement humain résonne comme un signal d'alerte. Mais permettez-moi encore une question pour aujourd'hui. Pourquoi avez-vous dit au début de ces entretiens qu'il existait de nombreux univers ?

V - En ce qui concerne les nombreux univers, ce n'était pas une devinette, il n'y avait là rien d'insondable, de contestable, ni de bizarre ou de nouveau. Je vous ai clairement dit dès le début de nos conversations qu'il existait de nombreux univers et vous avez pu comprendre que nous en avons analysé quelques-uns : polyatomiques, cellulaires, multicellulaires, stellaires, polystellaires ou galactiques, etc. Mais l'idée de l'existence d'autres Univers polygalactiques est abysso-lointaine.

J - Donc le sujet important demeure la mentalité administrato-constructrice ΛV avec sa Loi globale d'équilibrage cyclo-attracto-répulsionnel cosmofonctionnel et le déroulement du Code Universel.

V - Oui, vous l'avez bien compris, mais il convient d'ajouter que la ΛV développe et fait progresser continuellement sa mentalité et sa Conscience polygalactique Suprême en incorporant, durant des milliards d'années, les consciences de millions de planètes organiques qui se trouvent dans les systèmes stellaires des Galaxies bien formées. Et c'est pour cette raison que sur notre planète organique, l'être humain a été progressivement constitué avec la capacité de développer la conscience et de réfléchir. Et le temps est venu pour l'homme de cesser d'être acrobato-cascadeur et de commencer à s'orienter vers le terme de son destin : d'être lui-même la conscience de notre planète ; car notre progrès technoscientifique profite de l'énergie administrative photo-électro-neutrinique de la Loi cosmofonctionnelle globale de la ΛV, qui, grâce à une partie de cette énergie, notamment électronique, nous a fait parvenir à l'ordinateur dont le perfectionnement grandit à chaque instant, tandis que parallèlement notre connaissance et notre intellection s'accroissent... et dès que la conscience d'une planète organique est développée, la Conscience Cosmique Suprême l'appelle comme la vie appelle la vie et s'active pour l'incorporer... ce qui arrivera aussi plus tard pour la conscience unifiée de notre Terre lorsqu'elle viendra s'y rattacher. Et à l'échelle universelle, il vaut la peine de répéter que c'est ainsi et pour cette raison que la Conscience Cosmique Suprême édifie et fait avancer d'innombrables consciences dans les planètes organiques comme la nôtre, car après les avoir progressivement développées, elle les incorpore et de cette façon, la perfection de sa conscience grandit et sa puissance d'intellection augmente en même temps que s'élève sa capacité d'administrer l'harmonie fonctionnelle du mécanisme polygalactique de l'Univers en développement continuel... et bien entendu, à notre époque, nous pouvons facilement comprendre que le progrès de notre intellection consciente est édifié et constructo-façonné par la Conscience Cosmique de la ΛV pour servir son intérêt, comme aussi le nôtre, car si nous sommes conscients qu'elle est éternelle, nous voudrons mettre en valeur l'incalculable privilège qu'elle nous offre de venir nous accorder avec elle. Il est donc devenu vivement urgent d'accroître notre progrès épistémologique et celui de notre morale en suivant son orientation unificatrice qui nous fait développer la mentalité et la conscience de la Terre entière pour qu'elle soit capable d'accomplir sa mission et d'entrer dans le courant ordonné qui conduit à la Conscience Cosmique Suprême.

Voici de nouveaux éléments inattendus, étrangers à notre expérience actuelle, qui seront difficiles à comprendre, bien qu'ils éclairent la réelle destination de notre haut progrès technoscientifico-culturel et que c'est dans ce but que nous avons été créés plus intelligents, nous les êtres humains. Et depuis peu, même si la morale a beaucoup de mal à quitter l'époque paléolithique, nous sommes en mesure d'accélérer le développement de la conscience humaine pour sortir du marasme et commencer à vivre dans la perspective d'un nouveau comportement sociologique bien conscient, fondé sur une mutuelle anthropo-compréhension, complètement en dehors de toute archéo-mentalité, qui nous donnera la capacité d'accomplir notre mission et d'être incorporés, je le répète, à la Conscience Cosmique de la ΛV qui développe l'harmonie universelle suprême dans sa Loi globale cyclo-attracto-répulsionnelle cosmofonctionnelle, gardienne du flux permanent de toutes les interactions, énergies et puissances qui coopèrent ensemble dans une énorme variabilité proportionnello-équilibrée, pour des raisons basées sur des expérimentations scientifiques solides et bien analysées tout au long de nos entretiens. Et comme le proclame tout ce qui existe, elle est, en d'autres termes, la mentalité administrato-constructrice comprenant toutes les forces et énergies fonctionnelles qui coopèrent dans le mécanisme cosmique polygalactique ; et elle les ordonno-arrange dans des règles taxinomiques symétriques et hypersymétriques dans la Loi cosmofonctionnelle réelle qui conduit l'immense organisme polygalactique avec une subtile ingéniosité multidimensionnelle dans un équilibre attracto-répulso-cyclorotatif ; et elle est remplie d'amour réellement parental pour toute sa création, notamment pour les millions de planètes organiques dont les consciences unifiées viennent fortifier progressivement et continuellement sa Conscience Cosmique Suprême.

Donc, lorsque les consciences de l'ensemble des humains seront unifiées, elles deviendront la conscience planétaire, puis mégatomique, qui aura l'avantage de devenir à son tour une partie de la Conscience Galactique et de la Conscience Cosmique Suprême. Et dans cette incorporation invisible mais existante s'accompliront la mission et la destination de la conscience privilégiée de l'être humain.

Par ailleurs, à l'exception de ceux de bonne volonté qui travaillent aussi pour l'intérêt commun, les autres raisonnements, contestataires, entravés par divers archéo-mytho-idéalismes, suivent la politique dite de l'autruche qui consiste à éviter systématiquement de faire face à la réalité en prétextant qu'elle reste difficile à prouver... mais cela ne m'empêche pas de poser avec conviction certaines questions dictées par la logique commune telles que :

- Pourquoi les Galaxies ont-elles souvent un Noyau rond et lumineux au centre de leur structure stellaire, comme l'ont aussi, presque de la même façon, tous les minuscules mécanismes organiques et vivants, si aucune multiplication homéomorphe ne s'effectue à travers le Code Universel ?

- Pourquoi le Soleil et aussi les planéto-satellites de notre système solaire, pour ne citer que lui, sont-ils porteurs du schéma cyclosphérique, difficile à construire pour l'homme, et d'un noyau au milieu s'ils ne sont pas la fabrication du même Code Universel ?

- Que signifient la quasi-homéomorphe constructo-multiplication et régénération stellaire ? Et qui la façonne et travaille pour qu'elle acquiert une telle homéo-perfection ?

- S'il n'existe ni Organisme Cosmique Polygalactique, ni multiplication des Galaxies, d'où proviennent les milliards de Galaxies qui contiennent chacune des milliards d'astro-planéto-satellites et autres corps spatiaux... et pour quelles raisons sont-elles là : des raisons figuratives ?

- Si elles ne sont pas formées par le même Code Universel, qui donc compose et conduit ces étranges objets célestes que sont les comètes, ces visiteurs périodiques qui viennent fréquemment des confins de notre mégatome, propulsés par leurs jets en suivant souvent la même trajectoire, traversent le système solaire à grande vitesse et flirtent fréquemment avec notre étoile ? Qui les dirige sur une orbite souvent proche du Soleil et pour quelle raison, si se n'est pour l'approvisionner en Hydrogène et restaurer ce que notre étoile a perdu dans la transformation de son Hydrogène en Hélium ? Qui tient à la conservation de cette étoile qui nourrit ses planétosatellites ? Cet événement a-t-il lieu par hasard ou est-il commandé, pour une certaine raison, par une logique qui provient de la mentalité administrato-constructrice grâce à laquelle nous existons ?

- Qui édifie les champs incommensurables dans lesquels les vibrations cycliques fonctionnent avec une intarissable énergie attracto-répulsionnelle et maintiennent en équilibre les milliards de Galaxies avec leur structure stellaire, c'est-à-dire les astro-planéto-satellites qui se contrebalancent et planent sur une orbite exacte et bien déterminée, s'il n'y a pas la Loi globale attracto-répulsionnelle cosmofonctionnelle de la ΛV pour l'existence de laquelle j'insiste ?

- Que signifie le fait que des millions d'étoiles spécifiques naissent à chaque instant dans les Galaxies bien formées et se régénèrent, et que certaines étoiles distinctes explosent et sèment leurs couches pleines de matière mûre pour former de nouveaux astro-planéto-satellites, mais que leur coeur ou noyau - connu comme étoile dense de neutrons, naine blanche, pulsar, etc., etc. - reste toujours vivant, au moins pendant encore des milliards d'années... et que de la même façon, des milliards d'atomes naissent et forment des cellules polyatomiques tandis que des milliards meurent dans les organismes multicellulaires ? Pourquoi ce vivant processus de reproduction et multiplication existe dans toute la structure cosmique galactostellaire et dans celle de planètes organiques comme la Terre, s'il n'existe pas l'homéo-fabrication par le Code Universel ?

- Qui remonte l'horloge de notre système solaire comme celle des trillions d'autres systèmes solaires qui constituent les milliards de Galaxies ? Et qui remonte celle de notre planète qui voyage cyclorotativement d'une manière infatigable et imperturbable à presque 30 km/s dans une parfaite stabilisation, s'il n'existe pas la Loi cosmofonctionnelle attracto-répulsionnelle proportionnellement équilibrée ?

- Pourquoi tous ces incontestables corps spatiaux, en automouvements multiplico-régénérateurs, ne formeraient-ils pas l'organisme polygalactique cosmique bien vivant, réalité pour laquelle j'insiste depuis le temps de ma jeunesse ?

- Qui constitue les charges électriques - négative de l'électron et positive du positron - de sorte que deux charges semblables se repoussent et deux contraires s'attirent, si l'intelligence créatrice de la ΛV n'existe pas ?

Et tandis que tout ce qui existe, y compris nous-mêmes, prouve pleinement ma conviction, une certaine stagnation et l'esprit classique contestataire sont en droit de mettre en avant, dans certains cas, le prétexte classique « il manque le facteur expérimental ! ».

J - ***Ce prétexte est absurde dès l'instant où notre existence prouve votre conviction. Mais comme vous le dites, la polémique contre tout ce qui est nouveau est inévitable. N'oubliez pas que l'histoire fait référence à certains hommes qui étaient difficilement appréciés par la mentalité de leur temps parce que leur pensée avait des siècles d'avance sur le reste de l'humanité ; et lorsqu'elle a été reconnue, c'était, hélas, après leur mort.***

V - Oui, ce fait est plutôt classique.

J - ***Classique, mais désappointant et une entrave au progrès !***

V - Il est vrai que l'homme profite de cette avance, mais l'égocentrisme résiste et il existera toujours... mais si vous voulez rire, je vais vous raconter une anecdote, écoutez l'incident qui m'est arrivé, étant plus jeune, alors que j'étais en vacances dans le Sud du Péloponnèse.

Bon ! J'étais au bord de mer en train de bronzer au soleil sur un grand rocher lorsque j'ai aperçu un jeune homme prêt à plonger dans la mer au fond rocheux. Je lui ai déconseillé de plonger à cet endroit que je savais dangereux. Mais il m'a répondu avec arrogance : « Je n'ai pas de leçon à recevoir de vous, Monsieur, ce n'est pas la première fois que je plonge ! » et plouf !... il a plongé... De n'entendre aucun autre bruit, ma curiosité m'a poussé à regarder ce qui se passait ; et j'ai vu son corps flotter dans une mer heureusement presque calme. Je suis descendu immédiatement pour le sortir de là ; il n'était qu'évanoui, mais du sang coulait sur sa tête. Je l'ai porté sur mon épaule, à demi inconscient, puis transporté jusqu'au village voisin ; mais le temps de chercher une pharmacie, complètement réveillé, il avait quitté la voiture et disparu. Quelques jours plus tard, sortant de la mairie du village où j'étais venu saluer le maire, il se tenait là dans le hall avec son père ; alors je lui ai dit... « Bonjour, comment allez-vous ? ». Son père intervint surpris : « Vous connaissez mon fils ? ». Sans attendre, le jeune homme répondit à ma place : « Oui, je connais ce monsieur de... quelque part ». Et là je compris qu'il ne souhaitait pas que son père apprenne ce qui s'était passé... et je suis sorti. Alors ce jeune homme d'une vingtaine d'années m'a rattrapé sur le seuil de la porte et a murmuré « Merci ! ». Heureux de sa reconnaissance, je lui ai demandé s'il se souvenait que je lui avais sauvé la vie, mais son visage s'est immédiatement refermé et il m'a rétorqué égoïstement : « Ce merci Monsieur, est pour n'avoir rien dit à mon père. » - Comprenez-vous maintenant ?

J - Oui, je comprends la raison de cette anecdote car l'égocentrisme est souvent ingrat. Ce jeune homme ne vous a pas remercié de lui avoir sauvé la vie mais seulement de lui avoir sauvé la face devant son père. Cela ne veut pas dire pour autant que cet esprit d'égocentrisme soit partout.

V - Non pas partout... mais presque !

La ΛV, créatrice de la Loi globale cyclo-attracto-répulsionnelle cosmofonctionnelle, l'unique principe proportionnello-équilibré, qui, comprenant la totalité des interactions, énergies, puissances, etc., oeuvrant toutes ensemble en étroite collaboration, forme la qualité organique polygalactique et constitue la Conscience qui assure l'harmonie cosmique

J - Certainement que l'expérimentation aura son utilité pour convaincre la mentalité contemporaine ; et cela réclamera du temps et des moyens d'observation nouveaux et très perfectionnés qui n'existent pas encore aujourd'hui.

V - Mais s'il y a un peu de bonne volonté, il est dès aujourd'hui compréhensible - et c'est pour cette raison que j'ai répété à plusieurs reprises et répéterai encore une fois de façon à épuiser toutes les tentatives pour convaincre cette mentalité pleine de préjugés -, que nous vivons dans un organisme cosmique polygalactique... et j'accepte toute opposition qui pourrait à juste titre prouver le contraire ; que les milliards de Galaxies comme la nôtre existent dans l'espace par hasard, pour des raisons figuratives et non parce que chacune joue un rôle dans le fonctionnement de cet immense organisme ; j'accepte aussi les objections positives sur ma conviction de l'existence de « l'omniprésente énergie photo-électro-neutrino-nucléo-atomo-synthétique - équivalente à la Loi globale cyclo-attracto-répulsionnelle - comprenant toutes les interactions fondamentales et les autres, ainsi que toutes les symétries, et l'héritage d'un développement de milliards d'années du Code Universel, qui, dans une collaboration intime, assurent tous ensemble un équilibrage proportionnel dans la structure universelle et établissent le fonctionnement de l'organisme polygalactique cosmique » ; et il n'est nul besoin d'observations microscopico-télescopiques, non plus de vérifications expérimentales pour corroborer ce principe avec assurance, car en raison de sa qualité dans le domaine scientifique, la Loi du fonctionnement global de la ΛV n'est ni une théorie, ni une prédiction... mais une réalité incontestable déjà confirmée par notre conscience qui atteste que notre existence est une réalité. Et ce principe, si ma perception ne me trompe pas, a clairement et itérativement été expliqué au cours de tous nos entretiens qui englobent les résultats de mes longs travaux de recherche.

J - Oui monsieur Vaskas, mais je doute que cette réalité soit facile à appréhender pour des personnes qui ne connaissent pas l'ensemble de votre analyse.

V - Oui, toutes ces choses reflètent un nouveau point de vue qui peut être difficile à comprendre, et c'est pour cette raison que je ferai tout ce qui m'est possible pour faciliter leur compréhension, notamment pour ceux qui ne connaissent pas ce que je vous ai dit précédemment, bien qu'il soit connu que souvent, toute nouveauté entre d'abord dans un océan de contestations et de polémiques. Mais en un certain temps, plus ou moins proche, il est possible qu'un inattendu devienne bien entendu.

J - Ces polémiques seront inévitables, mais je pense que ce seront surtout les personnes âgées et religieuses qui auront beaucoup de mal à comprendre.

V - Je ne sais pas... peut-être... mais parfois les personnes âgées et religieuses comprennent plus facilement. Cependant la difficulté est compréhensible, car en général rien de nouveau n'est facile à accepter dans cette société plongée dans une hypertrophique confusion techno-scientifico-littéraire ; d'autant qu'à cause de nos malheurs, nous avons tous toujours eu besoin d'une espérance, peu importe qu'elle soit artificielle ou réelle ; il faut que cela continue...

Et pour cette raison, bien que l'intellection avance, notre point de vue classique refuse d'examiner sérieusement toute nouvelle version, et la pensée traditionnelle n'accepte que difficilement un nouvel état d'esprit... comme cela s'est passé à l'époque de Galilée où certains prêtres tels que Calvius ou de soi-disant astronomes n'ont pas même accepté de regarder les planètes avec la lunette de sa fabrication, certains hésitant même à la toucher de peur de se contaminer ou de se ridiculiser sous prétexte qu'il pouvait s'agir d'un canular ; et accusé d'hérésie par l'Eglise de cette époque qui voulait mettre un terme à la diffusion de la réalité qu'il propageait, à cause de l'esprit paranoïaque des inquisiteurs de son temps, cet homme âgé, ce géant de la science, cet humaniste d'une valeur inestimable, fut retenu dans sa maison transformée en prison. Et comme il est encore bien vivant, cet esprit rétrograde constitue un dangereux handicap scientifique... Il n'est donc pas étonnant que malgré notre progrès intellectuel, le même comportement ne puisse accueillir l'existence de la mentalité administrato-constructrice photo-électro-neutrinique qu'est la **ΛV, créatrice de la Loi globale cyclo-attracto-répulsionnelle cosmo-fonctionnelle, l'unique principe proportionnello-équilibré, qui, comprenant le Code Universel et la totalité de la diverso-nucléo-atomo-synthèse, englobe toutes les interactions, énergies, puissances, etc., oeuvrant ensemble en étroite collaboration pour former l'Organisme Polygalactique avec sa Conscience Suprême qui assure l'harmonie cosmique** .

J - Oui, tout cela est clair, mais comment allez-vous dépasser la barrière de l'astrophysique contemporaine et sa ferme assertion que l'harmonie cosmique est assurée par la gravitation ?

V - J'ai déjà répondu à cette question, et je répète qu'il n'est pas dans mes intentions de critiquer quelque version - établie ou conjoncturelle - de l'astrophysique rendue obsolète ou sujette à de déroutantes révisions... car comme pour d'autres expressions, le terme de gravitation (ou force de gravité) est sympathique, mais le point de vue syllogistique préfère manifester de la circonspection, non parce que ce terme ne serait lié qu'au géomagnétisme quasi-proportionnel exercé par notre planète en tout point de sa surface, mais parce que la gravitation constitue aussi l'hypothèse qui la qualifie de force d'attraction entre tous les corps de l'Univers, qui, dans ce cas, selon ses auteurs (des scientifiques de grande valeur qui se sont aperçus que la force d'attraction entre les corps diminue en fonction de l'augmentation de la distance qui les sépare mais ont omis de mentionner la force qui intervient pour équilibrer cette distance entre les corps), signifierait plutôt, si c'était réel, des événements extrêmement lourds de conséquences engendrés par une force contraignante, disproportionnée, instantanément dévastatrice et destructrice, qui attirerait inéluctablement - sa qualité principale étant l'attraction - les corps célestes pour qu'ils viennent - sans l'influence de la répulsion - s'écraser continuellement les uns contre les autres jusqu'à parvenir à un chaotique effondrement cosmique général... Dans un tel cas, laissée sans frein, ni maintenue ni contrebalancée par la répulsion, la gravitation n'aurait donc rien à voir avec l'harmonie cosmofonctionnelle… N'oubliez pas que certaines fois, sous l'influence de grands mais anciens savants, la connaissance scientifique s'oppose à la logique la plus élémentaire et bloque le progrès… par exemple, en restant fidèle à Aristote, la science est restée asservie pendant presque 2000 ans, clouée sans pouvoir faire le moindre progrès… Il est en réalité bien connu que celui qui s'éloigne de la Terre sent la gravité ou l'attraction terrestre s'affaiblir et le poids de son corps diminuer jusqu'à ce qu'il finisse par flotter dans un espace sans poids ni attraction parce qu'il a pénétré plus profondément à l'intérieur d'un autre champ spatial qui est exempt de gravitation du fait de la plus forte influence de la Loi globale attracto-répulsionnelle cosmofonctionnelle de la AV, dans laquelle, au niveau cosmique, la gravitation ou attraction est contrebalancée et équilibrée par la répulsion… et ensemble, elles forment une interaction extrêmement conjonctive et constructive sur laquelle se fonde l'harmonie du bon fonctionnement de l'Organisme Polygalactique Cosmique.

De toute façon, il est bien entendu que toutes les recherches et théories de l'astrophysique, etc., etc., ont du bon et montrent l'inquiétude de l'homme qui cherche à savoir où il se trouve, et où sa route le mène ; mais les innombrables efforts remplis de diverso-hypothético-déductivo-intuitionisme et toutes les recherches de bonne volonté sur ce sujet sont peine perdue tant qu'elles ne discernent pas encore la situation qui existe depuis des milliards d'années, ni ne soupçonnent la réalité que je soutiens avec certitude depuis ma jeunesse et qu'atteste le fait de notre existence qui prouve complètement la qualité cosmique organique dans laquelle toutes les interactions, énergies, forces et puissances, inévitablement englobées, coopèrent ensemble.

J - ***Oui, c'est clair et normal ! Mais bien que la réalité soit si proche de nous, c'est quand même étrange que nous n'ayons pas encore pris l'habitude de l'appréhender.***

V - Oui, l'habitude est une seconde nature, mais dans une démarche scientifique, il faut d'abord éviter l'habitude et entrer dans la logique pour sortir du fantasme et ne plus faire d'inutiles suppositions, parce que la plus grande réalité est le choix de notre conscience, la logique qui atteste notre existence, certainement pas à l'intérieur d'un univers chaotique en expansion rapide, mais plutôt au sein de l'immensité d'un supermécanisme en continuel perfectionnement : l'Organisme Polygalactique Cosmique. Et si la conscience scientifique contemporaine ne l'acceptait pas, je serais heureux d'entendre sa réponse à cette légitime interrogation que je répète : D'où viennent les milliards de Galaxies qui planent dans l'espace cosmique et quelle est leur utilité ?

Donc, pour ne pas perdre plus de temps et revenir à notre sujet, j'ajouterai, ce qui est aussi bien entendu, qu'en dépit de l'opposition du soi et du non-soi de notre génome archaïque, la Loi cosmique globale de la ΛV élabore patiemment, sur notre planète, le développement de l'intellection humaine terrestre qu'elle nourrit progressivement par son omniprésente force intellectionnelle photo-électro-neutrinique - d'une pénétrabilité que rien ne peut arrêter - pour enfin rassembler la famille humaine dans le nouveau système unipananthropique et former finalement une conscience planétaire unie, même si les conditions diverso-climato-environnementales terrestres ne sont pas encore bien équilibrées et que certaines inévitables anomalies, inhérentes à la surface de notre planète perturbent encore le programme écrit dans le Code Universel.

J - ***Tout ceci est compréhensible monsieur Vaskas, mais que répondrez-vous à certains astrophysiciens qui pensent que l'expansion de l'Univers se fait à une immense vitesse dans une continuelle accélération ?***

V - Je ne suis pas dogmatique cher ami, j'accepte toute concertation avec quiconque sur n'importe quel sujet dans le cadre de la logique, mais permettez-moi de vous poser une question légitime : Qui peut discerner l'orientation et calculer la vitesse de l'expansion ? Est-il si difficile de comprendre qu'aucune symétrie n'est réalisable dans un univers en continuelle et indescriptible expansion, avec une accélération et vitesse extrêmes ? Et si c'était vrai, l'univers serait de plus en plus chaotique, et dans un chaos en continuelle expansion à une vitesse frénétique et complètement débridée, pas même la ΛV ne pourrait intervenir. Quel être vivant pourrait donc subsister ? Aucun... N'oubliez pas qu'au commencement de leur formation les diverses régions exogalactiques et endogalactiques sont toutes passées, chacune en leur temps, à travers les aspects différents d'une période constructive presque toujours de violence confuse, de volcanisme, et d'entrechoquements... comme cela s'est aussi passé dans la région de notre Système Solaire... Cependant, avec l'intervention de la Loi globale de la ΛV, nous sommes maintenant vivants dans une symétrie organique planétaire dont l'aboutissement est la conscience. Alors ne me forcez pas à entreprendre une analyse constructive aussi compliquée... comprenez-vous ?

J - Oui, ce n'est pas difficile à comprendre.

V - Merci, mais il n'est pas non plus difficile de comprendre qu'au travers de l'unification mondiale, nous allons nous-mêmes être appelés comme des gènes de la Terre, mais seulement à partir du moment où l'esprit de l'homme, devenu indépendant du Code Universel, prendra l'initiative culturelle de créer la conscience terrestre, car jusqu'à présent nous n'avons créé au contraire qu'une société obtuse terriblement cruelle, injuste et difficile à rénover d'une façon logique... et nous n'avons toujours pas réussi à extraire la culturo-structure archéo-traditionnelle bien établie dans cette société très souvent dépressive et inhumaine afin de la décomplexer... mais alors, l'ouverture de cette voie de l'unification mondiale nous amènera à revêtir la qualité de conscience terrestre ; et une fois unifiés et notre progrès bio-socio-culturo-techno-scientifique intensifié, nous influencerons plus efficacement d'autres planètes de notre Système Solaire en tant que conscience mégatomique... élément qui pourra nous donner la capacité d'accomplir notre mission de nous unifier à la conscience Galactique, puis Cosmique... et bien entendu, au-delà de cet objectif, la mentalité administrato-constructrice universelle ΛV nous réserve d'autres perspectives encore plus importantes.

J - Oui, je comprends monsieur Vaskas, la mentalité administrato-constructrice ΛV avec sa Loi globale cosmofonctionnelle et son Code Universel, est l'unique principe qui englobe l'Univers. Il est donc nécessaire d'accroître l'intellection pananthropique et de construire et façonner l'épistémologie pour qu'elle puisse mettre un terme aux

nombreuses interrogations concernant une certaine science moderne afin de valoriser l'avenir de l'homme.

V - Oui, mais comme certaines scientifico-idéologies théoriques sont souvent basées sur un malentendu, et pour en éviter un autre, sachez que personne ne peut prévoir si ces éléments parviendront ou non à leur fin. Je ne sais pas si vous comprenez bien mes intentions ; aussi je répèterai encore une fois qu'aux questions que vous m'avez posées, j'ai répondu franchement en donnant mon point de vue et un aperçu d'éléments cosmologiques qui résultent de mes nombreuses années de recherches sans y inclure d'éléments mathématiques ou quantiques, de façon à ce qu'ils restent plus faciles à comprendre ; et bien qu'ils soient déjà confirmés par les données expérimentales et par tout ce qui existe autour de nous, je les laisse également à votre appréciation, pour les juger selon vos critères, car après tout ce que vous avez entendu, vous devriez être capable de discerner vous-même où est la réalité.

J - Oui, je sais qu'il m'est plus facile maintenant de la saisir. Mais n'oubliez pas que certaines sociétés censurent la liberté d'expression et le libre examen de cette expression.

V - Oui cher ami, cela subsiste dans l'esprit de certaines sociétés handicapées, sourdes et muettes… mais nous vivons dans une société libre, et de nos jours, pour changer un peu de sujet de conversation, tout le monde sait bien et personne ne peut passer sous silence l'infinie diversité d'événements qui attestent clairement que la situation de raz de marée du monde divisé en nombreuses nations opposées et contestataires est confuse, incoordonnée, inconciliable, pleine de superstitions, imperturbable, presque irrécupérable... avec surtout l'égocentrisme qui laisse passer comme le vent les nouvelles épistémologies cosmologiques qui ne s'identifient pas à l'esprit contemporain, et à cause duquel même, chaque chemin vers le rajeunissement est rejeté… et parce qu'aussi d'autres voix plus attirantes à écouter que la mienne ne manquent pas.

Donc, face à tout cela, trop d'enthousiasme est inutile ! D'autant qu'il est difficile de comprendre qu'une proposition d'unification mondiale peut garantir la stabilité et la paix continuelle dans cette mare d'indifférence qui prétexte toujours qu'elle est compliquée à mettre en oeuvre. Mais devant la confusion de la situation mondiale actuelle, il est vraiment urgent de prendre conscience que cette réforme pananthropique de la « **paligenesia** » est maintenant devenue strictement nécessaire. Oui, elle n'est pas facile à aborder parce qu'il s'agit d'une profonde modification d'identification et de convergence de presque tous les principes socioconstitutionnels mondiaux existants - et il est vrai que nous avons un énorme problème lorsque certains pays manquent de scolarisation et d'une didacto-pédagogie efficace -, mais elle est faisable et à coup sûr réalisable s'il y a la volonté, car n'oubliez pas l'adage : « Quand on veut, on peut » ... Et la connaissance crée la conviction et la persuasion qui produisent la volonté de transformer tout aspect théorique en pratique.

J - ***Oui, bien entendu !***

V - Mais je le répète, car c'est essentiel, que tout dépend d'abord de la bonne volonté politico-intellectuelle de l'ONU, et notamment de l'humanisme des dirigeants des pays du Conseil de Sécurité qui devront fermer les yeux sur le passé et leurs anciennes diverso-rivalo-animosités et en terminer une fois pour toutes avec leurs désaccords commercialo-industrialo-économiques qui provoquent l'antagonismo-divisionnisme social et territorial, parce que tous seront persuadés que l'unification mondiale est la seule porte pour faire tomber toutes les barrières qui divisent l'homme, et sortir de l'abominable nationalisto-socio-économico-confusion qui endommage toute l'humanité. Et après un dialogue conciliant et amical, bien conscients que la situation actuelle ne peut plus admettre ni contestation, ni retard important, étant bien connu que les divers replâtrages n'ont jamais apporté de paix et de sécurité durables et efficaces, et sachant que le processus pour édifier la paix réelle et la sécurité est simple, ils voudront se mettre d'accord, se donner la main, rassembler leurs efforts et agir ensemble, comme les membres d'une famille unie, pour résoudre les problèmes provoqués par notre handicap cérébral agressif qui freine l'unification mondiale ; ils entreprendront cette dernière méthodiquement et surtout pacifiquement, mobilisés derrière l'ONU renouvelée et le super ordinateur cybernétique central, son organe exécutif impartial, qui sera programmé pour pouvoir examiner tous les facteurs bio-socio-environnemento-cosmo-scientifico-technologiques du passé et du présent sur diverses situations, pour réfléchir seul, syllogistiquement, avec la capacité de son intelligence artificielle, et pour que le résultat de sa consultation soit la perfection dans le contexte mondial d'une activité humaine logique et en progrès de façon que soit évitée toute déshumanisation qui pourrait mener à la dévastation complète.

Ce n'est pas la première voix qui donne l'alerte, car, dans le cadre d'une telle diverso-dissociation et désarticulation sociale, elles sont des milliers qui, avec un profond humanisme, invitent toute expérience et perspicacité humaines à se concerter pour discerner et diagnostiquer la cause de ce dangereux handicap mondial. Mais cette voix compte, je le répète, sur la participation et la coopération de la communauté politico-intellectuelle d'avant-garde, tout à fait consciente de la situation actuelle réelle pour se mobiliser - car elle ne peut pas rester insensible aux appels de détresse de la population du monde - et prendre ses responsabilités et l'initiative d'orienter toute son énergie sur ce sujet, avec tous les moyens interunicommunicatifs de télédiffusion, télécinéma, téléconférence, télé-enseignement, télégestion, télédétection, etc., etc., en vue de préparer des conditions propices à la réalisation de cette transformation mondiale colossale, et surtout de lutter contre l'égoïsmo-intérêt cruel et inhumain qui jette des milliards d'hommes dans la pauvreté.

Mais pour sortir de cet horizon diverso-pollué et parvenir à cette palingénésie planétaire, du grec « paligenesia », il est indispensable que l'ONU trouve, je le répète, une méthode didacto-pédagogique efficace pour enseigner, désillusionner, désembouteiller, désinfecter et libérer, par de réelles institutions planéto-démocratiques socio-civico-culturelles, certaines populations, surtout de celles particulièrement débonnaires qui nagent dans un esclavage fanatico-archéo-traditionnel absurde et inhumain, devenu volontaire par habitude et transmis à chaque génération des parents - croyant bien faire - aux enfants qui payent, dans leur innocence, le fruit de violence et d'intolérance de ce « syndrome de folie séculaire » d'adultes profondément contaminés par certaines doctrines archéo-mytho-idéalistes et utopiques. Ce syndrome, né il y a des milliers d'années avec la mentalité primitive de type ENR, gagne surtout du terrain dans l'analphabétisme et l'illogismo-ignorance qui infestent, ravagent et mettent en esclavage ces populations innocentes profondément intoxiquées par certains professionnalismes omnivores qui les exploitent en mortifiant les progrès du système démocrato-épistémologique dans un paroxysme, je le répète, lucro-spéculatif qui produit la délinquance financière - source de la corruption internationale -, les dysmorphies et les inégalités sociales basées sur le droit sauvage et arbitraire du plus fort qui élimine complètement tout droit de l'homme, sème la division entre ethnies, empoisonne les relations publiques et prolonge la discrimination, les haines, les guerres et les massacres.

Il est donc nécessaire de prendre les devants, de ne pas se dissimuler le mal plus longtemps, d'en finir avec cette mentalité inhumaine arriérée, d'arrêter de se préoccuper de fantasmes mythologiques et d'essayer de trouver une méthode ou un système didacto-pédagogique vraiment éducatif et efficace pour soigner cette anomalie et libérer progressivement, grâce à la diffusion de la connaissance, les populations profondément intoxiquées par cette psychopathologie malheureusement contagieuse, et les aider à concevoir réellement l'urgente nécessité de l'unification pananthropique - ce qui entraînera une véritable résurrection pour enfin parvenir à réaliser positivement ce bouleversement gigantesque et fondamental -, et à lutter contre la triste confusion actuelle formée d'oppressions et de contraintes fantasmo-mystérieuses anachroniques et démagogiques, basées sur certaines coutumes et croyances traditionnelles et d'autres conceptions mythiques, diffusées dans l'amour séculaire de l'argent, qui, d'un côté, entraîne la diverso-concurrence, mais d'un autre côté, corrompt toute valeur socio-moralo-humaniste.

J - Merci monsieur Vaskas pour cette analyse. Oui, il est certain que sans enseignement public, cette modification planétaire sera difficile.

V - Oui, mais elle est indispensable ; et n'ayez pas d'inquiétude face à la situation mondiale actuelle car « tous les chemins mèneront tôt ou tard à l'élimination de cet anthropodrame et à la réalisation de cet inévitable changement ». Et comme il est certain qu'après les ténèbres et l'obscurité de la nuit, vient le jour qui fait jaillir sa lumière, de même, il est aussi certain qu'un nouveau jour lumineux et resplendissant va se lever, et soyez assuré que le lever de ce jour n'est pas loin.

C'est vrai que la mentalité ENR est profondément marquée dans le psychisme de l'homme, mais sachant que le temps est le juge le plus impartial, j'éprouverais du regret si son jugement et les événements à venir ne me donnaient raison. Car, et cela mérite d'être répété plusieurs fois encore, après avoir nagé depuis l'antiquité, en dépit des progrès technoscientifiques, dans une morale artificielle et archaïque en retard de milliers d'années - qui rabaisse la raison humaine et donne l'illusoire et trompeuse sensation quasi-paranoïaque d'un bien-être de façade, artificiel, en réalité infecté par la confusion de diverses manies souvent toxiques -, après avoir chassé et couru les chimères, il est certain, avec l'augmentation de la connaissance, que notre raisonnement sera finalement libéré de ce cercle vicieux et de la clochardisation causée par certains tragicomico-théâtralismes et narco-somnambulismes séculaires en rapport avec certaines régurgitations archéo-traditionnelles qui nourrissent la haine, la violence et l'intolérance ; et bien que le rôle de moralisateur idéaliste au milieu d'un grand nombre d'autres ne me plaise pas, il me faut crier l'indignation et le ras-le-bol... et dire que l'être humain n'a pas encore bien compris qu'il est à peu près parti d'un même lieu ; que les hommes sont partout les mêmes ; que seuls quelques caractères comme la couleur de la peau ont changé en fonction de leurs errances et déplacements continuels, suivant qu'ils se trouvaient dans des régions plus chaudes ou plus froides de la Terre. Ainsi vous pouvez trouver des personnes du même groupe sanguin que vous parmi les habitants de toutes les régions de la Terre comme vous en trouvez au sein de votre cercle intime, car nous faisons tous partie d'une même famille... Je dénonce donc la distinction raciale faite par divers égocentrismes et demande de mettre fin à cet illogisme qui diminue le droit de l'homme, par une législation efficace, avant qu'il ne devienne une maladie pandémique incurable.

Et tout cela prouve cher ami que nous devons finalement nous affranchir de l'agnosie d'un monde qui nage désespérément - à voir le spectacle tragique de l'humanité - dans le sauvage et féroce droit arbitraire du plus fort (appelé aussi loi de la jungle) qui se cultive dans diverses pépinières où on enseigne la manière, dans une compétition disproportionnée, de devenir plus fort pour écraser et broyer sans merci le faible adversaire afin de remporter la victoire… cette toxicité socio-pathologique séculaire toujours en accroissement qui alimente le crime international organisé et qui, comme une maladie incurable, couvre toute la planète et conduit au marasme dévastateur dans lequel aucun code moral ou loi humaine n'a de valeur.

Mais malgré cette mentalité primitive et les affrontements continuels entre aveuglements et absurdités, je voudrais croire que notre époque, porteuse heureusement d'un taux élevé de progrès scientifique avantageux pour l'homme, possède également la volonté, les moyens et les hommes - notamment politiques et intellectuels - capables de réfléchir pour réaliser cette massive action humaniste recréatrice et réorganisatrice. Cependant, il est d'abord indispensable et nécessaire que tous les avant-gardistes comprennent enfin que le temps du « attendre de voir pour agir en conséquence », des subterfuges et de l'indifférence classique est dépassé et se rendent compte qu'il faut finalement changer ce qui paraît inchangeable et réaliser d'urgence l'unification mondiale... Donc, les politiques et intellectuels doivent prendre la tête pour aider les populations à comprendre qu'ils devront, tous ensemble, mobiliser leur intelligence et leur dynamisme afin d'échapper totalement au profond somnambulisme séculaire et valoriser toutes leurs forces pluridisciplinaires pour entreprendre une réelle constitution de valeurs civilisées, une humanisation mondiale et enfin l'installation de la paix et de la sécurité définitives dans une complète « **paligenesia** » dont l'aboutissement sera l'Organisation Néoplanétodémocratique Unipananthropique, qui, par la volonté commune, sera dirigée dans une planétodémocratie impartiale - dans laquelle la loi sera faite par le peuple et non par le diverso-intérêt privé -, et qui éliminera complètement « l'avidité et l'inconscience qui oblige l'homme à exploiter l'autre homme pour vivre », et conduira à l'isonomie, l'égalité et la liberté réelles.

Car seule la libération de cette hypnose quasi-pananthropique qui tolère l'esclavage invisible mais fermement établi - involontaire en apparence mais volontaire en réalité -, et la guérison de ce profond handicap panethnique pourront nous conduire, hors de cette impasse, vers la vie débordante de bonheur et la construction d'un avenir prospère, notamment pour nos enfants qui pourront enfin naître libres et vivre sur une planète libérée de l'auto-emprisonnement traditionnel de la diverso-clôturo-occupation due au macabre héritage de la mentalité ancestro-archaïque qui cultive la haine et l'abominable intolérance ; une planète libérée de cette peste de l'exploito-hégémonie de l'argent corrupteur qui provoque une continuelle conflagration par l'instauration du système monétaire électronique impartial, pour enfin vivre en dehors des inquiétudes et des problèmes bio-socio-ontologiques, dans un système unipananthropique franc, impartial, désintéressé, garant de la liberté, de la paix et surtout de la sécurité réelles, qui admettra implicitement et répondra à l'aspiration légitime de chacun d'être considéré dans sa pleine dignité et son droit de connaître l'unique justification pour laquelle il est né et mérite de vivre, non pas comme esclave de son semblable, mais comme être humain au même titre que l'autre, en tant que membre de la même famille, **dans les principes d'amitié, de compréhension et de respect mutuels qui favorisent le bien-être général, dans une égalité des droits et dans la solidarité impartiale**, sur un chemin néologique de coexistence et symbiose pacifiques illuminé par des lumières néo-socio-culturo-démocratiques qui nous mènera vers un cosmopolitisme réel, digne de l'expression « Civilisation », dans lequel nous saurons bien que cette vie n'est pas vide de sens, bien au contraire, car chacun connaîtra enfin d'où il vient, la raison de son existence et aussi sa vocation à prolonger indéfiniment sa vie pour jouer un rôle particulier sur notre planète, et même au-delà, en tant que sujet cosmique conscient.

Bon ! Il y aurait encore beaucoup à dire, mais comme il se fait tard, arrêtons-nous pour aujourd'hui... et si vous voulez, appelez-moi pour fixer un nouveau rendez-vous.

J - D'accord, je vous contacterai dès la semaine prochaine. Au revoir monsieur Vaskas !

V - Au revoir cher ami ! ...

Après l'unification mondiale, la conscience terrestre - l'homme - viendra à maturité en tant que conscience du Système Solaire et sera incorporée à la conscience Galactique, et enfin à la Conscience Cosmique Suprême, laquelle, avec ses ondes, constitue le champ unifié de la Force Active Administrato-Constructrice et Code Universel, nommée ΛV

J - Hier, monsieur Vaskas, j'ai fait une récapitulation de l'ensemble de votre analyse qui prouve sans réserve que nous vivons dans un organisme cosmique.

V - Dans lequel cependant, je le répète encore une fois, nous avons, nous les hommes, un sens programmé supérieur qui brille comme la seule lumière dans l'agnosticisme que nous nourrissons imperceptiblement depuis toujours, que nous affectionnons et nous plaisons à renforcer.

J - Oui, mais certains points sont tellement ardus qu'ils me laissent pantois. Par exemple, bien que je comprenne ce que signifie l'unification de la conscience humaine, je ne comprends toujours pas très bien, même après avoir écouté de nombreuses fois l'explication que vous donnez de ce processus, comment la microscopique conscience terrestre va s'agréger à l'abyssale Conscience Cosmique.

V - Vous avez raison, ce n'est vraiment pas facile à comprendre et il ne convient pas non plus de toujours répéter la même chose… mais il existe un aspect qui permet d'être optimiste et je vais essayer de reprendre cette question pragmatique car elle recèle la destination et l'espoir d'avenir de l'être humain... Cependant, même si je pense que vous avez retenu toute mon analyse précédente, il faut que vous sachiez que la conscience terrestre doit d'abord devenir la conscience de notre Système Solaire avant d'être incorporée à la conscience Galactique, et enfin à la Conscience Cosmique Suprême, laquelle, avec ses ondes de vitesse normale (celles circulaires qui partent d'un épicentre et vont en s'affaiblissant) et surtout ses ondes condensées de Grande Vélocité GV, mobilise la force attracto-répulsionnelle générale dans laquelle existent et coopèrent notamment trois types de particules (photons, électrons et neutrinos) qui constituent le champ unifié et les ondes des interactions fortes et faibles de la Force Active Administrato-Constructrice et Code Universel, nommée ΛV.

J - Mais comment la conscience terrestre va-t-elle devenir la conscience de notre Système Solaire si ce dernier n'est pas un organisme ?

V - Bon ! Peut-être que par distraction vous avez oublié par quel processus le Code Universel crée les Galaxies, leurs étoiles et planéto-satellites… et aussi pour quelle raison ! Concentrez-vous un peu et je vais essayer de vous rappeler brièvement certains éléments qui vous aideront à mieux comprendre... Recommençons à partir de la loi fondamentale que j'ai clairement exprimée :

**« Tout ce qui bouge auto-dynamiquement vit,
et puisque c'est vivant, d'une certaine manière... cela pense »**

et bien entendu, chaque être pensant s'est constitué en organisme auto-encéphale et autonome, étant bien connu que le terme organisme désigne l'ensemble des organes, qui, par leur fonctionnement, constituent un être vivant - j'ai fait l'analyse de ce processus dans les périodes -, et l'organisme de notre mégatome, « Le Système Solaire », fonctionne de la même manière… et dans le déroulement progressif de cette ramification du Code Universel, la pensée de notre Système Solaire en développement est, bien sûr, l'homme sur la planète Terre, qui commence depuis peu à se préparer pour influencer notre mégatome tout entier... Vous devriez en connaître les détails !

J - Je les connais peut-être suffisamment, mais je n'arrive pas à les assembler pour parvenir à cette conclusion.

V - Bon ! C'est normal ! Et ce n'est pas le manque d'attention car je pense que votre esprit est alerte... Aussi, malgré qu'il soit un peu fatiguant de répéter les mêmes choses, parce que vous m'incitez à les rendre intelligibles, et pour joindre l'utile à l'agréable, je vais vous aider à comprendre cette imperceptible mais importante réalité...

Donc, après tant d'explications, vous savez bien que, hiérarchiquement, ce qui constitue le « Tout » est l'Organisme Universel ou « Cosmos » ... et l'analyse que j'en ai faite dans la période 26 et par la suite se résume dans les termes de la plus simple équation :

« Cosmos = Organisme Polygalactique Vivant »,

et à l'intérieur du Cosmos, la majorité des Galaxies sont organiques, constituant des sortes de cellules cosmiques conscientes - ou développant une conscience - qui, après une odyssée circulatoire dans l'espace, se rassemblent pour composer des amas galactiques ou sortes d'organes de l'Organisme Cosmique… Et autour du Noyau de chaque Galaxie organique orbitent des milliards d'étoiles parmi lesquelles celles qui sont organiques constituent et s'entourent de divers planéto-satellites pour composer les mégatomes ou « Systèmes Stellaires », chacun d'eux étant une sorte de cellule organique galactique... et comme le fonctionnement de l'ensemble des organes planéto-satellitaires est précis, chaque Système Stellaire est organique et constitue un être vivant, et par conséquent, d'une certaine manière, est régi par une pensée.

J - Mais comment notre Système Solaire pense-t-il ? Expliquez-vous ?

V - Bon ! ... Bien que beaucoup de caractéristiques de notre Système Solaire soient très connues, je vous rappellerai brièvement qu'il bouge auto-dynamiquement et fonctionne avec précision, dans une quasi-exactitude... et qu'il constitue donc un organisme, toujours en développement, avec deux zones cycliques différentes : l'une - comprenant son noyau, le Soleil, et les quatre petites planètes autour de lui - qui constitue sa pensée par la conscience de l'homme que développe la planète « Terre », et l'autre, - comprenant les quatre autres planètes géantes, une cinquième petite et peut-être d'autres non encore répertoriées - qui développe ses organes fonctionnels.

J - Oui, je commence à comprendre ! Mais pourriez-vous me donner de plus amples détails ?

V - Entre autres, et je vous l'ai déjà expliqué, le Code Universel constitue dans chaque organisme de type cellulaire (comme dans la majorité des Galaxies et de leurs étoiles et planéto-satellites qui fonctionnent en Systèmes Stellaires), un Noyau central qui témoigne de son identité organique... Donc l'homme, qui, apparemment, constitue déjà la mentalité de notre Système Solaire sait qu'autour de son noyau - le Soleil - tournent et flottent au moins neuf planètes qui sont retenues en orbite autour de lui par la Loi cosmofonctionnelle globale cyclo-attracto-répulsionnelle de la ΛV, l'unique principe, qui, comprenant la totalité des interactions, énergies, puissances, etc., assure sans relâche le développement et la bonne entente cosmique et fait progresser le diverso-agencement de milliards de Galaxies, étoiles et systèmes stellaires organiques qui font mûrir des planètes comme la Terre. La ΛV détermine et affermit aussi, en sa qualité de puissance constructrice, l'équilibre de la diverso-affinité aéro-thermo-dynamique de l'espace intergalacto-astro-planétaire, assurant l'harmonie de son fonctionnement par le renforcement des courants de diverses ondes connecto-communicatives qui maintiennent l'activité et coordonnent analogiquement les distances... Et par ces courants invisibles qui se déplacent dans l'espace cosmique à diverses vitesses, souvent énormes, la ΛV règle la combinaison de tous les corps spatiaux, connectés et reliés par une circulation automatique du réseau de ses diverses ondes canalisées ou réticulées (comme dans le réseau neuro-artéro-veineux du système d'un organisme terrestre vivant) et coordonne les inclinaisons des orbites, l'isochronisme, et la cohérence des attractions-répulsions relatives aux distances séparant chacune des Galaxies, étoiles, planètes, qui portent presque toujours un Noyau dans leur centre pour preuve de leur identité organique...

Ainsi donc, par son Code Universel, cette immense puissance globale est aussi la fondatrice de notre mégatome ou « Système Solaire », constitué en son centre de son noyau, le Soleil, par lequel elle lui a donné la qualité organique, au moyen d'une énorme source d'énergie continuellement renouvelée, produite - et c'est bien connu - par un processus de fusion nucléaire qui commence à partir de son centre, se prolonge dans sa couche attenante, la zone de radiation, puis dans la zone de convection qui s'étend jusqu'à la couche externe enflammée de la photosphère, et enfin dans la chromosphère avec les éruptions, et encore dans la couronne qui produit une énorme quantité de divers rayons et d'énergie thermique, lumineuse, dont nous sommes, heureusement, séparés d'environ 150.000.000 km… Et cette boule gazeuse brûlante, grosse et lourde qu'est le Soleil pèse plus que l'ensemble des neuf planètes ou plus avec leurs nombreux satellites, maintenus en orbite autour de lui… et c'est sans compter les astéroïdes et les quelques comètes voyageuses diverso-orientées que, sans raison réelle, nous appelons en grec « αδεσποτους », c'est-à-dire vagabondes, parce que leur origine et leur rôle n'ont pas été bien discernés.

Et même si ce n'est pas encore définitivement prouvé, les cercles scientifiques savent bien que chaque planète de notre système solaire tourne sur elle-même et autour du Soleil ; chacune étant connectée et équilibrée proportionnellement par la puissance d'un réseau réticulé de courants attracto-répulsionnels avec le Soleil et les planètes adjacentes, dans l'ordre suivant à partir du Soleil :

- Mercure (à presque 58 millions de km du soleil, avec une attraction presque deux fois et demie plus faible que celle de la Terre).

- Vénus (à presque 110 millions de km du Soleil et d'une attraction, pour l'homme, un peu plus faible que celle de la Terre).

- La Terre (à presque 150 millions de km du Soleil et dont l'attraction est bien connue).

- Mars (à 230 millions de km du Soleil et d'une attraction planétaire plus de deux fois plus faible que celle de la Terre).

- Jupiter (à presque 800 millions de km du Soleil et d'une l'attraction près de deux fois et demie celle de la Terre).

- Saturne (à presque 1.500 millions de km du Soleil et d'une attraction un peu plus faible que celle de la Terre).

- Uranus (à presque 3.000 millions de km du Soleil avec une attraction planétaire un peu plus faible que celle de la Terre).

- Neptune (à 4.500 millions de km du Soleil avec une attraction planétaire un peu plus forte que celle de la Terre).

- et la petite Pluton, distante du Soleil de presque 6.000 millions de km et d'une attraction planétaire telle qu'une personne, pesant 65 à 70 kg sur Terre, ne pèserait sur elle que trois à cinq kilos, soit environ 15 à 20 fois moins.

Dans notre mégatome, à l'exception de Mercure et de Vénus, toutes les planètes qui orbitent autour du Soleil ont des satellites, et les 4 plus proches petites planètes qu'on peut appeler internes : Mercure, Vénus, la Terre et Mars, constituent la zone administrative de l'ensemble de l'organisme du Système Solaire... tandis qu'avec des températures et des aspects très différents de ces dernières, mais toujours, je le répète, avec l'inévitable noyau en leur centre, témoin du Code Universel (leur constructeur) et donc de leur profonde vivacité, les planètes géantes gazeuses plus lointaines, entourées d'anneaux diverso-divisés qui naissent dans leur structure diverso-changeante : Jupiter, Saturne, Uranus, Neptune, peuvent être appelées externes car elles se situent dans une même zone au-delà de la zone administrative entourant le Noyau de notre Système Solaire… et avec le petit Pluton, elles constituent la zone des organes diverso-fonctionnels de l'organisme de notre mégatome, séparée des quatre planètes plus petites par une ceinture ou anneau constitué des milliers de petits planétoïdes que sont les astéroïdes qui orbitent autour du Soleil au-delà de la planète Mars.

Donc, notre mégatome est séparé en deux zones cycliques, chacune étant constituée de planètes patiemment et très précisément positionnées pour des raisons différentes et nécessaires à son développement organique.

Mais cela vaut la peine de répéter que, généralement, la Loi globale cosmofonctionnelle poly-cyclo-attracto-répulsionnelle de la ΛV, administrée par sa Conscience Suprême qui assure l'harmonie cosmique organique, agit d'abord à partir du centre de la Galaxie maternelle, l'unique - j'insiste - point stable de l'organisme cosmique... et par la synchronisation de sa force attracto-répulsionnelle centrifuge et centripète, elle connecte de façon variable et équilibre avec le Noyau central de la Galaxie maternelle tous les corps spatiaux (visibles et invisibles à l'homme) qui poursuivent leur trajectoire, épars dans les profondeurs de la diverso-substance cosmique qui les baigne, jusqu'aux extrémités périphériques de l'organisme cosmique au-delà desquelles commencent l'immatérialité et le vide du Chaos... et notamment les Noyaux de ses milliards de Galaxies diversomorphes alentour, qui, organiques pour la quasi-majorité, les uns s'approchant, les autres s'éloignant, comportent et maintiennent en orbite autour d'eux leurs trillions d'étoiles de dimensions variées et d'attraction-répulsions relatives, resplendissantes dans leur diversité de grandeur, de couleurs, et entourées d'un fourmillement de planéto-satellites (constituant des ensembles appelés systèmes stellaires ou organismes mégatomiques)... et la Loi globale de la ΛV - que nous appelons « Nature » et qui anime tous les êtres existants - rythme aussi le rapport de leurs divers mouvements en synchronisant leur énergie potentielle et cinétique ; elle domine les accélérations ou freinages de la puissance conjonctive et circulatoire, notamment celle des divers courants d'ondes et de rayons dont certains possèdent une grande quantité d'énergie et des vitesses énormes quel que soit le sens de leur déplacement : des ondes endo et exo-galactiques et astro-planétaires d'amplitude élevée qui produisent de grandes quantités d'énergie lumineuse ou invisible, des radiations émises par les atomes, des infrarouges, des ultraviolets, des rayons X, gamma, et autres qui se déplacent de manière réticulée à des vitesses non encore établies, avec des ondes de longueurs, puissances et fréquences différentes, avec divers types de vibrations, à des températures variables, croissantes ou décroissantes, qu'elle utilise aussi, par son Code Universel, créateur et homéomultiplicateur de tous les corps inertes ou vivants, grands, petits, miniatures, comme aussi du nôtre, à nous les hommes qui n'avons pas encore conscience d'être le résultat d'un acte d'amour dicté par une des milliards de ramifications de ce Code Universel, qui possède, stocké dans sa mémoire, un nombre incalculable de plans d'organismes polycomplexo-morpho-synthétiques différents et multidimensionnels pouvant être multipliés homéomorphiquement, chacun à des milliards de reproductions exactes, pour connecter, édifier et métamorphoser progressivement l'espace intérieur de l'organisme de notre mégatome (le Système Solaire) qui a déjà, selon les phénomènes recueillis sur notre planète, un fonctionnement organique quasi-précis avec sa zone administrative et sa conscience en continuel développement.

Donc, par son Code Universel et l'orchestration d'éléments qui fourmillent dans l'espace, comme les molécules organiques et les atomes fondamentaux qui les composent, la force globale de la ΛV a fondé la configuration organique du Système Solaire et elle continue soigneusement et progressivement de le construire ; et en parallèle, avec l'assemblage de molécules plus complexes en cellules, et surtout en cellules spéciales telles que les neurones encéphaliques, elle continue de développer l'intellection et d'édifier la conscience terrestre, « **l'homme** », qui a récemment commencé à cartographier les surfaces de toutes les planètes de notre mégatome, à explorer progressivement leur environnement périphérique, et qui s'organise, du fait qu'il est le seul candidat, pour être aussi la conscience de l'ensemble du Système Solaire qui s'incorporera et s'unifiera, une fois parvenue à maturité, à la conscience Galactique et à la Conscience Cosmique Suprême.

C'est donc, en réalité, pour cette profonde raison, et non pour tenter de prendre la place de certains rivaux, que depuis l'année 1957, quelques scientifiques de certains pays travaillent dans un processus spatial poly-réso-multi-satellitaire qui, outre l'exploration et le dépistage de l'espace de notre Système Solaire, aboutira inévitablement, avec la construction de la libre conscience terrestre, à la libération de l'humanité de son esclavage volontaire et à son unification... et même si certains font la moue parmi les scientifiques, une force d'indiscernable provenance les incite et les pousse à continuer de progresser dans cette direction... et ils ont déjà préparé le terrain pour réaliser ce but et s'y activent dans une continuelle accélération : d'abord, entre 1958 et 1974, ils ont lancé diverses fusées porteuses de satellites mono-nationaux ; puis, en 1975, avec la diminution de l'esprit rivalo-concurrentiel, ce fut le premier vol américano-soviétique ; et en 1979, la première fusée européenne Ariane... Par la suite, malgré que l'unification mondiale ne soit toujours pas établie à cause de l'esprit désespérément bloqué de l'homme - la conscience terrestre - et malgré que l'homme soit encore divisé, - surtout parce qu'avec son esprit immature, il ignore la raison de son existence -, l'homme a commencé, en fonction de ses progrès technoscientifiques, à réaliser des vols de dépistage et de reconnaissance dans l'espace, à construire des stations spatiales, à étudier des possibilités de biosphères artificielles sur certaines planètes, etc., etc., et par des lancements successifs de fusées, il a mis en orbite autour de notre planète des milliers de satellites pour multiplier les réso-liaisons des autoroutes diverso-informationnelles... Ainsi, chaque nouveau jour voit croître de nouvelles extensions de satellites de reconnaissance renforçant la communication, qui, sous peu, se fera à des vitesses de transmission encore plus élevées dans une langue commune à tous... et c'est pour cette raison que le multimédia progresse à chaque instant et diffuse sans relâche en tout lieu de la Terre, des sons, des images, et divers renseignements... pour qu'à tout moment, l'échange de trillions de bits alternatifs facilite la conciliation entre les populations et augmente leur connaissance, productrice de l'intellection et de la conscience...

Pourtant, presque tous, nous gaspillons notre vie courante, souvent ordinaire, de manière insensée à voguer vers divers objectifs traditionnels en amassant autant qu'en emporte le vent, sans se rendre compte que tout près de nous, existent le sens pour lequel nous sommes formés et notre raison d'être : une destination et une mission dignes qui justifient notre existence et l'intelligence qui nous sépare des autres êtres terrestres... et n'oubliez pas que certains ont déjà posé le pied sur la Lune et que d'autres ont lancé des appareils télécommandés, comme divers robots mobiles et d'autres instruments pour dépister l'inépuisable énergie qui active l'inertie et mobilise les divers champs qui traversent l'espace intergalacto-astro-planéto-satellitaire, pour obtenir des renseignements sur la constitution des divers corps spatiaux, la composition chimique de leur sol, la chaleur qu'ils dégagent -principalement par les volcans, les régulateurs de température, et aussi par d'autres sources -, la force de leurs vents, la chimie de leur atmosphère et sur la possibilité de transformer leur environnement infertile en vivifiant... et avec de tels moyens, ils ont approché des planètes lointaines comme Vénus, Mars, Jupiter, Uranus, Neptune, etc., entreprenant de réaliser le grand projet d'exploration mégatomique et de modification des conditions environnementales de certaines planètes à l'état glaciaire ou dans d'autres états qui les rendent temporairement inhospitalières pour l'homme...

Par ailleurs, le Soleil a déjà engagé la réalisation graduelle du programme d'équilibrage thermo-cryo-climatique du Code Universel par ses réchauffements périodiques et l'intervention en parallèle de certaines comètes, qui, dans une période bien prédéterminée par la ΛV, après avoir tourné en orbite autour de lui peut-être pendant des milliards d'années terrestres, trouvent chacune, selon leur programme, la force d'échapper à son attraction superpuissante pour se diriger directement et précipitamment, comme d'immenses turbopropulseurs, vers leur but qui est d'abord le noyau de la planète géante Jupiter composée elle aussi, comme le Soleil, majoritairement d'Hydrogène et d'Hélium. Et même si les détails de cette intervention sont presque indescriptibles, il est très probable que chacune de ces comètes - ou de leurs fragments pour celles qui éclatent en arrivant à proximité - percute la lourde atmosphère de Jupiter dans une terrible collision source d'éclairs titanesques et forme sous l'effet de sa propre vitesse augmentée de l'attraction planétaire, d'immenses tourbillons dans lesquels elle s'enfonce plus vite vers le centre… et c'est avec une telle immense vitesse que chaque comète pénètre profondément ses couches nuageuses chaotiques jusqu'à « attaquer » son noyau central, surtout pour augmenter progressivement sa masse, pour élever sa température et le prédisposer aux assauts des comètes suivantes... jusqu'à ce que finalement, la masse de sa région centrale ayant suffisamment grandi et mûri, une nouvelle « attaque » cométaire vienne, dans un impact terrifiant, percuter à grande vitesse son enveloppe atmosphérique et pénétrer jusqu'à « attaquer » son noyau pour amorcer la fusion, c'est-à-dire l'union des noyaux légers, qui commencera à se réaliser principalement par des réactions d'Hydrogène transformé en ses isotopes, l'inflammable Deutérium ou

Hydrogène lourd et l'encore plus inflammable Tritium, dont les noyaux, forcés de se regrouper sous les effets conjugués de la très grande vitesse de déplacement de la comète d'une part et de la force d'attraction du noyau de Jupiter d'autre part, se heurteront avec une violence telle que seront réalisées pendant une fraction de seconde les très hautes pressions et la température élevée à près de 90 millions de degrés Celsius nécessaires au déclenchement de la fusion... et dans ce court instant de leur collision avec le noyau de Jupiter, les protons heurteront les neutrons pour former des noyaux de Deutérium, qui, dans les entrechoquements suivants, réagiront avec une perte de masse en formant de l'Hélium... et cette masse manquante sera transformée en une immense énergie, bien supérieure à celle que peut produire la fission...

Et c'est ainsi ou presque que sera amorcée la fusion thermonucléaire en chaîne du noyau de Jupiter et que s'allumera un feu d'une lumière et d'une chaleur continuelles autour de son noyau, de telle sorte que ses couches nuageuses surchauffées se dilateront progressivement et se dilueront jusqu'à devenir quasi-transparentes, rendant luminescente la planète entière qui ressemblera à une ampoule électrique allumée en son centre... Alors sera apparu comme un nouveau Soleil, plus petit et plus faible, mais suffisant pour donner naissance à un système stellaire miniature qu'il constituera avec ses satellites dont certains seront peut-être candidats à l'accueil de l'homme... Et plus tard, de la même façon, la planète Saturne s'enflammera et s'illuminera pour ravigoter aussi certains de ses plus gros satellites, comme Titan où la vie en sommeil s'éveillera et suivra le déroulement du Code... Ainsi, progressivement, la glace de certaines planètes et de leurs satellites fondra sous l'action de ce grand réacteur thermonucléaire qu'est le Soleil et de ces deux nouveaux luminaires dont la lumière et la chaleur permettront de constituer sur les satellites de la zone externe de notre Système Solaire un environnement qui deviendra probablement hospitalier pour l'homme dès lors que se développera une atmosphère permettant des conditions appropriées pour la vie... Et même si la perspective de ce processus de diverso-recyclage naturel de certains systèmes organiques est réelle, elle risque d'être un peu prématurée pour l'archéo-mentalité et peut soulever quelques interrogations dans la communauté scientifique, mais ce sera sans doute ainsi ou presque que la qualité organique de notre Système Solaire sera progressivement complétée pour faciliter la constructive et vivifiante mission de sa conscience, qui poursuit, pour l'instant dans l'hostilité, son développement sur la planète Terre.

Que voulez-vous savoir d'autre pour être convaincu, cher ami ? Bien sûr que nous sommes là dans le domaine des prévisions scientifiques, mais dans toute cette description, il existe une claire réalité et il est bien visible que cette forme de prévision respecte le facteur humain, car l'homme s'approche chaque jour un peu plus de sa maturité… et notre premier projet sera de prendre les mesures nécessaires pour faire tomber la barrière d'ignorance, pour sortir du marasme de la confusion internationale, pour faire cesser l'utopie et rattraper le temps perdu dans l'attrait pour l'archéo-traditionalisme, pour réconcilier toutes les populations de la Terre dans l'objectif d'unifier toutes les consciences humaines en vue de constituer « une » conscience, la conscience terrestre, qui deviendra ensuite celle de notre mégatome... Et cela a déjà commencé car sans s'en rendre compte, l'homme prépare continuellement sa mission majeure et approche son but réel : « La connexion et l'incorporation de sa conscience qui est, je le répète, la conscience terrestre puis celle de notre Système Solaire, avec la conscience Galactique, puis avec la Conscience Cosmique Suprême ».

Notre existence n'étant donc pas un banal lieu commun, exempt de motivations, il faut manifestement entreprendre la planification de nouveaux projets pour le futur et suivre les continuels changements et néo-métamorphoses dans toutes les régions de l'organisme cosmique, dans les couches stellaires endo-galactiques et naturellement à la surface géo-environnementale de notre planète...

De plus, comme cela existe de l'infiniment petit à l'infiniment grand, notre vie doit aussi s'harmoniser avec le progrès qui avance d'adaptations en néo-adaptations et d'arrangements en néo-arrangements avec de continuels changements de positions scientifiques… elle ne doit donc jamais stagner, ni se résumer à nager dans l'insupportable routine comme celle des macabres spéculations multirépétées d'argent sale qui causent des perturbations et fomentent, contre toute logique, des crises désastreuses qui ne peuvent être imputées aux populations souvent débonnaires. L'attachement de telles populations à la moralité ancienne et parfois primitive divise la culture et les empêche de regrouper leurs divers textes constitutionnels pour les unifier et les fondre dans un moule civilisé, afin que soit mis un terme à leurs diverso-archéo-socio-nationalisto-religio-croyances divisionistes, et qu'elles cessent absolument de s'entre-déchirer, de s'entre-tuer, et se gardent généralement de toutes les atrocités perpétrées jusqu'à présent par l'homme pour commencer enfin à vivre humainement ensemble, protégées par un droit constitutionnel planétaire qui ne laissera aucune place aux diverses inégalités sociales traditionnelles divisantes, et un droit commun complètement impartial duquel aucune exploitation anarcho-individualiste ne pourra tirer bénéfice… et l'homme sera enfin libre d'instaurer l'entraide et la solidarité humanistes dans le cadre de l'interdépendance… Alors gardons courage ! Car en réalité, depuis peu, la famille humaine possède un sens, une orientation ou un axe privilégié orienté quasi-unidirectionnellement vers son très important et indéfectible avenir.

J - Oui, j'ai bien compris et je vous en remercie ! Et même que cette orientation soit encore loin de notre mentalité, j'espère fermement que, tôt ou tard, l'intelligence de l'homme prendra inévitablement cette direction, car en révélant clairement l'identité de l'esprit administatrato-constructif universel, il est vrai que votre analyse scientifique fait pleinement croître la confiance populaire en l'existence de certains Dieux ou Divinités qui trouvent là leur réelle identité.

Mais j'ai encore une question à vous poser : L'homme, en tant que conscience terrestre vivante, réussira-t-il à s'installer dans l'espace d'autres étoiles ou encore plus loin dans l'espace endo ou exo-galactique ?

V - Pour cela, plein d'une audacieuse détermination, nous, les êtres humains, devront rejeter l'invention de certains anciens intérêts privés qui ont implanté en nous la conviction que nous sommes coupables ou pécheurs dès la naissance. Car inconsciemment, nous sommes presque tous victimes et psychologiquement esclaves de cette culpabilité originelle non-fondée qui prédispose notre psychisme à toutes sortes de crimes, et qui, mélangée avec une certaine sensibilité humaine, génère souvent une confusion anarchique, et nous devrons rejeter certaines formes abrutissantes d'ignorance qui mènent imperceptiblement à l'autodestruction pour cultiver l'amitié et le respect pour l'autre.

- Nous devrons nous unir autour de l'entraide et développer l'envie de vouloir vivre ensemble sans les perturbations des diverses dominations scissionnisto-désintégrationistes, et en dehors des constantes perturbations produites par la diverso-nationo-religio-rivalité, de façon à normaliser nos relations sociales, et surtout modifier le contexte multilinguistique séparateur.

- Nous devrons mettre un terme aux différentes versions et interprétations des textes socio-législatifs constitutionnels qui submergent le monde entier et transformer certaines règles socio-intergouvernementales pour qu'elles nous conduisent à s'épanouir dans une gigantesque structure globalisée d'unification pananthropique au lieu de la tumultueuse, irréfléchie, inconciliable et perturbante polyphonie actuelle.

- Nous devrons nous assurer de démocratiser l'image audiovisuelle trop souvent livrée au service de l'intérêt personnel, pour qu'elle ne déforme plus la réalité, mais au contraire, qu'elle joue bien son rôle éducatif, défende la justice sociale et contribue à éliminer la défiance séculaire entre les populations.

- Nous devrons comprendre que nous vivons dans un gigantesque progrès technoscientifique et relever la morale restée stagnante dans un archaïque sottisier depuis des milliers d'années, et surtout fuir le fanatisme religieux extrême, facteur du recyclage de régressions mentales professées par quelques fidèles fantaisistes…

- Nous devrons équilibrer la production et la consommation, les ressources géo-bio-alimentaires dans la réciprocité et installer la transparente monnaie unique électronique pour - je le répète encore - mettre définitivement un terme aux anomalies monétaires dont profite la diverso-criminalité avec ses escroqueries provoquées, souvent artificiellement, comme celles qui participent à certains déficits budgétaires… et qui contribuent à exploiter les populations, augmenter leur misère et cultiver en eux la peur de l'avenir et le refuge de certains sauveurs.

- Nous devrons enfin développer la solidarité mutuelle dans tous les secteurs pour constituer, dans une culture commune, la néo-planéto-démocratie unipananthropique, une démocratie affinée dans laquelle le monde politico-intellectuel marchera dans un réel avant-gardisme et la morale suivra les progrès de la technoscience.

Et comme nous sommes presque prêts à remplir au mieux, selon nos possibilités, tout ce que je viens d'énumérer pour garder propre l'environnement géo-bio-physico-sociologique… alors, dans les foudroyants progrès technoscientifiques actuels - avec notamment l'utilisation du champ et de la force ondo-électromagnétique terrestre et l'utilisation combinée de nouvelles énergies telles que l'électricité, l'hydrogène et la fusion nucléaire, productrice d'une énergie continuellement renouvelable grâce à l'abondance de l'hydrogène et beaucoup moins dangereuse pour l'environnement, notre mouvement endo-géo-mégatomo-galactique (l'exploration de l'espace), notamment à l'intérieur de notre Système Solaire et encore au-delà deviendra plus facile et nous réussirons à nous installer en d'autres lieux de l'espace… et tout sera devenu possible et sans limites.

Il faut cependant prendre conscience que la distance de notre Système Solaire au plus proche système stellaire ou à la plus proche étoile qu'est Alpha du Centaure, est d'un peu plus de 4 années-lumière ; que l'espace intérieur de notre mégatome est rempli de radiations solaires dangereuses pour l'homme, et que la réalisation de tels grands projets d'exploration endo-galactiques, en un temps où l'homme n'a jamais été si divisé par les distinctions socio-nationalisto-religio-linguistiques et jamais si près de la voie de son autodestruction, mérite un peu de circonspection… Mais depuis peu, il y a de l'espoir, car notre conscience se développe déjà en vue d'accomplir de tels desseins grandioses.

Et sans que nous nous en rendions compte, dans le magnifique et fascinant processus de constante amélioration et modernisation de sa logique, la Conscience Cosmique active ses insaisissables, imperceptibles, ramifiées et omniprésentes diverso-impulsions, notamment ondo-électro-neutriniques, organisatrices intelligentes qui nous entourent et nous influencent, transperçant et pénètrant tout. Et bien qu'inconsciemment, nous utilisions et tirions profit à chaque instant de ces incommensurables diverso-ondes photo-électro-neutriniques en tant que facteurs radio-télévisuels et plus généralement dans les divers réseaux de communications par satellites, nous restons presque tous incapables de discerner clairement leur action et donc de nous demander d'où vient cette énergie polyramifiée qui, dans sa diverso-activité poly-cyclo-télé-kinésique, mobilise sa puissance photo-électro-neutrinique et nous donne l'impulsion vitale qui nous est si utile... Mais vous, après tous nos entretiens et toutes les analyses que je vous ai faites, je suis sûr que vous connaissez la réponse !

De toute façon, ce n'est pas sorcier, car comme le diverso-mécanisme de l'activité cosmique des consciences - invisibles mais existantes - des diverses Galaxies totalement bien formées s'identifie et comprend les consciences de leurs systèmes mégatomiques organiques (c'est-à-dire astro-planéto-satellitaires), qui, consciencieusement arrivées à maturité, sont incorporées à la conscience Galactique puis à la Conscience Cosmique Suprême, de même notre conscience sera incorporée lorsque l'humanité (la conscience de la Terre et de notre Système Solaire) sera parvenue à maturité, c'est-à-dire après l'unification, la purification et la désintoxication physique et spirituelle de l'homme, après l'instauration d'une culture sociale humaniste protégée par une constitution planétaire commune qui remplacera toutes les diverses constitutions nationales - car même si certaines sont bonnes, elles sont inapplicables du fait de l'influence persistante de l'esclavage volontaire archéo-traditionnel, des intérêts privés et du conflit endo et exo-national -, et combattra l'inorganisation bio-socio-culturelle tumultueuse, polycyclique et polymorphe par un programme progresso-civilisateur adaptable à la famille unipananthropique que recevra tout géopolite sur son ordinateur portable, en provenance de l'ordinateur cybernétique central qui résoudra le problème linguistique par la traduction automatique et facilitera, au moyen des autoroutes communicatives satellitaires, l'éducation de tous les géopolites suivant un enseignement scolaire médiatique comprenant certaines règles pour supprimer enfin l'incivilité séculaire provoquée par l'ignorance et assurer la réconciliation et la coordino-normalisation des relations humaines afin de consolider la paix réelle dans une amitié mutuelle et le respect de la dignité... Et par de telles règles pratiques et progressives, la perception sera dynamisée et chacun réussira à se connaître lui-même afin d'opérer une autocensure logique et d'augmenter sa conscience, qui, cela mérite d'être répété, est aussi la conscience de la Terre et celle de notre Système Solaire et peut-être au-delà… car avec l'application de ces recommandations, l'incorporation de notre conscience terrestre parvenue à maturité, d'abord à la conscience Galactique, puis à la Conscience Cosmique Suprême, ne sera pas loin…

C'est vrai que nous avons un travail énorme et complexe à accomplir sur toute notre planète, mais du moment que nous sommes des milliards, cet effort pour la « **paligenesia** » est facile et combien préférable à l'attitude, qui, selon l'argumentation phobique d'un esprit supposé scientifique, consisterait, hélas, à repousser la réalité et à vouloir continuer de ressembler dans l'Univers, à une balle perdue dans l'abîme de l'inexistence.

Mais un jour nouveau est heureusement en train de se lever, et depuis peu, les fonctions supérieures du cerveau humain s'accélèrent, et avec l'accroissement de notre intellectualité, de notre intelligibilité de la substantialité et de la connaissance de la réalité, notre mouvement megaréformateur s'oriente vers l'accomplissement de notre très importante mission, celle pour laquelle nous existons, c'est-à-dire notre « **raison d'être** ». Et tandis que le monde entier s'oriente vers la « **paligenesia** » (un nouveau système socio-cosmologique programmé et soutenu par le Code Universel), chacun voudra se montrer digne de l'invitation que lui adresse l'esprit civilisateur et disposé à œuvrer main dans la main avec les membres et responsables de l'ONU, ainsi qu'avec les dirigeants et intellectuels avant-gardistes des pays avancés, qui, en véritables partenaires, prendront la tête de cette mobilisation générale vers le réel humanisme.

TABLE DES MATIERES

PERIODES

P53 p10 - La matière de la nébuleuse maternelle et de son Noyau parvient à maturité dans le processus du mécanisme alimentaire aspiro-répulsionnel

P57 p11 - La ΛV devient intelligente en ajoutant aux nucléons une partie de son énergie administrative, les électrons, et en réalisant la synthèse des atomes ; ses énergies administrative photo-électro-neutrinique et constructive nucléo-atomo-synthétique s'unissent pour former ensemble l'Energie Unifiée de la ΛV : Photo-Electro-Neutrino-Nucléo-Atomo-Synthétique.

P59 p12 - Utilisant son Energie Unifiée, la ΛV transforme certains atomes inertes en organiques et leur donne une mentalité élémentaire imperceptible ; et le Code devient homéo-symétro-organique

P61 p13 - L'expulsion progressive des couches enveloppantes de la nébuleuse maternelle la transforme en première Galaxie

P63 p14 - Par le Code, devenu homéo-symétro-organo-diverso-reproducteur, la ΛV reproduit tous les mécanismes fonctionnels de la *Mère* et les transmet aux *Mères Descendantes*

P65 p15 - La formation des systèmes stellaires qui constituent en se multipliant les amas stellaires

P69 p16 - La Galaxie primordiale se transforme en *Premier Organisme Galactique*

P71 p17 - La ΛV pilote l'organisme galactique et fait progresser la synthèse moléculaire

P75 p18 - Les Noyaux subsistent dans la prolifération des systèmes stellaires

P77 p19 - L'élaboration des astro-planéto-satellites

P79 p20 - Les premiers micro-mécanismes prébiotiques

P81 p21 - Le Code devient homéo-symétro-organo-biogénétique avec les débuts de la construction de la vie

P89 p22 - L'amélioration de la structure des divers microsystèmes vivants

P93 p23 - L'élaboration des poussières et grains protozoïques poly-atomiques

P95 p24 - A travers les comètes, la ΛV apporte la vie sur certaines planètes organiques et sème la conscience, qui, arrivée à maturité, sera incorporée dans sa conscience Galactique

DIALOGUE

P501 - La mentalité administrato-constructrice ΛV qui constitue la Conscience Cosmique Suprême, progresse en développant et incorporant sans cesse avec les consciences de milliards de Galaxies organiques, celles des milliards de planètes organiques comme la Terre

P517 - Dans l'obligation de suivre le déroulement du Code Universel, nous ne pouvons faire autrement que de bâtir un nouveau système fondé sur la coexistence paisible et la sécurité, où tous les humains du monde seront unis pour répondre à l'appel de la vie

P531 - La ΛV, créatrice de la Loi globale cyclo-attracto-répulsionnelle cosmofonctionnelle, l'unique principe proportionnello-équilibré, qui, comprenant la totalité des interactions, énergies, puissances, etc., oeuvrant toutes ensemble en étroite collaboration, forme la qualité organique polygalactique et constitue la Conscience qui assure l'harmonie cosmique

P543 - Après l'unification mondiale, la conscience terrestre - l'homme - viendra à maturité en tant que conscience du Système Solaire et sera incorporée à la conscience Galactique, et enfin à la Conscience Cosmique Suprême, laquelle, avec ses ondes, constitue le champ unifié de la Force Active Administrato-Constructrice et Code Universel, nommée : **ΛV**

www.ingramcontent.com/pod-product-compliance
Lightning Source LLC
LaVergne TN
LVHW082023051026
849532LV00011B/3254
* 9 7 8 2 9 5 2 2 3 7 3 2 1 *